U0389657

染料敏化太阳电池

林 原　张敬波　王桂强　等编著

Dye Sensitized Solar Cell

·北京·

内容简介

《染料敏化太阳电池》在介绍可再生能源的基本情况，染料敏化太阳电池工作原理的基础上，系统地阐述了染料敏化太阳电池各个组成部分，即光阳极、染料、纳晶半导体、电解质、对电极等内容，并就叠层染料敏化太阳能电池、柔性染料敏化太阳电池、染料敏化太阳电池的测量与研究手段进行了论述。本书内容全面，系统性强，是一部非常完整的染料敏化太阳电池方面的专著。

本书有助于社会人士和从事可再生能源领域研究的人士了解光伏行业和染料敏化太阳电池，对从事光伏研究的技术人员扩展思路、了解最新动态、创新太阳电池研究方向有一定帮助，并有助于从事染料敏化太阳电池研究的研究生尽快进入本领域。

图书在版编目（CIP）数据

染料敏化太阳电池 / 林原等编著. —北京：化学工业出版社，2021.2

（太阳能利用前沿技术丛书）

ISBN 978-7-122-38129-3

Ⅰ.①染… Ⅱ.①林… Ⅲ.①太阳能电池-研究 Ⅳ.①TM914.4

中国版本图书馆CIP数据核字（2020）第243480号

责任编辑：袁海燕　　文字编辑：丁海蓉　林　丹

责任校对：边　涛　　装帧设计：王晓宇

出版发行：化学工业出版社（北京市东城区青年湖南街13号　邮政编码100011）

印　　装：中煤（北京）印务有限公司

710mm×1000mm　1/16　印张25¼　字数437千字　2021年5月北京第1版第1次印刷

购书咨询：010-64518888　　售后服务：010-64518899

网　　址：http：//www.cip.com.cn

凡购买本书，如有缺损质量问题，本社销售中心负责调换。

定　　价：198.00元

“太阳能利用前沿技术丛书”编委会

序

能源利用一直伴随着人类科技和经济发展的进程，从最初的利用天然火源到主动利用火，人类走过了从燃烧木材、木炭到燃烧煤炭的过程，从发现石油、天然气到利用清洁能源，人类逐渐走上了部分替代煤炭、石油、天然气等化石能源的清洁能源之路。

20 世纪 50 年代以来，人类逐渐认识到化石能源的危害，化石能源不可再生并逐渐走向枯竭，化石能源燃烧利用带来了严重的大气污染以及随之而来的温室效应。人们除了研究化石能源的清洁利用之外，如何发现和利用清洁能源成为各国科研人员共同面临的挑战。

太阳能作为已知的清洁能源，取之不尽、用之不竭，没有污染，人类利用太阳能有长久的历史，但科学利用太阳能始于 20 世纪，经过不断发展和进步，太阳能逐步走向能源利用的前台。目前，太阳能的开发与利用也带动了 21 世纪相关领域的科技发展，太阳能广泛利用的时代已初现端倪。

太阳能利用和储能技术涉及物理、光学、材料、化学，涉及光电转换等物质运动形态转换规律及利用技术，还涉及相关的工业设备和仪器，这都带动不同学科的发展和进步。如光伏材料和新型光伏电池的不断研究开发，促进了物理、化学、材料等学科的发展，还促进了太阳能系统设备等工程学科的研究和发展。太阳能等可再生能源的利用，也促进了储能技术领域的持续研究热潮和发展，等等。

站在能源利用替代和发展的历史节点，我国科研人员需要大视野、大格局、大情怀，不断突破行业固有桎梏，从规划、研究、技术应用等方面进行努力，运用学科综合思维和多领域交叉糅合等进行思维和技术调整，在已有基础上阔步前进，为我国能源科技进步提供有力支撑。

正是基于能源科技中太阳能等可再生能源的重要性，21 世纪以来，太阳能一直被列为我国中长期发展规划中的重要部分，在国家政策扶植和支持下，太阳能等可再生能源技术取得了长足的进步，如：光伏光电材料性能不断改善；电池效率不断提高，成本不断下降；新型电池研究取得一定突破；光热发电、储能方面也有多个示范项目等。三年前，在化学工业出版社积极协调和提议下，考虑组织编写“太阳能利用前沿技术丛书”。

根据丛书设置的初衷，拟定的出版方向包括：光伏、光热、光生物、光化学、储能、光电技术应用等领域，具体分册如下：

1. 太阳电池物理与技术应用（沈辉）

2. 基于纳米材料的光伏器件（戴宁）

3. 铜基化合物半导体薄膜太阳电池（孙云）

4. 染料敏化太阳电池（林原）

5. 高效晶体硅太阳能电池技术（丁建宁）

6. 柔性太阳电池材料与器件（宋伟杰）

7. 光伏电池检测技术及应用（吴建国）

8. 植物的太阳能固能机制及应用（杨春虹）

9. 光电净化水处理技术（孙卓）

10. 太阳能高温集热原理及应用（王志峰）

11. 钠电池储能技术（温兆银）

12. 储能技术概论（陈海生）

各册主编均为国内相关行业领域的知名专家，经编委会各位同仁及出版社编辑的积极努力，丛书初具雏形，后续还将补充出版相关领域的内容。希望丛书的出版，能为我国太阳能领域与储能领域的各位技术人员提供一定的借鉴。

目前，我国太阳能、储能等新型能源技术不断发展，在绿色无污染的优势前提下，希望我国太阳能等能源技术不断应用和布局，为我国的绿色、进步提供动力。

中国科学院院士

国家能源集团首席科学家

中科院上海技术物理研究所研究员

2020 年 10 月

前言

能源是人类发展的关键要素，只有充足的能源供应才能保证人类社会的正常运行。工业革命以来人类对能源的需要呈指数性增长，煤、石油、天然气等化石能源被大量地开采和使用，带来一系列的资源和环境问题。20 世纪末，全球各国政府逐渐认识到了发展可再生能源的必要性和紧迫性，采取大量措施发展可再生能源。

相比化石能源，可再生能源（水能除外）应用的最大问题是成本高，要发展可再生能源一方面是采取政府补贴的方式，另一方面则要靠科技进步。20 世纪末，硅太阳电池的价格高达每瓦 40 元左右，并且由于需求旺盛价格还有上升的趋势，此时染料敏化太阳电池应运而生。一方面，其新颖的结构、简便的制作工艺、低廉的成本和较高的光电转换效率对相关产业具有吸收力，根据材料成本估算，染料敏化太阳电池的价格可以低至每瓦 5 元左右，具有巨大的市场应用潜力；另一方面，染料敏化太阳电池是一种有机－无机复合太阳电池，其不同于传统太阳电池的独特工作原理和高的光电转换效率，吸引了世界上各国科学家来深入探索其内在机理，并尝试进一步提高其光电转换效率。应用和理论两方面的推力使得染料敏化太阳电池自诞生起就受到广泛关注，并投入了大量人力、物力进行相关研究。

染料敏化太阳电池涉及了无机纳晶半导体、有机染料、电解质、氧化还原对、催化对电极等很多相关的研究方向。近 30 年来科学家们对染料敏化太阳电池的探索获得了大量的科研成果，开发出大量宽光谱有机染料、新结构纳米半导体材料、高性能氧化还原电对及高催化活性对电极，这些研究成果对于光化学、电化学、电催化等领域的研究都有很大促进，并催生了量子点敏化太阳电池和钙钛矿太阳电池的诞生。此外，染料敏化太阳电池在大面积模块以及实际应用中也取得了初步成效。因此很有必要对这些工作进行一个比较系统的总结和梳理，并确定未来的目标。这就是本书编写的初衷。

《染料敏化太阳电池》共分 12 章，第 1 章的太阳能与太阳电池由林原编写，主要介绍了可再生能源的基本情况和太阳电池，特别是染料敏化太阳电池的工作原理。第 2 章的染料敏化太阳电池光阳极材料以及第 3 章的染料敏化太阳电池光阳极结构由傅年庆编写，主要介绍了构成染料敏化太阳电池的半导体材料的种类，以及纳米半导体的微结构状态和制备方法。第 4 章的染料敏化太阳电池金属 - 有机配合物染料以及第 5 章的染料敏化太阳电池纯有机染料由方艳艳、程红波、檀伟伟编写，介绍了金属 - 有机配合物染料及纯有机染料两类染料的结构、性能及在电池中的表现。第 6 章的染料敏化太阳电池电解质体系由李敏玉编写，主要介绍了染料敏化太阳电池中的液态、准固态以及固态电解质的组成与性能。第 7 章的染料敏化太阳电池氧化还原电对由向万春编写，主要介绍了卤素、有机及金属配合物氧化还原电对，以及这些电对的特点和在提高染料敏化电池效率方面的贡献。第 8 章的染料敏化太阳电池对电极由王桂强编写，主要介绍了铂、合金、金属氧化物、金属硫化物、金属氮化物、有机半导体以及碳基和碳基复合对电极的研究进展。第 9 章的叠层染料敏化太阳电池由李胜军编写，介绍了叠层染料敏化电池的工作原理、分类以及研究进展。第 10 章的柔性染料敏化太阳电池由段彦栋编写，介绍了柔性染料敏化太阳电池的材料、结构特点和特殊的制备工艺等。第 11 章的染料敏化太阳电池的测量与研究手段由张敬波编写，主要介绍了染料敏化太阳电池性能测试和机理研究所涉及的方法和原理。第 12 章的染料敏化太阳电池展望与启示由林原编写，论述了染料敏化太阳电池未来在理论、效率及应用等各方面的发展前景。此外，本书大量的校对工作和格式整理等方面的工作主要由马品和殷雄负责。

目前，商品硅太阳电池产业链的完善和生产规模的扩大导致其价格一路狂降，现已低至每瓦 2～3 元，并还有进一步下降的趋势。同时，钙钛矿太阳电池的迅猛发展使全世界科学家的目光大部分转向了钙钛矿太阳电池。硅电池成本的降低和钙钛矿电池效率的快速提升两方面的因素使得近年来染料敏化太阳电池的研究暂时处于一个低谷期，但是随着新型染料和新型氧化还原对的开发，染料敏化太阳电池的光电转换效率仍有较大的提升空间。此外，在实用方面，染料敏化太阳电池在弱光、室内、柔性、装饰等方面有其特殊的优点。因为无论是科研探索还是实际应用，染料敏化太阳电池仍有很大的价值，故其相关的研究仍将继续进行。

在本书的编写过程中，编著者力求文字叙述简洁，图表表述清晰，数据提供准确，文献参考权威。本书对染料敏化太阳电池进行了一个比较完整的综述，希望对从事新型太阳电池研究的学者、研究生以及大学生提供有益的帮助。由于编著者的知识水平有限、时间紧迫，书中难免存在不妥和疏漏之处，衷心希望得到广大读者和各位专家的批评与指正。

编著者

2020 年 1 月

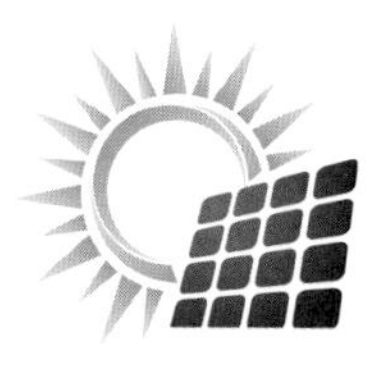

目录

第1章

太阳能与太阳电池

1.1 可再生能源与太阳能

1.1.1 可再生能源利用的意义

对于可再生能源和不可再生能源现在并没有一个严格和准确的定义。粗略来说，以矿物形式存在的能源如煤、石油、天然气、页岩油以及裂变核原料等属于不可再生的能源；可再生能源包括太阳能、生物质能、风能、水利能、波浪能、潮汐能等。能源是人类发展的必要基础，随着人类文明程度的发展，能源消耗量也不断上升。在进入工业化时代前，人们大量使用的是可再生能源，如生物质能和水能。人类进入工业化时代后对能源的需求急剧增长，使得传统的可再生能源不能满足需要，大量的不可再生能源被使用，造成了严重的环境和资源问题。首先是污染问题，煤和石油等在燃烧使用过程中会产生大量的硫氧化物、氮氧化物、细颗粒物等污染物。尽管现在采取了很多措施减少这些污染物的排放，但仍会对环境产生不利的影响。核反应堆产生的放射性废料也存在处理的难题。其次是全球气候问题，含碳的化合物燃烧产生的二氧化碳在空气中的浓度增加后，会导致全球气温升高，使冰川融化、海平面上升、极端气候增加等。最后是资源问题，大量使用不可再生的矿物性能源，可能导致能源的枯竭，使未来无能源可用。此外，化石能源煤，特别是石油，除了是能源外，还是重要的工业原料，作为能源烧掉也是对资源的一种浪费。人类现在一方面为了提高生活质量和文明水平需要使用大量能源，另一方面为了环境和长期的利益要减少以化石能源为主的不可再生能源的使用。利用可再生能源可以在一定程度上解决上述的两难问题。有历史学家预测人类只在工业化的这几百年内大量使用化石能源，之前和将来都会以大量的可再生能源为主。

1.1.2 可再生能源的种类

可再生能源种类繁多，可以按不同的性质分为不同的类别。例如按能源的来源可分为：来源于太阳辐射的能源，如太阳能、风能、水能、波浪能、生物质能等；来源于地球内部的放射性衰变能，如地热能等；来源于日、月、地的引力能，如潮汐能等。按能源的种类可以分为：动能，如水能、风能、潮汐能、波浪能等；化学能，如生物质能等；热能，如太阳能、海洋温差能、地热能等；光能，如太阳能等。不同类型的能源，其应用和转换的方式也不同。从人类现有的能源结构看，电能和化学能是比较受重视且应用广泛的能源形式。电能的优点是使用方便，可以很容易地、高效率地转换成其他形式的能源。此外，已建成的输电网络能将电能以较低的成本和较低的损耗高效自动地分配给终端用户。化学能的优势在于能够高密度、长期地存储，而不必像电一样必须随用随发，比如煤就已经在地层内存储了几千万年甚至上亿年了。因此，在可再生能源领域最热门的技术是各种发电技术，如水力发电、潮汐发电、波浪发电、风力发电等机械能 - 电能转换，太阳能、地热能、生物质能热发电中的热 - 机械 - 电能转换，以及光 - 电的直接转换、光 - 化学能的直接转换等。

1.1.3　可再生能源利用的难点

可再生能源虽然有众多的好处[1,2]，但利用中也存在困难，制约了其使用。除了已经被较好地开发的水力能之外，其他的可再生能源有以下几个共同问题。一是可再生能源的能量密度低。太阳光能密度只有 1000W/m^2，按 15% 的光电转换效率计算，光伏板的发电量为 150MW/km^2，并且由于光伏板是倾斜安装的，电站的面积要大于光伏板的面积，按土地面积计算的发电量将更小，这点在高纬度地区更为显著。作为比较，火电厂的发电能力可达 600MW/km^2。同等质量的生物质能发热量只有标准煤的 1/2 左右。低的能量密度就需要更多的土地，更多的设备，更高的运输成本。二是可再生能源的不稳定性。除了深层地热能外，水能、生物质能、太阳能、风能等都有季节性的变化，太阳能和风能还存在日变化和更短的变化。这种不稳定性一方面降低了设备的利用率，间接拉高了成本，比如 2018 年中国火电设备年利用时数为 4361h，水电为 3613h，而风能只有大约 2095h，最高的云南为 2654h，太阳能全国平均利用小时数 1115h，最高的蒙西（即内蒙古西部）为 1617h[3-5]。不稳定性的另一个问题是增加了电网调度的复杂度和成本。电力的生产和消费是同步进行的，为了保证电力消费的稳定，必须靠调峰电站进行调节，风力发电和光伏发电的不稳定性增加了调峰电站的容量和调节的难度，这也增加了发电成本。为了解决这些问题，使可再生能源在经济性上超过传统的化石能源，就必须依靠科技进步，在基础科学、材料科学、工程技术、信息技术等一系列领域取得突破，使可再生能源利用更少、更廉价的材料，达到更低的建设成本，获得更高的效率，具有更长的寿命，同时使可再生能源与传统能源的发电量有更好的调度和更高的利用率。

1.2 太阳能的利用与太阳电池

1.2.1 太阳能的特点和利用方式

太阳表面的温度在5700K左右，发出的光覆盖了从γ射线到红外线、微波、无线电波的广泛波段。在外太空，太阳的光谱可以近似认为与5700K黑体的光谱相同，其能量最大的部分为可见光和红外光部分。光谱的能量峰值在大约475nm处，而光谱的光子数峰值在875nm处。在地球轨道附近的外太空，太阳辐射的总功率约为1300W/m^2[6]。这种光谱分布和光强称为AM0，意味着太阳光穿过大气的距离是0。阳光穿过大气后由于大气的散射和吸收，光谱分布与太空相比会发生较大变化。在地面上由于太阳的位置和气象条件的不同，光谱分布会有很大的不同。为了方便研究，我们通常不考虑气象条件的变化，只研究晴朗天气下的太阳光光谱分布。当天顶角，也就是阳光与地面垂线的夹角等于0°时，阳光垂直照射地面。这时阳光穿过大气的距离最短，人们将这种情况下阳光到达海平面高度时穿过大气的距离定义为1，也就是AM1的情况。AM1的情况是在海平面上能获得最大的太阳光强。例如在北回归线夏至那天的正午就是AM1。

如果天顶角为α，则AM的值为$1/\cos\alpha$。比如AM1.5对应的是天顶角为42°时的太阳光谱分布，并规定AM1.5时1sun的光强（即一倍太阳光强）为1000W/m^2[7]。不同的AM值对应的太阳光谱分布和1sun对应的光强都是不同的。欧洲、美国、日本和中国都制定了各自的光谱分布的光强的标准，便于太阳能模拟器及太阳电池的检测。

本书后面所说的太阳能专指以辐射的形式到达地球的太阳光能。太阳能的利用方式大致可分为三类：太阳能的光热利用、光化学利用和光电利用。

太阳能的光热利用可分为低温（<100℃）、中温（100～500℃）和高温（>500℃）。低温主要用于日常生活，如生活热水、取暖等。中高温则可用于工业蒸汽产生、热发电等。尽管光热的转换效率很高，可达90%以上，但热能转变成其他能源的效率要受热力学定律的限制。光热转换技术相对来说比较简单，现在已经非常成熟。低温在民用方面已得到广泛应用，中高温集热也有了很多示范工程。

光化学能转换是将光能转换为化学能，其最大的优点是可以将能量以化学能的形式长期储存，解决了可再生能源不稳定的问题。自然界中的光合作用就是自然界中天然的光化学能转换。现在我们所用的煤都是历史上天然光合作用的产物。现在人们仿照光合作用开发了很多光化学能转换体系，如光分解水制氢、光还原二氧化碳、光合成氨等。尽管光化学能转换是一个重要的方向，也有众多研究者参与，但从目前的进展来看，光化学转换在效率、稳定性等性能上远远达不到实用化的要求，还停留在实验室的阶段。

光电转换是通过太阳电池将光能直接转换为电能。电能是目前人类应用最广泛的能源形式，它具有使用控制方便，能高效地转换成光能、化学能、机械能、热能等各种形式的能量，可远距离传送等优点，并且已具有了大规模的输电网络。太阳能转换成电能后可方便地加入现有的输电网络中，提供给终端用户。基于太阳电池的光电转换还具有设备无运动部件、维护简单的优点，可以方便地提供给远离电网的用户使用，是目前太阳能应用的首选方案。

1.2.2 太阳电池的分类

太阳电池可以按材料、结构、使用状态等分成不同的种类。

① 按材料分类　可按构成电池的元素的族分为Ⅳ族、Ⅲ-Ⅴ族、Ⅱ-Ⅵ族、Ⅰ-Ⅲ-Ⅵ族、Ⅰ-Ⅱ-Ⅳ-Ⅵ族、有机等大类，也可按化合物组成细分为硅、砷化镓、碲化镉、铜铟镓硒、铜锌锡硫等小类[8,9]。

② 按结构分类　可分为晶体电池和薄膜电池。所谓晶体电池是指吸光层较厚，有足够的支撑强度，不需要其他的结构支撑材料的电池。所谓薄膜电池是指吸光层较薄，需要附着在其他结构支撑材料上的电池。

③ 按使用状态分类　可以分为地面发电用电池、外太空用电池、聚光型电池、室内弱光型电池等。

1.2.3 太阳电池发电的历史和现状

太阳电池的历史可以追溯到1883年的硒光电池和1954年的硅太阳电池[10]。初期的光伏电池能量转换效率低，生产成本高，科学家们一直致力于光伏电池的改进，以提高效率，降低成本。20世纪50年代初，美国贝尔实验室在为远程通信系统寻找可靠的电源时，科学家们发现经杂质处理的硅对光敏感，可产生稳定的电压。1954年贝尔实验室第一次做出了光伏转换效率为6%的实用单晶硅光伏电池，开创了光伏发电的新纪元[10]。从1961年到1971年，硅光伏电池技术没有取得重大进展，研究的重点放在提高抗辐射能力及降低成本方面。在1972年到1976年之间，科学家研制出了各种空间用的单晶硅光伏电池。在20世纪70年代中期，科学家研制出了超薄单晶硅光伏电池。

太阳电池的应用可追溯到1958年，美国将太阳电池用到第一颗人造卫星“先锋一号”上作为电源[11-15]。太阳电池在地面上应用是从1970年开始的，而大规模民用是从1999年开始的。1998年9月，欧洲为了解决能源和环境问题提出了“百万太阳能屋顶计划”的战略框架，在此框架下德国政府宣布从1999年1月起实施“10万太阳能屋顶计划”[16]，其目标是到2003年底安装10万套光伏屋顶系统，总容量在300～500MW，每个屋顶约3～5kW。以当时的硅太阳电池的成本计算，硅电池所发出的电的价格远高于商品电价。为了推动和保证以光伏能源为核心内容的新能源计划的实施，德国政府在1991年颁布的《电力费返退法》的基础上，制定了《可再生能源法》[17]并于2000年4月1日正式生效。这些法律保证购买和使用光伏发电能源的居民和企业将获得政府的电价补贴。德国联邦经济技术部也为“10万太阳能屋顶计划”提供了总共约4.6亿欧元的财政预算。

在集中电站建设方面，2004年7月，在德国的莱比锡郊区建成并投入使用了当时世界上最大的光伏发电站，总发电功率达5MW。2006年9月，在德国南部巴伐利亚州建设了跟踪式太阳能电站。发电站占地77hm^2，发电总容量达12MW。该发电厂拥有1400多个可移动太阳能发电模组，这些发电模组能够跟踪太阳的移动，最大限度地吸收太阳能。跟踪技术使这家发电厂的发电能力比固定式电站高出35%。

我国光伏产业的发展经历了以下几个阶段：

第一阶段（1958年～80年代初）：雏形阶段。我国于1958年开始研究光伏电池，期间研究人员进行了大量科学研究实验，付出了辛勤的汗水。1971年，光伏电池首次成功应用于我国发射的“东方红二号”卫星上，从此开始了我国太阳电池在空间的应用历史。同一年，太阳电池首次在海港浮标灯上应用，开始了我国太阳电池地面应用的历史。我国的光伏产业在80年代以前尚处于雏形，太阳电池的年产量一直徘徊在10kW以下，价格也很昂贵。由于受到价格和产量的限制，市场的发展很缓慢，除了作为卫星电源外，在地面上太阳电池仅用于小功率电源系统，如航标灯、铁路信号系统、高山气象站的仪器用电、电围栏、黑光灯、直流日光灯等，功率一般在几瓦到几十瓦之间。

第二阶段（20世纪80年代初～80年代中期）：萌发时期。在世界太阳能光伏产业的推动下，自1979年到80年代中期，我国一些半导体器件厂，如云南、宁波、开封和北京的一些器件厂等，开始利用半导体工业废次单晶硅和半导体器件工艺来生产单晶硅太阳电池，我国光伏工业进入萌发时期。

第三阶段（20世纪80年代中后期～90年代初中期）：稳定发展时期。期间，宁波太阳电池厂和开封太阳电池厂引进国外关键设备，云南半导体厂、秦皇岛华美厂和深圳大明厂引进成套单晶硅电池和组件生产设备，哈尔滨克罗拉和深圳宇康厂引进非晶硅电池生产线，使我国光伏电池 / 组件总生产能力达到 4.5MW，我国光伏产业初步形成。售价也由“七五”初期的 80 元 /W_p（W_p=W_{peak}，即太阳电池的峰值功率）下降到 40 元 /W_p 左右。

第四阶段（20 世纪 90 年代中后期至今）：快速发展期。90 年代末我国光伏产业发展较快，设备不断更新，各地又建立一些组件封装厂，生产能力和实际生产量有了较快增加。1998 年常州天合光能有限公司成立，产品涵盖了硅棒、硅片、电池和高品质组件，是目前全球拥有相对完整产业链的为数不多的光伏厂家之一。无锡尚德于 2002 年底建成 10MW 多晶硅电池生产线，使生产能力在该年有了较大幅度的增加。到 2003 年底，我国光伏产业总的生产能力达到 38MW，其中晶硅电池 / 组件 35MW，非晶硅电池 3MW。此外，宁波中意公司和保定英利分别于“九五”期间和 2003 年建成 2MW 和 6MW 多晶硅铸锭和硅片生产线。2003 年我国太阳电池 / 组件的实际生产量达到 13MW（其中非晶硅 3MW）。我国在 2002 年左右光伏产品的供给和需求都是很弱的。当时全球光伏总的规模在 500MW 左右，我国的需求约为 1%，且主要应用是离网发电，而供给也不足 1%。2007 年时欧洲的 FIT（新能源补贴）政策驱动了装机需求，当时全球市场在 3.1GW 左右。2002～2007 年短短 5 年时间里，我国光伏电池和组件的出货量就从不足 1% 提高到了 20%。我国光伏生产行业实现了第一轮快速发展，大量抢占了欧洲市场份额，但我国的需求占比还是很小，仍只有 1%。在 2007～2012 年的 5 年时间里，我国光伏制造商加速了产能的建设，并且以 45% 的组件出货量占据了市场的主导地位，并利用国内成本优势，使光伏器件的价格大幅度下降。在此期间，由于光伏制造业的利润率受到了挤压，全球的光伏行业进入了一个整合期，传统光伏制造国家和地区（如美国、日本、欧洲）此后再也无法恢复往日的荣光了。与此同时，我国国内的光伏装机量已经有了显著增长，已占比 16%。2017 年，我国已经主导了全球光伏的需求和供应，光伏的需求占比为 55%，组件的出货更是占据了绝对主导地位，达到了 57%[18]。

我国的太阳能产业从 2002 年到现在的 18 年间快速发展，从需求和供应都不足 1% 到双双占据半壁江山，得益于以下几个因素：

① 国际上对太阳电池板的大量需求　从庭院灯等小型太阳能应用到欧洲的千万屋顶计划，特别是德国政府的推进和补贴，创造了太阳电池的巨大市场和巨大利润，吸引了我国的企业参与进来。

② 国内市场的拉动　20 世纪 90 年代以后，随着我国光伏产业的初步形成和成本降低，太阳能的应用领域开始向工业领域和农村电气化应用发展，市场稳步扩大，并被列入国家和地方政府计划，如西藏阳光计划、光明工程、西藏阿里光

伏工程、光纤通信电源、石油管道阴极保护、村村通广播电视、大规模推广农村户用光伏电源系统等[19]。进入21世纪，“送电到乡”工程，国家投资20亿，安装容量达20MW，解决了我国800个无电乡镇的用电问题，推动了我国光伏市场快速、大幅度增长。

③ 产业的技术进步　硅太阳电池大量新技术的开发，特别是一些技术在工厂中的使用，使得大规模生产的电池效率近年来不断提高，增长幅度平均每年0.5～1个百分点。代表性的技术包括黑硅、金刚石线锯、背钝化、选择性发射结、激光掺杂、正反面浆料优化和丝印技术提高等等。

④ 我国的廉价成本　我国企业参与进来后经历了引进、消化、吸收、仿制、创新的过程，使硅电池从原料、设备到生产的成本都急剧下降，硅太阳电池的价格也急剧下降，2018年组件的成本已降到2～3元/W。发电成本0.3～0.4元/（kW·h）已接近商品电价，而成本的降低又促进了太阳电池产业的发展，形成了良性循环。

现在我国已经形成了一个高水平的规模化、专业化、国际化的光伏产业群。截止到2017年，全世界的太阳电池总装机容量已达到402GW[19]。其中我国累计装机容量为131GW，占全球总累计装机容量的32.59%，占我国发电总装机容量的8%左右。据国际能源署（IEA）预测，到2030年全球光伏累计装机容量有望达1721GW，到2050年将进一步增加至4670GW，光伏行业发展潜力巨大。

目前的地面民用领域中晶体硅电池可谓是一枝独秀，占据了90%以上的市场份额。太阳电池种类繁多，世界各国的科学家对各类电池都开展了深入研究，取得了很多研究成果。但大多数太阳电池都存在这样或那样的问题，使得在地面民用户外大规模电站方面无法与晶体硅竞争。

高效率是科学家的追求之一。Ⅲ-Ⅴ族半导体太阳电池是高效率电池的代表，砷化镓电池的效率达到28.8%，是所有单结太阳电池的最高效率。Ⅲ-Ⅴ族多结太阳电池在聚光的条件下达到了接近50%的效率。但是Ⅲ-Ⅴ族电池制作成本高，特别是多结电池，要采用分子束外延技术，设备成本高，生产效率低。而聚光电池需要对太阳位置进行跟踪，也会增加成本，因此大多用在太空、军用等少数不考虑成本的项目中。

新概念太阳电池具有潜在的高效率。目前研究的新概念电池包括叠层（多结）太阳电池、分光型太阳电池、聚光型太阳电池、中间带太阳电池、热载流子太阳电池、多重激子太阳电池等。这些电池中只有叠层（多结）太阳电池、分光型太阳电池、聚光型太阳电池获得了高的光电转换效率，而其他的还处于探索阶段，光电转换效率还都比较低。

低成本是科学家和企业的目标。薄膜电池是低成本太阳电池的代表。研究比较成熟的薄膜电池包括非晶硅太阳电池、碲化镉太阳电池、铜铟镓硒太阳电池等，这些电池都曾占有过部分的太阳电池市场。非晶硅的问题在于最高效率较低，只有约12%，且存在严重的效率衰退问题，因此现在多用于室内小型电器的供电上，如计算器等。碲化镉太阳电池的问题在于其中的镉有剧毒，在欧盟被禁止使用。铜铟镓硒太阳电池的问题在于该电池是四元化合物，生产过程中难以精确地控制元素的比例，给大规模的工业化生产带来较多问题，并且其中的铟是稀有元素，限制了该电池的大规模使用。目前在实验室中研究较多的薄膜电池还包括本书中要介绍的染料敏化太阳电池、有机太阳电池、卤化物钙钛矿太阳电池和铜锌锡硫硒太阳电池。其中，前三种电池都存在稳定性的问题，限制了它们的商业化应用。

从上述分析可以看出：一类太阳电池要在商业上获得成功不能只在某一方面有性能优越，而是要在转换效率、制造成本、稳定性、材料来源等方面都没有显著的缺陷，没有明显的短板。而在科研领域则更强调某一种性能的极致化。

1.3 太阳电池的工作原理

1.3.1 半导体物理基础

前人的研究表明，比起绝缘体和导体，半导体更适合于制作高效的光电转换器件，这和半导体的能级结构有关。

原子最外层的价电子受束缚最弱，原子结合成晶体时，它同时受到原来所属原子和其他原子的共同作用，已很难区分究竟属于哪个原子，实际上是被晶体中所有原子所共有，称为共有化。原子间距减小时，孤立原子的每个能级将组合成由密集能级组成的准连续能带。共有化程度越高的电子，其相应能带也越宽。孤立原子的每个能级都有一个能带与之相应，所有这些能带称为允许带。相邻两个允许带间的空隙代表晶体所不能占有的能量状态，称为禁带。如果允许带中所有的量子态均被电子占满，则称为满带。无任何电子占据的允许带称为空带。满带和空带均不能参与宏观导电过程。部分被占满的允许带是可导电的，所以称为导带。

通常研究中最关心的是电子最高的占据带和最低的空带。最高的占据带一般是由最外层的价电子填充的，故称为价带。例如一价金属最高的占据带中只有一半被占据，另一半空着。半满带中的电子能参与导电过程，故称为导带。很多材料没有部分占据的能带，这种情况下最低的空带也被称为导带。导带、价带及其中间的禁带是我们研究的主要对象。导带底与价带顶之间的能量差称为禁带宽度，也称为能隙，是表征晶体特性的重要参数。通常来说，禁带宽度小于 0.1eV 的是导体，禁带宽度在 0.1～4eV 之间的属于半导体，禁带宽度大于 4eV 的是绝缘体。在任何温度下，由于热运动，价带中的电子总会有一些具有足够的能量激发到导带中，同时在价带中留下空穴。禁带宽度的差别使得导带上的电子及价带上的空穴浓度不同，表现为宏观导电性能的差别。

半导体除了可以被热激发外，也可被光激发，当光子能量大于禁带宽度时就可以将价带的电子激发到导带上，产生电子空穴对。由于价带和导带是连续的带，半导体对光的吸收也是连续的。

半导体还可以通过掺杂或偏离化学计量比来调节性能。掺杂的半导体根据导电类型的不同分为电子导电为主的 N 型半导体和空穴导电为主的 P 型半导体。

费米能级是描述半导体特性的一个重要参数。按照定义，费米能级是电子占有率为 50% 时的电子能量。通常可将费米能级理解成体系中电子的平均能量，与化学中电子的化学势有类似的意义。当一个体系达到平衡时，体系中各部分的费米能级均相等。半导体的掺杂会改变费米能级的位置。对于未掺杂的本征态，费米能级位于导带和价带的中间；对于 N 型半导体，费米能级会上移，接近导带；对于 P 型半导体，费米能级会下移，接近价带。掺杂量越大，费米能级的移动越多。

1.3.2 半导体中的光电转换过程

在不同类型的太阳电池中光电转换的过程基本都是类似的，都包括光吸收、载流子产生、载流子分离、载流子输运及载流子复合等过程。其中前三个是必需的过程，而复合过程则会降低太阳电池的光电转换效率。下面以 PN 结型晶体硅太阳电池为例介绍这几个过程。

常见的晶体硅太阳电池是在轻掺杂的 P 型硅上面扩散磷，形成一层 N 型层。晶体硅中的光吸收是由硅实现的，硅可以吸收波长小于 1100nm 的光，产生电子 - 空穴对。载流子的分离和输运也基本是在同一空间位置上实现的。由于硅的吸收系数小，光线的吸收深度大，所以载流子的分离和输运一部分是在 PN 结，而另一部分在体相。P 型硅和 N 型硅的费米能级位置不同，当两者接触时，电子会从能量较高的 N 型硅向 P 型硅转移，在 N 型区留下了不能移动的施主正离子，转移到 P 区的电子与空穴复合后在 N 型区留下了不能移动的受主负离子。正负离子形成的内部电场就是PN结。由于PN结内存在内部电场，使得光生载流子的分离和输运能以很快的速度进行。相对而言，在本体区（非PN结区）光生载流子的分离与输运是依靠浓度差引起的扩散来进行的，效率较低。硅电池中载流子的复合分为两大类：一类是体相复合；另一类是表（界）面复合。在体相复合中辐射复合的速率是一个常数，决定了硅电池的理论光电转换效率的上限（见1.3.4节）。杂质引起的复合影响了电池的实际光电转换效率。硅电池中复合最小的区是PN结，由于PN结中电场的存在，载流子在PN结中停留的时间很短，所以复合的总量不大。其次是P型区，由于P型区的掺杂浓度低，所以复合速率较低，但由于P型区的长度大，载流子的停留时间长，所以复合总量较大。P型区的复合反映为长波区量子产率的下降。复合最大的区域是N型区，这是由于N型区的掺杂浓度较高。N型区的复合反映为短波区量子产率的下降。界面复合是指载流子在硅与电极材料、减反材料、钝化材料或空气等形成的界面上的复合。相对来说，硅电池的表面积较小，通常只有在体相复合已经很小的高效率电池中才能观察到界面复合。对于这些高效电池，经过表面处理后，界面复合减小，能进一步提高电池的性能，例如现在流行的PERC电池就是通过背钝化来降低界面复合，达到提高光电转换效率的目的。对于多晶硅电池和薄膜太阳电池，由于晶界的存在，表（界）面积比单晶硅电池大，界面复合对电池性能的影响更为显著。

1.3.3　表征太阳电池性能的参数

表征太阳电池性能的最重要的指标是光电转换效率，其定义是电池输出的最大电功率除以垂直照射到电池表面的太阳光功率。电池的光电转换效率是光谱分布、光强、温度等条件的函数，所以在给出电池的光电转换效率时必须要指出这些条件。光谱分布通常用AM（Air Mass）来确定。AM0是太空用太阳电池的测试条件。AM1.5是地面用太阳电池的主要测试条件。光谱分布也可用不同波长下的光强来描述，这主要是针对一些特殊应用，比如在室内灯光下的应用。光强可以用单位面积的光功率来表示，如W/m^2，为了方便也可用sun来表示。1sun对应的是某一光谱下的太阳辐射最大值。不同的光谱分布对应的1sun的光功率是不同的。在AM0时1sun规定为$1350W/m^2$，在AM1.5时1sun规定为$1000W/m^2$。常规电池都是在1sun条件下测试的。聚光电池在高光强下有更高的光电转移效率，根据电池的特性可以在10sun到数百sun下进行测试。而有一些电池在弱光下有好的表现，也可在低于1sun下进行测试。测试温度没有特别指出时，通常都选择在25℃下进行测试。

除了光电转换效率外，为了便于研究和测试还会对电池的其他性能进行测试和表征，如开路光电压、短路光电流、填充因子、单色光量子产率等。

1.3.4 太阳电池的转换效率

太阳电池的理论转换效率是指只考虑限制器件的物理学基本原理，而不考虑实际的转换体系和转换过程时所能达到的最高效率。由于考虑的方法和思路不同，所得到的最高理论效率也是不同的。

电池的最高光电转换效率是由热力学第二定律确定的。太阳辐射可以看成是6000K 的高温热源，地面是 300K 的低温热源。由此得出的最高效率为 95%。

如果以单半导体吸收体为物理模型，有以下假设：

① 电池可以吸收光子能量范围为 E_g 到无穷的所有光子；

② 电池吸收能量大于 E_g 的光子产生电子 - 空穴对的量子产率为 1，且电子和空穴与环境温度达热平衡，也就是说电子和空穴分别位于导带底和价带顶；

③ 光生的电子、空穴可以无损地输运到外电路；

④ 电池内部没有电阻损失，电池与外电路是理想的电接触；

⑤ 系统满足细致平衡原理，电池中唯一的复合损失来源于辐射复合损失。

由以上假设可以得出光电转换效率与禁带宽度的关系。图 1-1 显示了太阳电池理论光电转换效率和能量损失与半导体禁带宽度的关系。图中最下面的黑色部分是理论上太阳能转化为电能的能量。从图中可以看出，能量损失包括三部分：①辐射复合损失（图 1-1 上部白色区域）；②能量高于 E_g 的光子将超过 E_g 的能量以热能的形式损失掉（图 1-1 左侧斜线区域）；③能量低于 E_g 的光子由于不被半导体吸收而损失掉（图 1-1 右侧网格线区域）。①和②两类损失是小禁带半导体

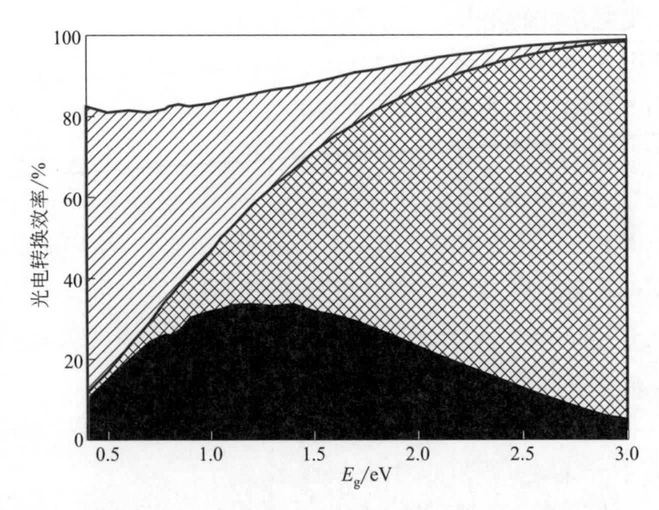

图1-1 太阳电池理论光电转换效率和能量损失与半导体禁带宽度的关系

太阳电池能量损失的主要方式；③的损失是宽禁带半导体太阳电池能量损失的主要方式。对于单吸收体的电池，光电转换效率在未聚光的情况下最高只有33%。最佳禁带宽度为1.2eV左右。

如果采用多种吸收体吸收不同能量的光子，就能有效地提高电池的光电转换效率。不同数量的吸收体的串联型电池的光电转换效率见表1-1[20]。

表1-1　不同数量的吸收体的串联型电池的光电转换效率[20]

电池数量	测量条件	优化带隙宽度/eV						转换效率/%
		E_1	E_2	E_3	E_4	E_5	E_6	
1	黑体 聚光	1.31 1.11						31.0 40.8
2	黑体串联 聚光串联	0.97 0.77	1.70 1.55					42.5 55.5
3	黑体串联 聚光串联	0.82 0.61	1.30 1.15	1.95 1.82				48.6 63.2
4	黑体串联 聚光串联	0.72 0.51	1.10 0.94	1.53 1.39	2.14 2.02			52.5 67.9
5	黑体串联 聚光串联	0.66 0.44	0.97 0.81	1.30 1.16	1.70 1.58	2.29 2.18		55.1 71.1
6	黑体串联 聚光串联	0.61 0.38	0.89 0.71	1.16 1.01	1.46 1.33	1.84 1.72	2.41 2.31	57.0 73.4
∞	黑体串联 聚光串联							68.2 86.8

电池的实际光电转换效率低于理论效率，损失来源于光学损失、复合损失和电学损失等三方面。

对于理想电池，认为所有能量大于E_g的光子都被电池吸收，但实际上一部分光子会在电池前表面发生反射，而不会被电池吸收。以硅电池为例，如果表面不做任何处理，光的反射率可达36%，进行表面织构化处理并镀有氮化硅减反层后，能使硅电池表面反射率降到5%以下。另外，如果正面印有金属栅线或透明导电层，也会产生光学损失。由于电池吸光层的厚度是有限的，总有一部分光没有被吸收层吸收而从背面透过，这也是光学损失。

复合对电池性能的影响已在前面进行过描述，在此不再重复。

太阳电池在工作时，光电流会流经电池内部，并在电池内各种阻抗如栅线电阻、扩散层电阻、导电接触电阻等上产生IR降（由电流I和电阻R引起的偏差），这些构成了电学损失。

1.4 染料敏化太阳电池

1.4.1 染料敏化太阳电池的历史

早在 1873 年，德国科学家 Herman Vogel 就在实验中发现用染料处理卤化银可以将光谱响应范围从蓝紫光扩展到可见光甚至是红外线领域，同时大大提高了卤化银的响应灵敏度，此现象称为染料增感。染料增感技术被广泛应用于银盐照相领域，在数码成像技术普及之前，使用增感技术的胶片记录了人类的大量活动。

1887 年，J. Moser 将涂有染料赤藓红的卤化银电极放在溶液中，光照下观测到了敏化的卤化银电极与对电极之间的电流，表明染料增感的概念不仅可用于照相术，也可用于光电转换。

1949 年，Putzeiko 和 Trenin 报道了有机光敏染料对宽禁带氧化物半导体的敏化作用，发现即使不激发半导体，只要用可见光激发染料也同样可以产生光电效应。从此，染料敏化半导体成为该领域的研究热门。

1964 年，Namba 和 Hishiki 的研究指出有机染料在照相术和光电转换体系中的敏化作用机制相同，都是激发的染料与卤化银或半导体之间的电荷转移机制。

随后，Gerischer、Tributsch、Meier 及 Memming 等系统地研究光诱导的有机染料与半导体间的电荷转移反应，得到了光电流与染料和半导体的能级位置关系，染料和半导体之间的空间距离之间的关系。

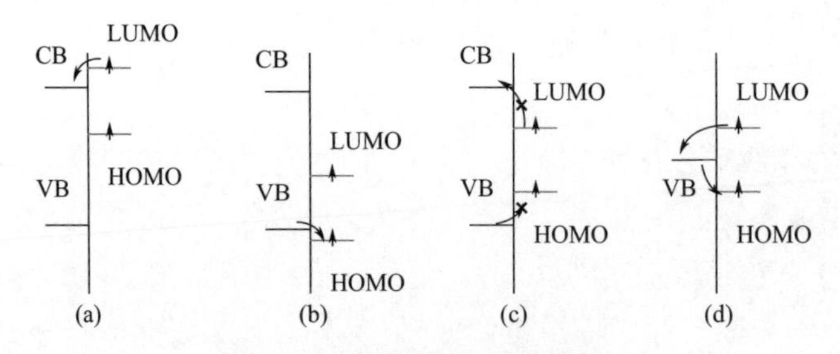

图1-2 半导体与染料的能级关系

（CB：conduction band，导带；VB：valence band，价带）

对于光敏染料，最高已占据轨道 HOMO（highest occupied molecular orbital）和最低空轨道 LUMO（lowest unoccupied molecular orbital）这两个能级的位置与染料的性质密切相关。通常情况下，在 HOMO 上有两个自旋相反的电子，受到光激发后其中一个电子会从 HOMO 转移到 LUMO。染料的能级与宽禁带半导体的价带和导带的相对位置有三种。在第一种情况下［图 1-2（a）］，染料的 LUMO 高于半导体的导带。光激发的电子可以从 LUMO 转移到半导体的导带，导致半电体带负电，染料带正电，实现了电荷分离，这个过程称为电子注入。在第二种情况下［图 1-2（b）］，染料的 HOMO 低于半导体的价带。光激发后电子从半导体的价带转移到缺少电子的染料的 HOMO，导致半电体带正电，染料带负电，实现了电荷分离，这个过程称为空穴注入。如果 LUMO 和 HUMO 都位于半导体的禁带之中［图 1-2（c）］，那么在激发的染料和半导体之间将不会发生电荷转移，观察不到染料敏化现象。在另一种极端情况下［图 1-2（d）］，染料与金属在一起，金属的导带上既有空轨道又有电子，电子注入和空穴注入都能发生，净结果是金属成为了染料激发态的淬灭剂。

染料的注入效率与染料与半导体的距离相关，大致来说随着两者之间距离的增加注入速率呈指数形式衰减。因此，如果将染料放在溶液中，大部分激发的染料距离半导体都很远，不能有效地注入电荷。因此科学家发明了修饰电极技术，将染料通过化学键与半导体连接在一起，这样可以在基本降低性能的情况下大大减少染料的用量。

20 世纪 80 年代 L-B（Langmuir-Blodgett）膜技术迅速发展起来，L-B 膜是一种单分子膜，可以精确地控制功能分子在表面上的数量。同时，染料分子的结构设计也更为复杂，设计合成的染料 - 给体 - 受体多元分子能使激发态的寿命延长，提高了电荷转移的效率，取得了接近 1% 的光电转换效率。这些染料 - 给体 - 受体的结构设计理念现在仍在使用。然而尽管染料的性能有了很大的提高，但染料修饰单晶半导体或薄膜电极的结构存在关键性的缺陷，导致效率很难进一步提高。这种结构的不足是染料的吸附量小。如图 1-3（a）所示，由于染料的分子截面积小于光子吸收截面，使得单层吸附的染料只能吸收很少部分的光（＜5%）。多层染料的负载可以使光吸收的效率提高，但同时由于染料层数的增加使得外层染料与半导体的距离增加了，向半导体注入电荷的效率下降了［图 1-3（b）］。因此，有人提出了能量转移的技术。外层的染料（也称为天线分子）吸收光能达到激发态后，不是直接向半导体注入电荷，而是以能量转换的方式使内层的染料达到激发态，激发的内层染料再向半导体进行电荷注入［图 1-3（c）］。由于能量转移效率随距离增加的衰减比电荷转移慢，这样的结构具有更高的光电转换效率。但随着染料和天线分子的增多，会导致染料的复原减慢。当染料向半导体注入电荷后，本身也会带电。例如染料向半导体注入电子后，会变成染料正离子，而染料正离子在被溶液还原之前是不能再次吸收光子的，要与溶液中的还原剂反应，使染料正离子重新回到初始态。但当染料和天线分子增多后，会使溶液中的还原剂难以与染料正离子接触，使染料复原过程受阻。总之，对于平面电极来说，染料吸光、电荷转移及染料还原这三个过程之间的矛盾很难解决，基于平面结构的电池效率很难有大幅度的提高。

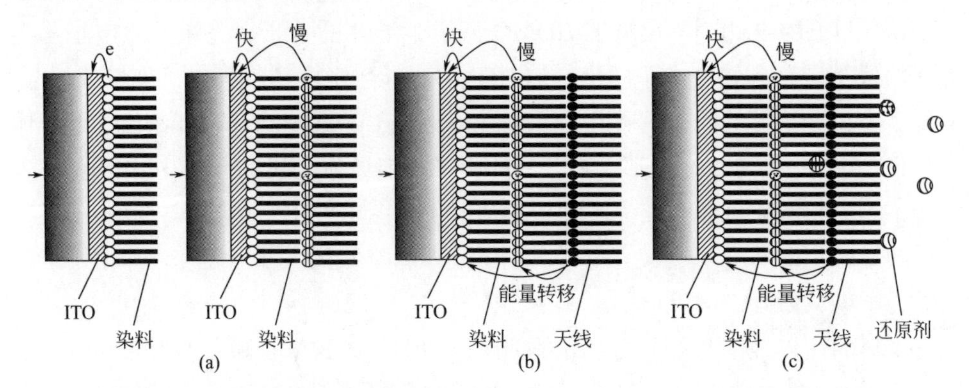

图1-3 L-B膜修饰平面电极结构示意图（ITO：indium tin oxide，氧化铟锡）

20 世纪 90 年代，Grätzel 针对平面电极存在的问题，提出用纳晶电极代替平面电极，即染料敏化纳晶电池的概念，使电池的效率提高到了 7%[21,22]。从此染料敏化电池的研究成了热点。

1.4.2 染料敏化纳晶太阳电池的工作原理

纳晶的全称是纳米晶多孔薄膜半导体电极，其典型的特征可以从截面的扫描电镜图[23]［图 1-4（a）］中看出。纳晶具有很大的比表面，厚度 10μm 的电极，真实面积是几何面积的 1000 倍左右。纳晶是由尺寸 5～20nm 的半导体烧结而成的，纳晶之间有很好的导电接触。此外纳晶之间并不是紧密堆积的，还存在一定的孔隙，电解液可以很好地渗入这些孔隙中。纳晶的这些特点完美解决了平面电极存在的三个问题。首先，纳晶的大比表面使得只要在纳晶表面单层吸附染料就能实现高的总染料浓度和几乎完全的吸光，光吸收效率可达 90% 以上；其次，纳晶之间的导电接触使得注入的电子可以快速地输运到外电路。

在 DSSC（dye-sensitized solar cell，染料敏化太阳电池）中光电转换过程也是由光吸收、载流子分离、载流子输运及载流子复合四个过程组成的［图 1-4（b）］，但与传统的基于无机半导体的太阳电池有显著的不同。在染料敏化电池中光吸收是由染料来进行的，而不是由半导体来进行的，这是一个很大的不同。吸附在半导体表面的染料受激发后通过向半导体注入电荷来实现电荷分离。DSSC 中载流子的输运是在不同的空间中由不同的物质进行的，对于电子注入的情况，电子的输运是在半导体纳晶薄膜中进行的，而空穴的输运则是由电解质或空穴传

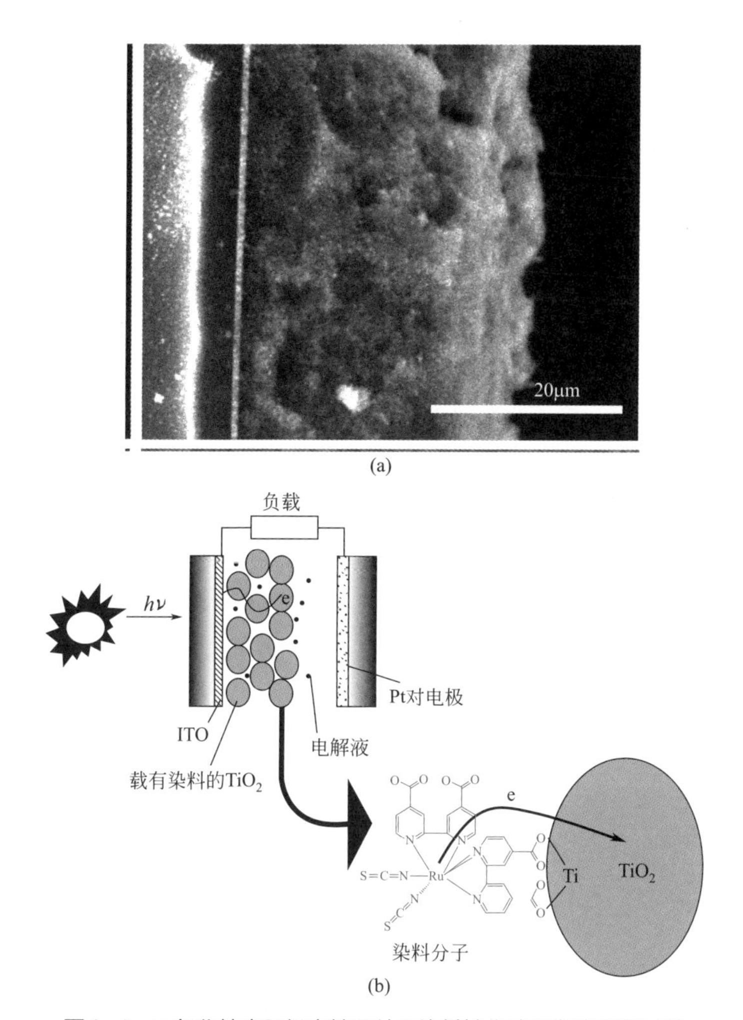

图1-4 二氧化钛光阳极电镜照片和染料敏化纳晶电池工作原理

输材料在纳晶的孔中来进行的。同样，染料敏化电池中的复合过程也主要是表面复合，而不是体相复合。DSSC中复合过程主要有以下三个：①激发态的染料自身的辐射或非辐射复合；②半导体中的电子与染料正离子的复合；③半导体中的电子与溶液中的氧化态物质的反应。从上面的分析可以看出DSSC中光电转换是由不同的材料协同完成的，从理论上来说，我们可以有更多的材料选择方案，可以对每一个过程分别进行优化。

尽管用纳晶电极取代平面电极可以解决吸光、电荷输运和染料复原三者之间的矛盾，但也引来新的问题。纳晶电极的大比表面使得溶液与染料、溶液与纳晶之间的复合速度大大增加。有很多科学家对这一方案存在质疑，认为严重的表面复合将会使电池的效率降低，甚至会低于平面电极。从上面的分析可以看出，DSSC 中存在 3 对竞争反应，即：染料的注入过程与染料的失活过程；染料正离子与电解质中的还原态的复原反应和与半导体中的电子的复合反应；半导体中的电子的输运反应和与电解质中氧化态的复合反应。要使 DSSC 具有高的光电转换效率，必须使 3 对竞争反应中前者的反应速率快于后者的反应速率。通过对 DSSC 光电转移过程的测量可以得到光电转换过程中关键过程的动力学参数，以 N719 染料敏化二氧化钛纳晶电极以 I^-/I_3^- 为氧化还原对组成的电池为例，测得的参数见图 1-5。从图中可以看出电子的注入速度约为 10^{10}～10^{12} s^{-1}，N719 染料的注入速度大于 1.4×10^{11} s^{-1}，染料的寿命约为 60ns，由此可算出电荷注入的效率超过 99.9%[24]。染料正离子与电解质中的还原态的复原反应速率是与半导体中的电子的复合反应速率的 100 倍。电子在二氧化钛纳晶中的输运速度也远大于与溶液的复合反应速率，这是染料敏化电池获得高效的保证。换句话说，Grätzel 选用的 I^-/I_3^- 既能与染料正离子有高的反应速率，又与二氧化钛有很慢的界面电荷转移反应速率，从而大大降低了复合效率，使纳晶电池具有高的光电转换效率。

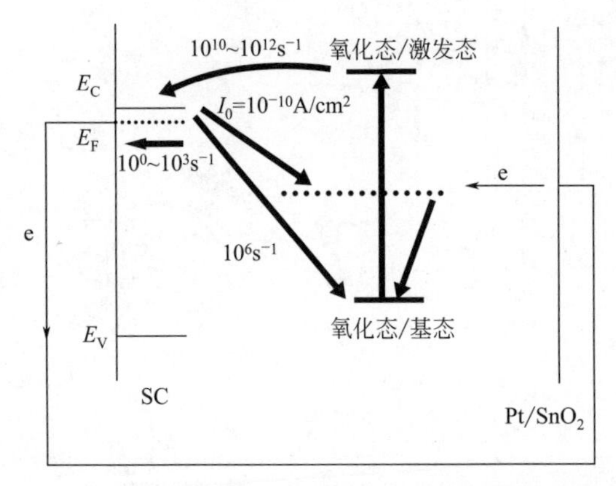

图1-5　染料敏化二氧化钛纳晶电池典型的动力学参数

E_F—Fermi 能级；E_C—导带能级；E_V—价带能级；SC—semiconductor，半导体

染料敏化纳晶电池获得重视得益于科研和商业两方面的兴趣。在科研方面 DSSC 属于有机、无机杂化的太阳电池，与传统的无机电池在光吸收、电荷分离、电荷输运等光生载流子动力学上都与传统的无机太阳电池不同，有更多的值得研究的基础科学问题。同时，相比于当时的有机太阳电池，染料敏化纳晶电池有更高的效率，制作更为简单，吸引了更多的人员从事相关的基础研究。

染料敏化电池获得关注之时，正值欧洲开展大规模的太阳能利用，制订了千万屋顶计划。当时硅太阳电池的成本很高，约 40 元 /W，而染料敏化电池作用材料少，生产工艺简单，耗能少，当时估算的成本在 8 元 /W 左右，只有硅电池的 1/5，是一个值得大力研究的领域。从那时起，国内外大量的科学家开始从事染料敏化纳晶电池的研究，开辟了太阳电池研究的新领域。

参考文献

[1] 联合国发展规划署（UNDP）.世界能源的评估报告[R].2017.

[2] Jäger-Waldau A. European research roadmap for photovoltaics[J].2004.

[3] 国家能源局. 2018年光伏发电统计信息[EB/OL]. http：//www.nea.go v.cn/2019-03/19/c_1，2019-03-19.

[4] 清洁高效燃煤发电. 国家能源局发布2018年全国电力工业统计数据 火电发电设备容量114367亿千瓦[EB/OL]. http：//www.sohu.com/a/290448901_722664，2019-01-21.

[5] 国家能源局. 2018年风电并网运行情况[EB/OL]. http：//www.nea.gov.cn/2019-01/28/c_137780779.htm，2019-01-28.

[6] GB/T 6494—1986 航天用太阳电池电性能测试方法.

[7] 熊绍珍，朱美芳. 太阳电池基础与应用[M]. 北京：科学出版社，2009.

[8] Green M A，Emery K，Hishikawa Y，et al. Solar cell efficiency tables（Version 45）[J]. Progress in photovoltaics：research and applications，2015，23（1）：1-9.

[9] Chapin D M，Fuller C S，Pearson G L. A new silicon p-n junction photocell for converting solar radiation into electrical power[J]. Journal of Applied Physics，1954，25（5）：676-677.

[10] Wolf M. Limitations and possibilities for improvement of photovoltaic solar energy converters：Part I：Considerations for earth's surface operation[J]. Proceedings of the IRE，1960，48（7）：1246-1263.

[11] Mandelkorn J，McAfee C，Kesperis J，et al. Fabrication and characteristics of phosphorous-diffused silicon solar cells[J]. Journal of the Electrochemical Society，1962，109（4）：313-318.

[12] Smith K D，Gummel H K，Bode J D，et al. The solar cells and their mounting[J]. Bell System Technical Journal，1963，42（4）：1765-1816.

[13] Gereth R，Fischer H，Link E，et al. Contribution to silicon solar cell technology[J]. Energy Conversion，1972，12（3）：103-107.

[14] Iles P A. Increased output from silicon solar cells[C]//Conference Record，Eigth IEEE Photovoltaic Specialists Conference，Seattle. 1970：345-352.

[15] Gereth R，Fischer H，Link E，et al. Silicon solar cell technology of the seventies[C]//8th IEEE Photovoltaics Specialists Conference. 1970：353-359.

[16] 王彩霞，李梓仟，李琼慧. 德国《可再生能源法》的修订之路及启示[N]. 中国电力报，2016-09-26.

[17] 王斯成. 中国光伏发电的现状和展望[EB/OL]. 2009-02-01.

[18] 中国产业信息. 2017年中国光伏发电累计装机规模已超过130GW，居于世界首位！预计未来市场发展前景良好，市场潜力巨大[EB/OL]. http：//www.chyxx.com/industry/201901/707399.html，2019-01-05.

[19] 新能情报局. 5张图片带你穿越20年 感受中国光伏的变迁和崛起速度[EB/OL]. http：//

guangfu.bjx.com.cn/news/20181228/952768.shtml，2018-12-28.

[20] Marti A，Araújo G L. Limiting efficiencies for photovoltaic energy conversion in multigap systems[J]. Solar Energy Materials and Solar Cells，1996，43（2）：203-222.

[21] O'regan B，Grätzel M. A low-cost，high-efficiency solar cell based on dye-sensitized colloidal TiO_2 films[J]. Nature，1991，353（6346）：737.

[22] Xie D M，Feng S J，Lin Y，et al. Preparation of porous nanocrystalline TiO_2 electrode by screen-printing technique[J]. Chinese Science Bulletin，2007，52（18）：2481-2485.

[23] Nazeeruddin M K，Kay A，Rodicio I，et al. Conversion of light to electricity by cis-X_2bis（2, 2′-bipyridyl-4, 4′-dicarboxylate）ruthenium（Ⅱ）charge-transfer sensitizers（X=Cl^-，Br^-，I^-，CN^-，and SCN^-）on nanocrystalline titanium dioxide electrodes[J]. Journal of the American Chemical Society，1993，115（14）：6382-6390.

[24] De Angelis F，Fantacci S，Mosconi E，et al. Absorption spectra and excited state energy levels of the N719 dye on TiO_2 in dye-sensitized solar cell models[J]. The Journal of Physical Chemistry C，2011，115（17）：8825-8831.

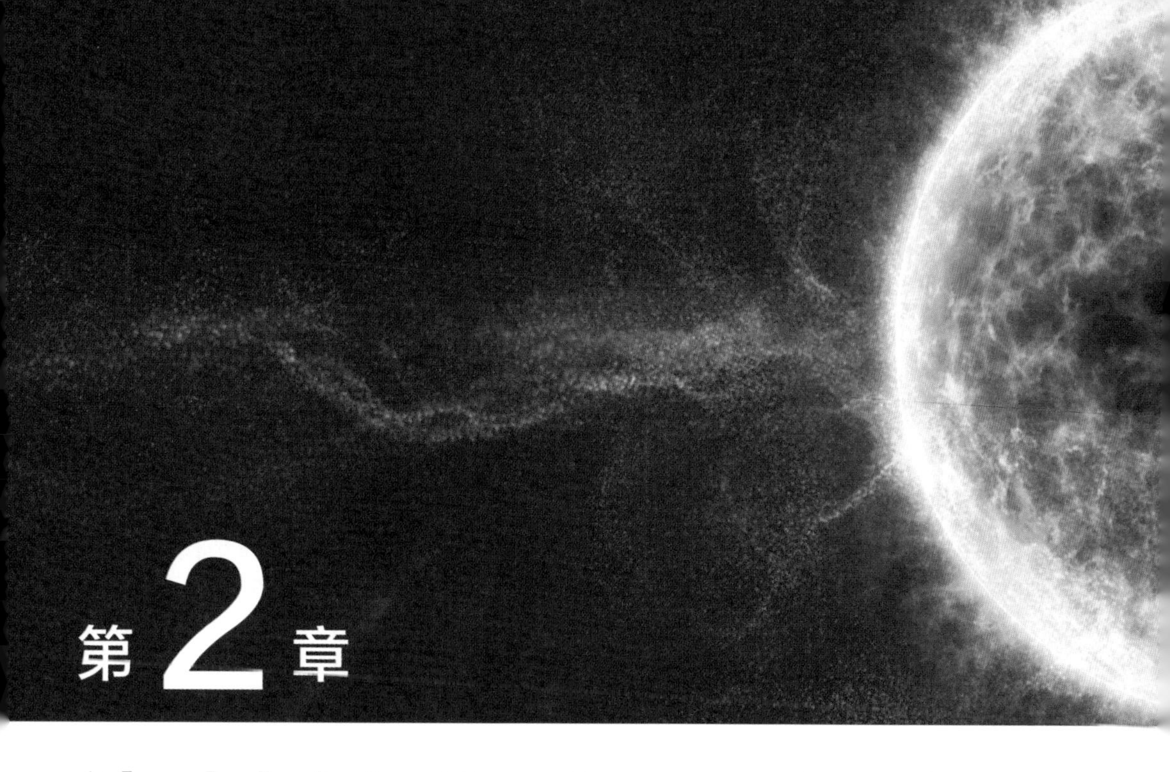

染料敏化太阳电池光阳极材料

2.1 染料敏化太阳电池光阳极材料功能与性能要求

在 DSSCs 的发展历程中，纳米技术的发明与进步对 DSSCs 综合性能的提高起着重要的推动作用。1991 年，瑞士洛桑高等技术学院 M. Grätzel 教授团队首创性地采用 TiO_2 纳米颗粒（TiO_2-NPs）制备多孔薄膜光阳极，使得 DSSCs 取得了突破性的 7.1% 的光电转换效率[1]，DSSCs 正式跻身高效光伏技术行列。随后，纳米技术的发展推动了 DSSCs 效率的一次次重大突破。本章简要介绍 DSSCs 光阳极的作用及其性能要求，重点介绍常用的光阳极材料及其制备技术。同时，本章还将对光阳极多孔薄膜的制备技术进行详细讨论。

2.1.1 染料敏化太阳电池光阳极材料的功能

光阳极作为 DSSCs 的重要组成部分，其性能对电池光电转换效率有着至关重要的影响。DSSCs 中与光阳极密切相关的过程包括：①吸附在光阳极半导体薄膜上的染料分子吸收入射光并被激发到激发态；②激发态染料分子将其电子注入半导体导带中；③导带中的光生电子在半导体薄膜中传输并到达外电路，从而产生光电流；④半导体薄膜中的光生电子与电解液中的氧化态成分（如 I_3^-）或氧化态染料发生复合反应而被消耗。

光阳极半导体薄膜在 DSSCs 中起着如下重要作用：①作为载体，实现对染料分子的化学吸附，利用染料分子的光敏作用，完成对太阳光的捕获；②接收从激发态染料 LUMO 能级注入的电子，实现电子的分离和注入；③作为传输通道，将光生电子输运到导电电极，并最大限度地抑制复合反应，完成光生电子的收集。

2.1.2 染料敏化太阳电池光阳极性能要求

光阳极的性能直接影响着电池对太阳光的捕获、载流子的传输与收集等过程，对 DSSCs 效率起着决定性作用。为获得高性能的 DSSCs，光阳极半导体薄膜在材料选择和微观结构设计上必须进行综合考量，实现对光捕获效率和载流子收集效率的最优化。本小节将对光阳极材料的性能要求做详细阐述。

（1）能级匹配

染料分子是 DSSCs 接收太阳光并将太阳能转化为电能的天线材料。激发态染料分子与半导体之间的光诱导电子转移是实现电子分离与注入的重要反应[2]。要顺利完成该诱导电子转移，必须满足能级匹配要求：半导体导带底能级（E_C）低于染料分子的 LUMO 能级方可实现电子从激发态染料向半导体导带的转移。

当染料分子的 HOMO 能级低于半导体的价带能级（E_V）时，则发生半导体价带向染料分子的电子注入，即染料分子向半导体的空穴注入，这是 DSSCs 中不希望发生的载流子转移。当染料分子的 LUMO 和 HOMO 均位于半导体的 E_C 和 E_V 之间时，染料分子既不能向半导体注入电子，也不能注入空穴。

我们通常把注入半导体导带的电子数和被激发的染料分子数之比称为电子注入效率（φ_{inj}），高 φ_{inj} 是获得高性能 DSSCs 的重要前提。电子注入是一个非常复杂的过程，电子的注入速率和注入效率受染料分子的特性（结构、能级、电子轨道等）、半导体的特性（种类、能级、导带态密度等）、染料吸附状态等多重因素的共同影响[3-5]。一般而言，半导体 E_C 与染料 LUMO 能级梯度越大，电子注入驱动力也就越大，电子注入反应速率常数（K_{inj}）往往也越大。同时，染料激发态电子的寿命（τ）越长，也越利于电子的注入。通常认为，电子注入效率与 K_{inj} 和 τ 服从式（2-1）的关系：

$$\varphi_{inj}=K_{inj}(\tau^{-1}+K_{inj})^{-1} \tag{2-1}$$

但是，DSSCs 的理论开路电压（V_{oc}）等于半导体 Fermi 能级（E_F）与电解液中氧化还原电对电势之差，E_C 的减小势必会减小电池的 V_{oc}，因此，选取有合适 E_C 的半导体材料是确保电子快速注入并获得较大 V_{oc} 的前提。

（2）高比表面积和良好的表面状态

在 DSSCs 中，只有化学吸附在半导体表面的染料分子才能向半导体注入电子。半导体薄膜表面化学吸附的染料分子数量直接决定了 DSSCs 对入射光的捕获能力。因此，半导体薄膜的微观结构和化学性能尤为重要。高比表面积是提升染料吸附量的关键。早期的太阳电池采用致密的半导体薄膜，染料吸附量极其有限，从而导致电池的光电转换效率低。纳米晶多孔薄膜的开发使得染料分子与半导体表面的作用得以向三维纵深发展，极大程度地提高了染料吸附量。此外，用于 DSSCs 的染料多为具有—COOH 功能基团的有机或有机 - 金属络合物，优良的半导体表面状态和表面清洁度有利于染料分子吸附。

（3）合适的颗粒粒径和孔隙结构

纳米颗粒的堆叠是薄膜多孔结构形成的一个重要原因。多孔结构使半导体暴露更多的表面并为染料分子扩散提供通道，促成了染料分子与半导体更为广泛的接触。同时，良好的孔隙结构是促进电解质（特别是准固态或固态电解质）的充分渗透，以实现对氧化态染料快速还原再生的另一重要需求。此外，一定尺寸的孔可对入射光起到散射作用，增大光程，提高光的捕获效率。一般来说，纳米颗粒的尺寸越小，比表面积越大，颗粒堆积所形成的孔隙直径越小[6]。相反，颗粒尺寸越大，比表面积越小，形成的薄膜孔隙越大。因此，选用合适尺寸的纳米材

料和薄膜结构是制备高性能多孔纳晶薄膜的关键。

（4）良好的电子传输与收集能力

完成电子注入后，纳晶半导体担负着将光生电子传导到收集电极的作用。在此过程中，光生电子的收集往往伴随着电子复合损失。电子的复合主要通过以下两种途径发生：①半导体导带中的电子与氧化态染料分子直接复合，染料分子重新回到基态；②导带中的电子在半导体表面与电解液中的氧化性成分（如I_3^-）发生复合反应。由于半导体多孔薄膜具有高的比表面积并与电解液直接接触，因而薄膜内无法形成稳定内建电场（被电解液的离子电场屏蔽），因而DSSCs光阳极中的电子无法通过漂移的方式迁移，而只能通过扩散的途径传输。在扩散的过程中，电子容易被半导体薄膜的各种浅能级陷阱俘获，很大程度地降低了半导体的电子迁移率。此外，大量的晶界对电子的传输产生严重的散射，使得电子传输路径无序化，降低了电子有效传输速度。

在DSSCs中，电子的注入和传输主要由动力学反应速率来控制。从图2-1中可以看出，电子注入和染料的还原再生速率分别在皮秒和纳秒量级，而电子在TiO_2/染料/电解液界面与I_3^-或氧化态染料分子的复合反应、电子在薄膜中的传输速率则在毫秒量级[7]。反应动力学上的巨大差异保证了DSSCs的高效运行。从各种反应的速率来看，电子传输与复合是影响DSSCs性能的关键。

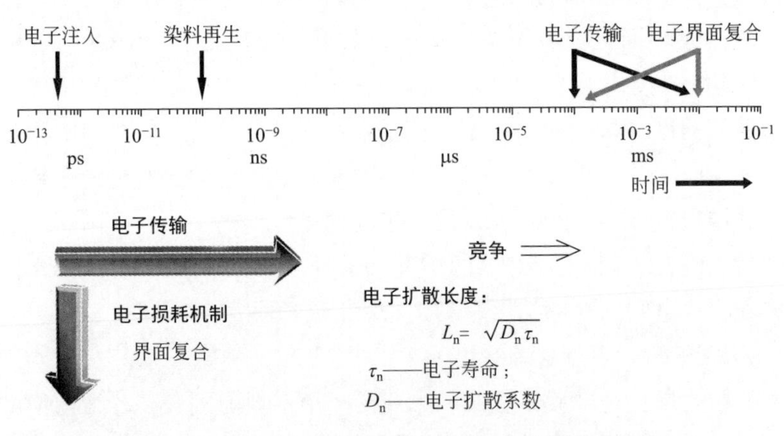

图2-1　DSSCs中所涉及的反应的动力学速率示意图

（5）良好的化学稳定性

在DSSCs的制备和使用过程中，电极材料需与包括染料溶液、电解液在内的各种化学试剂接触。电极材料的溶出或与电解液反应将对电池性能和稳定性产生不利的影响。因此，用于制备电极的材料必须具有优良的化学稳定性。例如，用于制备光阳极的ZnO由于化学性质活泼，Zn^{2+}很容易在染料溶液（乙醇、乙腈等）中溶出并与染料分子反应而聚集，影响染料吸附过程，此外，聚集物残留在光阳极薄膜表面影响载流子的注入。另外，ZnO的过量溶解有可能造成纳晶薄膜结构的坍塌。这也是目前采用ZnO光阳极的DSSCs效率远低于基于TiO_2光阳极的电池效率的重要原因之一。

综合上述对光阳极材料的五大性能要求，选择合适的半导体材料与染料能级优化匹配，通过对半导体材料的形貌与表面状态调控，并对光阳极结构进行综合设计，是优化DSSCs对入射光的捕获、提升电子传输性能、有效抑制光生电子的复合反应，并最终获得高光电转换效率的重要前提。

2.2 染料敏化太阳电池中常用光阳极材料

基于上一小节所述的基本要求，目前DSSCs光阳极多孔薄膜主要构建在具有纳米尺寸的半导体材料基础上，其中以宽禁带的N型氧化物半导体为主，包括二元或多元氧化物。本节将对DSSCs光阳极常用的几种材料进行重点阐述。图2-2为常见的几种半导体材料的E_C和E_V，及常用染料的LUMO能级图。

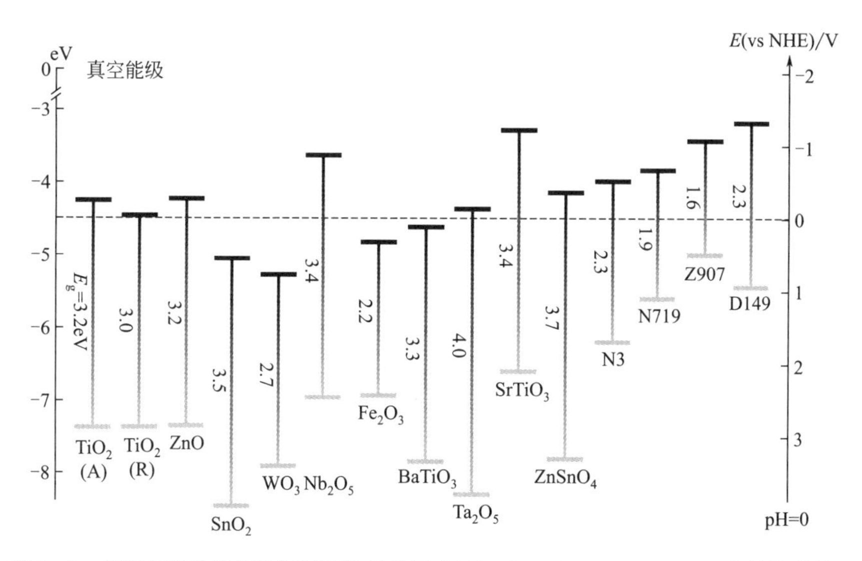

图2-2 常见氧化物半导体材料及染料分子（N3、N719、Z907、D149）的能带结构

2.2.1 二元氧化物半导体光阳极材料

2.2.1.1 二氧化钛

（1）TiO_2 的物理、化学性质

二氧化钛（TiO_2），俗称钛白粉，具有价格便宜、化学性质稳定、无毒、折射率较高、强紫外线吸收等特点。TiO_2 是一种离子性较强的宽禁带半导体材料，包括锐钛矿、金红石和板钛矿三种晶体结构。三种晶型 TiO_2 的晶体参数如表 2-1 所示[8]。其中锐钛矿 TiO_2［TiO_2(A)］的 E_c 约为 4.21eV，禁带宽度为 3.2eV；金红石 TiO_2［TiO_2(R)］的禁带宽度为 3.0eV［图 2-3（a），（b）］。TiO_2(A)属于四方晶系，是一种亚稳态结构，在高温（>600℃）条件下逐渐转变为同样是四方晶系但更为稳定的 TiO_2(R)［图 2-3（c），（d）］。板钛矿 TiO_2 属于正交晶系，稳定性较差，实用价值低。通常条件下制备的 TiO_2 多为锐钛矿和金红石两种晶型。TiO_2 晶体由钛氧八面体（TiO_6）构成。TiO_2(R)中每个八面体与周围 10 个八面体相连［其中两个共边，八个共顶角，图 2-3（d）］。而 TiO_2(A)中，每个八面体与周围 8 个八面体相连［四个共边，四个共顶点，图 2-3（b）］，钛氧八面体除顶点的 2 个氧原子外，其他 4 个氧原子不在同一平面上，中心钛原子与该 4 个氧原子的夹角约为 92.6°，呈明显斜方晶畸变，对称性低于 TiO_2(R)。锐钛矿 TiO_2 的 Ti—Ti 键长比 TiO_2(R)大，而 Ti—O 键长比 TiO_2(R)小。这种晶体结构上的差异使得锐钛矿和 TiO_2(R)具有不同的密度和电子结构，也导致这两种常见 TiO_2 晶型在物理、化学、电学性能上表现迥异。如相比 TiO_2(R)，TiO_2(A)具有更高的比表面积和优良的电子传输性能，为 DSSCs 中的优选晶型[9]。

表2-1 锐钛矿、金红石及板钛矿相 TiO_2 的晶体参数

参数名称	锐钛矿相	金红石相	板钛矿相
晶系	四方	四方	正交
空间点群	$I4_1/amd$	P_{4_2}/mnm	$Pbca$
晶格常数 /Å①	a=b=3.784 c=9.515	a=b=4.5936 c=2.9587	a=9.184 b=5.447 c=5.145
密度 /（g/cm^3）	3.79	4.13	3.99
Ti—O 键长 /nm	0.1937	0.1949	0.187～0.204
O—Ti—O 键角 /（°）	77.7 92.6	81.2 90.0	77.0～105

① 1Å=0.1nm。

（2）TiO_2 在 DSSCs 中的应用

由于具有良好的化学稳定性，同时在染料吸附、电子注入及电子传输方面的优异性能，TiO_2 一直是制备高性能 DSSCs 的优选材料。自 1991 年 Grätzel 教授

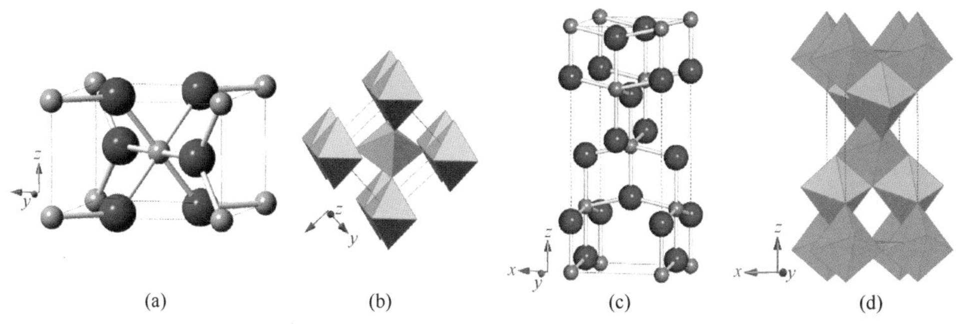

图2-3 金红石相 [(a),(b)] 和锐钛矿相TiO_2 [(c),(d)] 的球棍原胞和八面体结构示意图

团队将 TiO_2 纳晶薄膜的概念引入 DSSCs 以来[1]，TiO_2 纳米晶薄膜光阳极获得了全球科研工作者的广泛关注。到目前为止，DSSCs 在光电转换效率上的新突破都是采用 TiO_2 纳晶多孔薄膜光阳极。2011 年，Grätzel 教授团队利用 TiO_2 光阳极制备的 DSSCs 在 $100mW/cm^2$ 光强下获得了 12.3% 的效率[10]。2015 年，Yano 教授团队采用 ADEKA-1 和 LEG4 共敏化的 TiO_2 光阳极制备的 DSSCs 取得了 14.3% 的效率[11]。2018 年，采用 TiO_2 光阳极与对电极直接接触的电池设计，Grätzel 教授团队将 DSSCs 的效率进一步提高到 13.1%（$100mW/cm^2$），同时在室内弱光（1000lx）下取得了 32% 的效率[12]。2019 年，大连理工大学孙立成教授团队采用 ZL003 敏化的 TiO_2 光阳极制备的 DSSCs 取得了 13.6% 的效率[13]。

尽管 TiO_2 是 DSSCs 中研究与应用最多的半导体材料，其仍存在很多不足：① TiO_2 本征载流子迁移率低，由纳米颗粒组成的薄膜仅为 $0.034cm^2/(V\cdot s)$[14,15]。低载流子迁移率限制了薄膜中光生电子的快速传输。②由于锐钛矿 TiO_2 畸变的晶体结构特征，在其制备过程中容易产生深能级缺陷，这些处于禁带中的深能级局域态作为陷阱可捕获电子，提升了电子被复合的概率。③锐钛矿不易制备成单晶，由纳米颗粒组成的薄膜存在大量的晶界，导致电子在传输过程中不断被散射，对电子快速、有效传输产生不利的影响。

2.2.1.2 氧化锌（ZnO）

（1）ZnO 的物理、化学性质

ZnO 是一种白色粉末或六角系结晶体的两性氧化物，可溶于酸和碱溶液，难溶于水和醇。ZnO 是一种常用的化学添加剂，广泛应用于塑料、涂料、造纸、药膏、防晒等领域。同时，ZnO 优异的电学及电化学性能也使其成为制备晶体管、电池、压电、热电、气敏传感等器件的良好材料。

ZnO 具有三种晶体结构，即六边纤锌矿结构［图 2-4(a)］、立方闪锌矿结构

［图 2-4（b）］，以及比较罕见的立方岩盐八面体结构。其中，纤锌矿结构由氧原子层和锌原子层呈六方密堆积而成，属于 6*mm* 点群和 $P6_3mc$ 空间群，是自然条件下热力学最稳定的 ZnO 晶体结构。在这种结构中，锌原子和氧原子各自以密排方式排列，每个锌原子位于 4 个相邻氧原子所形成的正四面体间隙。同样，每个氧原子亦处于锌原子组成的四面体间隙。锌原子与氧原子之间的结合键处于共价键和离子键之间，因而 ZnO 沿 *c* 轴方向具有较强的极性。立方闪锌矿结构 ZnO 具有与金刚石相似的结构，锌原子和氧原子各自组成相同的面心立方晶格。

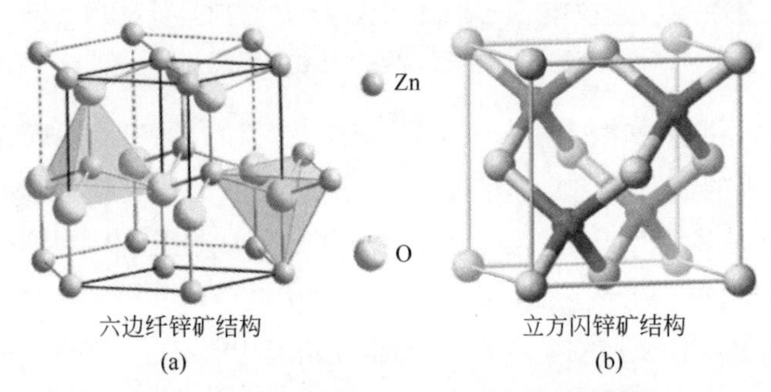

图2-4　纤锌矿和闪锌矿 ZnO 的结构示意图

（2）ZnO 在 DSSCs 中的应用

ZnO 具有和锐钛矿 TiO_2 相似的能级结构，其导带底能级约为 4.19eV，禁带宽度为 3.2eV。ZnO 的载流子迁移率［$>200cm^2/(V \cdot s)$］远高于 TiO_2[16]，有利于光生电子在光阳极中的快速传输。此外，ZnO 在纳米形貌和结构调控上具有更大的灵活性且制备条件温和。到目前为止，ZnO 是除 TiO_2 外另一种在 DSSCs 中研究和应用最多的光阳极材料。1994 年，Redmond 首次将 ZnO 作为光阳极材料应用于 DSSCs，制备的电池在 520nm 波长处获得了 13% 的单色光转化效率和 0.4% 的光电转换效率[17]。此后，围绕 ZnO 光阳极开展的研究工作逐渐增多[18-21]。2008 年，Yoshida 团队采用单晶 ZnO 纳米棒阵列光阳极制备的 DSSCs 取得了 7.2% 的光电转换效率[20]，这是基于 ZnO 光阳极的 DSSCs 效率的一次较大突破。2011 年，Memarian 采用 ZnO 聚集球光阳极，通过精细调控敏化工艺，所组装的 DSSCs 取得了 7.5% 的效率[21]，为目前采用 ZnO 光阳极制备的 DSSCs 的最高效率值。

尽管 ZnO 表现出更好的载流子传输性能和形貌调控灵活性，但截至目前，基于 ZnO 光阳极的 DSSCs 的光电转换效率仍显著低于采用 TiO_2 制备的电池。其主要原因在于：①激发态染料向 ZnO 导带的电子注入涉及多个步骤，且 ZnO 导带中电子有效质量及态密度低，导致电子注入效率比 TiO_2-DSSCs 低 2 个数量级[22,23]；② ZnO 的化学稳定性远不及 TiO_2，在染料溶液中敏化时 Zn^{2+} 会从 ZnO

表面溶出并与染料分子反应形成聚集体，形成的聚集体沉积在 ZnO 多孔薄膜表面，进一步阻碍了电子的注入过程，从而严重影响电池光电转换效率 [24-26]。

采用中性染料敏化或采用包覆法形成核 - 壳结构是有效保护 ZnO 并缓解 Zn^{2+} 的溶出，从而提高 DSSCs 的效率和稳定性的有效方法 [25,27-29]。如 Park 团队采用 SiO_2/ZnO 核 - 壳结构可大幅度提高 DSSCs 的光电转换效率至 5.2%[27]；杨培东教授团队采用 TiO_2 包覆 ZnO 纳米线阵列制备的 DSSCs 的稳定性获得大幅提升 [28]。

2.2.1.3 二氧化锡

（1）SnO_2 的物理、化学性质

二氧化锡（SnO_2），多为四方、六方或正交晶系白色粉末。室温下常见 SnO_2 具有四方金红石结构（图 2-5），其晶胞由 2 个锡原子和 4 个氧原子组成，晶格常数为 a=b=0.4737nm，c=0.3186nm。SnO_2 是一种 N 型宽禁带半导体材料，其块体 SnO_2 中的电子迁移率可达 100～200cm²/（V·s）[30]。通过掺杂可大幅度提高其导电性，如氟元素掺杂的 SnO_2（FTO）往往作为透明导电玻璃的导电层。由于 SnO_2 出色的载流子传输性能和透光性能，其在气敏传感器、锂离子电池、太阳电池、分离膜、晶体管、光电响应装置等领域也有广泛应用。

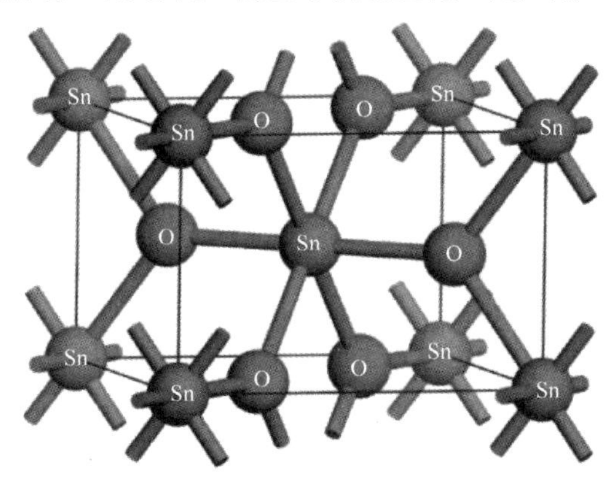

图2-5 四方金红石相SnO_2晶胞结构示意图

（2）SnO_2 在 DSSCs 中的应用

SnO_2 的禁带宽度为 3.5～4.0eV，导带位置比 TiO_2 负约 0.5eV，理论上更有利于电子的注入。然而，低的导带能级也使得电池的理论 V_{oc} 值降低。截至目前，利用 SnO_2 光阳极制备的 DSSCs 的效率远不及 TiO_2 光阳极太阳电池 [31-35]，低的 V_{oc} 值是电池效率低的主要原因。Dou 采用 Zn 掺杂的 SnO_2 纳米花制备的 DSSCs 取得了 780mV 的 V_{oc} 和 3.0% 的光电转换效率 [34]。中山大学匡代彬教授组采用由

SnO_2 纳米颗粒组成的八面体聚集球制备的 DSSCs 获得了 767mV 的 V_{oc} 和 6.8% 的光电转换效率 [35]。

基于 SnO_2 光阳极的 DSSCs 的光电转换效率仍远低于 TiO_2-DSSCs 的主要原因包括：① SnO_2 的导带位置较低，DSSCs 的 V_{oc} 往往很低（<600mV）[36]。② SnO_2 薄膜导带中的电子与氧化态染料以及与电解液中 I_3^- 的复合反应均比 TiO_2 薄膜中同类反应高 2～3 个数量级（表 2-2）。导带中电子与 I_3^- 的复合限制了电池 V_{oc} 的提高，而光电子与氧化态染料的复合反应降低了电子有效注入效率，进而降低电池的短路光电流（J_{sc}）和填充因子（*FF*）。SnO_2 导带态密度 / 缺陷态密度比 TiO_2 正约 300mV，是光生电子复合反应速率高的主要原因 [37]。因此，半导体薄膜中含有适当的缺陷态密度以确保电子传输相对于载流子复合占绝对优势是获得高性能太阳电池的前提 [37]。③相比于 TiO_2，SnO_2 具有更低的等电点（约 5.5vs 约 4）。低等电点不利于染料分子在半导体表面的吸附，因而 SnO_2 薄膜的染料吸附量往往较低，限制了对入射光的高效捕获 [35,38]。

表 2-2　SnO_2 和 TiO_2 光阳极 DSSCs 的电子传输与复合动力学时间及 DSSCs 光电性能参数 [37]

光阳极	电子传输动力学时间①	电子与 I_3^- 复合动力学时间②	电子与氧化态染料复合动力学时间③	J_{sc}/（mA/cm²）	V_{oc}/mV	*FF*	效率/%
TiO_2	200μs	10ms	800μs	11.0	710	0.66	5.1
SnO_2	200ns	9μs	4μs	1.7	470	0.40	0.5
SnO_2/MgO	—	—	—	3.3	710	0.48	1.2

① $t_{50\%}$，由光电压衰减谱测得。
② $t_{50\%}$，由瞬态吸收谱测得（探针光波长 1000nm）。
③ $t_{50\%}$，由瞬态吸收谱测得（探针光波长 800nm）。

对 SnO_2 进行表面包覆可在 SnO_2 表面引入一定的缺陷态，从而打破薄膜中的超快电子动力学过程，可有效抑制薄膜导带中的电子与电解液中氧化成分的复合反应。但该方法仍然无法抑制光电子与氧化态染料的复合反应 [37]。此外，采用高等电点材料（如 TiO_2、ZnO、Al_2O_3、MgO 等）对 SnO_2 光阳极进行表面包覆修饰是提高染料吸附量，进而提高 DSSCs 光电转换效率的常用途径 [38-40]。

2.2.1.4　其他二元氧化物半导体

除 TiO_2、ZnO 和 SnO_2 外，很多其他二元氧化物如 Nb_2O_5、In_2O_3、WO_3、Fe_2O_3、Ta_2O_3 等也被尝试用作 DSSCs 的光阳极材料。

Nb_2O_5 是一种宽禁带 N 型半导体材料，其禁带宽度根据氧原子化学计量比的不同在约 3.2～4.0eV 间变化。Nb_2O_5 具有假六方双晶（H-Nb_2O_5）、正交（O-Nb_2O_5）、四方（T-Nb_2O_5）和单斜（M-Nb_2O_5）四种晶型，其中 M-Nb_2O_5 是最常见的热力学稳定晶型。由于 Nb_2O_5 的导带边比 TiO_2 高，因此，理论上用其制备的 DSSCs 可获得更高的 V_{oc}

值。Nb_2O_5 作为光阳极材料在 DSSCs 中被较为广泛地研究[41-45]。Viet 研究发现在 H-Nb_2O_5、O-Nb_2O_5 和 M-Nb_2O_5 中，H-Nb_2O_5 具有最高的比表面积，所制备的 DSSCs 获得最高（3.05%）的光电转换效率[41]。2012 年，Zhang 等利用水热法制备了 Nb_2O_5 纳米棒阵列光阳极，所制备的 DSSCs 获得了 6.03% 的光电转换效率。同时，他们还发现水热反应后未经退火处理的样品为具有更高比表面积的 $Nb_3O_7(OH)$ 单晶纳米棒，所制备的 DSSCs 获得了 6.77% 的光电转换效率[45]。除直接用作 DSSCs 光阳极材料外，Nb_2O_5 常用来对诸如 TiO_2、ZnO、SnO_2 等其他光阳极进行表面或界面修饰，利用其能级优势对半导体薄膜进行表面钝化处理，有效削弱光生电子在半导体薄膜表面与电解液氧化还原电对的复合反应，从而达到提高 DSSCs 效率的目的[46-49]。

In_2O_3、WO_3、Fe_2O_3 等作为光阳极在 DSSCs 中的应用的研究相对较少，制备的 DSSCs 效率也偏低[50-54]。吉林大学宋宏伟教授团队采用 Yb、Er 等元素分别对反蛋白石结构和纳米管 In_2O_3 进行掺杂，以达到改善 DSSCs 性能的目的，所制备的 DSSCs 分别获得了 0.96% 和 1.4% 的光电转换效率[50,51]。Rashad 采用水热法制备的多级 WO_3 纳米结构光阳极组装的太阳电池获得了 1.85% 的光电转换效率[53]。

2.2.2　三元氧化物半导体材料

尽管 TiO_2、ZnO、SnO_2 等二元氧化物是制备 DSSCs 光阳极的主要材料，但三元氧化物半导体材料由于其独特的优势也受到了广泛关注。三元氧化物半导体的优点主要有：①种类丰富，可选择性强；②材料的化学和电学性能依据成分的变化灵活可调；③相比于二元氧化物，多元氧化物具有更好的耐腐蚀性能。

2.2.2.1　锡酸盐基三元氧化物半导体

（1）锡酸锌（Zn_2SnO_4）

Zn_2SnO_4 是一种常见的三元锡酸盐氧化物半导体，禁带宽度约 3.6eV，电子迁移率约为 10～15$cm^2/(V·s)$[55]。由于 Zn_2SnO_4 具有优良的载流子传输性能、优异的化学稳定性和良好的透光性能，其是 DSSCs 中最为常用的一种三元氧化物半导体光阳极材料，所制备的电池的效率多在 2%～5% 之间[55-61]。2007 年，Tan 用 Zn_2SnO_4 纳米颗粒制备 DSSCs 的光阳极材料，获得了 3.7% 的光电转换效率[55]。他们发现 Zn_2SnO_4 光阳极在染料溶液中表现出优异的稳定性，当敏化时间从 1 天延长到 7 天后，电池的效率从 3.1% 上升到 3.7%[55]。中山大学匡代彬教授团队通过精细调控光阳极的多级孔并引入光散射结构，使得基于 Zn_2SnO_4 光阳极的 DSSCs 获得了 6.1% 的效率[62]，这是到目前为止采用未经修饰的多元氧化物光阳极的 DSSCs 取得的最高效率之一。

（2）其他硒酸盐氧化物

除 Zn_2SnO_4 外，$BaSnO_3$、$CdSnO_3$、$SrSnO_3$ 等锡酸盐也被尝试用作 DSSCs 光阳极材料。如福州大学魏明灯教授团队采用 $BaSnO_3$ 和 $SrSnO_3$ 纳米颗粒制备的 DSSCs 分别获得了 3.5% 和 1.9% 的光电转换效率，通过锡酸盐化学浴加 $TiCl_4$ 处理，电池效率进一步提高到 4.62%[63,64]。Roy 等采用 $BaSnO_3$ 纳米棒光阳极制备的 DSSCs 获得了 4.31% 的光电转换效率以及 0.82V 的 V_{oc}，经 $TiCl_4$ 处理后，电池效率进一步提高到 6.86%[65]。除材料形貌和电极结构调控外，对 $BaSnO_3$ 或 $SrSnO_3$ 进行掺杂是改善载流子传输性能并提高 DSSCs 性能的重要途径[66-69]。

2.2.2.2 钛酸盐基三元氧化物半导体

$SrTiO_3$ 具有与锐钛矿相 TiO_2 类似的晶体结构，可以看成是一种 Sr 重掺杂的锐钛矿 TiO_2，禁带宽度约为 3.2eV，但其导带位置比 TiO_2 约高 0.2eV，平带电位也比 TiO_2 高。因此，用作 DSSCs 光阳极时，$SrTiO_3$ 电池理论上可获得比 TiO_2 电池更高的 V_{oc} 值。$SrTiO_3$ 是 DSSCs 中研究最早的三元氧化物之一[70,71]。1999 年，Burnside 采用水热法合成的 $SrTiO_3$ 制备了 DSSCs，获得了 1.8% 的光电转换效率，该效率值约是 TiO_2-DSSCs 的 1/3，但比后者具有更高的 V_{oc} 值（789mV vs 686mV）。Jayabal 采用 $SrTiO_3$ 聚集球光阳极制备的 DSSCs 也取得了 730mV 的 V_{oc} 值[71]。染料吸附性能差是 $SrTiO_3$-DSSCs 效率低的最根本原因。

$BaTiO_3$ 是另一种常见的钙钛矿型钛酸盐氧化物，它具有铁电性的四方结构、顺电性的立方结构等多种晶型，具有出色的介电常数、独特的热电 / 压电效应及非线性光学现象。尽管 $BaTiO_3$ 直接作为光阳极在 DSSCs 中的应用尚未见报道，但作为添加材料，利用它的介电性能来提高 DSSCs 光电转换效率确实获得了明显的效果[72-75]。Chen 采用约 2nm 的 $BaTiO_3$ 包覆 TiO_2，发现 $BaTiO_3$ 的引入可提高染料吸附量，进而提高 J_{sc}；同时 TiO_2/$BaTiO_3$/ 电解液界面形成的能垒可抑制注入 TiO_2 导带的电子与 I_3^- 的复合，提高 V_{oc}[76]。中国科学院化学研究所林原研究员团队制备了 $BaTiO_3$@TiO_2 光阳极，经极化处理的 $BaTiO_3$ 薄膜可改变 N3 染料的吸附状态，进而提高电极的吸光效率和电子注入效率，DSSCs 的光电转换效率因而从 6.22% 提高到 7.29%[74]。此外，利用 $BaTiO_3$ 高的折射率和散射性能，采用 TiO_2 和 $BaTiO_3$ 大颗粒双层散射层的 DSSCs 效率从 7.22% 提升到 8.81%，优于单一的 TiO_2 散射层[75]。

2.2.3 复合物光阳极材料

实现对入射光的高效吸收和对光生电子的高效收集是从光阳极角度提高 DSSCs 光电转换效率的关键。尽管诸如 TiO_2、ZnO、SnO_2、$ZnSnO_4$ 等光阳极材料在制备高性能 DSSCs 上取得了较好的效果，但与电池的理论最高转化效率还有很大的差距。单一材料 / 形貌 / 结构的光阳极难以实现对入射光吸收和电子收集的高效平衡。如 TiO_2 在能级结构及电子轨道等方面非常适合于制备 DSSCs，但其低的载流子迁移率限制了光生电子的高效收集。ZnO 虽然电子传输性能非常优异，但也存在比表面积低、化学性质不稳定等缺陷。采用两种或两种以上的材料或同种材料不同结构制备复合型 DSSCs 光阳极，利用不同组元间的协同作用、扬长补短是提高 DSSCs 光阳极综合性能的重要方法。本小节以最为典型的 TiO_2 基复合光阳极材料为例，主要从材料选取与匹配的角度对基于不同材料的复合光阳极制备进行重点介绍，而同种材料不同形貌 / 结构的复合将作为电极结构设计在第 3 章的相关小节进行阐述。本小节主要包括 TiO_2/ 碳材料复合光阳极、TiO_2/ 氧化物复合光阳极、TiO_2/ 氮化物复合光阳极等。

2.2.3.1　TiO_2/ 碳材料复合光阳极

与氧化物半导体相比，碳材料具有极高的载流子传输性能，如石墨烯在室温下的电子迁移率达 15000cm^2/（V·s）。碳材料包括金刚石、石墨、碳纳米管、碳纤维、石墨烯、富勒烯及衍生物等多种形式的同素异构体[76]。2011 年，Chen 采用 N719 染料敏化的规整碳纳米管作为光阳极，制备的 DSSCs 取得了 2.2% 的光电转换效率[77]。尽管纯碳材料制备 DSSCs 光阳极的报道非常少，但是利用不同形态的碳材料与 TiO_2 制备复合光阳极是降低薄膜电阻、提高电子传输性能，进而改善 DSSCs 性能最为常见的方法之一[78]。

（1）TiO_2/0D 碳复合光阳极

常用的 0D 颗粒状碳材料有炭黑和石墨颗粒，是最早应用于 DSSCs 复合光阳极的组元材料。2007 年，Kang 等将炭粉加入 TiO_2 浆料中，成膜后通过高温退火去除碳，高温烧结过程中，TiO_2 晶格中的 O 参与反应，使得 TiO_2 晶粒表面粗糙化，从而获得高比表面积的 TiO_2 多孔膜，DSSCs 效率从 4.87% 提高到 5.65%[79]。另外，随着烧结时间的缩短，DSSCs 效率有升高的趋势，碳在 TiO_2 薄膜中的残留可能对 DSSCs 性能产生较大的影响。Ting 认为加入 TiO_2 浆料中的炭黑颗粒可以加速载流子的分离过程，并同时提高 TiO_2/C 复合薄膜的费米能级，从而使得所制备的 DSSCs 电池的效率提高了 1 倍[80]。Jang 制备了 TiO_2 嵌入薄层石墨基体的高导电性复合光阳极，连续石墨为光生电子提供了快速传输通道，同时提高了电子寿命，石墨的引入将 DSSCs 的光电转换效率提高了 40.6%[81]。

（2）TiO_2/1D 碳复合光阳极

与石墨 / 炭黑颗粒 / 片相比，具有 1D 结构的碳纳米管（CNTs）或碳纤维（CNFs）具有更高的长径比。这种结构特征为 1D 碳材料在 DSSCs 光阳极中的应用提供了更多的优势［图 2-6 (a)］：① 1D 结构有利于引导 DSSCs 中光生电子的 1D 约束性快速传输；②高长径比的碳纳米管 / 纤维有可能纵穿整个光阳极薄膜，引导光生电子向导电基底的纵向传输，缩短传输路径；③与块状石墨相比，1D 结构具有更大的表面积，可以与 TiO_2 直接接触，有利于光生电子从 TiO_2 导带快速转移到碳纳米管 / 纤维。

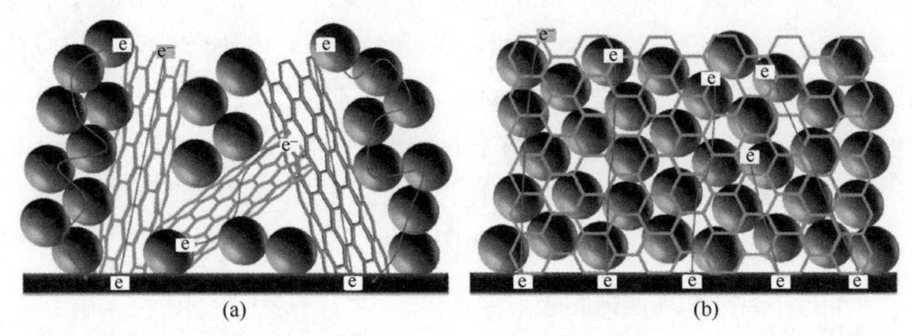

图2-6　电子在 TiO_2/碳纳米管膜（a）及在 TiO_2/石墨烯膜（b）中传输示意图[78]

2004 年，Jang 等首次报道了将 CNTs 引入 DSSCs 光阳极中，并将电池的 J_{sc} 值提高了 25%[82]。在此之后，将 CNTs 与 TiO_2 复合制备光阳极得到了广泛研究。研究结果一致认为，CNTs 的引入大幅度提高了薄膜的电导率，有利于光生电子的快速传输并减少电子的复合，最终提高电子收集效率和电池的光电转换效率。2011 年，Belcher 团队以 M13 病毒为模板制备了单壁碳纳米管（SWCNTs）/TiO_2 复合薄膜光阳极，所制备的 DSSCs 获得了 10.6% 的光电转换效率 [83]，这是到目前为止碳 /TiO_2 复合光阳极 DSSCs 取得的最高效率之一。与具有金属属性（E_g=0）的多壁碳纳米管相比，SWCNTs 具有约 1.2eV 的禁带宽度，而该能级势垒可有效抑制进入 CNTs 中的电子回传并与 I_3^- 的复合反应（图 2-7），从而使电子收集效率得以最大化 [83,84]。

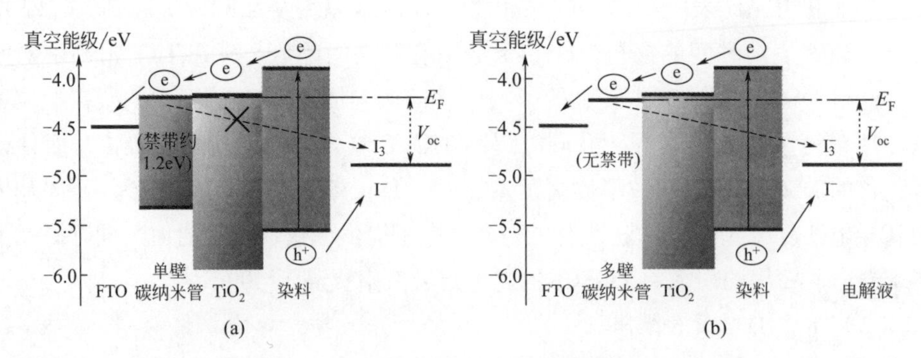

图2-7　电子在半导体性质s-SWCNTs/TiO_2（a）和金属属性m-SWCNTs/TiO_2（b）复合光阳极DSSCs中的转移示意图[84]

除直接将1D-CNTs/CNFs添加到TiO_2纳晶多孔薄膜中外，将TiO_2原位生长在有序碳纤维束上是TiO_2/1D-C光阳极的另一种复合方式[85,86]。如王中林教授团队采用水热法在碳纤维束上生长了金红石型TiO_2纳米棒，组装的DSSCs取得了1.28%的效率，在该结构中碳纳米纤维作为1D电子快速传输通道（图2-8）[85]。

图2-8　基于碳纳米纤维/TiO_2纳米棒的光阳极材料［(a)，(b)］和DSSCs结构示意图(c)[86]

（3）TiO_2/2D碳复合光阳极

石墨烯（graphene）是单层碳原子以六边形晶格排列的一种碳的同素异构体，具有超高导电率、高强度、极好的柔韧性、高透光性和化学稳定性等优异性能。与CNTs相比，石墨烯的优点如下：①更高的比表面积和柔韧性，可大幅度提高与TiO_2颗粒的接触面积，有利于电子向石墨烯的转移［图2-6(b)］；②石墨烯的功函（−4.42eV）介于TiO_2导带（−4.21eV）和FTO功函（−4.7eV）之间，石墨烯起“桥梁”作用，在TiO_2和FTO间形成的梯级能级可有效降低光生电子传输势垒，加速电子转移（图2-9）；③石墨烯具有更高的导电性，有利于电子快速传输，提高电子收集效率。因此，石墨烯被认为是制备C/TiO_2复合光阳极的更好选择[78]。

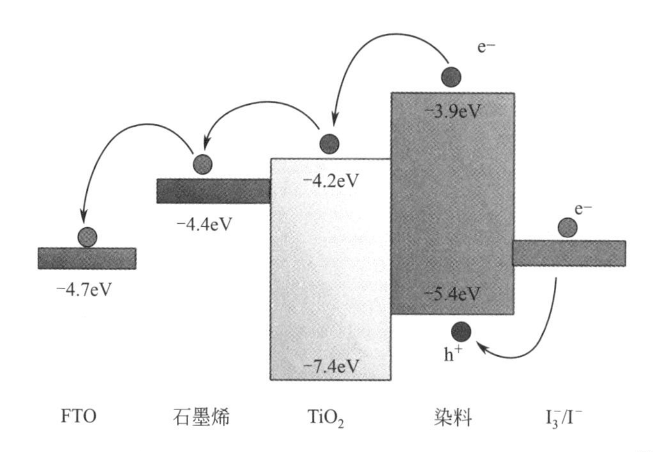

图2-9　石墨烯/TiO_2复合光阳极的DSSCs梯级能级结构示意图[84]

Yang 将氧化石墨烯（GO）添加到 TiO_2 薄膜中，由于石墨烯在电极中起着 2D 电子传输体的作用，电池的 J_{sc} 从 11.26mA/cm^2 大幅提高到 16.29mA/cm^2，电池效率也从 5.01% 提升到 6.97%[87]。Chen 将 0.02% 的还原态石墨烯添加到 TiO_2 多孔薄膜中，并同时采用石墨烯对 FTO 基底进行修饰，发现添加到 TiO_2 薄膜中的石墨烯有利于光生电子的快速传输和收集，同时石墨烯对 FTO 的修饰可抑制电子在 FTO/ 电解液界面的复合反应。通过对电子传输和界面复合的双重优化，DSSCs 的效率从 5.8% 提升到 8.13%[88]。

在 TiO_2/石墨烯复合光阳极制备的 DSSCs 中，J_{sc} 的大幅增加是电池效率提高的主要原因之一。除形成 2D 快速电子传输通道，提高薄膜导电性和电子传输速度，进而抑制光生电子复合损失外，适量的石墨烯的加入往往会提高光阳极的染料吸附量，进而提升电池的光捕获效率。这主要是因为采用化学氧化法（Hummers 法）制备的氧化石墨烯的表面和边缘含有较多的—OH、—C═O、—COOH 功能性基团，这些基团可与染料分子发生化学作用，或通过氢键铆定染料分子。此外，石墨烯的 π 电子结构也可以与有机染料以 π-π 堆积形式发生相互作用[78]。

（4）TiO_2/ 碳材料复合组元的优化及预处理

由上所述可知，高导电性的碳材料可提高 TiO_2/ 碳复合电极的导电性，提高电子传输速度、延长电子寿命，进而达到提高电池效率的目的。但是采用 TiO_2/ 碳复合光阳极电池的效率确因碳材料引入量和前处理方法的不同而表现迥异。

首先，碳材料会和染料分子对可见光产生竞争性光吸收，前者无法有效地将吸收的光子转化为光电子，从而降低光阳极对入射光的有效捕获效率。因此，碳材料的添加量往往需进行精细研究与调节，一般在 0～1%（质量分数）范围内[78,88]。

部分碳材料（如石墨、多壁碳纳米管等）表现出金属属性，不适当的添加可能会使其作为复合中心，加速光生电子的复合损失。对碳材料进行结构调控和适当的处理，能使碳材料（如石墨、多壁碳纳米管等）逐步由金属属性向半导体属性转变，形成的梯级能级有利于电子从 TiO_2 导带向碳材料转移。同时，引入的能级势垒将有效抑制转移到碳材料中的光生电子的回传复合，如图 2-7 和图 2-9 所示[84]。

此外，原始态的碳材料往往具有疏水表面，这使得碳材料在水性或低元醇溶剂中分散性差，容易团聚，不利于形成均匀 TiO_2 浆料。团聚的碳材料不利于薄膜整体导电性的提高。同时，团聚体作为孤岛将复合中心加速载流子的复合反应。此外，疏水表面不利于碳材料与 TiO_2 的相互作用，从而阻碍电子的转移。对碳材料进行酸（HNO_3、H_2SO_4、H_3PO_4 或其混合酸，或酸 + 氧化剂）处理往往可在材料表面形成诸如—OH、—COOH、C═O 等功能性基团，亲水性功能基团的形成可大幅度提升材料在 TiO_2 浆料中的分散性和与 TiO_2 颗粒的附着性 [78,89,90]。此外，为进一步使 TiO_2 与碳材料紧密结合，往往将带有功能性官能团的碳材料添加到 TiO_2 前驱体中，并通过水解法、水热法等使得 TiO_2 在碳材料表面原位生成 [91,92]。采用聚合物、小分子有机物或生物活性材料对碳材料进行功能化修饰也是提高复合光阳极和 DSSCs 性能的有效方法 [78,83,91,93]。

2.2.3.2 TiO_2/氧化物复合光阳极

TiO_2 是目前 DSSCs 中表现最佳的半导体氧化物光阳极材料，TiO_2 的载流子传输性能的不足限制了电池效率的进一步提高。TiO_2 与其他氧化物半导体制备复合光阳极主要有以下三个目的。

① 利用 ZnO、SnO_2 等高载流子迁移率的氧化物提高 TiO_2 纳晶薄膜的导电性，改善光生电子的传输性能和收集效率。这种光阳极薄膜的制备工艺主要有：a. 将不同的半导体粒子混合共成膜，这是制备氧化物复合光阳极的最为简单而有效的方法。如 Ahmad 等采用刮涂法将 ZnO/TiO_2 纳米颗粒混合胶体共成膜，3%（质量分数）ZnO 的加入大幅度降低了电子传输电阻，提高了电子收集效率，从而使得 DSSCs 效率从 5.8% 提高到 8.1%[94]。b. 对已制备的 TiO_2 薄膜进行后续再生长，在薄膜孔隙结构中生长另一种氧化物半导体。如 Bai 在 TiO_2 纳晶薄膜孔隙中再生长了 ZnO 纳米线（图 2-10），该异质结的形成有利于光生电子的快速传输，所制备的 DSSCs 的效率也从 6.34% 提高到 8.44%[95]。c. 将 TiO_2 纳米颗粒与另一种氧化物溶胶混合成膜，通过后处理使得溶胶晶化，原位生成第二种氧化物半导体。笔者在前期研究工作中开发了 In/Sb 共掺杂的 SnO_2 溶胶。共成膜后凝胶在 TiO_2 晶界处聚集，并通过低温紫外光照射或高温退火等后处理晶化。最终形成掺杂态 SnO_2 连接 TiO_2 颗粒的多孔薄膜，这种复合薄膜一方面可将薄膜导电性提高 1～2 个数量级，另一方面能提高薄膜强度 [96,97]。d. 采用逐层制备工艺形成双层

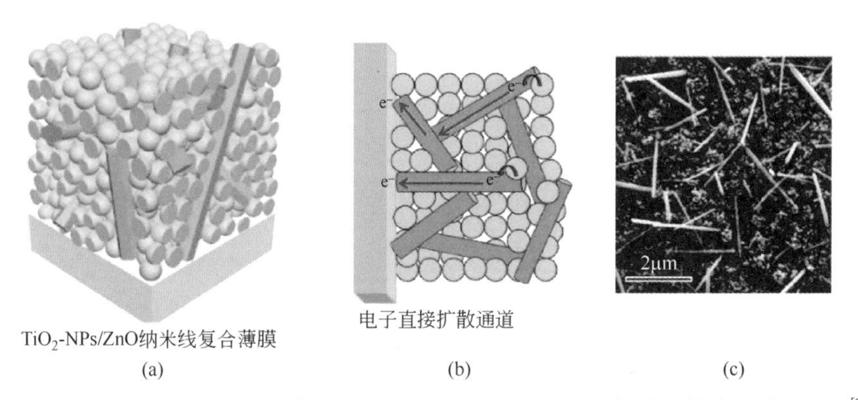

图2-10 在 TiO_2 多孔薄膜孔隙中生长 ZnO 纳米线的 TiO_2/ZnO 光阳极结构与工作原理图[95]

或多层结构。在 TiO_2 层上生长 ZnO 或其倒置结构可明显提高光生电子的收集效率，进而提高太阳电池的性能 [98]。

② 利用 TiO_2 的高比表面积、高稳定性和优异的能级结构 / 表面态提高核 - 壳结构复合薄膜的染料吸附性、改善稳定性和优化能级 / 表面态结构。ZnO、SnO_2、$ZnSnO_4$ 等氧化物半导体具有高的电子迁移率，有利于光生电子的快速传输和收集。但是这些半导体材料由于化学稳定性差或染料吸附量低，或能级 / 表面态密度等问题，使得其作为光阳极制备的 DSSCs 达不到预期效果。采用 TiO_2 进行表面修饰是提高电池性能的有效方法。如 Park 在 ZnO 聚集球上沉积了超薄 TiO_2 层，复合核 - 壳结构的形成有效地抑制了 Zn^{2+}/ 染料聚集体在半导体薄膜表面富集造成的载流子复合，从而将电池效率从 5.2% 提高到 6.3%[99]。Dong 等采用 TiO_2 表面处理的多层 SnO_2 空心核壳球制备的 DSSCs 取得了 7.18% 的光电转换效率 [100]。

③ 与其他微观结构的氧化物半导体材料（包括 TiO_2 本身）复合，改善薄膜的光学性能（如引入光散射、限光结构等），增加入射光在光阳极中的光程，提高光捕获效率。如在 TiO_2 纳米颗粒薄膜中引入 15%（质量分数）的 TiO_2 纳米线作为光散中心，在不显著影响染料吸附量的前提下，Joshi 等将复合光阳极 DSSCs 的效率从 6.1% 提升到 8.8%[101]。引入光散射和光限域效应的光阳极是制备高效率 DSSCs 最常采用的结构，这部分内容将在本书的第 3 章中进一步探讨。

2.3 染料敏化太阳电池光阳极材料及电极制备工艺

纳晶薄膜的性能直接影响着太阳电池的综合性能，而制备薄膜的纳米材料的形貌、结构、表面特性等是关乎纳晶薄膜性能的首要因素。自 1991 年 Grätzel 教授将纳米 TiO_2 半导体应用于 DSSCs 光阳极以来，纳米技术的进步推动着多孔薄膜电极及电池性能的飞速发展。本节主要阐述最为常用的氧化物纳米晶材料的合成方法，并对用于 DSSCs 光阳极的纳晶薄膜的制备工艺进行详细讨论。

2.3.1 光阳极纳米材料的制备方法

纳米材料一般是指在三维空间尺度上均处于纳米量级（1～100nm）的纳米粒子。然而 DSSCs 光阳极多孔薄膜所用到的纳米材料不仅仅包括三维尺度均为纳米级的纳米颗粒，还包括二维空间尺度为纳米级的纳米线、纳米棒、纳米管及其阵列结构，一维空间尺度为纳米级的纳米片及其阵列，以及由不同维度纳米材料构成的杂化结构。

一般而言，优异的纳米粒子需具有高的纯度和表面清洁度，单一粒径分布和形貌 / 粒度可调控性，优良的结晶性，以及低团聚倾向。纳米材料的制备方法主要包括化学法、物理法、电化学法等。

2.3.1.1 溶胶–凝胶法

溶胶 - 凝胶法（sol-gel），是一种胶体化学法。1846 年，法国化学家 J. J. Ebelmen 发现正硅酸酯在空气中水解时会形成凝胶，从而开创了溶胶 - 凝胶化学。该方法多以金属有机化合物或无机化合物出发，通过金属盐与溶剂发生可控水解和缩合反应，在溶剂中形成金属氧化物桥氧链或极小的纳米粒子组成的稳定的透明溶胶。溶胶在进一步的陈化过程中，胶链 / 粒间缓慢聚合，形成三维网络结构的凝胶。凝胶通过干燥、烧结等过程最终制备成非晶玻璃体或多晶微 / 纳米结构材料。制备的溶胶也可以直接通过旋涂、喷涂、刮涂、提拉等方法制备功能薄膜材料。

溶胶 - 凝胶过程包括水解和缩合 / 聚合两个主要反应，其中，通过水解反应生成含有羟基的醇化活性单体［式(2-2)］。活性单体间发生缩合 / 聚合反应，进而由桥氧—M—O—M—骨架组成具有一定空间结构的三维网络凝胶。凝胶过程包括脱水缩合和脱醇缩合两种方式［如式(2-3)、式(2-4)］。通过多步缩合反应，金属盐最终形成金属氧化物［如式(2-5)］。

$$\mathrm{M(OR)}_n+x\mathrm{H_2O} \longrightarrow \mathrm{(OR)}_{n-x}\text{—M—}\mathrm{(OH)}_x+x\mathrm{ROH} \tag{2-2}$$

$$\mathrm{(OR)}_{n-1}\text{—M—OH} + \text{HO—M—}\mathrm{(OH)}_{n-1} \xrightarrow{\text{脱水}} \mathrm{(OR)}_{n-1}\text{—M—O—M—}\mathrm{(OR)}_{n-1} + \mathrm{H_2O} \tag{2-3}$$

$$\mathrm{(OR)}_{n-1}\text{—M—OH} + \text{RO—M—}\mathrm{(OR)}_{n-1} \xrightarrow{\text{脱醇}} \mathrm{(OR)}_{n-1}\text{—M—O—M—}\mathrm{(OR)}_{n-1} + \mathrm{ROH} \tag{2-4}$$

$$\mathrm{M(OR)_4}+2\mathrm{H_2O} \longrightarrow \mathrm{MO_2}+4\mathrm{HOR} \tag{2-5}$$

式中，M 代表金属；R 代表有机基团。

相对于金属有机盐，无机盐种类更为丰富，价格便宜。因此，无机盐的水解［式(2-6)］是制备溶胶 - 凝胶的另一种重要途径。

$$\mathrm{M}^{n+} + n\mathrm{H_2O} \longrightarrow \mathrm{M(OH)}_n + n\mathrm{H}^+ \tag{2-6}$$

利用化学平衡，通过向反应溶液中加入碱性物质（如氨水等）可使反应不断向右进行并最终形成 $\mathrm{M(OH)}_n$ 沉淀。将沉淀充分洗涤，去除杂质离子后重新溶

解于强酸性溶液或有机溶剂中便可得到稳定的溶胶。该溶胶经过加热、干燥、烧结、水热等处理可脱水形成凝胶，进而变成氧化物。

经干燥、烧结等后处理得到块状或粉末氧化物材料，通过研磨等机械破碎法可得到微纳米颗粒粉末。此外，获得的溶胶进行后续水热 / 溶剂热反应是近年来制备微 / 纳米颗粒浆料的一种重要方法。

与其他合成法相比，溶胶 - 凝胶法具有很多独特的优点：①溶胶 - 凝胶反应可获得原子 / 分子水平的均匀性，在形成凝胶时，反应物很可能在原子 / 分子水平上被均匀混合。②由于经过水解等溶液反应步骤，容易均匀地掺入微量元素，实现均匀掺杂。③与固相反应相比，溶液反应更容易进行，反应温度低。④通过选用合适的原料和反应条件可制备各种新材料。

2.3.1.2　水热/溶剂热法

水热 / 溶剂热法是指将反应前驱体置于高压釜等密闭反应容器中，采用水溶液或其他溶剂（如醇）为反应介质，通过在容器内产生高温、高压的环境，使得前驱体发生水解等反应，进而发生形核和晶粒生长，并通过 Ostwald 熟化最终获得粒径均匀的微 / 纳米粒子。用于水热反应的前驱体可以是溶胶、溶液、微 / 纳米颗粒悬浮液，或者是块 / 片状固体。而形核 - 生长反应既可在均相反应溶液中进行，也可以在异相基底（如导电玻璃、泡沫镍、钛片等）或其他微 / 纳米材料载体（如碳纳米纤维、石墨烯等）上进行。以 TiO_2 纳米颗粒制备为例：在冰水浴条件下，将水 / 醇混合物滴加到剧烈搅拌的钛酸四异丁酯的正丁醇溶液中，搅拌约 2h 得到淡黄色均匀透亮的溶胶，将该溶胶倒入高压釜中，在 180～240℃温度下，水热处理约 6～12h 后可得到 TiO_2 纳米颗粒胶体，纳米颗粒的尺寸可通过前驱体溶液浓度、水热反应温度、反应时间等得以有效调控。所得到的 TiO_2 胶体通过浓缩后可进行薄膜制备。通过调控溶液 pH 值、添加晶面控制剂等可获得诸如纳米棒、纳米线、纳米管、纳米花等多种形貌的 TiO_2 材料。如在前驱体中添加四甲基氢氧化铵可使 TiO_2 由纳米颗粒向纳米棒转变 [102]。除溶胶前驱体外，纳米粉末也可以作为水热反应前驱体。如将 P25 二氧化钛颗粒分散于浓 NaOH（10mol/L）水溶液中，在约 170℃水热条件下，P25 颗粒逐渐溶解并重新成核、生长成 TiO_2 纳米管 [103]。将金属钛片和碳纳米纤维置于稀 HCl 溶液的水热反应体系中，利用金属 Ti 溶出的 Ti^{3+} 为 Ti 源，在碳纳米纤维上生长了 TiO_2 纳米棒 [85]。此外，将 FTO 导电玻璃基底等放入水热反应体系中，可在基底上原位生长 TiO_2 薄膜。除 TiO_2 外，采用 Zn、Sn 等前驱体，利用水热法同样可获得 ZnO、SnO_2 等氧化物胶体。

2.3.1.3 化学沉降法

化学沉降法的反应原理和无机盐的水解反应［式(2-6)］类似。化学沉降法包括共沉淀法、均匀沉淀法、多元醇解沉淀法等。其中均匀沉淀、多元醇解沉淀在DSSCs中较为常用。

均匀沉降法是通过控制溶液体系中沉淀剂的浓度，从而在整个反应溶液中均匀产生沉淀。在溶液中内生沉淀剂是产生均匀沉淀的一种重要方法，这种方法可有效避免外加沉淀剂带来的杂质，同时使得沉淀产物的成分和结构较为均匀。

多元醇解沉淀法是指将金属盐和醇反应生成金属醇盐，金属醇盐进而与水反应生成金属氧化物、氢氧化物或水合物。随着反应的进行，生成的颗粒物粒径逐渐增大并从溶液中沉降析出。金属醇解沉淀法是近年来制备TiO_2微球或聚集球最常用的方法。其典型制备过程为：在剧烈搅拌条件下，将一定量的有机钛盐（如钛酸异丙酯等）或无机钛盐（如$TiCl_4$）滴加到乙醇溶液中，持续搅拌5～30min得到透明溶胶。然后将该溶胶滴加到搅拌的去离子水中，持续搅拌约30min得到无色透明溶液并置于40℃烘箱中24h，在此过程中白色沉淀逐渐沉降析出。离心分离沉淀并用去离子水和乙醇洗涤3～5次，获得的白色产物可通过高温烧结或水热处理使其晶化得到TiO_2微球或聚集球[104,105]。这种方法制备的TiO_2聚集球往往具有极高的比表面积（图2-11）、优异的电子传输性能和光散射性能，因而在DSSCs中表现优异[105]。

(a)

(b)

图2-11 采用醇解沉降+水热后处理法制备的TiO_2聚集微球的SEM图片[105]

2.3.1.4 喷雾法

喷雾法是利用载气将有机金属醇盐或无机金属盐通过雾化-喷雾的方法引入干燥室或反应室，通过发生一系列的物理或化学反应得到粉末材料的一种可规模化微/纳米颗粒制备技术，其工艺示意简图如图2-12所示。按照反应方式和收集得到粉末的性质可将喷雾法分为喷雾干燥法、喷雾热解法、喷雾水解法等。喷雾干燥法是指将金属盐溶液通过雾化器雾化后由喷嘴高速喷入干燥室，在对流干燥气体的作用下使得金属盐液滴干燥形成微粒，收集微粒并进行烧结处理可得到微/纳米粒子材料。喷雾热解法是将喷雾干燥和热解集成在一个步骤中的一种新工艺。经雾化处理的金属盐微液滴经喷嘴喷入高温雾化室，液滴在干燥过程中同时被高温热解晶化成氧化物微/纳米颗粒粉体。喷雾水解法制备 TiO_2 纳米粉末采用钛醇盐为前驱体，雾化成微液滴后由载气引入含有水蒸气的反应室中，经过短时间的水解，得到 TiO_2 纳米粉末。

2.3.1.5 静电纺丝法

如图 2-13 所示，静电纺丝法是将配制好的纺丝液（包括前驱体、高分子材料、添加剂等）从喷头喷出并负载静电，并在电场作用下在另一极的接收基板上收集，经干燥、烧结处理得到氧化物半导体材料的方法。根据纺丝液的成分、收集基板的运动条件等可获得诸如微/纳米纤维、短棒、聚集球等多种形貌的纳米粉体材料或薄膜。

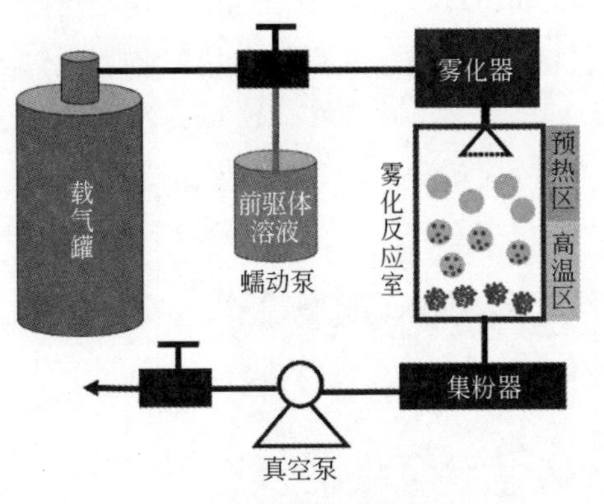

图2-12 喷雾法制备氧化物微/纳米颗粒示意图

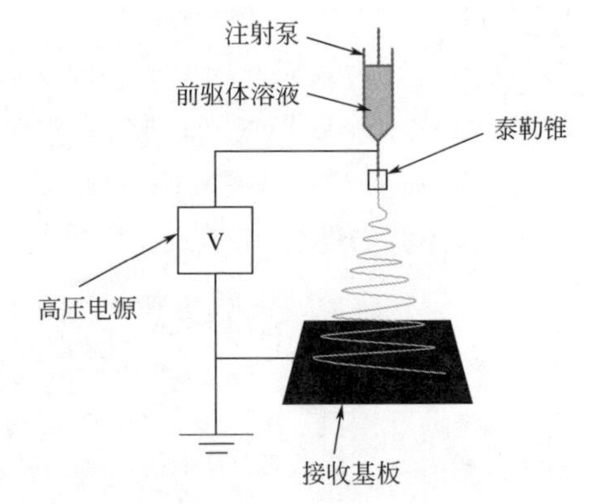

图2-13 静电纺丝法制备纳米纤维材料示意图

2.3.2 多孔纳晶薄膜光阳极的制备方法

半导体薄膜的表面积及表面状态、颗粒间连接状态、孔隙结构、光学结构等与染料吸附、光捕获、电子注入、电子传输与收集、染料/电解液渗透与扩散等息息相关，并最终对电池的光电转换效率起着决定性作用。纳晶半导体多孔薄膜的制备工艺对薄膜性能起着重要作用。常用的纳晶薄膜制备方法有刮涂法（doctor blading）、丝网印刷法、原位生长法、模板法、电沉积法、化学气相沉积法、磁控溅射法等。本小节将对这些常用的纳晶半导体薄膜制备方法做简单介绍。

2.3.2.1　刮涂法

刮涂法是制备纳晶多孔薄膜最为简单、有效的方法。该方法无需专门设备，能快速制备多孔薄膜。根据刮涂方式的不同，可将刮涂法分为玻璃棒刮涂法和刮刀刮涂法（图 2-14）。将纳米半导体浆料滴在固定的基底一端，通过玻璃棒 / 刮刀在基底上的来回刮涂推动浆料的铺展，直至获得光滑的薄膜。待溶剂挥发后，将薄膜进行烧结后处理，去除薄膜中的有机成分并使纳米颗粒重结晶，即可获得纳晶多孔薄膜。通过控制边框厚度、浆料中纳米材料固体含量（简称固含量）及黏度、来回刮涂次数等工艺参数可控制单次刮涂薄膜的厚度；重复刮涂—烧结过程可得到所需厚度的纳晶薄膜电极。

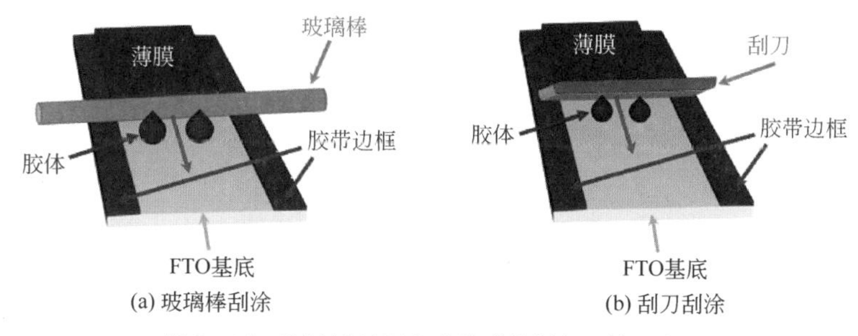

图2-14　刮涂法纳晶多孔薄膜的制备工艺示意图

对用于刮涂法制备纳晶薄膜电极的浆料一般要求纳米颗粒分散均匀，固含量适中。水热法得到的原始浆料经简单超声分散并浓缩至固含量为 8%～15%（质量分数）后即可刮涂制膜。对于粉体材料，需依据材料物化性质选择合适的分散溶剂，常用的分散剂有水、低元醇或混合分散剂。除分散剂之外，还需向分散体系中加入适量的分散助剂和稳定剂（如稀盐酸、乙酰丙酮、松油醇、Triton X-100 等），并通过研磨、球磨或超声分散等方法提高纳米颗粒分散性和浆料稳定性。对于孔隙率要求较高的薄膜（如用于凝胶态、固态 DSSCs 的电极），可在浆料中加入诸如聚苯乙烯（PS）小球等造孔剂，成膜后通过烧结等工艺去除 PS，形成大孔结构。

2.3.2.2　丝网印刷法

丝网印刷是一种起源于中国的印刷技术。丝网印刷由丝网印版、刮板、油墨（浆料）、印刷台及承印物（基底）五大要素构成。印刷时，浆料置于丝网一端，用刮板对丝网印版上的浆料施加一定的压力，同时向丝网印版的另一端匀速移动，浆料在随刮板移动过程中被从网孔挤出并转移到承印基板上。丝网印刷可分为手工丝网印刷、半自动丝网印刷和全自动丝网印刷。图 2-15 为手工丝网印刷机以及丝网印刷法制备的小面积 TiO_2 纳晶薄膜电极和敏化 TiO_2 光阳极模块。丝网印刷具有印刷图案灵活、印刷表面积大小可调、印刷浆料在基底上附着力强、薄膜性能重复性好等优点，是目前制备薄膜最常用的一种工业化方法。

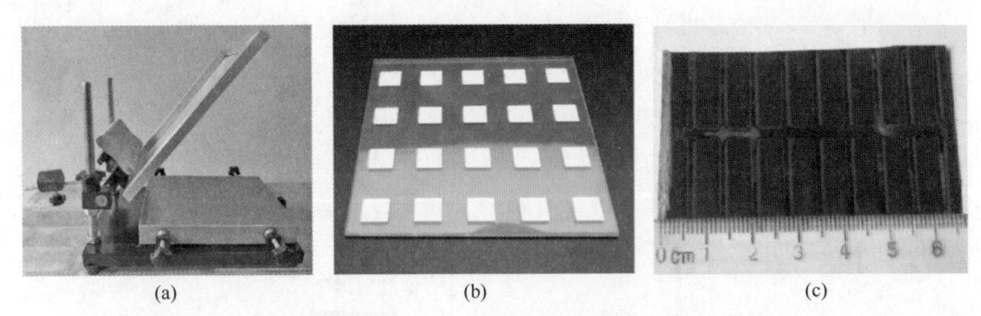

(a) (b) (c)

图2-15 手工丝网印刷机（a）；丝网印刷法制备的小面积（1cm×1cm）TiO_2纳晶薄膜电极（b）及敏化TiO_2光阳极模块（c）

与刮涂法不同，丝网印刷要求浆料黏度较大并具有较好的流平性，使得印刷好的薄膜在干燥前能自行消除丝网在薄膜上留下的压痕。用于丝网印刷的浆料可采用水 / 溶剂热法制备的胶体，也可采用纳米粉体。将纳米颗粒分散均匀后，向胶体中加入较大量的流平剂（如松油醇、Triton X-100 等）和高分子增稠剂（如乙基纤维素、聚乙烯醇等），以获得具有高的流平性和高黏度的丝网印刷浆料。

2.3.2.3 原位生长法

原位生长法是指采用水热、化学浴等方法直接在导电基底上沉积纳晶薄膜的方法。与涂覆法相比，原位沉积有望在基底上以晶面最优匹配原则实现“准外延”生长，这种“晶面最优匹配”将有利于载流子从半导体薄膜向基底的快速转移。此外，TiO_2、SnO_2、ZnO 等氧化物半导体在 FTO、ITO 等导电基底上的原位生长往往可获得 1D 纳米棒 / 线阵列、2D 纳米片阵列或者是 3D 多维网络结构 [106-110]，这种有序骨架结构有利于光生电子的快速传输。2009 年，Aydil 将 FTO 导电玻璃倾斜放置在含有去离子水、盐酸和钛酸丁酯的水热反应釜中，在 150℃下反应 20h 后得到了约 4μm 的单晶金红石型 TiO_2 纳米棒阵列，采用纳米棒阵列光阳极制备的 DSSCs 获得了 3% 的光电转换效率 [106]。通过多次水热生长，TiO_2 结构还可从简单的 1D 阵列向 3D 的网络结构（纳米森林）转变，这种多维结构保留了 1D 电子传输性能，同时大幅度提高了薄膜的比表面积，组装成的 DSSCs 的性能也得以大幅提高。中山大学匡代彬教授团队在原位水热法 TiO_2 多级结构上做了大量卓越的工作 [108,109]。

相比于 TiO_2，制备 ZnO 纳米线、纳米棒阵列的条件更为温和，甚至无需苛刻的水热反应条件。晶种 - 化学浴生长法是原位制备 1D-ZnO 或 3D-ZnO 的常用方法。利用 ZnO 量子点或热分解 ZnO 纳米颗粒作为晶种，以含有六次甲基四胺的硝酸锌溶液为生长液，在＜100℃条件下反应数小时即可生长出 ZnO 纳米线阵列、纳米棒阵列或是次级支化网络结构 [111-114]。

2.3.2.4　电化学法

电化学法制备氧化物纳晶薄膜电极是指在电场的作用下，利用荷电粒子迁移、电化学氧化、电还原 + 化学氧化等方法在基底上制备氧化物膜层的技术。电化学沉积法具有设备简单，易于操作，可在常温或低温（＜100℃）条件下实现，可在刚性、柔性或复杂形状的基底上制备薄膜等优点。按照是否存在电极反应和反应方式，可将电化学薄膜制备法分为电泳沉积法 [115-117]、阳极氧化法 [118-127]、阴极还原法等 [128]。其中电泳沉积法和阳极氧化法是 DSSCs 中常用的光阳极薄膜制备方法。

（1）电泳沉积法

电泳沉积法是指在直流电场作用下，悬浮体系中的荷电胶体粒子做定向运动，进而沉积在电极上形成多孔薄膜的方法。纳米材料由于具有高活性表面积，往往因吸附溶剂中的带电离子而成为带电胶粒。如 TiO_2 在醇溶液中因吸附 H^+ 而带正电荷，在电场下将向负极迁移并最终沉积在负极基底上。电泳沉积的纳晶薄膜往往蓬松多孔，颗粒间的结合强度低，电子传输性能差，因此，往往需要利用有机钛盐水解或外加机械压力的方法加以强化 [115,116]。此外，蓬松薄膜在干燥过程中容易开裂，采用多次电泳沉积可有效覆盖前一次沉积形成的裂纹，进而提高薄膜质量和 DSSCs 效率 [117]。

（2）阳极氧化法

阳极氧化法是指以阀金属（Ti、Al、Ni 等）为阳极，以 Pt、石墨等惰性材料为阴极，反应装置如图 2-16（a）所示。当施以一定的电压时，阳极金属（以 Ti 为例）失去电子成为金属离子 Ti^{4+}［式(2-7)］并与电解液中的 H_2O 或产生的 O^{2-} 在阳极 / 电解液界面反应形成致密 TiO_2 氧化层［式(2-8)］，称为阻挡层。在阻挡层不断形成的同时，TiO_2 与电解液中的离子（如 F^-）结合形成可溶性化合物［如 TiF_6^{2-}，式（2-9)］而不断溶解，从而形成 TiO_2 多孔薄膜。阳极氧化形成的 TiO_2 薄膜主要包括无序孔薄膜和有序孔结构的 TiO_2 纳米管阵列（TNTA）。其中 1D 有序 TNTA 是 DSSCs 光阳极研究中的重点。TNTA 的形成机理有“场致溶解”理论和“黏性流动”模型两种 [118,119]。

阳极电反应：
$$Ti - 4e^- \xrightarrow{电场} Ti^{4+} \tag{2-7}$$

阳极（电）化学反应：　　$Ti^{4+}+2H_2O \longrightarrow TiO_2+4H^+$　　（2-8）

阳极化学反应：　　$TiO_2+6F^-+4H^+ \longrightarrow TiF_6^{2-}+2H_2O$　　（2-9）

通过对阳极氧化电压大小、电解液成分、阳极氧化温度和时间等参数的调节，可实现对 TNTA 的孔径、厚度、纳米管分布状态、管壁粗糙度等微观形貌的有效调控。一般而言，TNTA 的管径与阳极氧化电压大小正相关，而 TNTA 长度在一定范围内与氧化时间正相关。电解液是影响阳极氧化 TiO_2 薄膜形貌最为关键的因素之一。用于 Ti 阳极氧化的电解质主要包括含 F^- 和不含 F^- 的水溶液或有机溶剂四大类。在不含 F^- 的水溶液中阳极氧化往往只能得到致密的 TiO_2 薄层。2009 年，P. Schmuki 研究小组以含 K_2HPO_4（10%，质量分数）的丙三醇溶液为电解质，在 180℃和 50V 条件下阳极氧化 48h 后再经 H_2O_2 刻蚀获得海绵结构的 TiO_2 薄膜 [120,121]［图 2-16(b)］。该 TiO_2 “海绵” 由 5～10nm 的 TiO_2 小颗粒组成，并具有极高的比表面积，所组装的背面照射 DSSCs 获得了 4.16% 的光电转换效率 [120]。

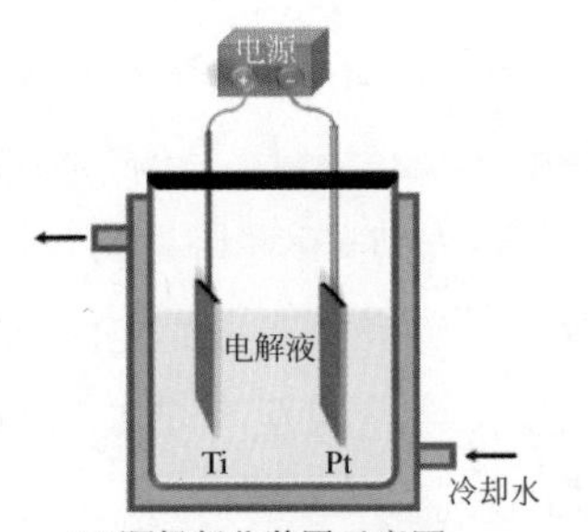

(a) 阳极氧化装置示意图

(b) 在K_2HPO_4的丙三醇电解液中阳极氧化获得的TiO_2 “海绵” 的SEM图片[120]

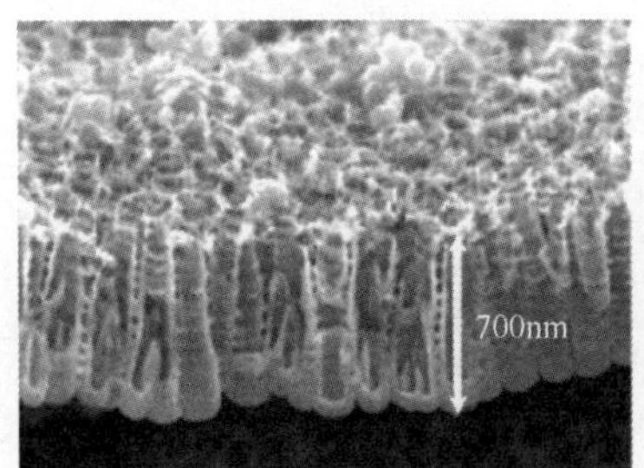

(c) 在HF水溶液中阳极氧化获得的TNTA的SEM截面形貌图[120]

(d) 在NH_4F乙二醇电解液中阳极氧化获得的TNTA的SEM截面形貌图

图2-16　阳极氧化法

含 F^- 水溶液是较早用于制备 TNTA 的电解质体系。其典型配方为 0.5%～2% 的 HF 水溶液或 0.5%～5% 的 NH_4F 水溶液。在水溶液电解质体系中 Ti 阳极氧化速度快，但同时 TiO_2 的化学溶解［式(2-9)］速度也非常快。在快速的氧化 - 溶解平衡下，往往只能获得几百纳米到数微米厚度的 TNTA 膜层，同时管壁上通常会有环状非规则纹路 [120-122]［图 2-16（c）］。在水溶液电解质体系中形成的 TNTA 由于薄膜太薄，缺陷态多，多应用于光催化等领域，在 DSSCs 中的应用则相对较少 [122-124]。以乙二醇代替 H_2O、以 NH_4F 代替 HF 作为电解液溶剂是阳极氧化制备 TNTA 的一次重大突破。具有一定黏度的乙二醇可有效调控电解液中的离子扩散，更为重要的是 TiF_6^{2-} 在乙二醇中的溶解度要比在水中的溶解度低得多，这使得 TiO_2 的溶解变得非常缓慢，有利于 TiO_2 纳米管的生长。在乙二醇溶剂电解液中可获得数十微米甚至 1000μm 厚的 TNTA 薄膜 [123,124]，同时 TiO_2 纳米管排列更为紧密、规整，管壁更为光滑［图 2-16（d）］。除了以金属 Ti 片为阳极外，将 Ti 采用磁控溅射或热蒸镀等方法沉积在导电玻璃基底上，再通过阳极氧化法将 Ti 层转化为 TNTA 层，可获得附着于透明导电玻璃基底上的 TNTA 薄膜。

与其他方法制备的氧化物半导体光阳极相比，阳极氧化制备的 TNTA 在基底上的附着力强、有序度高，可实现光生电子的 1D 约束性传输。Frank 团队对比相同厚度的 TiO_2-NPs 和 TNTA 薄膜光阳极制备的 DSSCs 发现，电子在两种电极上的传输时间没有明显差异，但后者中的电子寿命比前者中的约高 10 倍，即 TNTA 光阳极的载流子复合速率更低，电子收集效率高 [125,126]。Grätzel 小组的研究结果也证实了电子在 1D-TiO_2 薄膜内具有更大的扩散系数及更长的寿命，高的电子收集效率有利于减少复合损失，提高电池的电流密度 [127]。光生电子在 1D-TiO_2 光阳极中具有更为优良的电子动力学特征，有利于提高电子收集效率，是制备高效率 DSSCs 的一条重要途径。

2.3.2.5　模板法

模板法是一种利用模板材料提供的有限生长空间，实现“反向复刻”的材料 / 薄膜制备方法。利用目标产物在模板孔道、模板内壁或外壁表面进行成核和生长，去除模板后可获得与模板具有“反向”孔隙结构与形貌的材料。通过对模板的设计可对目标材料 / 薄膜的尺寸、形貌、结构、空间布局等进行调控。可以说模板法是目前制备具有特殊结构的薄膜最强有力的技术。

模板法可分为软模板法和硬模板法两种。其中软模板法是利用具有表面活性的分子在特殊环境下的聚集行为形成有序的动态“空腔”结构，如乳胶粒子、囊泡、胶团等。例如，利用十六烷基三甲基溴化铵（CTAB）作为表面活性剂可使得水溶液在甲苯溶剂中形成球形乳胶粒子软模板，利用在水相中的反应可制备微 / 纳米球材料，利用在乳胶粒子 / 甲苯界面的反应可获得空心球结构的材料。通过后续的破乳、干燥、烧结等工艺可获得微 / 纳米粉体材料，如图 2-17 所示。

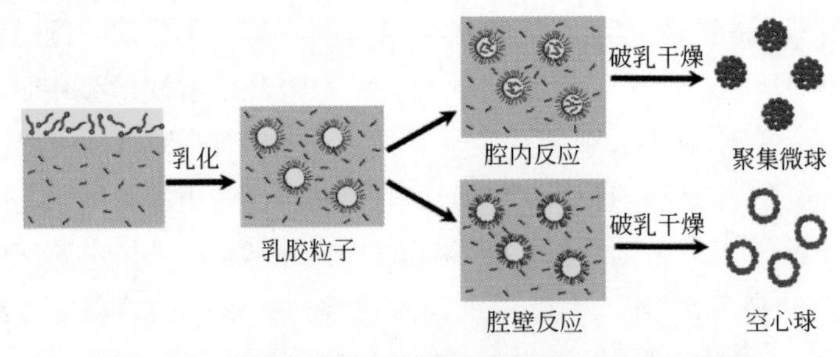

图2-17　采用乳胶粒子软模板制备微/纳米材料示意图

硬模板是具有一定形状和空间结构的刚性模板。相对于软模板来说，硬模板的种类更为丰富，材料的选择也更为灵活。如具有生物活性的病毒、细胞、DNA 等，具有特定空间结构和功能基团的高分子骨架聚合物、植物组织，具有特殊孔道结构的多孔硅、分子筛等，此外还有诸如 SiO_2 微球、聚苯乙烯（PS）微球、阳极氧化多孔氧化铝膜（AAO）、ZnO 纳米棒阵列等等。通过在硬模板孔隙内填充目标材料或其前驱体，晶化成型后采用溶剂溶解、高温灼烧等方法去除模板，即可获得反向复刻的目标产物薄膜材料。

在 DSSCs 研究中，采用有序结构的硬模板，结合溶胶 - 凝胶填充、吸附水解、电化学沉积、原子层沉积（ALD）、磁控溅射等方法可制备获得 1D 或 3D 有序结构的 TiO_2、ZnO 等氧化物半导体薄膜。图 2-18 为采用氧化铝模板法制备纳米棒（阵列）和纳米管（阵列）示意图。一般而言，目标产物（或预产物）优先依附于 AAO 孔道表面异相成核并生长，通过调节填充度可实现纳米管到纳米棒的转变 [129,130]。除 AAO 模板外，ZnO 也是一种常用的硬模板。Zhuge 等 [131] 以在 FTO 玻璃基底上制备的 ZnO 纳米线为模板，通过钛酸异丙酯的吸附 - 水解获得了 ZnO@TiO_2 核壳结构纳米棒阵列，利用后续的 $TiCl_4$ 处理溶去 ZnO 得到规整 TiO_2 纳米管阵列，所制备的 DSSCs 获得了 5.74% 的光电转换效率。SiO_2、聚苯乙烯（PS）等微 / 纳球乳液在干燥过程中往往趋向于自组装形成有序的 3D 蛋白

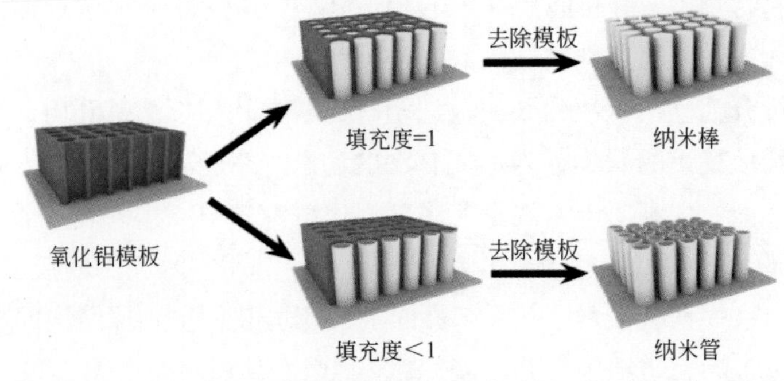

图2-18　氧化铝模板法制备纳米棒（阵列）和纳米管（阵列）示意图

石结构，向其孔隙中填充 TiO_2 后去除模板可获得具有 3D 有序连续的规则孔道和特殊光学性能（散射、光子晶体）的反蛋白石结构薄膜[132,133]。

与氧化物模板相比，高分子材料具有更为丰富的官能团、链段组成和空间构型。通过调节官能团和链段的化学性能及构成，可实现氧化物前驱体（凝胶、有机盐等）在高分子链的不同区间段的选择性吸附，进而获得特定空间孔隙结构。通过高温烧结去除高分子模板后可得到具有空间网络结构的氧化物薄膜[134]。Docampo 等[135]研究了嵌段聚合物的嵌段方案对 TiO_2 薄膜的影响，发现亲水 - 疏水 - 亲水的三嵌段聚合物对薄膜的三维孔结构具有更好的调控作用（图 2-19），由该方法制备的 TiO_2 光阳极组装的全固态 DSSCs 取得了超过 5% 的光电转换效率。

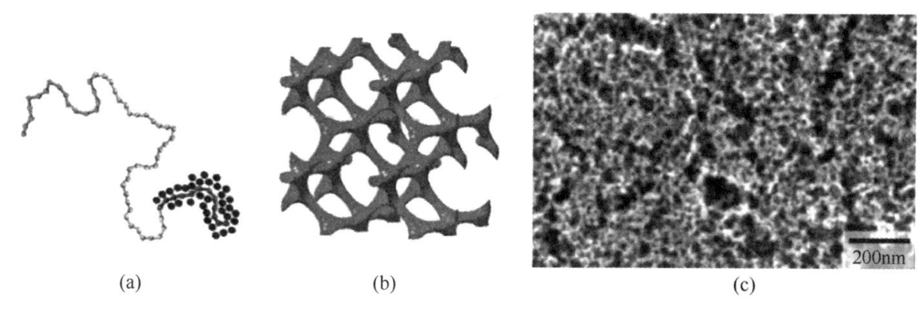

图2-19　采用poly（isoprene-*b*-styrene-*b*-ethylene oxide）三嵌段聚合物模板制备的 TiO_2 三维网络孔结构薄膜[135]

2.3.2.6　其他薄膜制备方法

除上述介绍的 5 种制备半导体氧化物薄膜的常用方法外，还有化学气相沉积、物理气相沉积、磁控溅射、激光脉冲沉积、静电纺丝等诸多方法。这些方法各有优势，并在制备薄膜电极及器件的研究中取得较好的结果。但是这些方法并非 DSSCs 光阳极研究中最常用的方法，限于本书章节篇幅的原因在此不对这些技术进行一一介绍。

参考文献

[1] O'Regan B，Grätzel M. A low-cost，high-efficiency solar cell based on dye-sensitized colloidal TiO_2 films[J]. Nature，1991，353（6346）：737-740.

[2] 马廷丽，云斯宁. 染料敏化太阳电池——从理论基础到技术应用[M]. 北京：化学工业出版社，2013.

[3] Asbury J B，Hao E，Wang Y，et al. Ultrafast electron transfer dynamics from molecular adsorbates to semiconductor nanocrystalline thin films[J]. The Journal of Physical Chemistry B，

2001, 105 (20): 4545-4557.

[4] Zhang X H, Cui Y, Katoh R, et al. Organic dyes containing thieno[3,2-*b*]indole donor for efficient dye-sensitized solar cells[J]. The Journal of Physical Chemistry C, 2010, 114 (42): 18283-18290.

[5] Furube A, Katoh R, Hara K, et al. Lithium ion effect on electron injection from a photoexcited coumarin derivative into a TiO_2 nanocrystalline film investigated by Visible-to-IR ultrafast spectroscopy[J]. The Journal of Physical Chemistry B, 2005, 109 (34): 16406-16414.

[6] Barbe C J, Arendse F, Comte P, et al. Nanocrystalline titanium oxide electrodes for photovoltaic applications[J]. Journal of American Ceramic Society, 1997, 80 (12): 3157-3171.

[7] Grätzel M. Solar energy conversion by dye-sensitized photovoltaic cells[J]. Inorganic Chemistry, 2005, 44 (20): 6841-6851.

[8] 戴松元，刘伟庆，阎金定，等. 染料敏化太阳电池[M]. 北京：科学出版社，2014.

[9] Park N G, Van L J, Frank A J. Comparison of dye-sensitized rutile-and anatase-based TiO_2 solar cells[J]. The Journal of Physical Chemistry B, 2000, 104 (38): 8989-8994.

[10] Yella A, Lee H W, Tsao H N, et al. Porphyrin-sensitized solar cells with cobalt (Ⅱ/Ⅲ) -based redox electrolyte exceed 12 percent efficiency[J]. Science, 2011, 334 (6056): 629-634.

[11] Kakiage K, Aoyama Y, Yano T, et al. Highly-efficient dye-sensitized solar cells with collaborative sensitization by silyl-anchor and carboxy-anchor dyes[J]. Chemical Communications, 2015, 51 (88): 15894-15897.

[12] Cao Y, Liu Y, Zakeeruddin S M, et al. Direct contact of selective charge extraction layers enables high-efficiency molecular photovoltaics[J]. Joule, 2018, 2 (6): 1108-1117.

[13] Zhang L, Yang X, Wang W, et al. 13.6% Efficient organic dye-sensitized solar cells by minimizing energy losses of the excited state[J]. ACS Energy Letters, 2019, 4 (4): 943-951.

[14] Tang H, Prasad K, Sanjines R, et al. Electrical and optical properties of TiO_2 anatase thin films[J]. Journal of Applied Physics, 1994, 75 (4): 2042-2047.

[15] Forro L, Chauvet O, Emin D, et al. High mobility n-type charge carriers in large single crystals of anatase (TiO_2) [J]. Journal of Applied Physics, 1994, 75 (1): 633-635.

[16] Hou Y, Quiroz C O R, Scheiner S, et al. Low-temperature and hysteresis-free electron-transporting layers for efficient, regular, and planar structure perovskite solar cells[J]. Advanced Energy Materials, 2015, 5 (20): 1050-1056.

[17] Redmond G, Fitzmaurice D, Graetzel M. Visible light sensitization by cis-bis (thiocyanato) bis (2,2′-bipyridyl-4,4′-dicarboxylato) ruthenium (Ⅱ) of a transparent nanocrystalline ZnO film prepared by sol-gel techniques[J]. Chemistry of Materials, 1994, 6 (5): 686-691.

[18] Rensmo H, Keis K, Lindström H, et al. High light-to-energy conversion efficiencies for solar cells based on nanostructured ZnO electrodes[J]. The Journal of Physical Chemistry B, 1997, 101 (14): 2598-2601.

[19] Saito M, Fujihara S. Large photocurrent generation in dye-sensitized ZnO solar cells[J]. Energy & Environmental Science, 2008, 1 (2): 280-283.

[20] Sasaki K, Yoshida A, Juso H, et al. Optimum design for super-high efficiency concentrator solar cell[C]. Proc 23rd European Photovoltaic Solar Energy Conf, Valencia, Spain, 2008:

123-125.

[21] Memarian N, Concina I, Braga A, et al. Hierarchically assembled ZnO nanocrystallites for high-efficiency dye-sensitized solar cells[J]. Angewandte Chemie International Edition, 2011, 50（51）: 12321-12325.

[22] Frank A J, Kopidakis N, Van D L J. Electrons in nanostructured TiO_2 solar cells: transport, recombination and photovoltaic properties[J]. Coordination Chemistry Reviews, 2004, 248（13-14）: 1165-1179.

[23] Furube A, Katoh R, Hara K, et al. Ultrafast stepwise electron injection from photoexcited Ru-complex into nanocrystalline ZnO film via intermediates at the surface[J]. The Journal of Physical Chemistry B, 2003, 107（17）: 4162-4166.

[24] Horiuchi H, Katoh R, Hara K, et al. Electron injection efficiency from excited N3 into nanocrystalline ZnO films: effect of（$N3\text{-}Zn^{2+}$）aggregate formation[J]. The Journal of Physical Chemistry B, 2003, 107（11）: 2570-2574.

[25] Mikroyannidis J A, Stylianakis M M, Suresh P, et al. Synthesis of perylene monoimide derivative and its use for quasi-solid-state dye-sensitized solar cells based on bare and modified nano-crystalline ZnO photoelectrodes[J]. Energy & Environmental Science, 2009, 2（12）: 1293-1301.

[26] Rodríguez-Pérez M, Canto-Aguilar E J, García-Rodríguez R, et al. Surface photovoltage spectroscopy resolves interfacial charge separation efficiencies in ZnO dye-sensitized solar cells[J]. The Journal of Physical Chemistry C, 2018, 122（5）: 2582-2588.

[27] Shin Y J, Lee J H, Park J H, et al. Enhanced photovoltaic properties of SiO_2-treated ZnO nanocrystalline electrode for dye-sensitized solar cell[J]. Chemistry Letters, 2007, 36（12）: 1506-1507.

[28] Law M, Greene L E, Radenovic A, et al. ZnO-Al_2O_3 and ZnO-TiO_2 core-shell nanowire dye-sensitized solar cells[J]. The Journal of Physical Chemistry B, 2006, 110（45）: 22652-22663.

[29] Chen Y C, Li Y J, Hsu Y K. Enhanced performance of ZnO-based dye-sensitized solar cells by glucose treatment[J]. Journal of Alloys and Compounds, 2018, 748: 382-389.

[30] Arnold M S, Avouris P, Pan Z W, et al. Field-effect transistors based on single semiconducting oxide nanobelts[J]. The Journal of Physical Chemistry B, 2003, 107（3）: 659-663.

[31] Liu J, Luo T, Meng F, et al. A novel coral-like porous SnO_2 hollow architecture: biomimetic swallowing growth mechanism and enhanced photovoltaic property for dye-sensitized solar cell application[J]. Chemical Communications, 2010, 46（3）: 472-474.

[32] Zhu P, Reddy M V, Wu Y, et al. Mesoporous SnO_2 agglomerates with hierarchical structures as an efficient dual-functional material for dye-sensitized solar cells[J]. Chemical Communications, 2012, 48（88）: 10865-10867.

[33] Gubbala S, Russell H B, Shah H, et al. Surface properties of SnO_2 nanowires for enhanced performance with dye-sensitized solar cells[J]. Energy & Environmental Science, 2009, 2（12）: 1302-1309.

[34] Dou X, Sabba D, Mathews N, et al. Hydrothermal synthesis of high electron mobility Zn-doped SnO_2 nanoflowers as photoanode material for efficient dye-sensitized solar cells[J].

Chemistry of Materials，2011，23（17）：3938-3945.

[35] Wang Y F，Li K N，Liang C L，et al. Synthesis of hierarchical SnO_2 octahedra with tailorable size and application in dye-sensitized solar cells with enhanced power conversion efficiency[J]. Journal of Materials Chemistry，2012，22（40）：21495-21501.

[36] Kumar E N，Jose R，Archana P S，et al. High performance dye-sensitized solar cells with record open circuit voltage using tin oxide nanoflowers developed by electrospinning[J]. Energy & Environmental Science，2012，5（1）：5401-5407.

[37] Green A N M，Palomares E，Haque S A，et al. Charge transport versus recombination in dye-sensitized solar cells employing nanocrystalline TiO_2 and SnO_2 films[J]. The Journal of Physical Chemistry B，2005，109（25）：12525-12533.

[38] Kay A，Grätzel M. Dye-sensitized core-shell nanocrystals：improved efficiency of mesoporous tin oxide electrodes coated with a thin layer of an insulating oxide[J]. Chemistry of Materials，2002，14（7）：2930-2935.

[39] Zainudin S N F，Abdullah H，Markom M. Electrochemical studies of tin oxide based-dye-sensitized solar cells（DSSC）：a review[J]. Journal of Materials Science：Materials in Electronics，2019，30（6）：5342-5356.

[40] Bhande S S，Shinde D V，Tehare K K，et al. DSSCs synergic effect in thin metal oxide layer-functionalized SnO_2 photoanodes[J]. Journal of Photochemistry and Photobiology A：Chemistry，2014，295：64-69.

[41] Le V A，Jose R，Reddy M V，et al. Nb_2O_5 photoelectrodes for dye-sensitized solar cells：choice of the polymorph[J]. The Journal of Physical Chemistry C，2010，114（49）：21795-21800.

[42] Ou J Z，Rani R A，Ham M H，et al. Elevated temperature anodized Nb_2O_5：a photoanode material with exceptionally large photoconversion efficiencies[J]. ACS Nano，2012，6（5）：4045-4053.

[43] Rani R A，Zoolfakar A S，Subbiah J，et al. Highly ordered anodized Nb_2O_5 nanochannels for dye-sensitized solar cells[J]. Electrochemistry Communications，2014，40：20-23.

[44] Ghosh R，Brennaman M K，Uher T，et al. Nanoforest Nb_2O_5 photoanodes for dye-sensitized solar cells by pulsed laser deposition[J]. ACS Applied Materials & Interfaces，2011，3（10）：3929-3935.

[45] Zhang H，Wang Y，Yang D，et al. Directly hydrothermal growth of single crystal $Nb_3O_7(OH)$ nanorod film for high performance dye-sensitized solar cells[J]. Advanced Materials，2012，24（12）：1598-1603.

[46] Chen S G，Chappel S，Diamant Y，et al. Preparation of Nb_2O_5 coated TiO_2 nanoporous electrodes and their application in dye-sensitized solar cells[J]. Chemistry of Materials，2001，13（12）：4629-4634.

[47] Ahn K S，Kang M S，Lee J K，et al. Enhanced electron diffusion length of mesoporous TiO_2 film by using Nb_2O_5 energy barrier for dye-sensitized solar cells[J]. Applied Physics Letters，2006，89（1）：013103.

[48] Xia J，Masaki N，Jiang K，et al. Sputtered Nb_2O_5 as a novel blocking layer at conducting glass/

TiO_2 interfaces in dye-sensitized ionic liquid solar cells[J]. The Journal of Physical Chemistry C, 2007, 111 (22): 8092-8097.

[49] Xia J, Masaki N, Jiang K, et al. Fabrication and characterization of thin Nb_2O_5 blocking layers for ionic liquid-based dye-sensitized solar cells[J]. Journal of Photochemistry and Photobiology A: Chemistry, 2007, 188 (1): 120-127.

[50] Kong L, Dai Q, Miao C, et al. Doped In_2O_3 inverse opals as photoanode for dye sensitized solar cells[J]. Journal of Colloid and Interface Science, 2015, 450: 196-201.

[51] Miao C, Chen C, Dai Q, et al. Dysprosium, holmium and erbium ions doped indium oxide nanotubes as photoanodes for dye sensitized solar cells and improved device performance[J]. Journal of Colloid and Interface Science, 2015, 440: 162-167.

[52] Yong S M, Nikolay T, Ahn B T, et al. One-dimensional WO_3 nanorods as photoelectrodes for dye-sensitized solar cells[J]. Journal of Alloys and Compounds, 2013, 547: 113-117.

[53] Rashad M M, Shalan A E. Hydrothermal synthesis of hierarchical WO_3 nanostructures for dye-sensitized solar cells[J]. Applied Physics A, 2014, 116 (2): 781-788.

[54] Niu H, Zhang S, Ma Q, et al. Dye-sensitized solar cells based on flower-shaped α-Fe_2O_3 as a photoanode and reduced graphene oxide-polyaniline composite as a counter electrode[J]. RSC Advances, 2013, 3 (38): 17228-17235.

[55] Tan B, Toman E, Li Y, et al. Zinc stannate (Zn_2SnO_4) dye-sensitized solar cells[J]. Journal of the American Chemical Society, 2007, 129 (14): 4162-4163.

[56] Lana-Villarreal T, Boschloo G, Hagfeldt A. Nanostructured zinc stannate as semiconductor working electrodes for dye-sensitized solar cells[J]. The Journal of Physical Chemistry C, 2007, 111 (14): 5549-5556.

[57] Choi S H, Hwang D, Kim D Y, et al. Amorphous zinc stannate (Zn_2SnO_4) nanofibers networks as photoelectrodes for organic dye-sensitized solar cells[J]. Advanced Functional Materials, 2013, 23 (25): 3146-3155.

[58] Wang Y F, Li K N, Xu Y F, et al. Hierarchical Zn_2SnO_4 nanosheets consisting of nanoparticles for efficient dye-sensitized solar cells[J]. Nano Energy, 2013, 2 (6): 1287-1293.

[59] Li Z, Zhou Y, Yang H, et al. Nanosheet-assembling hierarchical zinc stannate microspheres for enhanced efficiency of dye-sensitized solar cells[J]. Electrochimica Acta, 2015, 152: 25-30.

[60] Al-Attafi K, Jawdat F H, Qutaish H, et al. Cubic aggregates of Zn_2SnO_4 nanoparticles and their application in dye-sensitized solar cells[J]. Nano Energy, 2019, 57: 202-213.

[61] Wang K, Shi Y, Guo W, et al. Zn_2SnO_4-based dye-sensitized solar cells: insight into dye-selectivity and photoelectric behaviors[J]. Electrochimica Acta, 2014, 135: 242-248.

[62] Wang Y F, Li K N, Xu Y F, et al. Hydrothermal fabrication of hierarchically macroporous Zn_2SnO_4 for highly efficient dye-sensitized solar cells[J]. Nanoscale, 2013, 5 (13): 5940-5948.

[63] Xie F, Li Y, Xiao T, et al. Efficiency improvement of dye-sensitized $BaSnO_3$ solar cell based surface treatments[J]. Electrochimica Acta, 2018, 261: 23-28.

[64] Li Y, Zhang H, Guo B, et al. Enhanced efficiency dye-sensitized $SrSnO_3$ solar cells prepared

using chemical bath deposition[J]. Electrochimica Acta, 2012, 70: 313-317.

[65] Roy A, Das P P, Selvaraj P, et al. Perforated $BaSnO_3$ nanorods exhibiting enhanced efficiency in dye sensitized solar cells[J]. ACS Sustainable Chemistry & Engineering, 2018, 6 (3): 3299-3310.

[66] Rajamanickam N, Soundarrajan P, Kumar S M S, et al. Boosting photo charge carrier transport properties of perovskite $BaSnO_3$ photoanodes by Sr doping for enhanced DSSCs performance[J]. Electrochimica Acta, 2019, 296: 771-782.

[67] Kumar A A, Singh J, Rajput D S, et al. Facile wet chemical synthesis of Er^{3+}/Yb^{3+} co-doped $BaSnO_3$ nano-crystallites for dye-sensitized solar cell application[J]. Materials Science in Semiconductor Processing, 2018, 83: 83-88.

[68] Rajamanickam N, Soundarrajan P, Jayakumar K, et al. Improve the power conversion efficiency of perovskite $BaSnO_3$ nanostructures based dye-sensitized solar cells by Fe doping[J]. Solar Energy Materials and Solar Cells, 2017, 166: 69-77.

[69] Kumar A A, Kumar A, Quamara J K. Cetyltrimethyl ammonium bromide stabilized lanthanum doped $SrSnO_3$ nanoparticle photoanode for dye sensitized solar cell application[J]. Solid State Communications, 2018, 269: 6-10.

[70] Yang S, Kou H, Wang J, et al. Tunability of the band energetics of nanostructured $SrTiO_3$ electrodes for dye-sensitized solar cells[J]. The Journal of Physical Chemistry C, 2010, 114 (9): 4245-4249.

[71] Jayabal P, Sasirekha V, Mayandi J, et al. A facile hydrothermal synthesis of $SrTiO_3$ for dye sensitized solar cell application[J]. Journal of Alloys and Compounds, 2014, 586: 456-461.

[72] Feng K, Liu X, Si D, et al. Ferroelectric $BaTiO_3$ dipole induced charge transfer enhancement in dye-sensitized solar cells[J]. Journal of Power Sources, 2017, 350: 35-40.

[73] Zhang L, Shi Y, Peng S, et al. Dye-sensitized solar cells made from $BaTiO_3$-coated TiO_2 nanoporous electrodes[J]. Journal of Photochemistry and Photobiology A: Chemistry, 2008, 197 (2): 260-265.

[74] Xie D, Lin Y, Fu N, et al. Changes of the dye adsorption state induced by ferroelectric polarization to improve photoelectric performance[J]. Journal of Materials Chemistry A, 2018, 6 (47): 24595-24602.

[75] Asgari M H, Mohammadi M R, Seyed R S M. Improved photon to current conversion in nanostructured TiO_2 dye-sensitized solar cells by incorporating cubic $BaTiO_3$ particles deliting incident[J]. Solar Energy, 2016, 132: 1-14.

[76] Geim A K, Novoselov K S. The rise of graphene[J]. Nature Materials, 2007, 6 (3): 183-191.

[77] Chen T, Wang S, Yang Z, et al. Flexible, ligh-weight, ultrastrong, and semiconductive carbon nanotube fibers for a highly efficient solar cell[J]. Angewandte Chemie International Edition, 2011, 50 (8): 1815-1819.

[78] Batmunkh M, Biggs M J, Shapter J G. Carbonaceous dye-sensitized solar cell photoelectrodes[J]. Advanced Science, 2015, 2 (3): 1400025.

[79] Kang S H, Kim J Y, Kim Y K, et al. Effects of the incorporation of carbon powder into nanostructured TiO_2 film for dye-sensitized solar cell[J]. Journal of Photochemistry and

Photobiology A：Chemistry，2007，186（2）：234-241.

[80] Ting C C，Chao W S. Efficiency improvement of the DSSCs by building the carbon black as bridge in photoelectrode[J]. Applied Energy，2010，87（8）：2500-2505.

[81] Jang Y H，Xin X，Byun M，et al. An unconventional route to high-efficiency dye-sensitized solar cells via embedding graphitic thin films into TiO_2 nanoparticle photoanode[J]. Nano Letters，2011，12（1）：479-485.

[82] Jang S R，Vittal R，Kim K J. Incorporation of functionalized single-wall carbon nanotubes in dye-sensitized TiO_2 solar cells[J]. Langmuir，2004，20（22）：9807-9810.

[83] Dang X，Yi H，Ham M H，et al. Virus-templated self-assembled single-walled carbon nanotubes for highly efficient electron collection in photovoltaic devices[J]. Nature Nanotechnology，2011，6（6）：377-384.

[84] Guai G H，Li Y，Ng C M，et al. TiO_2 Composing with pristine，metallic or semiconducting sngle-walled carbon nanotubes：which gives the best performance for a dye-sensitized solar cell[J]. Chem Phys Chem，2012，13（10）：2566-2572.

[85] Guo W，Xu C，Wang X，et al. Rectangular bunched rutile TiO_2 nanorod arrays grown on carbon fiber for dye-sensitized solar cells[J]. Journal of the American Chemical Society，2012，134（9）：4437-4441.

[86] Liu J，Kuo Y T，Klabunde K J，et al. Novel dye-sensitized solar cell architecture using TiO_2-coated vertically aligned carbon nanofiber arrays[J]. ACS Applied Materials & Interfaces，2009，1（8）：1645-1649.

[87] Yang N，Zhai J，Wang D，et al. Two-dimensional graphene bridges enhanced photoinduced charge transport in dye-sensitized solar cells[J]. ACS Nano，2010，4（2）：887-894.

[88] Chen T，Hu W，Song J，et al. Interface functionalization of photoelectrodes with graphene for high performance dye - sensitized solar cells[J]. Advanced Functional Materials，2012，22（24）：5245-5250.

[89] Meng T T，Zheng Z B，Wang K Z. Layer-by-layer assembly of graphene oxide and a Ru（Ⅱ）complex and significant photocurrent generation properties[J]. Langmuir，2013，29（46）：14314-14320.

[90] Chen J，Li B，Zheng J，et al. Role of carbon nanotubes in dye-sensitized TiO_2-based solar cells[J]. The Journal of Physical Chemistry C，2012，116（28）：14848-14856.

[91] Tang Y B，Lee C S，Xu J，et al. Incorporation of graphenes in nanostructured TiO_2 films via molecular grafting for dye-sensitized solar cell application[J]. ACS Nano，2010，4（6）：3482-3488.

[92] Chen L，Zhou Y，Tu W，et al. Enhanced photovoltaic performance of a dye-sensitized solar cell using graphene-TiO_2 photoanode prepared by a novel in situ simultaneous reduction-hydrolysis technique[J]. Nanoscale，2013，5（8）：3481-3485.

[93] Zhang X，Liu J，Li S，et al. DNA assembled single-walled carbon nanotube nanocomposites for high efficiency dye-sensitized solar cells[J]. Journal of Materials Chemistry A，2013，1（36）：11070-11077.

[94] Ahmad W，Mehmood U，Al-Ahmed A，et al. Synthesis of zinc oxide/titanium dioxide（ZnO/

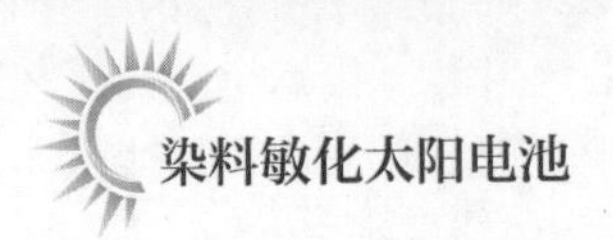

TiO_2) nanocomposites by wet incipient wetness impregnation method and preparation of ZnO/TiO_2 paste using poly (vinylpyrrolidone) for efficient dye-sensitized solar cells[J]. Electrochimica Acta, 2016, 222: 473-480.

[95] Bai Y, Yu H, Li Z, et al. In situ growth of a ZnO nanowire network within a TiO_2 nanoparticle film for enhanced dye-sensitized solar cell performance[J]. Advanced Materials, 2012, 24 (43): 5850-5856.

[96] Fu N, Duan Y, Fang Y, et al. Plastic dye-sensitized solar cells with enhanced performance prepared from a printable TiO_2 paste[J]. Electrochemistry Communications, 2013, 34: 254-257.

[97] Fu N, Duan Y, Fang Y, et al. Facile fabrication of highly porous photoanode at low temperature for all-plastic dye-sensitized solar cells with quasi-solid state electrolyte[J]. Journal of power sources, 2014, 271: 8-15.

[98] Wang M, Wang Y, Li J. ZnO nanowire arrays coating on TiO_2 nanoparticles as a composite photoanode for a high efficiency DSSC[J]. Chemical Communications, 2011, 47 (40): 11246-11248.

[99] Park K, Zhang Q, Garcia B B, et al. Effect of an ultrathin TiO_2 layer coated on submicrometer-sized ZnO nanocrystallite aggregates by atomic layer deposition on the performance of dye-sensitized solar cells[J]. Advanced Materials, 2010, 22 (21): 2329-2332.

[100] Dong Z, Ren H, Hessel C M, et al. Quintuple-shelled SnO_2 hollow microspheres with superior light scattering for high-performance dye-sensitized solar cells[J]. Advanced Materials, 2014, 26 (6): 905-909.

[101] Joshi P, Zhang L, Davoux D, et al. Composite of TiO_2 nanofibers and nanoparticles for dye-sensitized solar cells with significantly improved efficiency[J]. Energy & Environmental Science, 2010, 3 (10): 1507-1510.

[102] Yan X, Feng L, Jia J. Controllable synthesis of anatase TiO_2 crystals for high-performance dye-sensitized solar cells[J]. Journal of Materials Chemistry A, 2013, 1 (17): 5347-5352.

[103] Myahkostupov M, Zamkov M, Castellano F N. Dye-sensitized photovoltaic properties of hydrothermally prepared TiO_2 nanotubes[J]. Energy & Environmental Science, 2011, 4 (3): 998-1010.

[104] Duan Y, Fu N, Fang Y. Synthesis and formation mechanism of mesoporous TiO_2 microspheres for scattering layer in dye-sensitized solar cells[J]. Electrochimica Acta, 2013, 113: 109-116.

[105] Chen D, Huang F, Cheng Y B, et al. Mesoporous anatase TiO_2 beads with high surface areas and controllable pore sizes: a superior candidate for high-performance dye-sensitized solar cells[J]. Advanced Materials, 2009, 21 (21): 2206-2210.

[106] Liu B, Aydil E S. Growth of oriented single-crystalline rutile TiO_2 nanorods on transparent conducting substrates for dye-sensitized solar cells[J]. Journal of the American Chemical Society, 2009, 131 (11): 3985-3990.

[107] Feng X, Shankar K, Varghese O K, et al. Vertically aligned single crystal TiO_2 nanowire arrays grown directly on transparent conducting oxide coated glass: synthesis details and

applications[J]. Nano Letters，2008，8（11）：3781-3786.

[108] Wu W Q，Feng H L，Rao H S，et al. Maximizing omnidirectional light harvesting in metal oxide hyperbranched array architectures[J]. Nature Communications，2014，5：3968.

[109] Wu W Q，Feng H L，Chen H Y，et al. Recent advances in hierarchical three-dimensional titanium dioxide nanotree arrays for high-performance solar cells[J]. Journal of Materials Chemistry A，2017，5（25）：12699-12717.

[110] Shao F，Sun J，Gao L，et al. Growth of various TiO_2 nanostructures for dye-sensitized solar cells[J]. The Journal of Physical Chemistry C，2010，115（5）：1819-1823.

[111] Law M，Greene L E，Johnson J C，et al. Nanowire dye-sensitized solar cells[J]. Nature Materials，2005，4（6）：455-459.

[112] Gonzalez-Valls I，Yu Y，Ballesteros B，et al. Synthesis conditions，light intensity and temperature effect on the performance of ZnO nanorods-based dye sensitized solar cells[J]. Journal of Power Sources，2011，196（15）：6609-6621.

[113] Qiu Y，Yan K，Deng H，et al. Secondary branching and nitrogen doping of ZnO nanotetrapods：building a highly active network for photoelectrochemical water splitting[J]. Nano Letters，2011，12（1）：407-413.

[114] Ko S H，Lee D，Kang H W，et al. Nanoforest of hydrothermally grown hierarchical ZnO nanowires for a high efficiency dye-sensitized solar cell[J]. Nano Letters，2011，11（2）：666-671.

[115] Tan W，Yin X，Zhou X，et al. Electrophoretic deposition of nanocrystalline TiO_2 films on Ti substrates for use in flexible dye-sensitized solar cells[J]. Electrochimica Acta，2009，54（19）：4467-4472.

[116] Yin X，Xue Z，Wang L，et al. High-performance plastic dye-sensitized solar cells based on low-cost commercial P25 TiO_2 and organic dye[J]. ACS Applied Materials & Interfaces，2012，4（3）：1709-1715.

[117] Chiu W H，Lee K M，Hsieh W F. High efficiency flexible dye-sensitized solar cells by multiple electrophoretic depositions[J]. Journal of Power Sources，2011，196（7）：3683-3687.

[118] Regonini D，Bowen C R，Jaroenworaluck A，et al. A review of growth mechanism，structure and crystallinity of anodized TiO_2 nanotubes[J]. Materials Science and Engineering：R：Reports，2013，74（12）：377-406.

[119] Zhou X，Nguyen N T，Oezkan S，et al. Anodic TiO_2 nanotube layers：why does self-organized growth occur-a mini review[J]. Electrochemistry Communications，2014，46：157-162.

[120] Kim D，Lee K，Roy P，et al. Formation of a non-thickness-limited titanium dioxide mesosponge and its use in dye-sensitized solar cells[J]. Angewandte Chemie International Edition，2009，48（49）：9326-9329.

[121] Lee K，Kim D，Roy P，et al. Anodic formation of thick anatase TiO_2 mesosponge layers for high-efficiency photocatalysis[J]. Journal of the American Chemical Society，2010，132（5）：1478-1479.

[122] Macak J M, Tsuchiya H, Schmuki P. High-aspect-ratio TiO_2 nanotubes by anodization of titanium[J]. Angewandte Chemie International Edition, 2005, 44 (14): 2100-2102.

[123] Jun Y, Park J H, Kang M G. The preparation of highly ordered TiO_2 nanotube arrays by an anodization method and their applications[J]. Chemical Communications, 2012, 48 (52): 6456-6471.

[124] Lee K, Mazare A, Schmuki P. One-dimensional titanium dioxide nanomaterials: nanotubes[J]. Chemical Reviews, 2014, 114 (19): 9385-9454.

[125] Zhu K, Vinzant T B, Neale N R, et al. Removing structural disorder from oriented TiO_2 nanotube arrays: reducing the dimensionality of transport and recombination in dye-sensitized solar cells[J]. Nano Letters, 2007, 7 (12): 3739-3746.

[126] Zhu K, Neale N R, Miedaner A, et al. Enhanced charge-collection efficiencies and light scattering in dye-sensitized solar cells using oriented TiO_2 nanotubes arrays[J]. Nano Letters, 2007, 7 (1): 69-74.

[127] Kuang D, Brillet J, Chen P, et al. Application of highly ordered TiO_2 nanotube arrays in flexible dye-sensitized solar cells[J]. ACS Nano, 2008, 2 (6): 1113-1116.

[128] Yamamoto J, Tan A, Shiratsuchi R, et al. A 4% efficient dye-sensitized solar cell fabricated from cathodically electrosynthesized composite titania films[J]. Advanced Materials, 2003, 15 (21): 1823-1825.

[129] Yoon J H, Jang S R, Vittal R, et al. TiO_2 nanorods as additive to TiO_2 film for improvement in the performance of dye-sensitized solar cells[J]. Journal of Photochemistry and Photobiology A: Chemistry, 2006, 180 (1-2): 184-188.

[130] Kang T S, Smith A P, Taylor B E, et al. Fabrication of highly-ordered TiO_2 nanotube arrays and their use in dye-sensitized solar cells[J]. Nano Letters, 2009, 9 (2): 601-606.

[131] Zhuge F, Qiu J, Li X, et al. Toward hierarchical TiO_2 nanotube arrays for efficient dye-sensitized solar cells[J]. Advanced Materials, 2011, 23 (11): 1330-1334.

[132] Liu L, Karuturi S K, Su L T, et al. TiO_2 inverse-opal electrode fabricated by atomic layer deposition for dye-sensitized solar cell applications[J]. Energy & Environmental Science, 2011, 4 (1): 209-215.

[133] Tétreault N, Arsenault É, Heiniger L P, et al. High-efficiency dye-sensitized solar cell with three-dimensional photoanode[J]. Nano Letters, 2011, 11 (11): 4579-4584.

[134] Jia Q X, McCleskey T M, Burrell A K, et al. Polymer-assisted deposition of metal-oxide films[J]. Nature Materials, 2004, 3 (8): 529-532.

[135] Docampo P, Stefik M, Guldin S, et al. Triblock-terpolymer-directed self-assembly of mesoporous TiO_2: high-performance photoanodes for solid-state dye-sensitized solar cells[J]. Advanced Energy Materials, 2012, 2 (6): 676-682.

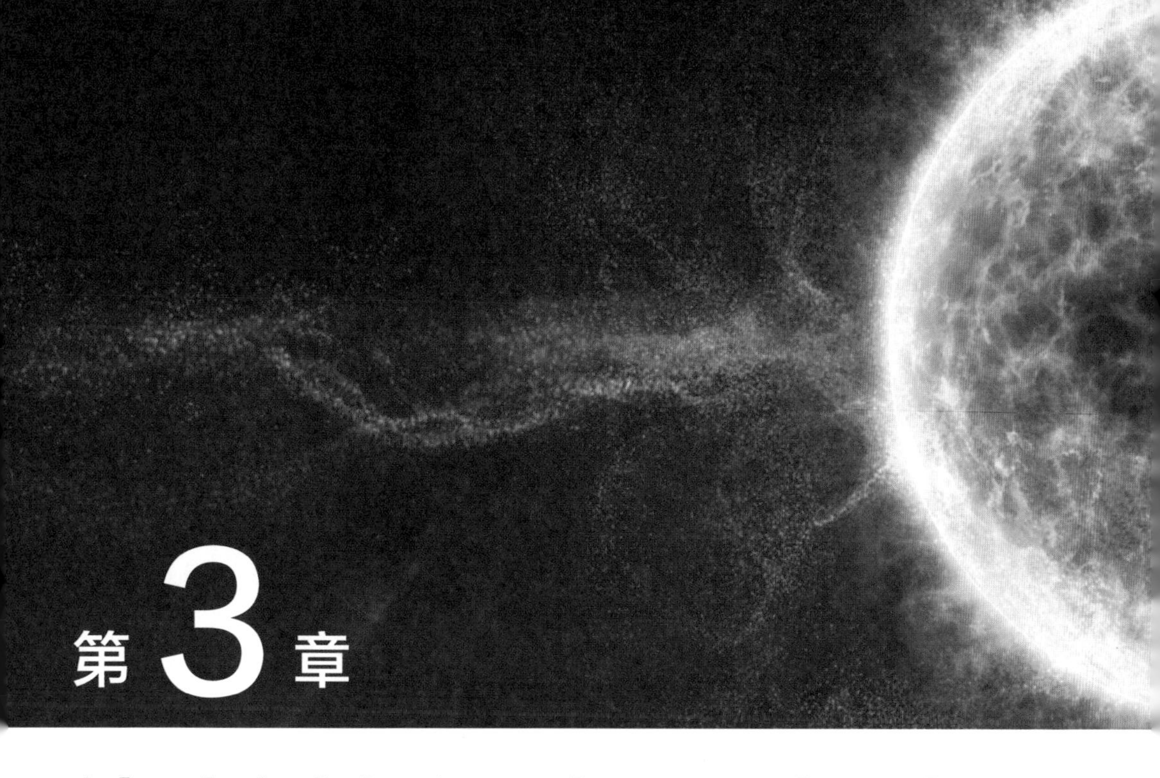

染料敏化太阳电池光阳极结构

从前面章节的叙述可知，在 DSSCs 中光阳极起着负载染料、分离激发态电荷、传输并收集光生电子的重要作用。纳米技术的发展推动了光阳极制备及 DSSCs 效率的发展。经过几十年的研究，DSSCs 的光电转换效率已取得了长足的进展，但距单节太阳电池的理论最高效率仍相差甚远[1]。

增加薄膜厚度是提高染料吸附量进而增强光捕获最为直接有效的方法。但薄膜厚度的增加往往使得复合反应增大，电子收集效率降低。实现光捕获效率和电子收集效率的高效平衡是进一步提高 DSSCs 效率的关键。对光阳极结构的优化设计，使得光阳极薄膜从无序网络向有序阵列结构和多维度结构发展，是获得均衡、高效电子传输和光捕获性能的重要途径。本章将从结构设计角度阐述光阳极薄膜结构对 DSSCs 光捕获和电子传输性能的影响，重点介绍纳晶薄膜光阳极的维度和层次结构、增强光吸收、共敏化、光谱转换利用等方面的内容。

3.1 染料敏化太阳电池光阳极的维度

到目前为止，取得最高光电转换效率的 DSSCs 仍是在 TiO_2-NPs 结构光阳极上实现的。然而，基于 NPs 光阳极的 DSSCs 不仅在电子的传输与收集效率方面亟待提高，而且在对入射光的捕获效率上仍有很大的提升空间。最为关键的是光捕获效率和电子收集效率往往处于“跷跷板”式的此消彼长的对立关系。

通过对光阳极薄膜的优化设计，最大限度地提高电极染料吸附量、增加光子光程是获得高入射光捕获效率的关键。此外，在电极中引入有序电子传输通道，将有利于电子的高效收集。本节将从电极薄膜结构有序性的维度角度对 DSSCs 光阳极进行叙述，包括 0D、1D 和 3D 光阳极及分级杂化结构（图 3-1）。

3.1.1 零维光阳极结构

电极薄膜的维度一般定义为薄膜在三维空间的有序度。如果构成薄膜的纳米晶在三维空间上无序排布，我们习惯于将其称为零维（0D）光阳极。基于 NPs 的纳晶薄膜是最为常见的 0D 光阳极。从薄膜有序度来看，0D 光阳极不局限于 NPs 薄膜电极，还包括由一维纳米尺度的纳米线、纳米棒、纳米管等，二维纳米尺度的纳米片或两种及以上纳米材料组成的三维无序薄膜，如图 3-1(a)～(c) 所示，图 3-2 为经典 TiO_2-NPs 制备的 0D 纳晶薄膜的扫描电子显微镜（SEM）图片。

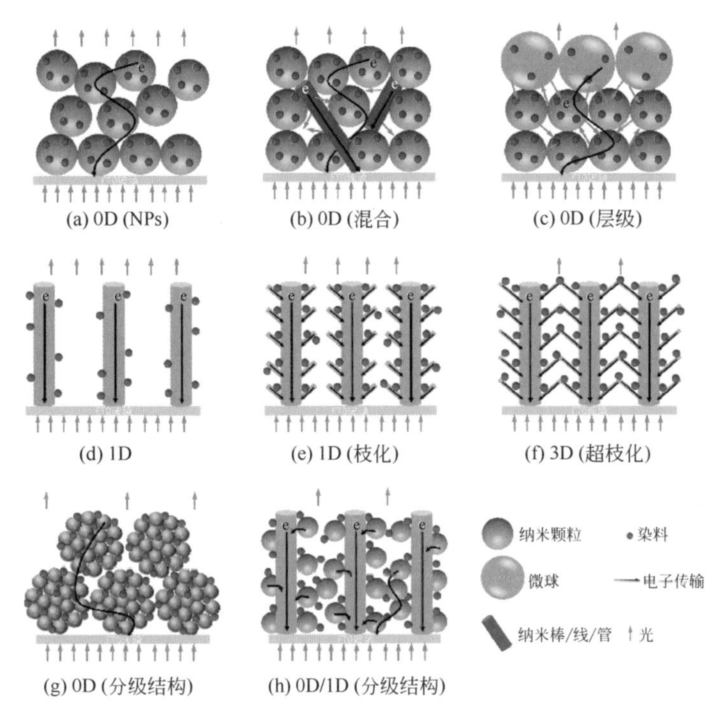

图3-1 0D（零维）、1D（一维）、3D（三维）以及分级杂化结构光阳极及电子传输示意图

图3-2 经典 TiO_2-NPs制备的0D纳晶薄膜的表面（a）及截面（b）SEM图片

具有高比表面积是 0D 光阳极的最大特点，有利于吸附大量的染料分子，进而高效捕获入射光子。但是，由单一 NPs 构成的薄膜并非理想的 DSSCs 光阳极结构，这主要是因为：

① 电子传输与高效收集受限，这是 0D 光阳极最大的缺陷，主要原因在于[1-6]：

a. 在光阳极中，光生电子以扩散传输为主，受 NPs 薄膜大量晶界散射作用的影响，电子传输路径曲折、无序，同时，光生电子传输的本质为“陷阱受限的扩散过程”。NPs 纳晶薄膜中存在的大量缺陷使得电子的扩散缓慢（电子扩散系数 $D<10^{-4}cm^2$），限制了电子向集流体的快速传输与高效收集，并大大提高了电子

与电解液中氧化成分发生复合的概率。

b. 电子快速扩散受阻，复合加快，致使电子的平均有效寿命缩短，有效扩散长度较小（7～35μm）。优化的 NPs 薄膜厚度约为 15μm，限制了通过增加薄膜厚度来提高染料吸附量和光捕获效率的应用。

为提升 0D 光阳极的电子传输性能，可在 NPs 薄膜中添加如纳米线、纳米棒、纳米管等具有 1D 纳米尺度或石墨烯等具有 2D 纳米尺度的材料，这部分内容在第 2 章的复合光阳极材料部分已做详细叙述。此外，如图 3-3 所示，对光阳极薄膜施以 30～200MPa 的机械压力，利用外加压力可大幅度地提升纳米颗粒间的接触面积，减小颗粒接触电阻，从而有利于电子在纳米晶粒间的传输[7-9]。

图3-3 机械压制制备0D-TiO_2纳晶薄膜示意图及SEM图[10]

② 光捕获效率仍有待提高：NPs 薄膜多呈半透明状，入射光在光阳极内的光程有限，部分入射光透过光阳极而未被利用［图 3-1（a）］。染料分子在有限的光程内不足以对全部入射光（特别是弱消光区间）实现高效捕获。如对于波长在 520nm 附近的光子，仅需 3～5μm 厚度的 N3 敏化 TiO_2-NPs 薄膜即可实现 90% 以上的吸收率，但对于弱吸收区域（600～800nm）的光子则需数毫米或更厚的薄膜才能实现完全吸收，该厚度远远超过电子的有效扩散距离。

通过在 0D 网络体系中加入纳米棒、纳米线、纳米管、亚微米球等尺寸较大的材料，可在 0D 光阳极中引入光散射层，利用大颗粒对长波光子的强散射作用，增大入射光在薄膜中的光程，从而提高光阳极对入射光（特别是弱吸收光子）的捕获率和电池光电转换效率［图 3-1（b），（c）］。到目前为止，取得最高效率（>12%）的 DSSCs 基本上采用的都是含光散射层的 0D-TiO_2 光阳极[2,10-12]。

3.1.2 一维光阳极结构

一维（1D）光阳极是指由 1D 有序结构的薄膜，包括纳米线、纳米管和纳米棒阵列等构建而成的光阳极。与 0D 无序光阳极相比，1D 结构的光阳极可为光生电子提供1D约束的垂直电子通道，有利于电子向集流体的定向传输，如图3-1(d)和（e）所示。采用1D阵列结构制备光阳极是解决0D光阳极电子收集效率问题的一个重要途径。

3.1.2.1　1D纳米线/棒阵列光阳极

纳米线阵列（NWA）和纳米棒阵列（NRA）是较早得到广泛研究与应用的光阳极结构。我们通常习惯于将长径比为2～20的称为纳米棒，把长径比>20的称为纳米线。大多数NWA/NRA是通过外延或准外延的方式形核-生长获得的，这种生长方式使得所制备的NWA/NRA多为单晶结构。与0D多晶薄膜相比，单晶的载流子迁移率比多晶NPs高出近两个数量级以上。如TiO_2-NPs薄膜的电子迁移率仅约为0.03cm^2/(V·s)，而TiO_2单晶的电子迁移率则可到约20cm^2/(V·s)[13,14]。同时，单晶纳米线在轴向方向无晶界边界，可为电子提供无障碍传输通道。更为重要的是，纳米线内存在表面耗尽层，该势垒的存在可促进载流子的有效分离，并抑制电子-空穴的再复合。这种结构与电学特征表明，NWA是一种极具前景的DSSCs光阳极结构。目前，用于制备NWA/NRA光阳极的多为ZnO和TiO_2。

（1）1D-ZnO纳米棒/线阵列光阳极

ZnO-NWA是DSSCs研究中最为典型的1D光阳极。2005年，加州大学（即加利福尼亚大学）伯克利分校的M. Law利用化学浴生长法在ZnO量子点修饰的FTO玻璃基底上制备了厚度为20～25μm的ZnO纳米线阵列［图3-4（b)］。场效应测试表明，单根ZnO纳米线的电子扩散系数达0.05～0.5cm^2/s，是文献报道的TiO_2或ZnO纳米颗粒薄膜最高值的数百倍。利用该NWA制备的DSSCs获得了1.5%的光电转换效率。飞秒激光瞬态吸收谱测试表明，吸附在NWA上的染料与吸附在ZnO-NPs光阳极上的染料表现出不同的电子注入行为，前者的电子注入更为便捷、快速［图3-4(c)］[15]。

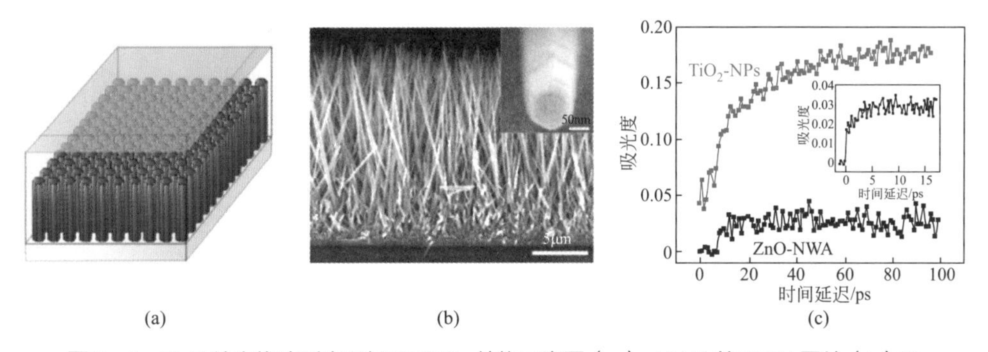

图3-4　ZnO纳米线阵列光阳极DSSCs结构示意图（a），NWA的SEM图片（b）及ZnO NWA和TiO_2-NPs光阳极的飞秒激光瞬态吸收谱（c）

与相同厚度的 ZnO-NPs 薄膜相比，NWA 的比表面积仅相当于后者的 1/5。然而，利用 ZnO-NWA 在电子传输上的巨大优势可通过增加 NWA 膜厚度来弥补表面积和染料吸附量的不足。Gao 运用侧面保护和多次化学浴生长法获得了多层生长、厚度＞40μm 的有序 ZnO-NWA（图 3-5），薄膜总比表面积可达 TiO_2-NPs 的 1/2。正因为高表面积和 NWA 优异的电子传输性能，DSSCs 获得了 7% 的效率[16]，这也是到目前为止基于 ZnO-NWA 光阳极 DSSCs 的最高效率记录。

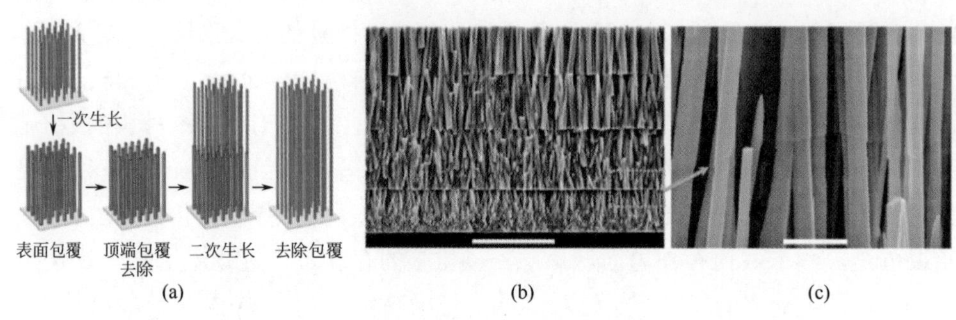

图3-5 表面保护、多次生长法制备多层（两层）ZnO-NWA流程图（a），四层ZnO-NWA的SEM图（b）及层间连接SEM图（c）

（2）1D-TiO_2 纳米棒 / 线阵列光阳极

相比于 ZnO，TiO_2 具有更高的稳定性和有利的电子结构（应用于 DSSCs），1D-TiO_2 光阳极一直是人们的研究热点。目前，制备 1D-TiO_2 纳米棒 / 线阵列薄膜的方法主要有水热 / 溶剂热生长法、水热腐蚀法等。

水热 / 溶剂热生长法是获得 TiO_2-NWA/NRA 最为有效的方法。2008 年，宾夕法尼亚大学 C. A. Grimes 研究小组将 FTO 玻璃倾斜置于含有钛酸四丁酯、四氯化钛和盐酸的甲苯前驱体溶液中，通过溶剂热反应获得垂直于 FTO 基底生长的厚度约为 4μm 的金红石型 TiO_2-NWA 薄膜（图 3-6）。该金红石型 TiO_2-NWA 为单晶结构，所制备的 DSSCs 获得了 5% 的光电转换效率[17]。2009 年，E. S. Aydil 研

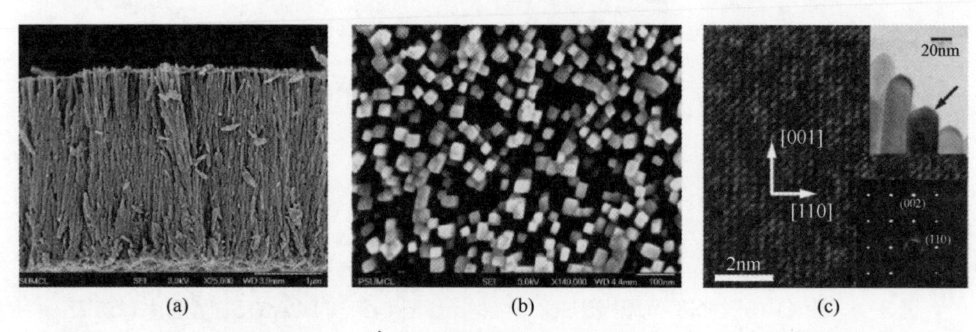

图3-6 采用溶剂热法制备的 TiO_2 纳米线阵列的SEM图［（a），（b）］和TEM图（c）[17]

究小组采用去离子水代替甲苯作溶剂，以钛酸四丁酯为单一钛源，利用水热反应也成功制备了垂直于FTO基底择优生长的金红石型TiO_2-NWA薄膜。用该1D光阳极制备的DSSCs获得了3%的光电转换效率[18]。在此之后，这种更为绿色的水溶液酸性水热法成为制备TiO_2-NWA/NRA最为经典的方法之一。

与金红石相 TiO_2 相比，锐钛矿相 TiO_2 具有更高的比表面积和优异的电子传输性能，因此，采用锐钛矿 1D TiO_2-NWA 光阳极制备 DSSCs 将有可能获得更高的光电转换效率 [19-21]。Park 等以含钛酸四丁酯和聚氧乙烯甲基丙烯酸酯修饰的 TiO_2 纳米颗粒水溶液为前驱体，经水热反应在 TiO_2 晶种修饰的 FTO 基底上生长了具有金红石和锐钛矿 TiO_2 混合晶型（4∶6）的 TiO_2-NWA。用该 1D 光阳极制备的 DSSCs 获得了 5.7% 的效率，显著高于纯金红石相 TiO_2-NRA 电池的效率 [19]。采用酸、碱溶液对 Ti 片进行水热侵蚀是制备锐钛矿相 TiO_2-NWA 的常用方法 [20,21]。Sun 将 Ti 片置于 NaOH 溶液（1mol/L）中，在 220℃下水热反应 24h 后再利用 H^+ 交换 Na^+，获得了约 15μm 厚的锐钛矿相 TiO_2-NWA，如图 3-7 所示。采用该光阳极制备的背面照射 DSSCs 取得了 6.0% 的光电转换效率 [21]。

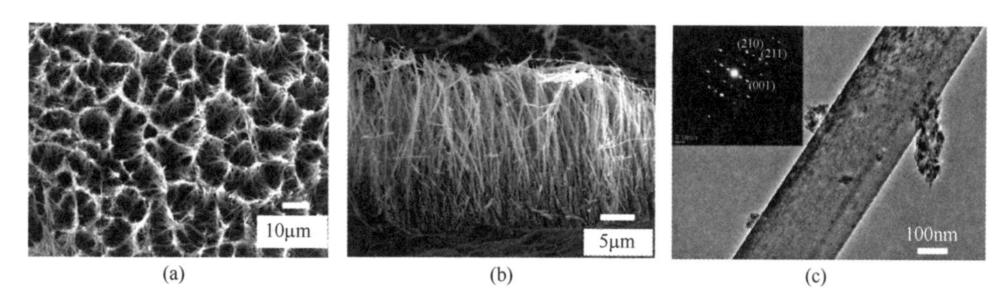

图3-7　采用水热转化法在Ti片上制备的TiO_2纳米线阵列的SEM图[(a),(b)]和TEM图(c)[21]

3.1.2.2　1D纳米管阵列光阳极

TiO_2 纳米管阵列（TNTA）可以看成是一种具有中空结构的 TiO_2-NRA，其比表面积往往明显高于同等厚度的 NRA。同时 TNTA 的 1D 结构可将电子的传输限域在纳米管壁内，因而比 NPs 薄膜电极具有更为优异的电子传输性能。L. M. Peter 的研究表明，电子在 TNTA 中具有更长的寿命，从而使得电子扩散距离可达约 100μm，在 20μm 厚的光阳极中，电子收集效率仍接近 100%[22]。这赋予了 TNTA 在 DSSCs 应用中的巨大优势。同时，TNTA 具有制备工艺简单、结构调控灵活、独特的光散射和光限域效应等优异性能，在 DSSCs 的研究中备受青睐 [22-24]。

（1）1D-TiO_2 纳米管阵列光阳极结构

阳极氧化法是目前制备 TNTA 最为方便、常用的方法。将金属 Ti 片直接阳极氧化即可获得附着于 Ti 基底上的 TNTA 电极。Ti 基底可直接作为集流体而获得 1D-TNTA/Ti 光阳极。由于金属 Ti 基底不透明，利用 TNTA/Ti 光阳极制备的 DSSCs 需采用如图 3-8 所示的“背面照射”结构，即入射光从对电极一侧照。对电极对入射光的散射、对电极和电解液层对入射光的吸收导致显著的直接光损失，这是基于 TNTA/Ti 的 DSSCs 光电转换效率不佳的重要原因。此外，开路条件下，薄膜各处产生的光生电子密度与光照深度呈指数下降分布关系（图 3-9）。在背面照射条件下，远离 Ti 集流体的一侧生成的大量光生电子需跨越几乎整个 TNTA 膜层才能到达收集电极，如图 3-8（a）所示。长距离传输增大了电子被复合的概率。而在正面照射（光从光阳极一侧入射）条件下，光电子分布更靠近 FTO 收集电极，因而有利于电子的快速收集。对于用 6.4μm 厚 TNTA 制备的 DSSCs，A. J. Frank 发现，在正面照射条件下光生电子的平均传输时间仅为背面照射电池的 1/3（0.25s *vs* 0.72s），薄膜内电子平均传输距离也远比背面照射的电池低（2.4μm *vs* 3.2μm），DSSCs 在正面照射条件下所获得的效率是背面照射下的 2 倍[25]。发展适合于正面照射的 TNTA 光阳极是提高 DSSCs 效率的重要途径。制备正面照射 TNTA 光阳极主要有两种方法：一种方法是直接在透明导电玻璃基底上制备 TNTA 膜层；另外一种方法则是将在 Ti 片上制备的 TNTA 转移到透明导电玻璃上。

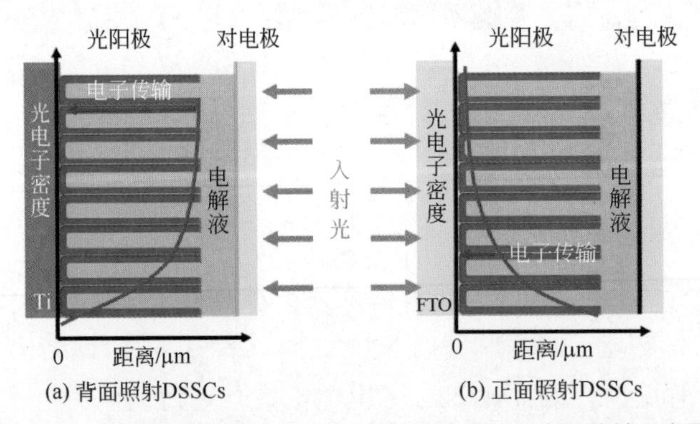

图3-8　背照射和前照射DSSCs结构及光电子分布和传输示意图

① 直接法制备正面照射 TNTA 光阳极　直接在导电玻璃基底上制备 TNTA 光阳极有两种途径：模板法和 Ti 层沉积 - 阳极氧化法。相比于 AAO 模板法（T. S. Kang 采用 AAO 模板法制备的 TNTA 组装成的 DSSCs 仅获得 3.5% 的光电转换效率[26]），以两性 ZnO-NRA 为模板是制备 1D-TNTA 光阳极更为常用的方法[27,28]。

Zhuge 以 ZnO 为模板，采用离子吸附 - 反应法沉积了 TiO_2，退火晶化并酸性刻蚀去除 ZnO 后得到约 20μm 的 TNTA（图 3-9）。利用该光阳极制备的 DSSCs 获得了 4.4% 的光电转换效率。采用水热后处理使得 TNTA 粗糙化后可进一步将电池效率提高到 5.7%[28]。

图3-9　ZnO-NWA模板法制备TiO_2纳米管阵列光阳极示意图（a）和SEM图片（b）~（d）[28]

采用阳极氧化法直接在透明导电玻璃基底上制备 TNTA 包括两个主要步骤：首先采用磁控溅射等方法在透明导电玻璃基底上沉积一层 Ti 层，然后再采用阳极氧化法将 Ti 转化为 TNTA 层。2006 年，美国宾夕法尼亚大学的 Grimes 研究小组采用磁控溅射法在 FTO 玻璃上沉积了 500nm 厚的 Ti 层，经阳极氧化得到的 TNTA 电极经 $TiCl_4$ 处理后所制备的 DSSCs 获得了 2.9% 的效率[29]。之后，他们改进 Ti 层沉积工艺获得了 20～40μm 的 Ti 层，经乙二醇 / 二甲亚砜电解液阳极氧化后得到约 20μm 厚的 TNTA 层（图 3-10）。采用该 TNTA 光阳极制备的 DSSCs 取得了 6.9% 的光电转换效率[30]。

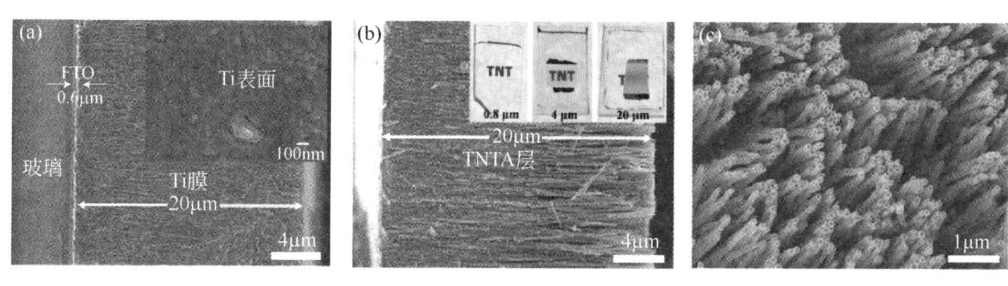

图3-10　FTO基底上沉积的Ti层（a）和阳极氧化TNTA的SEM图片[（b），（c）][30]

② 薄膜转移法制备正面照射 TNTA 光阳极　将在商品化 Ti 基底上阳极氧化的 TNTA 转移到透明导电玻璃基底上是制备正面照射 DSSCs 光阳极更为常用的方法。该方法包括如图 3-11（a）所示的三个主要步骤，即：在 Ti 片上生长 TNTA；将 TNTA 从 Ti 基底上剥离下来；利用湿 TiO_2-NPs 薄层或有机 Ti 盐前驱体（如钛酸正丁酯的正丁醇溶液）作为黏结层将 TNTA 转移到导电玻璃基底上 [31,32]。

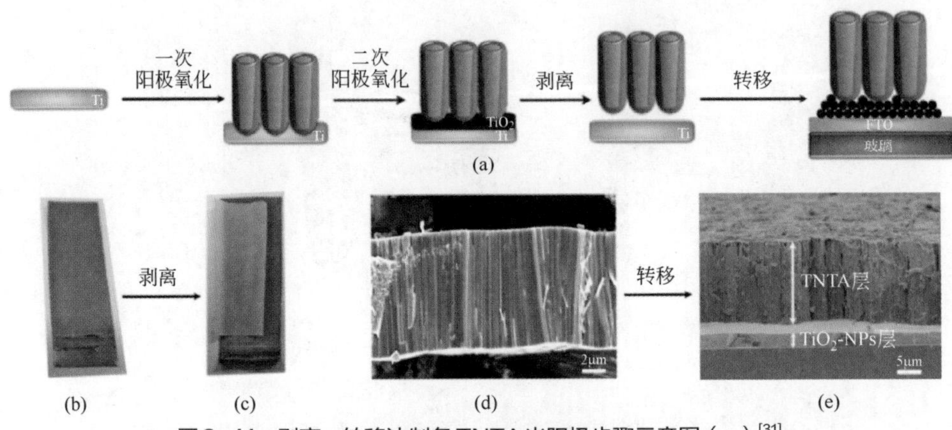

图3-11　剥离-转移法制备TNTA光阳极步骤示意图（a）[31]、实物图[（b），（c）]和SEM图[（d），（e）]

将 TNTA 从 Ti 基底上剥离成为自支撑 TiO_2 薄膜是转移法制备半透明 TNTA 光阳极的关键。TNTA 的剥离是通过非晶态 TiO_2 的选择性溶解来实现的，包括电化学剥离和电化学辅助化学剥离两种主要途径。Liu 在 Ti 片阳极氧化即将结束之前额外施加一个 $U_p \geqslant U_a$+40V 的激增电压（U_a 为阳极氧化电压，U_p 为激增电压）并持续约 1min，在施加 U_p 的瞬间 TNTA 底部阻挡层枝化并逐渐溶解（图 3-12），经乙醇洗涤、干燥后 TNTA 即可从 Ti 基底上剥离 [33]。电化学剥离的另一种途径是将 TNTA/Ti 在 400～500℃下退火，然后再次阳极氧化 2～4h 后，TNTA 即可从 Ti 基底上脱离 [31,32]。采用二次阳极氧化加化学侵蚀相结合的方法，即将退火处理的 TNTA 二次阳极氧化 5～10min 后浸泡于 H_2O_2 等腐蚀剂中可实现 TNTA 的快速剥离 [32,34,35]。D. S. Xu 将 25μm 厚 TNTA 转移到 FTO 基底上制备的 DSSCs 的效率比 TNTA/Ti 结构的电池效率约高 100%[32]。此外，在晶化退火处理时，TNTA/Ti 界面被认为是金红石相 TiO_2 产生的根源，将 TNTA 剥离后可升高退火温度来提高薄膜电学性能，同时避免金红石 TiO_2 的产生，进而提高电池性能 [36]。

③ 通孔 TNTA 光阳极　如图 3-12（a）所示，Ti 片阳极氧化制备的 TiO_2 纳米管底部由非开口的阻挡层构成。该阻挡层富含 C、F 等杂质，不利于电子从 TNTA 向 FTO 收集电极的快速转移 [31]。同时，光滑的阻挡层与 TiO_2-NPs 黏结层的接触面积较小，使得 TNTA 膜与 TiO_2-NPs 层的结合强度受限。Rho 和 Yip 的

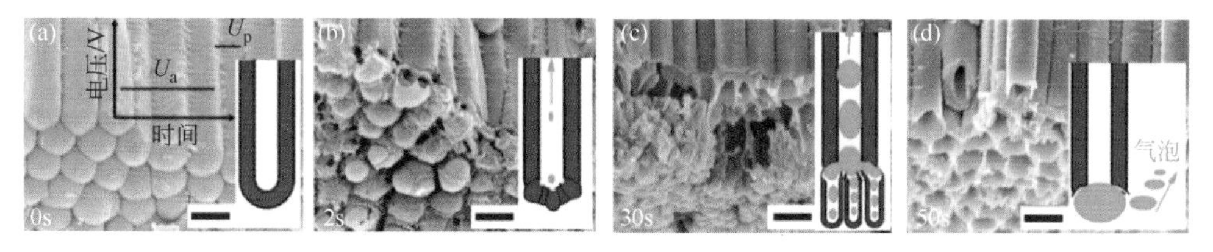

图3-12 采用大电压电化学法剥离TNTA的SEM及原理示意图[26]

研究结果分别表明，随着底部阻挡层逐渐去除，DSSCs的串联电阻不断减小，电子寿命得以延长[37,38]，也就是说贯通孔TNTA结构有利于电子的快速传输/转移和收集，进而提高电池效率。去除阳极氧化TNTA底部阻挡层封口的方法有：电化学法[26,39]、化学溶解法[40-44]、等离子轰击法[31,37]、机械打磨法等[45]。

在乙二醇电解液体系中阳极氧化制备的TNTA的内管径呈如图3-13（a）所示的“V”形，使得TNTA的转移和黏合可有两种构型选择，即底部朝下［“V”形，图3-13(a)］和底部朝上［倒“V”形，图3-13(b)］。当采用底部朝上的结构时，TNTA顶部大口径孔可与TiO_2-NPs黏结层更牢固地接触［图3-13(c),(d)］，从而大幅降低电池串联电阻（12Ω *vs* 2.5Ω），电池效率从4.84%增加到6.24%[31]。笔者的研究表明，底部的去除可有效降低对入射光的反射［图3-13(e)］，同时底部朝上的结构更有利于充分发挥纳米管的限光作用，使得电池效率从6.9%提高到7.7%[44]。

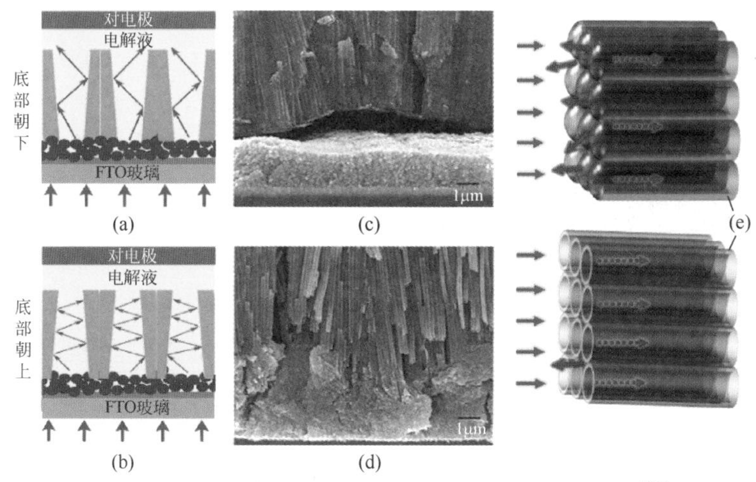

图3-13 通孔TNTA底部朝下（a）和底部朝上（b）光阳极的结构示意图[45]；底部朝下（c）和底部朝上（d）构型TNTA和TiO_2-NPs结合的SEM图[31]；阻挡层的光散射作用示意图（e）[45]

（2）1D-TiO_2纳米管结构

与ZnO-NWA/NRA和TiO_2-NWA/NRA的单晶结构不同，采用模板法和阳极氧化法制备的TNTA通常为多晶结构（晶粒多<100nm）。虽然电子传输被限域

在1D管壁内，纳米管的大量晶界对电子传输的散射作用仍然无法避免。Frank小组的研究表明，尽管TNTA光阳极中的电子寿命比TiO_2-NPs薄膜中大一个数量级，但对于相同厚度的TiO_2-NPs和TNTA薄膜光阳极制备的DSSCs，电子在两种电极上的传输时间没有明显差异[46,47]。对1D-TiO_2阵列纳米管结构的调控将对电子传输性能和电池效率有着重要影响。

① 双/单管壁TiO_2纳米管阵列　到目前为止，采用乙二醇作为溶剂的电解质是制备高度有序及高长径比TNTA最为常用的方法。如图3-14所示，在电场促进的离子迁移条件下，TiO_2可在两个界面分别形成，即O^{2-}穿过TiO_2层向TiO_2/Ti界面迁移与Ti^{4+}结合生成TiO_2，同时，Ti^{4+}向电解液/TiO_2界面迁移，与电解液中的H_2O或O^{2-}结合形成TiO_2。在深层形成的TiO_2受其他杂质离子的影响较小而成为纯净相。由于电解质中其他离子或物质的吸附，在电解液/TiO_2界面表层生成的TiO_2含有较多的杂质[48,49]。最终，较为纯净的TiO_2内层发展成为TiO_2纳米管的外壁，而富含杂质的外层则成为内壁［图3-14(c)］[48,49]。富含杂质的内壁在电解液中具有更大的溶解速度，且最先生成的纳米管在电解液中暴露时间最长，溶解量最大，因而乙二醇电解液中阳极氧化得到的TNTA显示出如图3-15所示的“V”形双壁结构。内管壁在退火时转变成富含缺陷的颗粒化TiO_2层，这对

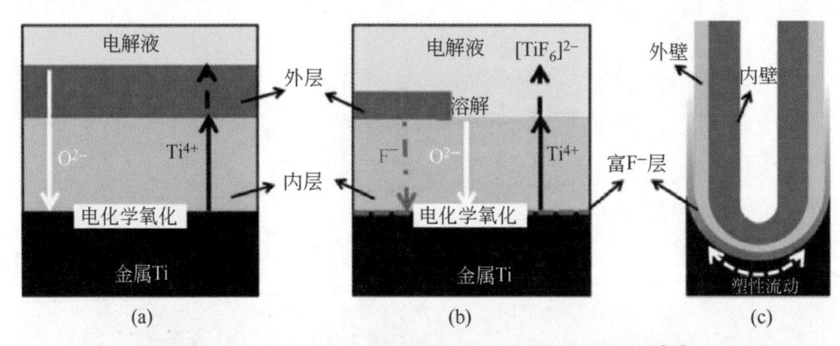

图3-14　阳极氧化双层TiO_2纳米管的形成示意图[49]

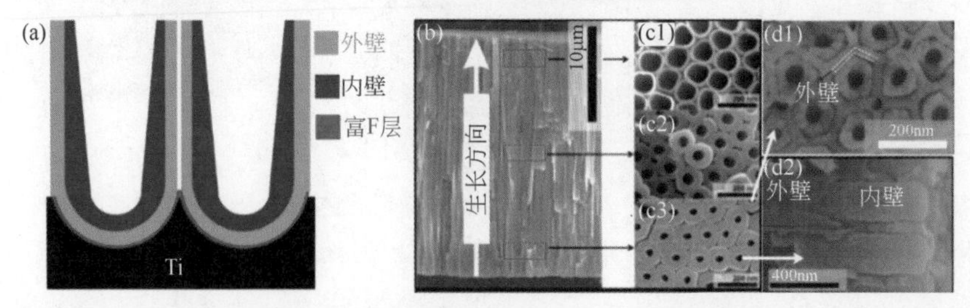

图3-15　“V”形双壁TiO_2纳米管阵列示意图(a)和SEM图片(b)~(d)[48,49]

［图中(c1)~(c3)为退火前样品，(d1)和(d2)为退火晶化样品；

(d2)为(c3)部位退火后SEM］

TNTA 的电学性能产生不利影响。同时，内壁的存在使得纳米管孔径变小，影响 TNTA 的填充、修饰[48-50]。获得单管壁的 TNTA 成为提高 DSSCs 性能的重要方向。

获得单壁 TNTA 主要有两种途径：a. 采用化学刻蚀法可选择性地溶解富含杂质的内壁进而获得单壁 TNTA。Schmuki 小组将阳极氧化 TNTA 在 150℃下退火后置于食人鱼溶液（H_2SO_4∶H_2O_2=3∶1）中浸泡 6min。食人鱼溶液可快速溶解内管壁，从而得到单壁 TNTA（图 3-16）。去除内壁后 DSSCs 的效率从 4.54% 提高到 5.14%。同时，内管壁的去除扩展了纳米管内径，有利于 TiO_2-NPs 的填充，经四层填充的杂化 TNTA/Ti 光阳极制备的 DSSCs 获得了约 8% 的光电转换效率[50]。b. 在阳极氧化过程中抑制内壁的生成。阳极氧化过程中，乙二醇捕获激子而产生的氧化产物或寡聚物是 TiO_2 纳米管内壁杂质的主要来源，采用其他有机溶剂（如二甲亚砜，DMSO）替代或部分替代乙二醇可有效避免内管壁的生成，从而直接获得单管壁 TNTA。这主要是因为 DMSO 捕获激子的速度比乙二醇约快 100 倍，且 DMSO 不易被氧化或聚合[48,51]。

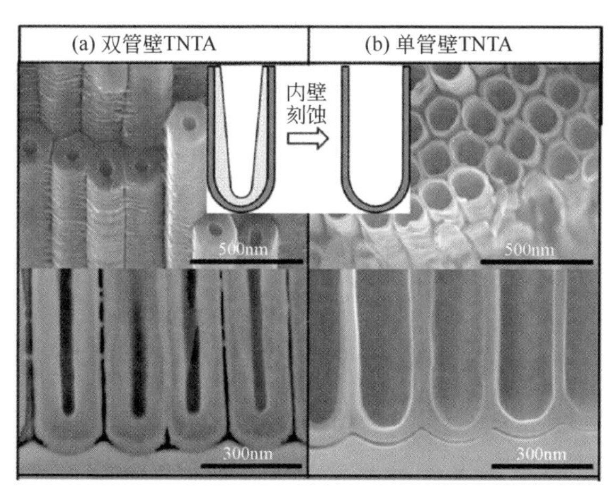

图3-16　采用食人鱼溶液刻蚀制备单管壁TNTA的SEM及结构示意图[50]

② TiO_2 纳米管阵列晶粒取向 / 结构　最大限度地减小 TNTA 管壁的晶界对电子传输的散射作用是提高基于 TNTA 光阳极 DSSCs 性能的重要方法，有引入晶粒定向排布或增大 TNTA 管壁的晶粒尺寸两种途径。

Lee 通过精准控制乙二醇电解液中的 H_2O 含量（2%，质量分数）获得沿（004）晶面择优、有序生长的 TNTA（图 3-17）。晶粒间的择优有序取向可大幅降低电子在晶界处由散射引起的传输阻力，提高电子扩散系数和理论扩散长度［图 3-17（b）］。最终 DSSCs 的电子收集效率从普通无序晶粒 TNTA 的 89% 提高到 95%，电池光电转换效率也因而提高了 83.6%（3.39% *vs* 2.14%）[52]。

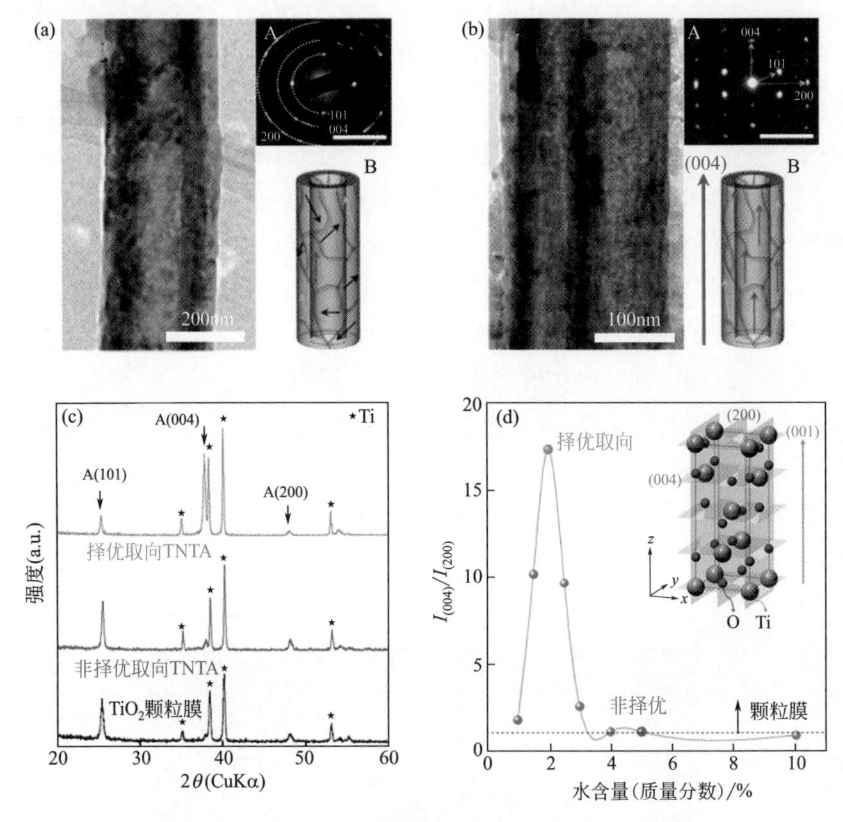

图3-17　晶粒择优取向生长TNTA：非择优（a）和择优（b）取向TNTA的TEM图［（a），（b）］和XRD图［（c），（d）］[52]

增强 TNTA 电子传输性能的另一途径是增大晶粒尺寸，或利用小角晶界来降低晶界对电子的散射。2018 年，Schmuki 小组通过将单管壁 TNTA 在 O_2 气氛中 650℃退火，获得了具有如图 3-18 所示孪晶结构的 TNTA。由孪晶组成的 TNTA 的电阻比普通单管壁的 TNTA 电阻低两个数量级［图 3-18(d)］。经 $TiCl_4$ 处理后，所制备的正面照射 DSSCs 获得了 10.2% 的光电转换效率，比普通 TNTA-DSSCs 高 34.2%[53]。同年，笔者以乙二醇 / 二甲亚砜（1∶1）为溶剂，通过严格控制电解液中 H_2O 含量来调控 TNTA 晶化时的形核 - 长大动力学得到了如图 3-18(d)～(f) 所示的由柱状单晶首尾相连组成的 TNTA，柱状晶粒间由位错线连接。这种柱状单晶结构使得 TNTA 的电子迁移率约提高了 5 倍，薄膜导电性约提升了 100 倍，组装的 DSSCs 效率提高了 22%。经 TiO_2-NPs 修饰后电池效率达到 10.1%[54]。

上述两项工作的结果是到目前为止基于 TNTA 光阳极 DSSCs 的最高效率值之一。

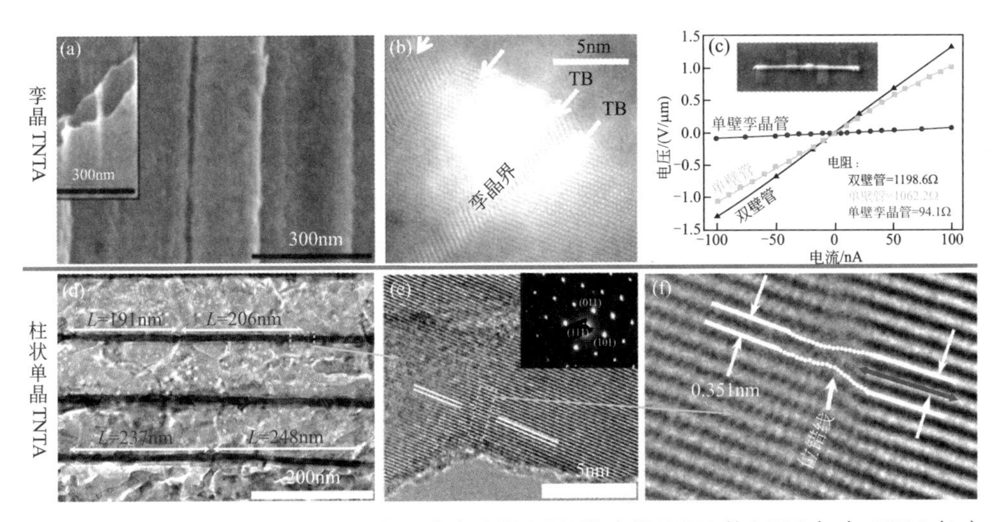

图3-18　孪晶和柱状单晶TNTA：在O_2气氛中退火得到的孪晶TNTA的SEM（a）、TEM（b）和电学性能（c）；柱状单晶TNTA的TEM（d）~（f）[53，54]

3.1.3　三维光阳极结构

3.1.3.1　3D枝化阵列光阳极

尽管通过细化纳米棒/线的直径或增加薄膜厚度可在一定程度上提高薄膜电极的表面积。然而，1D薄膜电极的表面积仍然无法和基于NPs的0D光阳极相比拟，这是导致1D光阳极DSSCs效率相对偏低的主要原因。通过在1D或2D主干结构上进一步枝化，桥连1D、2D阵列以获得三维（3D）有序纳米结构的“树状”或“森林”结构薄膜是增大1D-NWA/NRA光阳极表面积的重要途径。

与1D、2D有序阵列相比，3D结构具有高的比表面积、优异的光散射或反射性能；与纳米颗粒薄膜相比，3D薄膜具有更优异的电子传输性能。最常用于构架3D结构的材料主要有ZnO和TiO_2。制备3D薄膜的方法主要有气相沉积法和溶液法两大类，其中气相沉积法包括化学气相沉积法（CVD）、气相氧化法（VO）、激光脉冲沉积法（PLD）等，溶液法则有水热法（HT）、溶剂热法（ST）、化学浴法（CBD）、电沉积法（ED）等。从制备工艺来看主要包括一步生长法、连续枝化法、模板法等，如图3-19所示[55]。

（1）3D-ZnO枝化阵列光阳极

ZnO由于活性较高，是较早用来制备3D光阳极的材料。香港科技大学S. H. Yang教授小组以金属Zn粉为前驱体，在$H_2O(g)/N_2/O_2$混合气氛中通过化学气相氧化沉积在金属Al箔上沉积纳米四足ZnO[56]。在此基础上，他们通过$Zn(Ac)_2$/NaOH刻蚀后再利用化学浴将纳米四足ZnO枝化生长得到如图3-20（b）所示的

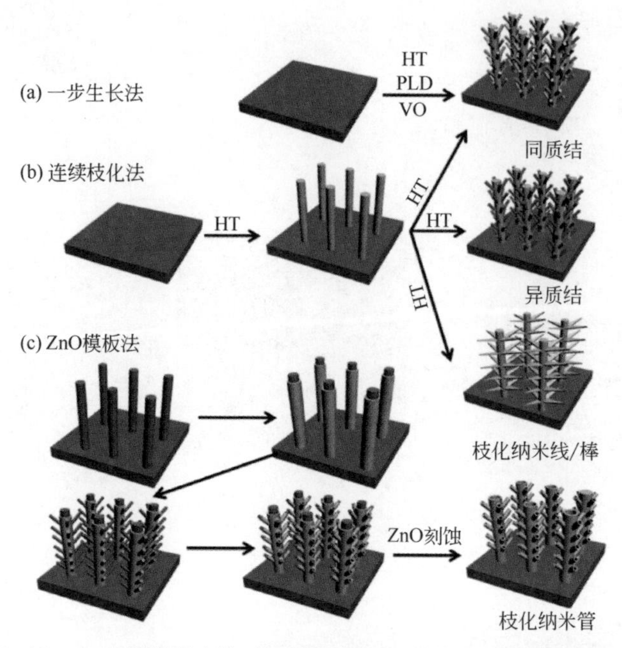

图3-19　由1D枝化纳米棒/线/管组成的3D结构及制备工艺示意图[55]

超支化 ZnO 四足[57]。采用 CVD 法，Zhang 在 Ti 基底上制备了由 ZnO 纳米线组成的高度枝化 3D-ZnO 薄膜［图 3-20(c)］，经 D149 染料敏化后组装成的背面照射柔性 DSSCs 获得了 3.3% 的效率[58]。S. Ko 通过主干生长和三步枝化水热生长，最终在 1D-ZnO 纳米线基础上生长成 ZnO“纳米树”，“纳米树”进一步枝化、搭接成如图 3-20（d）所示的 3D-ZnO“纳米森林”，制备的 DSSCs 获得了 5.0% 的光电转换效率[59]。除利用 1D-ZnO 的超支化获得 3D-ZnO 光阳极外，对 2D-ZnO 纳米片进行 1D 枝化是获得 3D-ZnO 薄膜的另一种有效途径。如 Xu 采用电沉积法在

图3-20　3D-ZnO光阳极：ZnO四足及可能的电子传输路径[56, 57]（a）和（b）；ZnO绒球[58]（c）；ZnO纳米森林[59]（d）；2D-ZnO纳米片阵列及2D/1D枝化结构[60]（e）和（f）

导电玻璃基底上制备了2D-ZnO纳米片阵列，再利用化学浴法在纳米片阵列上生长了1D-ZnO纳米线而获得了3D-ZnO光阳极，DSSCs获得了4.8%的效率[60]。

（2）3D-TiO_2枝化阵列光阳极

与ZnO相似，采用气相氧化沉积法、脉冲激光沉积法、水热法、模板法等途径可获得“纳米树”阵列（“纳米森林”）、超支化纳米线/管等3D-TiO_2薄膜结构[55,61-66]。

脉冲激光沉积法是制备“纳米树”阵列常用的方法，所沉积的TiO_2“纳米树”进一步排列成3D-TiO_2“纳米森林”，利用外延生长甚至可以获得单晶结构的TiO_2阵列。Sauvage采用脉冲激光法在FTO导电玻璃上制备了如图3-21（a）所示的锐钛矿相多晶3D-TiO_2“纳米森林”，经C101染料敏化后制备的DSSCs获得了4.9%的光电转换效率。他们的工作证明，3D-TiO_2“纳米树”结构可有效抑制光生电子的复合[62]。采用类似的PLD技术，Passoni制备的1.7μm厚度的3D-TiO_2“纳米树”光阳极组装成的固态DSSCs获得了3.96%的光电转换效率[63]。

水热法是制备TiO_2“纳米树”阵列的另一种常用方法[64-66]，该方法分为主干生长和枝化两个步骤。Sheng等采用水热法在FTO导电玻璃上生长得金红石相1D-TiO_2纳米棒阵列，在此基础上，通过第二次水热实现在1D-TiO_2纳米棒阵列上的3D枝化生长，枝化结构使得3D-TiO_2薄膜的表面积增大了71%，DSSCs效率提高了54%[64]。相比于两步或多步水热法，一步水热法在制备工艺和成本上更具优势。Kim小组以草酸钛钾为钛源，以二乙二醇为形貌控制剂，在200℃下通过一步水热法获得如图3-21（g）和（h）所示的锐钛矿相3D-TiO_2纳米树阵列。用该3D光阳极制备的固态DSSCs获得了高达8%的效率[66]。

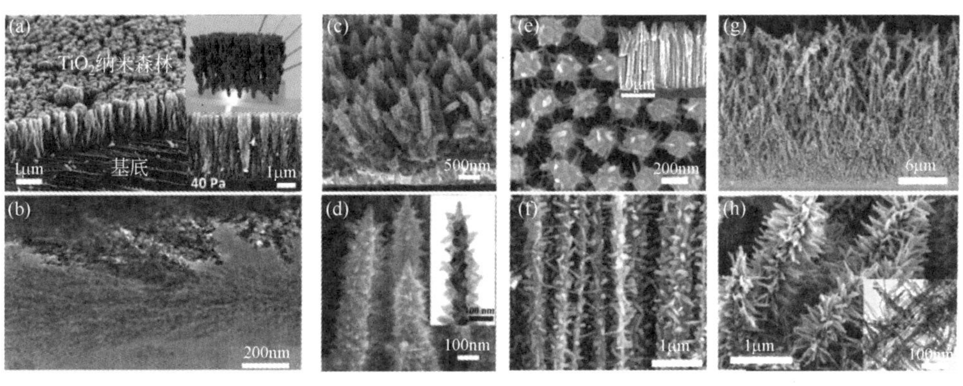

图3-21 TiO_2“纳米树”阵列组成的3D-TiO_2“纳米森林”的结构SEM和TEM图：PLD法[62,63]（a）和（b）；两步水热法[64]（c）和（d）；TiO_2/Si异质结构[65]（e）和（f）；一步水热法[66]（g）和（h）

（3）3D-TiO_2 超枝化阵列光阳极

与排布较为致密、粗大的 TiO_2“纳米树”枝化结构相比，在 1D-TiO_2 纳米线 / 管上生长的超支化结构具有更为细小的次级结构和疏松多孔的特征，因而薄膜往往具有更大的表面积。制备 3D-TiO_2 超支化结构主要采用模板法和多步水热法。采用 ZnO 模板法制备的 3D-TiO_2 往往具有 TiO_2 纳米管空心结构，可赋予这种纳米管超支化结构更大的比表面积。Qiu 等采用这种模板法制备的 3D-TiO_2 光阳极 DSSCs 获得了 5.7% 的效率 [67]。除模板法外，水热法也是制备 3D-TiO_2 超支化结构最为常用的技术。中山大学的匡代彬教授团队在 3D-TiO_2 超支化结构光阳极的研究上做了大量卓越的工作 [61,68-71]。这种超支化结构的制备一般包括如图 3-22（a）所示的三个主要步骤：首先在基底上生长纳米线 / 棒 / 片阵列主干；然后再通过水热法或化学浴法在纳米线主干上生长次级纳米片或纳米短棒；最后在纳米片 / 棒上生长第三级纳米线实现 3D 搭接。得益于高比表面积和优异的电子传输性能，3D-TiO_2 超支化光阳极可获得约 9% 的光电转换效率。

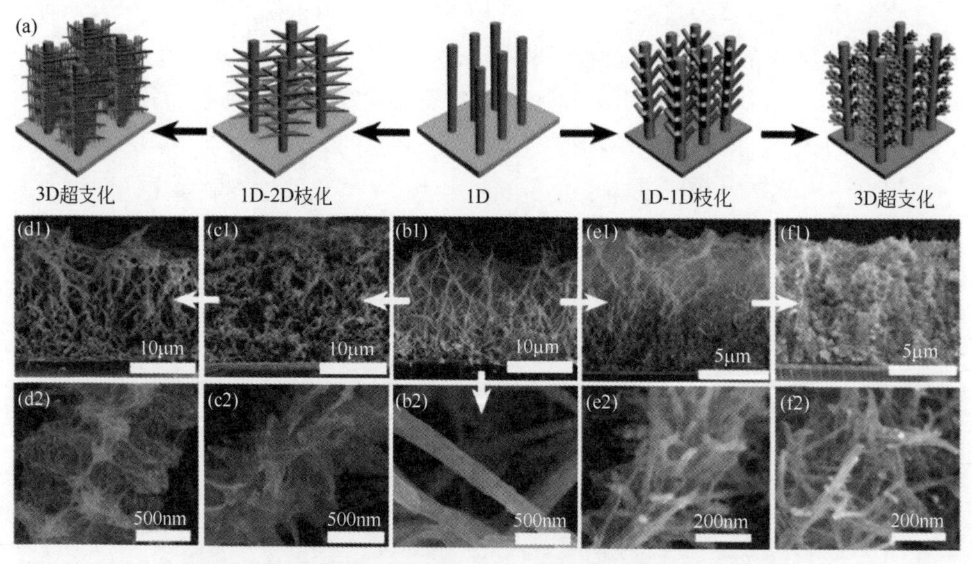

图3-22 3D超支化 TiO_2 结构：3D超支化结构示意图（a）；1D/2D/1D超支化3D-TiO_2 [（b1）~（d1），（b2）~（d2）]；1D/1D/1D超支化3D-TiO_2[68, 69] [（b1），（e1），（f1），（b2），（e2），（f2）]

3.1.3.2 3D反蛋白石光阳极

3D 反蛋白石结构是以蛋白石结构为模板制备获得的一种人工微结构，其制备过程和结构特征如图 3-23 所示。以 3D-TiO_2 反蛋白为例，其制备过程主要包括 PS 小球自组装成蛋白石结构薄层、TiO_2 填充、TiO_2 晶化与 PS 模板去除三个步骤。反蛋白石结构具有3D连续TiO_2壁和连续孔道结构，有利于电子传输和物质快速扩散。Kwak采用这种3D-TiO_2反蛋白石结构光阳极制备的DSSCs获得了3.47%的光电转换效率[72]。除作为染料吸附层外，周期性排列的空腔是一种优异的光子晶体反射/散射介质，当用作散射层时，Lee等将DSSCs的光电转换效率从6.5%提高到8.3%[73]，这一部分将在本章3.2进一步叙述。

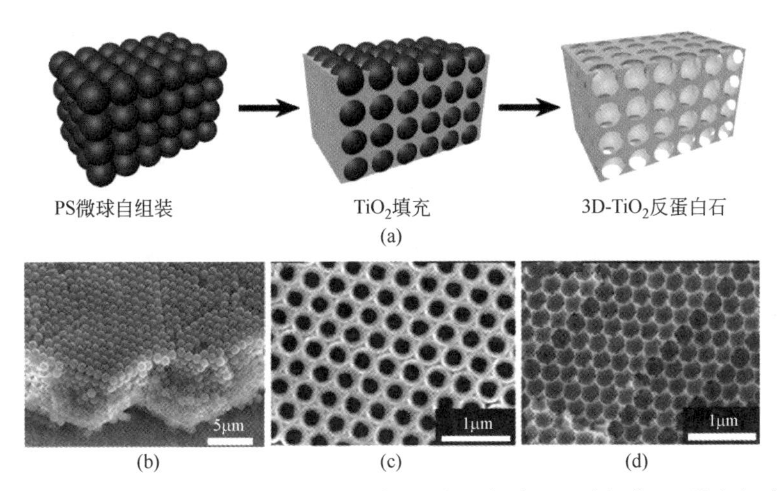

图3-23　反蛋白石结构3D-TiO_2薄膜的制备过程示意图（a），3D自组装PS微球（b），反蛋白石结构3D-TiO_2的表面（c）和截面（d）SEM图片[72]

3.1.4　分级杂化有序光阳极

3.1.4.1　分级杂化有序光阳极的微观结构

分级（多级）杂化是获得兼具高比表面积和优异载流子传输性能光阳极的重要方法。多级杂化结构包括同质杂化（即由同种半导体组成）和异质杂化两种形式。严格意义上来讲，3D“树状”或超支化结构即可看作是分级结构。在本节中则主要侧重介绍0D纳米颗粒与1D有序结构相结合的杂化分级结构，这种结构兼具0D纳米颗粒的高比表面积和1D结构的有序电子传输通道，主要包括介孔微球、0D/1D结构。

（1）介孔微球光阳极

由纳米颗粒、短棒等组成的实心分级结构微米/亚微米球具有优异的性能。组成微球的纳米颗粒间相互融合，紧密连接，有利于电子的快速传输。纳米颗粒堆积形成的介孔结构可提供巨大的比表面积和染料/电解液扩散通道。同时，亚微米结构可有效散射入射光，提高光在薄膜中被捕获的概率。常用作DSSCs光阳极材料的TiO_2、ZnO、SnO_2等均可通过化学沉降法、水热法、模板法等技术制备分级亚微米小球。

ZnO 微球是在 DSSCs 光阳极应用中取得成功的经典材料之一。美国华盛顿大学曹国忠教授团队将醋酸锌溶解在二乙二醇中，迅速将反应体系加热到 160℃后反应 8h 获得了如图 3-24（a）和（b）所示的 ZnO 聚集球。采用该微球制备的 N3 染料敏化的 DSSCs 获得了 5.4% 的效率 [74,75]。A. Vomiero 小组沿用 ZnO 聚集球理念，他们通过热喷雾法制备了 ZnO 致密层加聚集球层的双层薄膜结构［图 3-24(c)］，进一步将基于 ZnO 光阳极 DSSCs 的光电转换效率提高到目前为止最高的 7.5%[76]。

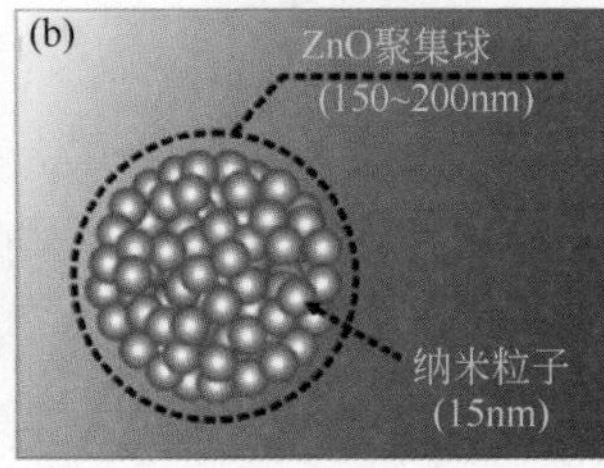

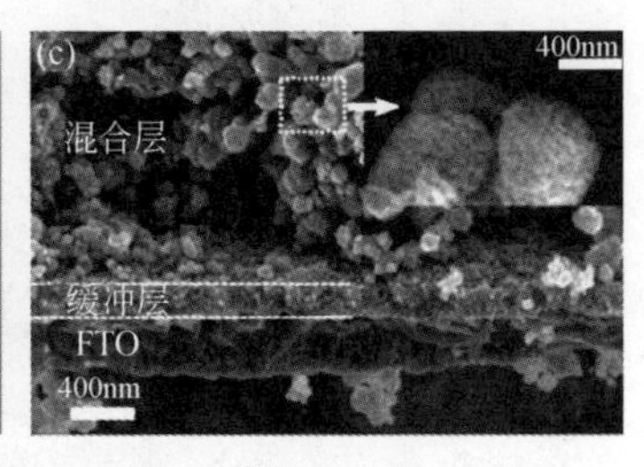

图 3-24 ZnO 聚集球的 SEM 图（a）和结构示意图（b）[74] 及具有双层结构的 ZnO 聚集球光阳极 SEM 截面图 [76]（c）

与 ZnO 微球相比，TiO_2 微球的表现形式和微观形貌则更为丰富，在 DSSCs 中应用的研究也更为充分。如图 3-25 所示，这些微球包括由纳米颗粒、纳米短棒、纳米片、纳米线等多种形式的纳米材料组成微米 / 亚微米实心球、空心球、海胆状球、双层球等 [77-86]。化学沉降加水热后处理是获得 TiO_2 介孔微球的一种经典方法 [77-79]，其主要制备过程在第 2 章的第二节已做详细介绍。程一兵教授小组利用该方法制备的 TiO_2 微球具有高达 108m^2/g 的比表面积和约 13.8nm 的介孔结构 [77]。当用作 DSSCs 光阳极薄膜时，单层聚集微球光阳极制备的太阳电池可获得 10.6% 的效率，远高于采用 P25 颗粒光阳极的电池效率（8.5%），而采用 TiO_2-NPs 加 TiO_2- 微球双层结构的 DSSCs 的效率可进一步提高到 11.7%[79]。

（2）0D/1D（2D）分级结构光阳极

介孔微球虽然在比表面积和电子传输上具有一定的优越性，但也存在一些不足，如合成工艺较为复杂，微球尺寸较大，微球间连接不紧密，薄膜牢固性有待提高，微球与微球间的电子传输在一定程度上受阻等。将具有高比表面积的 0D 纳米颗粒与具有高电子收集性能的 1D 有序阵列进行杂化是获得兼具高比表面积和高电子传输性能的一种理想结构的有效方法，如图 3-26（a）所示。

制备 0D/1D 杂化分级结构光阳极薄膜包括 1D 有序阵列骨架制备和对 1D 骨架进行后处理两个主要步骤。1D 有序阵列薄膜可按照前面章节所述的诸如水热

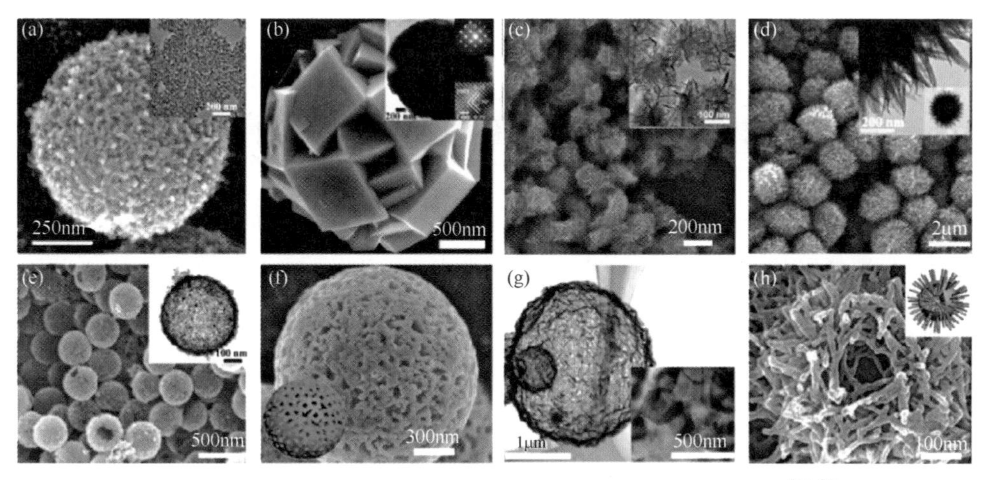

图3-25　具有不同微观结构的TiO_2微米/亚微米实心或空心微球[77-86]

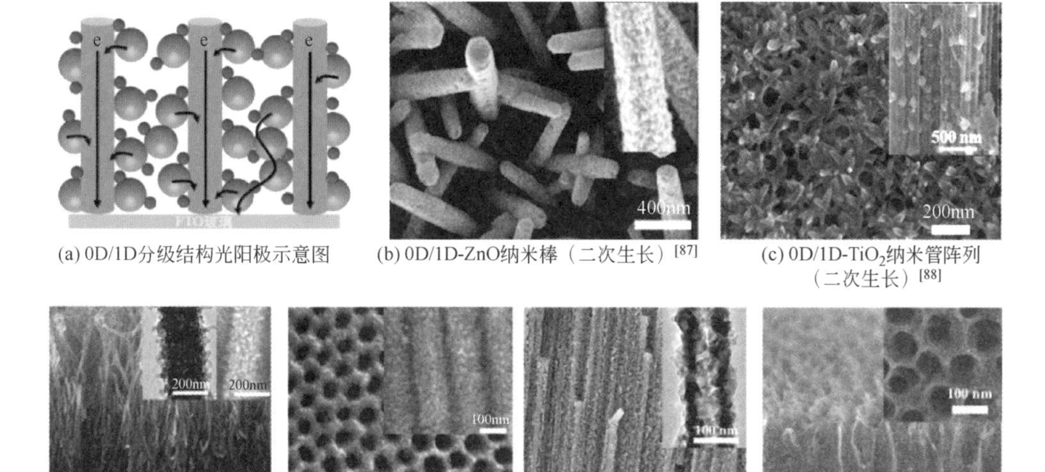

(a) 0D/1D分级结构光阳极示意图　(b) 0D/1D-ZnO纳米棒（二次生长）[87]　(c) 0D/1D-TiO_2纳米管阵列（二次生长）[88]

(d) 纳米短棒/1D-TiO_2纳米线阵列（二次生长）[89]　(e) 0D/1D-TNTA（$TiCl_4$处理）[90]　(f) 0D/1D-TNTA（H_2O处理）[96]　(g) 0D/1D-TNTA（颗粒填充）[100]

图3-26　杂化分级结构

法、化学浴法、阳极氧化法等工艺制备。而附着于1D阵列骨架上的0D纳米颗粒、短棒等则可通过以下三类主要方法获得：

①二次生长　常采用的二次生长方法有电沉积[87]、水热生长[88,89]、$TiCl_4$处理[90,91]、吸附-水解等[92]。$TiCl_4$处理是最为常用的二次生长制备TiO_2-NPs的方法，如图3-26（e）所示，通过该方法可在原有的1D结构表面生长极为细小的TiO_2纳米颗粒（直径约5nm）层。细小的TiO_2-NPs可起到三方面的作用：大幅

度增大薄膜的表面积；有效钝化薄膜缺陷、抑制电子复合；增强原有薄膜的电化学连接。在DSSCs研究中，常采用$TiCl_4$对包括TiO_2、ZnO、SnO_2在内的几乎所有氧化物有序、无序薄膜光阳极进行处理，该方法是获得高性能光阳极不可或缺的手段。$TiCl_4$处理的主要操作为：将$TiCl_4$迅速注入剧烈搅拌的冰水中获得澄清、透明的$TiCl_4$（常为0.1～0.5mol/L）溶液；再将预先制备好的薄膜电极浸泡到$TiCl_4$溶液中，70℃下处理约30min；薄膜经去离子水清洗后再次退火即可。

② 晶粒转化　以TiO_2为例，在一定条件下，原有1D-TiO_2表面逐渐溶解，当溶液中Ti^{4+}超过其溶解度时则会重新析出并以颗粒形式沉积在1D-TiO_2表面，从而形成0D/1D-TiO_2分级结构。晶粒转化处理是“自喂养”模式，不需提供额外前驱体。常用的晶粒转化后处理方法有H_2O浸泡处理[27,93-96]、化学侵蚀等[97,98]。如将阳极氧化制备的非晶态TNTA在去离子水中浸泡2天可得到表面粗糙的TiO_2-NPs/TNTA光阳极薄膜，所制备的DSSCs效率提升了33%[94]。晶粒转化法可将1D-TiO_2阵列转化为0D/1D-TiO_2分级结构进而提高薄膜表面积，但也会使得1D-TiO_2主结构晶粒细化，在一定程度上牺牲了电子传输性能[94]。

③ 表面修饰/填充　将已制备的纳米颗粒利用毛细吸附、静电吸附、化学等方法直接吸附在1D阵列表面，或将纳米颗粒胶体/溶胶填充进TNTA孔道中，再经退火再结晶处理后即可得到0D/1D杂化分级结构。0D纳米颗粒层的厚度可通过修饰处理次数或填充胶体/溶胶的浓度得以有效调控[50,53,54]。将1D电极浸泡到纳米颗粒胶体中一定时间后进行冲洗、干燥处理是表面修饰最简单的方法。然而，阵列薄膜（特别是TNTA）孔隙中的气体的存在会阻碍胶体的均匀渗入从而影响薄膜的均匀、充分修饰。电泳沉积[99]、分子修饰填充[100]、真空填充[96,100]是获得均匀0D/1D薄膜的有效方法。

3.1.4.2　分级杂化有序光阳极的电学结构

（1）电学同质杂化光阳极

在本章中我们所提及的电学同质是指组成分级杂化结构（如0D/1D）的组元（0D和1D）间的电学性能（载流子迁移率和薄膜电阻等）无明显差异，载流子在各组元间的转移不存在明显的方向性。在DSSCs光阳极研究中，这种电化学同质杂化现象非常普遍，特别是在最常采用的锐钛矿TiO_2杂化体系中。在1D-TiO_2有序阵列结构中，锐钛矿相TiO_2纳米线/棒/管依然由多晶纳米颗粒/短棒组成，很难得到与同金红石相TiO_2类似的单晶结构。

由于电子在多晶锐钛矿1D-TiO_2纳米管/线阵列中的扩散速度与在TiO_2-NPs薄膜中并无明显差异[46,47]，在构建0D/1D分级杂化结构时形成的实际上是电学同质结构。T. Park 的研究证实：在用 $TiCl_4$ 处理制备的 0D/1D-TNTA 分级结构中，只有当 TiO_2-NPs 厚度接近单层修饰时，0D/1D-TNTA 杂化电极才表现出与独立 1D-TNTA 相似的电子动力学行为，即相似的电子传输时间、电子寿命和收集效率。在大于单层 TiO_2-NPs 厚度时，分级杂化光阳极中的电子传输行为表现出与 TNTA 电极和 TiO_2-NPs 电极的双重属性，并且 TiO_2-NPs 层厚度越大，越趋向于 TiO_2-NPs 薄膜中的电子传输行为，说明在这种 0D/1D 分级杂化光阳极中，存在如图 3-27（c）所示的竞争性双电子传输通道[90]。这种双通道电子传输行为不利于通过增加修饰层厚度来提升 DSSCs 电子收集效率和光电转换效率。这也是基于 0D/1D 杂化光阳极 DSSCs 的光电转换效率逊色于 TiO_2-NPs 光阳极太阳电池效率的一个重要原因。

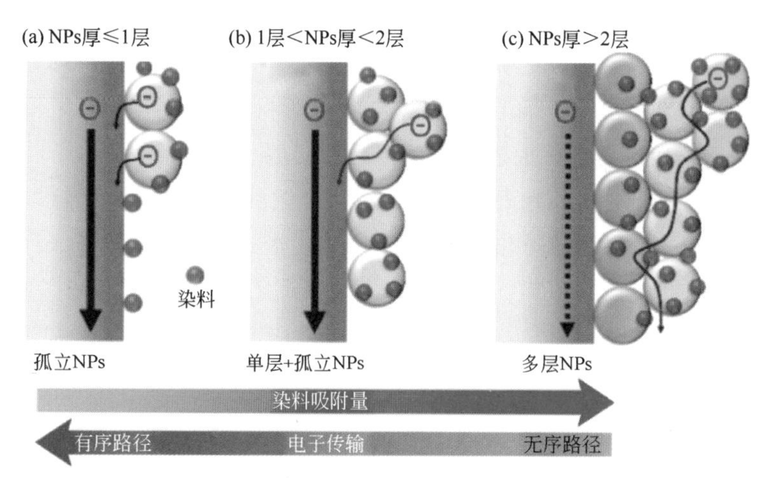

图3-27　0D/1D-TNTA中的电子传输行为与0D-NPs层厚度关系示意图[90]

（2）电学异质杂化光阳极

为充分开发 1D 阵列结构在电子动力学方面的优势，制备电学异质杂化分级结构变得尤为重要。获得电学异质 0D/1D 杂化分级结构主要有两种方式：①设计组分异质结；②增大组分同质 0D 和 1D 组元间的载流子迁移率差异。

① 复合组分电学异质光阳极　设计组分异质结是指采用不同的氧化物分别制备分级结构中的 0D 和 1D 组元，这是获得电学异质结最为直接、有效的方法。ZnO 和 SnO_2 具有比 TiO_2 高近两个数量级的载流子迁移率，同时，ZnO 和 SnO_2 具有和 TiO_2 相似或更负的导带位置，有利于电子从 TiO_2 向 ZnO 或 SnO_2 的转移。因而，TiO_2/ZnO 和 TiO_2/SnO_2 是 DSSCs 研究中最常见的两种异质结构，其中有序阵列异质结则以 0D-TiO_2/1D-ZnO 为主，也是本小节的主要讨论对象。

0D-TiO_2/1D-ZnO 异质结构可采用“自下而上”和“自上而下”两种方式制

备获得，即先制备0D-TiO_2薄膜，再在薄膜孔隙中生长1D-ZnO，或反之。澳大利亚昆士兰大学王连洲教授团队利用水热法在TiO_2-NPs薄膜电极的孔隙中生长了ZnO纳米线［图3-28（a）］。ZnO纳米线的引入提高了薄膜的电子扩散系数和电子收集效率，在染料吸附量略微降低的情况下，电池效率反而从6.65%提升到8.44%[101]。这证实了电学异质结构在提升电子传输和收集效率上的巨大优势。采用化学浴沉积、原子层沉积方法在1D-ZnO纳米线/棒阵列上修饰TiO_2是制备0D-TiO_2/1D-ZnO异质结构更为常用的方法[102-104]。利用瞬态衰减谱，V. Manthina等观测到电子在如图3-28（b）所示的0D-TiO_2/1D-ZnO异质结构薄膜中的传输速度比在TiO_2-NPs薄膜电极中快近三个数量级（电子传输时间：约4×10^{-4} *vs* 2×10^{-1}）[102]。

0D-TiO_2/1D-ZnO异质结构光阳极表现出优异的电子传输性能，在一定程度上可提高DSSCs的效率。但是，如第2章所述ZnO在表面态密度、比表面积及化学稳定性三方面的不足决定了ZnO并非DSSCs光阳极的优选材料。进一步提高0D-TiO_2/1D-ZnO异质结构DSSCs综合性能对材料制备方法、表/界面调控、染料分子及敏化工艺等方面有着更高的要求和挑战。

② 单一组分电学异质光阳极　半导体材料的载流子迁移率往往取决于材料的晶型和晶粒尺寸。受晶界和缺陷的影响，多晶半导体薄膜的载流子迁移率和导电性往往比单晶薄膜低1～3个数量级[13,14]。用具有较大电子迁移率差异的1D有序阵列和0D纳米颗粒构建分级杂化薄膜也是获得电学异质结构的一种可行途径。

鉴于TiO_2在DSSCs中的优异表现，0D/1D-TiO_2电学异质结构成为一种最为理想的光阳极结构。通过水热法容易获得单晶金红石型1D-TiO_2纳米棒/线阵列，这为构筑高性能0D/1D-TiO_2电学异质结构光阳极提供了理论上的可能性。然而，由于金红石型TiO_2在DSSCs中的表现远逊于锐钛矿相TiO_2[104]，采用金红石型单晶1D纳米棒阵列骨架构建0D/1D-TiO_2杂化异质结构作为光阳极，DSSCs效率仍然<5%[105,106]。因此，从理论上来看构筑锐钛矿TiO_2晶型0D/1D-TiO_2电学异质结构是更为合适的选择。

然而，获得锐钛矿型单晶或超大晶粒1D-TiO_2阵列结构成为0D/1D-TiO_2电学异质结构的难点。利用阳极氧化法或模板法制备的TNTA经退火晶化处理后往往只能得到由尺寸<100nm的晶粒无序排列组成的多晶体纳米管，这种TNTA的载流子传输性能不足以与TiO_2-NPs构成电学异质结构。2018年，P. Schmuki小组将单管壁TNTA在O_2气氛中650℃退火，获得了由孪晶组成的TNTA。这种小角孪晶界可有效提高电子的传输速度，所得的孪晶TNTA的电阻比普通单管壁TNTA电阻低两个数量级［图3-18（a）～（d）］。经$TiCl_4$处理的0D/1D-TiO_2光阳极所组装的正面照射DSSCs获得了10.2%的光电转换效率，比普通单壁TNTA

组装的电池高 34.2%[53]。同年，笔者通过严格控制阳极氧化乙二醇 / 二甲亚砜电解液中 H_2O 的含量以及单管壁 TNTA 的化学组成，制备了由长柱状单晶锐钛矿 TiO_2 组成的 TNTA［图 3-18（e）～（g）］，这种 TNTA 的载流子迁移率比 TiO_2-NPs 薄膜约高 10 倍。利用“海绵”结构的多孔 TiO_2-NPs 修饰得到的 0D/1D-TiO_2 光阳极组装的 DSSCs 获得了 10.1% 的光电转换效率，在笔者的实验室首次实现基于 0D/1D-TiO_2 光阳极电池对 TiO_2-NPs 电池光电转换效率的超越（10.1% *vs* 9.62%）。更为重要的是，随着 TiO_2-NPs 修饰层厚度以及薄膜整体厚度的增加，光阳极中的电子寿命和收集效率并没有显著降低[54]。上述两项工作为构建高性能 0D/1D-TiO_2 电学异质光阳极带来了曙光。

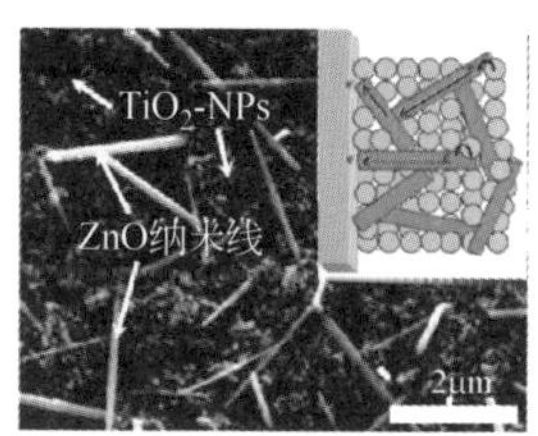

(a) 0D-TiO_2-NPs/ZnO[101]

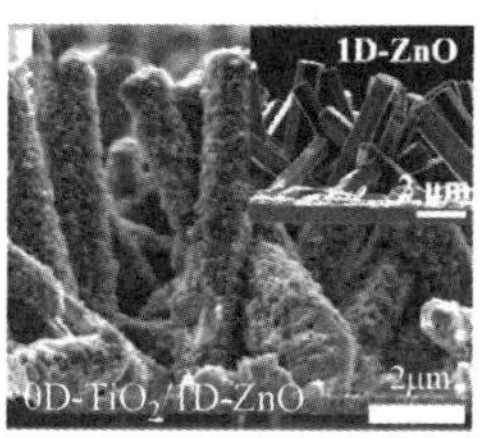

(b) 0D-TiO_2/1D-ZnO[102]

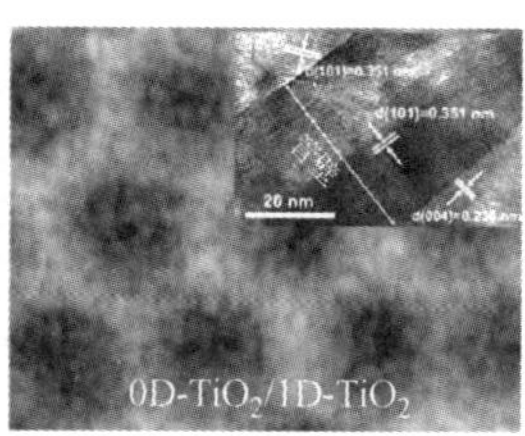

(c) 0D-TiO_2/1D-TiO_2

(d) 0D-TiO_2/1D- TiO_2 电子定向转移示意图[54]

图3-28　0D/1D电学异质结构

3.2 光吸收增强型光阳极

在太阳电池中，对入射光的高效捕获和对光生电子的有效收集是获得高光电转换效率的两大核心。前面章节已提及，选用高比表面积的纳米材料、增加薄膜厚度等方法可提高薄膜电极表面积和染料吸附量并有效提高电池对入射光的吸收。然而，表面积的提高往往伴随着表面缺陷增多，薄膜厚度增加使得电子传输距离增大，这些都导致电子复合概率增大、收集效率降低。光捕获效率和光生电子收集效率的提高往往呈现出此起彼落的对立关系。如何在有限的薄膜厚度内（10～15μm）实现对入射光的最大化利用是光阳极设计的关键。

以 DSSCs 中较为成功的钌络合物染料（N3、N719 等）为例，如图 3-29（a）所示，染料分子在 350～600nm 的波长范围内具有高的消光系数，3～5μm 厚的纳晶颗粒薄膜光阳极对约 520nm 入射光的吸收率即可＞99%。而在 600～800nm 范围内染料的吸光能力则急剧下降，需更大的光学厚度才能实现对大部分入射光的吸收。染料消光能力的高低直接影响电池的单色光转化效率［图 3-29（b）］。

增强对染料弱吸收区域光的利用率，是进一步提高 DSSCs 效率的关键[107]。

对光阳极的光学结构进行设计，提高入射光在薄膜中的“光学厚度”和“驻光时间”可有效提高入射光，特别是弱吸收光被光敏剂吸收的概率。这些光学结构设计包括光散射结构、光子晶体结构、金属等离子体效应等。

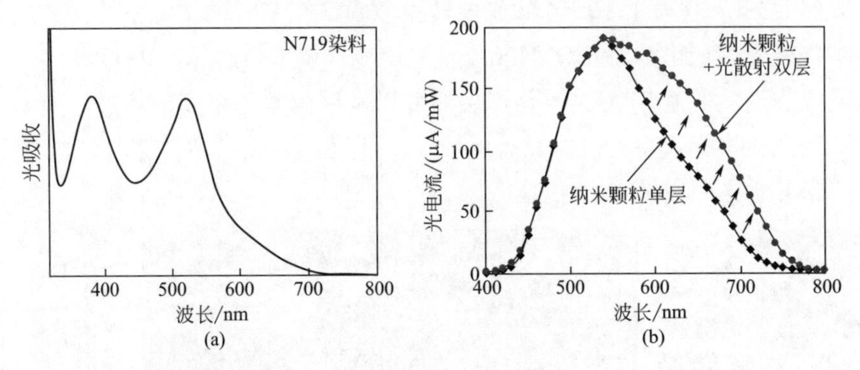

图3-29　N719染料分子的紫外－可见吸收谱（a）及单层TiO_2-NPs光阳极和TiO_2-NPs+光散射双层光阳极DSSCs的光－电流响应曲线[107]（b）

3.2.1　光散射光阳极结构

光散射是指光线通过不均匀介质时偏离其原来传播方向并散射开到所有方向的现象。光散射可分为瑞利散射（Rayleigh scattering）和米氏散射（Mie scattering）两种。瑞利散射为线度小于光子波长的非吸收微粒对入射光的散射，其适用条件为 $\alpha \ll 1$ 及 $|m|\alpha \ll 1$，其中 $\alpha=2\pi r/\lambda$，r 为散射中心半径，λ 为入射光波长，m 为散射中心的折射率。瑞利散射的散射强度与入射光波长 λ^4 成反比[108,109]。

考虑到在DSSCs中所采用的散射中心多为尺寸与波长相比拟的亚微米级粒子，其散射一般遵循 Mie 散射原理。Mie 散射的散射截面 $\sigma_{散}$可表达为式（3-1）[108,109]。

$$\sigma_{散,\mathrm{Mie}}=\frac{\lambda^2}{2\pi}\sum_{n=0}^{\infty}(2n+1)(|a_n|^2+|b_n|^2) \tag{3-1}$$

其中 a_n 和 b_n 由式（3-2）和式（3-3）所示的 Riccati-Bessel 方程的 ψ 和 ζ 函数决定。

$$a_n=\frac{\psi_n(\alpha)\ \psi_n'(m\alpha)-m\psi_n(m\alpha)\ \psi_n'(\alpha)}{\xi(\alpha)\ \psi_n'(m\alpha)-m\psi_n(m\alpha)\ \xi_n'(\alpha)} \tag{3-2}$$

$$b_n=\frac{m\psi_n(\alpha)\ \psi_n'(m\alpha)-\psi_n(m\alpha)\ \psi_n'(\alpha)}{m\xi(\alpha)\ \psi_n'(m\alpha)-\psi_n(m\alpha)\ \xi_n'(\alpha)} \tag{3-3}$$

而 Mie 散射效率 $Q_{散,\mathrm{Mie}}$ 由式（3-4）决定：

$$Q_{散,Mie}=\frac{\sigma_{散,Mie}}{\pi r^2} \tag{3-4}$$

由式（3-1）～式（3-4）可知，一般情况下光散射强度/效率与散射中心粒径大小和入射光波长直接相关，同时材料的介电常数对散射性能也有着重要影响。理论模拟表明，若要对波长532nm的入射光产生有效散射，则球形TiO_2颗粒的直径需大于200nm［图3-30（a）］；而200nm的TiO_2微球可同时对400～650nm的入射光产生有效的光散射［图3-30（b）］。在DSSCs中，通过在光阳极薄膜中引入粒径为200～500nm的较大粒子，对波长范围为550～800nm的入射光进行多次散射，将透过薄膜吸光层的未被吸收的光子重新散射回薄膜中，增加光程，从而提高入射光被吸收的概率和电池光捕获效率。

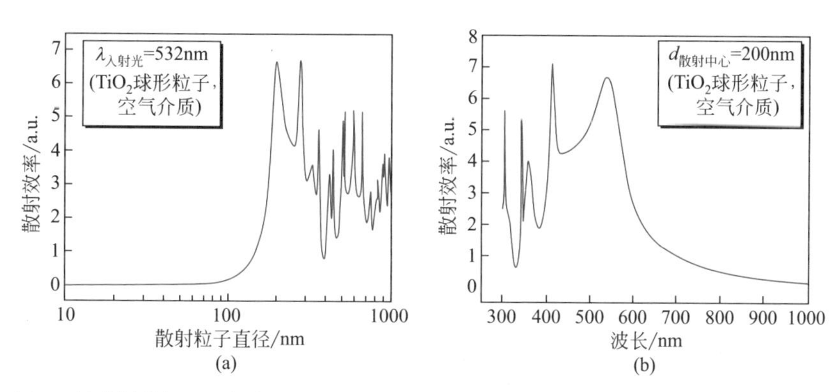

图3-30 球形散射粒子尺寸对532nm入射光散射效率的影响（a）和直径为200nm的TiO_2微球对不同波长入射光的散射效率[109]（b）

在DSSCs光阳极中，用作散射中心的材料不仅包括光阳极中常用的诸如TiO_2、ZnO、SnO_2、$BaTiO_3$、CeO_2等氧化物半导体纳米粒子，还包括球形孔洞、等离子体颗粒等材料[109-114]。从形貌和结构来看，散射中心可以是无规则分布的亚微米实心/空心球、微/纳米棒、纳米管、纳米线、纳米带等[109-115]（图3-31），还可以是有序的光子晶体膜层[107,116-119]（图3-32）。光散射效应的引入使得光阳极薄膜对入射光的透过率大幅降低［图3-31(b)］，进而提高电池对入射光的利用率，提高光电流［图3-29（b）］。

最简单的光散射型光阳极采用如图3-31（a）所示的双层结构：底层为具有高的染料吸附能力的小粒径纳米颗粒层，承担着主要的吸光任务；上层为光散射层，负责将未被吸收的光重新散射回光吸收层。然而，这种结构的散射层往往只能起到光散射的作用，对染料吸附的贡献极小。因此，光散射层组成逐渐由单一大颗粒向大、小颗粒混合层发展，以提高散射层的染料吸附能力。此外，采用如

图3-31（f）和（g）所示的多层散射层取代单层散射层可利用不同粒径/形貌散射粒子对不同波长的入射光的散射效率进行有效调控，全面提高薄膜对入射光的高效利用[120,121]。

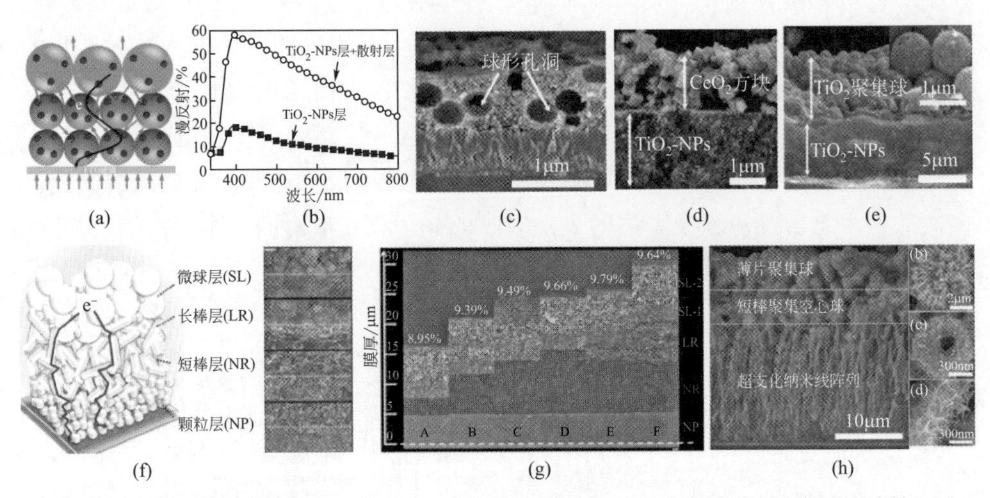

图3-31 单一散射层光阳极示意图（a），典型含散射层和NPs层光阳极的漫反射曲线[113]（b），典型单层散射层SEM图片[113, 114, 115]（c）～（e），多层散射层光阳极示意图[120]（f），典型多层散射层光阳极SEM图片[120, 122]（g）和（h）

得益于纳米材料和纳米技术的发展，光散射材料和光散射层也日趋功能化。光散射材料不再像光滑纳米管/微球/棒等仅仅承担光散射作用，同时还起着吸附大量染料或对特定波长范围内的入射光起着选择性强散射的作用。具有纳米和（亚）微米双尺度的介孔聚集球是兼具高染料吸附能力和优异光散射性能的光散射材料的典型代表。采用 TiO_2 介孔聚集球散射层光阳极制备 DSSCs 可获得超 11% 的光电转换效率[79]，显著优于采用光滑 TiO_2 微球光散射层的太阳电池[79,115]。中山大学匡代彬教授团队采用水热法制备的含纳米线聚集微球散射层的多层次 3D 光阳极［图 3-31（h）］组装的 DSSCs 更是获得了约 11% 的效率，远超单一 3D 纳米线阵列光阳极电池的效率（7.8%）[122]。

具有周期性特征的薄膜往往展现出光子晶体属性，可通过调节其周期参数实现对特定波长范围内的入射光选择性强反射/散射，进而调控光反射/散射与染料吸收光谱的互补匹配。这类光子晶体型散射层包括反蛋白石 TiO_2[107,116]、竹枝状 TNTA 薄膜[117]、周期性排布 ZnO 微球[118]、周期性图案等[119]。光子晶体光反射层的工作原理和具体实例将在下一节“光子晶体光阳极”部分进一步深入讨论。

3.2.2 光子晶体光阳极

光子晶体（photonic crystal，PC）是一种不同折射率的介质在空间上呈周期性排列的光学微结构。该结构概念在1987年由E. Yablonovitch和S. John同时提出[123,124]。光子晶体具有独特的光子带隙（photonic band-gap，PBG）。当电磁波在光子带隙材料中传播时，由于布拉格散射而受到调制，电磁波能量形成能带结构，能带与能带之间出现光子带隙，所具能量处于PBG内的光子不能通过该光子晶体。简言之，光子晶体可通过调节其结构参数而获得波长选择功能，可选择性地使某个波段的光通过而阻止其他波长光的通过。按照PC的光子禁带在空间分布的维度，可将其分为1D-PC、2D-PC和3D-PC。

在DSSCs中应用的光子晶体材料可通过①光子限域效应，增强靠近PBG边光子的吸收，② PBG内的光子全反射，③在染料敏化层的光子共振等机制显著增强光阳极对特定波段入射光的吸收利用，进而强化DSSCs光电转换效率[125,126]。

（1）1D光子晶体光阳极

竹节状TNTA是DSSCs中最为常见的1D-PC材料。香港理工大学黄海涛教授小组采用周期性脉冲电压法制备了周期性竹节状TNTA，并提出了TiO_2纳米管阵列光子晶体的概念［图3-32(a)］[126]。通过调节"竹节"间距可有效调控PC对不同波段入射光的反射［图3-32(b)］[117,126]。如"竹节"间距为120nm、150nm、190nm和230nm的TNTA光子晶体薄膜分别对＜420nm、400～500nm、500～630nm和580～750nm波长范围内的入射光具有强反射[117,127]。与常规光滑TNTA光阳极相比，含有TNTA-PC层的DSSCs对光子带隙及更长波长范围内的入射光表现出强化光捕获效率，电池光电转换效率也提高了约53%（5.61% *vs* 3.66%）[126]。

（2）2D光子晶体光阳极

2D-PC是一类以层状为微观结构特征的光子晶体薄膜。Míguez小组将低折射率的SiO_2和高折射率的TiO_2-NPs逐层交替沉积成多层2D-PC薄膜［图3-32(c)］，当层间厚度约为120nm时，光子晶体薄膜对500～700nm波长范围内的光具有强反射。与TiO_2-NPs光阳极电池相比，500nm的2D-PC与7.5μm的TiO_2-NPs吸收层组合光阳极制备的DSSCs的效率提高了15%～30%[128]。采用纳米压印法制备2D周期性图案化膜层是获得2D-PC的另一种方法。如在TiO_2-NPs多孔薄膜上制备了厚度约150nm的2D-PC薄层，该薄层的存在使得薄膜电极对波长＞500nm的入射光的反射率增加了30%～50%，所制备的DSSCs的效率因而提高了33%[119]。

（3）3D 光子晶体光阳极

3D-PC 是 DSSCs 中最为常用的光子晶体光阳极结构。这种光阳极薄膜多采用如图 3-32（a）所示方法制备的反蛋白石结构，其中球形空气孔洞在 TiO_2 壳壁中呈周期性排布从而引起光子晶体的光学行为。S. Guldin 的研究表明，孔洞直径为 240nm、260nm 和 350nm 的 3D-PC 薄膜分别对 470～550nm、520～630nm 及 800～950nm 波长范围内的入射光表现出强反射行为［图 3-32（d）］[129]。然而，单一的 3D-PC 反蛋白石结构光滑薄膜的比表面积有限，制备的 DSSCs 效率也往往很低[72]。采用 TiO_2 纳米颗粒填充 PS 小球堆积间隙并利用 $TiCl_4$ 后处理形成双层杂化结构或制备双尺度 3D-PC 是提高薄膜比表面积的有效方法。J. H. Moon 小组采用 $TiCl_4$ 处理 TiO_2-NPs 填充制备的 3D-CP 薄膜使染料吸附量提高了 4 倍，电池效率也从 1.6% 提升到 4.6%[130]。此后，他们在微米级大尺度 3D-PC 孔洞内填充纳米级小尺寸 3D-PC 制备获得双尺度 3D-PC 薄膜光阳极以进一步提高电极染料吸附能力［图 3-32（g）］，进一步将 DSSCs 的效率提高到 6.9%[131]。

周期性排列的半球形阵列也具有光子晶体属性。如 Kim 等采用激光加工 - 沉积法制备的周期性分布 ZnO 半球表现出优异的光子晶体所具有的光散射、反射特征属性［图 3-32（h）］[119]。

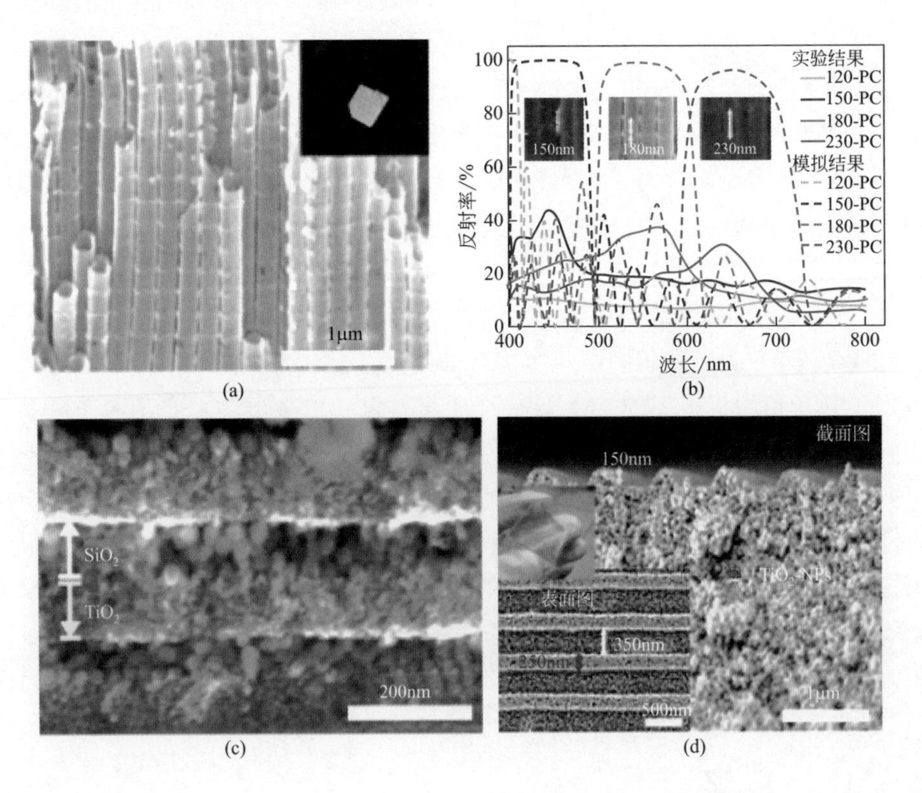

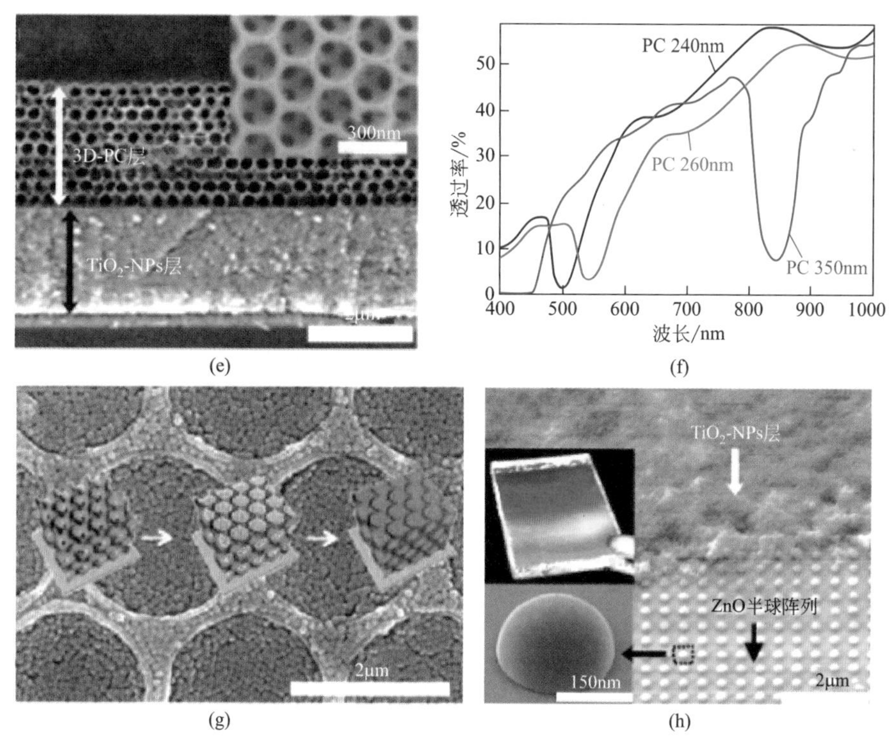

图3-32 光子晶体光阳极：(a) TiO_2纳米管阵列光子晶体（PC）的SEM图[126]；(b) 不同周期间距TiO_2纳米管阵列PC光反射谱图[117]；(c),(d) SiO_2/TiO_2交替层状及纳米压印周期性图案化2D-PC的SEM图[119, 128]；(e),(f) TiO_2反蛋白石结构3D-PC的SEM及透过光谱图[129, 132]；(g) 双尺度TiO_2反蛋白石3D-PC[131]；(h) ZnO半球阵列3D-PC[118]

然而，不管是1D-PC、2D-PC还是3D-PC，光子晶体薄层由于大的孔隙结构，其本身能提供的表面积均非常有限，所制备的DSSCs效率偏低。光子晶体在DSSCs中应用的一个重要方向是将光子晶体作为反射层，充分利用光子晶体对特定波长范围内光的选择性禁阻强反射实现对染料弱吸收入射光的匹配反射和再次吸收利用。如采用150nm“竹节”间距的TiO_2纳米管阵列1D-PC作散射层时，DSSCs比采用光滑TNTA散射层的电池效率高27%[117]。Jung小组采用ZnO半球阵列作2D-PC散射层更是将背面照射的DSSCs的效率从7.59%提高到11.12%[118]。Han等采用420nm孔洞的3D-PC散射层制备的电池获得了10%的效率，优于商业化大颗粒散射层电池的效率（9.7%）[116]。

光子晶体薄膜在调控入射光在光阳极薄膜中的反射、散射和折射等光学行为方面具有独特的优势，对增强DSSCs入射光吸收具有重要意义。当前PC在DSSCs中的研究主要集中在光子晶体微观几何结构的设计和制备技术上。如何在确保不损害其光学性能的前提下提高光子晶体薄膜本身的比表面积对 DSSCs 的性能起着至关重要的作用。此外，实现光子晶体与光敏染料的匹配耦合也必将为光子晶体光阳极的研究注入新的活力。

3.2.3 金属等离子体激元增强型光阳极

除散射层和光子晶体层外，利用诸如 Au、Ag 等金属等离子体纳米粒子的等离子体光限域效应是强化对染料弱吸收区光捕获效率，进而获得全光谱强化利用，提高 DSSCs 光电转换效率的另一重要方法。在光照条件下，金属等离子体粒子吸收光子受激发，其表面电子产生局域表面等离子体共振（localized surface plasmon resonance，LSPR）和表面等离子体激元（surface plasmon polaritons，SPPs）效应。金属等离子体纳米粒子强化光利用率的途径主要包括如图 3-33 所示的三种方式 [133]：

①等离子体远场光散射　如图 3-33（a）所示，当光照射到金属等离子体纳米粒子上产生等离子体共振时，在靠近金属 / 半导体界面处产生偶极矩，很大一部分入射光被耦合散射进入半导体中。金属等离子体颗粒的散射截面可高达颗粒几何尺寸的 10 倍以上，这使得金属等离子体纳米粒子在电池中约 10% 的覆盖率即可对几乎所有入射光引发等离子体光散射 [108,134,135]。相比于前面小节提到的亚微米级大颗粒的几何散射效应，金属等离子体耦合光散射对颗粒尺寸的依赖性相对较小。如 150nm 的 Ag 纳米颗粒在空气介质中对入射光的散射率即可高达 95%[135,136]。更为重要的是，等离子体对其共振吸收波段内的光的散射更为显著，而等离子体形貌及与之接触的介电质的性质对等离子体共振吸收起着至关重要的作用。如 Ag 和 Au 纳米颗粒在空气中的共振吸收分别在 350nm 和 480nm 附近，而将 Ag、Au 纳米颗粒埋入 SiO_2、Si_3N_4、Si 中，或调节 Au 纳米棒长径比可使得其共振响应波长在 500～1500nm 的波长范围内可调 [133,135-137]。这种小颗粒、强散射的属性决定了将金属等离子体分散分布于纳晶薄膜中即可获得优异的散射性能，而无需专门的散射层。小尺寸金属粒子的加入不会影响薄膜的均匀性，从而无损 NPs 光阳极本身的优势。

②等离子体近场增强　LSPR 是电磁波（如光波）与尺寸远小于波长的金属纳米粒子中的表面电子的相互耦合，这种等离子体只有共振行为而不能传播，但可以向周围环境中辐射电磁波（光波），使得部分入射光被“限域”在等离子体粒子表面附近形成近场增强效果［图 3-33（b）］，从而提高在等离子体粒子近场作用范围内的染料对入射光的吸收。利用 LSPR 强化吸收的等离子体粒子多为光散射作用不明显的小颗粒（直径约 5～20nm）。利用 LSPR 增强光吸收的前提是，染料对入射光的吸收速率必须大于等离子体衰减周期（寿命约 10～50fs）的倒数值，

否则金属颗粒吸收的能量将以欧姆衰减（Ohmic damping）的形式在其内部损耗[133]。

③等离子体激元　利用如图3-33（c）所示的栅极金属等离子体结构可将入射光转化为等离子体激元（SPPs）。SPPs是一种平面电子波，能沿着金属背电极/半导体吸收层界面传播，也就是说入射光子在金属/半导体界面形成SPPs后传播方向翻转90°，沿着电池横向传播。由于SPPs的波矢要大于光在自由空间的波矢，电磁波以指数衰减的形式被束缚在金属/电解质界面而不会向外辐射。这使得光子在电池吸光层中的光程提高了若干个数量级，有利于入射光被染料/半导体充分吸收[138]。如在半无限 Ag/SiO_2 几何结构中，波长范围800～1500nm的入射光形成的SPPs的传播距离为10～100μm。

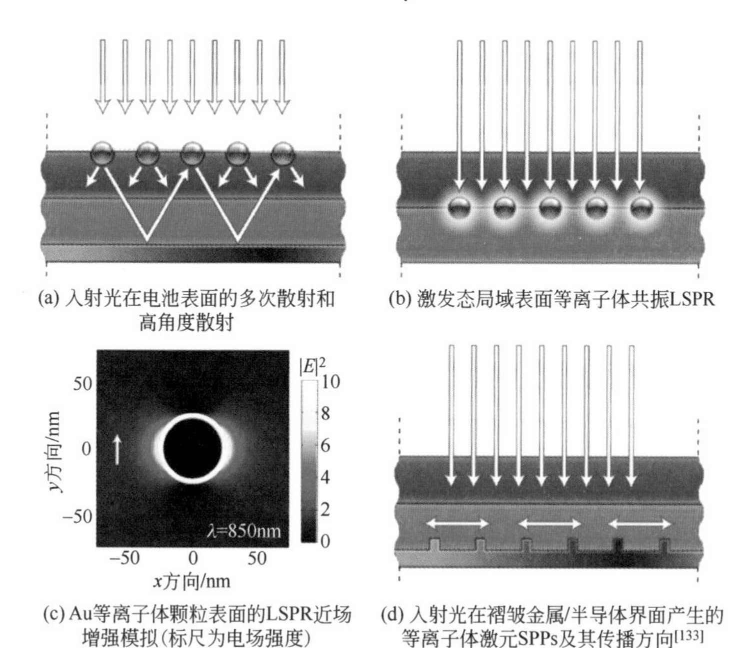

(a) 入射光在电池表面的多次散射和高角度散射

(b) 激发态局域表面等离子体共振LSPR

(c) Au等离子体颗粒表面的LSPR近场增强模拟（标尺为电场强度）

(d) 入射光在褶皱金属/半导体界面产生的等离子体激元SPPs及其传播方向[133]

图3-33　入射光与金属等离子体材料作用的三种方式示意图（a）～（c）及入射光在褶皱金属/半导体界面产生的等离子体激元SPPs及其传播方向（d）

由于DSSCs结构设计的限制，目前主要是利用等离子体LSPR效应引起的等离子体远场光散射和近场增强光吸收作用。将金属等离子体粒子引入DSSCs光阳极中，与等离子体粒子相关的过程主要有[139]：①LSPR引起的远场光散射增强或近场增强光吸收，有利于提高入射光的捕获效率和电池效率；②染料分子与金属之间的直接能量转移，引起能量的非辐射损耗；③裸露金属表面作为复合中心，引起光生电子与 I_3^- 的直接复合损耗。其中后两者将引起电池效率的衰减。因而，在太阳电池的应用中，往往需要在Au、Ag等粒子表面包裹一层适当厚度的介电质（SiO_2 或 TiO_2 等）形成核 - 壳结构来抑制②和③两个不利过程。C. T. Yip 等的研究表明，当 Ag（约 70nm）表面 SiO_2 层的厚度约为 5～10nm 时，DSSCs 可获得最佳的等离子体增强效果[139]。Kamat 等的研究表明，以 SiO_2 为电介质层可充分发挥金属粒子的 LSPR 近场增强效果从而大幅度提高 DSSCs 的 J_{sc}，而 TiO_2 包裹则利用激发态 Au 对 TiO_2 的电子注入提高光阳极的费米能级，进而提高电池的 V_{oc}[140]。

在金属等离子体粒子提高DSSCs效率研究中最常采用的是Au、Ag球形纳米粒子，这种球形小颗粒具有强的 LSPR 近场增强效果，在光阳极薄膜较薄或电池效率较低时，能显著提高电池的 J_{sc} 和光电转换效率[139-146]。然而，对于本身具有较高光电转换效率（比如＞8%）的 DSSCs 来说，这种球形 Au、Ag 纳米粒子进一步提高电池效率的作用极为有限[146]。如图 3-34（a）所示，球形 Ag@TiO_2 和 Au@TiO_2 的等离子体响应光谱主要在约 410nm 和约 530nm 的窄波段范围内[146-148]，而该波段正好与常规的钌系络合物染料（N3、N719 等）的强吸收区相重叠。在优化光阳极（高染料吸附量）条件下，染料分子足以捕获几乎所有进入光阳极薄膜的该波段范围内的光子，在这种情况下，球形金属粒子的 LSPR 效应失去其发挥作用的空间。将等离子体材料的响应波长移动到染料弱吸收区可充分发挥 LSPR 的近场增强和远场光散射作用，从而实现电池对全色光谱的高效吸收，进而进一步提高 DSSCs 的光电转换效率。

如前面部分所提及的，改变与金属等离子体粒子接触的介电质或粒子形貌可实现等离子体响应波段的红移。Dang 摈弃常规的 Au@TiO_2 双层核 - 壳结构而设计了 TiO_2@Au@TiO_2 三层核 - 壳结构，通过调节 Au 夹心层的厚度（约 0～4nm）将等离子体粒子的共振响应峰红移至与 N719 染料互补吸收的 600～800nm 范围内，并进一步强化了 LSPR 近场强度［图 3-34（b），（c）］。TiO_2@Au@TiO_2 在长波处的 LSPR 增强使得 DSSCs 对低能光子的利用率得以大幅度提高，电池的效率也从原本的 8.3% 进一步提高到 10.8%[146]。与球形 Au 颗粒各向同性相比，Au 纳米棒具有轴向和垂直于轴向的两个共振模式，因而除了与垂直轴向共振相关的约 530nm 吸收外，在长波段还有一个与轴向共振相关的强响应吸收峰，并且该峰随着 Au 纳米棒长径比的增加而逐步红移[137]。T. Chen 课题组采用 Ag_2S 包覆的 Au 纳米棒（AuNR@Ag_2S）获得了在约 700nm 处的等离子体共振响应，实现了 N719 染料敏化 DSSCs 对低能光子的互补吸收，电池效率从 5.8% 提高到 7.1%[149]。笔者制备了 Ag 包覆的 Au 纳米棒（AuNR@Ag），Ag 层的引入使得 AuNR 的两个共振模式进一步扩展为 4 个，AuNR@Ag 的 LSPR 响应波长得以进一步扩展［图 3-34(d)］。采用 AuNR@Ag@SiO_2 可显著提高太阳电池对长波入射光的利用率[150]，其中 DSSCs 的光电转换效率从 8.54% 提高到 10.58%。

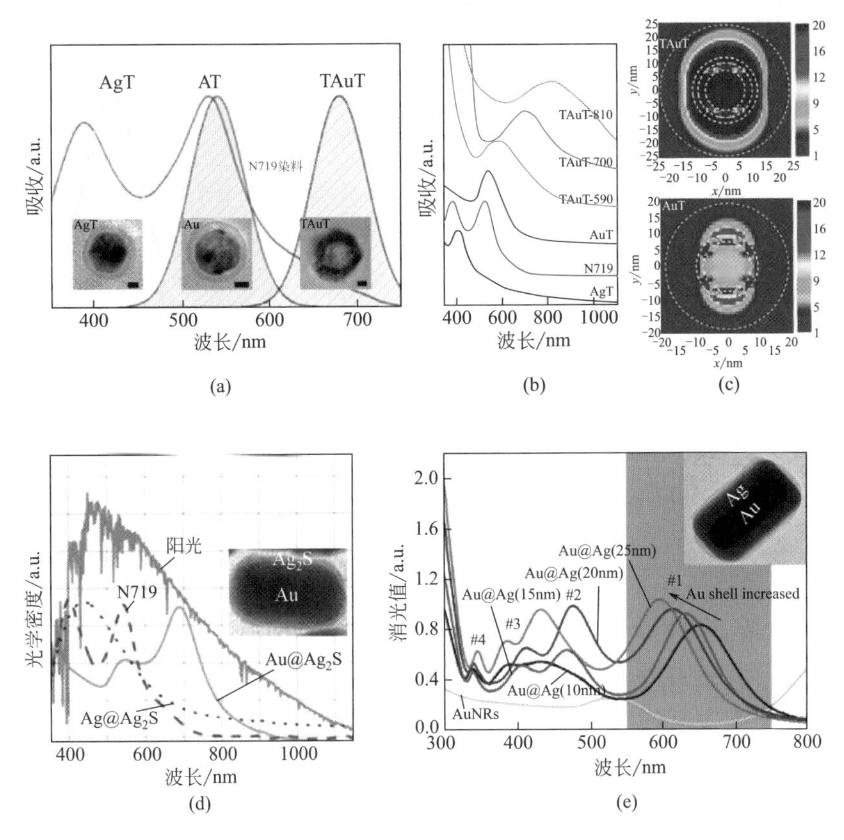

图3-34 利用金属等离子体增强低能量光子的吸收利用：等离子共振与N719染料互补吸收示意图[146]（a）；Au@TiO_2、TiO_2@Au@TiO_2等几种核-壳结构等离子体粒子的共振吸收光谱（b）及LSPR近场强度模拟结果（c）[146]；AuNR@Ag_2S结构及吸收光谱[149]（d）；AuNR@Ag结构及共振吸收光谱[150]（e）

金属等离子体粒子的 LSPR 是增强 DSSCs 性能非常有效的方法，具有用量少、效果显著的优点，对不同光阳极材料 / 结构和染料体系等具有好的普适性。金属等离子体增强光阳极是 DSSCs 中较为年轻的一种光阳极结构，涉及物理、光学、化学、光电化学等多领域和多学科，且金属等离子体增强 DSSCs 的机制非常复杂。对具有宽谱、强吸收的新结构金属等离子体材料的开发，等离子体增强 DSSCs 机理的研究，以及探索可利用 SPPs 机制来增强 DSSCs 的新型电池结构将是今后等离子体增强光阳极研究的重要发展方向。

3.3 光谱响应拓宽型光阳极结构

尽管采用光散射、光子晶体反射及金属等离子体 LSPR 效应可大幅度提高入射光，尤其是染料弱吸收入射光在光阳极中的光程和利用率，但是通过这些方法获得的增强幅度无法完全弥补染料分子消光能力降低造成的光损失。此外，目前大部分染料对占太阳能光谱约 52% 的（近）红外光没有响应，一半以上太阳光无法参与 DSSCs 的光电转换过程而以非吸收光子形式损耗。拓宽光阳极对太阳能光谱的响应区间是进一步提高太阳电池效率的关键，也是今后 DSSCs 研究的重要方向。本小节将从共敏化吸收和光谱转换利用两个方面进行详细介绍。

3.3.1 多染料共敏化光阳极

3.3.1.1 多染料敏化增强的机理

以经典钌系有机络合物染料 N719 为例，尽管这种染料对 400～600nm 波长范围内的光具有较强的摩尔消光系数，但对波长＞600nm 入射光的吸收能力却急剧下降，使得这部分入射光无法被太阳电池有效利用。尽管科研工作者在开发高性能染料上做了大量卓著的研究，但是到目前为止仍然没有实现单一染料对可见光区（或可见 - 近红外光区）的全色光高吸收。

染料分子在氧化物半导体（后续以 TiO_2 为例）表面的单层紧密排列是充分利用 TiO_2 表面，进而获得最优染料吸附量的理想状态。然而，如图 3-35（a）～（c）所示，由于染料分子在氧化物半导体表面的自由吸附机制和染料分子自身的空间体积效应，染料分子在 TiO_2 表面并非紧密排列。染料分子的非紧密排列一方面损失了光阳极的有效表面积；另一方面，分子间的间隙为电解液渗透到 TiO_2 表面进而引发光生电子的复合反应创造了机会[151-153]［图 3-35（d）］，进而降低电池的 V_{oc} 和光电转换效率。

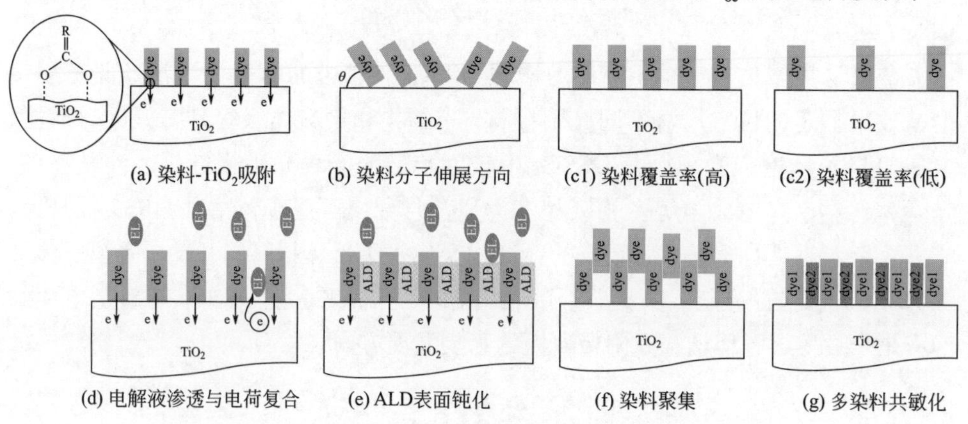

图3-35 染料（dye）在 TiO_2 表面吸附状态示意图[154]

利用两种或多种染料共同敏化 TiO_2 光阳极薄膜，通过不同染料吸收光谱的互补匹配可实现光阳极对入射光谱各个区间的均衡强吸收，如图 3-36（a）所示。此外，利用大、小体积的染料分子共吸附还可充分、高效利用 TiO_2 表面，有效减少染料分子间所暴露的 TiO_2 表面，起到染料吸附自钝化效果［图 3-35（e）］。从染料的选择来看，DSSCs 光阳极的共敏化包括络合物染料 - 络合物染料共敏化、有机染料 - 有机染料共敏化和有机染料 - 络合物染料共敏化三种形式。从敏化方法来看则可分为混合染料共敏化和多染料依次敏化。从光阳极结构上则可分为均一共敏化和分层共敏化[154]。

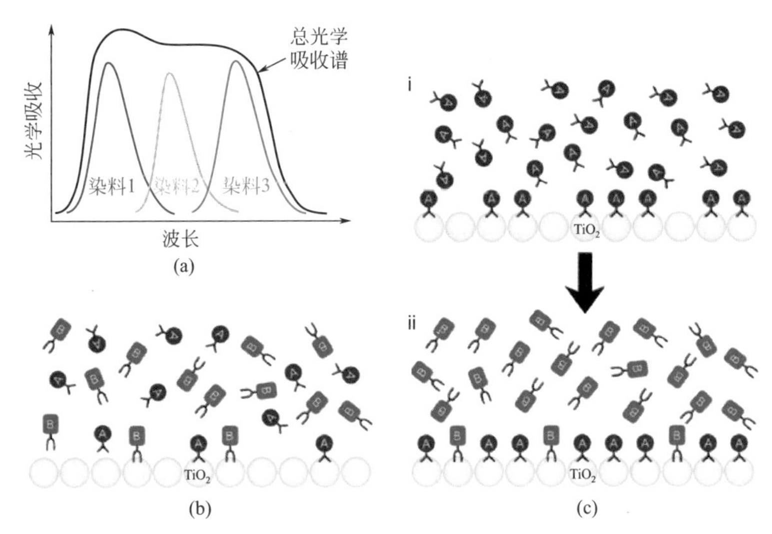

图3-36 DSSCs光阳极的共敏化：多染料共敏化拓宽光谱强吸收区间示意图（a）；混合染料共敏化（b）及依次共敏化（c）示意图[155]

3.3.1.2 多染料共敏化方法

（1）混合染料共敏化

混合染料共敏化（cocktail approach）是将光阳极浸泡于含有多种染料的溶液中，各种染料分子依据自身热力学和动力学特性，自由吸附在 TiO_2 表面而实现的“一步式”共敏化方法，如图 3-36（b）所示。混合敏化是最简单的共敏化方法，采用这种共敏化方式时需特别注意以下几个问题：①染料分子间的兼容性与共溶性。多种染料分子需能够溶解在同一种单一或混合溶剂中，且相互不发生化学反应。②染料的吸附速率和脱吸附速率。③同种染料间或异种染料间的聚集[154,155]。

染料间的竞争性吸附是混合共敏化需重点解决的问题，也是影响 DSSCs 性能的关键。某种染料分子在 TiO_2 表面的吸附速率和结合强度受分子结构 / 空间构型、与 TiO_2 键合强度、单分子上吸附功能基团的数量、染料分子的浓度、溶液

pH 值等多种因素的综合作用。具有强吸附性能的染料分子将迅速占据 TiO_2 表面的大部分吸附位点，从而使得其他染料分子的共吸附难以充分实现，这是 DSSCs 光阳极共敏化所不希望发生的竞争行为。调节各染料的相对含量是调控不同染料在电极上吸附比例的重要途径 [156,157]。同时，在选择共敏化体系时需要重点关注染料的溶度积（pK_a）、表面吸附能以及溶液 pH 值等，以获得所需要的染料吸附比例 [158-160]。此外，含多个吸附功能基团的染料分子在拥有快速吸附能力的同时也具有强的聚集倾向。因此，在采用混合共敏化方法时还需严格控制浸泡时间，减少染料聚集对电池性能造成的不利影响 [161]。

（2）依次吸附共敏化

依次吸附共敏化（sequential approach）是指将薄膜电极依次浸泡于不同的单一染料溶液中，以实现染料分子在薄膜表面的依次吸附 [162]。与混合染料共敏化相比，依次吸附法可有效减少不同染料间的竞争吸附，并通过调节吸附次序和敏化时间对各染料的吸附量进行有效调控 [163,164]。染料吸附次序一般遵从以下两个主要原则：①吸附次序对各染料的吸附量起着决定性作用，对电池吸收光谱起主导作用的染料（主染料）先吸附，担负光谱补充作用的次染料后吸附；②大体积染料先吸附，小体积染料后吸附并“插空”到大染料分子的吸附间隙中［图 3-35（g）］，从而充分利用 TiO_2 表面空间以实现染料吸附量最大化 [165]。

染料分子在 TiO_2 表面吸附的结合能对依次吸附共敏化也有着重要影响。吸附结合能的高低与已吸附染料在后续敏化过程中脱附下来的难易程度正相关。当后吸附的染料具有更高的吸附结合能时，随着敏化时间的延长，其会逐步取代前吸附的染料分子而重新占据该吸附位点 [160]。因此，在染料吸附结合能差异较大的共敏化体系中，敏化时间是除吸附次序外影响染料吸附比例和 DSSCs 性能的另一重要因素。

由于具有可调控不同染料吸附量梯度的优势，依次吸附法是制备高效率 DSSCs 的多染料共敏化光阳极最为常用的方法。Kakiage 利用该方法制备的 ADEKA-1 和 LEG4 有机染料共敏化的光阳极在 400～700nm 波长范围内均表现出高吸光效率，所制备的 DSSCs 取得了到目前为止最高的 14.3% 的光电转换效率 [3]，优于单一采用 ADEKA-1 敏化的电池的效率值（12.0%）[166]。

（3）多染料分层共敏化

如图 3-37（a）所示，多染料分层共敏化是指组成光阳极的各层薄膜分别由不同的单一染料敏化，进而实现多染料分层敏化在光阳极中的层次化堆垛集成。与混合共敏化和依次共敏化相比，分层共敏化的每一层分别由不同的染料单独敏化，敏化过程不受其他染料的影响，因而可以完全避免染料的竞争性吸附、置换等问题。分层共敏化使得染料的选择和敏化过程变得更为简单，只需侧重于吸收光谱互补匹配，而不再关注染料的空间结构、吸附结合能、化学相容性、pK_a、溶液 pH 值等一系列复杂因素。从光阳极薄膜敏化和堆垛工艺来看，目前多染料分层共敏化主要有区域选择性共敏化和敏化薄膜转移堆垛两种方法。

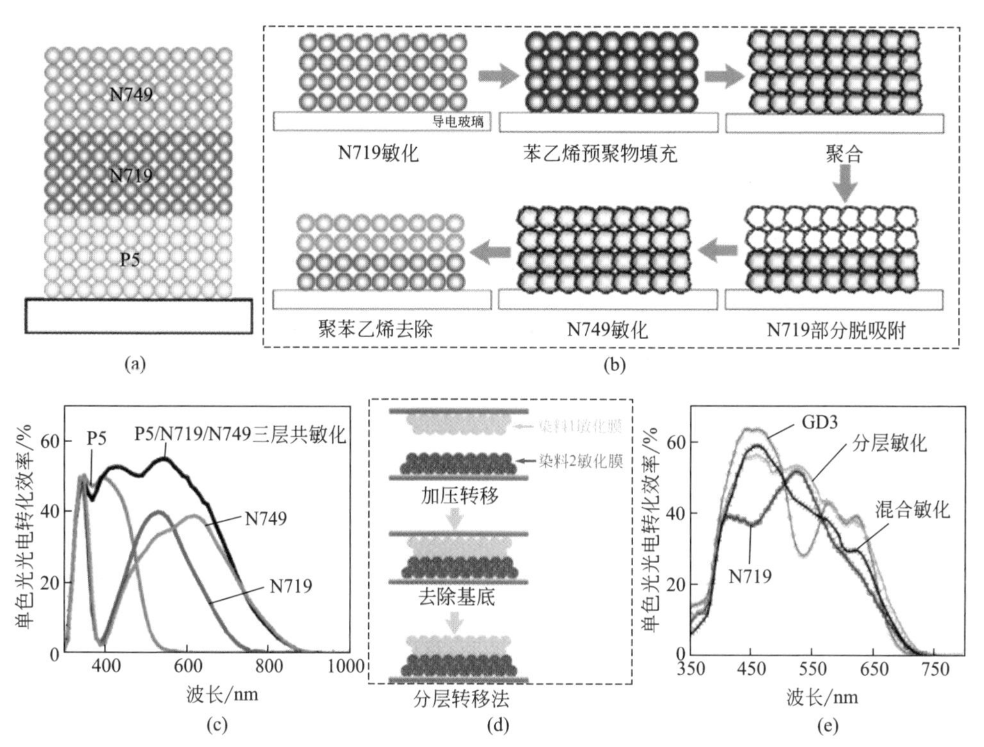

图3-37 多染料分层共敏化光阳极：多染料分层共敏化光阳极结构示意图[167]（a）；区域选择性分层共敏化光阳极制备过程示意图（b）及染料共敏化DSSCs单色光光电转换效率曲线（c）[167]；敏化薄膜转移堆垛制备分层共敏化光阳极示意图（d）及染料共敏化DSSCs的单色光光电转换效率曲线（e）[168-170]

2009 年，N. G. Park 教授小组开发了如图 3-37（b）所示的区域选择性分层共敏化技术[167]。该方法包括 1# 染料吸附、聚苯乙烯填充保护、染料脱吸附、2# 染料再吸附等过程单元的重复。其中聚苯乙烯在 TiO_2 薄膜孔隙中的填充可大幅度降低薄膜孔隙率，进而使得染料脱附液（NaOH 溶液，0.1mol/L）在薄膜中的渗透变得可控，通过调节脱附浸泡时间可有效调控脱附层的厚度，即 2# 染料敏化层厚度。他们采用分层共敏化光阳极制备的 DSSCs 的单色光转化效率（IPCE）对光谱的响应几乎是 3 种染料单独敏化电池 IPCE 光谱响应区间的数学叠加［图 3-37(c)］。所制备的 DSSCs 的光电转换效率（4.8%）也远高于单独采用 P5、N719、N749 任意一种敏化光阳极制备的电池的效率（1.0%、2.6%、3.6%）。

2011 年，马廷丽教授、程一兵教授和 Hayase 教授团队分别报道了敏化薄膜冲压堆垛的分层敏化技术［图 3-37(d)］[168-170]。尽管三者的方法在具体细节上有所差别，但共同包含的关键步骤在于：首先在不同的基底上制备 TiO_2 多孔薄膜电极并单独采用不同染料进行敏化，随后采用冲压（机械加压、冷等静压等）的方法将其中一层敏化薄膜转移、堆叠到另一块敏化薄膜电极上。通过将不同染料敏化的两层或多层薄膜堆垛后得到多染料分层共敏化光阳极。与区域选择性敏化相比，分层敏化堆垛法避免了大量化学步骤的重复使用，各层敏化更为简单。马廷丽等采用 N719 和 BD 两种钌系络合物染料分层敏化制备的 DSSCs 获得了 11.05% 的光电转换效率，远高于单独采用这两种染料制备的电池的效率（8.4%，5.05%）[168]。程一兵等采用 N719 和 GD 染料分层敏化光阳极制备的柔性 DSSCs 的光电转换效率比单独采用 N719 或 GD 染料敏化的太阳电池分别高 53% 和 44%[169]。

更为重要的是，上述两位的研究还表明，采用分层敏化法制备的共敏化光阳极的光捕获性能和 DSSCs 的光电转换效率要明显优于采用混合染料共敏化法制备的光阳极和电池[168,169]。这表明分层敏化法在对共敏化质量和光谱调控上更具优势：分层敏化技术可对入射光谱各波段的吸收次序进行调节，优先吸收易于被散射出光阳极或被电解质吸收的短波长入射光，最大限度地减少高能、高密度光的损失，从而获得更为优异的光捕获效率。

3.3.2 上/下转换发光增强光阳极

太阳电池光电转换效率的热力学理论极限高达 86.8%[171]，远高于目前所有太阳电池的实际效率值，其原因在于单节太阳电池在光电转换过程中的能量损失，其中由光谱不匹配造成的晶格热振动和传送损失占总损耗的 70% 以上[171-174]。太阳辐射光谱（AM1.5）中 99% 以上在 150～2500nm 波长范围内，而目前 DSSCs 的吸收光谱响应在＜800nm 范围内，仅占太阳能光谱中极小的一部分[175]，见图 3-38。低能量（近）红外光以非吸收光子形式无法被利用，而高能量的紫外光子的过剩能量则以热损耗的方式无法被太阳电池高效利用。将紫外光和红外光转化为可被染料分子高效吸收的可见光是拓宽 DSSCs 光谱响应、提高光电转换效率的重要途径，也是太阳电池研究中的一个极为重要的课题。

上 / 下转换材料（UC/DC）能将长 / 短波长的红外 / 紫外光转化为可见光并加以利用，从而拓宽太阳电池对太阳光谱的响应范围，并被认为是突破单节太阳电池 Shockley-Queisser 极限的最为有效的方法[172-174]。Trupke 的理论计算表明，利用下转换（量子剪裁）或上转换可分别使 c-Si 电池效率的 Shockley-Queisser

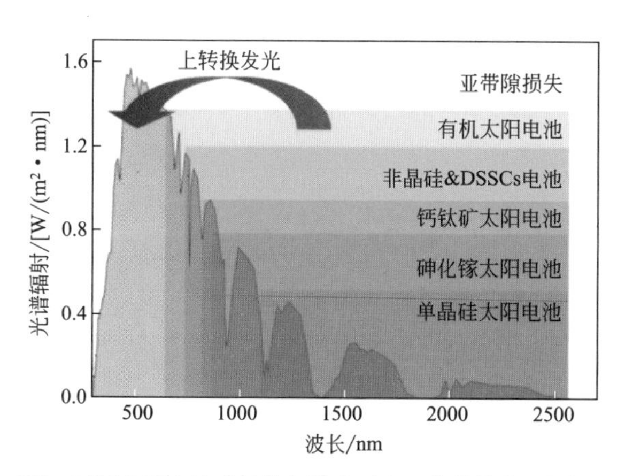

图3-38　不同太阳电池（单节）技术对太阳光谱的非吸收损失范围（右边矩形部分代表不能吸收的光谱范围）[175]

极限从30.9%提高到39.6%和47.6%[176，177]。

目前研究较多的UC/DC材料主要包括镧系元素掺杂的卤化物、氟化物、氧化物和硫化物等。UC材料主要是利用所掺杂的镧系稀土元素丰富的亚稳态能级，吸收两个或多个低能量光子后发射出高能量光子［图3-39(a)］，最常见的上转换发光即将（近）红外光转换为可见光［图3-39(b)］。具有特殊能级结构和较长激发态寿命的Yb^{3+}是最常用作UC材料的敏化中心，而发光中心则以Er^{3+}、Tm^{3+}等三价离子为主。由于可将电池的响应光谱从可见光区扩宽到可见-红外或可见-紫外光区，采用UC/DC光谱转换利用策略来提高太阳电池的效率在包括DSSCs在内的诸多光伏电池研究领域有着广泛应用[172-184]。

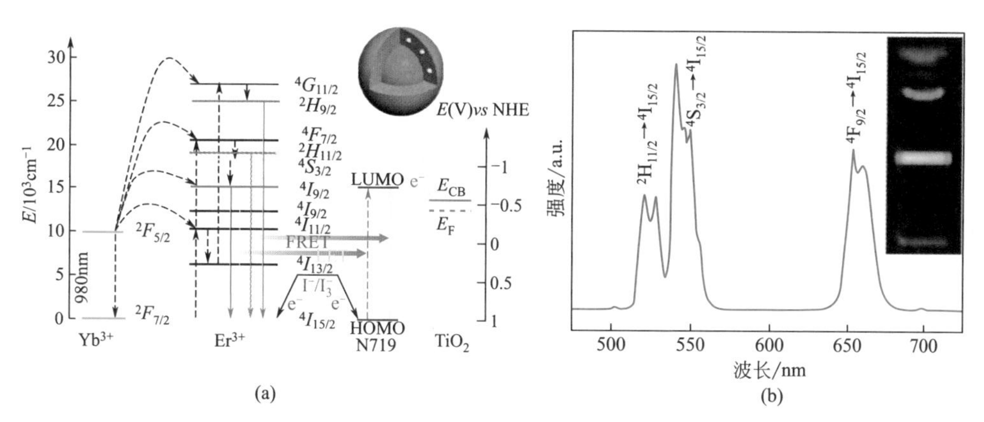

图3-39　Yb^{3+}-Er^{3+}掺杂上转换材料的能级、能量转移以及增强DSSCs机理示意图[183]（a）及β-$NaGdF_4$:Yb，Er，Fe上转换发光材料受980nm红外光激发后的发射光谱[184]（b）

如图3-39（a）所示，目前利用UC材料增强DSSCs效率主要有两种途径。一种是受激到高能级亚稳态（如 Er^{3+} 的 $^4S_{3/2}$、$^2H_{11/2}$、$^2H_{9/2}$ 能级轨道）的激发态电子直接向 TiO_2 导带注入。在 980nm 红外光激发下，Chang 在 $TiO_2/NaYF_4$：Yb^{3+}，Er^{3+} 异质结光阳极中发现UC材料向 TiO_2 导带的直接电子转移，进而提高DSSCs效率[181]。通过光谱转换利用，扩展 DSSCs 对（近）红外光的响应是 UC 增强 DSSCs 效率更为常见的途径[177-186]（图 3-39 和图 3-40）。Yu 采用 TiO_2：Ho^{3+}，Yb^{3+}，F^- 上转换材料将 DSSCs 的 J_{sc} 提高到罕见的约 21 mA/cm^2，电池效率也提高了 37.8%[184]。在 UC 增强体系中，除直接电子注入和光谱转换利用增强外，具有较大粒径的上转换粒子对入射光的散射作用也被认为是电池效率提高的一个重要原因[185,186]。到目前为止，上转换光谱利用在 DSSCs 中的研究较为常见，而下转换利用的研究则较少。这主要是因为制备 DSSCs 常用的导电玻璃已吸收大部分紫外光，进入光阳极薄膜中的紫外光子非常有限。

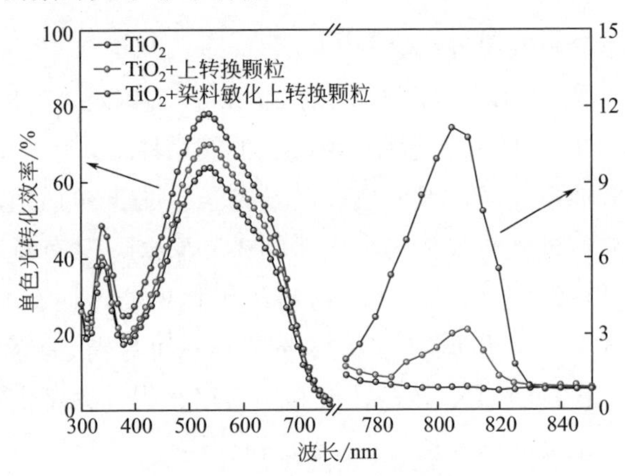

图3-40 利用上转换发光材料增强光阳极制备的DSSCs对（近）红外光的响应（单色光转化效率图）[185]

虽然 UC 材料在拓宽 DSSCs 响应光谱和提高电池效率上取得了一定的效果，但是，目前采用 UC 材料对 DSSCs 效率的提升幅度却与红外光在太阳光中的占比远远不相匹配。这主要是因为目前 UC 材料本身的不足制约了其对 DSSCs 宽谱光捕获的大幅度提高。这些制约因素主要体现在以下几点：

① 镧系掺杂 UC 材料对激发光的吸收截面积小，吸光效率低。由于稀土离子激发光谱中 f-f 禁阻跃迁，其吸收光谱极窄，同时稀土离子的吸收强度也极为微弱，不利于对激发光的高效吸收，这是这类材料转换发光效率低的最为根本的原因[187]。即使最为成功的 β-$NaYF_4$:Er，Yb^{3+}，最高转化效率也不超过 5%[187]。

② 能量转移损耗大，荧光发射效率低。能量转移发光（ETU）是镧系掺杂 UC 材料的主要发光方式。ETU 涉及多步独立的物理过程，各步的能量转移损失

直接影响发光效率[187]。

③ 镧系 UC 材料多为绝缘体，为提高 UC 转换率，转换发光材料过多的引入将大幅度增加 DSSCs 电阻，不利于光生电子的传递与收集。而少量添加则使得（近）红外光向可见光的转换量非常有限。

采用上转换策略使 DSSCs 的吸收光谱扩展至（近）红外光区是提高太阳电池对太阳能光谱利用率和电池光电转换效率最为理想的方法之一。然而，上转换涉及材料、化学、物理、光学、电磁学等多学科、多领域。实现（近）红外光转换发光效率质的飞跃是利用 UC 大幅度提高 DSSCs 光电转换效率的关键，也是光谱转换利用强化 DSSCs 策略的难点所在。如何从材料制备及器件结构设计上来进一步开发光谱转换利用的潜能将是 DSSCs 研究的一个重要方向。

3.4 光阳极的掺杂改性与表面修饰

除最大限度提高电池对太阳光的利用率外，强化对光生电子的收集效率是高性能 DSSCs 光阳极设计的另一重要出发点。对薄膜电极的材料、能级结构、载流子传输与复合动力学等性能的综合优化是进一步提高电池效率的关键。在本章的最后，我们主要从能级调控及抑制电子复合反应的角度着重介绍 DSSCs 研究中提高电池光电转换效率最具普适性的技术，即光阳极掺杂改性和表面钝化。

3.4.1 光阳极的掺杂改性

半导体的性质与其内部晶格缺陷和杂质原子（广义上说，杂质也属于晶体缺陷的一种）密切相关。晶格缺陷和杂质的类型、浓度等直接影响着晶体的能级（带）结构、导电性、表面缺陷态等电学及电化学性能。

相对于本征半导体中低的缺陷浓度，实际半导体的缺陷（杂质）浓度要高得多，这些缺陷主要来源于：①热处理过程中引入固有原子缺陷，比如在还原性气氛中热处理时容易造成晶体中氧不足，即氧空位；②原材料不纯而引入的杂质元素；③人为添加的掺杂元素。根据杂质原子（离子）在晶体结构中的占位情况，可把杂质分为置换型和间隙型两种。

从掺杂元素类型来看，对 TiO_2、ZnO 等氧化物的掺杂包括：金属元素掺杂，如 Zn^{2+}、Fe^{3+}、Al^{3+}、W^{3+}、Sn^{4+}、Ni^{2+}、Cr^{3+}、Nb^{5+}、V^{5+}、Mg^{2+} 等[188-192]；非金属元素掺杂，最常见的为 N、C、B 等元素[193,194]；稀土元素掺杂，如 Yb、Er 等[195]。

从掺杂方法来看，可分为纳晶材料 / 薄膜制备过程掺杂和薄膜后处理掺杂两大类。其中，纳晶材料 / 薄膜制备过程掺杂包括：①在用溶胶 - 凝胶、水热、化学沉降等方法制备纳米材料的过程中，在前驱体中加入适量的目标掺杂物的有机盐或无机盐，掺杂离子 / 原子进入半导体晶格而获得掺杂态半导体 [188,192]。②气氛沉积掺杂。对于采用物理气相沉积、化学气相沉积、磁控溅射等沉积法制备的光阳极则可通过调节沉积气氛来实现 N 掺杂或氧空位调控 [196]。③混合烧结法。如将纳米材料与尿素、葡萄糖等混合后烧结可实现 N 或 C 元素掺杂 [197]。薄膜后处理掺杂是将制备好的半导体薄膜在 NH_3、N_2、O_2 等气氛（或混合气氛）中烧结，或将薄膜在目标掺杂元素的前驱体中浸渍 - 烧结可实现目标元素的掺杂 [198,199]。

（1）掺杂对氧化物半导体薄膜能级及电学性能的影响

在本征半导体中掺入适量的杂质元素时，杂质原子（离子）可提供额外载流子，根据半导体理论，本征状态下占据半导体导带能级的电子数量 n_{cb} 可表示为：

$$n_{cb}=2\left(\frac{2\pi m_e' k_B T}{h^2}\right)^{\frac{3}{2}}\times\exp\left(-\frac{E_C-E_F}{k_B T}\right)=N_c\exp\left(-\frac{E_C-E_F}{k_B T}\right) \tag{3-5}$$

其中：

$$N_c=2\left(\frac{2\pi m_e' k_B T}{h^2}\right)^{\frac{3}{2}} \tag{3-6}$$

式中，m_e' 为有效电子质量；k_B 为玻尔兹曼常数；h 为普朗克常数；T 为热力学温度；E_C 为导带底能级；E_F 为半导体费米能级，定义为半导体中电子占据概率为 0.5 时的能级位置；N_c 为导带有效态密度。对于 DSSCs，TiO_2 导带中电子的有效质量 $m_e'=5.6m_e$（m_e 为自由电子质量），因而 $N_c=3.317\times10^{20}cm^{-3}$。由式（3-5）可得暗态下 DSSCs 中导带电子浓度 $n_{cb,0}$ 可表示为：

$$n_{cb,0}=N_c\exp\left(-\frac{E_C-E_{F,redox}}{k_B T}\right) \tag{3-7}$$

由式（3-7）可知，在特定的电解液条件下，（$E_C-E_{F,redox}$）的值将随着 TiO_2 导带底位置的移动而改变。而元素掺杂将影响 TiO_2 导带电子浓度 $n_{cb,0}$ 和 E_C，进而影响 DSSCs 的 V_{oc} 和 J_{sc} 等，即元素掺杂可从电学、电化学角度对 DSSCs 性能的调控产生重要影响。

Ma 发现采用 N 对 TiO_2-NPs 掺杂可调控 TiO_2 的禁带宽度，使得 TiO_2 对可见光的吸收拓宽到 400～530nm，同时 N 掺杂还提高了染料吸附量，进而使得 DSSCs 的光捕获效率和光电转换效率得以大幅提高 [193]。Duan 采用水热法对 TiO_2 进行 Sn^{4+} 掺杂，研究发现随着 Sn^{4+} 掺入，TiO_2 薄膜电极的平带电位从 −0.505V（*vs*

SCE）负移到 −0.55V。平带电位的负移有利于 V_{oc} 值的提高，同时，Sn 的掺入还降低了薄膜电子传输电阻，有利于电子的快速传输和收集。V_{oc} 和 J_{sc} 的同步提高使得 DSSCs 的光电转换效率从 7.45% 提高到 8.31%[200]。此外，他们采用 Sn、Ta、Nb 等金属的离子和 F 对 TiO_2 进行双元素掺杂，发现掺杂不仅可以提高电子传输速率，还可以有效抑制光生电子在 TiO_2/ 染料 / 电解液界面的复合反应，提高电子收集效率[201]。而采用 Ga、Al 等对 SnO_2 的掺杂则可使薄膜导带负移，同时有效抑制复合反应，从而使 DSSCs 的 V_{oc} 和光电转换效率得到提升[202,203]。

总而言之，掺杂可有效调节半导体薄膜的能级结构及分布、禁带宽度、载流子浓度，进而通过提高电荷分离效率、强化光阳极光吸收性能、改善电子传输性能或抑制光生电子的复合等途径来提高电池的 J_{sc} 和 V_{oc}（或者同步提高），从而达到提高 DSSCs 的光电转换效率的目的被全球研究广泛证实[188-204]。掺杂量是半导体掺杂最为关键的因素，因而必须严格控制，过多的原子掺入会产生过多的陷阱，反而阻碍电子的快速传输，同时，过量掺杂也会产生较大的晶格畸变，形成大量缺陷位点，加速光生电子的复合反应[201-204]。

（2）掺杂对纳晶氧化物半导体薄膜氧空位的调控

对于金属氧化物半导体来说，最为典型的晶格缺陷是氧空位。这些氧空位的存在会导致 Ti^{3+} 等低价钛离子缺陷的形成，适量地引入低价钛离子能有效降低薄膜电阻、提高电子传输性能。同时，氧空位会产生电子 - 空穴对，具有强氧化性的空穴可引发有机物的降解，因而在光催化等领域具有积极作用。但在 DSSCs 中，氧空位会与氧化态染料分子发生反应，影响电池的效率和稳定性。此外，大量氧空位的存在也会引起较大的晶格畸变，晶格缺陷则会成为光电子复合中心。因而，在 DSSCs 中，氧空位必须得到严格的调控。

Parvez 发现采用氧等离子体处理 TiO_2 薄膜可有效减少氧空位的含量，进而有效抑制 TiO_2 导带中的电子与 I_3^- 的复合反应，使得电池效率从 5.1% 提高到 6.6%[205]。对 TiO_2 采用 N、B 等非金属元素掺杂被认为是调控氧空位的有效方法[206,207]。Ma 等的研究表明，在 TiO_2 中引入适量的 N 能有效地取代晶格中的氧空位，进而提高 DSSCs 的稳定性[193]。戴松元教授团队采用 N、B 对 TiO_2 进行共掺杂，发现非金属元素掺杂可有效抑制在 TiO_2/ 染料 / 电解液界面发生的光生电子复合反应并提高界面稳定性。经 N、B 共掺杂后 DSSCs 在 60℃和 1 个太阳光强下保持了超过 1100h 的稳定性，显著优于未经掺杂的光阳极制备的电池[208]。

尽管人们对元素掺杂调控氧空位已做了较多的研究，但是在 DSSCs 中，掺杂对氧空位的影响及作用机制的研究相对较少，氧空位的精细调控策略以及对太阳电池性能的影响仍有待进一步的深入研究。

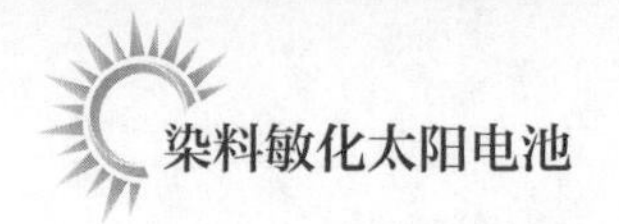

3.4.2 光阳极的表面修饰

在 DSSCs 的研究中，对光阳极薄膜进行表面修饰是提高电池性能的常用方法。在前面的复合光阳极材料、多维度杂化光阳极等章节我们已经对采用诸如 TiO_2 修饰 ZnO、SnO_2、$BaTiO_3$ 等光阳极薄膜做了介绍，这种表面修饰的出发点是调节光阳极薄膜表面状态或表面积，以利于电子注入、增加比表面积或提高薄膜稳定性，进而提高电池性能。而在本小节中，我们将从抑制光生电子复合、减小暗电流的角度对光阳极薄膜的表面修饰进行详细介绍。

在 DSSCs 中，光阳极薄膜内部无法形成内建电场，电子的传输只能以扩散的形式进行。光生电子扩散到 TiO_2/ 染料 / 电解液界面将有可能与氧化态染料或 I_3^- 发生复合反应，降低 TiO_2 导带中的电子浓度，从而造成光生电子损失并降低电池的 V_{oc} 值。V_{oc} 与复合反应的动力学遵从式（3-8）的关系：

$$V_{oc}=\left(\frac{kT}{q}\right)\ln\left(\frac{I_{inj}}{n_{cb}k_{et}[I_3^-]}\right) \tag{3-8}$$

式中，I_{inj} 为入射光强度；n_{cb} 为 TiO_2 表面电荷浓度；k_{et} 为光电子与 I_3^- 的反应速率常数；T 为热力学温度；k 为玻尔兹曼常数；q 为电子电量；［I_3^-］为 I_3^- 的摩尔浓度。

在 DSSCs 中，电解液中的 I^- 与氧化态染料反应使得染料回到基态，而其自身则被氧化成 I_3^-，并在 TiO_2/ 染料 / 电解液界面保持着高浓度。由式（3-8）可知，I_3^- 浓度和 k_{et} 越大，复合反应越容易发生，V_{oc} 就越低。降低界面的复合反应速率是提高 DSSCs 性能的关键，而对光阳极薄膜进行表面修饰，形成“核 - 壳”结构是抑制界面电子复合反应的有效途径［图 3-41(a)］。

目前，对 DSSCs 光阳极进行表面修饰的材料包括宽禁带半导体（如 Nb_2O_5）和绝缘体材料（如 Al_2O_3、ZrO_2、MgO、Y_2O_3 等）。包覆“壳层”的制备方法主要有：①薄膜浸渍 - 烧结法，即将 TiO_2 等光阳极薄膜浸泡于适当浓度的目标修饰物的有机或无机盐前驱体溶液中，经干燥 - 烧结即可获得“核 - 壳结构”[209-211]。该方法简单易行，且获得的壳层性能好，是 DSSCs 研究中最常采用的表面修饰方法。②原子层沉积法（ALD），该方法是将 Al 等金属有机盐挥发并吸附到薄膜表面，经水解后转化为氧化物（或氢氧化物）包覆层[212,213]。ALD 的优势在于可通过调节沉积的循环次数精准控制包覆层的厚度。但金属有机盐的难获得性限制了 ALD 法的广泛应用。③电沉积法，在特殊的前驱体溶液中，经电化学方法在薄膜表面沉积氧化物层[214]。

表面修饰强化 DSSCs 性能的机理主要包括四方面[209-217]：①宽禁带半导体

或绝缘修饰层在 TiO_2 等半导体薄膜表面形成能量势垒，该势垒可通过隧穿效应允许电子注入，同时抑制电子在 TiO_2/染料/电解液界面的回传复合[图3-41(b)]；②表面偶极子作用，光阳极材料的导带边在 TiO_2 和包覆层界面发生移动[图3-41(c)]；③钝化表面态，表面修饰层对诸如 TiO_2 表面氧空位等缺陷起到钝化作用[图3-41(d)]；④调节薄膜表面电化学状态，改变染料吸附性能。其中前三种途径主要是抑制电子与 I_3^- 或氧化态染料分子的复合反应，而途径④则是通过调节染料吸附量或电子注入效率来调控 DSSCs 的 J_{sc} 和转化效率。

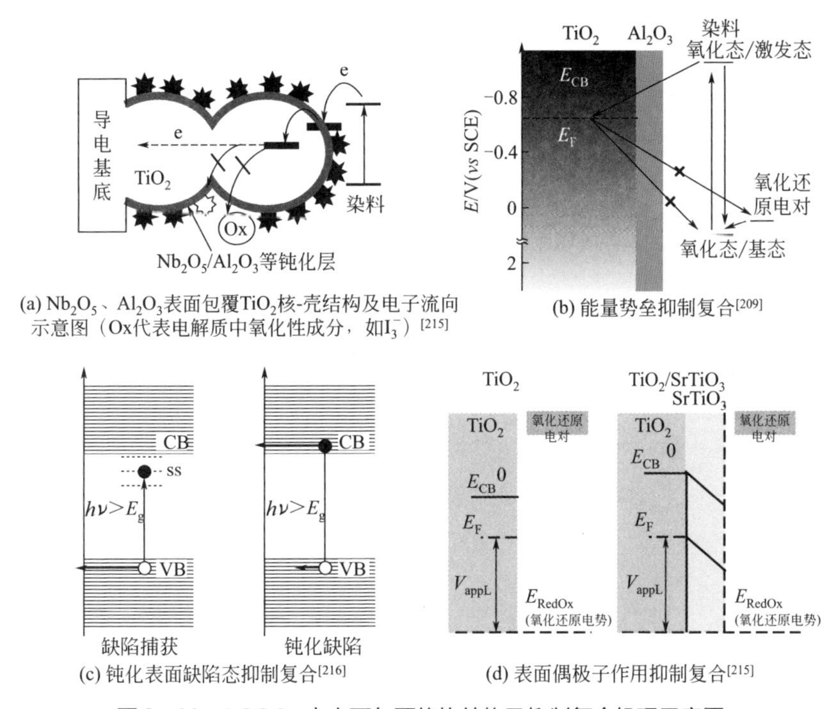

(a) Nb_2O_5、Al_2O_3表面包覆TiO_2核-壳结构及电子流向示意图（Ox代表电解质中氧化性成分，如I_3^-）[215]

(b) 能量势垒抑制复合[209]

(c) 钝化表面缺陷态抑制复合[216]

(d) 表面偶极子作用抑制复合[215]

图3-41 DSSCs中表面包覆修饰结构及抑制复合机理示意图

Nb_2O_5 是较早用来表面修饰 TiO_2 光阳极的宽禁带半导体，其具有比 TiO_2 更负的导带底位置，从而在 TiO_2 光阳极与电解液界面形成能量势垒。电子注入 Nb_2O_5 壳层后能快速转移到核层的 TiO_2 导带中并向导电基底传输，同时该能量势垒可抑制进入 TiO_2 导带的电子与电解液中 I_3^- 或氧化态染料分子的复合反应[图3-41(a)]并减少光生电子的损失，所制备的 DSSCs 同时获得更高的 V_{oc} 和 J_{sc} 值[211,218]。而在 Barea 的研究中，采用 Nb_2O_5 对金红石型 TiO_2 纳米棒阵列进行表面修饰处理并没有起到移动导带位置或抑制电子复合的目的，他们发现 Nb_2O_5 的引入可有效提高电子注入效率，从而提高 DSSCs 的 J_{sc} 和光电转换效率[218]。笔者认为，造成这两种结论差异的原因可能在于锐钛矿型 TiO_2-NPs 和金红石型单晶 TiO_2 纳米棒阵列光阳极本身在电子注入、传输/复合性能上的显著差异。

绝缘体材料（如 Al_2O_3、SiO_2、ZrO_2、MgO、$BaCO_3$、Y_2O_3 等）和铁电材料（如 $SrTiO_3$ 等）是光阳极表面修饰中更为常用的壳层材料（特别是 Al_2O_3）。其中绝缘壳层在 TiO_2 表面形成的高能量势垒对电子回传和对表面缺陷态能级的钝化是抑制电子回传复合，提高 DSSCs 性能的主要途径 [209-214,219,220]。而对于 $SrTiO_3$ 铁电修饰层，A. Zaban 的研究则表明，$SrTiO_3$ 修饰并不能在 TiO_2 表面形成能量势垒来抑制电子复合，$SrTiO_3$ 和 TiO_2 的电子亲和能的差异（3.7 *vs* 4.3）导致 $SrTiO_3/TiO_2$ 处形成偶极子层，薄膜的导带负移，进而提高 DSSCs 的 V_{oc} [215]。

除从能级结构和电化学角度影响 DSSCs 的性能外，J. R. Durrant 和 M. Grätzel 团队的研究均表明，修饰层的化学酸碱度（即等电点）对薄膜的染料吸附性能有显著影响。因为在 DSSCs 中，染料分子利用其羧基吸附在氧化物半导体表面，碱性越强（等电点值越大）的表面越有利于染料分子的吸附。如图 3-42 所示，当采用等电点大于 TiO_2 的 ZnO、$BaTiO_3$、$CaCO_3$、Al_2O_3、MgO 修饰 TiO_2 薄膜时，将有利于其吸附更多的染料分子，从而提高电池对入射光的捕获效率，进而提高 DSSCs 的 J_{sc}，这个趋势已被不同的研究学者所证实 [209,210,220-222]。

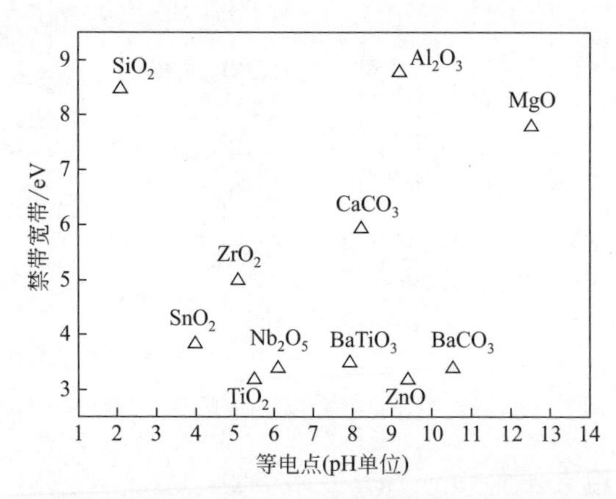

图3-42 常用的几种表面修饰处理半导体和绝缘体的禁带宽度和等电点 [221]

尽管很多学者的研究表明采用 Al_2O_3、MgO、SiO_2、Y_2O_3 等表面包覆材料可同时强化基于 TiO_2 或 SnO_2 光阳极的 DSSCs 的 V_{oc} 和 J_{sc} [209,214,220,221,223]，但也有不少学者的研究只观察到 V_{oc} 的提高，J_{sc} 反而降低 [215,220,222]。一方面，保护层的制备方法、化学成分与状态、壳层分布（连续分布或非连续分布）等与 DSSCs 性能密切相关。另一方面，修饰层的厚度是“核-壳”结构光阳极的一个至关重要的参数。在绝缘层包覆时，激发态的电子是通过量子隧穿效应穿过绝缘层而进入半导体导带中的 [209]。量子隧穿公式可表达为式（3-9）：

$$T=\frac{16E(V_0-E)}{V_0^2}\exp\left[-\frac{2a}{h}\sqrt{2m\,(V_0-E)}\right] \tag{3-9}$$

式中，T 为电子隧穿通过势垒层的概率；h 为普朗克常数；m 和 E 分别为电子的质量和能量；V_0 和 a 分别为势垒高度和势垒宽度，势垒高度与半导体的禁带宽度有关，而势垒宽度则与势垒层的厚度存在一定的关系。由式（3-9）可知，在其他参数不变的情况下，电子穿过势垒层的概率随着势垒层厚度的增大而减小。

以 Al_2O_3 包覆修饰为例，在 TiO_2 表面，数纳米厚度的 Al_2O_3 修饰层的禁带宽度约为 8.5～9.9eV，而 Al_2O_3 的等电点约为 9.2[209]，高于 TiO_2 的等电点（约 5.5），有利于提高染料吸附量。Ganapathy 的研究显示，当 Al_2O_3 层厚度由 0nm 增加到 4nm 时，由于染料吸附量的持续增加，光阳极的吸光能力随之提高。但是，在此过程中，DSSCs 的 J_{sc} 却呈现先增大后减小的趋势，在 Al_2O_3 层厚度为 2nm 时达到最大值（表 3-1）。这说明随着 Al_2O_3 层厚度的增加，电子隧穿通过 Al_2O_3 势垒层的难度逐渐加大。当 Al_2O_3 层厚度大于 2nm 后，Al_2O_3 层对电子进入 TiO_2 导带起到严重阻碍作用，从而使得电池 J_{sc} 和光电转换效率开始显著降低 [221]。

表3-1　Al_2O_3 包覆层厚度对DSSCs光电性能参数的影响[221]

Al_2O_3 厚度/nm	短路光电流密度/（mA/cm^2）	开路光电压/mV	填充因子	效率/%
0	15.5	669	60	6.2
1	17.7	716	61	7.7
2	19.0	706	63	8.4
3	13.3	715	60	5.6
4	5.9	695	50	2.1

参考文献

[1] Snaith H J. Estimating the maximum attainable efficiency in dye-sensitized solar cells[J]. Advanced Functional Materials, 2010, 20 (1): 13-19.

[2] Yella A, Lee H W, Tsao H N, et al. Porphyrin-sensitized solar cells with cobalt (Ⅱ/Ⅲ) -based redox electrolyte exceed 12 percent efficiency[J]. Science, 2011, 334 (6056): 629-634.

[3] Listorti A, O'Regan B, Durrant J R. Electron transfer dynamics in dye-sensitized solar cells[J]. Chemistry of Materials, 2011, 23 (15): 3381-3399.

[4] Green A N M, Palomares E, Haque S A, et al. Charge transport versus recombination in dye-sensitized solar cells employing nanocrystalline TiO_2 and SnO_2 films[J]. The Journal of Physical Chemistry B, 2005, 109 (25): 12525-12533.

[5] Bisquert J. Theory of the impedance of electron diffusion and recombination in a thin layer[J]. The Journal of Physical Chemistry B, 2002, 106 (2): 325-333.

[6] Nakade S, Saito Y, Kubo W, et al. Influence of TiO_2 nanoparticle size on electron diffusion and

recombination in dye-sensitized TiO_2 solar cells[J]. The Journal of Physical Chemistry B，2003，107（33）：8607-8611.

[7] Chen H W，Liao Y T，Chen J G，et al. Fabrication and characterization of plastic-based flexible dye-sensitized solar cells consisting of crystalline mesoporous titania nanoparticles as photoanodes[J]. Journal of Materials Chemistry，2011，21（43）：17511-17518.

[8] Lindström H，Holmberg A，Magnusson E，et al. A new method for manufacturing nanostructured electrodes on plastic substrates[J]. Nano Letters，2001，1（2）：97-100.

[9] Dürr M，Schmid A，Obermaier M，et al. Low-temperature fabrication of dye-sensitized solar cells by transfer of composite porous layers[J]. Nature Materials，2005，4（8）：607-611.

[10] Kakiage K，Aoyama Y，Yano T，et al. Highly-efficient dye-sensitized solar cells with collaborative sensitization by silyl-anchor and carboxy-anchor dyes[J]. Chemical Communications，2015，51（88）：15894-15897.

[11] Cao Y，Liu Y，Zakeeruddin S M，et al. Direct contact of selective charge extraction layers enables high-efficiency molecular photovoltaics[J]. Joule，2018，2（6）：1108-1117.

[12] Zhang L，Yang X，Wang W，et al. 13.6% Efficient organic dye-sensitized solar cells by minimizing energy losses of the excited state[J]. ACS Energy Letters，2019，4（4）：943-951.

[13] Tang H，Prasad K，Sanjines R，et al. Electrical and optical properties of TiO_2 anatase thin films[J]. Journal of Applied Physics，1994，75（4）：2042-2047.

[14] Forro L，Chauvet O，Emin D，et al. High mobility n-type charge carriers in large single crystals of anatase（TiO_2）[J]. Journal of Applied Physics，1994，75（1）：633-635.

[15] Law M，Greene L E，Johnson J C，et al. Nanowire dye-sensitized solar cells[J]. Nature materials，2005，4（6）：455-459.

[16] Xu C，Wu J，Desai U V，et al. Multilayer assembly of nanowire arrays for dye-sensitized solar cells[J]. Journal of the American Chemical Society，2011，133（21）：8122-8125.

[17] Feng X，Shankar K，Varghese O K，et al. Vertically aligned single crystal TiO_2 nanowire arrays grown directly on transparent conducting oxide coated glass：synthesis details and applications[J]. Nano Letters，2008，8（11）：3781-3786.

[18] Liu B，Aydil E S. Growth of oriented single-crystalline rutile TiO_2 nanorods on transparent conducting substrates for dye-sensitized solar cells[J]. Journal of the American Chemical Society，2009，131（11）：3985-3990.

[19] Park J T，Patel R，Jeon H，et al. Facile fabrication of vertically aligned TiO_2 nanorods with high density and rutile/anatase phases on transparent conducting glasses：high efficiency dye-sensitized solar cells[J]. Journal of Materials Chemistry，2012，22（13）：6131-6138.

[20] Tao R H，Wu J M，Xue H X，et al. A novel approach to titania nanowire arrays as photoanodes of back-illuminated dye-sensitized solar cells[J]. Journal of Power Sources，2010，195（9）：2989-2995.

[21] Shao F，Sun J，Gao L，et al. Growth of various TiO_2 nanostructures for dye-sensitized solar cells[J]. The Journal of Physical Chemistry C，2010，115（5）：1819-1823.

[22] Jennings J R，Ghicov A，Peter L M，et al. Dye-sensitized solar cells based on oriented TiO_2 nanotube arrays：transport，trapping，and transfer of electrons[J]. Journal of the American

Chemical Society, 2008, 130 (40): 13364-13372.

[23] Lee K, Mazare A, Schmuki P. One-dimensional titanium dioxide nanomaterials: nanotubes[J]. Chemical Reviews, 2014, 114 (19): 9385-9454.

[24] Jun Y, Park J H, Kang M G. The preparation of highly ordered TiO_2 nanotube arrays by an anodization method and their applications[J]. Chemical Communications, 2012, 48 (52): 6456-6471.

[25] Kim J Y, Noh J H, Zhu K, et al. General strategy for fabricating transparent TiO_2 nanotube arrays for dye-sensitized photoelectrodes: illumination geometry and transport properties[J]. ACS Nano, 2011, 5 (4): 2647-2656.

[26] Kang T S, Smith A P, Taylor B E, et al. Fabrication of highly-ordered TiO_2 nanotube arrays and their use in dye-sensitized solar cells[J]. Nano Letters, 2009, 9 (2): 601-606.

[27] Xu C, Shin P H, Cao L, et al. Ordered TiO_2 nanotube arrays on transparent conductive oxide for dye-sensitized solar cells[J]. Chemistry of Materials, 2009, 22 (1): 143-148.

[28] Zhuge F, Qiu J, Li X, et al. Toward hierarchical TiO_2 nanotube arrays for efficient dye-sensitized solar cells[J]. Advanced Materials, 2011, 23 (11): 1330-1334.

[29] Mor G K, Shankar K, Paulose M, et al. Use of highly-ordered TiO_2 nanotube arrays in dye-sensitized solar cells[J]. Nano Letters, 2006, 6 (2): 215-218.

[30] Varghese O K, Paulose M, Grimes C A. Long vertically aligned titania nanotubes on transparent conducting oxide for highly efficient solar cells[J]. Nature Nanotechnology, 2009, 4 (9): 592-597.

[31] Li L L, Chen Y J, Wu H P, et al. Detachment and transfer of ordered TiO_2 nanotube arrays for front-illuminated dye-sensitized solar cells[J]. Energy & Environmental Science, 2011, 4 (9): 3420-3425.

[32] Chen Q, Xu D S. Large-scale, noncurling, and free-standing crystallized TiO_2 nanotube arrays for dye-sensitized solar cells[J]. The Journal of Physical Chemistry C, 2009, 113 (15): 6310-6314.

[33] Wang D, Liu L. Continuous fabrication of free-standing TiO_2 nanotube array membranes with controllable morphology for depositing interdigitated heterojunctions[J]. Chemistry of Materials, 2010, 22 (24): 6656-6664.

[34] Albu S P, Ghicov A, Macak J M, et al. Self-organized, free-standing TiO_2 nanotube membrane for flow-through photocatalytic applications[J]. Nano Letters, 2007, 7 (5): 1286-1289.

[35] Fu N, Li X, Liu Y, et al. Low temperature transfer of well-tailored TiO_2 nanotube array membrane for efficient plastic dye-sensitized solar cells[J]. Journal of Power Sources, 2017, 343: 47-53.

[36] Lin J, Guo M, Yip C T, et al. High temperature crystallization of free-standing anatase TiO_2 nanotube membranes for high efficiency dye-sensitized solar cells[J]. Advanced Functional Materials, 2013, 23 (47): 5952-5960.

[37] Rho C, Min J H, Suh J S. Barrier layer effect on the electron transport of the dye-sensitized solar cells based on TiO_2 nanotube arrays[J]. The Journal of Physical Chemistry C, 2012, 116

(12): 7213-7218.

[38] Yip C T, Guo M, Huang H, et al. Open-ended TiO_2 nanotubes formed by two-step anodization and their application in dye-sensitized solar cells[J]. Nanoscale, 2012, 4(2): 448-450.

[39] Lin J, Chen J, Chen X. Facile fabrication of free-standing TiO_2 nanotube membranes with both ends open via self-detaching anodization[J]. Electrochemistry Communications, 2010, 12(8): 1062-1065.

[40] So S, Hwang I, Riboni F, et al. Robust free standing flow-through TiO_2 nanotube membranes of pure anatase[J]. Electrochemistry Communications, 2016, 71: 73-78.

[41] Lin C J, Yu W Y, Chien S H. Transparent electrodes of ordered opened-end TiO_2-nanotube arrays for highly efficient dye-sensitized solar cells[J]. Journal of Materials Chemistry, 2010, 20(6): 1073-1077.

[42] Lin C J, Yu W Y, Lu Y T, et al. Fabrication of open-ended high aspect-ratio anodic TiO_2 nanotube films for photocatalytic and photoelectrocatalytic applications[J]. Chemical Communications, 2008(45): 6031-6033.

[43] Choi J, Park S H, Kwon Y S, et al. Facile fabrication of aligned doubly open-ended TiO_2 nanotubes, via a selective etching process, for use in front-illuminated dye sensitized solar cells[J]. Chemical Communications, 2012, 48(70): 8748-8750.

[44] Hyeoká P J, Guá K M. Growth, detachment and transfer of highly-ordered TiO_2 nanotube arrays: use in dye-sensitized solar cells[J]. Chemical Communications, 2008(25): 2867-2869.

[45] Zhu W, Liu Y, Yi A, et al. Facile fabrication of open-ended TiO_2 nanotube arrays with large area for efficient dye-sensitized solar cells[J]. Electrochimica Acta, 2019, 299: 339-345.

[46] Zhu K, Vinzant T B, Neale N R, et al. Removing structural disorder from oriented TiO_2 nanotube arrays: reducing the dimensionality of transport and recombination in dye-sensitized solar cells[J]. Nano Letters, 2007, 7(12): 3739-3746.

[47] Zhu K, Neale N R, Miedaner A, et al. Enhanced charge-collection efficiencies and light scattering in dye-sensitized solar cells using oriented TiO_2 nanotubes arrays[J]. Nano Letters, 2007, 7(1): 69-74.

[48] Albu S P, Ghicov A, Aldabergenova S, et al. Formation of double-walled TiO_2 nanotubes and robust anatase membranes[J]. Advanced Materials, 2008, 20(21): 4135-4139.

[49] Liu N, Mirabolghasemi H, Lee K, et al. Anodic TiO_2 nanotubes: double walled vs. single walled[J]. Faraday Discussions, 2013, 164: 107-116.

[50] So S, Hwang I, Schmuki P. Hierarchical DSSC structures based on "single walled" TiO_2 nanotube arrays reach a back-side illumination solar light conversion efficiency of 8%[J]. Energy & Environmental Science, 2015, 8(3): 849-854.

[51] Mirabolghasemi H, Liu N, Lee K, et al. Formation of 'single walled' TiO_2 nanotubes with significantly enhanced electronic properties for higher efficiency dye-sensitized solar cells[J]. Chemical Communications, 2013, 49(20): 2067-2069.

[52] Lee S, Park I J, Kim D H, et al. Crystallographically preferred oriented TiO_2 nanotube arrays for efficient photovoltaic energy conversion[J]. Energy & Environmental Science, 2012, 5

(7): 7989-7995.

[53] So S, Hwang I, Yoo J E, et al. Inducing a nanotwinned grain structure within the TiO_2 nanotubes provides enhanced electron transport and DSSC efficiencies>10%[J]. Advanced Energy Materials, 2018, 8(33): 1800981.

[54] Fu N, Duan Y, Lu W, et al. Realization of ultra-long columnar single crystals in TiO_2 nanotube arrays as fast electron transport channels for high efficiency dye-sensitized solar cells[J]. Journal of Materials Chemistry A, 2019, 7(18): 11520-11529.

[55] Wu W Q, Feng H L, Chen H Y, et al. Recent advances in hierarchical three-dimensional titanium dioxide nanotree arrays for high-performance solar cells[J]. Journal of Materials Chemistry A, 2017, 5(25): 12699-12717.

[56] Chen W, Zhang H, Hsing I M, et al. A new photoanode architecture of dye sensitized solar cell based on ZnO nanotetrapods with no need for calcination[J]. Electrochemistry Communications, 2009, 11(5): 1057-1060.

[57] Qiu Y, Yan K, Deng H, et al. Secondary branching and nitrogen doping of ZnO nanotetrapods: building a highly active network for photoelectrochemical water splitting[J]. Nano Letters, 2011, 12(1): 407-413.

[58] Zhang J, He M, Fu N, et al. Facile one-step synthesis of highly branched ZnO nanostructures on titanium foil for flexible dye-sensitized solar cells[J]. Nanoscale, 2014, 6(8): 4211-4216.

[59] Ko S H, Lee D, Kang H W, et al. Nanoforest of hydrothermally grown hierarchical ZnO nanowires for a high efficiency dye-sensitized solar cell[J]. Nano Letters, 2011, 11(2): 666-671.

[60] Xu F, Dai M, Lu Y, et al. Hierarchical ZnO nanowire-nanosheet architectures for high power conversion efficiency in dye-sensitized solar cells[J]. The Journal of Physical Chemistry C, 2010, 114(6): 2776-2782.

[61] Ng J, Pan J H, Sun D D. Hierarchical assembly of anatase nanowhiskers and evaluation of their photocatalytic efficiency in comparison to various one-dimensional TiO_2 nanostructures[J]. Journal of Materials Chemistry, 2011, 21(32): 11844-11853.

[62] Sauvage F, Di Fonzo F, Li Bassi A, et al. Hierarchical TiO_2 photoanode for dye-sensitized solar cells[J]. Nano Letters, 2010, 10(7): 2562-2567.

[63] Passoni L, Ghods F, Docampo P, et al. Hyperbranched quasi-1D nanostructures for solid-state dye-sensitized solar cells[J]. ACS Nano, 2013, 7(11): 10023-10031.

[64] Sheng X, He D, Yang J, et al. Oriented assembled TiO_2 hierarchical nanowire arrays with fast electron transport properties[J]. Nano Letters, 2014, 14(4): 1848-1852.

[65] Shi J, Hara Y, Sun C, et al. Three-dimensional high-density hierarchical nanowire architecture for high-performance photoelectrochemical electrodes[J]. Nano Letters, 2011, 11(8): 3413-3419.

[66] Roh D K, Chi W S, Jeon H, et al. High efficiency solid-state dye-sensitized solar cells assembled with hierarchical anatase pine tree-like TiO_2 nanotubes[J]. Advanced Functional Materials, 2014, 24(3): 379-386.

[67] Qiu J, Li X, Gao X, et al. Branched double-shelled TiO_2 nanotube networks on transparent

conducting oxide substrates for dye sensitized solar cells[J]. Journal of Materials Chemistry, 2012, 22 (44): 23411-23417.

[68] Wu W Q, Feng H L, Rao H S, et al. Maximizing omnidirectional light harvesting in metal oxide hyperbranched array architectures[J]. Nature Communications, 2014, 5: 3968.

[69] Wu W Q, Rao H S, Feng H L, et al. A family of vertically aligned nanowires with smooth, hierarchical and hyperbranched architectures for efficient energy conversion[J]. Nano Energy, 2014, 9: 15-24.

[70] Feng H L, Wu W Q, Rao H S, et al. Three-dimensional hyperbranched TiO_2/ZnO heterostructured arrays for efficient quantum dot-sensitized solar cells[J]. Journal of Materials Chemistry A, 2015, 3 (28): 14826-14832.

[71] Rao H S, Wu W Q, Liu Y, et al. CdS/CdSe co-sensitized vertically aligned anatase TiO_2 nanowire arrays for efficient solar cells[J]. Nano Energy, 2014, 8: 1-8.

[72] Kwak E S, Lee W, Park N G, et al. Compact inverse-opal electrode using non-aggregated TiO_2 nanoparticles for dye-sensitized solar cells[J]. Advanced Functional Materials, 2009, 19 (7): 1093-1099.

[73] Lee S H A, Abrams N M, Hoertz P G, et al. Coupling of titania inverse opals to nanocrystalline titania layers in dye-sensitized solar cells[J]. The Journal of Physical Chemistry B, 2008, 112 (46): 14415-14421.

[74] Zhang Q, Chou T P, Russo B, et al. Aggregation of ZnO nanocrystallites for high conversion efficiency in dye-sensitized solar cells[J]. Angewandte Chemie International Edition, 2008, 47 (13): 2402-2406.

[75] Zhang Q, Chou T P, Russo B, et al. Polydisperse aggregates of ZnO nanocrystallites: A method for energy-conversion-efficiency enhancement in dye-sensitized solar cells[J]. Advanced Functional Materials, 2008, 18 (11): 1654-1660.

[76] Memarian N, Concina I, Braga A, et al. Hierarchically assembled ZnO nanocrystallites for high-efficiency dye-sensitized solar cells[J]. Angewandte Chemie International Edition, 2011, 50 (51): 12321-12325.

[77] Chen D, Huang F, Cheng Y B, et al. Mesoporous anatase TiO_2 beads with high surface areas and controllable pore sizes: a superior candidate for high-performance dye-sensitized solar cells[J]. Advanced Materials, 2009, 21 (21): 2206-2210.

[78] Chen D, Cao L, Huang F, et al. Synthesis of monodisperse mesoporous titania beads with controllable diameter, high surface areas, and variable pore diameters (14- 23nm) [J]. Journal of the American Chemical Society, 2010, 132 (12): 4438-4444.

[79] Sauvage F, Chen D, Comte P, et al. Dye-sensitized solar cells employing a single film of mesoporous TiO_2 beads achieve power conversion efficiencies over 10%[J]. ACS Nano, 2010, 4 (8): 4420-4425.

[80] Zhang H, Han Y, Liu X, et al. Anatase TiO_2 microspheres with exposed mirror-like plane {001} facets for high performance dye-sensitized solar cells (DSSCs) [J]. Chemical Communications, 2010, 46 (44): 8395-8397.

[81] Wang Y, Yang W, Shi W. Preparation and characterization of anatase TiO_2 nanosheets-based

microspheres for dye-sensitized solar cells[J]. Industrial & Engineering Chemistry Research, 2011, 50 (21): 11982-11987.

[82] Liao J Y, Lei B X, Kuang D B, et al. Tri-functional hierarchical TiO_2 spheres consisting of anatase nanorods and nanoparticles for high efficiency dye-sensitized solar cells[J]. Energy & Environmental Science, 2011, 4 (10): 4079-4085.

[83] Park J H, Jung S Y, Kim R, et al. Nanostructured photoelectrode consisting of TiO_2 hollow spheres for non-volatile electrolyte-based dye-sensitized solar cells[J]. Journal of Power Sources, 2009, 194 (1): 574-579.

[84] Pan H, Qian J, Cui Y, et al. Hollow anatase TiO_2 porous microspheres with V-shaped channels and exposed (101) facets: Anisotropic etching and photovoltaic properties[J]. Journal of Materials Chemistry, 2012, 22 (13): 6002-6009.

[85] Wu X, Lu G Q M, Wang L. Shell-in-shell TiO_2 hollow spheres synthesized by one-pot hydrothermal method for dye-sensitized solar cell application[J]. Energy & Environmental Science, 2011, 4 (9): 3565-3572.

[86] Wu W Q, Xu Y F, Rao H S, et al. Constructing 3D branched nanowire coated macroporous metal oxide electrodes with homogeneous or heterogeneous compositions for efficient solar cells[J]. Angewandte Chemie International Edition, 2014, 53 (19): 4816-4821.

[87] Guérin V M, Pauporté T. From nanowires to hierarchical structures of template-free electrodeposited ZnO for efficient dye-sensitized solar cells[J]. Energy & Environmental Science, 2011, 4 (8): 2971-2979.

[88] Ye M, Zheng D, Lv M, et al. Hierarchically structured nanotubes for highly efficient dye-sensitized solar cells[J]. Advanced Materials, 2013, 25 (22): 3039-3044.

[89] Liao J Y, Lei B X, Chen H Y, et al. Oriented hierarchical single crystalline anatase TiO_2 nanowire arrays on Ti-foil substrate for efficient flexible dye-sensitized solar cells[J]. Energy & Environmental Science, 2012, 5 (2): 5750-5757.

[90] Wang J, Lin Z. Dye-sensitized TiO_2 nanotube solar cells with markedly enhanced performance via rational surface engineering[J]. Chemistry of Materials, 2009, 22 (2): 579-584.

[91] Ye M, Xin X, Lin C, et al. High efficiency dye-sensitized solar cells based on hierarchically structured nanotubes[J]. Nano Letters, 2011, 11 (8): 3214-3220.

[92] Lin L Y, Chen C Y, Yeh M H, et al. Improved performance of dye-sensitized solar cells using TiO_2 nanotubes infiltrated by TiO_2 nanoparticles using a dipping-rinsing-hydrolysis process[J]. Journal of Power Sources, 2013, 243: 535-543.

[93] Kuo Y Y, Li T H, Yao J N, et al. Hydrothermal crystallization and modification of surface hydroxyl groups of anodized TiO_2 nanotube-arrays for more efficient photoenergy conversion[J]. Electrochimica Acta, 2012, 78: 236-243.

[94] Lin J, Liu X, Guo M, et al. A facile route to fabricate an anodic TiO_2 nanotube-nanoparticle hybrid structure for high efficiency dye-sensitized solar cells[J]. Nanoscale, 2012, 4 (16): 5148-5153.

[95] Kurian S, Sudhagar P, Lee J, et al. Formation of a crystalline nanotube-nanoparticle hybrid by post water-treatment of a thin amorphous TiO_2 layer on a TiO_2 nanotube array as an efficient

photoanode in dye-sensitized solar cells[J]. Journal of Materials Chemistry A，2013，1（13）：4370-4375.

[96] Fu N，Liu Y，Liu Y，et al. Facile preparation of hierarchical TiO_2 nanowire-nanoparticle/nanotube architecture for highly efficient dye-sensitized solar cells[J]. Journal of Materials Chemistry A，2015，3（40）：20366-20374.

[97] Chu F，Li W，Shi C，et al. Performance improvement of dye-sensitized solar cells using room-temperature-synthesized hierarchical TiO_2 honeycomb nanostructures[J]. ACS Applied Materials & Interfaces，2013，5（15）：7170-7175.

[98] Tao L，Xiong Y，Liu H，et al. Chemical assisted formation of secondary structures towards high efficiency solar cells based on ordered TiO_2 nanotube arrays[J]. Journal of Materials Chemistry，2012，22（16）：7863-7870.

[99] Wang S，Zhang J，Chen S，et al. Conversion enhancement of flexible dye-sensitized solar cells based on TiO_2 nanotube arrays with TiO_2 nanoparticles by electrophoretic deposition[J]. Electrochimica Acta，2011，56（17）：6184-6188.

[100] Yang Z，Pan D，Xi C，et al. Surfactant-assisted nanocrystal filling of TiO_2 nanotube arrays for dye-sensitized solar cells with improved performance[J]. Journal of Power Sources，2013，236：10-16.

[101] Bai Y，Yu H，Li Z，et al. In situ growth of a ZnO nanowire network within a TiO_2 nanoparticle film for enhanced dye-sensitized solar cell performance[J]. Advanced Materials，2012，24（43）：5850-5856.

[102] Manthina V，Correa Baena J P，Liu G，et al. ZnO-TiO_2 nanocomposite films for high light harvesting efficiency and fast electron transport in dye-sensitized solar cells[J]. The Journal of Physical Chemistry C，2012，116（45）：23864-23870.

[103] Xu C，Wu J，Desai U V，et al. High-efficiency solid-state dye-sensitized solar cells based on TiO_2-coated ZnO nanowire arrays[J]. Nano Letters，2012，12（5）：2420-2424.

[104] Park K，Zhang Q，Garcia B B，et al. Effect of an ultrathin TiO_2 layer coated on submicrometer-sized ZnO nanocrystallite aggregates by atomic layer deposition on the performance of dye-sensitized solar cells[J]. Advanced Materials，2010，22（21）：2329-2332.

[105] Park N G，Van L J，Frank A J. Comparison of dye-sensitized rutile-and anatase-based TiO_2 solar cells[J]. The Journal of Physical Chemistry B，2000，104（38）：8989-8994.

[106] Wang H，Bai Y，Wu Q，et al. Rutile TiO_2 nano-branched arrays on FTO for dye-sensitized solar cells[J]. Physical Chemistry Chemical Physics，2011，13（15）：7008-7013.

[107] Nishimura S，Abrams N，Lewis B A，et al. Standing wave enhancement of red absorbance and photocurrent in dye-sensitized titanium dioxide photoelectrodes coupled to photonic crystals[J]. Journal of the American Chemical Society，2003，125（20）：6306-6310.

[108] Bohren C F，Huffman D R. Absorption and scattering of light by small particles[M]. John Wiley & Sons，2008.

[109] Zhang Q，Myers D，Lan J，et al. Applications of light scattering in dye-sensitized solar cells[J]. Physical Chemistry Chemical Physics，2012，14（43）：14982-14998.

[110] Poudel P, Qiao Q. One dimensional nanostructure/nanoparticle composites as photoanodes for dye-sensitized solar cells[J]. Nanoscale, 2012, 4 (9): 2826-2838.
[111] Deepak T G, Anjusree G S, Thomas S, et al. A review on materials for light scattering in dye-sensitized solar cells[J]. RSC Advances, 2014, 4 (34): 17615-17638.
[112] Wu W Q, Liao J F, Kuang D B. Layered-stacking of titania films for solar energy conversion: Toward tailored optical, electronic and photovoltaic performance[J]. Journal of Energy Chemistry, 2018, 27 (3): 690-702.
[113] Hore S, Nitz P, Vetter C, et al. Scattering spherical voids in nanocrystalline TiO_2-enhancement of efficiency in dye-sensitized solar cells[J]. Chemical Communications, 2005 (15): 2011-2013.
[114] Yu H, Bai Y, Zong X, et al. Cubic CeO_2 nanoparticles as mirror-like scattering layers for efficient light harvesting in dye-sensitized solar cells[J]. Chemical Communications, 2012, 48 (59): 7386-7388.
[115] Huang F, Chen D, Zhang X L, et al. Dual-function scattering layer of submicrometer-sized mesoporous TiO_2 beads for high-efficiency dye-sensitized solar cells[J]. Advanced Functional Materials, 2010, 20 (8): 1301-1305.
[116] Han S H, Lee S, Shin H, et al. A Quasi-inverse opal layer based on highly crystalline TiO_2 nanoparticles: A new light-scattering layer in dye-sensitized solar cells[J]. Advanced Energy Materials, 2011, 1 (4): 546-550.
[117] Guo M, Xie K, Lin J, et al. Design and coupling of multifunctional TiO_2 nanotube photonic crystal to nanocrystalline titania layer as semi-transparent photoanode for dye-sensitized solar cell[J]. Energy & Environmental Science, 2012, 5 (12): 9881-9888.
[118] Kim K S, Song H, Nam S H, et al. Fabrication of an efficient light-scattering functionalized photoanode using periodically aligned ZnO hemisphere crystals for dye-sensitized solar cells[J]. Advanced Materials, 2012, 24 (6): 792-798.
[119] Kim J, Koh J K, Kim B, et al. Nanopatterning of mesoporous inorganic oxide films for efficient light harvesting of dye-sensitized solar cells[J]. Angewandte Chemie International Edition, 2012, 51 (28): 6864-6869.
[120] Wu H P, Lan C M, Hu J Y, et al. Hybrid titania photoanodes with a nanostructured multi-layer configuration for highly efficient dye-sensitized solar cells[J]. The Journal of Physical Chemistry Letters, 2013, 4 (9): 1570-1577.
[121] Shiu J W, Lan Z J, Chan C Y, et al. Construction of a photoanode with varied TiO_2 nanostructures for a Z907-sensitized solar cell with efficiency exceeding 10%[J]. Journal of Materials Chemistry A, 2014, 2 (23): 8749-8757.
[122] Wu W Q, Xu Y F, Rao H S, et al. Multistack integration of three-dimensional hyperbranched anatase titania architectures for high-efficiency dye-sensitized solar cells[J]. Journal of the American Chemical Society, 2014, 136 (17): 6437-6445.
[123] Yablonovitch E. Inhibited spontaneous emission in solid-state physics and electronics[J]. Physical Review Letters, 1987, 58 (20): 2059-2062.
[124] John S. Strong localization of photons in certain disordered dielectric superlattices[J]. Physical

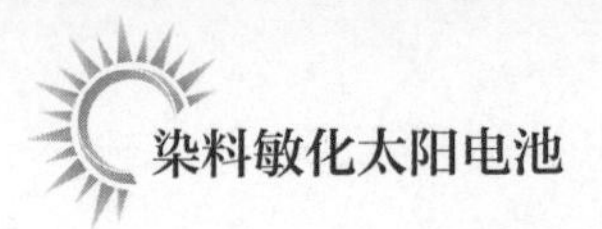

Review Letters，1987，58（23）：2486-2489.

[125] 马廷丽，云斯宁. 染料敏化太阳电池——从理论基础到技术应用[M]. 北京：化学工业出版社，2013.

[126] Yip C T，Huang H T，Zhou L，et al. Direct and seamless coupling of TiO_2 nanotube photonic crystal to dye-sensitized solar cell：a single-step approach[J]. Advanced Materials，2011，23（47）：5624-5628.

[127] Guo M，Su H，Zhang J，et al. Broadband and omnidirectional light harvesting enhancement in photovoltaic devices with aperiodic TiO_2 nanotube photonic crystal[J]. Journal of Power Sources，2017，345：12-20.

[128] Colodrero S，Mihi A，Häggman L，et al. Porous one-dimensional photonic crystals improve the power-conversion efficiency of dye-sensitized solar cells[J]. Advanced Materials，2009，21（7）：764-770.

[129] Guldin S，Huttner S，Kolle M，et al. Dye-sensitized solar cell based on a three-dimensional photonic crystal[J]. Nano Letters，2010，10（7）：2303-2309.

[130] Shin J H，Moon J H. Bilayer inverse opal TiO_2 electrodes for dye-sensitized solar cells via post-treatment[J]. Langmuir，2011，27（10）：6311-6315.

[131] Cho C Y，Moon J H. Hierarchical twin-scale inverse opal TiO_2 electrodes for dye-sensitized solar cells[J]. Langmuir，2012，28（25）：9372-9377.

[132] Mihi A，Zhang C，Braun P V. Transfer of preformed three-dimensional photonic crystals onto dye-sensitized solar cells[J]. Angewandte Chemie International Edition，2011，50（25）：5712-5715.

[133] Atwater H A，Polman A. Plasmonics for improved photovoltaic devices[J]. Nature Materials，2010，9：205-213.

[134] Cushing S K. Plasmonic enhancement mechanisms in solar energy harvesting[M]. West Virginia University，2015.

[135] Catchpole K R，Polman A. Design principles for particle plasmon enhanced solar cells[J]. Applied Physics Letters，2008，93（19）：191113.

[136] Catchpole K R，Polman A. Plasmonic solar cells[J]. Optics Express，2008，16（26）：21793-21800.

[137] Chang H H，Murphy C J. Mini gold nanorods with tunable plasmonic peaks beyond 1000nm[J]. Chemistry of Materials，2018，30（4）：1427-1435.

[138] Raether H. Surface plasmons on smooth surfaces[M]//Surface plasmons on smooth and rough surfaces and on gratings. Springer，Berlin，Heidelberg，1988：4-39.

[139] Yip C T，Liu X，Hou Y，et al. Strong competition between electromagnetic enhancement and surface-energy-transfer induced quenching in plasmonic dye-sensitized solar cells：a generic yet controllable effect[J]. Nano Energy，2016，26：297-304.

[140] Choi H，Chen W T，Kamat P V. Know thy nano neighbor：Plasmonic versus electron charging effects of metal nanoparticles in dye-sensitized solar cells[J]. ACS Nano，2012，6（5）：4418-4427.

[141] Jeong N C，Prasittichai C，Hupp J T. Photocurrent enhancement by surface plasmon

resonance of silver nanoparticles in highly porous dye-sensitized solar cells[J]. Langmuir, 2011, 27 (23): 14609-14614.

[142] Hou W, Pavaskar P, Liu Z, et al. Plasmon resonant enhancement of dye sensitized solar cells[J]. Energy & Environmental Science, 2011, 4 (11): 4650-4655.

[143] Du J, Qi J, Wang D, et al. Facile synthesis of Au@TiO_2 core-shell hollow spheres for dye-sensitized solar cells with remarkably improved efficiency[J]. Energy & Environmental Science, 2012, 5 (5): 6914-6918.

[144] Li Y, Wang H, Feng Q, et al. Gold nanoparticles inlaid TiO_2 photoanodes: a superior candidate for high-efficiency dye-sensitized solar cells[J]. Energy & Environmental Science, 2013, 6 (7): 2156-2165.

[145] Brown M D, Suteewong T, Kumar R S S, et al. Plasmonic dye-sensitized solar cells using core-shell metal-insulator nanoparticles[J]. Nano Letters, 2010, 11 (2): 438-445.

[146] Dang X, Qi J, Klug M T, et al. Tunable localized surface plasmon-enabled broadband light-harvesting enhancement for high-efficiency panchromatic dye-sensitized solar cells[J]. Nano Letters, 2013, 13 (2): 637-642.

[147] Zhang W, Saliba M, Stranks S D, et al. Enhancement of perovskite-based solar cells employing core-shell metal nanoparticles[J]. Nano Letters, 2013, 13 (9): 4505-4510.

[148] Saliba M, Zhang W, Burlakov V M, et al. Plasmonic-induced photon recycling in metal halide perovskite solar cells[J]. Advanced Functional Materials, 2015, 25 (31): 5038-5046.

[149] Chang S, Li Q, Xiao X, et al. Enhancement of low energy sunlight harvesting in dye-sensitized solar cells using plasmonic gold nanorods[J]. Energy & Environmental Science, 2012, 5 (11): 9444-9448.

[150] Fu N, Bao Z Y, Zhang Y L, et al. Panchromatic thin perovskite solar cells with broadband plasmonic absorption enhancement and efficient light scattering management by Au@Ag core-shell nanocuboids[J]. Nano Energy, 2017, 41: 654-664.

[151] Luo J, Wan Z, Jia C, et al. A co-sensitized approach to efficiently fill the absorption valley, avoid dye aggregation and reduce the charge recombination[J]. Electrochimica Acta, 2016, 215: 506-514.

[152] Hanson K, Losego M D, Kalanyan B, et al. Stabilization of $[Ru(bpy)_2(4,4'-(PO_3H_2)bpy)]^{2+}$ on mesoporous TiO_2 with atomic layer deposition of Al_2O_3[J]. Chemistry of Materials, 2012, 25 (1): 3-5.

[153] Chandiran A K, Tetreault N, Humphry-Baker R, et al. Subnanometer Ga_2O_3 tunnelling layer by atomic layer deposition to achieve 1.1 V open-circuit potential in dye-sensitized solar cells[J]. Nano Letters, 2012, 12 (8): 3941-3947.

[154] Cole J M, Pepe G, Al Bahri O K, et al. Cosensitization in dye-sensitized solar cells[J]. Chemical Reviews, 2019, 119 (12): 7279-7327.

[155] Pepe G, Cole J M, Waddell P G, et al. Rationalizing the suitability of rhodamines as chromophores in dye-sensitized solar cells: a systematic molecular design study[J]. Molecular Systems Design & Engineering, 2016, 1 (4): 416-435.

[156] Guo M, Diao P, Ren Y J, et al. Photoelectrochemical studies of nanocrystalline TiO_2 co-

sensitized by novel cyanine dyes[J]. Solar Energy Materials and Solar Cells，2005，88（1）：23-35.

[157] Yum J H，Jang S R，Walter P，et al. Efficient co-sensitization of nanocrystalline TiO_2 films by organic sensitizers[J]. Chemical Communications，2007（44）：4680-4682.

[158] Saxena V，Veerender P，Chauhan A K，et al. Efficiency enhancement in dye sensitized solar cells through co-sensitization of TiO_2 nanocrystalline electrodes[J]. Applied Physics Letters，2012，100（13）：133303.

[159] Nazeeruddin M K，Grätzel M. Separation of linkage isomers of trithiocyanato（4,4′,4″-tricarboxy-2,2′,6,2″-terpyridine）ruthenium（Ⅱ）by pH-titration method and their application in nanocrystalline TiO_2-based solar cells[J]. Journal of Photochemistry and Photobiology A：Chemistry，2001，145（1-2）：79-86.

[160] Zhao Y，Lu F，Zhang J，et al. Stepwise co-sensitization of two metal-based sensitizers：probing their competitive adsorption for improving the photovoltaic performance of dye-sensitized solar cells[J]. RSC Advances，2017，7（17）：10494-10502.

[161] Kim Y R，Yang H S，Ahn K S，et al. Enhanced performance of dye co-sensitized solar cells by panchromatic light harvesting[J]. Journal of the Korean Physical Society，2014，64（6）：904-909.

[162] Sharma G D，Prakash Singh S，Nagarjuna P，et al. Efficient dye-sensitized solar cells based on cosensitized metal free organic dyes with complementary absorption spectra[J]. Journal of Renewable and Sustainable Energy，2013，5（4）：043107.

[163] Cheng M，Yang X，Li J，et al. Co-sensitization of organic dyes for efficient dye-sensitized solar cells[J]. ChemSusChem，2013，6（1）：70-77.

[164] Holliman P J，Davies M L，Connell A，et al. Ultra-fast dye sensitisation and co-sensitisation for dye sensitized solar cells[J]. Chemical Communications，2010，46（38）：7256-7258.

[165] Sharma G D，Singh S P，Kurchania R，et al. Cosensitization of dye sensitized solar cells with a thiocyanate free Ru dye and a metal free dye containing thienylfluorene conjugation[J]. RSC Advances，2013，3（17）：6036-6043.

[166] Kakiage K，Aoyama Y，Yano T，et al. An achievement of over 12 percent efficiency in an organic dye-sensitized solar cell[J]. Chemical Communications，2014，50（48）：6379-6381.

[167] Lee K，Park S W，Ko M J，et al. Selective positioning of organic dyes in a mesoporous inorganic oxide film[J]. Nature Materials，2009，8（8）：665-671.

[168] Miao Q，Wu L，Cui J，et al. A new type of dye-sensitized solar cell with a multilayered photoanode prepared by a film-transfer technique[J]. Advanced Materials，2011，23（24）：2764-2768.

[169] Huang F，Chen D，Cao L，et al. Flexible dye-sensitized solar cells containing multiple dyes in discrete layers[J]. Energy & Environmental Science，2011，4（8）：2803-2806.

[170] Sadamasu K，Inoue T，Ogomi Y，et al. Hybrid dye-sensitized solar cells consisting of double titania layers for harvesting light with wide range of wavelengths[J]. Applied Physics Express，2011，4（2）：022301.

[171] 姜玲，阙亚萍，丁勇，等. 上/下转换材料在染料敏化太阳电池中的应用进展[J]. 化学进

展，2016，28（5）：637-646.

[172] McKenna B，eVans R C. Towards efficient spectral converters through materials design for luminescent solar devices[J]. Advanced Materials，2017，29（28）：1606491.

[173] Richards B S. Enhancing the performance of silicon solar cells via the application of passive luminescence conversion layers[J]. Solar Energy Materials and Solar Cells，2006，90（15）：2329-2337.

[174] De W J，Meijerink A，Rath J K，et al. Upconverter solar cells：materials and applications[J]. Energy & Environmental Science，2011，4（12）：4835-4848.

[175] Goldschmidt J C，Fischer S. Upconversion for photovoltaics-a review of materials，devices and concepts for performance enhancement[J]. Advanced Optical Materials，2015，3（4）：510-535.

[176] Trupke T，Green M A，Würfel P. Improving solar cell efficiencies by up-conversion of sub-band-gap light[J]. Journal of Applied Physics，2002，92（7）：4117-4122.

[177] Trupke T，Green M A，Würfel P. Improving solar cell efficiencies by down-conversion of high-energy photons[J]. Journal of Applied Physics，2002，92（3）：1668-1674.

[178] Singh P，Shahi P K，Singh S K，et al. Lanthanide doped ultrafine hybrid nanostructures：multicolour luminescence，upconversion based energy transfer and luminescent solar collector applications[J]. Nanoscale，2017，9（2）：696-705.

[179] Su L T，Karuturi S K，Luo J，et al. Photon upconversion in hetero-nanostructured photoanodes for enhanced near-infrared light harvesting[J]. Advanced Materials，2013，25（11）：1603-1607.

[180] Liang L，Liu Y，Bu C，et al. Highly uniform，bifunctional core/double-shell-structured β-$NaYF_4$:Er^{3+}，Yb^{3+}@SiO_2@ TiO_2 hexagonal sub-microprisms for high-performance dye sensitized solar cells[J]. Advanced Materials，2013，25（15）：2174-2180.

[181] Chang J，Ning Y，Wu S，et al. Effectively utilizing NIR light using direct electron injection from up-conversion nanoparticles to the TiO_2 photoanode in dye-sensitized solar cells[J]. Advanced Functional Materials，2013，23（47）：5910-5915.

[182] Shang Y，Hao S，Yang C，et al. Enhancing solar cell efficiency using photon upconversion materials[J]. Nanomaterials，2015，5（4）：1782-1809.

[183] Ramasamy P，Kim J. Combined plasmonic and upconversion rear reflectors for efficient dye-sensitized solar cells[J]. Chemical Communications，2014，50（7）：879-881.

[184] Yu J，Yang Y，Fan R，et al. Enhanced near-infrared to visible upconversion nanoparticles of Ho^{3+}-Yb^{3+}-F^- tri-doped TiO_2 and its application in dye-sensitized solar cells with 37% improvement in power conversion efficiency[J]. Inorganic Chemistry，2014，53（15）：8045-8053.

[185] Hao S，Shang Y，Li D，et al. Enhancing dye-sensitized solar cell efficiency through broadband near-infrared upconverting nanoparticles[J]. Nanoscale，2017，9（20）：6711-6715.

[186] Wang J，Niu Y，Hojamberdiev M，et al. Novel triple-layered photoanodes based on TiO_2 nanoparticles，TiO_2 nanotubes，and β-$NaYF_4$:Er^{3+}，Yb^{3+}@SiO_2@TiO_2 for highly efficient dye-

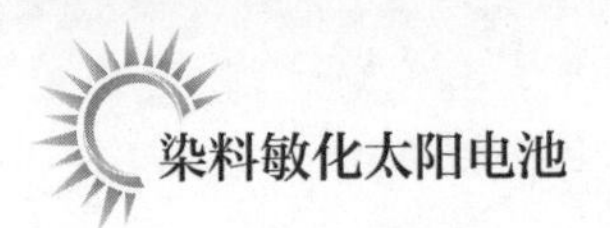

sensitized solar cells[J]. Solar Energy Materials and Solar Cells，2017，160：361-371.

[187] Zhang W，Ding F，Chou S Y. Large enhancement of upconversion luminescence of $NaYF_4:Yb^{3+}/Er^{3+}$ nanocrystal by 3D plasmonic nano-antennas[J]. Advanced Materials，2012，24（35）：OP236-OP241.

[188] Sengupta D，Das P，Mondal B，et al. Effects of doping，morphology and film-thickness of photo-anode materials for dye sensitized solar cell application-A review[J]. Renewable and Sustainable Energy Reviews，2016，60：356-376.

[189] Lu D，Cho S K，Ahn S，et al. Plasmon enhancement mechanism for the upconversion processes in $NaYF_4:Yb^{3+}$，Er^{3+} nanoparticles：Maxwell versus Förster[J]. ACS Nano，2014，8（8）：7780-7792.

[190] Zhang X，Liu F，Huang Q L，et al. Dye-sensitized W-doped TiO_2 solar cells with a tunable conduction band and suppressed charge recombination[J]. The Journal of Physical Chemistry C，2011，115（25）：12665-12671.

[191] Wang Y，Hao Y，Cheng H，et al. The photoelectrochemistry of transition metal-ion-doped TiO_2 nanocrystalline electrodes and higher solar cell conversion efficiency based on Zn^{2+}-doped TiO_2 electrode[J]. Journal of Materials Science，1999，34（12）：2773-2779.

[192] Duan Y，Fu N，Zhang Q，et al. Influence of Sn source on the performance of dye-sensitized solar cells based on Sn-doped TiO_2 photoanodes：A strategy for choosing an appropriate doping source[J]. Electrochimica Acta，2013，107：473-480.

[193] Ma T，Akiyama M，Abe E，et al. High-efficiency dye-sensitized solar cell based on a nitrogen-doped nanostructured titania electrode[J]. Nano Letters，2005，5（12）：2543-2547.

[194] Tian H，Hu L，Zhang C，et al. Enhanced photovoltaic performance of dye-sensitized solar cells using a highly crystallized mesoporous TiO_2 electrode modified by boron doping[J]. Journal of Materials Chemistry，2011，21（3）：863-868.

[195] 杨术明，李富友，黄春辉. 染料敏化稀土离子修饰二氧化钛纳米晶电极的光电化学性质[J]. 中国科学：B 辑，2003，33（1）：59-65.

[196] Suda Y，Kawasaki H，Ueda T，et al. Preparation of nitrogen-doped titanium oxide thin film using a PLD method as parameters of target material and nitrogen concentration ratio in nitrogen/oxygen gas mixture[J]. Thin Solid Films，2005，475（1-2）：337-341.

[197] Kobayakawa K，Murakami Y，Sato Y. Visible-light active N-doped TiO_2 prepared by heating of titanium hydroxide and urea[J]. Journal of Photochemistry and Photobiology A：Chemistry，2005，170（2）：177-179.

[198] Kosowska B，Mozia S，Morawski A W，et al. The preparation of TiO_2-nitrogen doped by calcination of $TiO_2 \cdot xH_2O$ under ammonia atmosphere for visible light photocatalysis[J]. Solar Energy Materials and Solar Cells，2005，88（3）：269-280.

[199] Giordano F，Abate A，Baena J P C，et al. Enhanced electronic properties in mesoporous TiO_2 via lithium doping for high-efficiency perovskite solar cells[J]. Nature Communications，2016，7：10379.

[200] Duan Y，Fu N，Liu Q，et al. Sn-doped TiO_2 photoanode for dye-sensitized solar cells[J]. The Journal of Physical Chemistry C，2012，116（16）：8888-8893.

[201] Duan Y, Zheng J, Xu M, et al. Metal and F dual-doping to synchronously improve electron transport rate and lifetime for TiO_2 photoanode to enhance dye-sensitized solar cells performances[J]. Journal of Materials Chemistry A, 2015, 3 (10): 5692-5700.
[202] Duan Y, Zheng J, Fu N, et al. Enhancing the performance of dye-sensitized solar cells: doping SnO_2 photoanodes with Al to simultaneously improve conduction band and electron lifetime[J]. Journal of Materials Chemistry A, 2015, 3 (6): 3066-3073.
[203] Duan Y, Zheng J, Fu N, et al. Effects of Ga doping and hollow structure on the band-structures and photovoltaic properties of SnO_2 photoanode dye-sensitized solar cells[J]. RSC Advances, 2015, 5 (114): 93765-93772.
[204] Alarcon H, Hedlund M, Johansson E M J, et al. Modification of nanostructured TiO_2 electrodes by electrochemical Al^{3+} insertion: effects on dye-sensitized solar cell performance[J]. The Journal of Physical Chemistry C, 2007, 111 (35): 13267-13274.
[205] Parvez M K, Yoo G M, Kim J H, et al. Comparative study of plasma and ion-beam treatment to reduce the oxygen vacancies in TiO_2 and recombination reactions in dye-sensitized solar cells[J]. Chemical Physics Letters, 2010, 495 (1-3): 69-72.
[206] Asahi R, Morikawa T, Ohwaki T, et al. Visible-light photocatalysis in nitrogen-doped titanium oxides[J]. Science, 2001, 293 (5528): 269-271.
[207] Di V C, Pacchioni G, Selloni A, et al. Characterization of paramagnetic species in N-doped TiO_2 powders by EPR spectroscopy and DFT calculations[J]. The Journal of Physical Chemistry B, 2005, 109 (23): 11414-11419.
[208] Tian H, Hu L, Zhang C, et al. Superior energy band structure and retarded charge recombination for Anatase N, B codoped nano-crystalline TiO_2 anodes in dye-sensitized solar cells[J]. Journal of Materials Chemistry, 2012, 22 (18): 9123-9130.
[209] Palomares E, Clifford J N, Haque S A, et al. Control of charge recombination dynamics in dye sensitized solar cells by the use of conformally deposited metal oxide blocking layers[J]. Journal of the American Chemical Society, 2003, 125 (2): 475-482.
[210] Yang S, Huang Y, Huang C, et al. Enhanced energy conversion efficiency of the Sr^{2+}-modified nanoporous TiO_2 electrode sensitized with a ruthenium complex[J]. Chemistry of Materials, 2002, 14 (4): 1500-1504.
[211] Chen S G, Chappel S, Diamant Y, et al. Preparation of Nb_2O_5 coated TiO_2 nanoporous electrodes and their application in dye-sensitized solar cells[J]. Chemistry of Materials, 2001, 13 (12): 4629-4634.
[212] Antila L J, Heikkilä M J, Mäkinen V, et al. ALD grown aluminum oxide submonolayers in dye-sensitized solar cells: the effect on interfacial electron transfer and performance[J]. The Journal of Physical Chemistry C, 2011, 115 (33): 16720-16729.
[213] Lin C, Tsai F Y, Lee M H, et al. Enhanced performance of dye-sensitized solar cells by an Al_2O_3 charge-recombination barrier formed by low-temperature atomic layer deposition[J]. Journal of Materials Chemistry, 2009, 19 (19): 2999-3003.
[214] Grinis L, Kotlyar S, Rühle S, et al. Conformal nano-sized inorganic coatings on mesoporous TiO_2 films for low-temperature dye-sensitized solar cell fabrication[J]. Advanced Functional

Materials，2010，20（2）：282-288.

[215] Diamant Y，Chen S G，Melamed O，et al. Core-shell nanoporous electrode for dye sensitized solar cells：the effect of the $SrTiO_3$ shell on the electronic properties of the TiO_2 core[J]. The Journal of Physical Chemistry B，2003，107（9）：1977-1981.

[216] 戴松元，刘伟庆，闫金定. 染料敏化太阳电池[M]. 北京：科学出版社，2014：83-85.

[217] Zaban A，Chen S G，Chappel S，et al. Bilayer nanoporous electrodes for dye sensitized solar cells[J]. Chemical Communications，2000（22）：2231-2232.

[218] Barea E，Xu X，González-Pedro V，et al. Origin of efficiency enhancement in Nb_2O_5 coated titanium dioxide nanorod based dye sensitized solar cells[J]. Energy & Environmental Science，2011，4（9）：3414-3419.

[219] Haque S A，Palomares E，Upadhyaya H M，et al. Flexible dye sensitised nanocrystalline semiconductor solar cells[J]. Chemical Communications，2003（24）：3008-3009.

[220] Kay A，Grätzel M. Dye-sensitized core-shell nanocrystals：improved efficiency of mesoporous tin oxide electrodes coated with a thin layer of an insulating oxide[J]. Chemistry of Materials，2002，14（7）：2930-2935.

[221] Ganapathy V，Karunagaran B，Rhee S W. Improved performance of dye-sensitized solar cells with TiO_2/alumina core-shell formation using atomic layer deposition[J]. Journal of Power Sources，2010，195（15）：5138-5143.

[222] Wu X，Wang L，Luo F，et al. $BaCO_3$ modification of TiO_2 electrodes in quasi-solid-state dye-sensitized solar cells：performance improvement and possible mechanism[J]. The Journal of Physical Chemistry C，2007，111（22）：8075-8079.

[223] Son H J，Wang X，Prasittichai C，et al. Glass-encapsulated light harvesters：More efficient dye-sensitized solar cells by deposition of self-aligned，conformal，and self-limited silica layers[J]. Journal of the American Chemical Society，2012，134（23）：9537-9540.

第4章 染料敏化太阳电池金属-有机配合物染料

4.1
用于染料敏化太阳电池的染料的研究与发展

4.2
金属-有机配合物染料概述

4.3
金属-有机配合物染料的发展展望

4.1
用于染料敏化太阳电池的染料的研究与发展

作为DSSCs的核心组成部分之一，染料起着收集能量的作用，其通过吸收太阳光，将基态的电子激发至激发态，随后将激发态电子注入半导体导带中。染料的吸光性能、吸附性能、光热稳定性以及HOMO与LUMO能级等方面均会影响到DSSCs的光电转换效率。

研究表明，高性能DSSCs的染料敏化剂通常需要符合以下几个条件：

① 染料的吸收光谱应覆盖整个可见光区域甚至近红外光，因此最佳带隙宽度在1.5eV左右；

② 具有高的消光系数；

③ 含有特定锚定基团，如—COOH、—SO_3H、—H_2PO_3等官能团，以便化学吸附在工作电极的纳米粒子表面；

④ 在光热失活前，激发态染料能高效地将电子注入工作电极导带里；

⑤ 合适的HOMO、LUMO的能级，利于电荷的注入以及染料的再生；

⑥ 染料具有高的热稳定和化学稳定性，能够经受至少10^8次循环，相当于连续照射20年。

改变染料分子的结构，不仅可以调控能级与吸光性能，还可以改变与染料相关的界面性质进而优化DSSCs性能，因此，光敏剂一直都是 DSSCs领域研究的重点和热点。迄今为止人们已经合成几百种染料，用于DSSCs的敏化剂主要包括金属 - 有机配合物染料和纯有机染料。金属 - 有机配合物光敏剂由中心金属离子和含有至少一个锚定基团的配体组成，具有较宽的光谱响应范围、相对长的激发态寿命及良好的化学稳定性，得到了人们广泛而深入的研究。到目前为止，基于钌金属多吡啶配合物染料的电池，其光电转换效率已超过11%[1]，基于锌金属的卟啉配合物染料的电池，其效率已超过13%[2]。有机染料具有制备成本低、结构设计容易以及种类多等优点，关于它的研究近年来发展迅速，基于有机染料的DSSCs效率呈现日益增长的趋势，目前最高效率已达14.3%[3]。

4.2 金属－有机配合物染料概述

金属-有机配合物光敏剂由中心金属离子和含有至少一个锚定基团的配体组成，光的吸收通常是由金属向配体的电荷转移（metal to ligand charge transfer，MLCT）过程造成的。因此，中心金属离子是配合物的重要组成部分。通过不同的取代基（烷基、芳基、杂环等）对配体进行调节，可有效地改变染料的光电物理和电化学性能，从而提高电池的光电性能。锚定基团将染料与半导体连接起来，并促进染料激发态的电子注入半导体的CB中。一种常见的钌基染料（N719）的结构及其在半导体上的吸附如图4-1所示[4]。根据金属离子和配体的种类，常见的金属-有机配合物敏化剂有：多吡啶钌配合物染料、铜配合物染料、锇配合物染料、铂配合物染料以及金属卟啉配合物染料等。

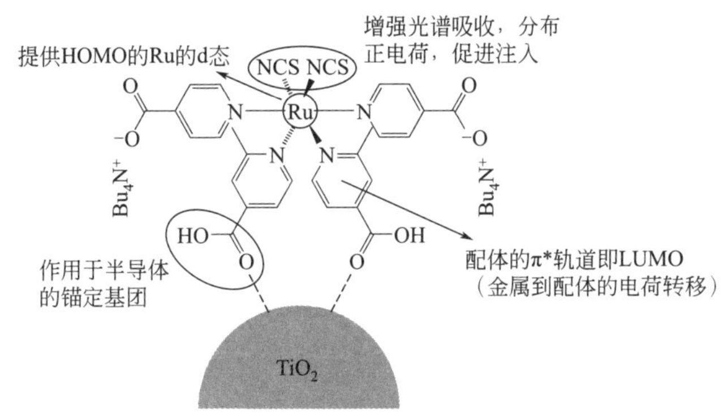

图4-1　常见的N719染料的结构及其在TiO_2表面的吸附[4]

4.2.1 多吡啶钌配合物染料

多吡啶钌配合物具有良好的激发态性质、高的化学稳定性，作为敏化剂一直具有较高的光电转换效率。自从Grätzel等[5]将多吡啶钌配合物染料引入纳晶TiO_2薄膜太阳电池中并取得效率上的巨大突破后，人们对多吡啶钌配合物敏化剂进行了大量研究。图4-2中列出了一些具有代表性、已商业化的钌系染料。1993年，Grätzel[6]等研究了一系列钌配合物染料 *cis*-X_2bis（2,2′-bipyridyl-4,4′-dicarboxylate）ruthenium（II）（X=Cl^-，Br^-，I^-，CN^-或SCN^-），其中使用SCN^-配体的N3染料性能最佳，可见光吸收光谱宽，激发态寿命长（约20ns）并能牢固吸附到半导体表面上，因此在AM1.5模拟太阳光下，N3染料的光电转换效率首次达到了10%。Nazeeruddin等研究了N3染料中质子化程度对器件性能的影响，发现含有两个四丁基铵的N719染料，由于羧酸基团去质子化效应影响，染料的氧化和还原电位发生负移，使电池的光电转换效率得到进一步提高[7]。N3和N719染料通常被作为DSSCs的标准染料来设计其他钌配合物光敏剂。另一个“著名”的商业化染料为Grätzel等开发的N749“黑染料”，钌中心原子连接三个SCN^-配体和三联吡啶配体，吸收光谱占据了整个可见光区域以及近红外光区域，拓宽到920nm，器件的光电转换效率达到了10.4%[8]。

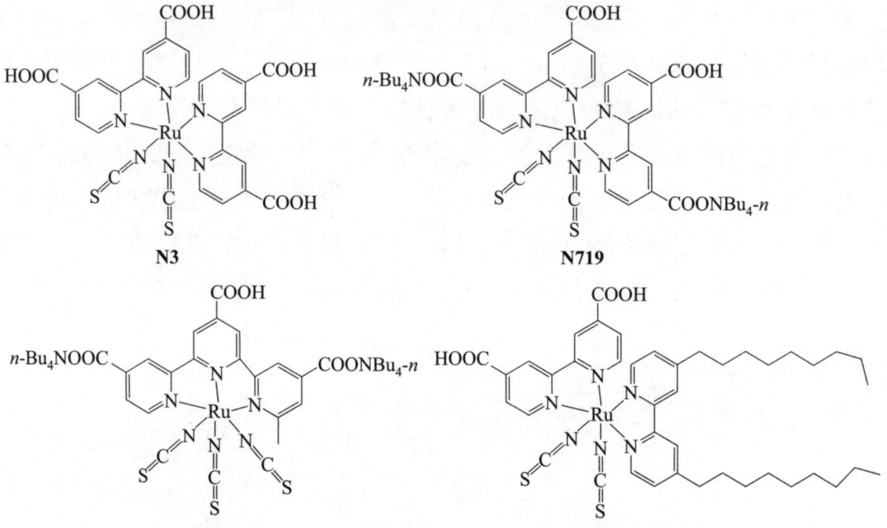

图4-2　具有代表性、已商业化的钌系染料

两亲性敏化剂是另一类研究广泛的应用于DSSCs的染料[9]。针对基于N3和N719的电池的热稳定性问题，Grätzel等通过在联吡啶配体上引入两个疏水长烷基链合成了两亲性敏化剂Z907（图4-2）[10]。使用高稳定性的准固态电解质或者离子液体电解质，基于Z907的DSSCs在长期热应力测试下均表现出高的光电转换效率和显著的热稳定性[11-13]。属于两亲性联吡啶钌染料的还有C1、C3、C6、N918、K005等[14,15]。

但与N719标准染料相比，两亲性染料的摩尔消光系数较低。针对这一问题，常用的解决方法是增加配体的共轭长度，如在N3染料的联吡啶与羧基之间插入双键的K8染料（图4-3）[16]，在辅助配体联吡啶上引入苯乙烯基烷氧链扩展链（如K19、K-77、Z910等染料，如图4-3所示）[17-19]、含富电子杂芳族化合物如吡啶等的芳杂环扩展链（图4-4）[20,21]以及含醚基扩展链（图4-5）[22]等。通过延长配体的共轭长度，进行各种结构的改进，有效地提高了敏化剂的摩尔消光系数，吸收峰发生明显的红移，从而电池性能得到进一步的提高。以CYC-B1、C101和C106染料（图4-4）为敏化剂的电池，在AM1.5光照条件下，其转化效率均超过了 11%，并具有很高的稳定性[23-25]。此外，Chi 等报道了一种三齿联吡啶 - 吡唑类辅助配体增长 π 共轭体系的钌配合物染料，提高了摩尔消光系数[26]。Arakawa 等[27-29]在三联吡啶配体的 4 位引入大体积基团如 2- 己基噻吩、叔丁基苯、2- 叔丁基噻吩等增强光谱吸收、抑制复合反应，并通过染料吸附温度、电解质组成的优化，将基于 TUS-38 敏化剂（图 4-4）电池的效率提高至 11.9%，高于基于黑染料电池的效率（10.9%）。

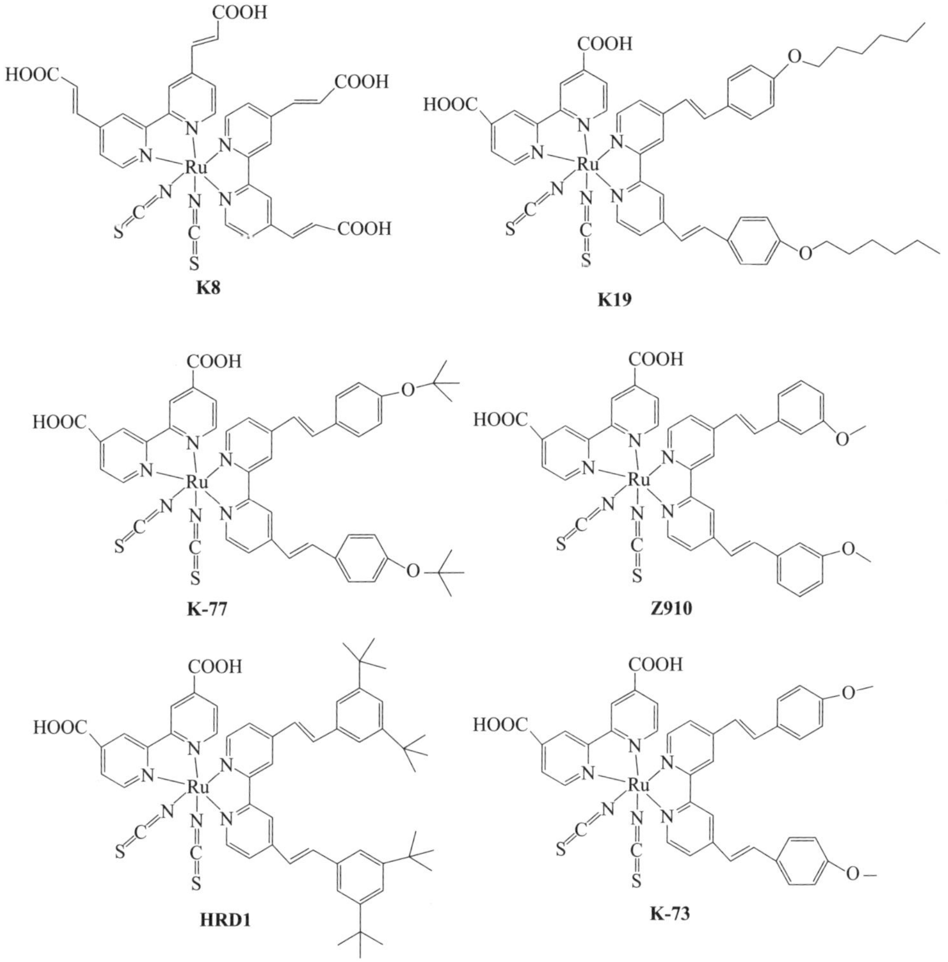

K8

K19

K-77

Z910

HRD1

K-73

图4-3　K8以及含苯乙烯基链类扩展链的联吡啶钌染料[15]

将电子给体基团如三苯胺、咔唑等引入钌染料的配体中是增强 MLCT 峰、促进 MLCT 峰发生红移、提高 DSSCs 光电转换效率的有效策略之一[30-33]。将三苯胺基团引入辅助配体单元上，正电荷或者空穴可以转移到此单元上，增大染料阳离子与 TiO_2 表面电子间的距离，从而抑制界面电荷复合，并且，三芳基胺

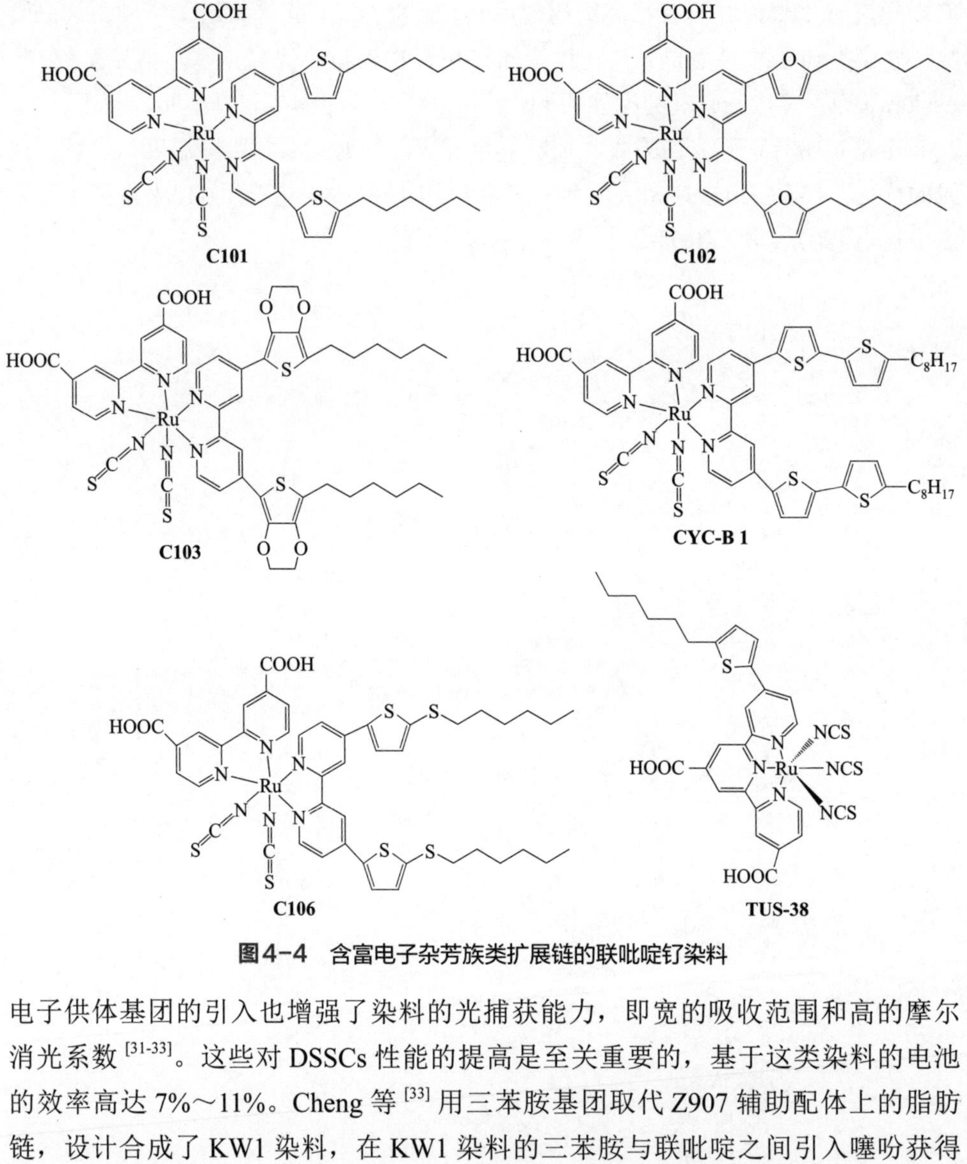

C101　C102

C103　CYC-B 1

C106　TUS-38

图4-4　含富电子杂芳族类扩展链的联吡啶钌染料

电子供体基团的引入也增强了染料的光捕获能力，即宽的吸收范围和高的摩尔消光系数[31-33]。这些对 DSSCs 性能的提高是至关重要的，基于这类染料的电池的效率高达 7%～11%。Cheng 等[33]用三苯胺基团取代 Z907 辅助配体上的脂肪链，设计合成了 KW1 染料，在 KW1 染料的三苯胺与联吡啶之间引入噻吩获得了 KW2 染料（图 4-6）。与 Z907 相比，这两种染料具有更宽的吸收范围以及更强的光捕获能力，特别是 KW2 染料的最大吸收峰位于 554nm 处，消光系数高达 2.43×10^4L/（mol·cm），因此这两种染料的电池具有较高的光电流；三苯胺基团或三苯胺 - 噻吩基团取代长的脂肪链，虽然增加了电池界面的复合反应，但是这两种基团的给电子能力提升了 TiO_2 的 CB，因此基于 KW1、KW2 电池的开路光电压高于 Z907 的电池，二者电池效率分别达到 10.64% 和 10.73%，比基于 Z907 的电池的效率高出 20%。

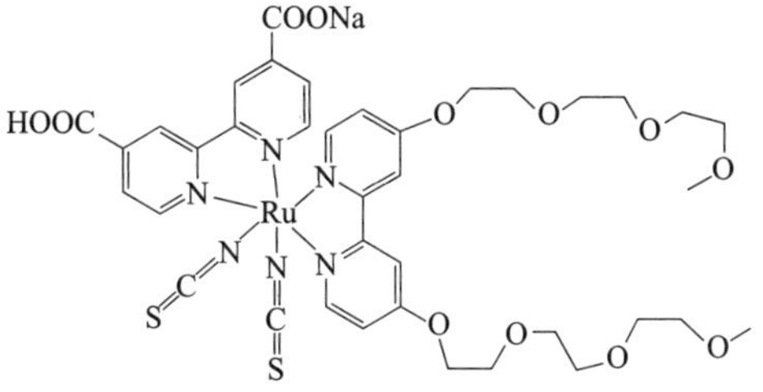

K-51

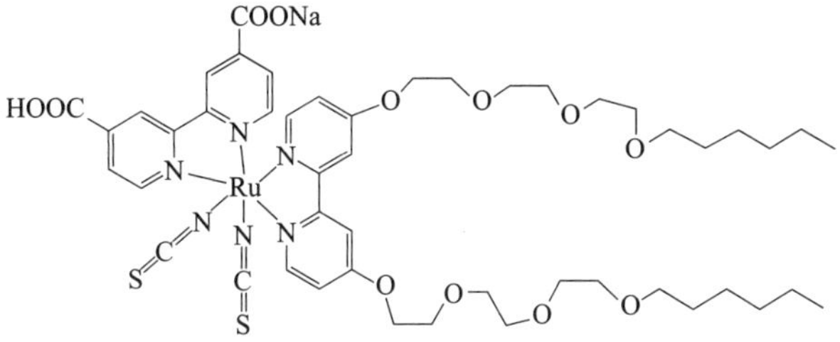

K-68

图4-5 含醚基扩展链的联吡啶钌染料

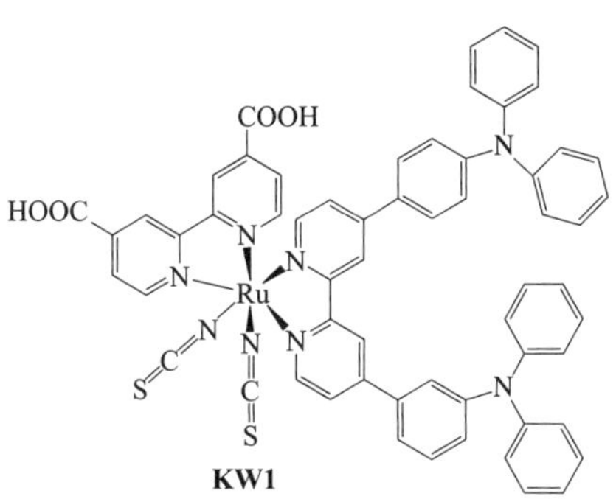

KW1 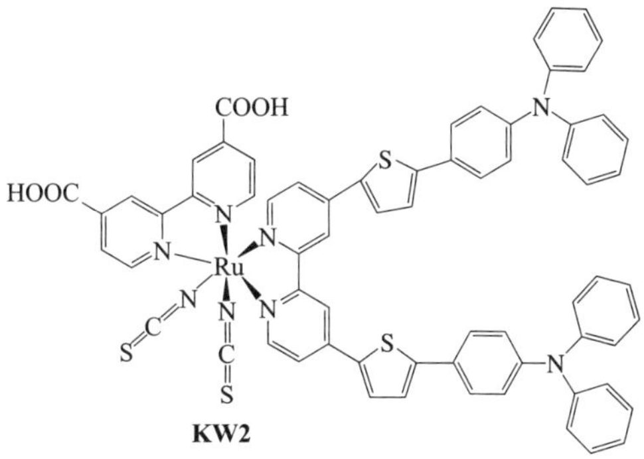 KW2

图4-6 KW1、KW2两种染料

从分子稳定性的角度来看，合成不含有硫氰酸根的环钌配合物染料成为电池敏化剂分子工程中一个新的研究方向。一个成功的例子是使用环金属化 4,6- 二氟苯基吡啶螯合物取代 N3 染料中的两个硫氰酸配体得到的敏化剂 YE05[34]，如图 4-7（a）所示，其电池光电转化效率超过 10%，这是由于 YE05 的吸收光谱较宽，IPCE 在 600nm 处超过了 80%，并延长至 800nm 长波处。此外，Van Koten[35,36]、Berlingette[37,38] 和 Chou[39] 等课题组对三齿或双齿环金属螯合物染料进行了大量研究，其中基于 TFRS-2 染料［图 4-7(b)］的电池性能最佳，达到 9.82%。Frey 等[40] 报道了 2′,6′- 二(十二烷氧基)-2,3′- 联吡啶和 2,2′- 二(5- 己基噻吩)-2,2′ 联吡啶配体的金属钌染料［图 4-7(c)］，十二烷氧链的引入，抑制复合反应，提高了金属钌敏化剂与钴氧化还原电对的兼容性，基于钴氧化还原电对的电池效率达到 8.6%，与基于碘氧化还原电对的电池的效率相当。Nazeeruddin 等 [41] 在辅助配体上引入多芳香环来提高金属钌配合物染料的消光系数以及与钴氧化还原电对的兼容性，设计合成了六种混合配体环钌配合物敏化剂（SA22，SA25，SA246，SA282，SA284，SA285，分子结构见图 4-7[41]），系统研究了辅助配体上取代基对染料光电性能的影响，结果发现 5- 己基并二噻吩在辅助配体联吡啶上的取代增加了染料的吸附量，从而使基于 SA246 钌配合物染料的电池在采用钴氧化还原电对时光电性能最佳，最高光电转换效率达到 9.4%。

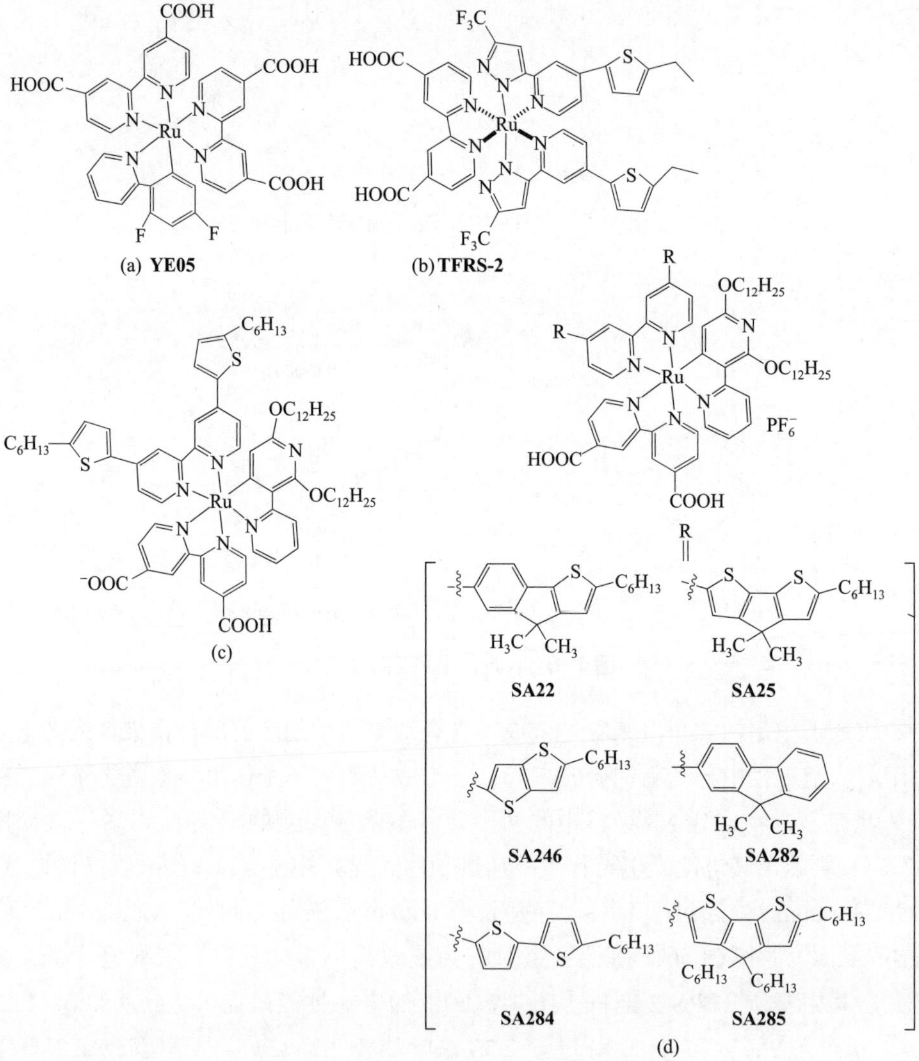

(a) **YE05**　(b) **TFRS-2**

(c)

SA22　**SA25**　**SA246**　**SA282**　**SA284**　**SA285**

(d)

图4-7　不含有硫氰酸根的环钌配合物染料

4.2.2 其他金属－有机配合物染料

多吡啶钌配合物作为DSSCs的热门敏化剂已被人们进行了广泛深入的研究，但是钌的储量有限、价格昂贵等缺陷鼓舞了人们对其他金属如Cu、Fe、Pt、Os等配合物染料的开发和研究。

（1）Cu配合物染料

1993年，Sauvage等研究者首次将Cu配合物染料Cu（Ⅰ）bis（2,9-diphenyl-1,10-phenanthroline）应用于DSSCs中，获得0.60V的开路电压和0.6mA/cm的短路电流[42]。Constable等[43]报道了具有不同共轭程度配体的两种染料（图4-8），由于两种染料的摩尔消光系数不同，器件的IPCE和光电性能有显著差异，大π共轭的引入，使器件的效率从1.9%提升至2.3%。2013年，他们组通过在辅助配体上引入第一代和第二代具有空穴传输性能的三苯胺基团，将基于Cu配合物敏化剂的DSSCs的效率提升至3.77%[44]。

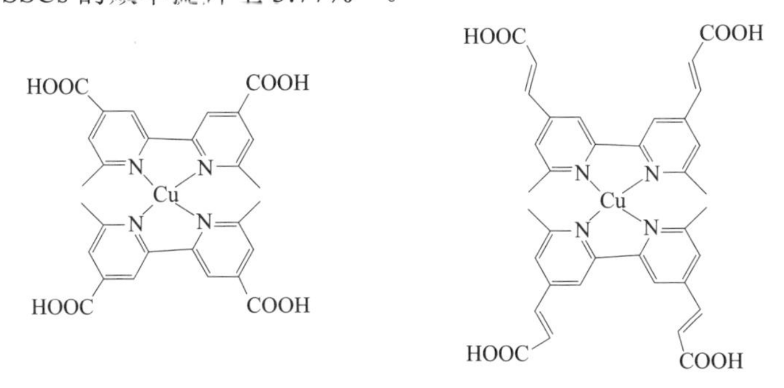

图4-8　不同共轭程度的两种Cu配合物染料

Fabrice Odobel等[45]设计了分别含有烷氧基、*N*,*N*-二乙基胺和*N*,*N*-二苯基胺基团的三种Cu配合物，结果发现含有强给电子基团*N*,*N*-二乙基胺的Cu配合物（图4-9）在可见光区域吸收最强，将DSSC的光电转换效率提升至4.66%。

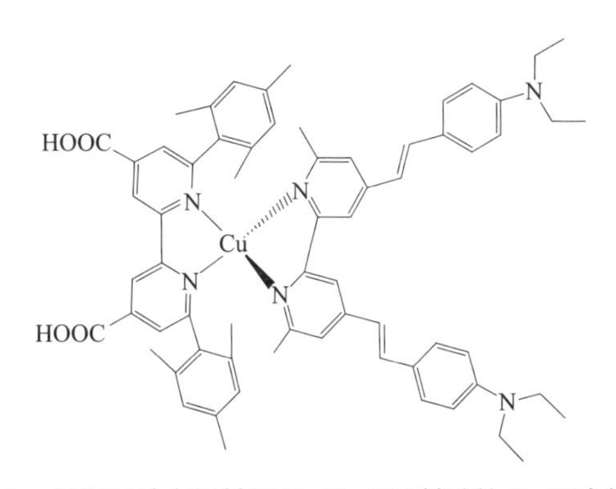

图4-9　具有强给电子基团*N*,*N*-二乙基胺的Cu配合物染料

（2）锇配合物染料

Meyer 等提出将配合物染料的中心金属离子用 Os 取代 Ru 可以将吸收光谱扩展至更宽范围[46,47]。Lewis 等[48]报道了两种锇配合物染料 Os^{II}（H_2L'）$_2$（CN）$_2$（where L′ is 4,4′-dicarboxylato-2,2′-bipyridine）和 Os^{II}（H_2L'）$_3^{2+}$。与 Ru 配合物相比，此类锇配合物染料具有更宽的吸收光谱，并且基于这类锇配合物染料的电池具有优异的光电转换性能，表明锇配合物染料具有广阔的应用前景。Bignozzi[49] 等合成了三齿配体锇配合物染料［图 4-10（a）］，将其吸收光谱扩展至近红外 1100nm 处。

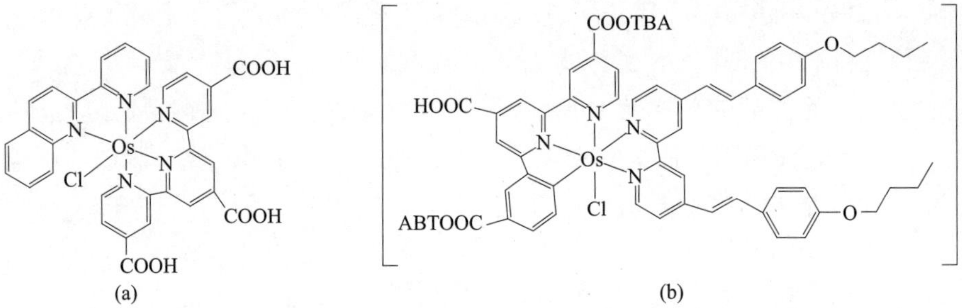

图4-10　三齿配体锇配合物染料（a）与含丁氧基-苯乙烯基团的锇配合物染料（b）

［TBA（tetrabutylammonium）：四丁基铵］

虽然锇配合物染料的吸收光谱带边可达 1000nm，但器件的光电性能一直较同类 Ru 配合物染料电池差。针对锇配合物染料的电池在近红外区 IPCE 较低以及整体效率较低的结果，Segawa 等[50]将含丁氧基 - 苯乙烯基团引入联吡啶辅助配体中，合成了 Os 配合物染料［图 4-10（b）］，将基于此的电池的 IPCE 在 500～600nm 处提高到 80% 以上以及 900nm 长波处高达 50%，再通过对电解质锂盐浓度的优化，首次将电池效率提高至 6.1%。同年，Chou 等[51]提出采用三唑代替吡唑引入辅助配体中，以降低中心离子的电子密度，解决锇配合物染料的氧化电位相比同类 Ru 配合物染料较低的问题，同时保持此类染料宽的吸收光谱特性。通过对电解质添加剂的优化使基于这两种锇配合物染料 TF-51、TF-52（图 4-11）的电池的光电转化效率分别达到了 7.47% 和 8.85%。

4.2.3 金属卟啉配合物染料

4.2.3.1 卟啉的结构与特性

卟啉是卟吩的衍生物（图 4-12），是一类通过亚甲基相连的四个吡咯环形成的具有共轭大 π 电子的芳香大环化合物，其中心的氮原子与金属原子配位形成金属卟啉配合物，吸收光谱一般包含两个吸收带：400～450nm 之间强吸收的 Soret

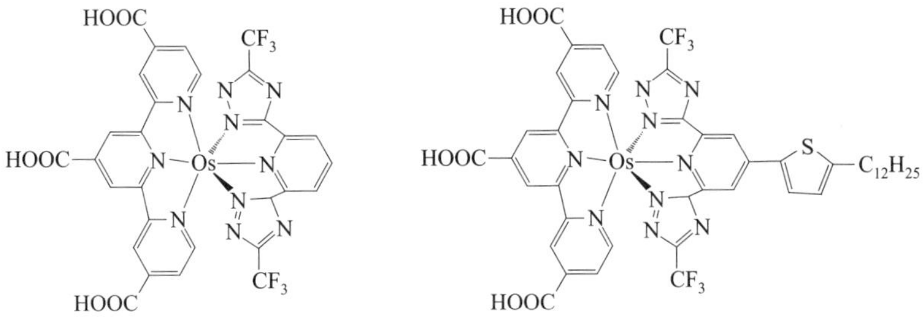

(a) TF-51　　(b) TF-52

图4-11　锇配合物染料

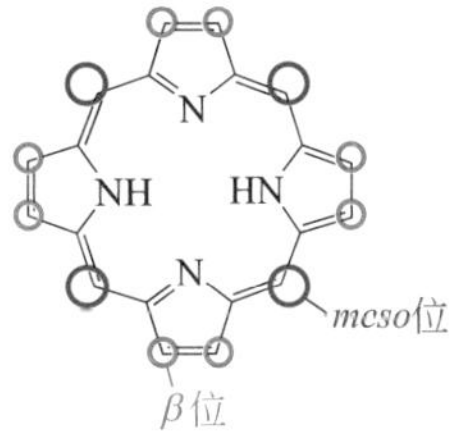

带和500～700nm之间中等强度的Q带。卟啉环上8个β位和4个*meso*位是可供官能团化的活性位点，为精细调控卟啉染料的光电化学性质提供了广阔的空间。

图4-12　卟啉结构

4.2.3.2　金属卟啉配合物染料研究进展

卟啉环上8个β位和4个*meso*位为活性位点，可以修饰上含锚定基团的桥接基团从而实现其在纳晶薄膜上的吸附。1993年，Grätzel组首次报道了β位悬挂羧基锚定基团的铜卟啉染料在DSSCs中的应用，取得了2.6%的光电转化效率[52]。2004年，他们组比较了一系列β位功能化的不同锚定基团与金属Zn配位的染料，发现悬挂羧基锚定基团的Zn卟啉配合物敏化剂［图4-13(a)］的电池性能最佳，达到4.8%的光电转化效率[53]。此后，各种β位功能化Zn卟啉敏化剂被广泛研究应用于DSSCs中[54-56]。Officer等[56]通过在β位修饰上悬挂丙二酸锚定基团的烯烃链桥接基团增强了染料［图4-13(b)］与TiO_2的电子耦合，将基于Zn卟啉敏化剂电池的效

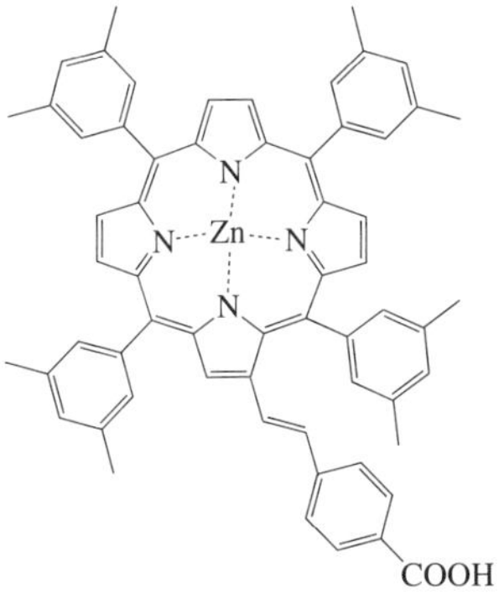

(a) 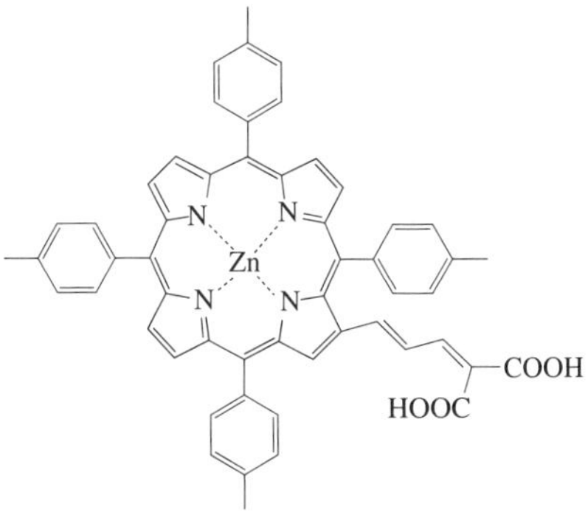　　(b)

图4-13

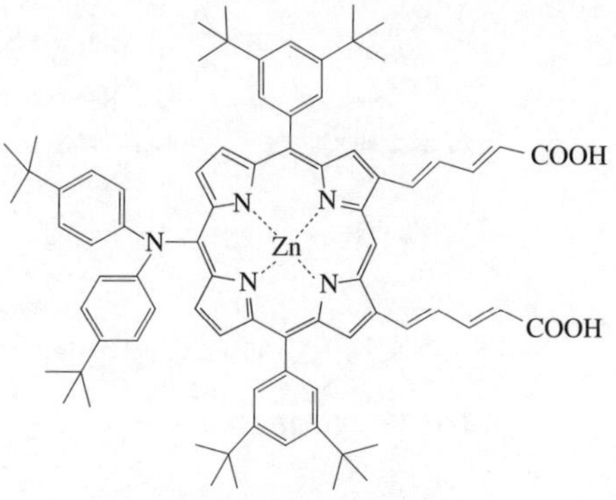

tda-2b-bd-Zn
(c)

图4-13 β位功能化Zn卟啉敏化剂

率提高至 7.1%，且基于 spiro-MeOTAD 固态电池的效率达到了 3.6%，与当时基于钌染料的固态电池性能相当。Kim 等 [57] 将二（4-叔丁基苯）胺作为电子给体引入双羧基功能化 β 位的对立 *meso* 位上，明显拓宽 Zn 卟啉染料［tda-2b-bd-Zn，图 4-13（c）］的吸收光谱，将电池的效率提高至 7.47%。

关于 *meso* 位功能化 Zn 卟啉染料研究较早的是 *meso* 位取代的四（4- 羧基苯基）卟啉 Zn 染料［图 4-14（a）］[58,59]。Matano 等 [60] 研究了 *meso* 位取代基团对染料光谱吸收、电池性能的影响，其中三个 *meso* 位引入三甲基苯基取代基的 *meso*-（4- 羧基苯基）卟啉 Zn 染料［图 4-14(b)］的电池效率达到 4.6%。Zhu 等 [61] 通过炔基在 Zn 卟啉 *meso* 位上连上水杨酸作为双齿锚定基团的卟啉 Zn 染料［图 4-14（c）］，其电池效率达到 4.55%。

目前基于 D-π-A 结构的 *meso* 位功能化卟啉染料的性能表现最佳 [62]。给电子基团的引入，不仅拓宽染料的吸收光谱，还“推动”激发态染料的电子向受体的转移，从而有利于电子的注入。常见的给体基团有咔唑 [63]、*N*,*N*- 二烷基胺苯基 [64]、噻吩嗪 [65]、芴 [66]、芘 [67]、二苯基胺 [68]、三苯胺 [69]、吲哚啉 [70] 等。Grätzel 等 [71] 以带有长链的二苯胺作为电子给体、乙炔基苯甲酸作为受体合成了 *meso* 位修饰的卟啉 Zn 染料 YD-2［图 4-15（a）］，将电池的效率提高至 8.8%，又通过与 D205 染料共敏化，将效率首次提升至 11%。为了拓宽染料吸收光谱，他们课题组 [72] 在苯甲酸和卟啉环之间引入 2,1,3- 苯并噻二唑（BTD）桥连基团［GY50，图 4-15（b）］，由于 BTD 较强的吸电子能力，拓展了共轭体系，拓宽并增强了光谱吸收，从而基于 Co 电解质的电池获得 13.15% 的效率。Grätzel 等继续在 GY50

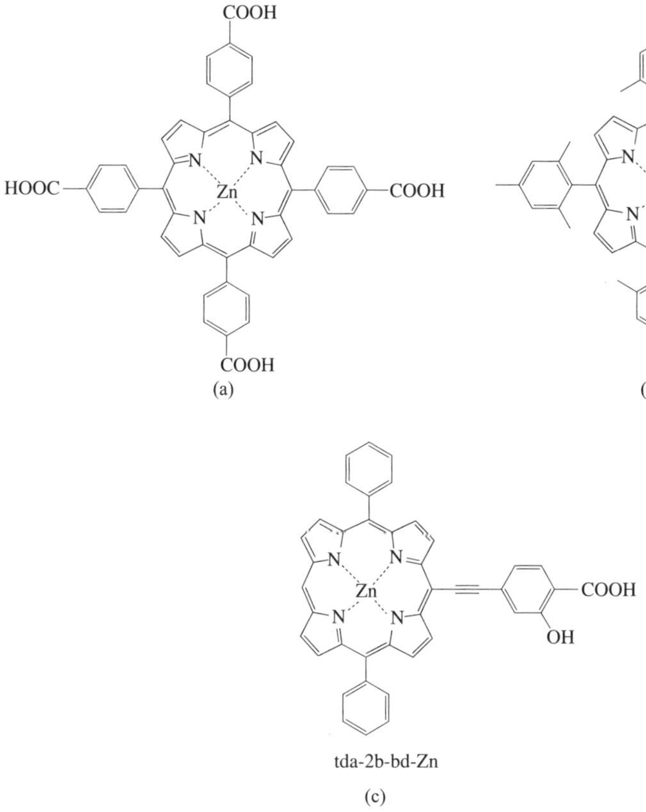

(a)　(b)

tda-2b-bd-Zn

(c)

图4-14 两种*meso*位功能化Zn卟啉染料

的基础上，引入大给体基团与额外的4个长链烷氧基，加大对位电子给体的π电子共轭能力［SM315，图4-15（c）］，从而更好地抑制钴电解质相对严重的电荷复合，提高电池开路光电压，光电转化效率达到了13%。Yon等[70]以吲哚啉基团作为给体设计了具有D-π-A结构的卟啉Zn染料CM-b［图4-15（d）］，由于非平面构象吲哚啉的引入，增强光谱吸收，抑制染料的聚集，将基于碘氧化还原电对的DSSCs效率提高至10.7%。

抑制卟啉自身π-π堆积导致的聚集可有效改善器件的性能，有效的方法之一就是在卟啉两个*meso*位上设计邻位带有烷氧基长链的芳基[62,73-83]。Lin等[77]在卟啉环的*meso*位引入十二烷氧基苯基［LD14，图4-16（a）］，通过长链烷氧基包裹卟啉环，从而有效抑制复合，提升HOMO与LUMO能级，电池性能明显高于短链烷氧基以及长烷基链染料的性能。

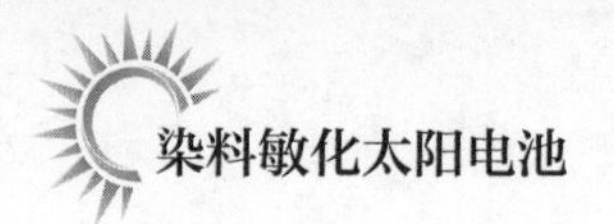

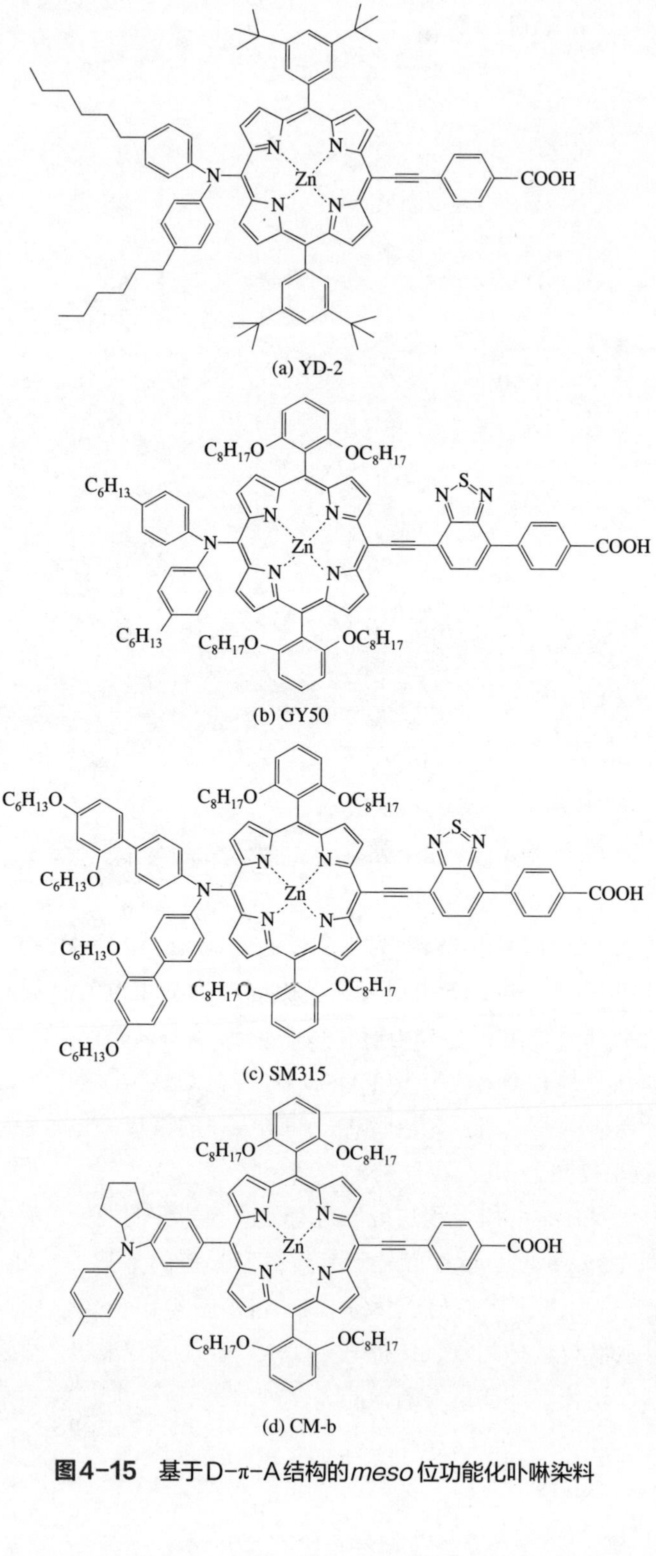

(a) YD-2

(b) GY50

(c) SM315

(d) CM-b

图4-15　基于D-π-A结构的*meso*位功能化卟啉染料

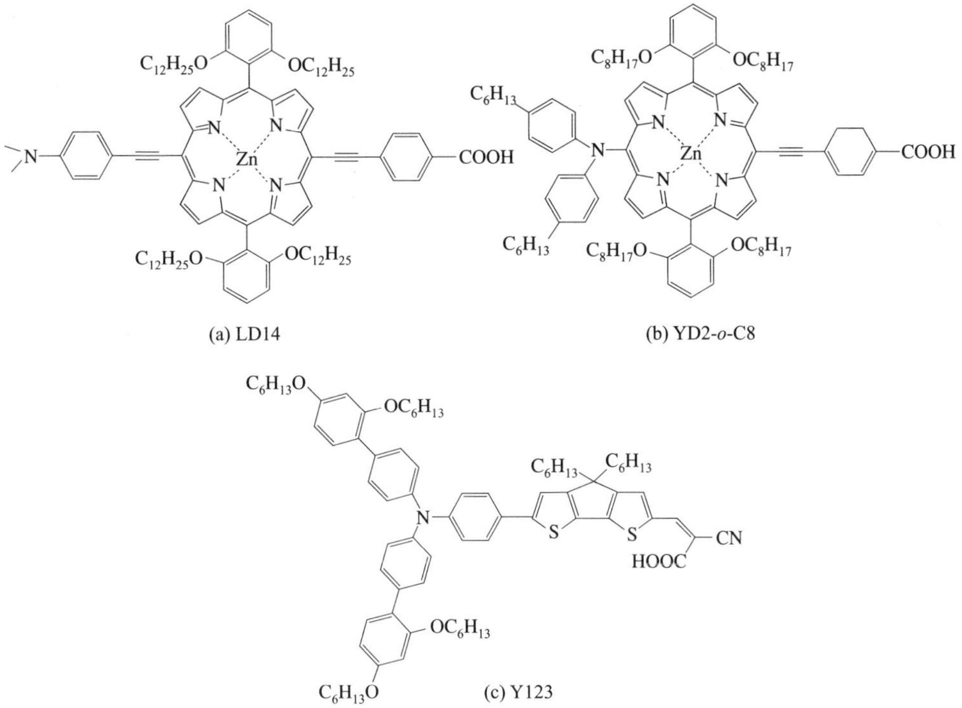

(a) LD14　　(b) YD2-*o*-C8

(c) Y123

图4-16　LD14、YD2-*o*-C8与Y123染料

另外一种有效抑制染料堆积的常用方法是共吸附或共敏化。常见的共吸附剂有鹅去氧胆酸（CDCA）和脱氧胆酸（DCA），直接加入染料溶液中进行同时吸附。考虑到CDCA和DCA等共吸附剂不能吸收太阳光的缺点，研究人员采用小体积的有机染料与卟啉Zn染料共敏化，既能抑制复合又能达到提高太阳光利用率的目的[84]。2011年，Diau、Yeh与Grätzel课题组合作以YD2-*o*-C8［图4-16(b)］与三苯胺类有机染料Y123［图4-16(c)］共敏化取得了历史性12.3%的光电转化效率，超越了多吡啶钌配合物染料成为当时效率最高的染料[85]。Zhu等[65]以噻吩嗪为给体设计合成了卟啉Zn染料XW-9，依次引入炔基、苯并噻二唑合成了XW-10、XW-11染料（图4-17），将吸收带边从XW-9的650nm拓宽至XW-10的700nm以及XW-11的730nm。又通过共吸附、共敏化方法对复合的抑制，将电池的光电流提高至20.33 mA/cm^2，光电压从645mV提高至760mV，XW-11染料电池的效率高达11.5%，成为当时碘体系、非钌染料DSSCs的最高水平；随后他们在XW-39[84]基础上，通过低聚乙二醇基团的引入，设计合成了XW-42、XW-43、XW-44三种染料（图4-17），将碘体系DSSCs效率提高至12.1%[86]。

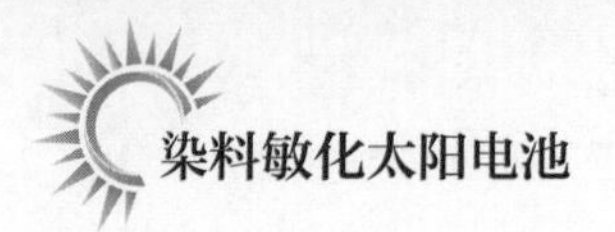

$C_{12}H_{25}O$
$OC_{12}H_{25}$
C_6H_{13}
N
S
N
N
Zn
N
N
COOH
$C_{12}H_{25}O$
$OC_{12}H_{25}$
$C_6H_{13}O$

(a) XW-9

$C_{12}H_{25}O$
$OC_{12}H_{25}$
C_6H_{13}
N
S
N
N
Zn
N
N
COOH
$C_{12}H_{25}O$
$OC_{12}H_{25}$
$C_6H_{13}O$

(b) XW-10

$C_{12}H_{25}O$
$OC_{12}H_{25}$
C_6H_{13}
N
S
N
N
Zn
N
N
N
S
N
COOH
$C_{12}H_{25}O$
$OC_{12}H_{25}$
$C_6H_{13}O$

(c) XW-11

$C_{12}H_{25}O$
$OC_{12}H_{25}$
OC_6H_{13}
N
S
N
N
Zn
N
N
COOH
$C_{12}H_{25}O$
$OC_{12}H_{25}$
$C_6H_{13}O$

(d) XW-39

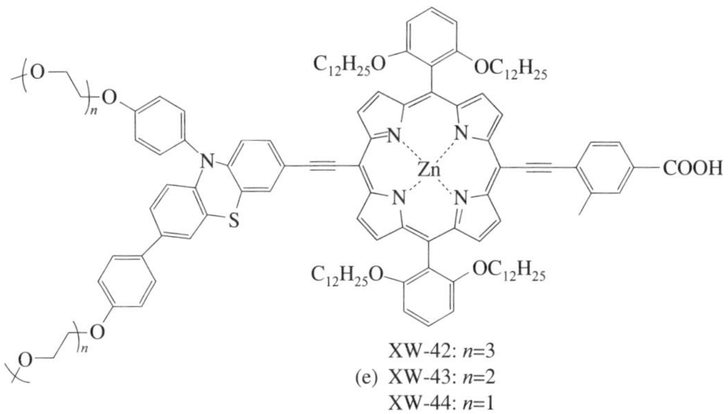

XW-42: n=3
(e) XW-43: n=2
XW-44: n=1

图4–17　噻吩嗪为给体的卟啉Zn染料

4.3 金属–有机配合物染料的发展展望

经过 20 多年的发展，基于多吡啶配合物染料的 DSSCs 效率已经超过 11%，基于卟啉 Zn 配合物染料的 DSSCs 效率高达 13% 以上。每类染料各有优缺点，其中钌基联吡啶配合物染料稳定性高，电子注入速率超快，光电转化效率高，是目前 DSSCs 所使用最好也是最常规的敏化剂。但是这类染料由于含有贵金属，价格昂贵，成为 DSSCs 商业化的瓶颈之一。此外，这类染料的光谱范围不够宽。非贵金属的替代、设计一定长度的烷基链以增强其光热稳定性以及扩大共轭体系来增大摩尔消光系数等方面是这类染料未来的发展方向之一。经过这几年的努力，金属卟啉染料敏化太阳电池取得了大幅的进展，已超过联吡啶钌染料的光电性能。这类染料的结构设计相对灵活，具有很大的潜力，但还需要进一步提高稳定性、解决聚集带来的复合问题以及吸收光谱的 500nm 处的缺陷。设计和合成光谱响应范围大、电子注入效率高、耐光照、化学和热稳定性高的敏化剂是未来的发展方向之一，另外采用共敏化剂也是金属卟啉染料电池发展的一个方向。总之，人们通过理论和实验相结合的方法有望找到成本更低、性能更好、稳定性更高的敏化剂。

参考文献

[1] Nazeeruddin M K，De Angelis F，Fantacci S，et al. Combined experimental and DFT-TDDFT computational study of photoelectrochemical cell ruthenium sensitizers[J]. Journal of the

American Chemical Society, 2005, 127 (48): 16835-16847.

[2] Mathew S, Yella A, Gao P, et al. Dye-sensitized solar cells with 13% efficiency achieved through the molecular engineering of porphyrin sensitizers[J]. Nature Chemistry, 2014, 6 (3): 242.

[3] Kakiage K, Aoyama Y, Yano T, et al. Highly-efficient dye-sensitized solar cells with collaborative sensitization by silyl-anchor and carboxy-anchor dyes[J]. Chemical Communications, 2015, 51 (88): 15894-15897.

[4] Sharifi N, Tajabadi F, Taghavinia N. Recent developments in dye-sensitized solar cells[J]. Chemistry Physical Chemical, 2014, 15 (18): 3902-3927.

[5] O'regan B, Grätzel M. A low-cost, high-efficiency solar cell based on dye-sensitized colloidal TiO_2 films[J]. Nature, 1991, 353 (6346): 737.

[6] Nazeeruddin M K, Kay A, Rodicio I, et al. Conversion of light to electricity by *cis*-X_2bis (2,2′-bipyridyl-4,4′-dicarboxylate) ruthenium (Ⅱ) charge-transfer sensitizers ($X=Cl^-$, Br^-, I^-, $CN^-$and SCN^-) on nanocrystalline titanium dioxide electrodes[J]. Journal of the American Chemical Society, 1993, 115 (14): 6382-6390.

[7] Nazeeruddin M K, Zakeeruddin S M, Humphry-Baker R, et al. Acid-Base equilibria of (2,2′-Bipyridyl-4,4′-dicarboxylic acid) ruthenium (Ⅱ) complexes and the effect of protonation on charge-transfer sensitization of nanocrystalline titania[J]. Inorganic Chemistry, 1999, 38 (26): 6298-6305.

[8] Nazeeruddin M K, Pechy P, Grätzel M. Efficient panchromatic sensitization of nanocrystalline TiO_2 films by a black dye based on atrithiocyanato-ruthenium complex[J]. Chemical Communications, 1997 (18): 1705-1706.

[9] Zakeeruddin S M, Nazeeruddin M K, Humphry-Baker R, et al. Design, synthesis, and application of amphiphilic ruthenium polypyridyl photosensitizers in solar cells based on nanocrystalline TiO_2 films[J]. Langmuir, 2002, 18 (3): 952-954.

[10] Wang P, Zakeeruddin S M, Moser J E, et al. A stable quasi-solid-state dye-sensitized solar cell with an amphiphilic ruthenium sensitizer and polymer gel electrolyte[J]. Nature Materials, 2003, 2 (6): 402.

[11] Wang P, Zakeeruddin S M, Humphry-Baker R, et al. A binary ionic liquid electrolyte to achieve≥7% power conversion efficiencies in dye-sensitized solar cells[J]. Chemistry of Materials, 2004, 16 (14): 2694-2696.

[12] Wang P, Zakeeruddin S M, Exnar I, et al. High efficiency dye-sensitized nanocrystalline solar cells based on ionic liquid polymer gel electrolyte[J]. Chemical Communications, 2002 (24): 2972-2973.

[13] Bai Y, Cao Y, Zhang J, et al. High-performance dye-sensitized solar cells based on solvent-free electrolytes produced from eutectic melts[J]. Nature Materials, 2008, 7 (8): 626.

[14] Kong F T, Dai S Y, Wang K J. New amphiphilic polypyridyl ruthenium (Ⅱ) sensitizer and its application in dye-sensitized solar cells[J]. Chinese Journal of Chemistry, 2007, 25 (2): 168-171.

[15] 孙花飞，泮廷廷，胡桂祺，等. 染料敏化太阳电池钌系敏化剂[J]. Progress in Chemistry,

2014, 26 (4): 609-625.

[16] Klein C, Nazeeruddin M K, Liska P, et al. Engineering of a novel ruthenium sensitizer and its application in dye-sensitized solar cells for conversion of sunlight into electricity[J]. Inorganic Chemistry, 2005, 44 (2): 178-180.

[17] Kuang D, Ito S, Wenger B, et al. High molar extinction coefficient heteroleptic ruthenium complexes for thin film dye-sensitized solar cells[J]. Journal of the American Chemical Society, 2006, 128 (12): 4146-4154.

[18] Wang P, Zakeeruddin S M, Moser J E, et al. Stable new sensitizer with improved light harvesting for nanocrystalline dye-sensitized solar cells[J]. Advanced Materials, 2004, 16 (20): 1806-1811.

[19] Giribabu L, Kumar C V, Rao C S, et al. High molar extinction coefficient amphiphilic ruthenium sensitizers for efficient and stable mesoscopic dye-sensitized solar cells[J]. Energy & Environmental Science, 2009, 2 (7): 770-773.

[20] Wu S J, Chen C Y, Chen J G, et al. An efficient light-harvesting ruthenium dye for solar cell application[J]. Dyes and Pigments, 2010, 84 (1): 95-101.

[21] Yu Q, Liu S, Zhang M, et al. An extremely high molar extinction coefficient ruthenium sensitizer in dye-sensitized solar cells: the effects of π-conjugation extension[J]. The Journal of Physical Chemistry C, 2009, 113 (32): 14559-14566.

[22] Kuang D, Klein C, Ito S, et al. High molar extinction coefficient ion-coordinating ruthenium sensitizer for efficient and stable mesoscopic dye-sensitized solar cells[J]. Advanced Functional Materials, 2007, 17 (1): 154-160.

[23] Chen C Y, Wang M, Li J Y, et al. Highly efficient light-harvesting ruthenium sensitizer for thin-film dye-sensitized solar cells[J]. ACS Nano, 2009, 3 (10): 3103-3109.

[24] Gao F, Wang Y, Shi D, et al. Enhance the optical absorptivity of nanocrystalline TiO_2 film with high molar extinction coefficient ruthenium sensitizers for high performance dye-sensitized solar cells[J]. Journal of the American Chemical Society, 2008, 130 (32): 10720-10728.

[25] Wu K L, Hsu H C, Chen K, et al. Development of thiocyanate-free, charge-neutral Ru (Ⅱ) sensitizers for dye-sensitized solar cells[J]. Chemical Communications, 2010, 46 (28): 5124-5126.

[26] Chen K S, Liu W H, Wang Y H, et al. New Family of Ruthenium-Dye-Sensitized Nanocrystalline TiO_2 Solar Cells with a High Solar-Energy-Conversion Efficiency[J]. Advanced Functional Materials, 2007, 17 (15): 2964-2974.

[27] Ozawa H, Yamamoto Y, Fukushima K, et al. Synthesis and characterization of a novel ruthenium sensitizer with a hexylthiophene-functionalized terpyridine ligand for dye-sensitized solar cells[J]. Chemistry Letters, 2013, 42 (8): 897-899.

[28] Ozawa H, Fukushima K, Urayama A, et al. Efficient ruthenium sensitizer with an extended π-conjugated terpyridine ligand for dye-sensitized solar cells[J]. Inorganic chemistry, 2015, 54 (18): 8887-8889.

[29] Ozawa H, Sugiura T, Kuroda T, et al. Highly efficient dye-sensitized solar cells based on a ruthenium sensitizer bearing a hexylthiophene modified terpyridine ligand[J]. Journal of Materials Chemistry A, 2016, 4 (5) : 1762-1770.

[30] Chen W C, Kong F T, Li Z Q, et al. Superior light-harvesting heteroleptic ruthenium (Ⅱ) complexes with electron-donating antennas for high performance dye-sensitized solar cells[J]. ACS applied materials & interfaces, 2016, 8 (30) : 19410-19417.

[31] Hirata N, Lagref J J, Palomares E J, et al. Supramolecular control of charge-transfer dynamics on dye-sensitized nanocrystalline TiO_2 films[J]. Chemistry-A European Journal, 2004, 10 (3) : 595-602.

[32] Haque S A, Handa S, Peter K, et al. Supermolecular Control of Charge Transfer in Dye-Sensitized Nanocrystalline TiO_2 Films: Towards a Quantitative Structure-Function Relationship[J]. Angewandte Chemie International Edition, 2005, 44 (35) : 5740-5744.

[33] Cao K, Lu J, Cui J, et al. Highly efficient light harvesting ruthenium sensitizers for dye-sensitized solar cells featuring triphenylamine donor antennas[J]. Journal of Materials Chemistry A, 2014, 2 (14) : 4945-4953.

[34] Bessho T, Yoneda E, Yum J H, et al. New paradigm in molecular engineering of sensitizers for solar cell applications[J]. Journal of the American Chemical Society, 2009, 131 (16) : 5930-5934.

[35] Wadman S H, Kroon J M, Bakker K, et al. Cyclometalated ruthenium complexes for sensitizing nanocrystalline TiO_2 solar cells[J]. Chemical Communications, 2007 (19) : 1907-1909.

[36] Wadman S H, Kroon J M, Bakker K, et al. Cyclometalated organoruthenium complexes for application in dye-sensitized solar cells[J]. Organometallics, 2010, 29 (7) : 1569-1579.

[37] Bomben P G, Robson K C D, Koivisto B D, et al. Cyclometalated ruthenium chromophores for the dye-sensitized solar cell[J]. Coordination Chemistry Reviews, 2012, 256 (15-16) : 1438-1450.

[38] Robson K C D, Koivisto B D, Yella A, et al. Design and development of functionalized cyclometalated ruthenium chromophores for light-harvesting applications[J]. Inorganic chemistry, 2011, 50 (12) : 5494-5508.

[39] Wu K L, Ku W P, Wang S W, et al. Thiocyanate-free Ru (Ⅱ) sensitizers with a 4,4′-dicarboxyvinyl-2,2′-bipyridine anchor for dye-sensitized solar cells[J]. Advanced Functional Materials, 2013, 23 (18) : 2285-2294.

[40] Polander L E, Yella A, Curchod B F E, et al. Towards compatibility between ruthenium sensitizers and cobalt electrolytes in dye-sensitized solar cells[J]. Angewandte Chemie International Edition, 2013, 52 (33) : 8731-8735.

[41] Aghazada S, Gao P, Yella A, et al. Ligand engineering for the efficient dye-sensitized solar cells with ruthenium sensitizers and cobalt electrolytes[J]. Inorganic chemistry, 2016, 55 (13) : 6653-6659.

[42] Alonso-Vante N, Nierengarten J F, Sauvage J P. Spectral sensitization of large-band-gap

semiconductors (thin films and ceramics) by a carboxylated bis (1,10-phenanthroline) copper (Ⅰ) complex[J]. Journal of the Chemical Society, Dalton Transactions, 1994 (11): 1649-1654.

[43] Bessho T, Constable E C, Graetzel M, et al. An element of surprise-efficient copper-functionalized dye-sensitized solar cells[J]. Chemical Communications, 2008 (32): 3717-3719.

[44] Bozic-Weber B, Brauchli S Y, Constable E C, et al. Hole-transport functionalized copper (Ⅰ) dye sensitized solar cells[J]. Physical Chemistry Chemical Physics, 2013, 15 (13): 4500-4504.

[45] Sandroni M, Favereau L, Planchat A, et al. Heteroleptic copper (Ⅰ) -polypyridine complexes as efficient sensitizers for dye sensitized solar cells[J]. Journal of Materials Chemistry A, 2014, 2 (26): 9944-9947.

[46] Karakitsou K E, Verykios X E. Effects of altervalent cation doping of titania on its performance as a photocatalyst for water cleavage[J]. The Journal of Physical Chemistry, 1993, 97 (6): 1184-1189.

[47] Qin P, Yang X, Chen R, et al. Influence of π-conjugation units in organic dyes for dye-sensitized solar cells[J]. The Journal of Physical Chemistry C, 2007, 111 (4): 1853-1860.

[48] Sauvé G, Cass M E, Doig S J, et al. High Quantum Yield Sensitization of Nanocrystalline Titanium Dioxide Photoelectrodes with cis-Dicyanobis (4,4′-dicarboxy-2,2′-bipyridine) osmium (Ⅱ) or Tris (4,4′-dicarboxy-2,2′-bipyridine) osmium (Ⅱ) Complexes[J]. The Journal of Physical Chemistry B, 2000, 104 (15): 3488-3491.

[49] Altobello S, Argazzi R, Caramori S, et al. Sensitization of nanocrystalline TiO_2 with black absorbers based on Os and Ru polypyridine complexes[J]. Journal of the American Chemical Society, 2005, 127 (44): 15342-15343.

[50] Kinoshita T, Fujisawa J, Nakazaki J, et al. Enhancement of near-IR photoelectric conversion in dye-sensitized solar cells using an osmium sensitizer with strong spin-forbidden transition[J]. The Journal of Physical Chemistry Letters, 2012, 3 (3): 394-398.

[51] Wu K L, Ho S T, Chou C C, et al. Engineering of osmium (Ⅱ)-based light absorbers for dye-sensitized solar cells[J]. Angewandte Chemie International Edition, 2012, 51 (23): 5642-5646.

[52] Kay A, Grätzel M. Artificial photosynthesis. 1. Photosensitization of titania solar cells with chlorophyll derivatives and related natural porphyrins[J]. The Journal of Physical Chemistry, 1993, 97 (23): 6272-6277.

[53] Nazeeruddin M K, Humphry-Baker R, Officer D L, et al. Application of metalloporphyrins in nanocrystalline dye-sensitized solar cells for conversion of sunlight into electricity[J]. Langmuir, 2004, 20 (15): 6514-6517.

[54] Wang Q, Campbell W M, Bonfantani E E, et al. Efficient light harvesting by using green Zn-porphyrin-sensitized nanocrystalline TiO_2 films[J]. The Journal of Physical Chemistry B, 2005, 109 (32): 15397-15409.

[55] Campbell W M, Jolley K W, Wagner P, et al. Highly efficient porphyrin sensitizers for dye-sensitized solar cells[J]. The Journal of Physical Chemistry C, 2007, 111 (32): 11760-11762.

[56] Park J K, Lee H R, Chen J, et al. Photoelectrochemical properties of doubly β-functionalized porphyrin sensitizers for dye-sensitized nanocrystalline-TiO_2 solar cells[J]. The Journal of Physical Chemistry C, 2008, 112 (42): 16691-16699.

[57] Ishida M, Park S W, Hwang D, et al. Donor-substituted β-functionalized porphyrin dyes on hierarchically structured mesoporous TiO_2 spheres. Highly efficient dye-sensitized solar cells[J]. The Journal of Physical Chemistry C, 2011, 115 (39): 19343-19354.

[58] Cherian S, Wamser C C. Adsorption and photoactivity of tetra (4-carboxyphenyl) porphyrin (TCPP) on nanoparticulate TiO_2[J]. The Journal of Physical Chemistry B, 2000, 104 (15): 3624-3629.

[59] Tachibana Y, Haque S A, Mercer I P, et al. Electron injection and recombination in dye sensitized nanocrystalline titanium dioxide films: a comparison of ruthenium bipyridyl and porphyrin sensitizer dyes[J]. The Journal of Physical Chemistry B, 2000, 104 (6): 1198-1205.

[60] Imahori H, Hayashi S, Hayashi H, et al. Effects of porphyrin substituents and adsorption conditions on photovoltaic properties of porphyrin-sensitized TiO_2 cells[J]. The Journal of Physical Chemistry C, 2009, 113 (42): 18406-18413.

[61] Gou F, Jiang X, Fang R, et al. Strategy to improve photovoltaic performance of DSSC sensitized by zinc prophyrin using salicylic acid as a tridentate anchoring group[J]. ACS Applied Materials & Interfaces, 2014, 6 (9): 6697-6703.

[62] Song H, Liu Q, Xie Y. Porphyrin-sensitized solar cells: systematic molecular optimization, coadsorption and cosensitization[J]. Chemical Communications, 2018, 54 (15): 1811-1824.

[63] Wang Y, Chen B, Wu W, et al. Efficient solar cells sensitized by porphyrins with an extended conjugation framework and a carbazole donor: from molecular design to cosensitization[J]. Angewandte Chemie International Edition, 2014, 53 (40): 10779-10783.

[64] Chang Y C, Wang C L, Pan T Y, et al. A strategy to design highly efficient porphyrin sensitizers for dye-sensitized solar cells[J]. Chemical Communications, 2011, 47 (31): 8910-8912.

[65] Xie Y, Tang Y, Wu W, et al. Porphyrin cosensitization for a photovoltaic efficiency of 11.5%: a record for non-ruthenium solar cells based on iodine electrolyte[J]. Journal of the American Chemical Society, 2015, 137 (44): 14055-14058.

[66] Wu C H, Pan T Y, Hong S H, et al. A fluorene-modified porphyrin for efficient dye-sensitized solar cells[J]. Chemical Communications, 2012, 48 (36): 4329-4331.

[67] Wang C L, Chang Y C, Lan C M, et al. Enhanced light harvesting with π-conjugated cyclic aromatic hydrocarbons for porphyrin-sensitized solar cells[J]. Energy & Environmental Science, 2011, 4 (5): 1788-1795.

[68] Lee C W, Lu H P, Lan C M, et al. Novel zinc porphyrin sensitizers for dye-sensitized solar cells: synthesis and spectral, electrochemical, and photovoltaic properties[J]. Chemistry-A European Journal, 2009, 15 (6): 1403-1412.

[69] Hsieh C P，Lu H P，Chiu C L，et al. Synthesis and characterization of porphyrin sensitizers with various electron-donating substituents for highly efficient dye-sensitized solar cells[J]. Journal of Materials Chemistry，2010，20（6）：1127-1134.

[70] Li C，Luo L，Wu D，et al. Porphyrins with intense absorptivity：highly efficient sensitizers with a photovoltaic efficiency of up to 10.7% without a cosensitizer and a coabsorbate[J]. Journal of Materials Chemistry A，2016，4（30）：11829-11834.

[71] Bessho T，Zakeeruddin S M，Yeh C Y，et al. Highly efficient mesoscopic dye-sensitized solar cells based on donor-acceptor-substituted porphyrins[J]. Angewandte Chemie International Edition，2010，49（37）：6646-6649.

[72] Yella A，Mai C L，Zakeeruddin S M，et al. Molecular engineering of push-pull porphyrin dyes for highly efficient dye-sensitized solar cells：The role of benzene spacers[J]. Angewandte Chemie International Edition，2014，53（11）：2973-2977.

[73] Song H，Tang W，Zhao S，et al. Porphyrin sensitizers containing an auxiliary benzotriazole acceptor for dye-sensitized solar cells：Effects of steric hindrance and cosensitization[J]. Dyes and Pigments，2018，155：323-331.

[74] Wang C L，Hu J Y，Wu C H，et al. Highly efficient porphyrin-sensitized solar cells with enhanced light harvesting ability beyond 800 nm and efficiency exceeding 10%[J]. Energy & Environmental Science，2014，7（4）：1392-1396.

[75] Wu H P，Ou Z W，Pan T Y，et al. Molecular engineering of cocktail co-sensitization for efficient panchromatic porphyrin-sensitized solar cells[J]. Energy & Environmental Science，2012，5（12）：9843-9848.

[76] Hill J P. Molecular engineering combined with cosensitization leads to record photovoltaic efficiency for non-ruthenium solar cells[J]. Angewandte Chemie International Edition，2016，55（9）：2976-2978.

[77] Wang Y，Li X，Liu B，et al. Porphyrins bearing long alkoxyl chains and carbazole for dye-sensitized solar cells：tuning cell performance through an ethynylene bridge[J]. RSC Advances，2013，3（34）：14780-14790.

[78] Tang Y，Wang Y，Li X，et al. Porphyrins containing a triphenylamine donor and up to eight alkoxy chains for dye-sensitized solar cells：a high efficiency of 10.9%[J]. ACS Applied Materials & Interfaces，2015，7（50）：27976-27985.

[79] Wei T，Sun X，Li X，et al. Systematic investigations on the roles of the electron acceptor and neighboring ethynylene moiety in porphyrins for dye-sensitized solar cells[J]. ACS Applied Materials & Interfaces，2015，7（39）：21956-21965.

[80] Chou H H，Reddy K S K，Wu H P，et al. Influence of phenylethynylene of push-pull zinc porphyrins on the photovoltaic performance[J]. ACS Applied Materials & Interfaces，2016，8（5）：3418-3427.

[81] Lee C Y，Hupp J T. Dye sensitized solar cells：TiO_2 sensitization with a bodipy-porphyrin antenna system[J]. Langmuir，2009，26（5）：3760-3765.

[82] Lu J，Li H，Liu S，et al. Novel porphyrin-preparation，characterization，and applications in

solar energy conversion[J]. Physical Chemistry Chemical Physics，2016，18（9）：6885-6892.

[83] Wang C L，Lan C M，Hong S H，et al. Enveloping porphyrins for efficient dye-sensitized solar cells[J]. Energy & Environmental Science，2012，5（5）：6933-6940.

[84] Lu Y，Song H，Li X，et al. Multiply wrapped porphyrin dyes with a phenothiazine donor：a high efficiency of 11.7% achieved through a synergetic coadsorption and cosensitization approach[J]. ACS Applied Materials & Interfaces，2019，11（5）：5046-5054.

[85] Yella A，Lee H W，Tsao H N，et al. Porphyrin-sensitized solar cells with cobalt（Ⅱ/Ⅲ）-based redox electrolyte exceed 12 percent efficiency[J]. Science，2011，334（6056）：629-634.

[86] Lu Y，Liu Q，Luo J，et al. Solar cells sensitized with porphyrin dyes containing oligo（ethylene glycol）units：a high efficiency beyond 12%[J]. Chemistry & Sustainability，Energy & Materials，2019.

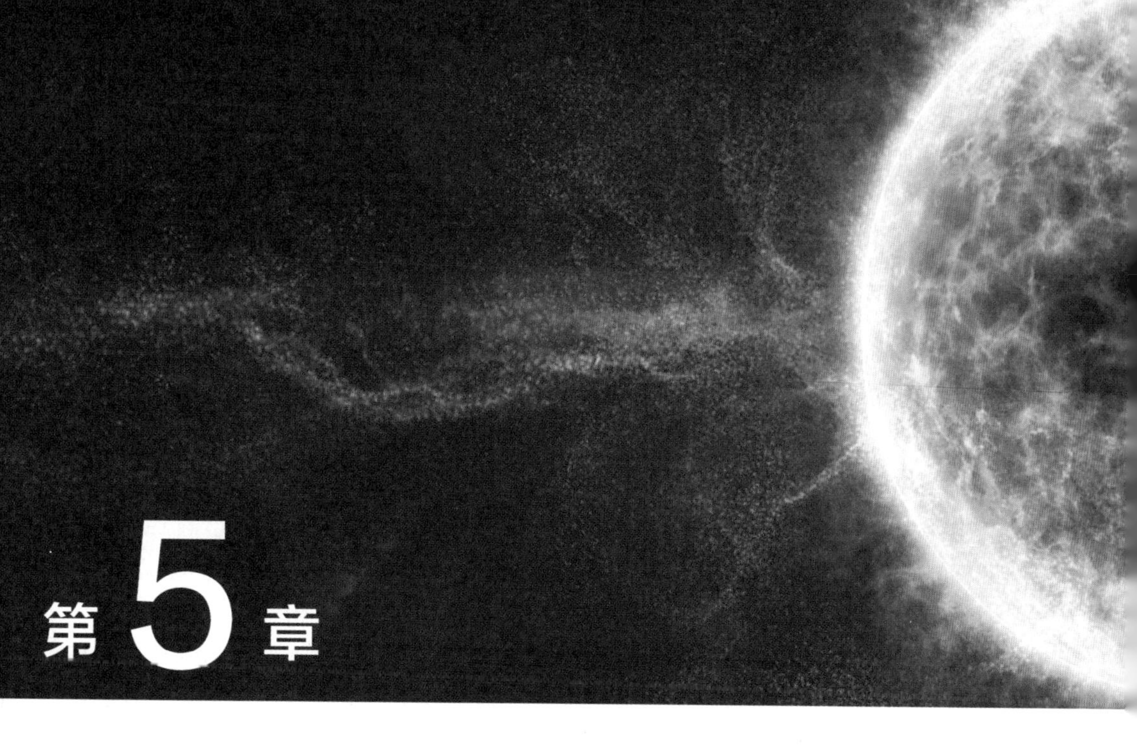

第5章

染料敏化太阳电池纯有机染料

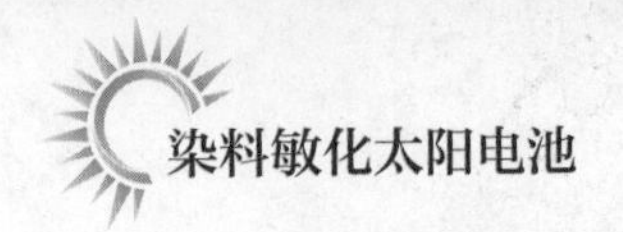

5.1 纯有机染料概述

与金属配合物染料相比，纯有机染料具有易合成、成本低、消光系数高等优点，是金属配合物染料的替代染料。纯有机染料普遍采用 D-π-A 结构，即在共轭 π 体系的两端分别连着推电子基团 D 和拉电子基团 A，光谱的吸收源于分子内电荷转移（intramolecular charge transfer，ICT），通过改变电子给体 D、电子受体 A、共轭 π 桥可以灵活地调整分子的吸光能力。常用的电子给体有三苯胺、咔唑、吲哚啉、吩噁嗪等；电子受体部分通常具有吸电子特性与吸附在光阳极上的能力，如氰基丙烯酸、绕单宁酸；常用的 π 共轭体系有多烯类、多炔类、噻吩、呋喃、吡咯等，如图 5-1 所示[1]。常见的有机染料根据给体的分类包括香豆素类有机染料、吲哚啉类有机染料、喹啉类有机染料、三苯胺类有机染料、吩噻嗪类有机染料等。本章重点介绍香豆素类有机染料、吲哚啉类有机染料、三苯胺类有机染料以及其他有机染料。

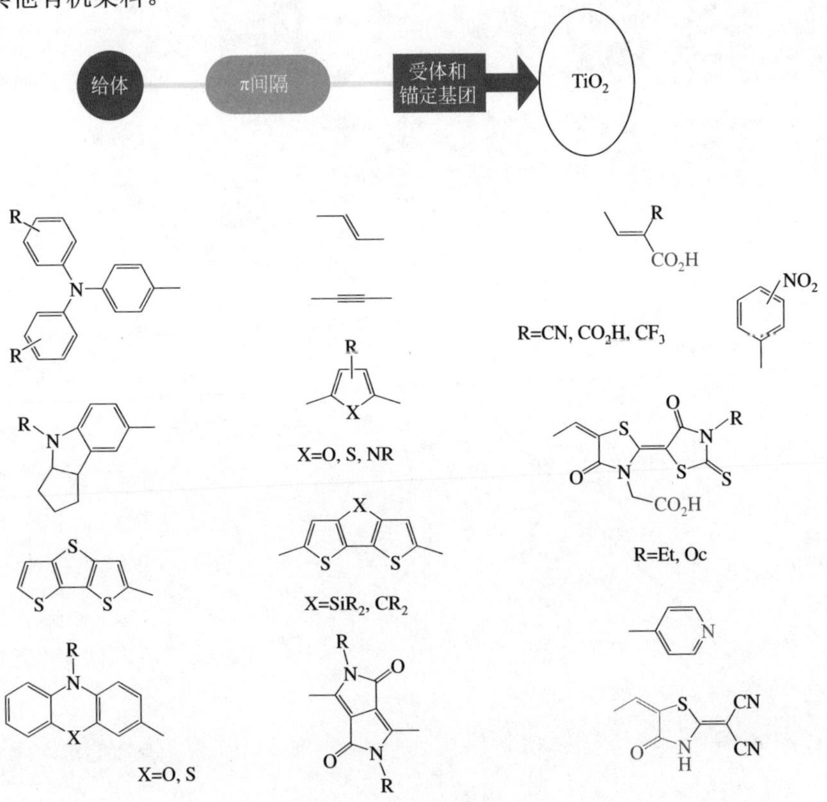

图5-1 D-π-A结构有机染料的示意图及其常见D、π、A三部分基团[1]

5.2 香豆素类有机染料

香豆素类有机染料是一类以苯并吡喃酮为基本单元的肉桂酸内酯类染料，具有易修饰、光谱响应宽以及稳定性好等优点。应用于 DSSCs 香豆素类有机染料的电子给体通常为香豆素单元，电子受体为氰基丙烯酸基团，二者通过共轭 π 体系如乙烯、噻吩等连接。首次应用于 DSSCs 的香豆素染料为 C343，Rehm 等认为 C343 经过光激发后能够快速地将电子注入 TiO_2 导带中[2]。Arakaw 等通过在 C343 染料中引入不同链长的—CH═CH—得到一系列 NKX 敏化剂（图 5-2 中 NKX-2388，NKX-2311，NKX-2586），结果发现随着双键个数的增加，染料的共轭体系逐渐增大，光谱红移，从而提高电池的短路光电流，光电转换效率提高至 5.2%[3-5]。通过引入共吸附剂来抑制染料的堆积，将基于 NKX-2311 的电池效率提高至 6%[5]。Hara 等引入噻吩代替乙烯链来增加 π 体系的共轭，简化了香豆素类染料的合成，并且基于刚性的噻吩共轭桥电池器件具有较高的开路光电压，电池效率达到 6.1%～8.1%[6-8]，如图 5-2 所示。在 NKX-2677 的基础上，他们组又将—CH═CH—引入两个噻吩基团之间（NKX2700），有效拓宽染料的吸收光谱，增强光捕获能力，提高光电流；通过共吸附剂的引入，抑制染料的聚集，改善电池光电压，将电池效率提高至 8.2%[9]。Liu 等[10]通过引入炔基、苯并噻二唑作为额外的 π 桥和电子给体，设计合成了 D-π-A-π-A 结构染料 CS-1、CS-2（图 5-2），提高给体与受体部分的共平面性，利于 ICT 过程，降低能量损失，增强太阳光的捕获能力，基于 CS-2 电池的效率达到 8.03%。Hanaya 等[11]设计合成了以硅氧烷基为锚定基团的香豆素类染料 SFD-5 与 ADEKA-3（图 5-2），通过对 TiO_2 能级、氧化还原电对的优化，将 DSSCs 的开路光电压提高至 1.4V。

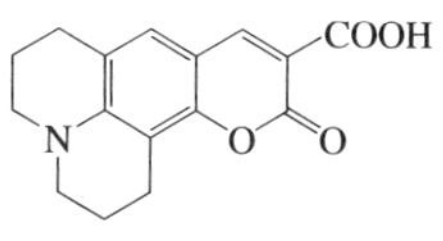

C343 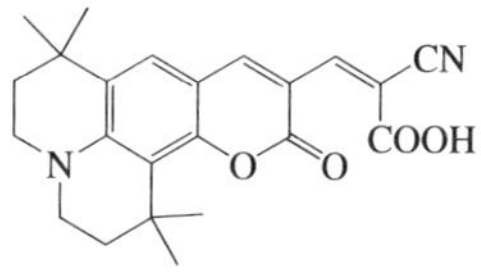　　NKX-2388

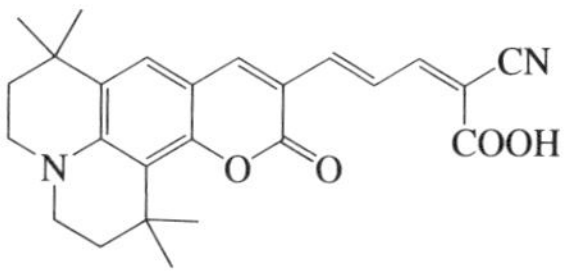

NKX-2311 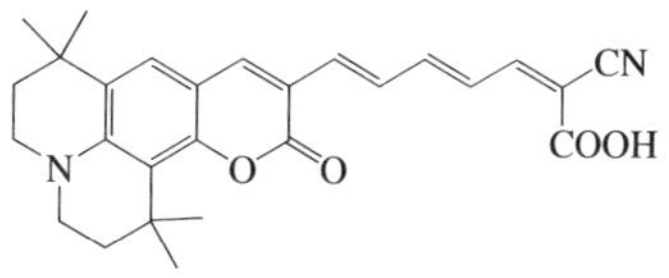　　NKX-2586

图5-2

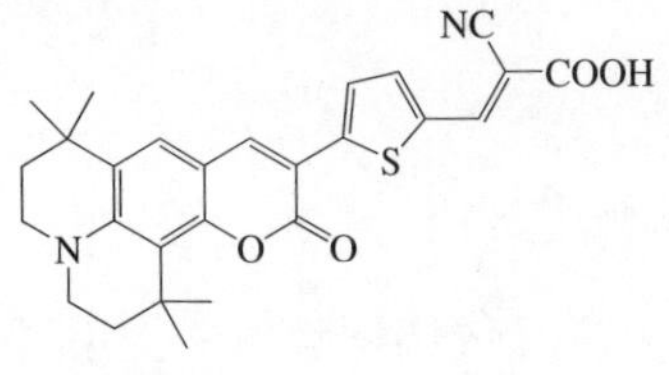

NKX-2587

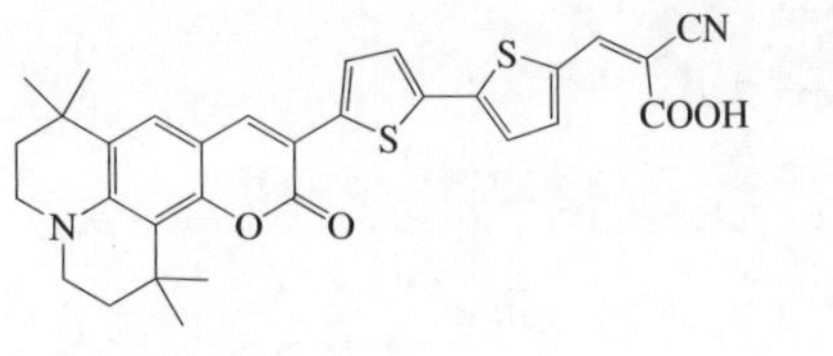

NKX-2677

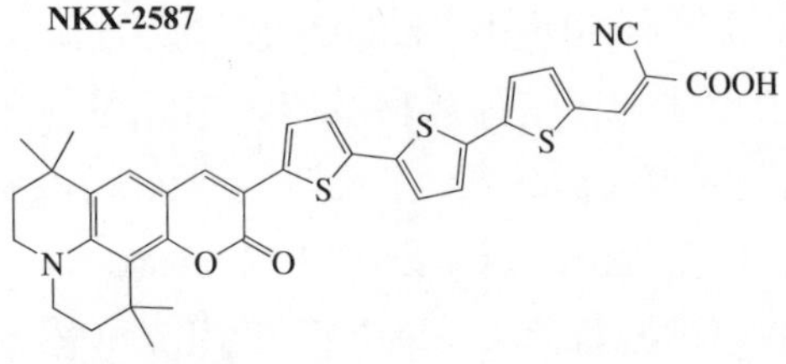

NKX-2697

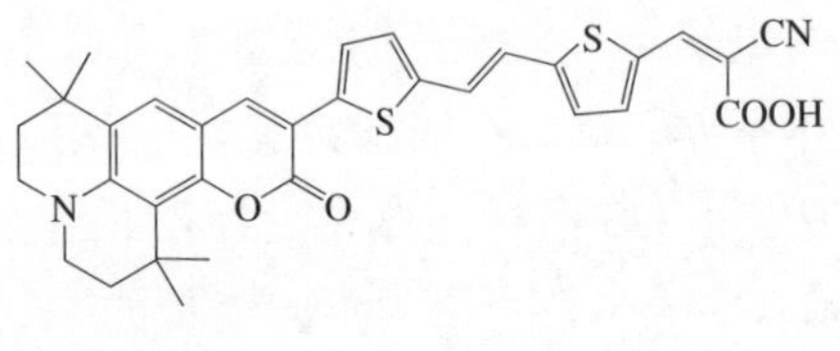

NKX-2700

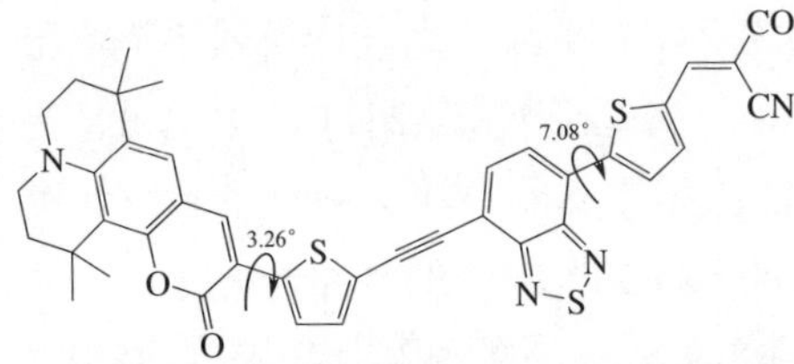

CS-1

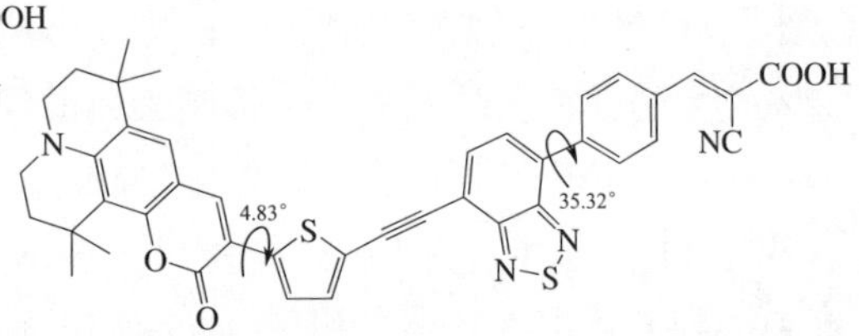

CS-2

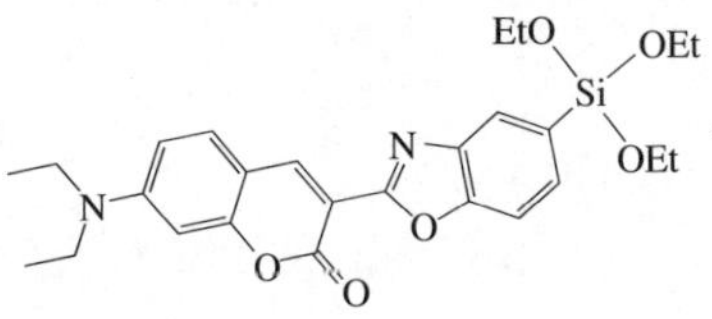

SFD-5

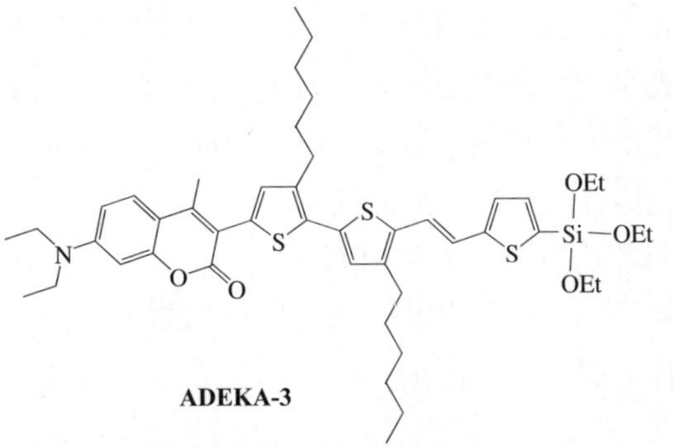

ADEKA-3

图5-2　香豆素类敏化剂

5.3 吲哚啉类有机染料

2003 年，Uchida 等[12]首次将吲哚啉类有机染料应用于 DSSCs 中，基于染料 1 和 2（图 5-3）的电池光电转换效率分别达到 6.1% 和 5.5%。随后，他们组又做了进一步的设计和优化，在上述染料 D102 基础上增加额外的罗丹宁框架来扩展吸收光谱以及抑制 J- 聚集，得到了一系列新型的吲哚啉类染料（图 5-4），将基于 D149 染料的电池的效率提高至 8%[13-15]。采用更长烷基链的辛基取代 D149 染料受体上罗丹宁的乙基获得两性染料 D205（图 5-4）[15]，通过染料自组装有效抑制复合反应，电池的光电转换效率达到 7.18%；通过共吸附剂（chenodeoxycholic acid，CDCA）的引入，将基于 D205 染料器件的效率提升至 9.52%，成为当时有机染料敏化太阳电池的最高效率[16]。

1(D102)　　2　　3

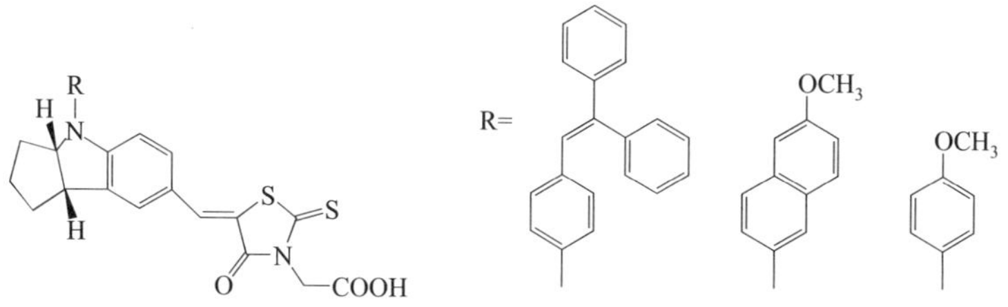

图5-3　D102以及其吲哚啉类有机染料

	R1	R2
1(D149)	$—CH_2COOH$	$—CH_2CH_3$
2	$—CH_2COOH$	$—CH_2COOH$
3	$—CH_2CH_2COOH$	$—CH_2CH_3$

D205

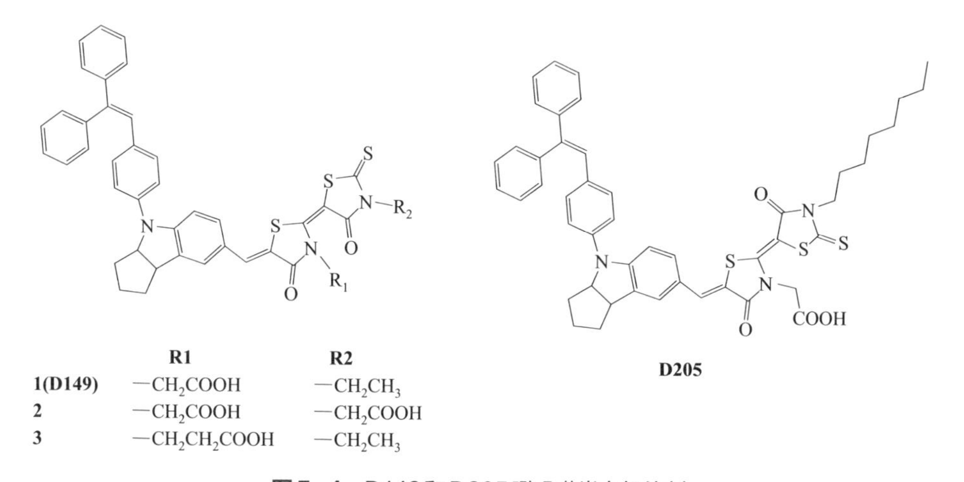

图5-4　D149和D205吲哚啉类有机染料

Tian 课题组[17]以异氟尔酮作为π共轭桥设计合成了 D-3 吲哚啉类染料（图 5-5），最大吸收峰处摩尔消光系数达到 3.74×10^4L/(mol·cm)，优于 N719 的吸光能力。D-3 分子的非平面特性与异氟尔酮基团上两甲基的空间位阻都有效地抑制染料的堆积，提高电池的开路光电压与短路光电流，电池效率高达 7.41%。Hara 等[18]在吲哚啉类染料的共轭π桥噻吩基团上引入正己烷长链，抑制染料的聚集以及与 TiO_2 表面的复合反应，增长电子寿命来提高光电压。带有长链的 MK-1、MK-2 染料（图 5-5）的电压达到 0.71～0.74V，远高于基于无位阻效应的 MK-3 染料（图 5-5）的 0.63V，效率从 MK-3 的 4.7% 提高至 MK-2 的 7.7%。

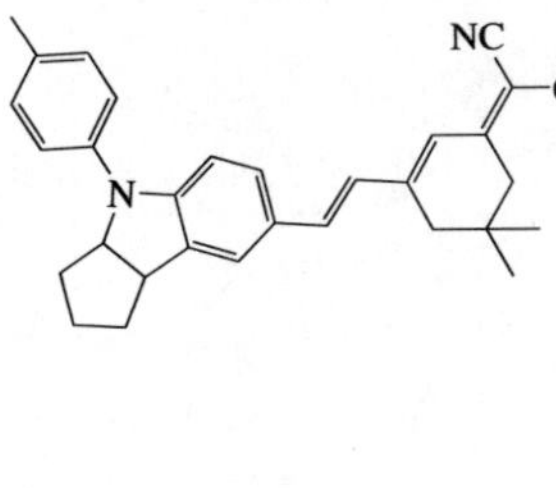

D-3 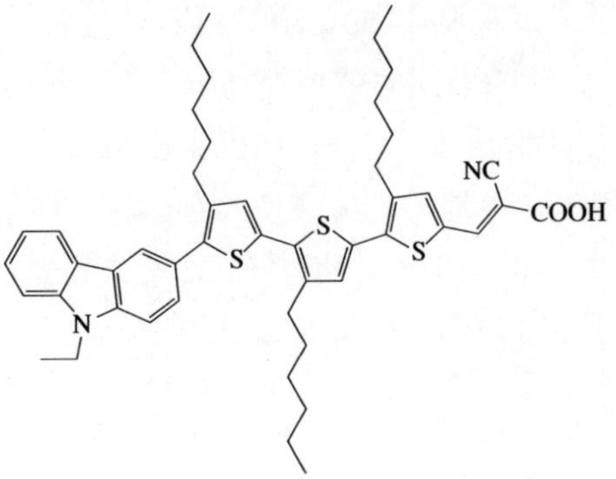 MK-1

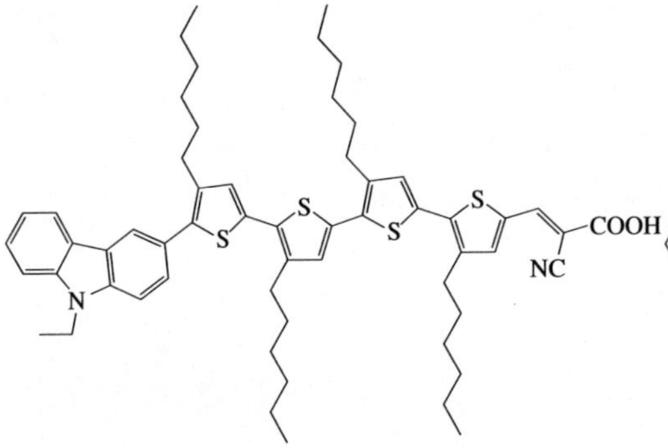

MK-2 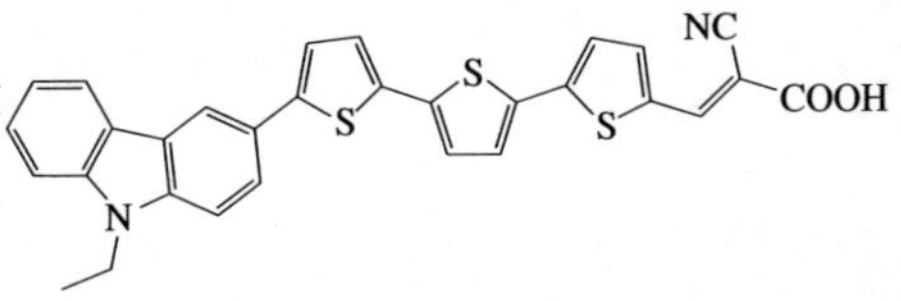 MK-3

图5-5 D-3、MK-1、MK-2、MK-3吲哚啉类有机染料

通过增加电子给体的给电子能力可以有效地拓宽染料的吸收光谱。Zhu 课题组[19]在吲哚啉电子给体部位引入额外的给体基团形成 D-D-π-A 结构染料（图 5-6），比较了三种不同给电子能力的基团对染料吸光性能、能级以及电池光电性能的影响，发现额外引入咔唑给电子基团的C-CA染料，电池的IPCE有效地拓宽至红外区700nm处，光电转换效率达到8.49%。

引入额外电子受体如苯并三唑（BTZ）、喹喔啉（Qu）、苯并噻二唑（BTD）等基团[20]形成 D-A-π-A 结构染料（图 5-7），促进电子从给体向受体的转移。两个受体基团的存在并不意味着分子中存在两个离散的、空间分离的 LUMO 轨道，而是 LUMO 轨道离域在 A-π-A 单元上，仍为一个受体单元。Wang 等[21]在吲哚啉类染料中引入含有不同链长的苯并三唑，开发了两种 D-A-π-A 结构染料（图 5-8），发现长烷基链的引入明显地延长了 TiO_2 膜中电子寿命，抑制了复合反应，提高了电池的光电压，效率高达 8.02%。Zhu 等[22]引入额外的二苯基喹喔啉电子受体设计了 D-A-π-A 结构 IQ4 染料（图 5-9），这类染料具有以下优势：有效降低了分子的 HOMO 与 LUMO 的能隙，拓宽吸收光谱；具有适当的电子抽取

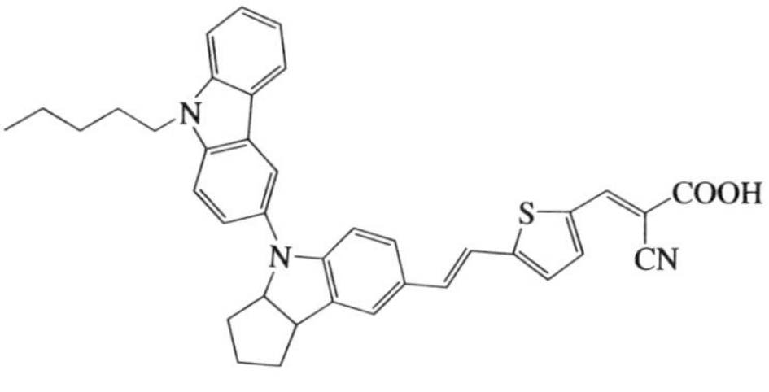

C-CA 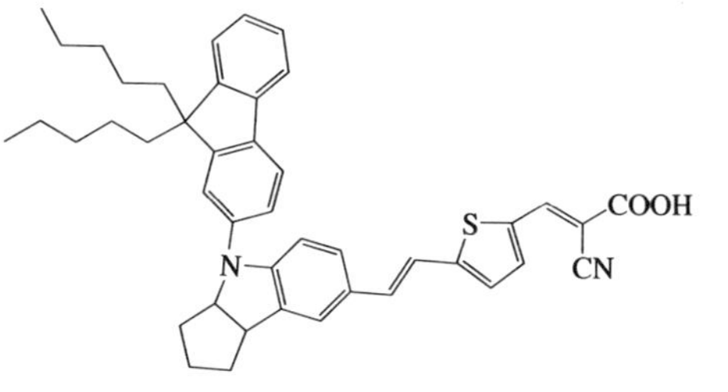　　F-CA

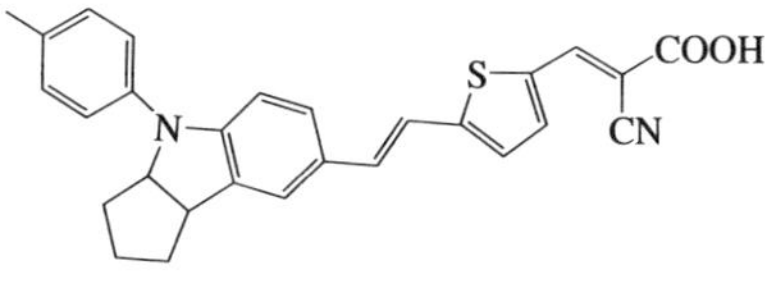

I-3

图5-6　D-D-π-A结构吲哚啉类有机染料

能力，保证了高的光电压和光电流；喹喔啉上两个苯基抑制了染料的堆积。最终基于IQ4染料电池的效率达到9.24%。在IQ4的基础上，通过在吲哚啉基团上引入大的空间位阻（图5-9中YA421与YA422），降低了TiO_2表面电子复合速率，基于YA421和YA422电池的最高光电转换效率分别达到9.00%和10.65%[23]。Zhu课题组[24]将缺电子基团苯并噻二唑、苯并噁二唑基团引入WS-52染料中设计合成了两种吲哚啉类染料（图5-10中WS-54，WS-55），优化了染料的LUMO能级，将基于I^-/I_3^-氧化还原电对和WS-55染料电池的效率提高至9.46%。

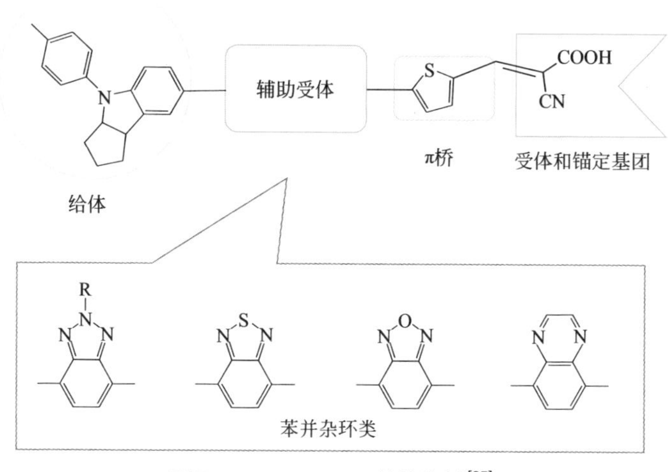

图5-7　D-A-π-A结构染料[25]

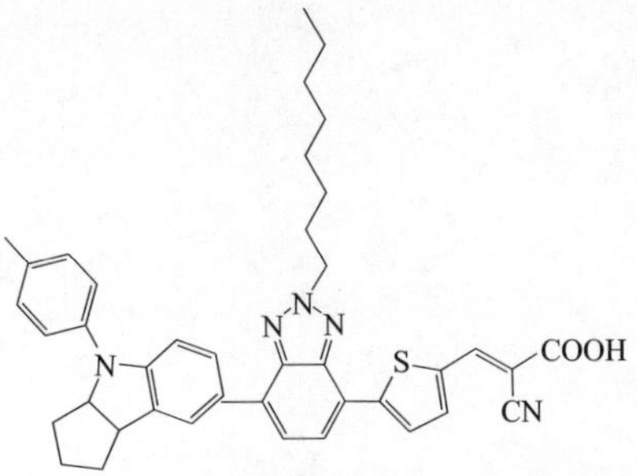

WS-5 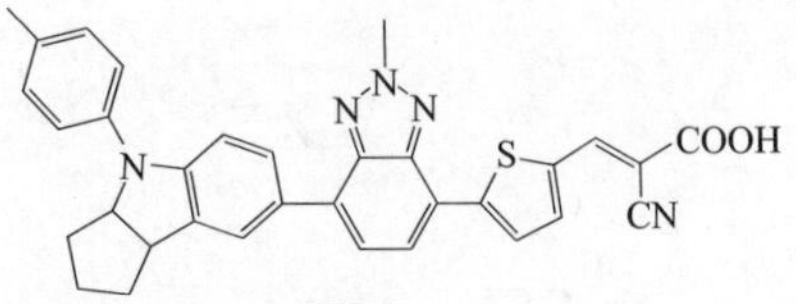　　WS-8

图5-8　含苯并三唑的D-A-π-A结构吲哚啉类有机染料

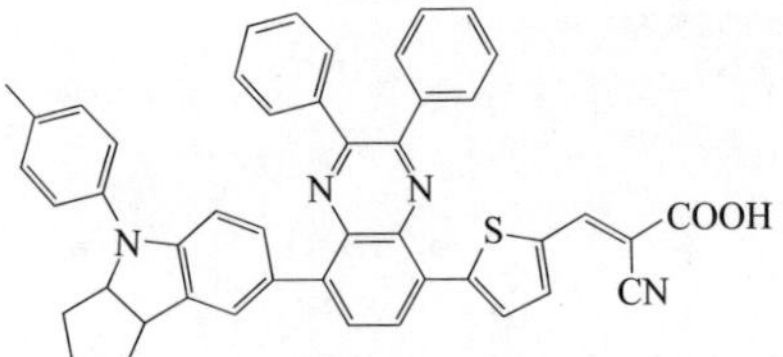

IQ4 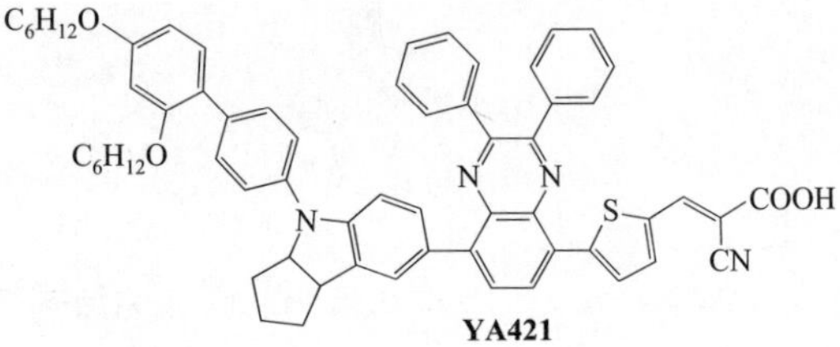　　YA421

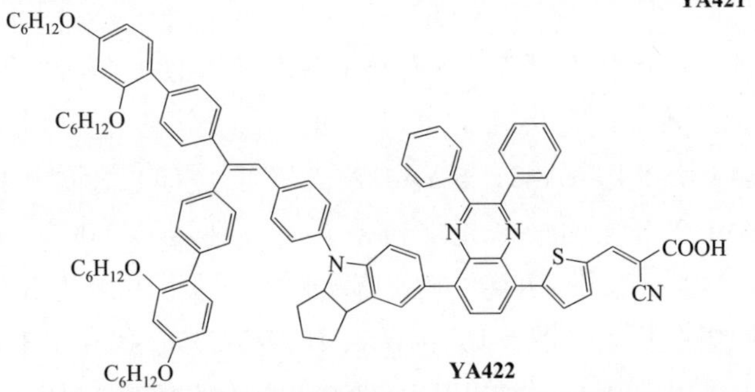

YA422

图5-9　含二苯基喹喔啉的D-A-π-A结构吲哚啉类有机染料

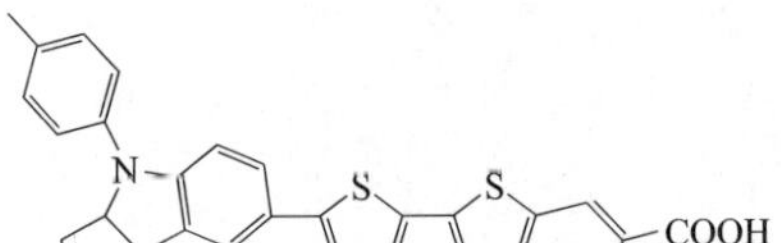

WS-52 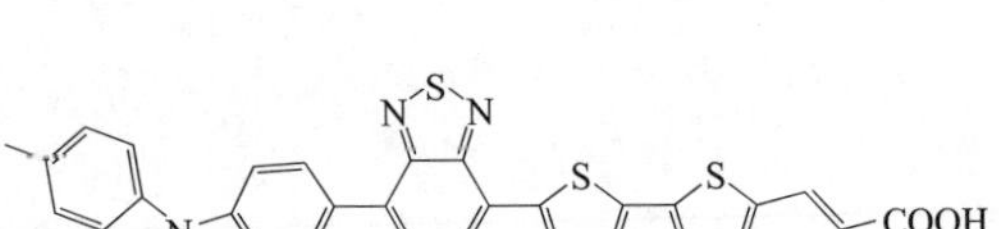　　WS-54

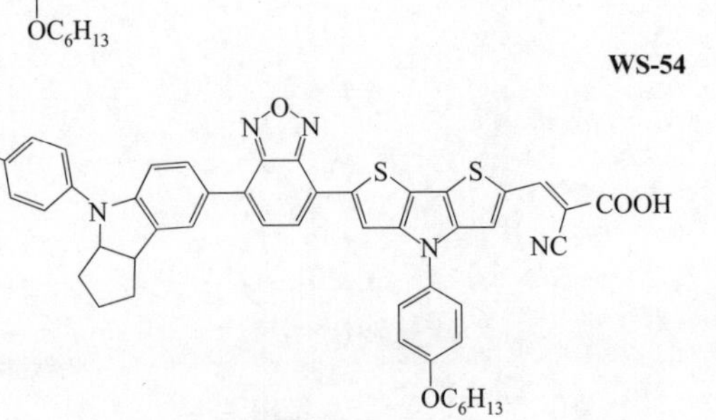

WS-55

图5-10　含苯并噻二唑、苯并噁二唑基的D-A-π-A结构吲哚啉类有机染料

5.4
三芳胺类有机染料

三苯胺具有优异的给电子能力以及空穴传输特性，其非平面空间结构使得具有三苯胺基团染料分子的聚集程度减弱，因此设计合成三苯胺类有机敏化剂应用于 DSSCs 已成为国内外研究的热点，也取得了重要的突破。

Yanagida 等 [26] 首次将三苯胺作为电子给体引入有机染料中［图 5-11（a）］，电池的效率达到 5.3%。Sun 等 [27] 将噻吩基团引入染料体系中进一步优化三苯胺染料结构［图 5-11（b）］，拓宽了染料的吸收光谱，电池的效率达到 5.1%。Wang 等 [28,29] 以己氧基取代基的三苯胺为电子给体、并噻吩为 π 桥以及氰基丙烯酸为受体设计合成了两亲性 D-π-A 三苯胺类有机染料 C206 和 C211（图 5-12），将电池效率提高至 8%，并且基于离子液体电解质效率达到 6.5%。随后他们组又设计合成了以乙烯二氧噻吩和并二噻吩为共轭 π 桥的宽光谱响应的有机染料 C217（图 5-12），将电池效率提高至 9.8%[30]。在染料 D35[31] 的基础上，Grätzel 等 [32] 将环戊二噻吩（CPDT）作为共轭 π 桥单元设计了 Y123 三苯胺类有机染料（图 5-13），拓宽吸收光谱至红光，电池光电流提高了 40%，效率高达 9.6%。Cao 等 [33] 采用 copper（Ⅱ/Ⅰ）空穴传输材料，将基于 Y123 染料的固态电池效率提高至 11%。

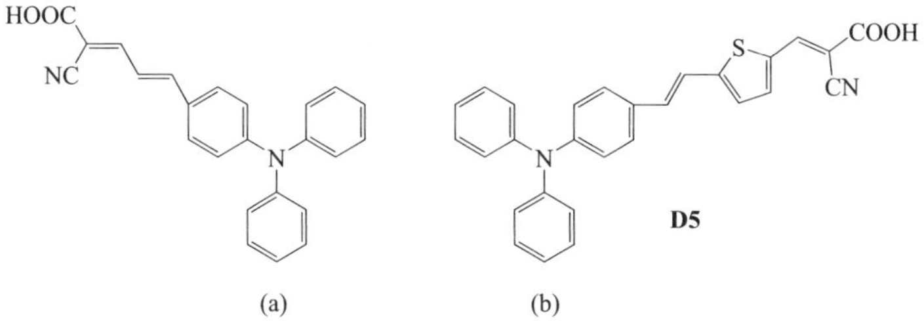

(a)　　(b)

图5-11　三苯胺类有机染料

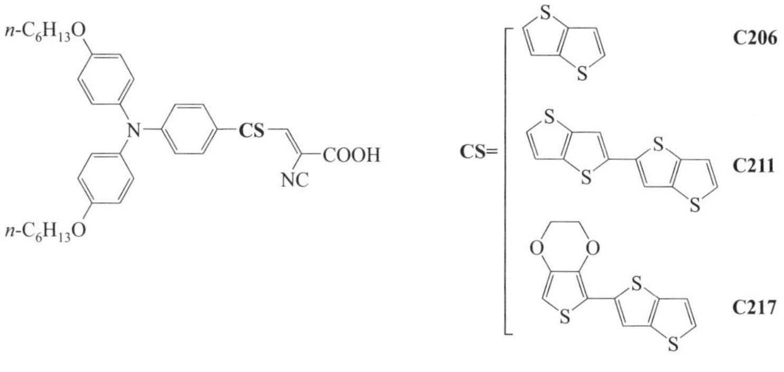

图5-12　D-π-A结构三苯胺类有机染料C206、C211、C217[28]

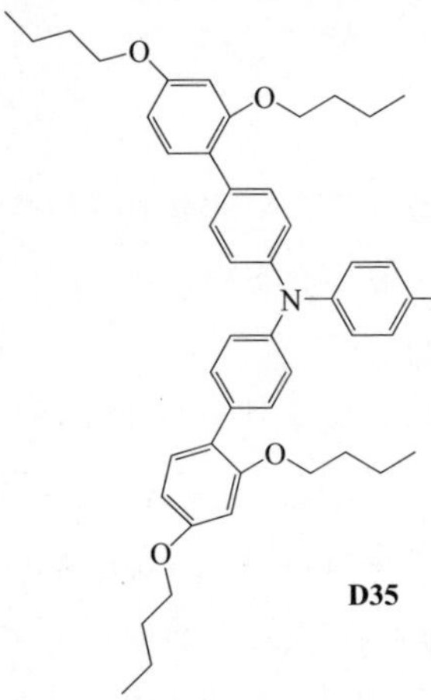

图5-13　三苯胺类有机染料D35、Y123

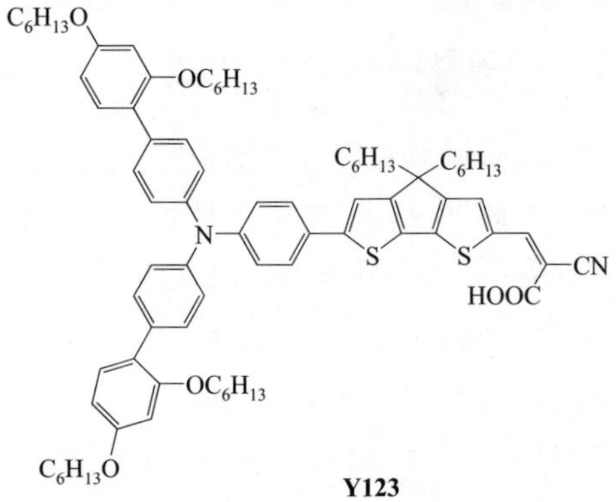

为了增加共轭程度以拓宽染料的吸收光谱，Marks等[34]将四并噻吩（TTA）作为三苯胺类有机染料的π桥，并在TTA、电子给体三苯胺（TPA）和锚定基团之间不同位置引入噻吩基团设计合成了具有高消光系数［4.5×10^4～5.2×10^4L/（mol·cm）］的四种染料（图5-14），通过在TTA上引入长烷基链抑制染料聚集和在TiO_2表面的复合；噻吩基团的引入对TiO_2表面染料的取向和自组装方式有显著影响；对于TPA-TTAR-T-A染料，在TTA和氰基丙烯酸锚定基团之间引入噻吩，有利于染料在TiO_2表面上的垂直取向以及密集吸附，从而使染料负载量达到最佳，DSSCs的光电转换效率达到最高（10.1%）。

通过在三苯胺上引入长的烷基链、烷氧基链可以有效地提高DSSCs的性能[35-43]。Demadrille等[40]在三苯胺上引入不同的烷基链以及烷氧基链，设计合成了一系列有机染料（图5-15），电池的效率超过了10%。Mori等[41]在三苯胺给体上引入不同数目的4-（己氧基）苯基空间位阻合成了三种染料（图5-16），结果表明基于大尺寸三苯胺给体的染料MK-123有效地抑制复合，将电池的开路光电压提高至900mV，但是电池的短路光电流低于无取代基的三苯胺给体染料MK-89。因此，基于MK-136染料的电池性能最高，光电转换效率达到8.9%。Zhang等[42,43]以缺电子的苯并噻二唑-苯甲酸（BTBA）、苯并噻二唑-乙炔-4-噻吩基羧酸（BTETA）基团取代常见的氰基丙烯酸电子受体，设计合成了具有高消光系数的C258与HW-4两种三苯胺类有机染料（图5-16），拓宽了吸收光谱，基于C258与HW-4染料的电池效率分别达到了11.1%和12%。

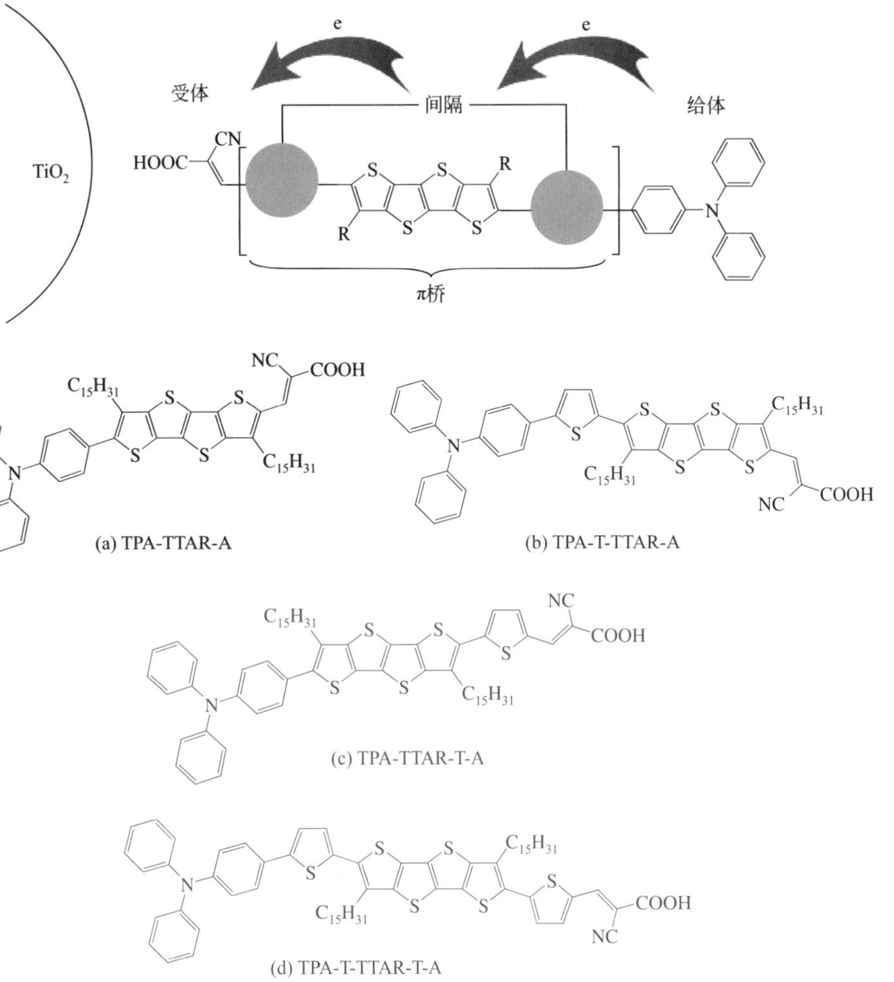

e　e
受体　间隔　给体
TiO_2
HOOC　CN　S　S　R　S　S　R　S　S　N
π桥

$C_{15}H_{31}$　NC　COOH　S　S　S　S　N　$C_{15}H_{31}$

(a) TPA-TTAR-A

N　S　S　S　$C_{15}H_{31}$　$C_{15}H_{31}$　S　S　S　NC　COOH

(b) TPA-T-TTAR-A

$C_{15}H_{31}$　S　S　NC　COOH　S　N　S　S　$C_{15}H_{31}$

(c) TPA-TTAR-T-A

N　S　S　S　$C_{15}H_{31}$　$C_{15}H_{31}$　S　S　S　COOH　NC

(d) TPA-T-TTAR-T-A

图5-14　分子染料设计示意图及其结构[34]

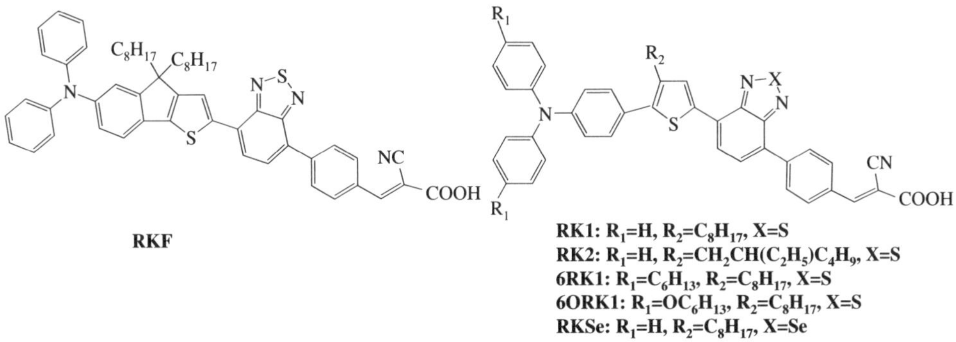

C_8H_{17}　C_8H_{17}　N　S　N　S　N　NC　COOH

RKF

R_1　R_2　N　X　N　N　S　CN　COOH　R_1

RK1: R_1=H, R_2=C_8H_{17}, X=S
RK2: R_1=H, R_2=$CH_2CH(C_2H_5)C_4H_9$, X=S
6RK1: R_1=C_6H_{13}, R_2=C_8H_{17}, X=S
6ORK1: R_1=OC_6H_{13}, R_2=C_8H_{17}, X=S
RKSe: R_1=H, R_2=C_8H_{17}, X=Se

图5-15　带有长烷基链的三苯胺类有机染料

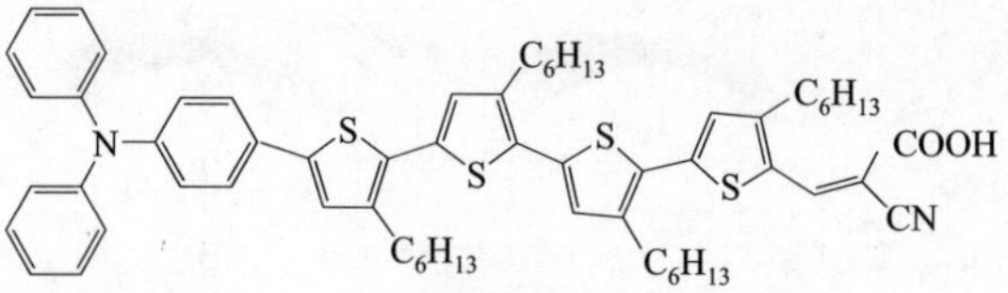

MK-89

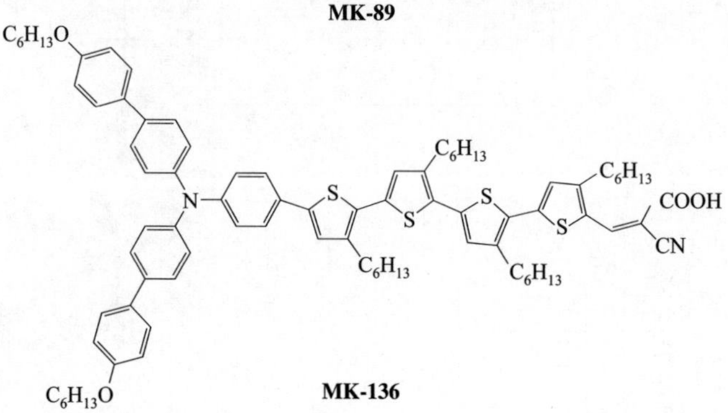

MK-136

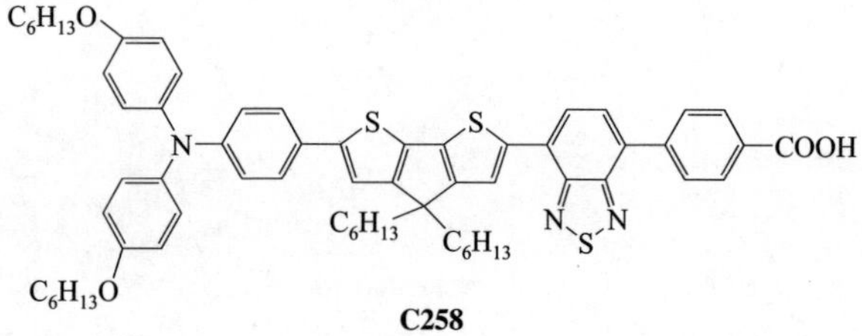

C258

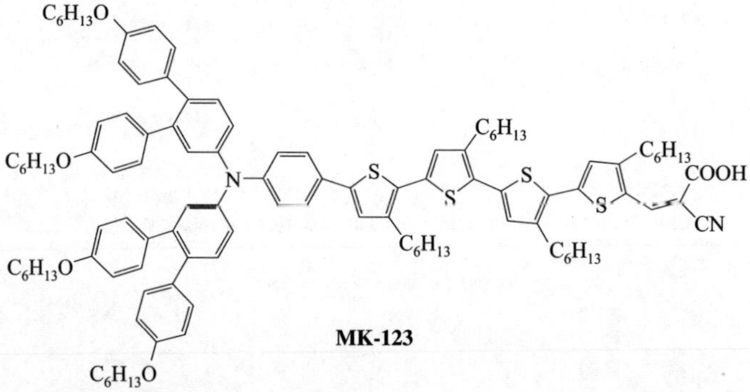

MK-123

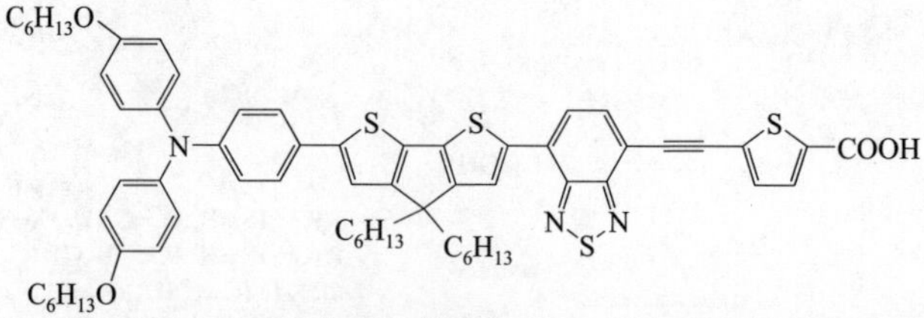

HW-4

图5-16 带有长链的三苯胺类有机染料

单一的 D-π-A 染料具有棒状的构象，易于聚集，从而导致注入效率低以及复合严重。使用大体积的多给体的星射状 D-D-π-A 结构染料可以有效抑制染料聚集、阻止注入电子与电解质的复合，并且由于共轭结构的增强，吸收光谱得到增强[44-46]。烷氧基、咔唑以及吩噻嗪等常作为给体修饰在三苯胺给体上[31,47,48]。Tian 课题组[44]设计合成了以三苯胺为核，以二苯胺、咔唑为支的两种星射状染料（图 5-17），最高光电转换效率达到 6.02%。Gopidas 课题组[45]将含有甲氧基的三苯胺终端给体通过炔基修饰到三苯胺核上，设计合成了两种星射状染料 TPAA4 和 TPAA5（图 5-18），增强了光谱的吸收，最高光电转换效率达到 6.52%。

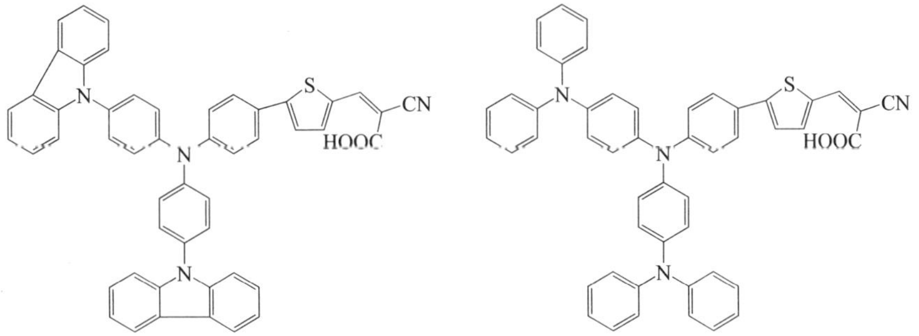

图5-17 星射状D-D-π-A结构染料

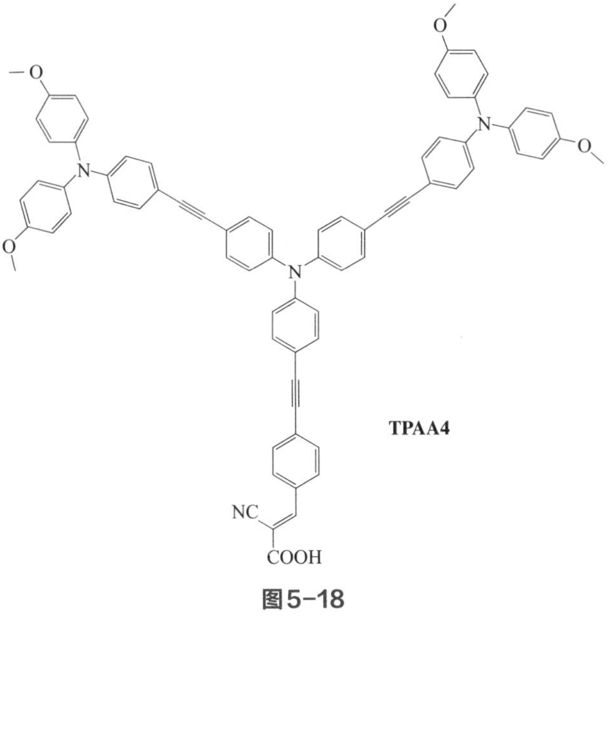

图5-18

TPAA5

图5-18 TPAA4、TPAA5染料

研究表明，D-A-π-A 结构染料的性能往往优于 D-π-A 结构染料的性能，这是由于在给体 D 和 π 桥之间引入额外辅助受体 A 利于分子能级的微调，从而增强光谱吸收以及拓宽光谱范围，也有利于提高分子内电荷转移效率和稳定性，如引入喹喔啉单元[49]、苯并噻二唑[50]、异景靛蓝[51]、苯并三唑[52]、吡咯并吡咯二酮[53]等缺电子受体[54,55]。Grätzel 等[49]将喹喔啉单元作为额外受体引入 Y123 染料的三苯胺给体和 π 桥之间，合成了 D-A-π-A 结构染料 WS-70，降低染料的 HOMO、LUMO 能级，减少电子注入与染料还原过程中电压的损耗（图 5-19）；又通过喹喔啉取代基的设计（WS-72）进一步抑制复合反应，将开路光电压损失降到最低，通过氧化还原电对的优化匹配，采用［$Cu(tmby)_2$］$^{2+/+}$ 氧化还原电对，电池电压高达 1.1V，基于 WS-72 染料的固态电池效率达到 11.7%。

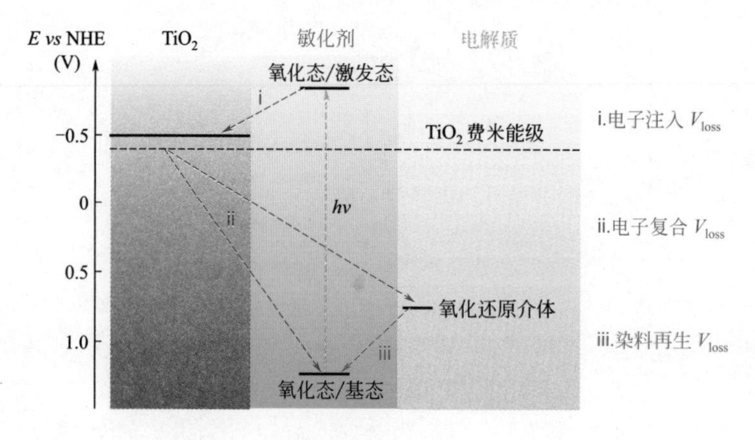

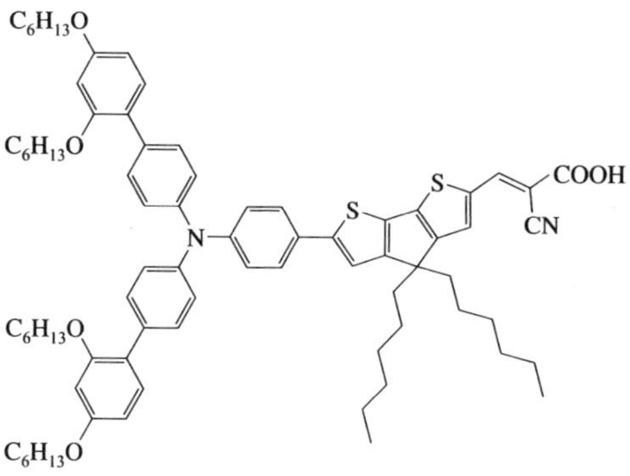

Y123

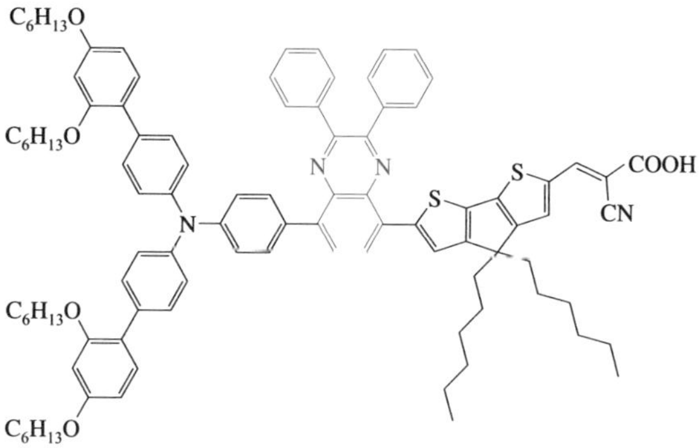

WS-70

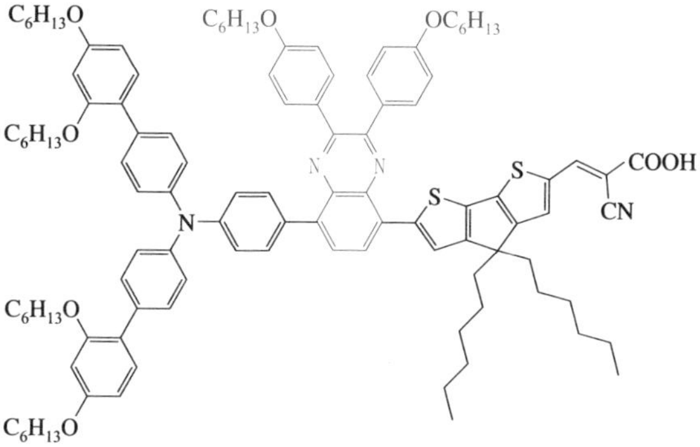

WS-72

图5-19　DSSCs中三种电压损失的示意图以及三种三苯胺类有机染料Y123、WS-70和WS-72的分子结构[49]

5.5 其他有机染料

三氮杂三并茚（triazatruxene，TAT）类敏化剂具有优越的吸光能力、空穴传输能力以及光稳定性，也被应用于DSSCs中[55-57]。Sun等报道了基于TAT类D-π-A

有机染料 ZL001 与 ZL003（图 5-20）[57]，系统地研究了刚性单键和柔性 z 型双键的结构变化对 TiO_2 薄膜的吸收和能级、染料负载、电子注入过程和能量损失、器件界面电子复合以及太阳电池整体性能的影响。由于具有刚性单键的 ZL003 在电子注入过程中能量损失较小，从而获得较高的光电转换效率，基于 ZL003 敏化剂的 DSSCs 的效率达到 13.6%，高于 ZL001 的 12.8%。

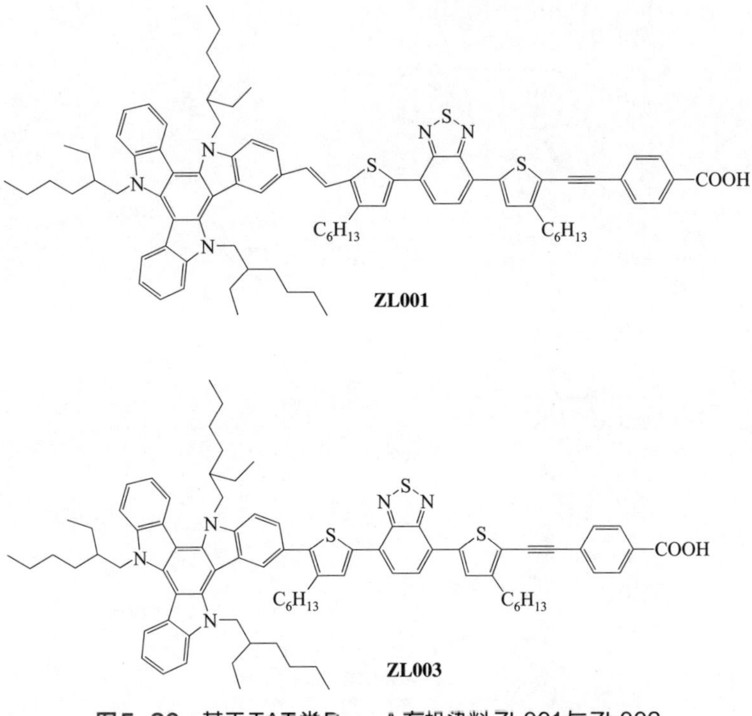

图 5-20　基于 TAT 类 D-π-A 有机染料 ZL001 与 ZL003

为了吸收更多的太阳光来提高 DSSCs 的效率，研究人员也致力于将吸收光谱拓宽至近红外区域染料的设计与研究，如方酸类[58,59]、花菁类[60,61]、吩噁嗪类[62]、噻二唑并［3,4-*c*］吡啶类[63]、BODIPY 类[64]、四氢喹啉类[65]等近红外有机染料。Hua 等[66]报道了三种 D-A-π-A 结构的近红外染料（图 5-21），引入强电子给体茚并［1,2-*b*］噻吩单元，额外强电子受体 5,6- 二氟苯并［*c*］-［1,2,5］噻二唑（DFBT）、苯并［*c*］-［1,2,5］噻二唑（BT）或 2,3-二苯基吡啶[3,4-*b*]吡嗪（PP），提高了红外区的吸收，带边延伸至 850nm，最大吸收峰均超过 610nm，吸附染料的薄膜呈现绿色，基于 S3 的电池效率达到 7.23%。

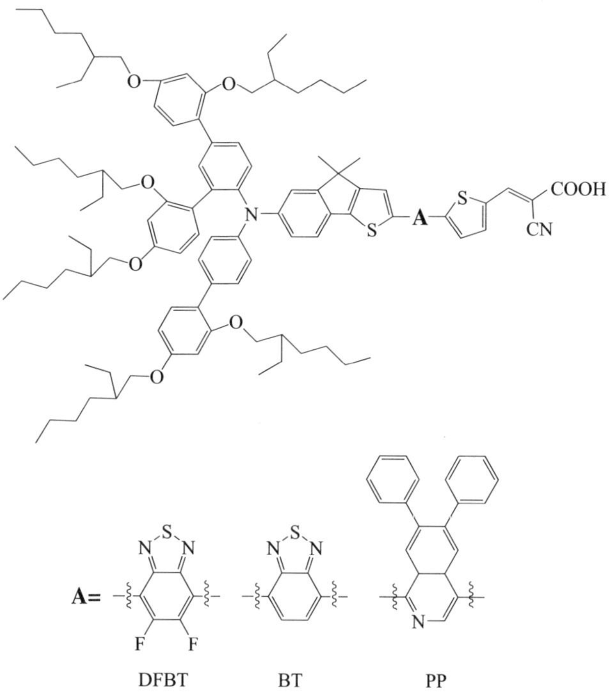

O O O O O O N S S A S COOH CN

A= N S N F F　N S N　N

DFBT　BT　PP

图5-21　三种D-A-π-A结构的近红外染料

花类有机小分子具有强的光吸收能力、高的荧光产率以及光稳定等优点并应用于 DSSCs 中[67,68]。Wang 等[68]以带有长链的苯基功能化的 *N*- 杂化花（PNP）为电子给体、乙炔基苯并噻二唑 - 苯甲酸（EBTBA）为电子给体设计合成了简单的 D-A 花类染料 C272（图 5-22），在无共吸附剂的条件下，电池的光电转换效率达到 10.4%。随后，他们以带有 2- 己基癸氧基支链和 2- 己基癸基、己基苯基侧链的 *N*- 杂化茚并花为电子给体来减少分子间强的 π-π 堆积，合成了 C275 染料（图 5-22），将电池效率提高至 12.5%[69]。

有机硅化合物如硅氧烷、硅醇能够与 TiO_2 表面形成稳定的 Si—O—Ti 从而牢固锚定在 TiO_2 表面，因此含有硅氧烷、硅醇锚定基团的染料可以应用于 DSSCs 中[70-73]。Hanaya 课题组[72]设计合成了含有咔唑 / 烷基功能化寡噻吩 / 烷氧硅基锚固基团类型的有机染料 ADEKA-1（图 5-23），基于此染料的电池效率达到了 12.5%，又通过与含羧基锚定基团的三苯胺染料 LEG4（图 5-23）共敏化，将电池效率进一步提高至 14.3%，成为目前最高效率[73]。

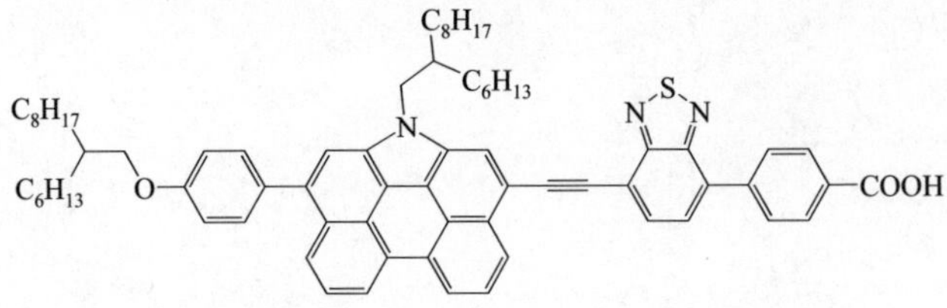

C_8H_{17}
C_6H_{13}
C_8H_{17}
C_6H_{13}
O
N
S
N N
COOH C272

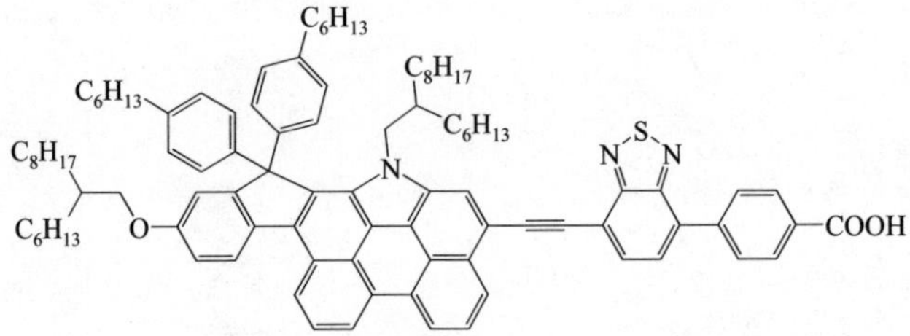

C_6H_{13}
C_6H_{13}
C_8H_{17}
C_6H_{13}
C_8H_{17}
C_6H_{13}
O
N
S
N N
COOH C275

图5-22 苝类染料C272、C275染料

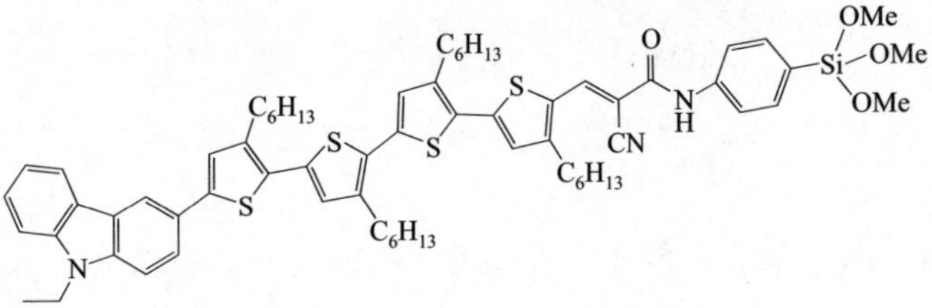

C_6H_{13}
C_6H_{13}
C_6H_{13}
C_6H_{13}
S S S S
N
O
N
H
CN
OMe
Si OMe
OMe

ADEKA-1

C_6H_{13} C_6H_{13}
NC
COOH
C_4H_9O
OC_4H_9
S S
N
OC_4H_9
OC_4H_9

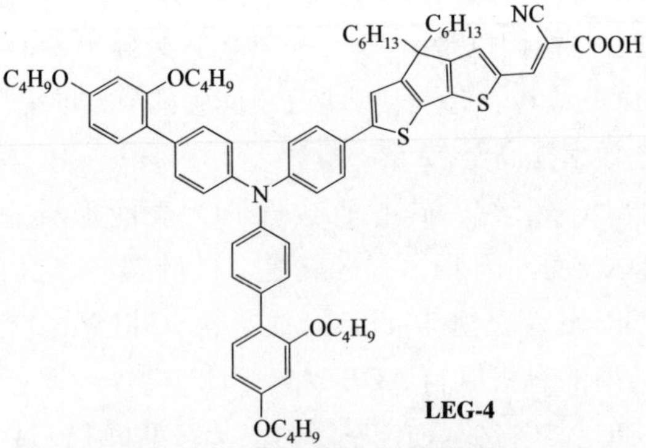

LEG-4

图5-23 ADEKA-1和LEG4染料

5.6 有机染料的发展展望

有机染料易于设计合成的优点以及日益增加的光电转换效率使其有着巨大的发展潜力，目前最高光电转换效率已达到 14.3%。研究工作者们通过大量的实验、理论计算来设计和优化染料分子，如增加共轭 π 体系、引入额外的受体或给体基团、引入大体积空间位阻以及改变锚定基团、数量等来调整分子的几何结构、电子分布、吸收光谱、界面间的电子转移以及分子间的相互作用等方面，从而提高染料分子的吸光能力、拓宽染料的光谱范围、优化分子的 HOMO 与 LUMO 能级、抑制分子聚集带来的界面复合反应、提高激发态分子的注入效率等。毫无疑问，染料分子结构的优化设计对提高 DSSCs 性能是至关重要的。为了进一步提高 DSSCs 的效率，共敏化、共吸附对染料吸收光谱的补偿以及聚集的抑制也是一个有效的手段。同时，要从电池的整体入手，例如膜厚的选择、氧化还原电对的结构、能级的匹配等方面，不能单方面地去优化设计染料分子。此外，在重视高性能染料的开发设计时，其稳定性，包括化学稳定性和光学稳定性，也需要得到进一步的关注和研究。从长远来看，全固态电池、透明电池是未来拓展市场的一个必然方向，因此设计和开发低成本、高消光系数、高稳定性、宽光谱的敏化剂材料仍然是未来 DSSCs 领域的研究重点。

参考文献

[1] Zhang S，Yang X，Numata Y，et al. Highly efficient dye-sensitized solar cells：progress and future challenges[J]. Energy & Environmental Science，2013，6（5）：1443-1464.

[2] Rehm J M，McLendon G L，Nagasawa Y，et al. Femtosecond electron-transfer dynamics at a sensitizing dye-semiconductor（TiO_2） interface[J]. The Journal of Physical Chemistry，1996，100（23）：9577-9578.

[3] Hara K，Sayama K，Ohga Y，et al. A coumarin-derivative dye sensitized nanocrystalline TiO_2 solar cell having a high solar-energy conversion efficiency up to 5.6%[J]. Chemical Communications，2001（6）：569-570.

[4] Hara K，Tachibana Y，Ohga Y，et al. Dye-sensitized nanocrystalline TiO_2 solar cells based on novel coumarin dyes[J]. Solar Energy materials and Solar cells，2003，77（1）：89-103.

[5] Hara K，Sato T，Katoh R，et al. Molecular design of coumarin dyes for efficient dye-sensitized solar cells[J]. The Journal of Physical Chemistry B，2003，107（2）：597-606.

[6] Hara K，Kurashige M，Dan-oh Y，et al. Design of new coumarin dyes having thiophene

moieties for highly efficient organic-dye-sensitized solar cells[J]. New Journal of Chemistry, 2003, 27 (5): 783-785.

[7] Hara K, Miyamoto K, Abe Y, et al. Electron transport in coumarin-dye-sensitized nanocrystalline TiO_2 electrodes[J]. The Journal of Physical Chemistry B, 2005, 109 (50): 23776-23778.

[8] Hara K, Dan-oh Y, Kasada C, et al. Effect of additives on the photovoltaic performance of coumarin-dye-sensitized nanocrystalline TiO_2 solar cells[J]. Langmuir, 2004, 20 (10): 4205-4210.

[9] Wang Z S, Cui Y, Dan-oh Y, et al. Thiophene-functionalized coumarin dye for efficient dye-sensitized solar cells: electron lifetime improved by coadsorption of deoxycholic acid[J]. The Journal of Physical Chemistry C, 2007, 111 (19): 7224-7230.

[10] Feng H, Li R, Song Y, et al. Novel D-π-A-π-A coumarin dyes for highly efficient dye-sensitized solar cells: Effect of π-bridge on optical, electrochemical, and photovoltaic performance[J]. Journal of Power Sources, 2017, 345: 59-66.

[11] Kakiage K, Osada H, Aoyama Y, et al. Achievement of over 1.4 V photovoltage in a dye-sensitized solar cell by the application of a silyl-anchor coumarin dye[J]. Scientific reports, 2016, 6: 35888.

[12] Horiuchi T, Miura H, Uchida S. Highly-efficient metal-free organic dyes for dye-sensitized solar cells[J]. Chemical Communications, 2003 (24): 3036-3037.

[13] Horiuchi T, Miura H, Sumioka K, et al. High efficiency of dye-sensitized solar cells based on metal-free indoline dyes[J]. Journal of the American Chemical Society, 2004, 126 (39): 12218-12219.

[14] Ito S, Zakeeruddin S M, Humphry-Baker R, et al. High-efficiency organic-dye-sensitized solar cells controlled by nanocrystalline-TiO_2 electrode thickness[J]. Advanced Materials, 2006, 18 (9): 1202-1205.

[15] Kuang D, Uchida S, Humphry-Baker R, et al. Organic dye-sensitized ionic liquid based solar cells: remarkable enhancement in performance through molecular design of indoline sensitizers[J]. Angewandte Chemie International Edition, 2008, 47 (10): 1923-1927.

[16] Ito S, Miura H, Uchida S, et al. High-conversion-efficiency organic dye-sensitized solar cells with a novel indoline dye[J]. Chemical Communications, 2008 (41): 5194-5196.

[17] Liu B, Zhu W, Zhang Q, et al. Conveniently synthesized isophorone dyes for high efficiency dye-sensitized solar cells: tuning photovoltaic performance by structural modification of donor group in donor-π-acceptor system[J]. Chemical Communications, 2009 (13): 1766-1768.

[18] Koumura N, Wang Z S, Mori S, et al. Alkyl-functionalized organic dyes for efficient molecular photovoltaics[J]. Journal of the American Chemical Society, 2006, 128 (44): 14256-14257.

[19] Liu B, Liu Q, You D, et al. Molecular engineering of indoline based organic sensitizers for highly efficient dye-sensitized solar cells[J]. Journal of Materials Chemistry, 2012, 22 (26):

13348-13356.

[20] Roy J K, Kar S, Leszczynski J. Electronic structure and optical properties of designed photo efficient indoline based dye-sensitizers with D-A-π-A framework[J]. The Journal of Physical Chemistry C, 2019, 123: 3309-3320.

[21] Cui Y, Wu Y, Lu X, et al. Incorporating benzotriazole moiety to construct D-A-π-A organic sensitizers for solar cells: significant enhancement of open-circuit photovoltage with long alkyl group[J]. Chemistry of Materials, 2011, 23 (19): 4394-4401.

[22] Pei K, Wu Y, Islam A, et al. Constructing high-efficiency D-A-π-A-featured solar cell sensitizers: a promising building block of 2,3-diphenylquinoxaline for antiaggregation and photostability[J]. ACS Applied Materials & Interfaces, 2013, 5 (11): 4986-4995.

[23] Yang J, Ganesan P, Teuscher J, et al. Influence of the donor size in D-π-A organic dyes for dye-sensitized solar cells[J]. Journal of the American Chemical Society, 2014, 136 (15): 5722-5730.

[24] Xie Y, Wu W, Zhu H, et al. Unprecedentedly targeted customization of molecular energy levels with auxiliary-groups in organic solar cell sensitizers[J]. Chemical Science, 2016, 7 (1): 544-549.

[25] Wu Y, Zhu W H, Zakeeruddin S M, et al. Insight into D-A-π-A structured sensitizers: a promising route to highly efficient and stable dye-sensitized solar cells[J]. ACS Applied Materials & Interfaces, 2015, 7 (18): 9307-9318.

[26] Kitamura T, Ikeda M, Shigaki K, et al. Phenyl-conjugated oligoene sensitizers for TiO_2 solar cells[J]. Chemistry of Materials, 2004, 16 (9): 1806-1812.

[27] Hagberg D P, Edvinsson T, Marinado T, et al. A novel organic chromophore for dye-sensitized nanostructured solar cells[J]. Chemical Communications, 2006 (21): 2245-2247.

[28] Xu M, Li R, Pootrakulchote N, et al. Energy-level and molecular engineering of organic D-π-A sensitizers in dye-sensitized solar cells[J]. The Journal of Physical Chemistry C, 2008, 112 (49): 19770-19776.

[29] Zhang G, Bai Y, Li R, et al. Employ a bisthienothiophene linker to construct an organic chromophore for efficient and stable dye-sensitized solar cells[J]. Energy & Environmental Science, 2009, 2 (1): 92-95.

[30] Zhang G, Bala H, Cheng Y, et al. High efficiency and stable dye-sensitized solar cells with an organic chromophore featuring a binary π-conjugated spacer[J]. Chemical Communications, 2009 (16): 2198-2200.

[31] Hagberg D P, Jiang X, Gabrielsson E, et al. Symmetric and unsymmetric donor functionalization. comparing structural and spectral benefits of chromophores for dye-sensitized solar cells[J]. Journal of Materials Chemistry, 2009, 19 (39): 7232-7238.

[32] Tsao H N, Yi C, Moehl T, et al. Cyclopentadithiophene bridged donor-acceptor dyes achieve high power conversion efficiencies in dye-sensitized solar cells based on the tris-cobalt

bipyridine redox couple[J]. Chemistry & Sustainability, Energy & Materials 2011, 4 (5): 591-594.

[33] Cao Y, Saygili Y, Ummadisingu A, et al. 11% efficiency solid-state dye-sensitized solar cells with copper (Ⅱ/Ⅰ) hole transport materials[J]. Nature Communications, 2017, 8: 15390.

[34] Zhou N, Prabakaran K, Lee B, et al. Metal-free tetrathienoacene sensitizers for high-performance dye-sensitized solar cells[J]. Journal of the American Chemical Society, 2015, 137 (13): 4414-4423.

[35] Liu J, Li R, Si X, et al. Oligothiophene dye-sensitized solar cells[J]. Energy & Environmental Science, 2010, 3 (12): 1924-1928.

[36] Cai N, Wang Y, Xu M, et al. Engineering of push-pull thiophene dyes to enhance light absorption and modulate charge recombination in mesoscopic solar cells[J]. Advanced Functional Materials, 2013, 23 (14): 1846-1854.

[37] Wu Z, Li X, Li J, et al. Effect of bridging group configuration on photophysical and photovoltaic performance in dye-sensitized solar cells[J]. Journal of Materials Chemistry A, 2015, 3 (27): 14325-14333.

[38] Wang X, Yang J, Yu H, et al. A benzothiazole-cyclopentadithiophene bridged D-A-π-A sensitizer with enhanced light absorption for high efficiency dye-sensitized solar cells[J]. Chemical Communications, 2014, 50 (30): 3965-3968.

[39] Wang J, Liu K, Ma L, et al. Triarylamine: versatile platform for organic, dye-sensitized, and perovskite solar cells[J]. Chemical Reviews, 2016, 116 (23): 14675-14725.

[40] Joly D, Pellejà L, Narbey S, et al. Metal-free organic sensitizers with narrow absorption in the visible for solar cells exceeding 10% efficiency[J]. Energy & Environmental Science, 2015, 8 (7): 2010-2018.

[41] Murakami T N, Koumura N, Yoshida E, et al. An alkyloxyphenyl group as a sterically hindered substituent on a triphenylamine donor dye for effective recombination inhibition in dye-sensitized solar cells[J]. Langmuir, 2016, 32 (4): 1178-1183.

[42] Zhang M, Wang Y, Xu M, et al. Design of high-efficiency organic dyes for titania solar cells based on the chromophoric core of cyclopentadithiophene-benzothiadiazole[J]. Energy & Environmental Science, 2013, 6 (10): 2944-2949.

[43] Mu Y, Wu H, Dong G, et al. Benzothiadiazole-ethynylthiophenezoic acid as an acceptor of photosensitizer for efficient organic dye-sensitized solar cells[J]. Journal of Materials Chemistry A, 2018, 6 (43): 21493-21500.

[44] Tang J, Hua J, Wu W, et al. New starburst sensitizer with carbazole antennas for efficient and stable dye-sensitized solar cells[J]. Energy & Environmental Science, 2010, 3 (11): 1736-1745.

[45] Vinayak M V, Yoosuf M, Pradhan S C, et al. A detailed evaluation of charge recombination dynamics in dye solar cells based on starburst triphenylamine dyes[J]. Sustainable Energy & Fuels, 2018, 2 (1): 303-314.

[46] Hailu Y M, Nguyen M T, Jiang J C. Effects of the terminal donor unit in dyes with D-D-π-A architecture on the regeneration mechanism in DSSCs: a computational study[J]. Physical Chemistry Chemical Physics, 2018, 20 (36): 23564-23577.

[47] Ning Z, Zhang Q, Wu W, et al. Starburst triarylamine based dyes for efficient dye-sensitized solar cells[J]. The Journal of Organic Chemistry, 2008, 73 (10): 3791-3797.

[48] Heo J, Oh J W, Ahn H I, et al. Synthesis and characterization of triphenylamine-based organic dyes for dye-sensitized solar cells[J]. Synthetic Metals, 2010, 160 (19-20): 2143-2150.

[49] Zhang W, Wu Y, Bahng H W, et al. Comprehensive control of voltage loss enables 11.7% efficient solid-state dye-sensitized solar cells[J]. Energy & Environmental Science, 2018, 11 (7): 1779-1787.

[50] Zhang X, Xu Y, Giordano F, et al. Molecular engineering of potent sensitizers for very efficient light harvesting in thin-film solid-state dye-sensitized solar cells[J]. Journal of the American Chemical Society, 2016, 138 (34): 10742-10745.

[51] Ying W, Guo F, Li J, et al. Series of new D-A-π-A organic broadly absorbing sensitizers containing isoindigo unit for highly efficient dye-sensitized solar cells[J]. ACS Applied Materials & Interfaces, 2012, 4 (8): 4215-4224.

[52] Mao J, Guo F, Ying W, et al. Benzotriazole-bridged sensitizers containing a furan moiety for dye-sensitized solar cells with high open-circuit voltage performance[J]. Chemistry-An Asian Journal, 2012, 7 (5): 982-991.

[53] He J, Guo F, Li X, et al. New bithiazole-based sensitizers for efficient and stable dye-sensitized solar cells[J]. Chemistry-A European Journal, 2012, 18 (25): 7903-7915.

[54] Wu Y, Zhu W. Organic sensitizers from D-π-A to D-A-π-A: effect of the internal electron-withdrawing units on molecular absorption, energy levels and photovoltaic performances[J]. Chemical Society Reviews, 2013, 42 (5): 2039-2058.

[55] Gómez-Lor B, Alonso B, Omenat A, et al. Electroactive C 3 symmetric discotic liquid-crystalline triindoles[J]. Chemical Communications, 2006 (48): 5012-5014.

[56] Qian X, Zhu Y Z, Song J, et al. New donor-π-acceptor type triazatruxene derivatives for highly efficient dye-sensitized solar cells[J]. Organic Letters, 2013, 15 (23): 6034-6037.

[57] Zhang L, Yang X, Wang W, et al. 13.6% Efficient organic dye-sensitized solar cells by minimizing energy losses of the excited state[J]. ACS Energy Letters, 2019, 4: 943-951.

[58] Shi Y, Hill R B M, Yum J H, et al. A high-efficiency panchromatic squaraine sensitizer for dye-sensitized solar cells[J]. Angewandte Chemie International Edition, 2011, 50 (29): 6619-6621.

[59] Jradi F M, Kang X, O'Neil D, et al. Near-infrared asymmetrical squaraine sensitizers for highly efficient dye sensitized solar cells: the effect of π-bridges and anchoring groups on solar cell performance[J]. Chemistry of Materials, 2015, 27 (7): 2480-2487.

[60] Tang J, Wu W, Hua J, et al. Starburst triphenylamine-based cyanine dye for efficient quasi-solid-

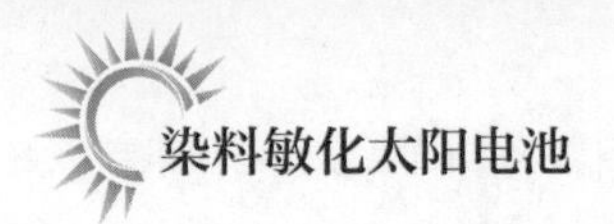

state dye-sensitized solar cells[J]. Energy & Environmental Science, 2009, 2 (9) : 982-990.

[61] Funabiki K, Mase H, Hibino A, et al. Synthesis of a novel heptamethine-cyanine dye for use in near-infrared active dye-sensitized solar cells with porous zinc oxide prepared at low temperature[J]. Energy & Environmental Science, 2011, 4 (6) : 2186-2192.

[62] Tian H, Yang X, Chen R, et al. A metal-free "black dye" for panchromatic dye-sensitized solar cells[J]. Energy & Environmental Science, 2009, 2 (6) : 674-677.

[63] Mao J, Yang J, Teuscher J, et al. Thiadiazolo [3,4-c] pyridine acceptor based blue sensitizers for high efficiency dye-sensitized solar cells[J]. The Journal of Physical Chemistry C, 2014, 118 (30) : 17090-17099.

[64] Bura T, Leclerc N, Fall S, et al. High-performance solution-processed solar cells and ambipolar behavior in organic field-effect transistors with thienyl-BODIPY scaffoldings[J]. Journal of the American Chemical Society, 2012, 134 (42) : 17404-17407.

[65] Hao Y, Yang X, Cong J, et al. Efficient near infrared D-π-A sensitizers with lateral anchoring group for dye-sensitized solar cells[J]. Chemical Communications, 2009 (27) : 4031-4033.

[66] Shen Z, Chen J, Li X, et al. Synthesis and photovoltaic properties of powerful electron-donating indeno [1,2-b] thiophene-based green D-A-π-A sensitizers for dye-sensitized solar cells[J]. ACS Sustainable Chemistry & Engineering, 2016, 4 (6) : 3518-3525.

[67] Yan C, Ma W, Ren Y, et al. Efficient triarylamine-perylene dye-sensitized solar cells: influence of triple-bond insertion on charge recombination[J]. ACS Applied Materials & Interfaces, 2014, 7 (1) : 801-809.

[68] Yao Z, Wu H, Ren Y, et al. A structurally simple perylene dye with ethynylbenzothiadiazole-benzoic acid as the electron acceptor achieves an over 10% power conversion efficiency[J]. Energy & Environmental Science, 2015, 8 (5) : 1438-1442.

[69] Yao Z, Zhang M, Wu H, et al. Donor/acceptor indenoperylene dye for highly efficient organic dye-sensitized solar cells[J]. Journal of the American Chemical Society, 2015, 137 (11) : 3799-3802.

[70] Kakiage K, Yamamura M, Fujimura E, et al. High performance of Si-O-Ti bonds for anchoring sensitizing dyes on TiO_2 electrodes in dye-sensitized solar cells evidenced by using alkoxysilylazobenzenes[J]. Chemistry Letters, 2010, 39 (3) : 260-262.

[71] Kakiage K, Tokutome T, Iwamoto S, et al. Fabrication of a dye-sensitized solar cell containing a Mg-doped TiO_2 electrode and a Br_3^-/Br^- redox mediator with a high open-circuit photovoltage of 1.21 V[J]. Chemical Communications, 2013, 49 (2) : 179-180.

[72] Kakiage K, Aoyama Y, Yano T, et al. An achievement of over 12 percent efficiency in an organic dye-sensitized solar cell[J]. Chemical Communications, 2014, 50 (48) : 6379-6381.

[73] Kakiage K, Aoyama Y, Yano T, et al. Highly-efficient dye-sensitized solar cells with collaborative sensitization by silyl-anchor and carboxy-anchor dyes[J]. Chemical Communications, 2015, 51 (88) : 15894-15897.

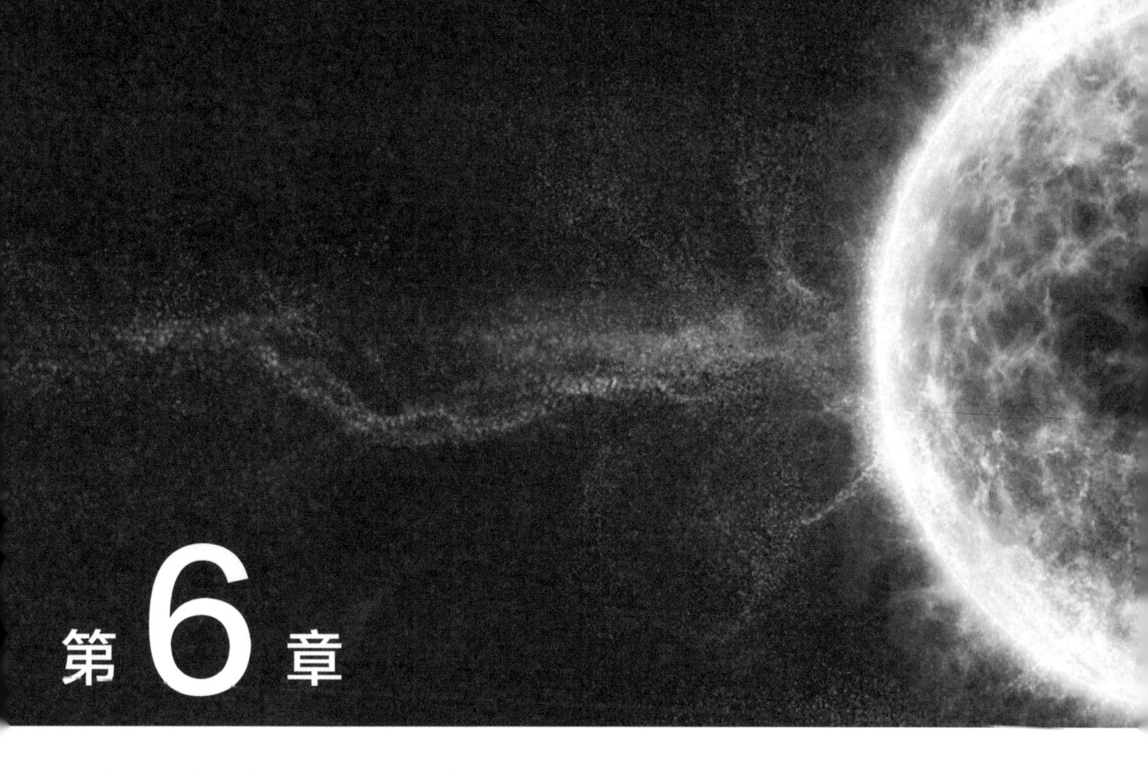

第6章 染料敏化太阳电池电解质体系

电解质是染料敏化太阳电池（DSSCs）的重要组成部分，其性质直接影响到染料敏化太阳电池的光电性能和稳定性。根据电解质的状态不同，可以分为三类：①液态电解质；②准固态电解质（通常也称为凝胶电解质）；③固态电解质。

6.1 液态电解质

液态电解质具有低黏度、高的电导率、良好的界面润湿性等特点，因此能够获得较高的光电转换效率。液态电解质按照其所用溶剂的不同，分为有机溶剂电解质和离子液体电解质。

6.1.1 有机溶剂电解质

最早用于染料敏化太阳电池中的电解质大都是有机溶剂电解质。有机溶剂电解质具有介电常数高、黏度低、离子传输快、光电转换效率高、对纳晶多孔膜的渗透性好等特点[1-5]。这种电解质主要由有机溶剂、氧化还原电对和添加剂组成。常用的有机溶剂（表6-1）包括乙腈（ACN）、丙腈（PPN）、丁腈（BN）、戊腈（VAN）、3-甲氧基丙腈（MPN）、乙烯碳酸酯（EC）、丙烯碳酸酯（PC）、*γ*-丁内酯（GBL）、*N*-甲基吡咯烷酮（NMP）和碳酸二甲酯（DMC）以及它们的混合物。

表6-1 部分常用有机溶剂的黏度和介电常数（25℃）

化合物	黏度/cP	介电常数
乙腈（ACN）	0.33（30℃）	36
丙腈（PPN）	0.39（30℃）	27（20℃）
丁腈（BN）		20.7
戊腈（VAN）	0.78（19℃）	21
3-甲氧基丙腈（MPN）	2.5	36
乙烯碳酸酯（EC）	90	90
丙烯碳酸酯（PC）	2.5	64
γ-丁内酯（GBL）	1.7	42
N-甲基吡咯烷酮（NMP）	1.65	32.2
碳酸二甲酯（DMC）	0.59（20℃）	3.1

液态电解质中的氧化还原电对主要是I^-/I_3^-。除了I^-/I_3^-电对外，Wang等[6]研究了Br^-/Br_3^-电对用于曙红敏化的太阳电池。Oskam[7,8]等以N3作为染料敏化剂，

采用 SCN^-/$(SCN)_2$ 和 $SeCN^-$/$(SeCN)_2$ 作为氧化还原电对，发现电池的入射光子 - 电流的转换效率（IPCE）远低于基于 I^-/I_3^- 电对的电池。Mathew 等 [9] 以卟啉作为敏化剂，采用钴配合物作为氧化还原电对，DSSCs 的光电转换效率可高达 13%。Kakiage 等 [10] 采用烷氧硅基染料 ADEKA-1 和羧基有机染料 LEG4，以 $[Co(phen)_3]^{3+/2+}$ 作为氧化还原电对，DSSCs 的光电转换效率可高达 14%。

电解质中添加剂的引入能够有效地改善电池的性能。Grätzel 等 [11] 将 4-叔丁基吡啶（tBP）添加到以乙腈为溶剂的电解液中，使电池的 V_{oc} 从 0.38V 提高到 0.72V。Hagfeldt 等 [12] 将 *N*-甲基苯并咪唑（NMBI）添加剂加入液态电解质中，同样发现电池的 V_{oc} 有所提高。他们认为 tBP 或 NMBI 的加入可以提高开路光电压，主要是因为它们分子结构中的吡啶或咪唑基团可以吸附在 TiO_2 表面，从而抑制了导带电子与电解质中 I_3^- 的复合反应，使得开路光电压得以提高。

Kusama 等 [13-16] 将多种含氮杂环衍生物（图 6-1）作为添加剂加入含有 I^-/I_3^- 的乙腈溶液中，研究了不同结构的含氮衍生物对电池光电性能的影响。实验表明，含氮衍生物的加入提高了开路光电压和光电转换效率，但降低了短路光电流。光电压的提高主要有两方面的原因：一方面，由于 TiO_2 电极表面的 Ti^{4+} 是路易斯酸，电荷分布均匀的氮杂环化合物可以优先吸附在 TiO_2 表面，有效地抑制了暗电流；另一方面，电解液中含氮衍生物的吸附导致 TiO_2 电极平带电位负移，使 V_{oc} 增加。同时，由于 TiO_2 导带带边的负移降低了电子从染料激发态向 TiO_2 导带注入的速率，因此导致了短路光电流的降低。

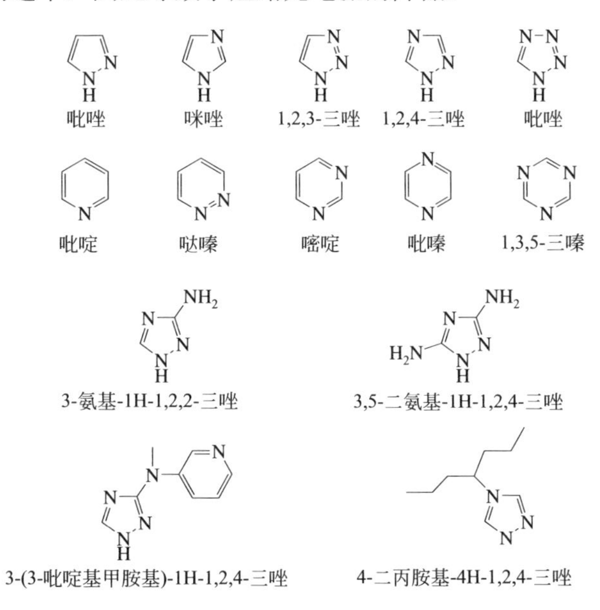

图6-1 部分含氮杂环衍生物添加剂

他们又利用CAChe程序和MOPAC计算了这些含氮杂环的电荷分布、偶极力矩、电离能等物理化学参数。他们发现，杂环中氮原子电荷分布越均匀，电离能越低，开路光电压越高。

此外，离子液体也可作为添加剂，如1-甲基-3-丙基咪唑碘（PMII）加入有机溶剂中可以提高液态染料敏化太阳电池的光电性能[17]。Wang等[18]发现咪唑阳离子吸附在TiO_2表面形成Helmholtz（亥姆霍兹）层，从而阻碍了I_3^-与TiO_2膜的接触，有效地抑制了导带电子与电解质溶液中的I_3^-在TiO_2膜表面的复合，同时离子液体的加入可以提高电解质的电导率，有利于有机溶剂液态电池光电性能的提高。

Kopidakis等[19]利用瞬态光电压谱研究了胍盐［Guanidinium，如硫腈胍盐（GuNCS）］添加剂对开路光电压的影响。胍盐的加入使TiO_2电极的平带电位发生正移，有利于激发态染料中电子的注入，从而提高了电池的光电流。另外，由于加入胍盐能够有效抑制复合反应，从而补偿了TiO_2平带电位正移的负面影响，提高了电池的光电压。

有机溶剂液态电池的光电转换效率已达到10%～14%。但是，这种液态电解质中存在着易挥发的有机溶剂，严重影响了电池的长期稳定性，大大缩短了电池的使用寿命，从而使有机溶剂液态染料敏化太阳电池的实际应用受到限制。

6.1.2 离子液体电解质

离子液体（ionic liquids）又称为室温熔盐，即在低温（＜100℃）下呈液态的盐，它一般由有机阳离子和无机或有机阴离子所组成。离子液体具有一系列不同于水和常规有机溶剂的优点：①离子液体几乎没有蒸气压，不挥发，不易燃，毒性小；②具有良好的化学稳定性及较宽的电化学窗口（＞4V）；③具有较高的电导率。因此，离子液体的应用极其广泛，可以作为有机合成和聚合反应的溶剂，还可以用于电池、电容器、电沉积等与电化学相关的诸多方面[20,21]。在染料敏化太阳电池中用不挥发、高电导率的离子液体替代电解质中的有机溶剂，有效地克服了有机溶剂的挥发性问题，有利于提高电池的稳定性。

组成离子液体的阳离子主要有：咪唑阳离子、吡唑阳离子、吡咯阳离子、吲哚阳离子、咔唑阳离子、季铵阳离子、季鏻阳离子等。阴离子主要有：X^-（I^-，Br^-，Cl^-）、BF_4^-、PF_6^-、SbF^-、NO_3^-、$CF_3SO_3^-$、$N(CF_3SO_3)^-$、NCS^-等。通过改变阴、阳离子的不同组合，即可获得一种离子液体[22-25]。

Grätzel等[23]首先提出了用离子液体取代有机溶剂制备全离子液体的液态电解质，以解决有机溶剂的挥发性问题。同时，Grätzel等也提出了应用于染料敏化太阳电池的离子液体的基本要求：①对水和空气稳定；②低黏度，低熔点；③电导率高；④稳定性好。他们系统地研究了咪唑类离子液体，合成了一系列不同取代基的咪唑离子液体，分析了它们的结构与性能的关系，发现性能较好的离子液体其结构通常须具有以下特点：①阴、阳离子半径较小；②电荷的离域性好；③咪唑阳离子（图 6-2）非对称性；④咪唑环上 2 位无取代基。图 6-2 为部分烷基咪唑阳离子室温离子液体的结构和表观黏度[25]。

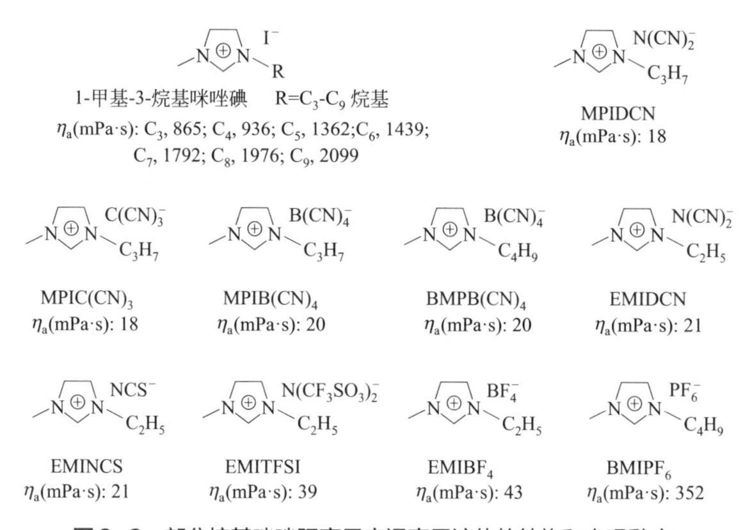

图6-2 部分烷基咪唑阳离子室温离子液体的结构和表观黏度

Matsumoto 等[26]发现离子液体黏度较大，会影响 I^-/I_3^- 的扩散，从而导致极限电流密度降低。他们合成了一种由 1-乙基-3-甲基咪唑氟（EMImF）和氟化氢组成的新型咪唑类离子液体。这类离子液体的最低黏度为 4.9mPa·s，有利于碘离子的扩散，从而增大了短路光电流，提高了电池的光电转换效率（2.1%）。

由于单一离子液体作为电解质存在一定的局限性，研究人员又提出了两种或多种离子液体混合体系以获得性能互补的电解质。Wang 等[27]采用 1-甲基-3-己基咪唑二氰胺（EMIDCN）低黏度离子液体与 1- 甲基 -3- 丙基咪唑碘（PMII）混合制备电解质，获得了 6.60% 的光电转换效率。在这种混合离子液体中，EMIDCN 的黏度低，有利于 PMII 解离出更多的 I^-，因此两种离子液体协同作用提高了电池的性能。但是 EMIDCN 在可见光的照射下不稳定，因此采用反应活性不高的阴离子取代二氰胺阴离子。Wang 等[28]采用 1-甲基-3-己基咪唑硫氰盐（EMINCS）与 PMII 制备混合离子液体电解质，将电池的效率提高到 7.0%，并改善了电池的长期稳定性。他们采用 PMII/EMIB(CN)$_4$ 制备混合离子液体电解质[29]，电池的效率达到 7.6%；采用混合离子液体电解质 K(SeCN)$_3$/GuSCN//EMISeCN，将这

种基于 $SeCN^-/(SeCN)_3^-$ 氧化还原对的离子液体电解质应用于 DSSCs，电池的光电转换效率达到了 7.5%[30]。

6.2 准固态（凝胶）电解质

使用液态电解质会导致一些实际应用问题，如溶剂泄漏和挥发、密封失效等，造成电池的长期稳定性下降和使用寿命缩短。准固态电解质是一种介于固态电解质和液态电解质之间的凝胶态电解质。准固态电解质解决了液态电解质流动性的问题，又具有较高的离子电导率和良好的界面润湿性能，使得准固态电池具有较高的光电转换效率。

按照凝胶化过程是否是热可逆过程，准固态电解质可分为两类：①热可逆的物理交联凝胶电解质；②热不可逆的化学交联凝胶电解质。

目前研究的物理交联凝胶电解质大概可以分为四种：①聚合物凝胶电解质；②离子液体聚合物凝胶电解质；③纳米复合凝胶电解质；④有机小分子凝胶剂型凝胶电解质。

6.2.1 聚合物凝胶电解质

聚合物可用作凝胶剂，染料敏化太阳电池中常用的聚合物包括聚丙烯腈（PAN）、聚氧乙烯（PEO）、聚偏氟乙烯 - 六氟丙烯（PVdF-HFP）、聚甲基丙烯酸甲酯（PMMA）、聚乙烯基吡咯烷酮（PVP）、聚苯乙烯（PS）、聚氯乙烯（PVC）等。

6.2.1.1 PAN基凝胶电解质

Cao 等[31]首次采用 PAN 制备 $PAN/EC/PC/NaI/I_2$ 的凝胶聚合物电解质，将凝胶电解质夹在两个电极之间，组装成准固态 DSSCs，其光电转换效率高达 3%～5%。

Wang 等[32]采用 PAN 与含有季铵盐侧链的聚硅氧烷、EC/PC 制备了准固态电解质，在 $60mW/cm^2$ 光强下，电池的光电转换效率为 4.3%。

Wanninayake 等[33]采用四丙基碘化铵（$Pr_4N^+I^-$）/LiI 制备了 PAN 基凝胶电解质，Pr_4N^+ 大阳离子具有较高的离解常数，易将 I^- 释放到电解质中，而 Li^+ 则倾向于增加电解质的非晶态性质，从而有利于 I_3^- 的传输，DSSCs 的光电转换效率提高到了 6.4%。

Ileperuma 等[34]将 PAN 与 EC/PC 及四正丁基碘化铵（n-Bu_4NI）和 I_2 制备凝胶电解质，其离子电导率为 4.33mS/cm，DSSCs 的光电转换效率提高到了 7.27%。

除了单一的PAN聚合物作为凝胶剂外，研究人员还采用共聚的方法对PAN进行改性。Wu[35]等采用丙烯腈与苯乙烯的共聚物［poly（acrylonitrile-co-styrene）］与吡啶季铵盐制备的凝胶电解质，其离子电导率为4.33mS/cm，DSSCs的光电转换效率提高到了3.10%。

Chen等[36]合成聚丙烯腈-乙烯醇（PAN-VA）作为凝胶剂可进行原位凝胶化液态电解质，并以TiO_2作为填充剂制备准固态电解质，离子传导率为6.76mS/cm。以CYC-B11为染料，DSSCs的最高光电转换效率为10.58%。

6.2.1.2　PEO基凝胶电解质

PEO具有较好的化学稳定性及机械性能，能够与锂离子形成稳定的络合物，近年来逐渐被应用于染料敏化太阳电池中。

Ren等[37]采用PEO（PEO_{2000}和PEO_{1500}）与LiI/I_2/EC/PC制备准固态电解质，$27mW/cm^2$光强下，电池的光电转换效率为3.6%。Shi等[38]采用高分子量的PEO［M_w（重均分子量）$=2\times10^6$］固化含1,2-二甲基-3-丙基咪唑（DMPII)/MPN的液体电解质，电池的效率为6.12%。

将PEO与其他聚合物共混或通过共聚改性，可以有效地改善电解质的性能。

Bella等[39]将PEO与羧甲基纤维素钠盐（CMC）相混合作为电解质，由于CMC具有较高的亲水性和较高的表面电荷，在一定程度上提高了电池的V_{oc}，电池的光电转换效率为5.18%。Lee等[40]将PEO与双马来酰亚胺共混制备凝胶电解质，电解质的离子电导率为10.28mS/cm，电池的最高光电转换效率为6.39%。Teo等[41]将PEO和PVA共混，用于固化液态电解液［TBAI（碘化四丁基铵）/EC/DMSO/I_2］，电池的光电转换效率为6.26%。

Manfredi等[42]制备了嵌段共聚物PSn-b-PEOm-b-PSn，这种具有相分离、形态无序的嵌段共聚物有利于电解质的扩散，电池的光电转换效率为6.7%。

Li等[43]基于PEO和聚乙二醇二甲醚（PEGDME）制备了两相聚合物，经优化电解质组成后，最高光电转换效率为7.66%。

6.2.1.3　PVDF-HFP基凝胶电解质

聚偏氟乙烯-六氟丙烯（PVDF-HFP）具有良好的机械强度，VDF与HFP共聚合后可降低聚合物结晶度，是聚合物电解质中一种常用的聚合物。

Wang等[44]采用PVDF-HFP及二氧化硅在3-甲氧基丙腈/离子液体中制备成凝胶聚合物电解质，准固态电池的光电转换效率可达7%。他们又将PVDF-HFP固化1-丙基-3-甲基咪唑碘（PMII）得到准固态电解质，电池的光电转换效率达5.3%[45]。

Priya 等[46]采用静电纺丝制成的PVDF-HFP薄膜，吸收液态电解液（1-己基-2,3-二甲基咪唑/LiI/I_2/tBP/EC/PC），制备聚合物膜凝胶电解质应用于DSSCs中，光电转换效率达到7.3%，略低于液态电解质（7.8%）。

之后，Yang 等[47]以PVDF-HFP制膜吸收液态电解液（LiI/I_2/tBP/DMPI/ACN）制备原位超薄多孔膜电解液，电池的光电转换效率可达8.35%。

Ho 等[48]以PVDF-HFP/LiI/$LiClO_4$/I_2/ACN作为凝胶电解质制备的DSSCs的光电转换效率为7.48%，再以ZnAl-CO_3 LDH和ZnAl-Cl LDH为添加剂，制备准固态电池，将电池效率分别提高到8.11%和8.00%。

6.2.1.4 PMMA基电解质

PMMA是一种具有长链的高分子聚合物，形成分子的链较柔软，而且其价格低廉，化学稳定性好，因此可用于制备凝胶电解质。

Dissanayake 等[49]采用PMMA为凝胶剂，以KI和Pr_4NI作为碘源，经优化两种碘源比例后，准固态电池的效率可达到3.99%。

Yang 等[50]制备PMMA/EC/PC/DMC/NaI/I_2/tBP凝胶电解质，电导率为6.89 mS/cm，准固态电池的光电转换效率为4.78%。

PMMA在室温下的离子传导率较低，采用共聚对其进行改性是一种有效的方法。

Lan 等[51]合成P（MMA-co-AN），将共聚物用于固化EC/PC/DMC/KI/LiI/I_2/tBP液态电解质，制备的准固态电池光电转换效率为6.63%，高于分别由PMMA和PAN单一聚合物体系所获得的电池效率（3.55%和5.00%）。

Wang 等[52]采用聚（醋酸乙烯-甲基丙烯酸甲酯）[P(VAc-MMA)]固化液态电解液LiI/PMII/I_2/GuSCN/tBP/ACN（或MPN），电池的最大光电转换效率分别为8.61%。这种聚合物凝胶电解质可以通过丝网印刷制备大面积准固态DSSCs，制备的5cm×7cm的DSSCs，有效面积为16.2cm^2，电池光电转换效率达到4.39%。

Fathy 等[53]采用静电纺丝技术制备PMMA-PVDF膜，这种纳米纤维膜呈现出互连多孔结构，能够有效地吸收液态电解质，离子传导率为2.1mS/cm，电池效率为6.60%。

Venkatesan 等[54]制备高效可印刷的电解质。他们采用聚环氧乙烷（PEO，M_w=400000）和甲基丙烯酸甲酯（PMMA，M_w=120000）固化GuSCN/tBP/I_2/LiI /DMII/MPN液态电解质。非晶态PMMA与半晶态PEO的共混降低了电解质中PEO的结晶度，提高了PEO/PMMA基凝胶电解质的离子导电性。通过调节PEO/PMMA比率可实现高效印刷。获得的最大的DSSCs光电转换效率为8.48%。

6.2.1.5 其他凝胶电解质

Fang 等设计合成了一系列聚硅氧烷结构的聚合物[55-57]，由于聚硅氧烷结构具有较好的柔性，聚合物链段能自由运动从而有利于离子传输。2001 年，他们[55]采用柔性聚硅氧烷结构的聚合物固化 EC/PC/LiI/I_2，得到了 2.9% 的光电转换效率。之后，Li 等[56]采用含有聚氧化乙烯和季铵盐离子侧链的聚硅氧烷化合物制备凝胶电解质，其转换效率达到 3.4%。在此基础上，Kang 等[57]再次优化设计了这一聚硅氧烷体系，并用它来固化 EC/PC 混合电解质，获得了 7.7% 的光电转换效率。

Wu 等[58]将聚丙烯酸（PAA）和聚乙二醇（PEG）制备成杂化聚合物 PAA-PEG。由于羧基和醚基之间的氢键作用，PAA 可将吸收的液态电解质保持在聚合物的网络中。通过两亲性 PEG 进行改性后，杂化聚合物变软，可在有机溶剂中溶胀，PAA-PEG 可吸收其质量 8～10 倍的液态电解质，离子传导率为 6.12mS/cm，准固态电池的光电转换效率为 6.10%。之后在该体系中引入 PPy，基于 PAA-PEG/NaI/I_2/NMP/GBL/PPy 的准固态电池效率提高到 7.0%[59]。

Lee 等[60]将纳米球聚苯乙烯（PS）涂敷于 Pt 对电极表面上，当液态电解质填充到组装好的 DSSCs 中时，即可形成凝胶电解质，电池效率可达 7.59%。

Seo 等[61]将制备的溴化聚（2,6-二甲基-1,4- 苯氧化物）（BPPO）通过静电纺丝形成纳米纤维，热压于吸附染料的 TiO_2 电极表面，当液态电解质注入时，即可形成凝胶电解质。含醚基和溴基官能团的 BPPO 是一种路易斯碱，不仅使电极的平带负移，而且与锂离子配位。电池的光电转换效率为 5.4%。

Hsu 等[62]采用 0.65%（质量分数）的琼脂糖作为凝胶剂固化 AEII/PC/NMPI/I_2/GuNCS 的离子液态电解质，电池效率为 5.89%。

Bella 等[63]报道了紫外诱导聚合方法制备 PEGMA/ 双酚 A 乙氧基二甲基丙烯酸酯（BEMA）的聚合物膜，并用于吸附 NaI/I_2/ACN 液态电解质，制备的准固态 DSSCs 的光电转换效率为 5.41%。

Li 等[64]采用聚（甲基丙烯酸羟乙酯 / 甘油）[P（HEMA/GR)] 作为凝胶剂。P(HEMA/GR)是一种两亲性基质，能够在离子液体中溶胀，并将电解液存储在相互交联的聚合物框架中，从而形成稳定的凝胶电解质，离子电导率可达到 14.29 mS/cm，电池的光电转换效率为 7.15%。

Yuan 等[65]分别合成导电性的聚丙烯酸 - 溴化十六烷三甲基铵 / 聚苯胺（PAA-CTAB/PANI）和聚丙烯酸 - 溴化十六烷三甲基铵 / 聚吡咯（PAA-CTAB/PPy）来制备聚合物凝胶电解质。研究表明，在 PAA-CTAB 基体中加入导电 PANI 或 PPy 可以显著提高材料的导电性能和电催化性能，准固态电池的光电转换效率分别为 7.11% 和 6.39%。

6.2.2 离子液体聚合物凝胶电解质

离子液体聚合物[66-68]是一种聚电解质，在重复单元中包含聚合物骨架和离子液体（IL）部分。其中，聚合物链作为电解质固化的凝胶剂，可增强DSSCs的稳定性。阳离子部分（例如咪唑阳离子）可填充TiO_2表面上的空位，从而延迟这些TiO_2空位与I_3^-的复合反应，提高DSSCs的性能。

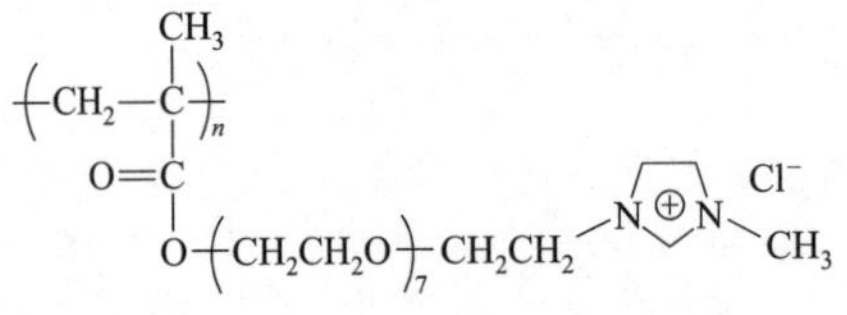

Wang等[69]合成了离子液体聚合物并用于固化液态电解质。这种梳状的离子液体聚合物结构中具有PEO支链和高离子含量的咪唑环，增大了聚合物链的柔性并使咪唑阳离子更容易解离，从而获得了比一般聚合物高的电导率（约10^{-4}S/cm，30℃）。用10%（质量分数）的含Cl^-的离子液体聚合物（MOEMImCl，图6-3）固化有机溶剂电解质，电池的光电转换效率为7.6%；固化混合离子液态电解质，电池的光电转换效率为6.1%。

图6-3 MOEMImCl的结构示意图

Fang等[70]合成了含有磺酸基的P-HI离子液体聚合物（图6-4），磺酸基与其他离子液体间存在静电力，可形成连续均匀的框架，增强了电解质中I^-/I_3^-的传输。将含有NMBI、GuNCS、1-己基-3-甲基咪唑碘化物（HMII）和1-烯丙基-3-甲基咪唑六胺碘化物（AMII）的P-HI基电解质用于DSSCs，电池光电转换效率高达6.95%。

Chen等[71]合成了一种双咪唑基离子液体聚合物，聚［1-丁基-3-（1-乙烯基咪唑-3-己基）-咪唑双（三氟甲基-磺酰）酰亚胺］（Poly［BVIm］［HIm］［TFSI］），固化离子液体电解质（EMII/PMII/EMINACS/I_2/GuSCN/NBB）后，光电转换效率达到5.92%。在60℃下，1200h后电池的效率仍保持初始效率的96%。

Jeon等[72]合成聚1-甲基-3-（2-丙烯酰氧基丙基）碘化咪唑（PMAPII），并将其与I_2/tBP/γ-丁内酯混合制备离子液体聚合物凝胶电解质，电导率为4.9mS/cm，以聚3,4-亚乙基二氧基噻吩纳米纤维为对电极，光电转换效率为8.12%。

Rong等[73]报道了聚1-丙烷-3-乙烯基咪唑碘化物（PPVII），基于PPVII制备的准固态电解质的电导率可达1.61mS/cm，电池光电转换效率为6.18%。

Chang等[74]合成了聚氧乙烯-酰亚胺咪唑碘化物（POEI-II），制备了POEI-II/LiI/I_2/tBP/ACN/MPN准固态电解质。POEI-II具有亲水性POE段和POEI官能团的芳香酰亚胺，使POEI-II在水溶液和有机溶剂中具有很高的溶解性。此外，POEI-II的POE链段可以螯合电解质中的锂离子，并通过内部的π-π电子相互作用增强POEI-II的离子导电性。基于POEI-II凝胶电解质的DSSCs的效率为7.19%。

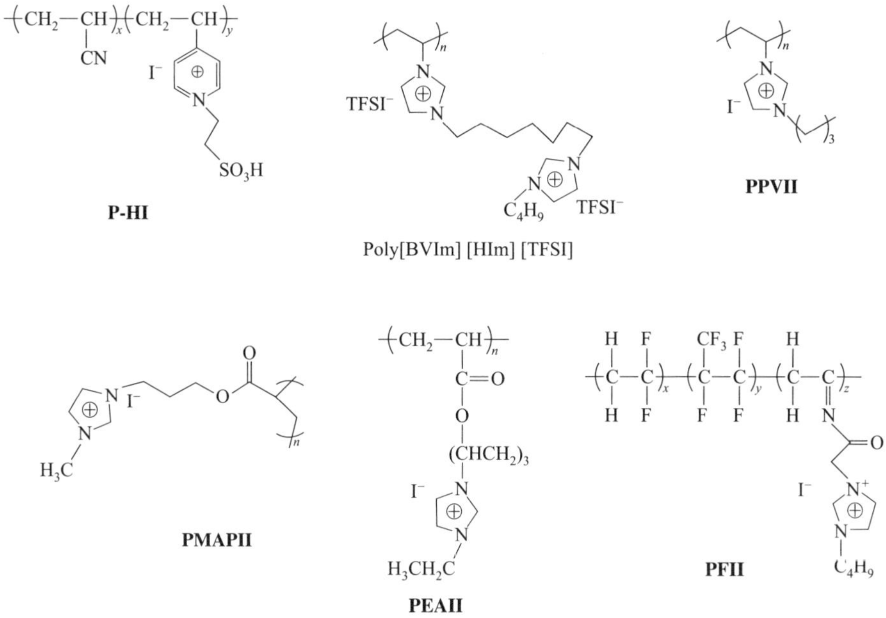

P-HI　Poly[BVIm] [HIm] [TFSI]　PPVII

PMAPII　PEAII　PFII

图6-4 部分离子液体聚合物结构图

Lin 等[75]制备了无碘化物的聚氧乙烯 - 酰亚胺 - 亚硒酸咪唑（POEI-IS）。POEI-IS 具有多种功能：①作为液态电解质的凝胶剂；②具有 $SeCN^-$，可形成 $SeCN^-/(SeCN)_3^-$ 氧化还原电对；③通过聚氧乙烯 - 酰亚胺咪唑（POEI-I）链段上的氧的孤对电子螯合钾离子；④阻碍光注入电子通过其 POEI-I 段与电解质中的 $(SeCN)_3^-$ 发生复合。采用 POEI-IS/KSeCN/$(SeCN)_2$/ACN 凝胶电解质，电池的效率为 8.18%，1000h 后，仍保持初始效率的 95%。

Pang 等[76]在 PVDF-HFP 上接枝不同摩尔比的 1-丁基咪唑碘化物，成功地合成了三种新型离子液体聚合物（PFII）。通过静电纺丝技术将这些 PFII 制备成聚合物膜用作准固态 DSSCs 的电解质。PFII 膜具有多种功能，包括：①具有良好的电荷转移和离子导电性能；②锂离子通过其氟化物原子上的孤对电子螯合；③咪唑离子填充二氧化钛表面的空位。因此，制备的准固态电池具有较高的光电转换效率（9.26%）。

理想的离子液体聚合物[25]应具有以下几个特点：①合适的 T_g 值，使其在工作环境温度下呈准固态；②具有两亲性聚合物官能团，使其与染料敏化的 TiO_2 电阳极间润湿性良好；③聚合物官能团的链段上具有孤对电子，以螯合阳离子，促进氧化还原电对（例如 I^-/I_3^-）的扩散性；④ π-π 堆叠的咪唑环在电解质中形成电荷传输网络，以提高导电性。

6.2.3 纳米复合凝胶电解质

纳米复合凝胶电解质[77-80]是通过在电解质中添加纳米填料，如金属氧化物、金属氮化物、金属碳化物、金属硫化物和含碳材料等。纳米复合凝胶电解质可以提高 DSSCs 的电池光电性能和稳定性。纳米填料的优点包括：①降低聚合物的结晶度；②形成氧化还原电对的传输通道；③提高离子电导率和离子扩散速率；④降低光阳极 / 电解质界面的电荷复合电阻（R_{ct}）；⑤提高了电解质的热稳定性等。

6.2.3.1 金属氧化物基纳米复合电解质

将 TiO_2、SiO_2、SnO_2、Al_2O_3 等金属氧化物作为纳米填料，可以固化液态电解质，形成有机 - 无机网络，使得 I^-/I_3^- 可以通过无机纳米粒子的网络排列，加快了电荷传输。纳米填料有利于降低聚合物结晶度，以及促进电解质中的锂盐解离。将这些纳米填料应用到 DSSCs 中，能增加离子电导率，同时也能提高电池的长期稳定性。

SiO_2 是准固态 DSSCs 中常用的纳米填料。

2003 年，Grätzel[77] 研究小组首次将纳米 SiO_2（12nm）用于固化液态电解质 PMII/I_2/NMBI 和 PMII/MPN/I_2/NMBI，他们发现凝胶电解质中 I_3^- 的扩散速率与液态电解质相近，这表明 I^- 和 I_3^- 在 SiO_2 纳米网络通道中可以自由移动。准固态电池的光电转换效率为 7.00%。

Lee 等[81] 制备了一种 SiO_2（20nm）/PVDF–HFP 纳米复合材料。加入 1%（质量分数）SiO_2 纳米复合电解质的电导率（7.18mS/cm）高于液态电解质的电导率（6.10 mS/cm）。与液态电池相比，组装的准固态电池具有更低的 R_{ct} 和 R_{diff}（扩散阻抗）。准固态电池的光电转换效率为 5.97%，比相应的液态电池（3.93%）高。

Mohan 等[82] 采用热压方法制备了一种 SiO_2/PAN 复合电解质，用 XRD 分析证实了该复合材料是无定形态的。加入 12%（质量分数）SiO_2 时，复合电解质的离子传导率为 1.32mS/cm。离子通过 SiO_2/PAN 空间电荷层在纳米填料之间进行传输，同时硅的表面官能团参与了离子对的还原。这两个因素有利于提高复合电解质的离子导电性。准固态电池的光电转换效率达到 7.51%。

Zebardastan 等[83] 制备了 SiO_2（7nm）/PVDF–HFP/PEO 纳米复合电解质。XRD 和红外光谱分析证实，由于纳米 SiO_2 与聚合物之间的相互作用，复合材料是非晶态的，其电导率为 8.9mS/cm，高于相应的 EC/PC/NaI/I_2 液态电解质（6.38mS/cm）的电导率。制备的准固态电池的光电流达到 27.31mA/cm^2，效率为 9.44%。

除了 SiO_2，其他纳米金属氧化物，如 TiO_2、Al_2O_3、SnO_2、NiO、Co_3O_4 等也可作为纳米填料。

Kang 等[84]采用 PEGDME/PEO 的共混聚合物固化 PMII 离子液体电解质，准固态电池的转化效率为 5.11%。当向上述凝胶电解质中加入一定量 TiO_2 纳米颗粒后，电池效率达到 7.19%。他们认为 TiO_2 在电解质中会引起光散射；TiO_2 纳米颗粒可形成离子传输通道；TiO_2 纳米颗粒还可以吸附 I_3^-，从而降低暗电流。Huo 等[85]制备了一种 TiO_2/PVDF-HFP 复合材料。在该复合电解质（$4.42\times10^{-7}cm^2/s$）中，I_3^- 的扩散系数与液态电解质（$4.04\times10^{-7}cm^2/s$）的扩散系数相近，准固态电池的光电转换效率为 7.18%，比相应的液态电池（7.01%）高。Chen 等[86]发现在含有 PAN-VA/LiI/I_2 的凝胶电解质中添加 TiO_2 纳米填料，可增加凝胶电解质的黏度，并可使聚合物链的交联增强，因此将凝胶化时间从 20 天缩短到 3 天。采用纳米复合电解质制备的准固态电池的效率增加到 9.46%，高于相应液态电池的效率（9.04%）。以 CYC-B11 为染料的相同准固态 DSSCs 的光电转换效率高达 10.58%[36]。Liu 等[87]通过在 PEO（或 PVDF）/LiI/I_2/DMII/tBP/GuSCN/MPN 凝胶电解质中加入 TiO_2 纳米颗粒制备可印刷纳米复合电解质。基于 PEO/PVDF 凝胶电解质，加入 4%（质量分数）的 TiO_2 纳米颗粒增加了电容，减少了电荷复合，DSSCs 的效率高达 8.91%，该效率高于相应的液态 DSSCs 的效率（8.34%）。

Sacco 等[88]制备了 γ-Al_2O_3/Iodolyte Z150 纳米复合电解质。紫外 - 可见光测试表明，液体溶液中加入 γ-Al_2O_3 纳米颗粒会导致光的散射效应，有利于增强其对光的吸收。电化学测试表明，纳米复合电解质具有较大的碘化物扩散系数。准固态电池（4.73%）与液态电池（4.77%）的光电转换效率相当。

Chae 等[89]制备了一种基于 SnO_2（100nm）/PEO-PEGME/KI/I_2/ACN 的纳米复合电解质。XRD 分析证明聚合物电解质中加入 SnO_2 降低了聚合物的结晶度。DSSCs 的效率为 5.30%，该效率高于相应的液态 DSSCs 的效率（4.50%）。

通过分子设计可对纳米凝胶剂官能团进行改性，改性后的凝胶剂可用于制备复合电解质。Hayase 等[90]采用带有长烷基链的离子液体改性的 TiO_2 纳米粒子来凝胶化 MPII 电解液，由于纳米粒子表面长烷基链的存在，纳米粒子能够提供有序的离子通道，有利于电解质中离子的扩散，补偿了随着纳米粒子含量的增加而导致黏度增大带给电解质性能的负面影响。

Fang 等制备了羧基单官能团[91]和氨基单官能团[92]功能化的 SiO_2，并分别用于制备了基于离子液体的“soggy sand”准固态电解质，发现羧基功能化的纳米粒子为离子的传输和扩散提供了规整的网络通道，显著提高了纳米复合电解质中 I_3^- 的扩散，从而提高了电池的短路电流；对于氨基单官能团功能化的 SiO_2，其表面氨基作为一种路易斯碱，可以中和电解质中路易斯酸 I_3^-，从而降低 I_3^- 的含量而增加 I^- 的浓度，从而提高了电池的开路光电压，电池的效率达到 7%。研究

人员还在 SiO_2 表面共价接枝 PANI 得到 PANI-SiO_2[93]。基于 PANI-SiO_2 复合电解质的 DSSCs 的最佳光电转换效率为 7.15%。

6.2.3.2 碳基纳米复合电解质

碳材料作为 DSSCs 电解质的纳米填料，具有许多优点：碳纳米填料在电解质中会产生连续的离子的传输路径，并使电解质具有一定的导电性。DSSCs 中常用的碳纳米填料包括：活性炭（Ac）、炭黑（CB）、聚苯胺改性炭黑（PACB）、炭球（CS）、碳纳米管（CNTs）、石墨（GRA）、氧化石墨烯（GO）和石墨烯（Gr）等。这些材料具有较高的光、电化学稳定性。

Yanagida 等 [94] 利用多种纳米粒子如单壁及多壁纳米管、石墨、碳纤维、炭黑，在 EMII/ EMITFSI 两种离子液体中生成准固态电解质，DSSCs 光电转换效率达到 5%。

Chen 等 [95,96] 基于炭黑（CB）纳米填料，制备了无碘的复合电解质 CB/BMII、CB/PMII、PACB/BMII、PACB/PMII、PACB/PMMI/EMISCN。CB 可扩展电子转移界面（EETS）。含 I^- 的离子液体提供了 I^-，而 I^- 又氧化成 I_3^-，在 EETS 处还原成 I^-。CB 同时作为电荷传输器和电化学还原 I_3^- 的催化剂，因此，R_{diff} 大大降低。获得的最高电池光电转换效率为 6.15%。

Lee 等 [97] 制备了 SWCNT/EMII-PMII 无碘的复合电解质，组装的 DSSCs 具有 3.49% 的光电转换效率。SWCNT 不仅可作为离子液体电解质的凝胶剂，还可减小电荷扩散长度，并且是 I_3^- 电化学还原的催化剂。

Akhtar 等 [98] 采用丙烯腈单体或甲基丙烯酸甲酯单体与碳纳米管（CNTs）混合后，通过热聚合方法制备了 CNT–PAN 和 CNT–PMMA 复合材料。通过 XPS 和拉曼光谱的表征，证实了碳纳米管与聚丙烯腈之间具有较强的键合，从而降低了复合电解质的结晶度，提高了复合电解质的离子导电率。此外，XPS 分析还表明，CNT-PAN 复合电解质中锂离子与聚合物表面基团之间形成了配合物，促进了锂离子与碘化物离子之间的解离，CNT-PAN 复合电解质的电导率为 2.8mS/cm，电池效率为 3.9%。

Chan 等 [99] 制备了一种用于 DSSCs 的 Gr/PAN 纳米复合电解质。他们通过新的化学 - 机械方法，获得 0.9nm 厚度、具有二维结构的 Gr 纳米片。这些 Gr 纳米片在聚合物基体中高度分散，Gr/PAN 纳米复合材料具有良好的均匀性和粗糙的表面形貌。0.2%(质量分数)Gr/PAN 纳米复合电解质中，离子电导率达到最大值，而扩散系数随石墨烯的增加而减小。石墨烯的催化活性导致生成更高浓度的碘化物，从而提高了导电性，准固态电池的光电转换效率为 5.41%。

Chen 等[100]制备 CS/BMII 和 BMIMI/EMISCN 复合电解质。球形的 CS 表面积大，具有良好的导电通道，使得复合电解质的离子扩散性（$5.14\times10^{-7}cm^2/s$）和离子导电性（6.28mS/cm）均高于纯离子液体电解液，电池效率为 6.16%。在 50℃下测试 1000h 后，电池保持了初始效率的 93.6%。

Mohan 等[82]制备了 PAN/Ac 纳米复合电解质。扫描电镜测试表明，纳米复合电解质薄膜具有多孔、光滑的表面。由于 Ac 在聚合物电解质中形成了孔（5μm），孔中充满了 IL，使得碘化物离子可以较快地从对电极传输到光电阳极。碳颗粒与周围液体电解质结构相互作用，形成空间电荷层，单个碳颗粒的空间电荷层重叠形成离子传输通道（图 6-5），因此，纳米复合电解质具有较高的离子传导率（8.67mS/cm），电池的光电转换效率可达 8.42%。

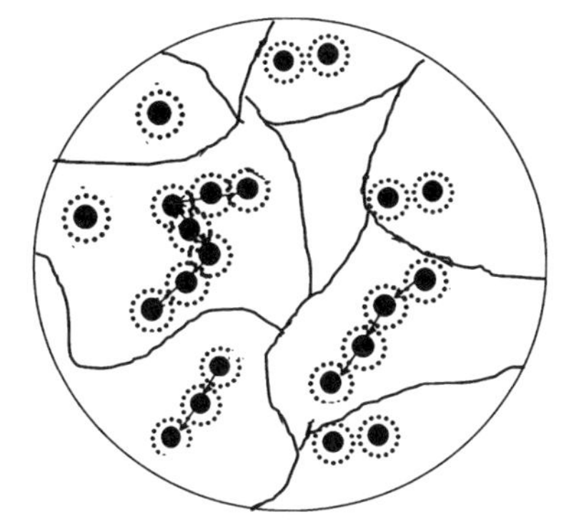

图6-5 PAN/Ac纳米复合电解质导电机理示意图[82]

Lin 等[101]制备了 GO/ 聚 1-丁基-3-乙烯基咪唑双(三氟甲基磺酰)酰亚胺[PBVIM]/PMII 基复合材料。与 GRA（0.34nm）相比，GO 具有更高的层间空间（0.73nm）。GO 有利于电解质中的离子传输和 TiO_2/ 电极界面处的电荷传输，准固态电池具有较低 R_{ct} 和 R_{diff}。DSSCs 的光电转换效率为 4.83%。

Li 等[102]采用 AQ308 喹噁啉染料、$Co(bpy)_3^{3+/2+}$ 氧化还原电对制备 DSSCs。他们将叠层石墨烯纳米纤维（SGNF）分散在液态电解质中。实验表明电解质中的 SGNF 增加了 DSSCs 的电荷复合电阻，显著延长了电子寿命，提高了化学电容。因此，SGNF 能有效地改善 Co（Ⅲ）/（Ⅱ）氧化还原电对的电荷转移和催化反应。基于 SGNF 的准固态 DSSCs 的光电转换效率为 9.81%。

Zheng[103]定向设计石墨烯聚合物凝胶电解质，使其具有电子导电特性。I^-/I_3^- 在三维凝胶电解质框架中的扩散和在液态体系中一样。石墨烯沿着聚电解质骨架形成相互连接的通道，具有传导电子的能力，能够催化氧化还原反应，缩短电荷转移路径。准固态电池的光电转换效率达到 9.1%。

6.2.3.3 其他纳米复合电解质

Huang 等[104]将球形 AlN 纳米粒子（50～100nm）与 PVDF-HFP 制备复合电解质。XRD 分析表明，聚合物从晶态转变为非晶态。扫描电镜测试表明，AlN（0.1%，质量分数）复合材料具有高孔隙率，有利于离子的扩散。准固态电池的光电转换效率为 5.27%。

Venkatesan 等 [105] 首次将 TiC 纳米填料加入 $PAN/I_2/LiI/TBP/PMII/PC/ACN$ 凝胶电解质中制备可打印电解质。加入 TiC 提高了电解质的离子传导率。基于 TiC/PAN 准固态 DSSCs 的效率为 7.68%，高于原 PAN 基凝胶电解质的电池效率。稳定性试验表明，基于 TiO_2 纳米复合电解质的 DSSCs 由于染料的逐渐吸附，从而降低了 DSSCs 的性能。然而，基于 TiC 的纳米复合电解质并未出现此问题，在 500h 试验后，电池效率保持其初始值的 96%。

Vijayakumar 等 [106] 将 CoS 加入 $PVDF–HFP/I_2/LiI/TBP/PMII/PC/ACN$，通过静电纺丝技术制备 CoS 基纳米复合膜电解质。扫描电镜分析表明，CoS 在该膜中具有类似气泡的结构。膜的纤维直径从 300nm 到 350nm，同时还具有高孔隙率，能有效吸收电解质。CoS 降低了聚合物的结晶度，1%（质量分数）CoS 的纳米复合电解质的电导率为 36.43mS/cm，明显高于不含 CoS 的凝胶电解质（5.83 mS/cm）。同时纳米复合电解质对氧化还原电对具有高电催化性。CoS 基纳米复合膜电解质制备的电池效率为 7.34%，高于相应的液态电池（6.42%）。

6.2.4 有机小分子凝胶剂型凝胶电解质

凝胶电解质可以通过有机小分子凝胶剂（low molecular mass organogelator，LMOG）固化液态电解液，图 6-6 为部分有机小分子凝胶剂的结构示意图。LMOG 主要是氨基酸类化合物、酰胺类化合物，含有酰胺键、羟基，具有苯环或者长脂肪链，在凝胶过程中通过氢键、静电引力、π-π 键、范德华力形成三维网络结构。低分子量有机凝胶的优点：由于热可逆性，在温度高于溶胶 - 凝胶转变温度时，低黏度液态电解液有效地填充入 TiO_2 多孔膜内，并且在冷却时获得机械稳定的准固态电解质。

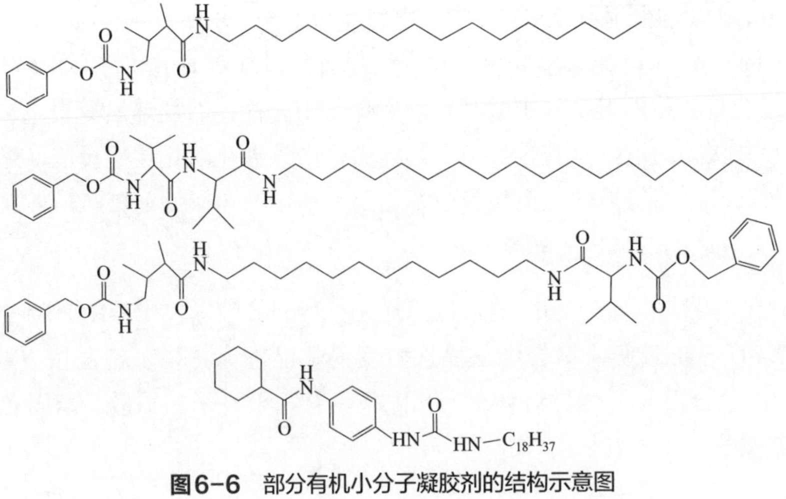

图6-6　部分有机小分子凝胶剂的结构示意图

2001 年，Yanagida 等[107]用几种 LMOG 固化由 3-甲氧基丙腈组成的液态电解质，准固态电池的最高光电转换效率达到 5.91%。2002 年，他们[108]又将电池的转换效率提高至 7.37%。同时，他们还制备了由离子液体与 LMOG 组成的染料敏化太阳电池的电解质体系。他们在 1-己基-3-甲基咪唑碘/I_2 中加入 40g/L 的凝胶，组成了准固态染料敏化太阳电池，获得了 5% 的转换效率。

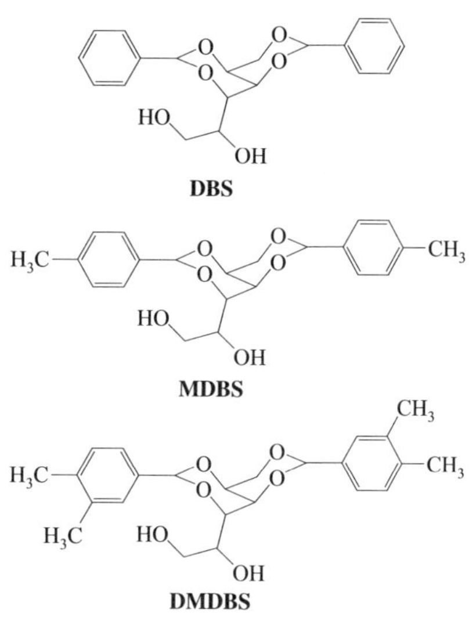

图6-7　山梨糖醇及其衍生物的分子结构示意图

Mohmeyer 等[109]将含有亚苯甲基的山梨糖醇（DBS）及其衍生物二（3,4-二甲基-二苯亚甲基山梨糖醇）(DMDBS)（图 6-7）作为 LMOG 对 3-甲氧基丙腈电解质进行固化，组装成的 DSSCs 得到 6.1% 的光电转换效率。

Huo 等[110]将 12-羟基硬脂酸作为 LMOG，通过羟基和甲氧基间的氢键作用对 3-甲氧基丙腈电解质进行固化，溶胶-凝胶转变温度为 66℃，组装得到的 DSSCs 的光电转换效率为 5.36%。在 60℃下，1000h 后，电池的光电转化效率为初始值的 97%，说明凝胶化的 DSSCs 具有优异的稳定性。他们[111]还采用季铵盐四十二烷基溴化铵（$C_{16}H_{36}NBr$）作为 LMOG，对 MPN 基液态电解质进行凝胶化，得到的准固态 DSSCs 的光电转换效率为 5.35%。

Grätzel 等[112]采用两亲性有机凝胶剂环己烷羧酸-[4-(3-十四烷基脲)苯基]酰胺，2%（质量分数）的凝胶剂即可使低黏度的 PMII/EMINCS 电解质固态化，制备的凝胶电解质的溶胶-凝胶转变温度为 108℃，DSSCs 的效率为 6.3%。

Yu 等[113]采用 3%（质量分数）的环己烷羧酸-[4-(3-十八烷基脲)苯基]酰胺作为 LMOG，对 MPN 基液态电解质进行凝胶化，以 C105 为染料，得到的 DSSCs 的光电转换效率为 9.1%。

LMOG 主要靠氢键或分子间作用力等弱的键合作用与有机溶剂形成凝胶体系，这种体系并不是很稳定。

6.2.5　化学交联型凝胶电解质

化学交联型凝胶电解质是通过化学键形成凝胶，具有更高的溶剂保持能力和更好的热稳定性。目前已有的报道主要是：烃类通过光照或加热引发形成交联聚合物；含吡啶或咪唑基团的化合物与卤化物通过季铵化反应进行交联。

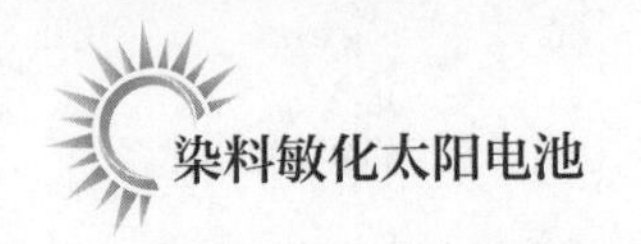

2001年，Yanagida等[114]采用α-甲基丙烯酰-ω-甲氧基八（氧乙烯）（MMO）与α-丙烯酰-ω-丙烯酰八（氧乙烯）（AAO）通过光引发在电极上形成交联聚合物，然后在液态电解质中浸泡，组装成的电池的光电转换效率为2.62%。Yanagida等[115]又进一步研究了用交联聚合物作为骨架形成凝胶电解质的准固态染料敏化的太阳电池。他们将α-甲基丙烯酰-ω-羟基六（氧乙烯）（MHH）及引发剂溶解在1-己基-3-甲基咪唑碘离子液体中，在80℃下加热12h，发生原位聚合，在聚合完成后，在30℃下加入碘单质。在AM 1.5的光强下，测得其转换效率为3.8%，不密封的情况下光照8个星期后性能仍无明显下降。

2004年，Komiya等[116]采用了具有三个聚合反应基团的低聚物作为交联剂（结构如图6-8所示），在电极上加热引发交联聚合后，再将电极浸入有机溶剂电解质中浸泡后，取出盖上对电极组装成电池（如图6-8所示），获得了高达8.1%的光电转换效率。

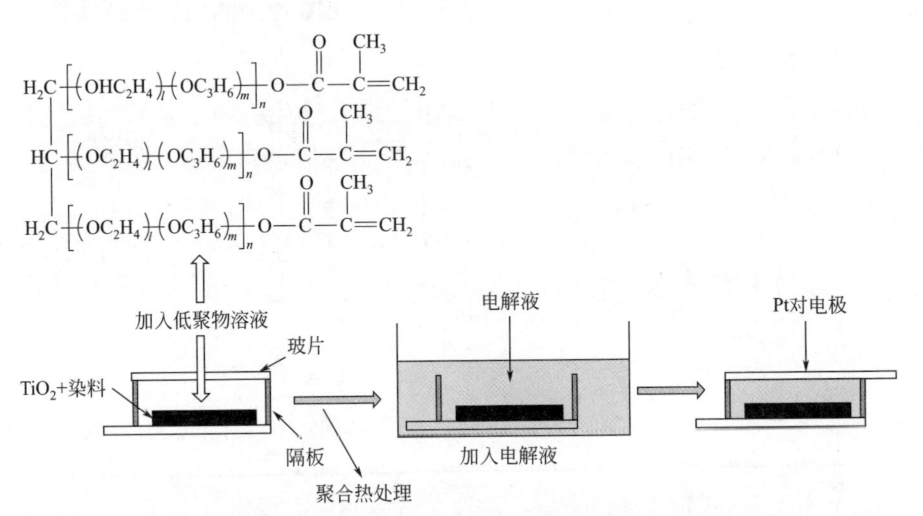

图6-8　含三个聚合反应基团的低聚物组装成DSSCs的过程[116]

染料敏化太阳电池的电解液中含碘，碘是烯烃类单体自由基聚合的阻聚剂，因而烯烃类单体无法在含碘的电解液中聚合，因此电池的组装过程较为复杂，通常采用如图6-8所示的流程，无法采用烯烃类单体在线聚合的方法制备准固态太阳电池。

Hayase等[117]提出了在线制备准固态太阳电池对凝胶电解质的要求：①聚合必须在碘存在下进行；②聚合温度应低于100℃；③在有氧、水或离子时能引发和完成聚合反应；④聚合反应不产生副产物；⑤引发剂产生的副产物可能降低电池的光电性能，因此聚合反应应在无引发剂下进行。他们采用聚4-乙烯基吡啶（PVP）与1,2,4,5-四溴甲基苯通过季铵化反应交联形成网状，而液态电解质被留在该网络中。所制备的凝胶电解质的热稳定性得到大幅度提高。凝胶电解质前驱体在线组装准固态太阳电池的过程如图 6-9 所示。与烯类单体组装电池的过程相比，该过程较为简单，可在线制备准固态太阳电池。

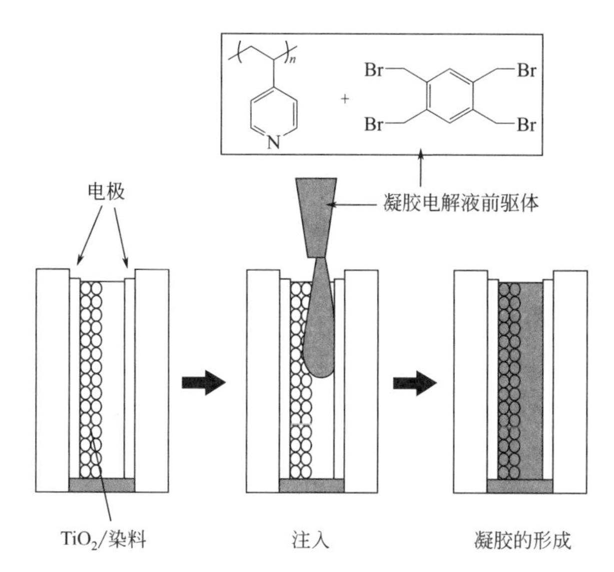

图6-9　PVP与1,2,4,5-四溴甲基苯前驱体在线制备准固态太阳电池的过程[117]

Yanagida 等[118]用多卤化物和咪唑衍生物在 1-甲基-3-（3-甲基丁基）咪唑离子液态电解质中进行交联反应，生成具有类似离子液体结构的离子聚合物，制备出准固态太阳电池，光电转换效率为 1.3%。

Wang 等[119]采用悬挂吡啶基团的树枝状聚合物（PPDD）和末端具有碘的聚氧乙烯（IPEO）通过季铵化反应化学交联固态化液体电解质，新型项链状凝胶电解质获得了 7.72% 的光电转换效率。Li 等[120,121]采用聚（乙烯基吡啶 - 丙烯腈）和聚（乙烯基咪唑 - 丙烯腈）共聚物，与二碘化物通过季铵化反应化学交联固态化液体电解质，获得了 7% 的光电转换效率。

Orel 等[122]利用脲的衍生物 PPG230（结构式如图 6-10 所示），在环丁砜中，采用酸作催化剂，通过溶胶 - 凝胶生成 Si—O 键连接的三维网络来制备凝胶型聚合物电解质，纳米复合凝胶电解质能有效改善电解质与电极之间的接触，电池的光电转化效率最高为 5.3%。

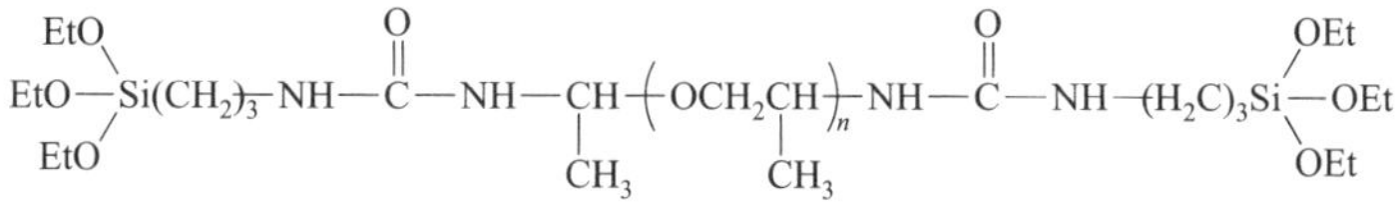

$$(EtO)_3Si(CH_2)_3-NH-\overset{\displaystyle O}{\overset{\|}{C}}-NH-\underset{\displaystyle CH_3}{\underset{|}{CH}}\!\left(OCH_2\underset{\displaystyle CH_3}{\underset{|}{CH}}\right)_n\!NH-\overset{\displaystyle O}{\overset{\|}{C}}-NH-(H_2C)_3Si(OEt)_3$$

图6-10　PPG230的结构式[122]

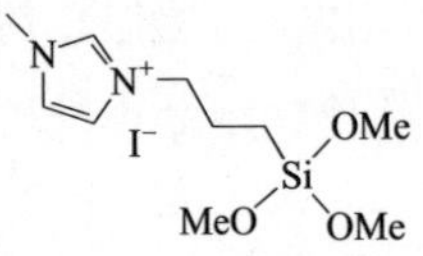

Jovanovski 等[123]合成了一种含有三甲氧基硅烷取代的咪唑碘离子液体（TMS-PMII，结构式见图 6-11），在加入碘后能通过自身的溶胶 - 凝胶缩合作用形成凝胶电解质，组装成电池时在电极和凝胶之间可形成 Ti—O—Si，起到了黏结作用，获得了 3.2% 的光电转换效率。

图6-11 TMS-PMII的结构式[123]

聚 4-乙烯基吡啶与 1,2,4,5-四溴甲基苯之间的反应较活泼，当两者混合时电解质黏度很快就增加了，这对于 DSSCs 的工业生产是不利的。因此，Hayase 等[124]提出了使用潜在凝胶前驱体固化交联体系（L-Gel-Pre），其特点在于两种前驱体在常温下并不发生反应，只有在高温（如 80℃）时，凝胶才会发生。他们采用双十二酸（或双十六酸）和纳米二氧化硅进行交联反应，将丙基甲基咪唑碘离子液体截留在该网络中，制备的准固态电池的光电转换效率提高到 6.8%。

Li 等[125]以离子液体 1-丁基-3-甲基咪唑碘化物（[BMIM] I）为反应介质，采用原位聚合法将纤维素与丙烯酸均匀接枝（图 6-12），该聚合反应可在 I_2 存在下进行，适用于 DSSCs 电解质的在线制备。制备的凝胶电解质的离子电导率达到 7.33mS/cm，准固态电池的光电转换效率为 5.51%。

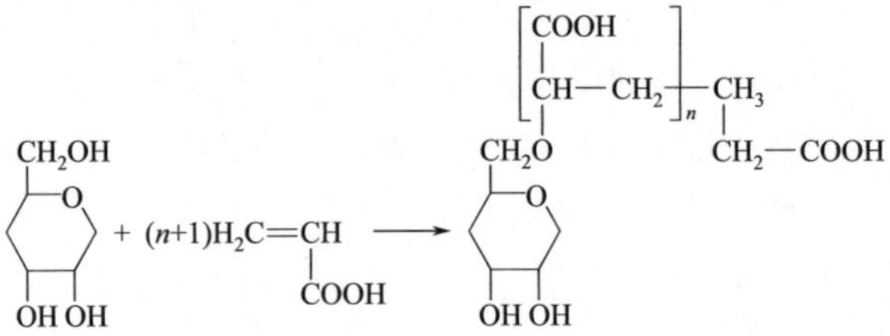

图6-12 纤维素与丙烯酸接枝反应[125]

6.3 固态电解质

准固态电解质虽然解决了液态电解质的流动性问题，但电解质中仍然含有溶剂，热力学上通常是不稳定的，因此，准固态电池的长期稳定性仍有待提高。用固态电解质替代液态电解质是染料敏化太阳电池发展的必然方向。常用的固态电解质主要有：无机型半导体固态电解质、空穴导电高分子材料电解质、有机小分子空穴传输材料电解质、离子导电聚合物（包括离子液体聚合物固态电解质）固态电解质等。

6.3.1 无机P型半导体固态电解质

为了获得理想的光电转换效率，根据DSSC的工作原理及结构特点，用于制备固态电解质的无机型半导体材料应满足以下几个方面的要求[126,127]：

① 能够将注入电子后的染料阳离子的空穴传输到对电极，这就要求P型半导体的价带高于染料分子的基态能级；

② 必须保证界面接触良好，能在TiO_2多孔膜中有效填充；

③ 空穴迁移率应足够高，低空穴迁移率被认为是电池性能的一个限制因素；

④ 理想的材料应为透明的或者在可见光区域基本没有吸收（10μm厚的电解质膜的最大吸光度要小于0.05），在沉积过程中不能溶解或降解敏化染料。

研究人员通过大量的实验发现，CuI、CuBr和CuSCN等无机P型半导体可以用作DSSCs的空穴传输材料[128-130]。1995年，Tennakone等[126]首先报道了以多孔TiO_2/花青素/P-CuI为基础的固态染料敏化太阳电池，在800W/m^2的光强下可获得1.5～2.0mA/cm^2的短路光电流。采用联吡啶钌染料敏化时，光电转换效率可达2.4%，是当时固态染料敏化太阳电池的最高纪录。

将CuI的乙腈热溶液滴加在TiO_2/Dye电极上即可组装得到全固态电池，但由于CuI易于快速结晶，导致其不易在纳晶TiO_2多孔膜中有效填充，电极接触性不佳，严重影响了电池的光电性能和稳定性。Kumara等[131]发现，在电解质中加入少量1-甲基-3-乙基咪唑硫氰酸盐（EMISCN，10^{-3}mol/L）可以有效地抑制CuI的结晶，有利于CuI在TiO_2多孔膜内生长，形成紧密结构，从而形成良好的界面接触。同时，SCN^-可作为空穴受体，吸附于CuI晶界处或者CuI和TiO_2界面处，有利于空穴导电。因此，电池的光电性能和稳定性均得到了提高。此外，Kumara等[132]还研究采用硫氰酸三乙胺作为CuI晶体生长抑制剂。Meng等[133]采用EMISCN离子液体作为CuI晶体生长抑制剂，生成CuI微晶作为空穴传输材料，并引入ZnO来改善TiO_2电极接触性能，获得了3.8%的光电转换效率，电池的稳定性有了较大的提高。

Taguchi研究小组[134]和Kumara研究小组[135]用MgO包覆TiO_2多孔薄膜和CuI组装固态电池，基于CuI的固态DSSCs的光电转换效率达到了4.7%，同时电池的稳定性也得以提高。

采用CuSCN取代CuI可以提高固态电池的稳定性，由于CuSCN不能分解出SCN^-，从而避免了过多的SCN^-造成表面的缺陷[136,137]。Kumara等[137]在吸附染料后的TiO_2工作电极上滴加CuSCN的$(CH_3CH_2CH_2)_2S$溶液，组装的固态电池取得了1.25%的效率。2002年，O'Regan等[138]报道了用CuSCN固态染料敏化太阳电池，通过优化溶剂挥发等工艺，可获得约2%的光电转换效率。

CuSCN 作为 P 型半导体的主要缺点是它的空穴导电性较低（10^{-4}S/cm），因此氧化态染料分子的还原速度较慢，从而导致注入 TiO_2 导带的电子与氧化态染料分子复合。为了提高 P-CuSCN 半导体的电导率，Perera 等[139]将组装的 TiO_2/dye/CuSCN 器件置于含有少量卤素气体的 N_2 氛围内，或者浸泡于（SCN）$_2$ 的 CCl_4 溶液中，在 CuSCN 半导体中掺杂（SCN）$_2$，从而提高 CuSCN 薄膜的电导率，电池的光电转换效率从处理前的 0.75% 提高到了 2.39%。

Premalal 等[140,141]将三乙胺硫氰酸盐加入 CuSCN 的丙基硫溶液中，在 P 型半导体 CuSCN 的晶体结构中引入了三乙胺配位的二价铜和（SCN）$_2$，从而使 P-CuSCN 的空穴电导率从 0.01S/m 提高到 1.42S/m，修饰后的 P-CuSCN 的全固态 DSSCs 的光电转换效率达到了 3.4%。

Itzhaik 等[142]采用 Sb_2S_3 量子点作为光敏化剂，TiO_2 和 CuSCN 分别作为电子受体和空穴受体，所得电池的光电转换效率达到了 3.37%。Belaidi 等[143]组装了 N-ZnO/In_2S_3/CuSCN 电池，获得了 3.4% 的光电转换效率。

应用于全固态 DSSCs 中的 P 型半导体还有 P-NiO、$CuAlO_2$ 等[144,145]，但这类材料很难制造出高效的太阳电池。

Chung 等[146]用 p-$CsSnI_3$ 半导体、N 型纳米多孔 TiO_2 和 N719 染料制备了全固态染料敏化太阳电池。$CsSnI_3$ 具有低能隙（1.3eV）及高空穴迁移率［585cm^2/(V·s)］等优点。$CsSnI_3$ 可溶液加工，能够填充到 TiO_2 介孔中，与染料分子和 TiO_2 紧密接触。采用 $CsSnI_3$ 可获得 3.72% 的光电转化效率。经 5%（质量分数）SnF_2 掺杂 $CsSnI_3$，电池效率提高到 6.81%。通过用氟等离子体对 TiO_2 电极进行预处理，并在反电极上引入光子晶体，该器件的效率高达 10.2%。

$CsSnI_3$ 和 $CH_3NH_3SnI_3$ 中的 Sn 处于 2+ 氧化状态，制备太阳电池时必须在惰性气氛中。Lee 等[147]采用 Cs_2SnI_6 制备了固态染料敏化太阳电池，Cs_2SnI_6 中的 Sn 处于 4+ 氧化状态，因而在空气和水分中稳定。Cs_2SnI_6 与 Z907 染料制备的固态 DSSCs 的效率为 4.7%，同时采用 N719、YD2-O-C8、RLC5 混合染料制备的固态电池的效率接近 8%。

合适的无机空穴材料种类和数量的有限性严重限制了无机 P 型半导体固态 DSSCs 电池的发展和性能的提升。

6.3.2 有机P型半导体固态电解质

与无机 P 型半导体相比较，有机空穴传输材料具有资源丰富、容易成膜、成本低等优点。因此，有机空穴传输材料被广泛应用于有机太阳电池、薄膜晶体管、有机发光二极管中。有机空穴传输材料主要是 2,2′,7,7′-四（*N*,*N*′-二对甲氧基苯基氨基)-9,9′-螺环二芴(Spiro-OMeTAD)有机小分子空穴传输材料，聚吡咯(PPy)、聚苯胺(PANI)、聚3-己基噻吩(P3HT)、聚三辛基噻吩(P3OT)、聚(3,4-乙烯二氧噻吩)(PEDOT)等芳香杂环类衍生物的聚合物(图6-13)。

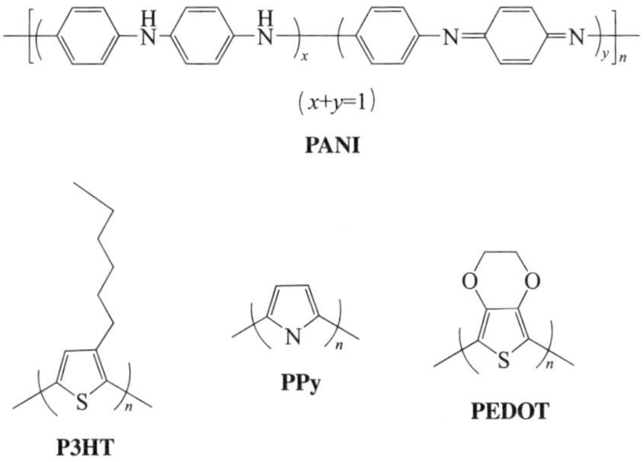

图6-13　几种常见的空穴导电高分子的结构示意图

6.3.2.1　有机小分子空穴传输材料电解质

Spiro-OMeTAD(图6-14)空穴传输材料具有良好的电荷迁移率以及较好的溶解性能等，成为有机小分子空穴传输材料研究中的热点。

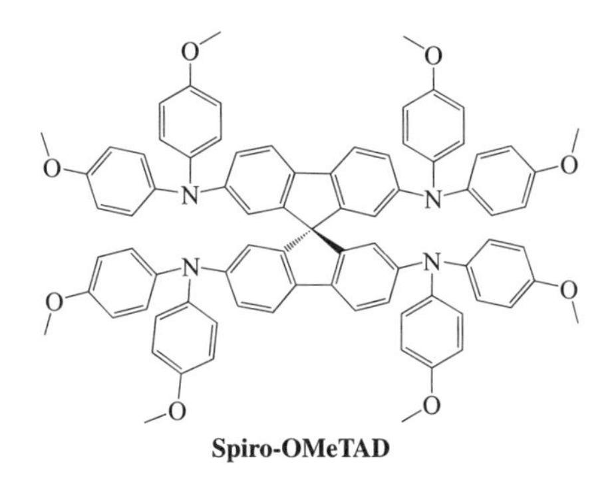

图6-14　Spiro-OMeTAD的结构示意图

1998年，Grätzel等[148]首次报道了用Sprio-OMeTAD作为有机空穴材料(HTM)固态染料敏化太阳电池。TiO_2/Spiro-OMeTAD存在严重的界面复合，导致电池的性能很差，光电转换效率仅为0.04%。通过加入N $(PhBr)_3SbCl_6$进行掺杂，并加入Li $[(CF_3SO_2)_2N]$来提高电解质电导率、抑制界面复合，从而改善了电池的光电性能，光电转换效率提高到0.74%。

2002年，Kruger等[149]在Spiro-OMeTAD中加入tBP和$Li[CF_3SO_2]_2N$作为添

加剂来制备全固态电池，开路光电压达到了900mV以上，短路光电流为5.1mA/cm^2，光电转换效率提高到2.56%。他们认为tBP和锂盐的加入均能抑制界面电荷的复合反应。之后，他们在N719染料溶液中加入硝酸银[150]。通过银离子与染料上硫氰酸根官能团的键合作用增加了TiO_2薄膜对染料的吸附量，提高了电池的短路光电流，同时还较好地抑制了暗电流，提高了开路光电压，因此Spiro-OMeTAD固态DSSCs的效率提高到3.2%。

由于Spiro-OMeTAD固态电解质渗透性较差，并且复合反应较快，Spiro-OMeTAD固态电池的TiO_2膜厚一般控制在2μm左右，小于液态电池的TiO_2膜厚（10～20μm），因此，薄膜对可见光的吸收量也随之严重降低。要想获得较高光电性能的Spiro-OMeTAD固态电池，则必须增加TiO_2/dye薄膜电极的吸光能力。用两亲性钌染料（Z907）、纯有机吲哚啉染料（D102）、有机染料C104，光电转换效率进一步提高到4%左右[151-153]。Cai等[154]将高消光系数的D-π-A有机染料引入Spiro-OMeTAD固态电池中，取得6.08%的光电转换效率。

2011年，Burschka等[155]报道了采用Co(Ⅲ)配合物（FK102）对Spiro-OMeTAD进行化学掺杂，产生了额外的空穴载流子，掺杂后的Spiro-OMeTAD的电导率从原来的4.4×10^{-5}S/cm提高到了5.3×10^{-4}S/cm。同时再采用高消光系数的D-π-A有机染料Y123，组装的全固态DSSCs的光电转换效率从未掺杂的2.3%提高到了5.3%，并观察到电池在放置1～2周后，电池的效率高达7.2%。

Kim等[156]采用半导体$(CH_3NH_3)PbI_3$量子点敏化Spiro-OMeTAD全固态电池，获得9.7%的光电转换效率。Service[157]使用Spiro-OMeTAD固态空穴导体和有机铅卤化物钙钛矿，使固态太阳电池的效率高达19.3%。钙钛矿太阳电池将成为太阳电池未来发展的一个主要方向。

6.3.2.2 空穴导电高分子传输材料电解质

聚吡咯是最早应用于固态DSSCs的共轭导电高分子材料。1997年，Yanagida团队[158]首次将聚吡咯（PPy）作为有机HTM应用于固态DSSCs，电池效率为0.1%（光强22mW/cm^2）。他们采用在线光电聚合的方法在TiO_2/dye电极表面沉积一层聚吡咯以提高HTM与TiO_2膜之间的界面接触性能。之后，他们将N3替换为含有吡咯官能团的染料Ru(DCB$_2$(PMP)$_2$［DCB=4,4′-二羰基-2,2′-联吡啶，PMP=3-(吡咯-1-基甲基)吡啶］，通过吡咯官能团分子的天线作用将聚吡咯和染料激发金属中心直接连接起来，从而改善界面接触性能，提高空穴传输速率，电池转化效率提高到0.62%（光强10mW/cm^2）。由于聚吡咯对可见光的吸收，电池的性能较差。

Tan 等[159] 首次使用聚苯胺（PANI）作为 HTM 应用于 DSSCs，在优化 PANI 的膜形态后，电池的效率也仅为 0.10%。随后，他们在 4-十二烷基苯磺酸掺杂聚苯胺（PANI-DBSA）中加入 LiI 和 tBP 添加剂，固态 DSSCs 的效率提高到了 1.15%[160]。他们将电池性能的提高归因于界面电荷复合的抑制和对 TiO_2 薄膜润湿性的改善。

最初以聚 3- 己基噻吩（P3HT）和聚 3- 辛基噻吩（P3OT）为 HTM 的固态 DSSCs 的电池性能相对较低（PCE＜1%），这是由于聚合物空穴传输材料与 TiO_2 多孔膜的界面接触较差，导致电荷分离和收集效率较低[161,162]。Sanchez 等[163] 通过对 TiO_2 的晶型，工作电极的膜厚、形貌以及孔隙率等方面进行优化以改善 HTM 和电极的接触，基于 P3OT 的固态 DSSCs 的效率提高到了 1.3%。Liu 等[164] 通过添加双（三氟甲基磺酰亚胺）锂（LiTFSI）和 tBP，DSSCs 的光电转换效率为 2.63%，后又采用高消光系数的卟啉染料 D131，将基于 P3HT 的固态 DSSCs 的光电转换效率提高到了 3.85%。HRS-1 敏化[165] 和 SQ-1 敏化[166] 制备的 TiO_2/P3HT 器件的转化率分别为 2.7% 和 3.2%。

Johansson 等[167] 将小分子空穴传输材料三（4-甲氧基苯基）胺（TPAA）与 P3HT 混合后组装全固态电池，由于小分子能够在 TiO_2 多孔薄膜中有效填充，同时又能将氧化态染料分子的空穴快速传输到对电极，从而有效地减少复合。

聚（3,4- 亚乙二氧基噻吩）[poly(3,4-ethylenedioxythiophene)，PEDOT] 在可见光范围内具有高透明度、高空穴电导率（550S/cm）、高稳定性等优点[168,169]，因此，可用于固态 DSSCs。PEDOT 作为一种聚合物，尺寸较大，不易在 TiO_2 多孔薄膜中有效地渗透。2004 年，Yanagida 等[169] 采用光电化学聚合法（PEP），在 TiO_2/dye 电极表面沉积一层 PEDOT 电解质，使得 PEDOT 与 TiO_2/dye 电极形成良好的接触，大幅度提高了电池的光电流，光电转换效率从 0.012% 提高到了 0.53%，之后，他们对该体系进行了改进，通过各种掺杂剂（如 ClO_4^-、$CF_3SO_3^-$、BF_4^- 和 $TFSI^-$）调控 PEDOT 空穴导体的电导率[170]。掺杂锂双三氟甲烷磺酰亚胺（LiTFSI）的 PEDOT 基固态 DSSCs 获得了 2.85% 的转化效率[171]。

Liu 等[172] 采用有机卟啉染料 D149，将 2,2-双(3,4-亚乙二氧基噻吩)（bis-EDOT）PEP 聚合，发现电池的光电转换效率得到了明显提高，达到了 6.1%。用传统的 PEP 制备 PEODT 时，采用波长在 500～1000nm 区域的连续波段的光，而 Liu 等[173] 发现制备的固态电池的性能受光电聚合时照射光的波长的影响。他们采用单色光照射来制备 PEDOT 电解质，当采用 670nm 波长制备 PEDOT 电解质时，电池的光电转换效率达到 7.1%。

Kim 等[174] 在 FTO 导电玻璃和纳晶 TiO_2 薄膜间引入一层 550nm 厚度的有序

介孔 TiO_2 层，增加了透光率，降低了界面电阻，延长了电子寿命，从而使这类 PEDOT 的全固态电池的光电转换效率提高到 6.8%。

将量子点与 HTM 相结合是提高电池光电性能的一个有效办法。Chang 等 [175] 采用高消光系数的半导体量子点 Sb_2S_3 作为敏化剂、P3HT 作为空穴传输材料，组装成 TiO_2/Sb_2S_3/P3HT 结构的全固态 DSSCs，其光电转换效率高达 5% 以上。

Giacomo 等 [176] 以 P3HT 为空穴导体制备了 FTO/$TiO_2/CH_3NH_3PbI_{3-x}Cl_x$/P3HT/Au 钙钛矿太阳电池，该电池的效率高达 9.3%。高消光系数钙钛矿作为光吸收剂为 HTM 提供了一个新思路。

6.3.3 离子导电聚合物固态电解质

研究人员借鉴锂离子电池领域的成功经验，在染料敏化太阳电池中采用离子导电聚合物电解质。这种固态电解质要求聚合物基质必须有效地溶解锂盐或钠盐，使它们容易解离，不易形成离子对。盐的溶解性依赖于高分子链中电子给体基团通过路易斯酸碱作用与阳离子的络合能力。聚氧化乙烯（PEO）、聚丙烯腈（PAN）等是应用较为广泛的聚合物基体材料 [78,177]。聚合物全固态电池的效率远低于液态电池，主要是由于全固态聚合物电解质的电导率在室温下较低，而且电解质与 TiO_2 多孔薄膜的界面接触性也比较差。因此，研究人员采用共混、增塑、纳米复合等方法来抑制聚合物的结晶，提高电解质的电导率以及改善与电极间的界面接触性能。

PEO 因其具有极性及良好的化学稳定性，可以通过氧原子与盐中阳离子（如 Li^+）之间的络合作用而使得盐解离，然而 PEO 的高结晶性大大降低了它的离子传导率。为了提高 PEO 电解质的离子传导率，Nogueira 等 [178] 用 P(EO–EPI)、NaI 和碘制备了固态电解质并应用于染料敏化太阳电池，起初电池的光电转换效率很低，仅有 0.22%，经改进后获得了 2.6% 的光电转换效率 [179]。

Stergiopoulos 等 [180] 研究发现将 TiO_2 纳晶加入含有 PEO 的固态电解质中可以抑制 PEO 的结晶，提高离子传导率，从而将光电转换效率提高到 4.2%（65.5 mW/cm^2）。

将低聚物与聚合物混合后制备全固态聚合物电解质，可有效地抑制聚合物的结晶，提高固态电解质的电导率，同时由于低聚物的线团尺寸较小，较容易渗透到 TiO_2 薄膜中，从而改善电解质与电极界面的润湿性。Kang 等 [181] 将聚丙烯醇齐聚物 PPG［M_n（数均分子量）=750］与高分子量 PEO（M_w=1000000）共混，电解质的电导率显著提高，固态电池的光电转换效率为 3.84%。他们 [182] 还将由聚氧化乙烯双甲醚（PEODME，M_w=500）、SiO_2 添加剂、KI 及 I_2 混合制备的固态电解质应用于染料敏化太阳电池，固态电池的光电转换效率为 4.5%。Zhou[183] 等制备了低分子量的聚醚型聚氨酯（PEUR）预聚体，将其与 PEO 共混制备固态电解质，PEUR 抑制了 PEO 的结晶并改善其渗透性能。同时，PEUR 在 TiO_2 电极表面的吸附导致电极平带电位的负移，提高光电压。固态电池的光电转换效率为 2.88%。随后，他们又将改性的 SiO_2 纳米填料 [184,185] 应用到 PEO/PEUR 聚合物共混电解质中，电池的效率提高到 4.86%。

将两种或两种以上的聚合物进行共混，通过聚合物间的相互作用也可以抑制结晶，并可以通过调节组分比例来调控电解质的性能。Han 等 [186] 首次把聚氟化乙烯引入 PEO 与 TiO_2 混合电解质体系，由于聚氟化乙烯中的氟离子的半径小，电负性大，从而有利于离子的传输，降低了固态电解质与半导体界面的复合反应速率。固态电池的光电转换效率再次提高到 4.8%（65.2mW/cm^2）。Venkatesan 等 [187] 将 PVDF-HFP 和聚（丙烯腈 - 醋酸乙烯酯）（PAN-VA）共混制备固态电解质。采用 PVDF-HFP 制备的电解质（3.46mS/cm）比 PAN-VA 制备的电解质（2.34mS/cm）具有更高的电导率，而增加 PAN-VA 组分可以降低电解质的黏度，提高电解质在 TiO_2 多孔膜中的渗透性。通过调节两种共聚物的比例，固态电解质的电导率为 3.67mS/cm，固态电池的效率为 4.88%，再加入 TiO_2 纳米填料电池效率进一步提高到 5.34%。

离子液体电解质具有高稳定性、高电导率等诸多优点，但其流动性问题仍会影响 DSSCs 的实际应用。而全固态聚合物电解质具有机械性能以及稳定性等方面的优势，但是这类固态聚合物材料的电导率较低。因此，研究人员将二者的优势结合起来，通过将离子液体引入聚合物结构中，设计合成出悬挂有离子液体官能团的功能化离子液体聚合物，并将之用于全固态电解质的制备。

Zhou 等 [188] 将聚［1-（聚乙二醇预聚物）甲基丙烯酸甲酯-3-甲基咪唑氯］［P（MOEMImCl）］[69] 碘代为 P（MOEMImI）后应用于全固态电解质的制备，电池的光电转换效率达到 2.9%。

Wu 等 [189] 合成了系列聚（*N*-烷基-4-乙烯基吡啶碘）（PNR4VPI）（图 6-15），由于较大的主链阳离子与较小的阴离子 I^- 之间的相互作用较弱，PNR4VPI 呈现出低导电性，通过添加 I_2 和 *N*-烷基吡啶碘化物（NRPI），使其电导率提高到 6.41mS/cm。经 KI 处理 TiO_2 电极后，基于该聚电解质的固态电池的光电转换效率达到 5.64%。

Wang 等 [190-192] 合成一系列聚［1-烷基-3-（丙烯酸酯）己基咪唑碘化物］，其中聚［1-乙基-3-（丙烯酸酯）己基咪唑碘化物］（PEAII，图 6-16）的离子电导率可

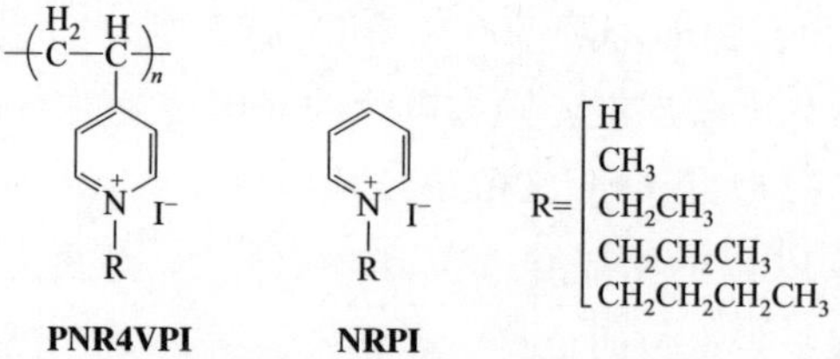

图6-15　聚（N-烷基-4-乙烯基吡啶碘）和N-烷基吡啶碘化物（NRPI）结构示意图[189]

达 3.63×10^{-4}S/cm。由于聚合物主链的空间位阻和咪唑环的共轭作用，碘离子与阳离子之间的吸引力较弱，从而促进了碘离子在电解质中的扩散，组装的固态电池的光电转换效率达到 5.29%。在 1000h 的长期稳定性试验后，仍可保持其初始效率的 85%。

Kim 等 [193] 合成聚［1-(4-乙烯基苯基)甲基-3-丁基-碘化咪唑］(PEBII)，如图 6-16 所示，由于苯环间强 π–π 相互作用，室温时离子电导率可达 2.0×10^{-4}S/cm，固态电池的光电转换效率达到 5.93%。

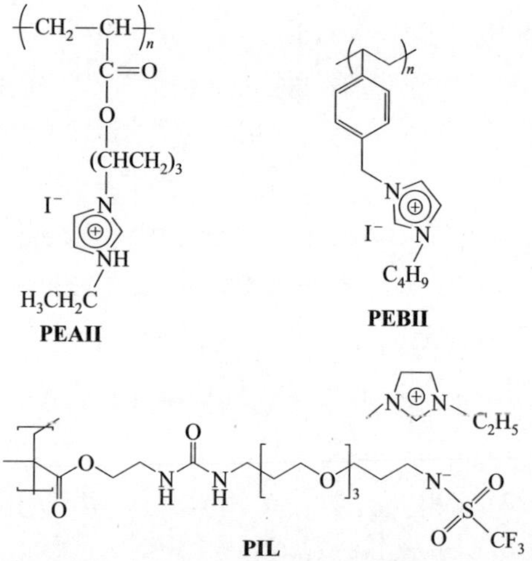

图6-16　PEAII、PEBII和PIL的结构示意图[193]

Bui 等 [194] 合成了一种新的离子液体聚合物 PIL，如图 6-16 所示，其单体由一个甲基丙烯酸酯可聚合基团、一个极性三环氧乙烷、一个三氟甲磺酸阴离子和一个咪唑阳离子组成，其离子传导率为 6.50×10^{-4}S/cm，基于 PIL 电解质的固态 DSSCs 的光电转化效率为 1.74%。

通过离子液体聚合物的前驱体在线季铵化反应来制备全固态电池，这种方法不需要引发剂，并且没有副产物的产出，而且前驱体的黏度通常较低，容易渗透

到 TiO_2 多孔薄膜中，提高了电解质与电极的界面接触。因此，利用在线季铵化来制备固态电池，可以有效地解决固态电解质体系中存在的组装困难、界面渗透性能差等问题。Xiang 等 [195,196] 设计合成了低黏度的聚硅氧烷前驱体，利用季铵化反应制备全固态电解质，获得 1.25% 的电池效率。之后，又设计了基于低聚磷腈和低聚硅氧烷体系（图 6-17），经加入改性 SiO_2 优化体系后，最大光电转换效率达到 2.66%。

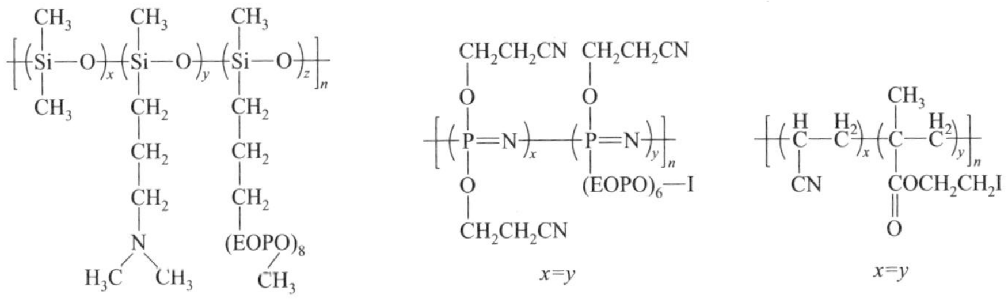

图6-17　低聚磷腈和低聚硅氧烷体系在线聚合前驱体 [194]

离子导电聚合物固态电解质应用于固态 DSSCs 的最高的光电转换效率在 6% 左右，其光电转换效率较低，原因有两点：①离子导电聚合物固态电解质的室温离子传导率较低；②固态电解质与电池的纳晶多孔 TiO_2 电极之间的润湿性较差。因此，提高电解质体系的离子传导性、改善电解质与电极的界面接触是提高电池光电转换效率的关键。

6.3.4　其他类型固态电解质

除了上述全固态电解质外，研究人员还报道了其他类型的全固态电解质。Meng 等 [197] 采用 LiI 和 3-羟基丙腈（HPN）合成了一系列固态电解质 $LiI(HPN)_xI$（$2 \leqslant x \leqslant 4$）。固态电解质 $LiI(HPN)_2$ 中的锂离子通过化学键与氮原子和氧原子形成了一个阳离子骨架，I^- 有序分布在由阳离子基团形成的骨架间。这种单晶结构具有高效传输 I^- 的 3D 通道，因此制备的固态电解质具有较高的电导率（1.4mS/cm）。这类固态电解质结晶度高，从而导致电解质不易填充以及界面润湿性差，因此他们引入 SiO_2 纳米粒子制备 $LiI(HPN)_4/SiO_2$ 的电解质，DSSCs 的光电转换效率达到 5.48%。有机小分子具有较宽的选择范围，除丙腈外，甲醇、乙醇等有机小分子也可用于制备一系列高效固态复合电解质 [198-200]。

离子塑晶是一类具有塑性的固态晶体，具有良好的电化学稳定性和高电导率等特点 [201,202]。研究人员将离子塑晶应用于固态 DSSCs[203-208]。Wang 等 [203] 将离子塑晶化合物琥珀腈（plastic crystal succinonitrile）应用于固态 DSSCs。他们在塑晶化合物琥珀腈中加入 *N*-甲基-*N*-丁基咪唑碘和 I_2 后制备得全固态电解质，其电导率在室温下为 3.3mS/cm，并且氧化还原电对的扩散系数也比较高，基于这种全固态电解质的 DSSCs 的光电转换效率达到 6.7%。由于琥珀腈全固态电解质的熔点为 45℃，无法满足电池的实际应用要求，Li 等 [208] 采用高熔点（162℃）的 1- 乙基-1-甲基吡咯碘（$P_{12}I$）的塑晶，加入适量离子液体 PMII 后，电池的效率在室温下为 4.85%，在 80℃下达到了 5.2%，并且在此温度下电池表现出较高的稳定性。Wang 等 [209] 制备了 $P_{12}I$/PMII 塑晶电解质，在该电解质中加入 CNTs，发现 CNTs 的加入不影响固态电解质的熔点，并且随着 CNTs 含量的增加，离子传导率和 I^-/I_3^- 的扩散也增加，电池的效率最高为 5.60%。Wang 等 [210] 合成了酯基功能化的咪唑碘离子导体（图 6-18），在离子导体中能够形成三维离子通道，有利于 I^- 的传输；酯基和锂离子的配位反应形成二聚体，从而有利于离子的传输和具有较高的电导率。这类酯基官能化的离子导体由于分子较小，有利于电解质的渗透。当加入 $EMIm^+BF_4^-$ 结晶抑制剂后，组装的固态电池效率达到了 6.63%。Lee 等 [211] 制备了己基侧臂双咪唑碘化物（BII-6，图 6-18）离子塑晶，制备的全固态电解质具有较高的熔点（约 200℃），制备的固态 DSSCs 的光电转换效率为 4.93%。

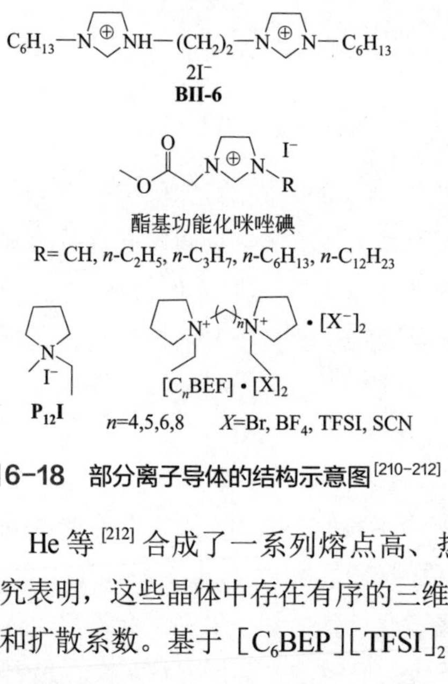

图6-18　部分离子导体的结构示意图[210-212]

He 等 [212] 合成了一系列熔点高、热稳定性好的吡咯烷类离子晶体（图 6-18）。研究表明，这些晶体中存在有序的三维离子通道，有利于离子导体获得较高的电导率和扩散系数。基于［C_6BEP］［TFSI］$_2$ 制备的固态电池的光电转换效率为 6.02%。

6.4 展望

染料敏化太阳电池具有成本低廉、制作工艺简单、环境友好等诸多优点，具有广阔的应用和发展前景。电解质是 DSSCs 的重要组成部分，对电池的光电性能和长期稳定性有着重要的影响。液态 DSSCs 的光电转换效率已高达 14%，但有机溶剂的泄漏和挥发限制了它的实际应用。用离子液体作为溶剂可以部分解决这一问题。准固态电解质的应用明显提高了 DSSCs 的长期稳定性。然而，由于氧化还原电对在黏性介质中的迁移率较低，且电解质与多孔薄膜的润湿不完全，大多数准固态电池的光电转换效率低于相应的液态电解质制备的电池。全固态电解质基本上可以满足 DSSCs 的长期稳定性要求，而传统的固态电池由于电解质 / 电极界面接触不良，效率较低。近些年发展的新型固态太阳电池，如使用 Spiro-OMeTAD 固态空穴导体和有机铅卤化物钙钛矿固态太阳电池，其光电转换效率已达 20%。

笔者认为，今后应该更注重电解质与电极和敏化染料的相互作用，研究它们对光电转换过程的影响，研发新型高效的电解质，并从电池的整体考虑，使电池的每一组分（多孔薄膜电极、染料、电解质与对电极）能协同作用，以达到能级、结构等方面的最佳匹配，并提高电池的长期稳定性。

参考文献

[1] Oregan B，Grätzel M. A low-cost，high-efficiency solar-cell based on dye-sensitized colloidal TiO_2 films[J]. Nature，1991，353（6346）：737-740.

[2] Grätzel M. Photoelectrochemical cells[J]. Nature，2001，414（6861）：338-344.

[3] Hauch A，Georg A. Diffusion in the electrolyte and charge-transfer reaction at the platinum electrode in dye-sensitized solar cells[J]. Electrochimica Acta，2001，46（22）：3457-3466.

[4] Wu J H，Lan Z，Lin J M，et al. Electrolytes in dye-sensitized solar cells[J]. Chemical Reviews，2015，115（5）：2136-2173.

[5] Wang M K，Gratzel C，Zakeeruddin S M，et al. Recent developments in redox electrolytes for dye-sensitized solar cells[J]. Energy & Environmental Science，2012，5（11）：9394-9405.

[6] Wang Z S，Sayama K，Sugihara H. Efficient eosin Y dye-sensitized solar cell containing Br^-/Br_3^- electrolyte[J]. Journal of Physical Chemistry B，2005，109（47）：22449-22455.

[7] Bergeron B V，Marton A，Oskam G，et al. Dye-sensitized SnO_2 electrodes with iodide and pseudohalide redox mediators[J]. Journal of Physical Chemistry B，2005，109（2）：937-943.

[8] Oskam G，Bergeron B V，Meyer G J，et al. Pseudohalogens for dye-sensitized TiO_2 photoelectrochemical cells[J]. Journal of Physical Chemistry B，2001，105（29）：6867-6873.

[9] Mathew S，Yella A，Gao P，et al. Dye-sensitized solar cells with 13% efficiency achieved through the molecular engineering of porphyrin sensitizers[J]. Nature Chemistry，2014，6（3）：242-247.

[10] Kakiage K，Aoyama Y，Yano T，et al. Highly-efficient dye-sensitized solar cells with collaborative sensitization by silyl-anchor and carboxy-anchor dyes[J]. Chemical Communications，2015，51（88）：15894-15897.

[11] Nazeeruddin M K, Kay A, Rodicio I, et al. Conversion of light to electricity by cis-$x_2$bis (2, 2'-bipyridyl-4, 4'-dicarboxylate) ruthenium (ii) charge-transfer sensitizers ($X=Cl^-$, Br^-, I^-, $Cn^-$and Scn^-) on nanocrystalline TiO_2 electrodes[J]. Journal of the American Chemical Society, 1993, 115 (14): 6382-6390.

[12] Agrell H G, Lindgren J, Hagfeldt A. Coordinative interactions in a dye-sensitized solar cell[J]. Journal of Photochemistry and Photobiology a-Chemistry, 2004, 164 (1-3): 23-27.

[13] Kusama H, Arakawa H. Influence of pyrimidine additives in electrolytic solution on dye-sensitized solar cell performance[J]. Journal of Photochemistry and Photobiology a-Chemistry, 2003, 160 (3): 171-179.

[14] Kusama H, Konishi Y, Sugihara H, et al. Influence of alkylpyridine additives in electrolyte solution on the performance of dye-sensitized solar cell[J]. Solar Energy Materials and Solar Cells, 2003, 80 (2): 167-179.

[15] Kusama H, Arakawa H. Influence of aminotriazole additives in electrolytic solution on dye-sensitized solar cell performance[J]. Journal of Photochemistry and Photobiology a-Chemistry, 2004, 164 (1-3): 103-110.

[16] Kusama H, Arakawa H. Influence of quinoline derivatives in I^-/I_3^- redox electrolyte solution on the performance of Ru (II) -dye-sensitized nanocrystalline TiO_2 solar cell[J]. Journal of Photochemistry and Photobiology a-Chemistry, 2004, 165 (1-3): 157-163.

[17] Shi C W, Dai S Y, Wang K J, et al. Influence of 1-methyl-3-propylimidazolium iodide on I_3^-/I^- redox behavior and photovoltaic performance of dye-sensitized solar cells[J]. Solar Energy Materials and Solar Cells, 2005, 86 (4): 527-535.

[18] Wang M, Zhang Q L, Weng Y X, et al. Investigation of mechanisms of enhanced open-circuit photovoltage of dye-sensitized solar cells based the electrolyte containing 1-hexyl-3-methylimidazolium iodide[J]. Chinese Physics Letters, 2006, 23 (3): 724-727.

[19] Kopidakis N, Neale N R, Frank A J. Effect of an adsorbent on recombination and band-edge movement in dye-sensitized TiO_2 solar cells: Evidence for surface passivation[J]. Journal of Physical Chemistry B, 2006, 110 (25): 12485-12489.

[20] Welton T. Room-temperature ionic liquids. Solvents for synthesis and catalysis[J]. Chemical Reviews, 1999, 99 (8): 2071-2083.

[21] Dupont J, de Souza R F, Suarez P A Z. Ionic liquid (molten salt) phase organometallic catalysis[J]. Chemical Reviews, 2002, 102 (10): 3667-3691.

[22] Hagiwara R, Ito Y. Room temperature ionic liquids of alkylimidazolium cations and fluoroanions[J]. Journal of Fluorine Chemistry, 2000, 105 (2): 221-227.

[23] Bonhote P, Dias A P, Papageorgiou N, et al. Hydrophobic, highly conductive ambient-temperature molten salts[J]. Inorganic Chemistry, 1996, 35 (5): 1168-1178.

[24] Kawano R, Matsui H, Matsuyama C, et al. High performance dye-sensitized solar cells using ionic liquids as their electrolytes[J]. Journal of Photochemistry and Photobiology a-Chemistry, 2004, 164 (1-3): 87-92.

[25] Lee C P, Ho K C. Poly (ionic liquid) s for dye-sensitized solar cells: A mini-review[J].

European Polymer Journal，2018，108：420-428.

[26] Matsumoto H，Matsuda T，Tsuda T，et al. The application of room temperature molten salt with low viscosity to the electrolyte for dye-sensitized solar cell[J]. Chemistry Letters，2001（1）：26-27.

[27] Wang P，Zakeeruddin S M，Moser J E，et al. A new ionic liquid electrolyte enhances the conversion efficiency of dye-sensitized solar cells[J]. Journal of Physical Chemistry B，2003，107（48）：13280-13285.

[28] Wang P，Zakeeruddin S M，Humphry-Baker R，et al. A binary ionic liquid electrolyte to achieve ≥7% power conversion efficiencies in dye-sensitized solar cells[J]. Chemistry of Materials，2004，16（14）：2694-2696.

[29] Kuang D B，Klein C，Zhang Z P，et al. Stable，high-efficiency ionic-liquid-based mesoscopic dye-sensitized solar cells[J]. Small，2007，3（12）：2094-2102.

[30] Wang P，Zakeeruddin S M，Moser J E，et al. A solvent-free，$SeCN^-/(SeCN)_3^-$ based ionic liquid electrolyte for high-efficiency dye-sensitized nanocrystalline solar cells[J]. Journal of the American Chemical Society，2004，126（23）：7164-7165.

[31] Cao F，Oskam G，Searson P C. A solid-state，dye-sensitized photoelectrochemical cell[J]. Journal of Physical Chemistry，1995，99（47）：17071-17073.

[32] Wang G Q，Zhou X W，Li M Y，et al. Gel polymer electrolytes based on polyacrylonitrile and a novel quaternary ammonium salt for dye-sensitized solar cells[J]. Materials Research Bulletin，2004，39（13）：2113-2118.

[33] Wanninayake W M N M B，Premaratne K，Kumara G R A，et al. Use of lithium iodide and tetrapropylammonium iodide in gel electrolytes for improved performance of quasi-solid-state dye-sensitized solar cells：Recording an efficiency of 6.40%[J]. Electrochimica Acta，2016，191：1037-1043.

[34] Ileperuma O A，Kumara G R A，Yang H S，et al. Quasi-solid electrolyte based on polyacrylonitrile for dye-sensitized solar cells[J]. Journal of Photochemistry and Photobiology a-Chemistry，2011，217（2-3）：308-312.

[35] Wu J H，Lan Z，Wang D B，et al. Polymer electrolyte based on poly（acrylonitrile-co-styrene）and a novel organic iodide salt for quasi-solid state dye-sensitized solar cell[J]. Electrochimica Acta，2006，51（20）：4243-4249.

[36] Chen C L，Chang T W，Teng H S，et al. Highly efficient gel-state dye-sensitized solar cells prepared using poly（acrylonitrile-co-vinyl acetate）based polymer electrolytes[J]. Physical Chemistry Chemical Physics，2013，15（10）：3640-3645.

[37] Ren Y J，Zhang Z C，Fang S B，et al. Application of PEO based gel network polymer electrolytes in dye-sensitized photoelectrochemical cells[J]. Solar Energy Materials and Solar Cells，2002，71（2）：253-259.

[38] Shi Y T，Zhan C，Wang L D，et al. The electrically conductive function of high-molecular weight poly（ethylene oxide）in polymer gel electrolytes used for dye-sensitized solar cells[J]. Physical Chemistry Chemical Physics，2009，11（21）：4230-4235.

[39] Bella F，Nair J R，Gerbaldi C. Towards green，efficient and durable quasi-solid dye-sensitized solar cells integrated with a cellulose-based gel-polymer electrolyte optimized by a chemometric DoE approach[J]. RSC Advances，2013，3（36）：15993-16001.

[40] Lee D H，Sun K C，Qadir M B，et al. Optimized performance of quasi-solid-state DSSC with PEO-bismaleimide polymer blend electrolytes filled with a novel procedure[J]. Journal of Nanoscience and Nanotechnology，2014，14（12）：9377-9382.

[41] Teo L P，Tiong T S，Buraidah M H，et al. Effect of lithium iodide on the performance of dye sensitized solar cells（DSSC）using poly（ethylene oxide）（PEO）/poly（vinyl alcohol）（PVA）based gel polymer electrolytes[J]. Optical Materials，2018，85：531-537.

[42] Manfredi N，Bianchi A，Causin V，et al. Electrolytes for quasi solid-state dye-sensitized solar cells based on block copolymers[J]. Journal of Polymer Science Part a-Polymer Chemistry，2014，52（5）：719-727.

[43] Li C，Xin C H，Xu L，et al. Components control for high-voltage quasi-solid state dye-sensitized solar cells based on two-phase polymer gel electrolyte[J]. Solar Energy，2019，181：130-136.

[44] Wang P，Zakeeruddin S M，Exnar I，et al. High efficiency dye-sensitized nanocrystalline solar cells based on ionic liquid polymer gel electrolyte[J]. Chemical Communications，2002（24）：2972-2973.

[45] Wang P，Zakeeruddin S M，Grätzel M. Solidifying liquid electrolytes with fluorine polymer and silica nanoparticles for quasi-solid dye-sensitized solar cells[J]. Journal of Fluorine Chemistry，2004，125（8）：1241-1245.

[46] Priya A R S，Subramania A，Jung Y S，et al. High-performance quasi-solid-state dye-sensitized solar cell based on an electrospun PVdF-HFP membrane electrolyte[J]. Langmuir，2008，24（17）：9816-9819.

[47] Yang H S，Ilperuma O A，Shimomura M，et al. Effect of ultra-thin polymer membrane electrolytes on dye-sensitized solar cells[J]. Solar Energy Materials and Solar Cells，2009，93（6-7）：1083-1086.

[48] Ho H W，Cheng W Y，Lo Y C，et al. Layered double hydroxides as an effective additive in polymer gelled electrolyte based dye-sensitized solar cells[J]. ACS Applied Materials & Interfaces，2014，6（20）：17518-17525.

[49] Dissanayake M A K L，Jayathissa R，Seneviratne V A，et al. Polymethylmethacrylate（PMMA）based quasi-solid electrolyte with binary iodide salt for efficiency enhancement in TiO_2 based dye sensitized solar cells[J]. Solid State Ionics，2014，265：85-91.

[50] Yang H X，Huang M L，Wu J H，et al. The polymer gel electrolyte based on poly（methyl methacrylate）and its application in quasi-solid-state dye-sensitized solar cells[J]. Materials Chemistry and Physics，2008，110（1）：38-42.

[51] Lan Z，Wu J H，Lin J M，et al. Quasi-solid- state dye-sensitized solar cells containing P（MMA-co-AN）-based polymeric gel electrolyte[J]. Polymers for Advanced Technologies，2011，22（12）：1812-1815.

[52] Wang C L, Wang L, Shi Y T, et al. Printable electrolytes for highly efficient quasi-solid-state dye-sensitized solar cells[J]. Electrochimica Acta, 2013, 91: 302-306.

[53] Fathy M, El Nady J, Muhammed M, et al. Quasi-solid-state electrolyte for dye sensitized solar cells based on nanofiber PMA-PVDF and PMA-PVDF/PEG membranes[J]. International Journal of Electrochemical Science, 2016, 11 (7) : 6064-6077.

[54] Venkatesan S, Liu I P, Lin J C, et al. Highly efficient quasi-solid-state dye-sensitized solar cells using polyethylene oxide (PEO) and poly (methyl methacrylate) (PMMA) -based printable electrolytes[J]. Journal of Materials Chemistry A, 2018, 6 (21) : 10085-10094.

[55] Ren Y, Zhang Z, Gao E, et al. A dye-sensitized nanoporous TiO_2 photoelectrochemical cell with novel gel network polymer electrolyte[J]. Journal of Applied Electrochemistry, 2001, 31 (4) : 445-447.

[56] Li W Y, Kang J J, Li X P, et al. Quasi-solid-state nanocrystalline TiO_2 solar cells using gel network polymer electrolytes based on polysiloxanes[J]. Chinese Science Bulletin, 2003, 48 (7) : 646-648.

[57] Kang J J, Li W Y, Lin Y A, et al. Synthesis and ionic conductivity of a polysiloxane containing quaternary ammonium groups[J]. Polymers for Advanced Technologies, 2004, 15 (1-2) : 61-64.

[58] Wu J H, Lan Z, Lin J M, et al. A novel thermosetting gel electrolyte for stable quasi-solid-state dye-sensitized solar cells[J]. Advanced Materials, 2007, 19 (22) : 4006.

[59] Lan Z, Wu J H, Hao S C, et al. Template-free synthesis of closed-microporous hybrid and its application in quasi-solid-state dye-sensitized solar cells[J]. Energy & Environmental Science, 2009, 2 (5) : 524-528.

[60] Lee K S, Jun Y, Park J H. Controlled dissolution of polystyrene nanobeads: transition from liquid electrolyte to gel electrolyte[J]. Nano Letters, 2012, 12 (5) : 2233-2237.

[61] Seo S J, Yun S H, Woo J J, et al. Preparation and characterization of quasi-solid-state electrolytes using a brominated poly (2,6-dimethyl-1,4-phenylene oxide) electrospun nanofiber mat for dye-sensitized solar cells[J]. Electrochemistry Communications, 2011, 13 (12) : 1391-1394.

[62] Hsu H L, Tien C F, Yang Y T, et al. Dye-sensitized solar cells based on agarose gel electrolytes using allylimidazolium iodides and environmentally benign solvents[J]. Electrochimica Acta, 2013, 91: 208-213.

[63] Bella F, Pugliese D, Nair J R, et al. A UV-crosslinked polymer electrolyte membrane for quasi-solid dye-sensitized solar cells with excellent efficiency and durability[J]. Physical Chemistry Chemical Physics, 2013, 15 (11) : 3706-3711.

[64] Li Q H, Tang Q W, Du N, et al. Employment of ionic liquid-imbibed polymer gel electrolyte for efficient quasi-solid-state dye-sensitized solar cells[J]. Journal of Power Sources, 2014, 248: 816-821.

[65] Yuan S S, Tang Q W, He B, et al. Conducting gel electrolytes with microporous structures for efficient quasi-solid-state dye-sensitized solar cells[J]. Journal of Power Sources, 2015, 273:

1148-1155.

[66] Yuan J Y，Mecerreyes D，Antonietti M. Poly（ionic liquid）s：An update[J]. Progress in Polymer Science，2013，38（7）：1009-1036.

[67] Shaplov A S，Ponkratov D O，Vygodskii Y S. Poly（ionic liquid）s：Synthesis，properties，and application[J]. Polymer Science Series B，2016，58（2）：73-142.

[68] Qian W J，Texter J，Yan F. Frontiers in poly（ionic liquid）s：syntheses and applications[J]. Chemical Society Reviews，2017，46（4）：1124-1159.

[69] Wang M，Yin X，Mao X R，et al. A new ionic liquid based quasi-solid state electrolyte for dye-sensitized solar cells[J]. Journal of Photochemistry and Photobiology a-Chemistry，2008，194（1）：20-26.

[70] Fang Y Y，Xiang W C，Zhou X W，et al. High-performance novel acidic ionic liquid polymer/ionic liquid composite polymer electrolyte for dye-sensitized solar cells[J]. Electrochemistry Communications，2011，13（1）：60-63.

[71] Chen X J，Zhao J，Zhang J Y，et al. Bis-imidazolium based poly（ionic liquid）electrolytes for quasi-solid-state dye-sensitized solar cells[J]. Journal of Materials Chemistry，2012，22（34）：18018-18024.

[72] Jeon N，Hwang D K，Kang Y S，et al. Quasi-solid-state dye-sensitized solar cells assembled with polymeric ionic liquid and poly（3，4-ethylenedioxythiophene）counter electrode[J]. Electrochemistry Communications，2013，34：1-4.

[73] Rong Y G，Ku Z L，Xu M，et al. Efficient monolithic quasi-solid-state dye-sensitized solar cells based on poly（ionic liquids）and carbon counter electrodes[J]. RSC Advances，2014，4（18）：9271-9274.

[74] Chang L Y，Lee C P，Li C T，et al. Synthesis of a novel amphiphilic polymeric ionic liquid and its application in quasi-solid-state dye-sensitized solar cells[J]. Journal of Materials Chemistry A，2014，2（48）：20814-20822.

[75] Lin Y F，Li C T，Lee C P，et al. Multifunctional iodide-free polymeric ionic liquid for quasi-solid-state dye-sensitized solar cells with a high open-circuit voltage[J]. ACS Applied Materials & Interfaces，2016，8（24）：15267-15278.

[76] Pang H W，Yu H F，Huang Y J，et al. Electrospun membranes of imidazole-grafted PVDF-HFP polymeric ionic liquids for highly efficient quasi-solid-state dye-sensitized solar cells[J]. Journal of Materials Chemistry A，2018，6（29）：14215-14223.

[77] Wang P，Zakeeruddin S M，Comte P，et al. Gelation of ionic liquid-based electrolytes with silica nanoparticles for quasi-solid-state dye-sensitized solar cells[J]. Journal of the American Chemical Society，2003，125（5）：1166-1167.

[78] Su'ait M S，Rahman M Y A，Ahmad A. Review on polymer electrolyte in dye-sensitized solar cells（DSSCs）[J]. Solar Energy，2015，115：452-470.

[79] Venkatesan S，Lee Y L. Nanofillers in the electrolytes of dye-sensitized solar cells - A short review[J]. Coordination Chemistry Reviews，2017，353：58-112.

[80] Ma P，Fang Y Y，Cheng H B，et al. NH_2-rich silica nanoparticle as a universal additive in

electrolytes for high-efficiency quasi-solid-state dye-sensitized solar cells and quantum dot sensitized solar cells[J]. Electrochimica Acta，2018，262：197-205.

[81] Lee K M，Suryanarayanan V，Ho K C. A photo-physical and electrochemical impedance spectroscopy study on the quasi-solid state dye-sensitized solar cells based on poly（vinylidene fluoride-co-hexafluoropropylene）[J]. Journal of Power Sources，2008，185（2）：1605-1612.

[82] Mohan V M，Murakami K，Kono A，et al. Poly（acrylonitrile）/activated carbon composite polymer gel electrolyte for high efficiency dye sensitized solar cells[J]. Journal of Materials Chemistry A，2013，1（25）：7399-7407.

[83] Zebardastan N，Khanmirzaei M H，Ramesh S，et al. Novel poly（vinylidene fluoride-co-hexafluoro propylene）/polyethylene oxide based gel polymer electrolyte containing fumed silica（SiO_2）nanofiller for high performance dye-sensitized solar cell[J]. Electrochimica Acta，2016，220：573-580.

[84] Kang M S，Ahn K S，Lee J W. Quasi-solid-state dye-sensitized solar cells employing ternary component polymer-gel electrolytes[J]. Journal of Power Sources，2008，180（2）：896-901.

[85] Huo Z P，Dai S Y，Wang K J，et al. Nanocomposite gel electrolyte with large enhanced charge transport properties of an I_3^-/I^- redox couple for quasi-solid-state dye-sensitized solar cells[J]. Solar Energy Materials and Solar Cells，2007，91（20）：1959-1965.

[86] Chen C L，Teng H S，Lee Y L. In situ gelation of electrolytes for highly efficient gel-state dye-sensitized solar cells[J]. Advanced Materials，2011，23（36）：4199.

[87] Liu I P，Hung W N，Teng H S，et al. High-performance printable electrolytes for dye-sensitized solar cells[J]. Journal of Materials Chemistry A，2017，5（19）：9190-9197.

[88] Sacco A，Lamberti A，Gerosa M，et al. Toward quasi-solid state dye-sensitized solar cells：effect of gamma-Al_2O_3 nanoparticle dispersion into liquid electrolyte[J]. Solar Energy，2015，111：125-134.

[89] Chae H，Song D，Lee Y G，et al. Chemical effects of tin oxide nanoparticles in polymer electrolytes-based dye-sensitized solar cells[J]. Journal of Physical Chemistry C，2014，118（30）：16510-16517.

[90] Kato T，Kado T，Tanaka S，et al. Quasi-solid dye-sensitized solar cells containing nanoparticles modified with ionic liquid-type molecules[J]. Journal of the Electrochemical Society，2006，153（3）：A626-A630.

[91] Fang Y Y，Zhang J B，Zhou X W，et al. "Soggy sand" electrolyte based on COOH—functionalized silica nanoparticles for dye-sensitized solar cells[J]. Electrochemistry Communications，2012，16（1）：10-13.

[92] Fang Y Y，Zhang J B，Zhou X W，et al. A novel thixotropic and ionic liquid-based gel electrolyte for efficient dye-sensitized solar cells[J]. Electrochimica Acta，2012，68：235-239.

[93] Ma P，Tan J，Cheng H B，et al. Polyaniline-grafted silica nanocomposites-based gel electrolytes for quasi-solid-state dye-sensitized solar cells[J]. Applied Surface Science，2018，427：458-464.

[94] Usui H，Matsui H，Tanabe N，et al. Improved dye-sensitized solar cells using ionic

nanocomposite gel electrolytes[J]. Journal of Photochemistry and Photobiology a-Chemistry, 2004, 164 (1-3) : 97-101.

[95] Chen P Y, Lee C P, Vittal R, et al. A quasi solid-state dye-sensitized solar cell containing binary ionic liquid and polyaniline-loaded carbon black[J]. Journal of Power Sources, 2010, 195 (12) : 3933-3938.

[96] Lee C P, Chen P Y, Vittal R, et al. Iodine-free high efficient quasi solid-state dye-sensitized solar cell containing ionic liquid and polyaniline-loaded carbon black[J]. Journal of Materials Chemistry, 2010, 20 (12) : 2356-2361.

[97] Lee C P, Lin L Y, Chen P Y, et al. All-solid-state dye-sensitized solar cells incorporating SWCNTs and crystal growth inhibitor[J]. Journal of Materials Chemistry, 2010, 20 (18) : 3619-3625.

[98] Akhtar M S, Li Z Y, Park D M, et al. A new carbon nanotubes (CNTs)-poly acrylonitrile (PAN) composite electrolyte for solid state dye sensitized solar cells[J]. Electrochimica Acta, 2011, 56 (27) : 9973-9979.

[99] Chan Y F, Wang C C, Chen C Y. Quasi-solid DSSC based on a gel-state electrolyte of PAN with 2-D graphenes incorporated[J]. Journal of Materials Chemistry A, 2013, 1 (18) : 5479-5486.

[100] Chen J G, Vittal R, Yeh M H, et al. Carbonaceous allotropes modified ionic liquid electrolytes for efficient quasi-solid-state dye-sensitized solar cells[J]. Electrochimica Acta, 2014, 130: 587-593.

[101] Lin B C, Feng T Y, Chu F Q, et al. Poly (ionic liquid) /ionic liquid/graphene oxide composite quasi solid-state electrolytes for dye sensitized solar cells[J]. RSC Advances, 2015, 5 (70) : 57216-57222.

[102] Li X, Zhou Y, Chen J, et al. Stacked graphene platelet nanofibers dispersed in the liquid electrolyte of highly efficient cobalt-mediator-based dye-sensitized solar cells[J]. Chemical Communications, 2015, 51 (51) : 10349-10352.

[103] Zheng J J. Graphene tailored polymer gel electrolytes for 9.1%-efficiency quasi-solid-state dye-sensitized solar cells[J]. Journal of Power Sources, 2017, 348: 239-245.

[104] Huang K C, Chen P Y, Vittal R, et al. Enhanced performance of a quasi-solid-state dye-sensitized solar cell with aluminum nitride in its gel polymer electrolyte[J]. Solar Energy Materials and Solar Cells, 2011, 95 (8) : 1990-1995.

[105] Venkatesan S, Su S C, Hung W N, et al. Printable electrolytes based on polyacrylonitrile and gamma-butyrolactone for dye-sensitized solar cell application[J]. Journal of Power Sources, 2015, 298: 385-390.

[106] Vijayakumar E, Subramania A, Fei Z F, et al. High-performance dye-sensitized solar cell based on an electrospun poly (vinylidene fluoride-co-hexafluoropropylene) /cobalt sulfide nanocomposite membrane electrolyte[J]. RSC Advances, 2015, 5 (64) : 52026-52032.

[107] Kubo W, Murakoshi K, Kitamura T, et al. Quasi-solid-state dye-sensitized TiO_2 solar cells: Effective charge transport in mesoporous space filled with gel electrolytes containing iodide

and iodine[J]. Journal of Physical Chemistry B，2001，105（51）：12809-12815.

[108] Kubo W，Kitamura T，Hanabusa K，et al. Quasi-solid-state dye-sensitized solar cells using room temperature molten salts and a low molecular weight gelator[J]. Chemical Communications，2002（4）：374-375.

[109] Mohmeyer N，Wang P，Schmidt H W，et al. Quasi-solid-state dye sensitized solar cells with 1，3：2，4-di-O-benzylidene-D-sorbitol derivatives as low molecular weight organic gelators[J]. Journal of Materials Chemistry，2004，14（12）：1905-1909.

[110] Huo Z P，Dai S Y，Zhang C G，et al. Low molecular mass organogelator based gel electrolyte with effective charge transport property for long-term stable quasi-solid-state dye-sensitized solar cells[J]. Journal of Physical Chemistry B，2008，112（41）：12927-12933.

[111] Huo Z P，Zhang C N，Fang X Q，et al. Low molecular mass organogelator based gel electrolyte gelated by a quaternary ammonium halide salt for quasi-solid-state dye-sensitized solar cells[J]. Journal of Power Sources，2010，195（13）：4384-4390.

[112] Mohmeyer N，Kuang D B，Wang P，et al. An efficient organogelator for ionic liquids to prepare stable quasi-solid-state dye-sensitized solar cells[J]. Journal of Materials Chemistry，2006，16（29）：2978-2983.

[113] Yu Q J，Yu C L，Guo F Y，et al. A stable and efficient quasi-solid-state dye-sensitized solar cell with a low molecular weight organic gelator[J]. Energy & Environmental Science，2012，5（3）：6151-6155.

[114] Matsumoto M，Wada Y，Kitamura T，et al. Fabrication of solid-state dye-sensitized TiO_2 solar cell using polymer electrolyte[J]. Bulletin of the Chemical Society of Japan，2001，74（2）：387-393.

[115] Kubo W，Makimoto Y，Kitamura T，et al. Quasi-solid-state dye-sensitized solar cell with ionic polymer electrolyte[J]. Chemistry Letters，2002（9）：948-949.

[116] Komiya R，Han L Y，Yamanaka R，et al. Highly efficient quasi-solid state dye-sensitized solar cell with ion conducting polymer electrolyte[J]. Journal of Photochemistry and Photobiology a-Chemistry，2004，164（1-3）：123-127.

[117] Murai S，Mikoshiba S，Sumino H，et al. Quasi-solid dye sensitised solar cells filled with phase-separated chemically cross-linked ionic gels[J]. Chemical Communications，2003（13）：1534-1535.

[118] Suzuki K，Yamaguchi M，Hotta S，et al. A new alkyl-imidazole polymer prepared as an inonic polymer electrolyte by in situ polymerization of dye sensitized solar cells[J]. Journal of Photochemistry and Photobiology a-Chemistry，2004，164（1-3）：81-85.

[119] Wang L，Fang S B，Lin Y，et al. A 7.72% efficient dye sensitized solar cell based on novel necklace-like polymer gel electrolyte containing latent chemically cross-linked gel electrolyte precursors[J]. Chemical Communications，2005（45）：5687-5689.

[120] Li M Y，Feng S J，Fang S B，et al. The use of poly（vinylpyridine-co-acrylonitrile）in polymer electrolytes for quasi-solid dye-sensitized solar cells[J]. Electrochimica Acta，2007，52（14）：4858-4863.

[121] Li M Y, Feng S J, Fang S B, et al. Quasi-solid state dye-sensitized solar cells based on pyridine or imidazole containing copolymer chemically crosslinked gel electrolytes[J]. Chinese Science Bulletin, 2007, 52 (17) : 2320-2325.

[122] Stathatos E, Lianos P, Vuk A S, et al. Optimization of a quasi-solid-state dye-sensitized photoelectrochemical solar cell employing a ureasil/sulfolane gel electrolyte[J]. Advanced Functional Materials, 2004, 14 (1) : 45-48.

[123] Jovanovski V, Orel B, Jese R, et al. Novel polysilsesquioxane-I^-/I_3^- ionic electrolyte for dye-sensitized photoelectrochemical cells[J]. Journal of Physical Chemistry B, 2005, 109 (30) : 14387-14395.

[124] Kato T, Okazaki A, Hayase S. Latent gel electrolyte precursors for quasi-solid dye sensitized solar cells[J]. Chemical Communications, 2005 (3) : 363-365.

[125] Li P J, Zhang Y G, Fa W J, et al. Synthesis of a grafted cellulose gel electrolyte in an ionic liquid ([Bmim]I) for dye-sensitized solar cells[J]. Carbohydrate Polymers, 2011, 86 (3) : 1216-1220.

[126] Tennakone K, Kumara G R R A, Kumarasinghe A R, et al. A dye-sensitized nano-porous solid-state photovoltaic cell[J]. Semiconductor Science and Technology, 1995, 10 (12) : 1689-1693.

[127] Li B, Wang L D, Kang B N, et al. Review of recent progress in solid-state dye-sensitized solar cells[J]. Solar Energy Materials and Solar Cells, 2006, 90 (5) : 549-573.

[128] Tennakone K, Hewaparakkrama K P, Dewasurendra M, et al. Dye-sensitized solid-state photovoltaic cells[J]. Semiconductor Science and Technology, 1988, 3 (4) : 382-387.

[129] O'Regan B, Schwartz D T. Large enhancement in photocurrent efficiency caused by UV illumination of the dye-sensitized heterojunction TiO_2/RuLL′ NCS/CuSCN: Initiation and potential mechanisms[J]. Chemistry of Materials, 1998, 10 (6) : 1501-1509.

[130] Tennakone K, Senadeera G K R, De Silva D B R A, et al. Highly stable dye-sensitized solid-state solar cell with the semiconductor $4CuBr_3S(C_4H_9)(2)$ as the hole collector[J]. Applied Physics Letters, 2000, 77 (15) : 2367-2369.

[131] Kumara G R A, Konno A, Shiratsuchi K, et al. Dye-sensitized solid-state solar cells: Use of crystal growth inhibitors for deposition of the hole collector[J]. Chemistry of Materials, 2002, 14 (3) : 954.

[132] Kumara G R A, Kaneko S, Okuya M, et al. Fabrication of dye-sensitized solar cells using triethylamine hydrothiocyanate as a CuI crystal growth inhibitor[J]. Langmuir, 2002, 18 (26) : 10493-10495.

[133] Meng Q B, Takahashi K, Zhang X T, et al. Fabrication of an efficient solid-state dye-sensitized solar cell[J]. Langmuir, 2003, 19 (9) : 3572-3574.

[134] Taguchi T, Zhang X T, Sutanto I, et al. Improving the performance of solid-state dye-sensitized solar cell using MgO-coated TiO_2 nanoporous film[J]. Chemical Communications, 2003 (19) : 2480-2481.

[135] Kumara G R A, Okuya M, Murakami K, et al. Dye-sensitized solid-state solar cells made

from magnesiumoxide-coated nanocrystalline titanium dioxide films: enhancement of the efficiency[J]. Journal of Photochemistry and Photobiology a-Chemistry, 2004, 164 (1-3): 183-185.

[136] Oregan B, Schwartz D T. Efficient photo-hole injection from adsorbed cyanine dyes into electrodeposited copper (Ⅰ) thiocyanate thin-films[J]. Chemistry of Materials, 1995, 7 (7): 1349-1354.

[137] Kumara G R R A, Konno A, Senadeera G K R, et al. Dye-sensitized solar cell with the hole collector p-CuSCN deposited from a solution in n-propyl sulphide[J]. Solar Energy Materials and Solar Cells, 2001, 69 (2): 195-199.

[138] O'Regan B, Lenzmann F, Muis R, et al. A solid-state dye-sensitized solar cell fabricated with pressure-treated P25-TiO_2 and CuSCN: Analysis of pore filling and IV characteristics[J]. Chemistry of Materials, 2002, 14 (12): 5023-5029.

[139] Perera V P S, Senevirathna M K I, Pitigala P K D D P, et al. Doping CuSCN films for enhancement of conductivity: Application in dye-sensitized solid-state solar cells[J]. Solar Energy Materials and Solar Cells, 2005, 86 (3): 443-450.

[140] Premalal E V A, Kumara G R R A, Rajapakse R M G, et al. Tuning chemistry of CuSCN to enhance the performance of TiO_2/N719/CuSCN all-solid-state dye-sensitized solar cell[J]. Chemical Communications, 2010, 46 (19): 3360-3362.

[141] Premalal E V A, Dematage N, Kumara G R R A, et al. Preparation of structurally modified, conductivity enhanced-p-CuSCN and its application in dye-sensitized solid-state solar cells[J]. Journal of Power Sources, 2012, 203: 288-296.

[142] Itzhaik Y, Niitsoo O, Page M, et al. Sb_2S_3-Sensitized Nanoporous TiO_2 Solar Cells[J]. Journal of Physical Chemistry C, 2009, 113 (11): 4254-4256.

[143] Belaidi A, Dittrich T, Kieven D, et al. Influence of the local absorber layer thickness on the performance of ZnO nanorod solar cells[J]. Physica Status Solidi-Rapid Research Letters, 2008, 2 (4): 172-174.

[144] Bandara J, Weerasinghe H. Solid-state dye-sensitized solar cell with p-type NiO as a hole collector[J]. Solar Energy Materials and Solar Cells, 2005, 85 (3): 385-390.

[145] He J J, Lindstrom H, Hagfeldt A, et al. Dye-sensitized nanostructured p-type nickel oxide film as a photocathode for a solar cell[J]. Journal of Physical Chemistry B, 1999, 103 (42): 8940-8943.

[146] Chung I, Lee B, He J Q, et al. All-solid-state dye-sensitized solar cells with high efficiency[J]. Nature, 2012, 485 (7399): 486-494.

[147] Lee B, Stoumpos C C, Zhou N J, et al. Air-stable molecular semiconducting lodosalts for solar cell applications: Cs_2SnI_6 as a hole conductor[J]. Journal of the American Chemical Society, 2014, 136 (43): 15379-15385.

[148] Bach U, Lupo D, Comte P, et al. Solid-state dye-sensitized mesoporous TiO_2 solar cells with high photon-to-electron conversion efficiencies[J]. Nature, 1998, 395 (6702): 583-585.

[149] Kruger J, Plass R, Cevey L, et al. High efficiency solid-state photovoltaic device due to

inhibition of interface charge recombination[J]. Applied Physics Letters，2001，79（13）：2085-2087.

[150] Kruger J，Plass R，Grätzel M，et al. Improvement of the photovoltaic performance of solid-state dye-sensitized device by silver complexation of the sensitizer cis-bis（4,4′-dicarboxy-2,2′bipyridine）-bis（isothiocyanato）ruthenium（Ⅱ）[J]. Applied Physics Letters，2002，81（2）：367-369.

[151] Schmidt-Mende L，Zakeeruddin S M，Grätzel M. Efficiency improvement in solid-state-dye-sensitized photovoltaics with an amphiphilic Ruthenium-dye[J]. Applied Physics Letters，2005，86（1）.

[152] Schmidt-Mende L，Bach U，Humphry-Baker R，et al. Organic dye for highly efficient solid-state dye-sensitized solar cells[J]. Advanced Materials，2005，17（7）：813.

[153] Wang M K，Moon S J，Xu M F，et al. Efficient and stable solid-state dye-sensitized solar cells based on a high-motar-extinction-coefficient sensitizer[J]. Small，2010，6（2）：319-324.

[154] Cai N，Moon S J，Cevey-Ha L，et al. An organic D-pi-A dye for record efficiency solid-state sensitized heterojunction solar cells[J]. Nano Letters，2011，11（4）：1452-1456.

[155] Burschka J，Dualeh A，Kessler F，et al. Tris[2-（1H-pyrazol-1-yl）pyridine]cobalt（Ⅲ）as p-type dopant for organic semiconductors and its application in highly efficient solid-state dye-sensitized solar cells[J]. Journal of the American Chemical Society，2011，133（45）：18042-18045.

[156] Kim H S，Lee C R，Im J H，et al. Lead iodide perovskite sensitized all-solid-state submicron thin film mesoscopic solar cell with efficiency exceeding 9%[J]. Scientific Reports，2012，2.

[157] Service R F. Energy technology perovskite solar cells keep on surging[J]. Science，2014，344（6183）：458.

[158] Murakoshi K，Kogure R，Wada Y，et al. Solid state dye-sensitized TiO_2 solar cell with polypyrrole as hole transport layer[J]. Chemistry Letters，1997（5）：471-472.

[159] Tan S X，Zhai J，Xue B F，et al. Property influence of polyanilines on photovoltaic behaviors of dye-sensitized solar cells[J]. Langmuir，2004，20（7）：2934-2937.

[160] Tan S X，Zhai J，Wan M X，et al. Influence of small molecules in conducting polyaniline on the photovoltaic properties of solid-state dye-sensitized solar cells[J]. Journal of Physical Chemistry B，2004，108（48）：18693-18697.

[161] Coakley K M，McGehee M D. Photovoltaic cells made from conjugated polymers infiltrated into mesoporous titania[J]. Applied Physics Letters，2003，83（16）：3380-3382.

[162] Lancelle-Beltran E，Prene P，Boscher C，et al. Solid-state organic/inorganic hybrid solar cells based on poly（octylthiophene）and dye-sensitized nanobrookite and nanoanatase TiO_2 electrodes[J]. European Journal of Inorganic Chemistry，2008（6）：903-910.

[163] Prene P，Lancelle-Beltran E，Boscher C，et al. All-solid-state dye-sensitized nanoporous TiO_2 hybrid solar cells with high energy-conversion efficiency[J]. Advanced Materials，2006，18（19）：2579.

[164] Zhu R，Jiang C Y，Liu B，et al. Highly efficient nanoporous TiO_2-polythiophene hybrid solar

cells based on interfacial modification using a metal-free organic dye[J]. Advanced Materials, 2009, 21 (9): 994.

[165] Jiang K J, Manseki K, Yu Y H, et al. Photovoltaics based on hybridization of effective dye-sensitized titanium oxide and hole-conductive polymer P3HT[J]. Advanced Functional Materials, 2009, 19 (15): 2481-2485.

[166] Mor G K, Kim S, Paulose M, et al. Visible to near-infrared light harvesting in TiO_2 nanotube array-P3HT based heterojunction solar cells[J]. Nano Letters, 2009, 9 (12): 4250-4257.

[167] Johansson E M J, Yang L, Gabrielsson E, et al. Combining a small hole-conductor molecule for efficient dye regeneration and a hole-conducting polymer in a solid-state dye-sensitized solar cell[J]. Journal of Physical Chemistry C, 2012, 116 (34): 18070-18078.

[168] Yanagida S, Yu Y H, Manseki K. Iodine/iodide-free dye-sensitized solar cells[J]. Accounts of Chemical Research, 2009, 42 (11): 1827-1838.

[169] Saito Y, Kitamura T, Wada Y, et al. Poly (3,4-ethylenedioxythiophene) as a hole conductor in solid state dye sensitized solar cells[J]. Synthetic Metals, 2002, 131 (1-3): 185-187.

[170] Saito Y, Fukuri N, Senadeera R, et al. Solid state dye sensitized solar cells using in situ polymerized PEDOTs as hole conductor[J]. Electrochemistry Communications, 2004, 6 (1): 71-74.

[171] Xia J B, Masaki N, Lira-Cantu M, et al. Influence of doped anions on poly (3,4-ethylenedioxythiophene) as hole conductors for iodine-free solid-state dye-sensitized solar cells[J]. Journal of the American Chemical Society, 2008, 130 (4): 1258-1263.

[172] Liu X Z, Zhang W, Uchida S, et al. An efficient organic-dye-sensitized solar cell with in situ polymerized poly (3,4-ethylenedioxythiophene) as a hole-transporting material[J]. Advanced Materials, 2010, 22 (20): E150.

[173] Liu X Z, Cheng Y M, Wang L, et al. Light controlled assembling of iodine-free dye-sensitized solar cells with poly (3,4-ethylenedioxythiophene) as a hole conductor reaching 7.1% efficiency[J]. Physical Chemistry Chemical Physics, 2012, 14 (19): 7098-7103.

[174] Kim J, Koh J K, Kim B, et al. Enhanced performance of I_2-free solid-state dye-sensitized solar cells with conductive polymer up to 6.8%[J]. Advanced Functional Materials, 2011, 21 (24): 4633-4639.

[175] Chang J A, Rhee J H, Im S H, et al. High-performance nanostructured inorganic-organic heterojunction solar cells[J]. Nano Letters, 2010, 10 (7): 2609-2612.

[176] Di Giacomo F, Razza S, Matteocci F, et al. High efficiency $CH_3NH_3PbI_{3-x}Cl_x^-$, perovskite solar cells with poly (3-hexylthiophene) hole transport layer[J]. Journal of Power Sources, 2014, 251: 152-156.

[177] Nogueira A F, Longo C, De Paoli M A. Polymers in dye sensitized solar cells: overview and perspectives[J]. Coordination Chemistry Reviews, 2004, 248 (13-14): 1455-1468.

[178] Nogueira A F, De Paoli M A. A dye sensitized TiO_2 photovoltaic cell constructed with an elastomeric electrolyte[J]. Solar Energy Materials and Solar Cells, 2000, 61 (2): 135-141.

[179] Nogueira A F, Durrant J R, De Paoli M A. Dye-sensitized nanocrystalline solar cells

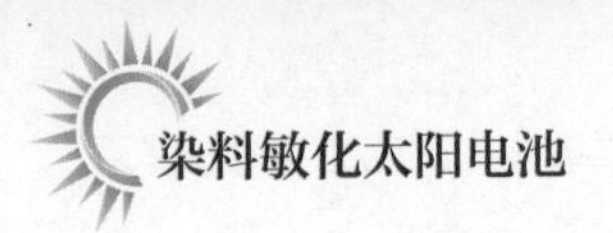

employing a polymer electrolyte[J]. Advanced Materials, 2001, 13 (11): 826.

[180] Stergiopoulos T, Arabatzis I M, Katsaros G, et al. Binary polyethylene oxide/titania solid-state redox electrolyte for highly efficient nanocrystalline TiO_2 photoelectrochemical cells[J]. Nano Letters, 2002, 2 (11): 1259-1261.

[181] Kang M S, Kim J H, Kim Y J, et al. Dye-sensitized solar cells based on composite solid polymer electrolytes[J]. Chemical Communications, 2005 (7): 889-891.

[182] Kim J H, Kang M S, Kim Y J, et al. Dye-sensitized nanocrystalline solar cells based on composite polymer electrolytes containing fumed silica nanoparticles[J]. Chemical Communications, 2004 (14): 1662-1663.

[183] Zhou Y F, Xiang W C, Fang S B, et al. Effect of poly (ether urethane) introduction on the performance of polymer electrolyte for all-solid-state dye-sensitized solar cells[J]. Chinese Physics Letters, 2009, 26 (12).

[184] Zhou Y F, Xiang W C, Chen S, et al. Influences of poly (ether urethane) introduction on poly (ethylene oxide) based polymer electrolyte for solvent-free dye-sensitized solar cells[J]. Electrochimica Acta, 2009, 54 (26): 6645-6650.

[185] Zhou Y F, Xiang W C, Chen S, et al. Improvements of photocurrent by using modified SiO_2 in the poly (ether urethane) /poly (ethylene oxide) polymer electrolyte for all-solid-state dye-sensitized solar cells[J]. Chemical Communications, 2009 (26): 3895-3897.

[186] Han H W, Liu W, Zhang J, et al. A hybrid poly (ethylene oxide) /poly (vinylidene fluoride) / TiO_2 nanoparticle solid-state redox electrolyte for dye-sensitized nanocrystalline solar cells[J]. Advanced Functional Materials, 2005, 15 (12): 1940-1944.

[187] Venkatesan S, Obadja N, Chang T W, et al. Performance improvement of gel- and solid-state dye-sensitized solar cells by utilization the blending effect of poly (vinylidene fluoride-co-hexafluropropylene) and poly (acrylonitrile-co-vinyl acetate) co-polymers[J]. Journal of Power Sources, 2014, 268: 77-81.

[188] 周艳方，原林，方世璧，等. 全固态纳米复合聚合物电解质的制备方法[J]. 2011.

[189] Wu J H, Hao S, Lan Z, et al. An all-solid-state dye-sensitized solar cell-based poly (N-alkyl-4-vinyl-pyridine iodide) electrolyte with efficiency of 5.64%[J]. Journal of the American Chemical Society, 2008, 130 (35): 11568.

[190] Wang G Q, Wang L A, Zhuo S P, et al. An iodine-free electrolyte based on ionic liquid polymers for all-solid-state dye-sensitized solar cells[J]. Chemical Communications, 2011, 47 (9): 2700-2702.

[191] Wang G Q, Zhuo S P, Wang L, et al. Mono-ion transport electrolyte based on ionic liquid polymer for all-solid-state dye-sensitized solar cells[J]. Solar Energy, 2012, 86 (5): 1546-1551.

[192] Wang G Q, Zhuo S P, Lin Y. An ionic liquid-based polymer with pi-stacked structure as all-solid-state electrolyte for efficient dye-sensitized solar cells[J]. Journal of Applied Polymer Science, 2013, 127 (4): 2574-2580.

[193] Chi W S, Koh J K, Ahn S H, et al. Highly efficient I_2-free solid-state dye-sensitized solar

cells fabricated with polymerized ionic liquid and graft copolymer-directed mesoporous film[J]. Electrochemistry Communications，2011，13（12）：1349-1352.

[194] Bui T T，Matrab T，Woehling V，et al. Solid state dye-sensitized solar cells based on polymeric ionic liquid with free imidazolium cation[J]. Electronic Materials Letters，2014，10（1）：209-212.

[195] Xiang W C，Zhou Y F，Yin X，et al. In situ quaterizable oligo-organophosphazene electrolyte with modified nanocomposite SiO_2 for all-solid-state dye-sensitized solar cell[J]. Electrochimica Acta，2009，54（17）：4186-4191.

[196] Xiang W C，Zhou S H，Yin X，et al. Polymer electrolyte using in situ quanternization for all solid-state dye-sensitized solar cells[J]. Polymers for Advanced Technologies，2009，20（6）：519-523.

[197] Wang H X，Li H，Xue B F，et al. Solid-state composite electrolyte LiI/3-hydroxypropionitrile/SiO_2 for dye-sensitized solar cells[J]. Journal of the American Chemical Society，2005，127（17）：6394-6401.

[198] Xue B F，Wang H X，Hu Y S，et al. Highly efficient dye-sensitized solar cells using a composite electrolyte consisting of LiI(CH_3OH)(4)-I_2，SiO_2 nano-particles and an ionic liquid[J]. Chinese Physics Letters，2004，21（9）：1828-1830.

[199] Xue B F，Wang H X，Hu Y S，et al. An alternative ionic liquid based electrolyte for dye-sensitized solar cells[J]. Photochemical & Photobiological Sciences，2004，3（10）：918-919.

[200] An H L，Xue B F，Li D M，et al. Environmentally friendly LiI/ethanol based gel electrolyte for dye-sensitized solar cells[J]. Electrochemistry Communications，2006，8（1）：170-172.

[201] MacFarlane D R，Forsyth M. Plastic crystal electrolyte materials：New perspectives on solid state ionics[J]. Advanced Materials，2001，13（12-13）：957.

[202] Abu-Lebdeh Y，Alarco P J，Armand M. Conductive organic plastic crystals based on pyrazolium imides[J]. Angewandte Chemie-International Edition，2003，42（37）：4499-4501.

[203] Wang P，Dai Q，Zakeeruddin S M，et al. Ambient temperature plastic crystal electrolyte for efficient，all-solid-state dye-sensitized solar CeN[J]. Journal of the American Chemical Society，2004，126（42）：13590-13591.

[204] Dai Q，MacFarlane D R，Forsyth M. High mobility I^-/I_3^- redox couple in a molecular plastic crystal：A potential new generation of electrolyte for solid-state photoelectrochemical cells[J]. Solid State Ionics，2006，177（3-4）：395-401.

[205] Han H B，Nie J，Liu K，et al. Ionic liquids and plastic crystals based on tertiary sulfonium and bis（fluorosulfonyl）imide[J]. Electrochimica Acta，2010，55（3）：1221-1226.

[206] Shi C Z，Qiu L H，Chen X J，et al. Silica nanoparticle doped organic ionic plastic crystal electrolytes for highly efficient solid-state dye-sensitized solar cells[J]. ACS Applied Materials & Interfaces，2013，5（4）：1453-1459.

[207] Wang Y F，Zhang J M，Cui X R，et al. A novel organic ionic plastic crystal electrolyte for solid-state dye-sensitized solar cells[J]. Electrochimica Acta，2013，112：247-251.

[208] Li Q，Zhao J，Sun B Q，et al. High-temperature solid-state dye-sensitized solar cells based on organic ionic plastic crystal electrolytes[J]. Advanced Materials，2012，24（7）：945.

[209] Wang Y，Sun P F，Cong S，et al. Carbon nanotubes embedding organic ionic plastic crystals electrolytes for high performance solid-state dye-sensitized solar cells[J]. Carbon，2015，92：262-270.

[210] Wang H，Zhang X，Gong F，et al. Novel ester-functionalized solid-state electrolyte for highly efficient all-solid-state dye-sensitized solar cells[J]. Advanced Materials，2012，24（1）：121.

[211] Lee M，Lee Y H，Park J H，et al. Bis-imidazolium iodide organic ionic plastic crystals and their applications to solid state dye-sensitized solar cells[J]. Organic Electronics，2017，48：241-247.

[212] He T，Wang Y F，Zeng J H. Stable，High-efficiency pyrrolidinium-based electrolyte for solid-state dye-sensitized solar cells[J]. ACS Applied Materials & Interfaces，2015，7（38）：21381-21390.

第7章 染料敏化太阳电池氧化还原电对

染料敏化太阳电池在工作时，染料分子吸收太阳光能量产生激发电子，这些电子注入工作电极导带后，在基态处留下染料阳离子，由电解质中的还原态物质扩散到工作电极处，通过电子注入完成染料再生。电解质中的氧化态物质在对电极表面处收集外电路电子并被还原，完成一个光电转换过程。氧化还原电对在染料敏化太阳电池中会发生以下几个反应（R代表还原态物质，O代表氧化态物质）：

① 还原染料正离子：$dye^{+} + R \longrightarrow dye + O$

② 在对电极上被还原：$O + e \longrightarrow R$

③ 氧化态物质从工作电极扩散到对电极，还原态物质从对电极扩散到工作电极，以及在多孔膜内部的扩散。

④ 工作电极导带上的电子与氧化态物质发生电荷复合：$O + e(CB) \longrightarrow R$

其中前三个过程是保证染料敏化电池正常工作的必要过程，而第四个过程则是不希望的副反应，会降低染料敏化电池的光电转换效率。因此从电池的动力学角度考虑，选择合适氧化还原对的标准是尽可能使前三个反应的速率远高于第四个反应。由于反应②是在对电极上进行的，可以采用优化对电极的方法来提高该反应的速率（详见第8章），因此在选择氧化还原电对的时候可以不考虑反应②的因素。

开路电压与氧化还原电位、半导体导带电子浓度等有关，其具体表达式见式(7-1)：

$$V_{oc} = \frac{E_{CB}}{e} + \frac{kT}{e}\ln\left(\frac{n}{N_{CB}}\right) - \frac{E_{redox}}{e} \tag{7-1}$$

式中，E_{CB}为半导体导带能级；n为TiO_2导带电子数；N_{CB}为TiO_2导带电子有效浓度；E_{redox}为氧化还原电位；k为玻尔兹曼常数；T为温度；e为电子电量。开路状态时，TiO_2导带上的电子浓度与电子注入和复合过程有直接关系。因此，开路电压受限于辐照强度、导带位置、电子注入效率、电子复合损失以及氧化还原电位等。通常情况下，n值远远低于N_{CB}，可近似认为开路电压为导带电位和氧化还原电位之差。因此，在保证上面所说的动力学条件的前提下要选择氧化还原电位较正的氧化还原电对。

7.1 卤素氧化还原电对

7.1.1 碘氧化还原电对

碘电对（I^-/I_3^-）是DSSCs中最常用也是研究最早的氧化还原电对。自从1991年Grätzel教授首次报道DSSCs以来，I^-/I_3^-就以较高的光电转换效率成为研究最多也最深入的氧化还原电对。目前，基于碘电对的 DSSCs 光电转换效率已超过 11%[1]，其具有高光电转换效率的原因有以下几方面。

首先，碘电对能够快速还原染料正离子。目前普遍认为 I^-/I_3^- 对染料的再生是一个多电子转移过程，由两步反应完成。激发态染料分子首先和碘离子形成二碘自由基（$I_2^-\cdot$），然后二碘自由基分解成 I_3^- 和 I^-。

$$D^+ + 2I^- \longrightarrow D + I_2^-\cdot \tag{7-2}$$

$$2I_2^-\cdot \longrightarrow I_3^- + I^- \tag{7-3}$$

实验表明当染料的 HOMO 与碘电对的氧化还原电位相差 250～300mV 时，式（7-2）的反应是一个快速的反应，可以使染料的还原率达 90% 以上。

其次，碘电对与半导体导带及透明导电膜中电子的反应是一个非常慢的过程，这是碘电对取得成功的关键。而在染料敏化电池研究初期尝试的很多氧化还原电对都因为与导带电子的反应速率快而无法正常工作。

再次，碘电对体积小，扩散速度快，不但可以在工作电极与对电极之间扩散，还很容易渗透到多孔工作电极中，提高染料再生速率，减少染料正离子与工作电极注入电子的复合。

最后，在经过优化的对电极上碘电对可以具有高的还原速率。

此外，碘电对也是唯一一个被证明具有良好长期稳定性的电对[2]。

7.1.2 溴电对

溴和碘属于同一主族，在电子结构以及化学性质方面有相似之处。溴电对（Br^-/Br_3^-）的氧化还原电位比 I^-/I_3^- 更正，达到 1.09V（*vs* NHE）。因此需要开发与之匹配的染料，保证 Br^-/Br_3^- 氧化还原电位与染料的 HOMO 能级差适当，染料正离子能快速还原。Sugihara 等[3]报道了与 Br^-/Br_3^- 匹配的敏化剂 Eosin Y，该染料的 LUMO（0.92V）比 TiO_2 的导带电位更负，HOMO（1.15V）比 Br^-/Br_3^- 电位更正，这样的能级搭配在热力学和动力学上都满足电荷有效注入和染料还原的条件。在标准光强下，Eosin Y 敏化的电池获得了 2.6% 的光电转换效率，开路电压达到 0.81V，在同等条件下均高于 I^-/I_3^- 体系（1.7% 和 0.45V）。高开路电压主要是由于 Br^-/Br_3^- 的氧化还原电位与 TiO_2 费米能级之差增大。类似地，Sun 等[4]也设计了两种可与 Br^-/Br_3^- 电位匹配的新型咔唑类染料 TC301 和 TC306，对应器件的开路电压分别可达到 1.16V 和 0.94V，光电转换效率分别为 3.7% 和 5.2%。

由此可见，含有 Br^-/Br_3^- 的电解质体系如果匹配 HOMO 能级合适的染料，能够显著提升 DSSCs 的开路电压，这一优势还使得溴电对电解质可以用于设计叠层 DSSCs。

7.1.3 类卤素电对

由两个或两个以上电负性较大的原子组成的原子团，它们在游离状态下与卤素单质的性质相似，它们的阴离子也与卤离子相似，称为类卤素。Oskam 等[5]报道了两种类卤素氧化还原电对 $SeCN^-/(SeCN)_3^-$ 和 $SCN^-/(SCN)_3^-$，但受限于染料还原性能不佳，所得到的器件性能并不是很好。Grätzel 等[6]在 2004 年报道了基于 $SeCN^-/(SeCN)_3^-$ 离子液体的氧化还原电对，采用 N3 染料作为敏化剂，得到了 8.3% 的光电转换效率，首次实现了类卤素电对与 I^-/I_3^- 电对相当的转换效率。Meyer 等[7]采用 $SeCN^-/(SeCN)_3^-$ 的电对体系，器件的开路电压和短路电流均高于 I^-/I_3^-。但是这些类卤素的稳定性很差，不利于实际应用。

7.2 金属配合物电对

虽然 I^-/I_3^- 电对具有体积小、容易渗透到多孔工作电极中、增大染料再生速率等优点，但是 DSSCs 的开路电压由电解质的氧化还原电位以及工作电极的费米能级决定。I^-/I_3^- 的氧化还原电位只有 0.35V，这也说明由其制备太阳电池的开路电压的提升范围很有限。碘还会腐蚀金属电极，如在大面积器件中经常使用的收集电子的银、铜线等，在有水、氧存在的条件下更为严重。I^-/I_3^- 电解质可以吸收可见光（λ≈430nm），会与染料光敏分子竞争吸收光。此外，强挥发性的碘单质对器件的稳定性和效率有一定的影响。基于以上情况，开发新型的具有更正氧化还原电位、低摩尔吸光系数以及无腐蚀性的非碘氧化还原电对是 DSSCs 的一个重要发展方向。

在非碘氧化还原电对中，金属配合物是研究最多的一类。金属配合物的一大优势是配体结构可以设计调整，通过改变配体分子结构来调节其对应的氧化还原电势。金属配合物的劣势在于：第一，金属配合物等单电子结构电对在电荷转移过程中会产生分子结构的改变，因此电荷转移速率慢，相比于碘电对，染料正离子更容易与 TiO_2 导带上的电子发生复合[8]；第二，金属配合物氧化还原电对分子尺寸大，质量传输速度慢。因此当采用传统的低吸光系数的金属钌配位染料作为敏化剂时，需要足够厚（通常为 10μm 以上）的 TiO_2 工作电极来吸附更多的染料，从而保证足够的吸光效率。这样由于金属配合物在多孔 TiO_2 孔洞中的渗透和传输困难，以及慢的染料还原速度，会加速导带电子和氧化还原电对的复合。为了发挥金属配合物氧化还原电对的优势，就需要开发高吸光系数的染料。

7.2.1　钴配合物电对

7.2.1.1　钴配合物电对研究历史

首先我们简单回顾一下钴配合物电对发展的历史。Grätzel 等[9]在 2001 年报道了丁基苯并咪唑钴配合物［$Co(dbbip)_2]^{2+/3+}$作为氧化还原电对并成功将其用于 DSSCs 的制备中。研究表明当电对的浓度在 10^{-2}mol/L 以下时，电解质中还原态物质还原染料的过程是一级反应，其反应速率常数为 $5\times10^5s^{-1}$。当浓度增大后带正电的电对会吸附在纳米颗粒上，反应变为二级反应，速率常数变为 2.9×10^6L/(mol·s)。导带电子与电解质中氧化态物质的复合过程也为一级反应，其反应速率常数为 $3\times10^3s^{-1}$，与碘电对的数值相当。因此该钴电对具有快速还原染料的能力以及低的复合损失，电池的光电转换效率达到 5.2%，具有与碘电对抗衡的潜力。Bignozzi 等[10]报道了一系列配体改性的钴配合物电对，其中又以［$Co(dtb\text{-}bpy)_3]^{2+/3+}$(dtb-bpy= 4,4′-二叔丁基-2,2′-联吡啶）的性能最佳，在 N3 染料体系中可以达到碘电对性能的 80%。

由于 2,2′-联吡啶钴电对{［$Co(bpy)_3]^{2+/3+}$}优异的性能，此后的研究中多以 2,2′-联吡啶（或其衍生物）钴电对为研究对象。但其在染料敏化太阳电池中的应用与染料分子的结构密切相关，共同决定器件的光电性能，因此钴电对的研究常伴随着染料结构的优化。2010 年，Uppsala 大学的 Hagfeldt 团队[11]开发了两种新型的 D-π-A 有机染料 D29 和 D35［吸光系数约为 30000L/(mol·cm)］，并对这两种染料中三苯胺基团的空间限域效应与一系列不同结构的多吡啶钴之间的相互作用进行了研究。为了保证钴电对有较好的电荷质量输运性能、高的扩散速度及适合的氧化还原电位，他们使用的是没有长链烷基的联吡啶。为了解决由此带来的钴电对与电极上电子的复合问题，他们在 D35 染料分子中引入了丁氧基，通过染料分子上的丁氧基实现了钴电对与电极的空间隔离，以减少复合。同时，通过对染料 HOMO 能级的调控实现了其与钴电对的氧化还原电位的匹配。上述的优化可以同时提高短路电流和开路电压。［$Co(bpy)_3]^{2+/3+}$与 D35 染料结合使 DSSCs 得到了 6.7% 的光电转换效率，开路电压达到 0.9V，这对于非碘体系的 DSSCs 来说是一个重要的研究进展。

随后，一系列与钴配合物电对相匹配且具有高吸光系数的 D-π-A 系列有机染料相继被合成，不断刷新 DSSCs 光电转换效率的纪录。2011 年，Grätzel 报道了具有更高吸光系数的染料 Y123[12]，与［$Co(bpy)_3]^{2+/3+}$电对获得了 9.6% 的光电转换效率，短路电流比使用D35染料高出了40%，达到14.8mA/cm^2。Wang课题组开发的C218[13]与R6[14]有机染料在［$Co(bpy)_3$］$^{2+/3+}$体系中可分别获得9.4%和12.6%的光电转换效率。Boschloo等[15]报道了一种蓝染料Dyenemo Blue并与D35共敏化TiO_2，在［$Co(bpy)_3$］$^{2+/3+}$电解质体系中加入小分子电子给体4-甲氧基三苯基胺，光电转换效率可提高26%，达到10.5%。2012年，Grätzel课题组[16]开发了一种新型的卟啉染料YD2-o-C8，它的分子中具有两个长烷基链和四个烷氧基团，有效保证电荷复合的减少，与该课题组的明星染料Y123共敏化，使器件达到了12.3%的破纪录效率。2013年，Grätzel团队在染料敏化剂方面取得进一步的研究进展[17]，通过设计合成SM315卟啉染料，与［$Co(bpy)_3$］$^{2+/3+}$电对制备的器件得到的短路电流为18.1mA/cm^2，开路电压为0.91V，填充因子为0.78，光电转换效率达到13%。2015年，Hanaya等[18]报道了LEG-4接枝甲硅烷基的染料与ADEKA-1共敏化，IPCE峰值可达91%。采用［$Co(phen)_3$］$^{2/3+}$作为氧化还原电对，FTO/Au/GNP（GNP：石墨烯片状纳米颗粒）作为对电极，在标准光强下开路电压为1.01V，短路电流为18.27mA/cm^2，填充因子为0.77，光电转换效率达到14.3%，为目前已报道的DSSCs最高值。

从钴电对研究的历程来看，提高钴电对的性能必须解决质量传输、电子复合以及能级匹配三方面的问题。但是这三方面的性能往往相互影响，一方面性能的优化可能导致其他性能的下降。例如，在吡啶上修饰大体积的基团，可以减少复合，增加导带电子的寿命。导带电子寿命以［$Co(dtb\text{-}bpy)_3$］$^{2+/3}$>［$Co(dm\text{-}bpy)_3$］$^{2+/3+}$（dm-bpy=4,4′-二甲基-2,2′-联吡啶）>［$Co(bpy)_3$］$^{2+/3+}$的顺序递减[19]。但前两种分子中的叔丁基和甲基，都带来了很明显的质量传输问题。Berlinguette等指出，电对的氧化还原电位每正移100mV，开路电压可以增加约64mV，与之伴随的是导带电子与氧化还原电对的复合增加，表现为电子寿命缩短，短路电流减小[20]。因此，选择合适的配体并结合染料分子共同优化，是提升器件性能的关键。此外，钴电对的稳定性也是值得考虑的一个问题。

7.2.1.2 钴配合物电对的质量传递

在钴电对研究的前期为了减少复合在吡啶上引入了大体积的基团，例如叔丁基、甲基等，从而导致了严重的质量传输问题。Elliott等发现，［$Co(dtb\text{-}bpy)_3$］$^{2+/3+}$在多孔TiO_2电极中的扩散系数比碘电对低了一个数量级[21]。即使没有这些附加基团，钴配合物电对体积也偏大，不仅其在电解质中的扩散速率慢，而且会导致电解质黏度增大，不利于渗透到工作电极的孔洞中去，从而限制了其参与染料还原的过程。为了改善大尺寸钴电对在介孔电极中的渗透性，不能单单从减小钴电对体积方面入手，还需要对工作电极的结构、孔隙率等进行一定的优化[22]。Park等[23]调节了TiO_2孔隙率大小，尽管最终工作电极的染料负载量减小了23%，但是短路电流增大近一倍，这表明电解质与工作电极之间的界面接触得到了充分的改善。与大尺寸电对匹配的TiO_2工作电极的形貌也得到了系统的研究，例如Sung等[24]采用垂直阵列TiO_2纳米棒，Dong等[25]采用TiO_2纳米束，Huang等[26]采用TiO_2中空小球等，目的都是在有足够染料负载量的同时，尽可能保证大尺寸金属配合物电对渗透到工作电极内部，从而有效实现染料还原再生。Grätzel等[27]采用纳米中空小球TiO_2作为工作电极材料、YD2-*o*-C8卟啉染料作为光敏剂，与商用20nm粒径的TiO_2颗粒相比，纳米中空小球体系可以将极限扩散电流提高约70%，并且当工作电极厚度为10μm时，短路电流和光强仍为线性关系，没有表现出由扩散问题引起的电流减小，在标准光强下器件有11.4%的光电转换效率。

7.2.1.3 钴配合物电对与电子的复合

为了保证有良好的质量输运性能，现在的钴配合物的体积都要做得尽可能小，由此带来的复合损失要采用其他的手段来解决。

方法之一是在染料分子中引入较大体积的基团，利用空间位阻效应减少TiO_2导带电子与电解质中氧化态物质的复合[28]。Grätzel等[29]开发了与钴电对匹配的联吡啶配位的钌染料，该分子中接枝了已基噻吩和十二烷氧基大侧链。十二烷基侧链有效地阻止了氧化态物质接近TiO_2表面，使得电子寿命增加约1.5倍，但染料再生过程没有因为染料分子中大基团的引入而改变。染料分子接枝前后短路电流从8.3mA/cm^{2}增大到13.2mA/cm^2，开路电压从714mV增大到837mV，从而使基于［$Co(phen)_3$］$^{2+/3+}$电对的DSSCs的光电转换效率达到8.6%，这是钌染料与金属配合物电对相结合的太阳电池的最高光电转换效率。

另一种方法是对工作电极表面进行钝化处理。Hamman等[19]在TiO_2表面沉积一层单原子Al_2O_3作为钝化层，极大程度地提升了器件的量子产率。Grätzel等[30]采用Ga_2O_3作为TiO_2表面的原子沉积层，有效抑制了电子复合反应，电荷收集效率和填充因子分别增加了30%和15%，开路电压从690mV提升到1.12V。Xiang等[31]将5nm厚的金属骨架配合物ZIF-8原位沉积在TiO_2多孔工作电极表面，也有效减少了［$Co(bpy)_3$］$^{2+/3+}$与TiO_2间的电子复合，TiO_2导带中的电子寿命有所增加。

还可以通过在电解质中加入添加剂来减少复合。电解液中加入锂盐后显著减少了TiO_2导带电子的复合，极大地提升了太阳电池的性能。这归因于Li^+加速了染料阳离子还原。此外，Li^+吸附在TiO_2表面，产生一层带正电荷的保护层，有效阻止了电解质中氧化态物质接近，减缓电子与激发态染料分子直接复合以及与电解质中的氧化态物质复合。电解质中常用的添加剂4-叔丁基吡啶（tBP）也能延长电子寿命，这与Co(Ⅱ)/Co(Ⅲ)配合物在tBP存在条件下的重组能变化有关。tBP分子通过弱的离子偶极相互作用围绕在联吡啶钴配合物周围，形成tBP-$[Co(bpy)_3]^{3+}$复合物，从而对$[Co(bpy)_3]^{3+}$起到屏蔽作用。不仅如此，tBP还可以与TiO_2通过配位相互作用，同时屏蔽TiO_2，这样一来可以有效抑制$[Co(bpy)_3]^{3+}$与TiO_2导带电子的复合，从而提高器件的开路电压[10]。

7.2.1.4 钴配合物电对与染料的能级匹配

在DSSCs电子转移的各个步骤中，染料再生一般认为是能量损失最严重的步骤。具有单电子转移特点的金属配合物氧化还原电对可以一步完成染料再生，减小其中的能量损耗。染料敏化电池中氧化还原电对与染料的能级匹配是指氧化还原电对的氧化还原电位比染料HOMO能级对应的氧化还原电位负200mV左右。电对的电极电位偏正则还原染料的驱动力不足，偏负又会降低开路光电压。因此，实现高效率DSSCs需要氧化还原电对和染料HOMO能级匹配[32]。

Grätzel等[33]在2011年报道了一种新型的联吡啶吡唑钴配合物电对$[Co(bpypz)_2]^{3+/2+}$，它的氧化还原电位为0.86V(*vs* NHE)，远高于$[Co(bpy)_3]^{2+/3+}$电对。采用Y123作为光敏染料，在标准光强下，开路电压达到1V，短路电流为$13.06mA/cm^2$，填充因子为0.77，光电转换效率为10.08%。如此高的开路电压除了与该电对的高氧化还原电位有关外，还与钴电对的能级与Y123染料的HOMO能级之差较小有关，这样可以减小由HOMO能级不匹配导致的能量损失。

通过对配体结构的设计，Grätzel等[34]随后报道了2,2′,6′,2′-三联吡啶钴配合物$[Co(terpy)_2]^{2+/3+}$以及氯代三联吡啶钴配合物$[Co(Cl\text{-}terpy)_2]^{2+/3+}$，它们的氧化还原电位分别为0.50V和0.63V（*vs* NHE）。配体分子中取代基对氧化还原电势有明显的影响，从而显著影响器件的暗电流和开路电压。采用Y123作为染料敏化剂，$[Co(Cl\text{-}terpy)_2]^{2+/3+}$电池可得到8.7%的光电转换效率，开路电压可达922mV，而采用$[Co(terpy)_2]^{2+/3+}$的效率为8.4%，开路电压也有866mV。

2012年，Bach课题组[35]报道了一种新型联吡啶钴配合物$[Co(PY_5Me_2)(L)]^{2+/3+}$ {PY_5Me_2=2,6-双[1,1-双(2-吡啶)乙基]-2,2′-联吡啶}，其中PY_5Me_2为一五齿配体，L为一自由配体。若以乙腈作为电解质溶剂，该钴配合物中L会被乙腈分子占据形成$[Co(PY_5Me_2)(MeCN)]^{2+/3+}$，其配位键能较弱，很容易被其他强配位路易斯碱化合物替代。利用这一特点，他们分别将tBP和*N*-甲基苯并咪唑（NMBI）作为添加剂引入电解质中，这两种添加剂可以取代乙腈的位置，实现实时配体交换反应，从而形成两种新的氧化还原电对，并能方便有效地调节氧化还原电位。采用 NMBI 配位的配合物 [$Co(PY_5Me_2)(NMBI)]^{2+/3+}$ 并结合 MK2 有机染料，器件可以分别在 $100mW/cm^2$ 和 $10mW/cm^2$ 条件下获得 8.4% 和 9.2% 的光电转换效率。而采用 tBP 配位的配合物 [$Co(PY_5Me_2)(tBP)]^{2+/3+}$ 可以得到接近 1V 的高开路电压。这项研究为设计新型电位可调节的金属配合物氧化还原电对提供了新思路。

为了使氧化还原电位正移，获得高的开路电压，电对中的配体需要有强吸电子基团。但是强吸电子基团对配合物的稳定性不利，这是由于强吸电子基团减小了吡啶氮的碱性，从而减小与金属离子的配位能力。解决这一问题的方法是选择多齿配体。通常认为多齿配体络合物不但具有更好的稳定性，而且能显著影响电子在 Co(Ⅱ)/Co(Ⅲ)转移中的重组能和电荷传输过程，如电荷复合以及染料再生等。为了开发具有良好热稳定性的钴配合物，Bach 等[36] 报道了一种含有六齿吡啶配体的钴配合物电对 [$Co(bpyPY_4)]^{2+/3+}$\{$bpyPY_4$=6,6′-双[1,1-双(吡啶)乙基]-2,2′-联吡啶\}，$CF_3SO_3^-$ 阴离子保持体系电中性，结合该课题组的明星染料 MK2，器件表现出 8.3% 的光电转换效率。这主要是由于该氧化还原电对的电位（0.47V *vs* NHE）对染料阳离子 HOMO 能级来说具有较大的电化学注入能级差，可加速染料再生。经 20min 光照后，器件的短路电流可以进一步提升，效率可达到 9.4%。这种多齿配合物电对具有良好的稳定性，器件可在标准连续光照下保持 100h 而无明显性能衰减。这种六配位钴电对作为电荷传输材料用在固态 DSSCs 中也得到了 5.7% 的光电转换效率[37]。

除了通过改变钴电对的电极电位来实现电对和染料之间的能级匹配外，调节染料的 HOMO 位置也是实现匹配的重要途径。Bach 等[38] 报道了一种具有氰基甲基苯甲酸受体基团的 D-π-A 染料 K7。与含有常用的氰基丙烯酸基团受体染料 K6 相比，氰基甲基苯甲酸受体基团具有更强的吸电子能力，能够保证染料分子中电子空穴的有效分离以及较低的 HOMO 能级。采用 [$Co(bpy)_3]^{2+/3+}$ 电对时，K7 具有更好的电荷注入效率，弥补了电子寿命短的缺点，从而提升对应器件短路电流以及光电转换效率。

Kim 等[39] 合成了三种基于苯唑噻吩（TBT）的 D-π-A 染料，SGT-121、SGT-129 和 SGT-130，TBT 基团被用作染料分子中间的 π 桥。这些染料分子都具有良好的平面特性，它们的 HOMO 和 LUMO 能级可以通过分子结构设计来调节，从而既可以有效实现染料还原，减小电荷复合，又可以拓宽吸光范围。采用 [$Co(bpy)_3]^{2+/3+}$ 作为氧化还原电对时，具有苯并噻二唑受体单元的 SGT-130 染料可获得 10.47% 的光电转换效率，短路电流可达 $16.77mA/cm^2$，开路电压为 851mV，填充因子为 0.73。

Wu 等[40] 报道了一种由二萘嵌苯修饰的 Zn- 卟啉染料，它在可见光范围甚至是近红外区域都有一定的吸收。与YD2-*o*-C8染料相比，WW-5和WW-6染料由于在二萘嵌苯和卟啉之间有乙烯双键连接，分子共轭效应增大，使得其吸收带边分别红移90nm和60nm。因此，使用[$Co(bpy)_3$]$^{2+/3+}$电对的器件短路电流有了很大的提升，效率分别达到10.3%和10.5%，与YD2-*o*-C8（PCE=10.5%）相当。相反，WW-3染料中二萘嵌苯直接连接到卟啉环上，π-π共轭效应明显减弱，相应器件的光电转换效率只有5.6%。由此可见，染料分子的轨道构型和氧化还原电对之间的能级匹配等都对界面电子转移和复合有重要的影响。

7.2.1.5 钴配合物电对的稳定性

稳定性是太阳电池器件走向实用化的另一关键。为了提升DSSCs的稳定性，Spiccia等[41]将聚偏氟乙烯-六氟丙烯共聚物（PVDF-HFP）引入液态[$Co(bpy)_3$]$^{2+/3+}$电解质中制备凝胶电解质。为了提升凝胶电解质与多孔工作电极之间的接触，他们采用热注入法灌注凝胶电解质，配以MK2染料，在100mW/cm^{2}光照条件下一举获得8.7%的光电转换效率，在10mW/cm^{2}光强下可达10%。聚合物的加入导致了氧化还原电对质量传输性能减弱，因此光强与短路电流之间线性关系较差。该类凝胶态电解质表现出优异的稳定性，器件在白色LED标准光强照射下近700h可保持初始效率的90%，而液态电解质体系则在不到200h内已衰减超过10%。

Hagfeldt等[42]将[$Co(bpy)_3$]$^{2+/3+}$氧化还原电对与甲基丙烯酸低聚物混合，通过紫外光照聚合该低聚物，成功制备出交联网状结构的聚合物骨架并有效包裹联吡啶钴电对，所获得的器件有6.4%的光电转换效率，并表现出良好的稳定性。

O'Regan等[43]将采用Z907和[$Co(bpy)_3$]$^{2+/3+}$组装的DSSCs置于20℃、100mW/cm^2 LED光照条件下进行连续光照测试。经2000h光照后，基于乙腈电解质的器件能保持初始效率的66%，短路电流和填充因子都有所下降，开路电压基本保持不变。相比较而言，基于3-甲氧基丙腈（MPN）溶剂的器件能够保持初始值的91%，只有填充因子稍有下降。而Kloo等[44]发现在1000h光照后以乙腈作为有机溶剂的[$Co(bpy)_3$]$^{2+/3+}$电解质器件效率无明显衰减。他们认为电解质组成对稳定性的影响至关重要。一些组分的微调，例如钴电对浓度增加，或者去除锂盐添加剂可以使器件稳定性有极大的提升，而tBP作为一种重要的电解质添加剂只能以中等浓度存在。这些测试结果表明，钴电对在光照条件下具有优异的稳定性。

7.2.1.6 钴配合物电对在P型染料敏化电池中的应用

钴氧化还原电对在P型DSSCs中也得到一定程度的研究。2009年，Hagfeldt等[45]报道了基于[$Co(dtb\text{-}bpy)_3$]$^{2+/3+}$配合物的氧化还原电对，以香豆素343（C343）为染料，首次将DSSCs开路电压大幅提高到350mV，短路电流达到1.7mA/cm^2。

该组接着研究了一系列不同基团取代的多吡啶钴配合物的氧化还原电对[46]，采用 PMI-NDI 敏化 NiO 工作电极。他们发现，光电压和光电流与氧化还原电对的空间位阻有关，而与它们的氧化还原电势无关。大取代基团，如叔丁基，可以减少 NiO 的空穴与电解质中的还原态物质发生复合。与碘电对相比，所研究的基于钴电对的电池开路电压都高于前者。

2013 年，Bach 课题组[47]报道了乙二胺钴配合物 $[Co(en)_3]^{2+/3+}$ 的 P 型电对，该配合物的氧化还原电位只有 −0.03V（*vs* NHE），比传统的碘电对电位更负约 340mV，因此更有利于高开路电压的获取。一种具有大体积给体的 D-π-A 染料 PMI-6T-TPA 使得 P 型 DSSCs 的光电转换效率首次突破 1%，达到 1.3%，开路电压达到了 709mV，在 10% 的光强下效率达到 1.67%。乙二胺钴电解质透光性好，很适合用于叠层电池的制备。相比而言，I^-/I_3^- 体系只有 0.41% 的光电转换效率，能级不匹配导致其开路电压只有 218mV。在相同短路电流处，碘电解质电对和钴电解质电对表现出相似的载流子寿命，这与 N 型 DSSCs 相当。对于本身具有高电荷复合概率的单电子电对来说，乙二胺钴表现出良好的电荷传输特性。

表 7-1 列出了部分氧化还原电对以及对应的 DSSCs 在 $100mW/cm^2$ 光强下的光电转换效率（PCE）。由于染料与氧化还原电对能级匹配的重要性，这些体系中使用的染料也同时列出。

表7-1　部分氧化还原电对以及对应DSSCs在$100mW/cm^2$光强下的光电转换效率

氧化还原电对	氧化还原电位（*vs* NHE）/V	染料	PCE/%	文献
I^-/I_3^-	0.35	N3	11.1	[1]
Br^-/Br_3^-	1.09	TC306	5.2	[4]
$SeCN^-/(SeCN)_3^-$	0.70	Z907	8.3	[6]
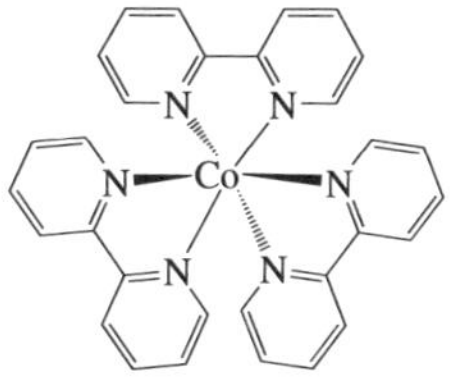 $[Co(bpy)_2]^{2+/3+}$	0.56	SM315	13.0	[17]
		YD2-*o*-C8/Y123	12.3	[16]
		D35/Dyenamo Blue	10.5	[15]
		C218	9.4	[13]
		R6	12.6	[14]
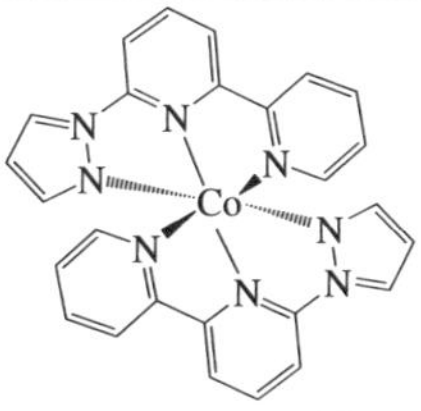 $[Co(bpypz)_2]^{2+/3+}$	0.86	Y123	10.1	[33]

续表

氧化还原电对	氧化还原电位（*vs* NHE）/V	染料	PCE/%	文献
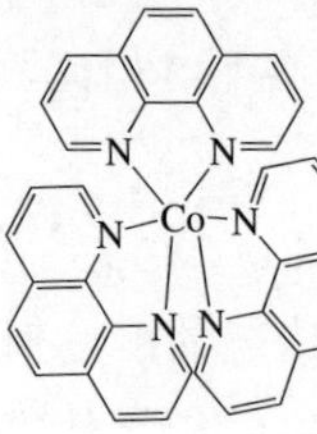 $[Co(phen)_3]^{2+/3+}$	0.62	LEG-4/ADEKA-1	14.3	[18]
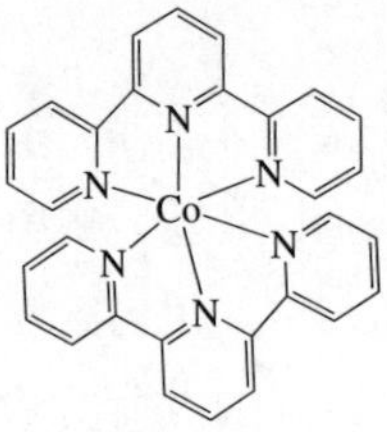 $[Co(terpy)_2]^{2+/3+}$	0.50	Y123	8.4	[34]
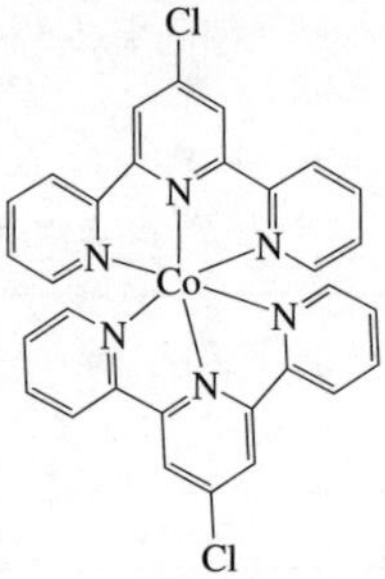 $[Co(Cl\text{-}terpy)_2]^{2+/3+}$	0.63	Y123	8.7	[34]
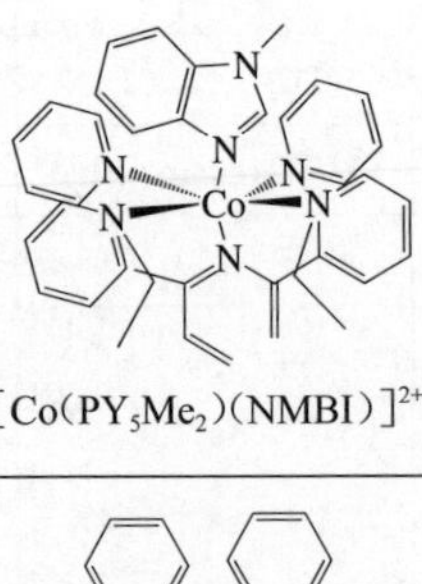 $[Co(PY_5Me_2)(NMBI)]^{2+/3+}$	0.71	MK2	8.4	[35]
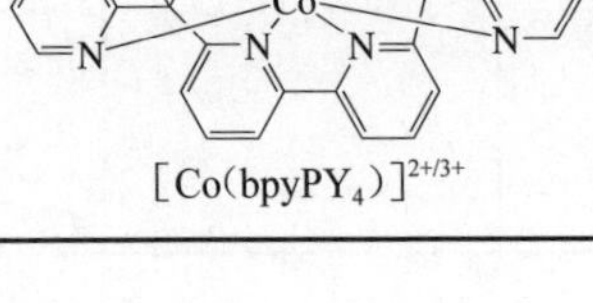 $[Co(bpyPY_4)]^{2+/3+}$	0.47	MK2	8.3	[36]

续表

氧化还原电对	氧化还原电位（*vs* NHE）/V	染料	PCE/%	文献
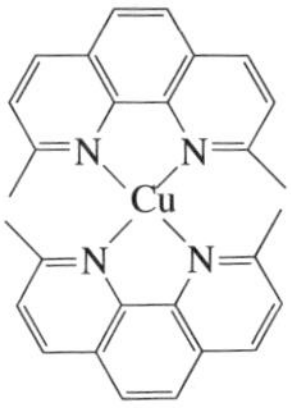 $[Cu(dmp)_2]^{1+/2+}$	0.93	Y123	10.3	[48]
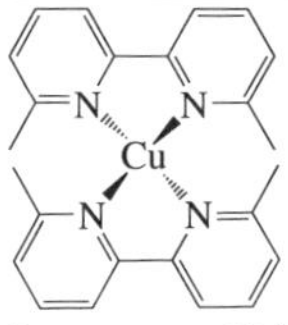 $[Cu(dmby)_2]^{1+/2+}$	0.97	Y123	10.0	[48]
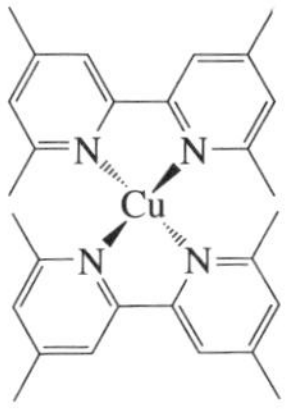 $[Cu(tmby)_2]^{1+/2+}$	0.87	Y123	10.3	[48]
		WS-72	11.6	[49]
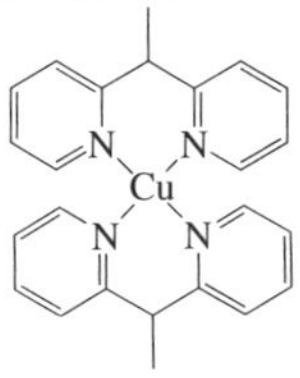 $[Cu(bpye)_2]^{1+/2+}$	0.59	LEG-4	9.0	[50]
Fc/Fc^+	0.63	Carbz-PAHTDTT	7.5	[51]
$Mn(acac)^{0/1+}$	0.49	MK2	4.4	[52]
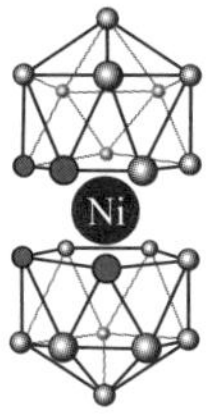 Ni	0.31	N719	2.0	[53]
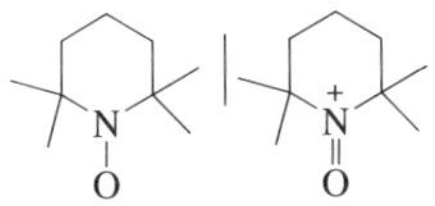 $TEMPO^{0/1+}$	0.89	LEG-4	5.4	[54]

续表

氧化还原电对	氧化还原电位（*vs* NHE）/V	染料	PCE/%	文献
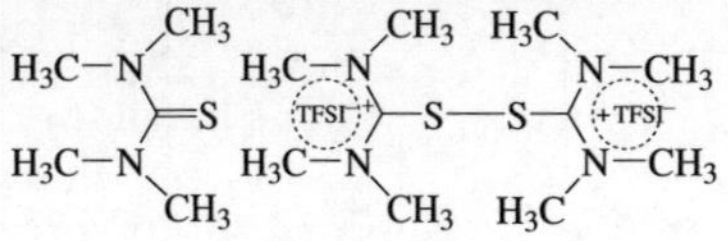 TMTU/[TMFDS]$^{2+}$	0.54	D131	3.9	[55]
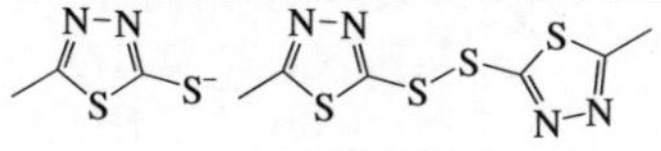 MCMT$^-$/BMT	0.15	TH305	6.0	[56]
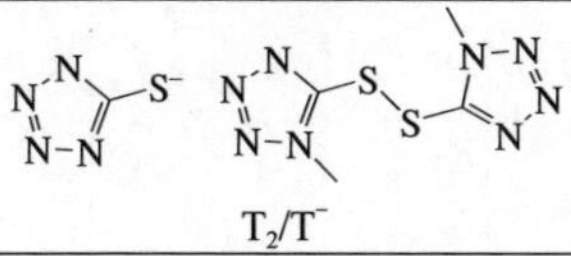 T_2/T^-	0.49	Z907	6.4	[57]
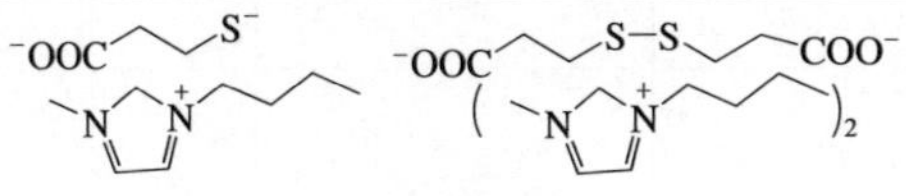 BMIT/BMIDT	0.72	N719	6.8	[58]
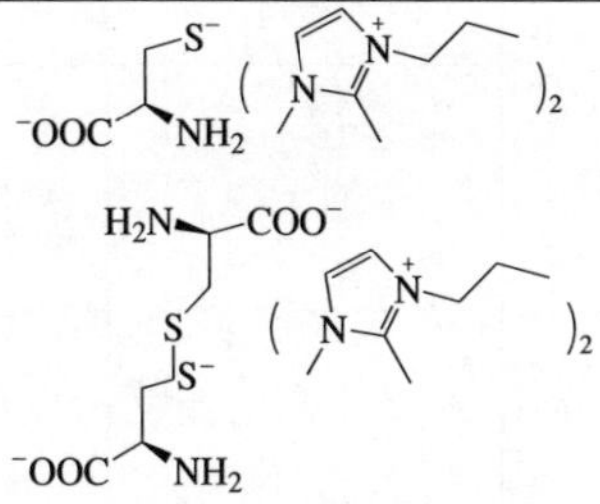 DMPIC/DMPIDC	0.45	TH305	7.7	[59]
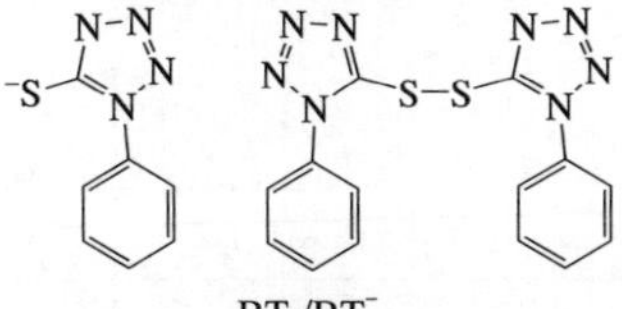 BT_2/BT^-	0.25	PMI–6T–TPA	0.5	[60]
$[Fe(CN)_6]^{4-/3-}$	0.39	MK2	4.1	[61]
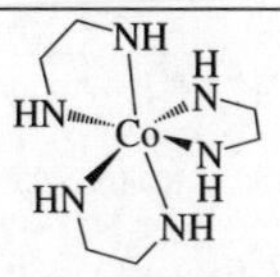 $[Co(en)_3]^{2+/3+}$	−0.03	PMI–6T–TPA	1.3	[47]
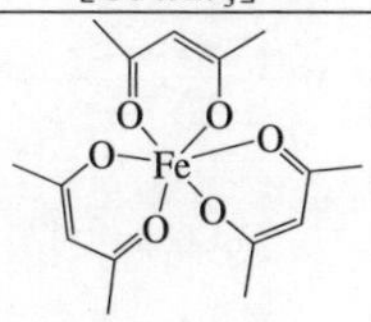 $[Fe(acac)_3]^{0/1-}$	−0.20	PMI–6T–TPA	2.5	[62]

7.2.2 铜配合物电对

铜是自然界中储量很丰富的元素，价格低廉。铜配合物因其快速的电子转移反应过程而可以作为DSSCs中高效的氧化还原电对。

2005年，Fukuzumi等[63]将几种铜配合物［$Cu(phen)_2]^{1+/2+}$、［$Cu(dmp)_2]^{1+/2+}$（dmp =2,9-二甲基-1,10-邻二氮杂菲）等作为氧化还原电对引入DSSCs中，但是这些器件的最高效率均没有超过1.4%，这也许是因为铜配合物电对与常用的钌染料性能不匹配。2011年，Wang等[64]采用C218染料和［$Cu(dmp)_2]^{1+/2+}$电对在标准光强下得到了光电转换效率为7.0%的器件，C218中的甲基和甲氧基取代基团能有效减少电荷复合。铜配合物电对的光电压比碘电对明显提高，且在低的驱动力下仍能快速地还原染料，这是铜配合物电对的一个重大的优点。Benazzi等[65]设计了四种邻位取代的1,10-邻二氮杂菲铜配合物，采用两种苯并噻唑染料作为敏化剂。其中2-芳基取代的1,10-邻二氮杂菲铜具有良好的光学和电化学性能，使得染料能够被迅速还原。

铜配合物电对的一个重要的特点是在铜变价的过程中可能会伴随配体的变化，且这种变化是可逆的，不会影响铜配合物电对的稳定性。2016年，Hupp等[66]报道了一种基于1,8-双(2′-吡啶)-3,6-二硫辛烷（PDTO）和电解质常用添加剂tBP配体的铜电对。在中心金属离子失去一个电子后，被PDTO包裹的铜离子完全脱去该配体并与四个或多个tPB配体形成新的配合物。虽然Cu（Ⅰ）和Cu（Ⅱ）配合物的配体完全不同，但是这种配体交换反应在器件工作中是完全可逆的。这种基于铜双配体配合物电对的器件光电性能好于基于单一配体铜电对的性能。Hamann等[67]也发现，电解质中常用的添加剂tBP可以取代铜配合物中的二齿配体而形成［$Cu(tBP)_4]^{2+}$，它是一种很弱的电子受体，可以在一定程度上减少与导带电子复合的机会，从而提升器件的开路电压和电子收集效率。

Freitag等[68]采用LEG-4染料和［$Cu(dmp)_2]^{1+/2+}$氧化还原电对制备DSSCs，在标准光强下开路电压超过1V，光电转换效率达到8.3%。相比于［$Co(bpy)_3]^{2+/3+}$电对，铜电对在电解质中具有更大的扩散速度和更好的质量传输特性，这得益于其相对较小的分子体积，而且它对LEG-4染料的再生速率是钴电对的4倍。在DSSCs中采用该铜电对只需要极低的电子驱动力（0.2V）便可近乎完全地实现染料的还原再生。但是，［$Cu(dmp)_2]^{1+/2+}$电对的电流比钴电对低，说明［$Cu(dmp)_2]^{1+/2+}$和LEG-4染料的组合相比于［$Co(bpy)_3]^{2+/3+}$来说复合更大。进一步通过动态和稳态光谱的研究发现［$Cu(dmp)_2]^{1+/2+}$会向LEG-4染料的激发态转移电子，两者之间存在电子转移猝灭，这种猝灭和电荷转移会增加复合、降低电池的光电转换效率。

2016年，Kloo等[50]报道了一种新型的铜配合物氧化还原电对［$Cu(bpye)_2$］$^{1+/2+}$［bpye=1,1-双(2-吡啶)乙烷］，它的氧化还原电位为0.59V（*vs* NHE），比［$Co(bpy)_3$］$^{2+/3+}$高出30mV。在标准光强照射下器件的开路电压为904mV，短路电流为13.8mA/cm^2，填充因子为0.72，光电转换效率为9.0%，在50mW/cm^{2}光照下效率为9.9%，高于［$Co(bpy)_3$］$^{2+/3+}$参比样品。染料还原速率快，电子复合慢，以及合适的氧化还原电位是效率提升的主要原因。但器件的初期衰减较大，器件在100mW/cm^{2}光强下光电转换效率从9%降到6%，随后的700h里基本保持不变。

同年，Saygili等[48]报道了可以满足染料快速再生的两种联吡啶铜配合物氧化还原电对［$Cu(dmby)_2$］$^{1+/2+}$（0.97V *vs* NHE，dmby=6,6′-二甲基-2,2′-二吡啶）和［$Cu(tmby)_2$］$^{1+/2+}$(0.87V *vs* NHE，tmby=4,4′,6,6′-四甲基-2,2′-二吡啶），并与之前报道的［$Cu(dmp)_2$］$^{1+/2+}$（0.93V *vs* NHE）进行对比。由于Cu(Ⅰ)与Cu（Ⅱ）配合物之间相互转换的重组能小，两种电对都可以快速且有效地还原染料(2～3μs)，所需能级差低至0.1V，开路电压可以达到1.0V，并且短路电流并没有因此而减小。采用［$Cu(tmby)_2$］$^{1+/2+}$电对的器件内部电荷寿命明显增长，复合显著得到抑制。以Y123染料为光敏剂，［$Cu(tmby)_2$］$^{1+/2+}$、［$Cu(dmby)_2$］$^{1+/2+}$和［$Cu(dmp)_2$］$^{1+/2+}$器件的光电转换效率分别为10.3%、10.0%和10.3%。该组采用[$Cu(tmby)_2$]$^{1+/2+}$作为空穴传输材料在固态DSSCs中获得了11%的光电转换效率[69]。Sun等[70]在2017年也报道了基于［$Cu(dmby)_2$］$^{1+/2+}$电对的DSSCs，染料高效还原再生反应所需的能级差只需0.11V，光电转换效率达到了10.3%。

为降低电子注入带来的能量损失，通常会在染料分子中引入辅助的受体基团。但这种做法也会导致染料HOMO能级向下移动，导致染料再生过程中产生新的能量损失。为了保证染料分子HOMO能级足够正，并减少染料还原带来的能量损失，必须设计合成氧化还原电位更正的氧化还原电对。Grätzel等[49]采用［$Cu(tmby)_2$］$^{1+/2+}$来代替［$Co(bpy)_3$］$^{2+/3+}$，以降低与染料HOMO的能级差。受益于［$Cu(tmby)_2$］$^{1+/2+}$的高扩散系数和更快的染料再生速率，比起［$Co(bpy)_3$］$^{2+/3+}$，电池的开路电压提高了约160～170mV，新染料WS-72的开路电压达到1.1V，高于之前报道的基于所有钴电对的器件，达到了钙钛矿太阳电池的水平。高电压的获取还得益于染料分子接枝大基团。与以往报道不同的是，接枝大基团并没有影响染料的吸光性能。由于上述染料与电对搭配的高的开路光电压，器件的光电转换效率达到了11.6%，短路电流为13.3mA/cm^2，填充因子达到0.78。该电解质固态化处理后的固态DSSCs光电转换效率也可达11.7%，甚至还高于液态的电池，是当时报道的固态DSSCs的最高值。其中短路电流为13.8mA/cm^2，开路电压为1.07V，填充因子为0.79。

由此可见，在保证染料还原效率的前提下，铜电对需要的驱动力是最小的，为获得高电压的器件提供了保证，并且铜电对还具有较高的扩散系数，这些使得铜电对成为了可以与钴电对媲美的新型电对，展现出重要的应用前景。

在稳定性方面，2018 年，Sun 等[71]报道了基于二胺二吡啶四齿配体 L1 和 L2 的铜配合物电对，其中 L1 为 *N*,*N*′-二苯唑-*N*,*N*′-双-（吡啶-2-甲基）乙二胺，L2 为 *N*,*N*′-二苯唑-*N*,*N*′-双（6-甲基吡啶-2-甲基）乙二胺，其中使用［$Cu(L_2)]^{1+/2+}$ 氧化还原电对的器件有 9.2% 的光电转换效率。该电对对光和电化学具有良好的稳定性，在 500h 连续标准光照下可保持初始转换效率的 90%。

为满足室内工作小型便携式电子设备的用电需求，研究开发室内光照条件下具有高光电转换效率的太阳电池具有潜在的巨大价值。2017 年，Freitag 等[72]研究了在室内光照条件下 DSSCs 的光电性能。他们采用两种染料 D35 和 XY1 作为共敏化剂、［$Cu(tmby)_2]^{1+/2+}$ 作为氧化还原电对组装器件，开路电压达到 1.1V，外量子产率在 400～650nm 范围内超过 90%，在 200lx 和 1000lx 下输出功率分别达到 15.6mW/cm^2 和 88.5mW/cm^2，光电转换效率达到 28.9%。

Cao 等[73]报道了一种将空穴传输层 PEDOT 与敏化 TiO_2 工作电极直接接触来收集空穴的新型固态电池器件结构，这样可以有效减少 Warburg 电解质扩散电阻。该固态 DSSCs 采用［$Cu(tmby)_2]^{1+/2+}$ 电对在标准太阳下获得了 13.1% 的转换效率，在 1000lx 光照下的室内转换效率高达 32%，高于目前所报道的任何光伏器件的效率。

7.2.3　铁配合物电对

二茂铁作为氧化还原电对具有优良的电化学性质，但正是由于优良的电化学性质使得二茂铁在界面处极易与导带电子发生复合，从而严重降低电池的开路电压。因此在 2011 年前，使用这种电对的 DSSCs 无法得到高光电转换效率。2001 年，Fields 等[74]首次报道了二茂铁电对并用于 DSSCs 中。为了解决严重的电荷复合问题，他们报道了两种钝化工作电极的办法，包括电聚合一层不导电的聚合物钝化层，以及对敏化电极进行甲基硅烷蒸气处理来减少电荷复合。三氯甲基硅烷钝化 TiO_2 表面在提升光电转换效率的同时，聚甲基硅烷也减弱了染料再生反应[75]，使得电池整体的效率不高。2011 年，Daeneke 等[75]使用了一类新型 D-π-A 有机染料 Carbz-PAHTDTT 作为二茂铁电对体系的光敏剂，一举获得了 7.5% 的光电转换效率。该染料中大体积的给体基团以及长链烷基能够有效抑制电荷复合。此外，电解质和器件的制备均在惰性气氛手套箱中完成，减小了氧气对二茂铁电对的不利影响。

二茂铁的另一个优势在于通过烷基化或者卤化的方式在环戊二烯环上引入取代基可以大幅度地改变氧化还原电位。Daeneke 等[51,76]研究了在二茂铁体系中电荷注入驱动力对染料再生反应的影响。他们研究了六种咔唑类染料以及九种二茂铁氧化还原电对，九种二茂铁衍生物的氧化还原电位变化达 0.85V。烷基化的二茂铁氧化还原电位偏负，开路电压较低，光电转换效率在 4.3%～5.2% 之间，当染料与二茂铁的能级差在 29～101kJ/mol（$\Delta E=0.30\sim1.05$V）区间时，染料再生速率相似，说明在二茂铁体系中染料再生过程是受扩散控制的。在能级差为 20～25kJ/mol（$\Delta E\approx0.20\sim0.25$V）时，理论再生产率可达 99.9%。卤化的二茂铁配合物具有较正的氧化还原电位，因此器件的开路电压有所提升，但是光电转换效率不如前者。而且当其电位与染料 HOMO 的能级差不到 18kJ/mol（ΔE=0.19V）时，无法提供还原染料所需的驱动力，因此不能有效地还原染料，导致激发态染料阳离子与 TiO_2 导带中的电子复合加剧。因此，二茂铁系列氧化还原电对能够有效还原激发态染料分子的最小能级差 ΔE 应介于 0.19V 到 0.36V 之间。

铁配合物电对也被用于 P 型 DSSCs 的制备中。2014 年，Spiccia 等[62]报道了一种基于乙酰丙酮铁配合物［$Fe(acac)_3$］$^{0/1+}$的氧化还原电对并成功用于 P 型 DSSCs 中。该电对的电位为 −0.20V(*vs* NHE)，远远低于已报道的其他 P 型电对，接近染料 PMI-6T-TPA 的 LUMO 能级，但是仍旧有大约 500mV 的染料再生驱动力。在工作电极表面沉积一层 NiO 致密层并且在电解质中添加脱氧鹅胆酸能有效提升器件的短路电流至 7.65mA/cm^2，开路电压为 645mV，填充因子为 0.51，光电转换效率达到 2.51%，为目前已报道的 P 型 DSSCs 的最高效率。染料再生速率常数［1.7×10^8L/(mol·s)］非常接近理论最大值 3.3×10^8L/(mol·s)，因此，染料再生产率大于 99%，比［$Co(en)_3$］$^{3+}$电对快约 50 倍，这说明染料再生受扩散控制。［$Fe(acac)_3$］$^{0/1+}$氧化还原电对在以 ITO 作为工作电极的 P 型 DSSCs 器件中也可以得到 1.96% 的光电转换效率[77]。

7.2.4 其他金属配合物电对

Hupp 等[53]在 2010 年报道了镍配合物氧化还原电对［Ni-双(碳甲硼烷)］$^{3+/4+}$，该电对表现出高质量扩散性能、高染料再生以及电子转移速率，所对应的器件效率为 0.9%，且不与金属电极发生反应。随后他们对二碳甲硼烷笼状物接枝电子给体和受体基团进行功能化处理[78]，得到了改性的［Ni-双(碳甲硼烷)］$^{3+/4+}$电对，其氧化还原电位的调节范围可达 200mV，覆盖了 I^-/I_3^- 电对的电势。采用这些改性的 Ni 基配合物电对，器件的光电转换效率最高可达 2.0%。

Spiccia 课题组[52]报道了一种三 - 乙酰丙酮锰［$Mn(acac)_3$］$^{0/1+}$氧化还原电对，

采用 MK2 染料，效率可达到 4.4%。相比于 I^-/I_3^- 电对，[$Mn(acac)_3$]$^{0/1+}$ 电对的电荷复合速率明显增大。电对中的[$Mn(acac)_3$]^0 和[$Mn(acac)_3$]$^+$在 550nm 和 543nm 长处为其最大吸收峰位置，所对应的摩尔吸光系数分别为 74.9L/(mol·cm) 和 143L/(mol·cm)，低于[$Co(bpy)_3$]$^{2+/3+}$ 的吸收，因此具有作为理想氧化还原电对的潜力。

7.3 有机电对

有机电对因为在可见光区无明显吸收而成为可替代 I^-/I_3^- 的新型氧化还原电对，其中研究最为广泛的有 2,2,6,6-四甲基-1-氧哌啶（TEMPO）、多硫电对等。

7.3.1 TEMPO

TEMPO 是一种无毒且稳定的自由基，作为光稳定剂以及抗氧化剂被广泛使用，它还在有机自由基二次电池中被用作储电材料。2008 年，Grätzel 小组[79]将 TEMPO 作为氧化还原电对用于 DSSCs 的制备中，采用 D149 染料，在 100mW/cm^2 条件下得到 5.4% 的光电转换效率，为当时有机电对的最高值。Boschloo 等[54]采用含有叔氧丁基的染料 LEG-4，使得 TEMPO 电位与染料 HOMO 之间的能级差只有约 0.2V，还原染料的效率得到明显提高，产率超过 80%。这些结果说明，采用具有较小染料还原驱动力的染料分子更有利于减小由该步骤导致的能量损失，这也说明了氧化还原电对与染料分子能级之间相互关系的重要性。但是纳晶中的电子在 TEMPO 电解质中的扩散长度约为 0.5μm，比在 [$Co(bpy)_3$]$^{2+/3+}$ 电对中的 2.8μm 明显偏小，表明导带电子与 TEMPO 的复合较为严重。

7.3.2 多硫电对

多硫电对是指分子中含有硫—硫键的物质结成的电对。多硫电对既可以是无机的电对，也可以是有机的电对。

无机的 S^{2-}/S_2^{2-} 和 S^{2-}/S_n^{2-} 多硫电对在有机溶剂中的溶解性很差，所以更多用于水基量子点敏化太阳电池中，但是有机多硫化合物在有机溶剂中的溶解性会大大提高。2010 年，Meng 等[80]报道了一种廉价、无腐蚀、无色的四甲基硫脲（TMTU）以及它的氧化态二聚体（[$TMFDS$]$^{2+}$）作为氧化还原电对，采用 N3 染料光敏剂和碳对电极的 DSSCs 取得了 3.1% 的光电转换效率，弱光下达到 4.5%。

Wang 等 [55] 采用吲哚基有机染料 D131 可得到 3.9% 的光电转换效率，高于以 Z907 为染料的体系，可能是由于前者所用染料的还原性能更好。

Grätzel 等 [57] 在 2010 年报道了一种多硫电解质 T_2/T^-，在可见光区几乎无吸收，器件采用 Z907 作为敏化剂得到 6.4% 的光电转换效率。随后，他们研究了与 T_2/T^- 匹配的对电极材料 CoS 和 PEDOT。其中 PEDOT 采用电聚合的方法从离子液体中获得，转换效率提高到 7.9%，稳定性也大大提升，这得益于对电极的多孔结构和大比表面积。三种材料的电催化性能以 PEDOT＞Pt＞CoS 的顺序递减。虽然 T_2/T^- 的稳定性相比于碘电对来说较差，但是 PEDOT 相比于 Pt 显示出更好的稳定性，这对于制备透明、无腐蚀且高效的柔性电池来说具有重要的意义。

Matsui 等 [81] 报道了以长链烷基化（如丁基、己基、辛基等）的多硫化合物作为改性的氧化还原电对。采用 N719 敏化的 TiO_2 工作电极，己基取代的氧化还原电对得到了 4.32% 的转换效率。由于其很弱的吸光性，在 400～500nm 处的吸收相较于 I^-/I_3^- 明显减小。另外，辛基取代的氧化还原电对表现出最差的性能，可能是大体积导致其在电解质中的扩散速度变慢。

Yan 等 [58] 报道了一种基于咪唑硫代丙酸盐型的多硫氧化还原电对（BMIT/BMIDT），这种电对在可见光区几乎无吸收，并且具有较高的氧化还原电位（0.72V *vs* NHE）。采用 N719 钌染料，DSSCs 在 $100mW/cm^2$ 和 $50mW/cm^2$ 光照下分别表现出 6.8% 和 8.1% 的光电转换效率。

Sun 等 [82] 开发了另一类基于多硫体系的氧化还原电对 $McMT^-/BMT$。采用 TH305 有机染料，得到了 4% 的光电转换效率，与之对应的 I^-/I_3^- 电对的效率为 5.1%，在低光下 $McMT^-/BMT$ 器件的电流可达 $12.2mA/cm^2$。在 Pt 对电极处电荷传输阻力大是 $McMT^-/BMT$ 电对性能低的主要原因，导致填充因子过低。采用 PEDOT 代替 Pt 作为对电极材料得到了 6.0% 的转换效率 [56]。将离子液体 1-乙基 -3- 甲基咪唑四氟硼酸引入多硫电解质中，并采用 PEDOT 和 CoS 来代替 Pt，可得到更高的转换效率 [83]。

该组继续报道了一种基于胱氨酸的新型氧化还原电对（DMPIC/DMPIDC）[59]。采用 TH305 和 N719 染料时，I^-/I_3^- 电对得到了 6.3% 和 8.1% 的效率。而 DMPIC/DMPIDC 电对则可获得 7.7% 和 5.6% 的转换效率，这受益于高的单色光量子产量和高光电流，而且 TiO_2 导带电子和 DMPIC/DMPIDC 电对之间的电荷复合明显比 I^-/I_3^- 电对低。

Bach 等 [60] 报道了多硫化合物电对（BT_2/BT^-）在 P 型 DSSCs 中的应用，采用 PMI-6T-TPA 敏化的 NiO 工作电极，器件得到了 285mV 开路电压，高于 I^-/I_3^- 电对体系（226mV），与之对应的转换效率为 0.51%，这是目前采用有机电对得到的最高效率 P 型 DSSCs，叠层电池的效率也达到 1.33%。Wang 等 [84] 采用 P1

染料敏化的 $CuCrO_2$ 作为工作电极，多硫电对器件的开路电压达 300mV，采用 CoS 对电极材料制得 P 型 DSSCs 的效率为 0.23%。

除了以上的纯有机电对外，报道的其他电对还有四硫富瓦烯、对苯二酚 / 苯醌等，但是使用它们制备的 DSSCs 光电性能都较低。

7.4 水电解质的氧化还原电对

DSSCs 中的电解质使用有机溶剂，如乙腈、甲氧基丙腈等，这些有机溶剂有毒，而且乙腈等很容易挥发。水因其廉价、清洁、丰富等特点，如能在 DSSCs 制备中代替有机溶剂，将对环境保护十分有利。尽管有不少报道指出，水的存在会影响器件的光电性能和稳定性，表现在与染料分子相互作用、形成碘酸盐、改变电解质极性以及界面效应等，但是随后的研究表明，水的存在对于器件性能的提升也有一定的帮助。因此，学者们开发了基于水电解质的 DSSCs，与之对应的氧化还原电对也有一定的报道。

1998 年，Lindquist 等[85]指出，在 I^-/I_3^- 电解质中加入的水会吸附在 TiO_2 表面，与 Ti 空位相互作用，从而阻挡 I_3^- 与导带电子复合。开路电压随着水含量的增加而增大，这种作用非常明显，可以补偿由水吸附导致 TiO_2 导带负移带来的能级差减小的缺点。但是同时短路电流明显减小，这是由于水能够使 N3 染料发生脱附，减弱染料与 TiO_2 之间的键合作用，溶剂极性改变导致染料分子吸光性质的改变，此外，光照也可导致染料中—NCS 配体脱落和取代。但是当使用纯水代替水 - 有机溶剂混合物后，短路电流和开路电压都有一定程度的提升，转换效率也有所提高。因此，水电解质在 DSSCs 中展现出一定的应用前景。

O’Regan 等[86]在 2011 年报道了基于 I^-/I_3^- 氧化还原电对的水电解质，并研究了不同 MPN- 水配比的溶剂对电池性能的影响。他们在水中加入表面活性剂 Triton X-100 来改善工作电极界面的亲水性。I^-/I_3^- 电对在水中的氧化还原电位相比于在有机溶剂中明显正移。采用纯水作溶剂的器件可以在 $100mW/cm^2$ 条件下得到 2.4% 的光电转换效率。

随后，Spiccia 课题组在水电解质方面做了一系列的研究工作，取得了重要的研究进展。2012 年，他们将铁氰 / 亚铁氰 $[Fe(CN)_6]^{4-/3-}$ 氧化还原电对溶于含有 Tween20 表面活性剂的去离子水中，并加入 Trizma®- HCl 来稳定水电解质的 pH 值（pH=8），可以防止染料在极端 pH 值条件下脱附，成功获得了 4.1% 的光

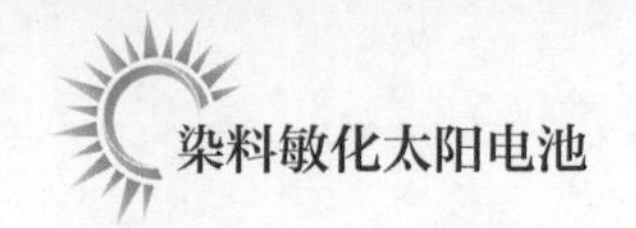

电转换效率[61]。钴配合物在有机 DSSCs 中表现出优良的光电性能，但是绝大多数钴电对在水中溶解性很差。Spiccia 等通过使用硝酸根作为［$Co(bpy)_3$］$^{2+/3+}$的阴离子，极大程度地增大了该电对在水中的溶解度[87]。由于染料的疏水性，他们在水电解质中添加聚氧化乙烯（M_n=300）改善电解质与吸附有 MK2 染料的 TiO_2 工作电极间的界面接触，从而获得 3.7% 的光电转换效率。采用 ITO/Pt 复合对电极来代替传统的 Pt 电极后，器件光电转换效率提高到 5.1%。为了进一步减小界面间能量损失，Spiccia 等[88]采用十八烷基硅烷来钝化 TiO_2 表面，可以有效阻挡氧化态物质接近工作电极表面而与导带中的电子发生复合。DSSCs 的开路电压因此可以从 687mV 提高到 861mV，光电转换效率进一步提升至 5.64%。为了提高水电解质 DSSCs 的稳定性，Spiccia 等[89]又将具有生物相容性的明胶作为胶凝剂添加到水电解质中来制备水凝胶电解质，并采用具有高比表面积和大孔洞的 TiO_2 纳米微球作为工作电极，器件在 100mW/cm^2 照射下光电转换效率达到 4.1%，10mW/cm^2 的低光照射下也可达到 5.0%。

Boschloo 等[90]将 $TEMPO^{0/1+}(BF)_4$ 氧化还原电对溶解于水中并制备 DSSCs。他们采用疏水染料 LEG-4 作为光敏剂，得到了 4.3% 的光电转换效率，尤其是开路电压达到了 955mV，这归因于 TEMPO/$TEMPO^+$ 在水中更高的氧化还原电位（0.71V *vs* NHE）。

Xiang 等[91]将乙二胺和氯化钴溶于去离子水中制备乙二胺钴氧化还原电对并成功用于 P 型水电解质 DSSCs 的制备。他们采用 PMI-6T-DPI 染料来敏化 NiO 工作电极。通过调节水电解质的 pH 值来同时改变电解质的氧化还原电位以及 NiO 半导体电极的价带电位，光电转换效率达到 1.6%，在 10mW/cm^2 照射下可达 2%。所获得的器件在暗处可保存 3 个月，光照 30 天后可保持初始效率的 90%。在该体系中，电解质中 Li^+ 添加剂可以显著减少光生空穴与氧化还原电对的复合，从而提高器件的开路电压[92]。

7.5 混合电对体系

尽管金属配合物电对能够实现高效率 DSSCs 的制备，但是其大分子体积会导致离子质量传输出现问题，这在多孔 TiO_2 薄膜内部更为严重。此外，金属配合物电对在对电极表面处电荷转移效率较低。将两种不同氧化还原电对中的氧化态物质和还原态物质重新组合形成新的混合电对体系，可以各取所长，在一定程度上克服上述两个缺点。2006 年，Bignozzi 等[93]研究了［$Co(dtb\text{-}bpy)_3$］$^{2+}$/Fc 混合电对体系，他们认为染料阳离子可以被 Fc 电对还原再生。Fc 的氧化态（Fc^+）可以再被［$Co(dtb\text{-}bpy)_3$］$^{2+}$迅速还原。2010 年，Caramori 等[94]报道［$Fe(dm\text{-}bpy)_3$］$^{2+/3+}$和［$Co(dtb\text{-}bpy)_3$］$^{2+/3+}$混合电对体系可以提高器件内部电子收集效率。铁基电对主要在钌染料敏化的 TiO_2 表面富集工作，而钴电对主要在对电极处富集工作。

鉴于［$Co(bpy)_3$］$^{2+/3+}$在 DSSCs 中良好的光电性能，Kloo 等[95]报道了用［$Co(bpy)_3$］$^{2+/3+}$分别和碘电对以及二茂铁电对组成混合电对。在该体系中，［$Co(bpy)_3$］$^{2+/3+}$电对主要用来进行染料还原，另一电对主要在对电极处负责电子交换反应。这样，体系中［$Co(bpy)_3$］$^{2+/3+}$电对可以保证器件的高开路电压，而另一电对可同时降低对电极处的电荷转移阻力。基于钴 - 碘混合电对体系的 DSSCs 光电转换效率可达 7.5%（LEG-4 为敏化染料），高于单一电对体系的光电性能。这项研究表明，对于具有合适的氧化还原电位，但是在对电极处电子交换反应较差的电对来说，可以考虑将它们用在混合电对体系中。

混合电对的工作机理如图 7-1 所示。电子注入 TiO_2 导带后，激发态染料与 Co^{2+} 反应形成 Co^{3+}。DSSCs 的开路电压高，说明 Co^{2+}/Co^{3+} 主要参与了染料再生反应。在纯钴体系中，Co^{3+} 应扩散到对电极处，但是在混合电对体系中，对电极处电荷转移阻力很低，这说明 I_2 的加入有效帮助了对电极处还原反应的发生，因为 I_2 比钴有更快的还原反应速率。完成对电极处的还原反应后，I^- 会向工作电极处扩散，途中遇到 Co^{3+} 后完成电子交换反应而形成 Co^{2+} 和 I_3^-。因此，从对电极到工作电极处会形成 I^- 逐渐减少的浓度梯度，而在相反的方向存在 Co^{3+} 浓度减弱的梯度。

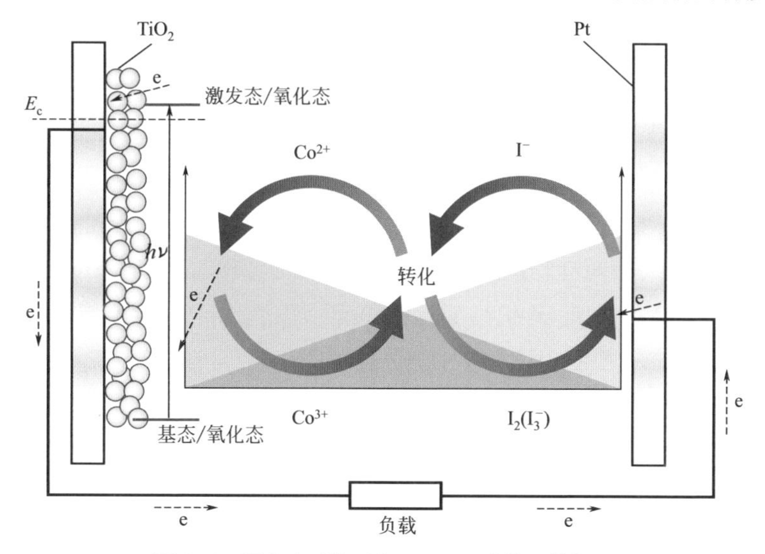

图7-1　混合电对体系在DSSCs中的工作机理

［版权来源：(2014) GDCh Wiley Online Library[95]］

对苯二酚（HQ）是一种强还原剂，可以失去两个电子后变成苯醌（BQ），对应的氧化还原电位分别为0.19V和0.59V（*vs* NHE）。Sun等[96]将HQ/BQ氧化还原电对与二甲基丙基咪唑碘（DMPII）共混制得混合氧化还原电对，它在可见光区域几乎没有吸收。采用N719敏化的太阳电池可获得8.4%的平均光电转换效率，其中开路电压为750mV，短路电流为17.2mA/cm^2，填充因子为0.66，比I^-/I_3^-体系的电压高出50mV。这归因于体系中四甲基铵阳离子的存在可以有效抑制电荷复合，而且TiO_2费米能级与HQ/BQ电对之间的能级差较大，短路电流增大的主要原因则来自于在300～500nm波段有更高的光电转换效率。

Kloo等[97]报道了含有TEMPO$^{0/1+}$和［Co(bpy)$_3$］$^{2+/3+}$的混合电对体系。与［Co(bpy)$_3$］$^{2+/3+}$电对相比，器件的开路电压从862mV提升到965mV，光电转换效率从7.1%提升至8.4%。开路电压和转换效率的提高部分是由于TEMPO参与了染料阳离子的还原，这是因为在混合电对体系中染料还原速率大大增加，而且开路电压增加的幅度与TEMPO的浓度有关。混合电对体系中的短路电流高于任一单一电对体系，受益于快速的染料还原反应以及更好的质量传输特性。

Hamann等[98]制备了三（2-甲苯基吡啶）钴（［Co(ptpy)$_3$］$^{0/1+}$），具有良好的染料还原性能。为了避免其与TiO_2导带电子快速复合以及溶解性的局限性，他们在该体系中又加入了［Co(bpy)$_3$］$^{2+/3+}$，形成混合电对体系。器件的短路电流有了显著提高，与染料快速还原有关。

Boschloo等[99]将三（4-烷氧基）苯胺与［Co(bpy)$_3$］$^{2+/3+}$共混形成混合电对体系，该电对表现出良好的电子转移性能，可有效降低能量损失。采用AQ310作为光敏染料，DSSCs的开路电压可达1V，接近［Co(bpy)$_3$］$^{2+/3+}$电解质的理论值。光电转换效率在9.7%～11%之间，相比于纯［Co(bpy)$_3$］$^{2+/3+}$电对提升了50%。其中，当烷基为乙基时，光电转换效率为11.0%，在33mW/cm^{2}光强下可达12.6%。开路电压随着三（4-烷氧基）苯胺限域效应的增大而增加，归因于电子复合减弱。

离子液体被广泛应用于I^-/I_3^- DSSCs的制备中，在金属配合物电对体系中也有相关报道。Yan等制备了咪唑功能化的联吡啶钴氧化还原电对{［Co(MeIm-bpy)$_3$］$^{2+/3+}$}［MeIm-bpy=3,3′-2,2′-联吡啶-4,4′-双（甲基）双（1-甲基-1H-咪唑）］，该氧化还原电对的电位为0.52V（*vs* NHE），对应的器件具有1.7%的光电转换效率。将其溶解于混合离子液体（1-丙基-3-甲基咪唑碘和1-乙基-3-甲基咪唑硫氰根，体积比为3∶7）中并采用N719作为光敏剂，获得了7.37%的光电转换效率，高于I^-/I_3^-体系。对于咪唑功能化的TEMPO有机自由基MeIm-TEMPO[100]与1-丙基-3甲基咪唑碘（PMII）组合成的混合氧化还原电对体系，在可见光区域吸收很弱，相比于I^-/I_3^-来说有更高的氧化还原电位。使用D305作为光敏染料，Yan等制备的

电池在 $100mW/cm^2$ 和 $50mW/cm^2$ 光强下分别可达到 8.2% 和 9.1% 的光电转换效率，均高于基于 $PMII/I_2$ 电解质的器件。采用咪唑功能化的二聚体 TEMPO（Im-bisTEMPO）与碘电对的复合电对体系也可得到 8.8% 的光电转换效率[101]。

Ho 等[102]报道了一种离子液体型的咪唑功能化 TEMPO 硒氰根（ITSeCN）氧化还原电对并用于 DSSCs 的制备。ITSeCN 有混合电对功能，包括 TEMPO 和 SeCN，可分别作为氧化和还原态物质使用。相比于 I^-/I_3^- 电对来说，ITSeCN 具有更高的氧化还原电位、更好的扩散系数以及更高的电子转移效率。对应的太阳电池可得到 8.38% 的光电转换效率，开路电压为 854mV，比 I^-/I_3^- 电对高出 150mV。采用 CoS 对电极材料可使器件性能进一步提升至 9.01%。

7.6 展望

目前看来，无论是铜还是钴配合物，有机金属配合物仍旧是光电性能最佳的氧化还原电对，这得益于有机金属配合物的以下三方面优势：①有机金属配合物氧化还原电位具有良好的可调性，这来源于有机配体的分子可调性，例如，在配体分子中引入吸电子基团，能够有效地使氧化还原电位正移。这一优势使得有机金属配合物的种类远远多于其他类型的氧化还原电对。并且由于半导体费米能级与电解质氧化还原能级电势差决定了器件的开路电压，氧化还原电位的正移对于提高开路电压具有重要的意义。②有机金属配合物还原染料所需的驱动力小。有机金属配合物普遍在 200mV 能级差的情况下就能有效地还原染料。个别铜的配合物可以在低至 100mV 的驱动力下有效地还原染料。因此可以选用氧化还原电位更正的电对，以进一步减小光电转换过程中的能量损失。③有机金属配合物还原染料的速度非常快。但有机金属配合物仍存在两方面的不足：一是分子的体积较大，扩散速度慢；二是与导带电子的复合较大。而解决这两个问题的方案对于金属配合物来说是矛盾的。通过对配体分子进行修饰，例如接枝烷基、烷氧基或苯环等，可以阻碍电解质中氧化态物质接近工作电极表面，抑制金属配合物与导带电子的复合。但是在配体上接枝大基团又会增大氧化还原电对的体积，降低其在电解质和工作电极内部的扩散系数。更好的解决方案是从染料敏化电池的其他部分着手，解决有机金属配合物存在的不足。在染料方面可以对染料分子进行接枝修饰，例如接枝长链烷基等，起到空间隔离金属配合物与半导体电极的效果。可以开发具有高摩尔吸光系数的吸光染料，从而可以降低纳晶膜的厚度，达到减小复合、改善质量传输的目的。在纳晶电极方面使用较薄或者孔隙率较大的工作电极结构，使用具有良好光散射性能的工作电极，使用有序的二维结构工作电极都能改善电池的质量传递。对纳晶表面进行修饰、制备核-壳结构的工作电极则可达到减少复合的目的。在电解质方面通过添加各种添加剂如锂盐、tBP等也能在一定程度上减少复合。总体来说金属有机配合物体系是创造染料敏化太阳电池光电转换效率新纪录的最强竞争者。

有机电对虽然目前的性能和效率还较低，但由于有机分子设计的灵活性，将来有可能发展出高效的体系。

染料敏化电池是一个互相联系的整体，每一部分的优化都离不开其他部分的支持，在金属配合物研究的早期，所选用的染料大多只适合于碘电对，金属配合物并没有表现出明显的优势。在今后的研究中要取得更高的光电转换效率仍需要氧化还原电对与包括染料和工作电极在内的电池各组成部分的协同优化。

参考文献

[1] Chiba Y，Islam A，Watanabe Y，Komiya R，Koide N，Han L Y. Dye-sensitized solar cells with conversion efficiency of 11.1%[J]. Japanese Journal of Applied Physics Part 2-Letters & Express Letters，2006，45（24-28）：L638-L640.

[2] Boschloo G，Hagfeldt A. Characteristics of the Iodide/triiodide redox mediator in dye-sensitized solar cells[J]. Accounts of Chemical Research，2009，42（11）：1819-1826.

[3] Wang Z S，Sayama K，Sugihara H. Efficient eosin Y dye-sensitized solar cell containing Br^-/Br_3^- electrolyte[J]. Journal of Physical Chemistry B，2005，109（47）：22449-22455.

[4] Teng C，Yang X C，Yuan C Z，Li C Y，Chen R K，Tian H N，Li S F，Hagfeldt A，Sun L C. Two novel carbazole dyes for dye-sensitized solar cells with open-circuit voltages up to 1 V based on Br^-/Br_3^- electrolytes[J]. Organic Letters，2009，11（23）：5542-5545.

[5] Oskam G，Bergeron B V，Meyer G J，Searson P C. Pseudohalogens for dye-sensitized TiO_2 photoelectrochemical cells[J]. Journal of Physical Chemistry B，2001，105（29）：6867-6873.

[6] Wang P，Zakeeruddin S M，Moser J E，Humphry-Baker R，Grätzel M. A solvent-free，$SeCN^-/(SeCN)_3^-$ based ionic liquid electrolyte for high-efficiency dye-sensitized nanocrystalline solar cells[J]. Journal of the American Chemical Society，2004，126（23）：7164-7165.

[7] Bergeron B V，Marton A，Oskam G，Meyer G J. Dye-sensitized SnO_2 electrodes with iodide and pseudohalide redox mediators[J]. Journal of Physical Chemistry B，2005，109（2）：937-943.

[8] Nakade S，Makimoto Y，Kubo W，Kitamura T，Wada Y，Yanagida S. Roles of electrolytes on charge recombination in dye-sensitized TiO_2 solar cells（2）：The case of solar cells using cobalt complex redox couples[J]. Journal of Physical Chemistry B，2005，109（8）：3488-3493.

[9] Nusbaumer H，Moser J E，Zakeeruddin S M，Nazeeruddin M K，Grätzel M. Co-II（dbbip）$_2^{2+}$

complex rivals tri-iodide/iodide redox mediator in dye-sensitized photovoltaic cells[J]. Journal of Physical Chemistry B，2001，105（43）：10461-10464.

[10] Sapp S A，Elliott C M，Contado C，Caramori S，Bignozzi C A. Substituted polypyridine complexes of cobalt（Ⅱ/Ⅲ） as efficient electron-transfer mediators in dye-sensitized solar cells[J]. Journal of the American Chemical Society，2002，124（37）：11215-11222.

[11] Feldt S M，Gibson E A，Gabrielsson E，Sun L，Boschloo G，Hagfeldt A. Design of organic dyes and cobalt polypyridine redox mediators for high-efficiency dye-sensitized solar cells[J]. Journal of the American Chemical Society，2010，132（46）：16714-16724.

[12] Tsao H N，Yi C，Moehl T，Yum J H，Zakeeruddin S M，Nazeeruddin M K，Grätzel M. Cyclopentadithiophene bridged donor-acceptor dyes achieve high power conversion efficiencies in dye-sensitized solar cells based on the tris-cobalt bipyridine redox couple[J]. Chemsuschem，2011，4（5）：591-594.

[13] Xu M F，Zhang M，Pastore M，Li R Z，De Angelis F，Wang P. Joint electrical，photophysical and computational studies on D-pi-A dye sensitized solar cells：the impacts of dithiophene rigidification[J]. Chemical Science，2012，3（4）：976-983.

[14] Ren Y M，Sun D Y，Cao Y M，Tsao H N，Yuan Y，Zakeeruddin S M，Wang P，Gratzel M. A stable blue photosensitizer for color palette of dye-sensitized solar cells reaching 12.6% efficiency[J]. Journal of the American Chemical Society，2018，140（7）：2405-2408.

[15] Hao Y，Yang W X，Zhang L，Jiang R，Mijangos E，Saygili Y，Hammarstrom L，Hagfeldt A，Boschloo G. A small electron donor in cobalt complex electrolyte significantly improves efficiency in dye-sensitized solar cells[J]. Nature Communications，2016，7：13934.

[16] Yella A，Lee H W，Tsao H N，Yi C Y，Chandiran A K，Nazeeruddin M K，Diau E W G，Yeh C Y，Zakeeruddin S M，Grätzel M. Porphyrin-sensitized solar cells with cobalt（Ⅱ/Ⅲ）-based redox electrolyte exceed 12 percent efficiency[J]. Science，2011，334（6056）：629-634.

[17] Mathew S，Yella A，Gao P，Humphry-Baker R，Curchod B F E，Ashari-Astani N，Tavernelli I，Rothlisberger U，Nazeeruddin M K，Grätzel M. Dye-sensitized solar cells with 13% efficiency achieved through the molecular engineering of porphyrin sensitizers[J]. Nature Chemistry，2014，6（3）：242-247.

[18] Kakiage K，Aoyama Y，Yano T，Oya K，Fujisawa J，Hanaya M. Highly-efficient dye-sensitized solar cells with collaborative sensitization by silyl-anchor and carboxy-anchor dyes[J]. Chemical Communications，2015，51（88）：15894-15897.

[19] Klahr B M，Hamann T W. Performance enhancement and limitations of cobalt bipyridyl redox shuttles in dye-sensitized solar cells[J]. Journal of Physical Chemistry C，2009，113（31）：14040-14045.

[20] Chen K Y，Schauer P A，Patrick B O，Berlinguette C P. Correlating cobalt redox couples to photovoltage in the dye-sensitized solar cell[J]. Dalton Transactions，2018，47（34）：11942-11952.

[21] Nelson J J，Amick T J，Elliott C M. Mass transport of polypyridyl cobalt complexes in dye-sensitized solar cells with mesoporous TiO_2 photoanodes[J]. Journal of Physical Chemistry C，2008，112（46）：18255-18263.

[22] Pham T T T，Koh T M，Nonomura K，Lam Y M，Mathews N，Mhaisalkar S. Reducing mass-transport limitations in cobalt-electrolyte. based dye-sensitized solar cells by photoanode modification[J]. Chemphyschem，2014，15（6）：1216-1221.

[23] Kim H S，Ko S B，Jang I H，Park N G. Improvement of mass transport of the $[Co(bpy)_3]$（Ⅱ/Ⅲ）redox couple by controlling nanostructure of TiO_2 films in dye-sensitized solar cells[J]. Chemical Communications，2011，47（47）：12637-12639.

[24] Kim J Y，Lee K J，Kang S H，Shin J，Sung Y E. Enhanced photovoltaic properties of a cobalt bipyridyl redox electrolyte in dye-sensitized solar cells employing vertically aligned TiO_2 nanotube electrodes[J]. Journal of Physical Chemistry C，2011，115（40）：19979-19985.

[25] Dong C K，Xiang W C，Huang F Z，Fu D C，Huang W C，Bach U，Cheng Y B，Li X，Spiccia L. Titania nanobundle networks as dye-sensitized solar cell photoanodes[J]. Nanoscale，2014，6（7）：3704-3711.

[26] Chen Y，Huang F Z，Xiang W C，Chen D H，Cao L，Spiccia L，Caruso R A，Cheng Y B. Effect of TiO_2 microbead pore size on the performance of DSSCs with a cobalt based electrolyte[J]. Nanoscale，2014，6（22）：13787-13794.

[27] Heiniger L P，Giordano F，Moehl T，Grätzel M. Mesoporous TiO_2 beads offer improved mass transport for cobalt-based redox couples leading to high efficiency dye-sensitized solar cells[J]. Advanced Energy Materials，2014，4（12）：1400168.

[28] Hao Y，Tian H N，Cong J Y，Yang W X，Bora I，Sun L C，Boschloo G，Hagfeldt A. Triphenylamine groups improve blocking behavior of phenoxazine dyes in cobalt-electrolyte-based dye-sensitized solar cells[J]. Chemphyschem，2014，15（16）：3476-3483.

[29] Polander L E，Yella A，Curchod B F E，Astani N A，Teuscher J，Scopelliti R，Gao P，Mathew S，Moser J E，Tavernelli I，Rothlisberger U，Grätzel M，Nazeeruddin M K，Frey J. Towards compatibility between ruthenium sensitizers and cobalt electrolytes in dye-sensitized solar cells[J]. Angewandte Chemie-International Edition，2013，52（33）：8731-8735.

[30] Chandiran A K，Tetreault N，Humphry-Baker R，Kessler F，Baranoff E，Yi C Y，Nazeeruddin M K，Grätzel M. Subnanometer Ga_2O_3 tunnelling layer by atomic layer deposition to achieve 1.1 V open-circuit potential in dye-sensitized solar cells[J]. Nano Letters，2012，12（8）：3941-3947.

[31] Gu A，Xiang W C，Wang T S，Gu S X，Zhao X J. Enhance photovoltaic performance of tris（2,2′-bipyridine）cobalt（Ⅱ）/（Ⅲ） based dye-sensitized solar cells via modifying TiO_2 surface with metal organic frameworks[J]. Solar Energy，2017，147: 126-132.

[32] Feldt S M，Wang G，Boschloo G，Hagfeldt A. Effects of driving forces for recombination and regeneration on the photovoltaic performance of dye-sensitized solar cells using cobalt polypyridine redox couples[J]. Journal of Physical Chemistry C，2011，115（43）：21500-21507.

[33] Yum J H，Baranoff E，Kessler F，Moehl T，Ahmad S，Bessho T，Marchioro A，Ghadiri E，Moser J E，Yi C Y，Nazeeruddin M K，Grätzel M. A cobalt complex redox shuttle for dye-sensitized solar cells with high open-circuit potentials[J]. Nature Communications，2012，3: 631.

[34] Ben Aribia K，Moehl T，Zakeeruddin S M，Grätzel M. Tridentate cobalt complexes as

alternative redox couples for high-efficiency dye-sensitized solar cells[J]. Chemical Science, 2013, 4 (1): 454-459.

[35] Kashif M K, Axelson J C, Duffy N W, Forsyth C M, Chang C J, Long J R, Spiccia L, Bach U. A new direction in dye-sensitized solar cells redox mediator development: In situ fine-tuning of the cobalt (Ⅱ) / (Ⅲ) redox potential through lewis base interactions[J]. Journal of the American Chemical Society, 2012, 134 (40): 16646-16653.

[36] Kashif M K, Nippe M, Duffy N W, Forsyth C M, Chang C J, Long J R, Spiccia L, Bach U. Stable dye-sensitized solar cell electrolytes based on cobalt (Ⅱ) / (Ⅲ) complexes of a hexadentate pyridyl ligand[J]. Angewandte Chemie-International Edition, 2013, 52 (21): 5527-5531.

[37] Kashif M K, Milhuisen R A, Nippe M, Hellerstedt J, Zee D Z, Duffy N W, Halstead B, De Angelis F, Fantacci S, Fuhrer M S, Chang C J, Cheng Y B, Long J R, Spiccia L, Bach U. Cobalt polypyridyl complexes as transparent solution processable solid- state charge transport materials[J]. Advanced Energy Materials, 2016, 6 (24): 1600874.

[38] Xiang W C, Gupta A, Kashif M K, Duffy N, Bilic A, Evans R A, Spiccia L, Bach U. Cyanomethylbenzoic acid: An acceptor for Donor-pi-Acceptor chromophores used in dye-sensitized solar cells[J]. Chemsuschem, 2013, 6 (2): 256-260.

[39] Eom Y K, Choi I T, Kang S H, Lee J, Kim J, Ju M J, Kim H K. Thieno[3,2-b][1] benzothiophene derivative as a new pi-bridge unit in D-pi-A structural organic sensitizers with over 10.47% efficiency for dye-sensitized solar cells[J]. Advanced Energy Materials, 2015, 5 (15): 1500300.

[40] Luo J, Xu M F, Li R Z, Huang K W, Jiang C Y, Qi Q B, Zeng W D, Zhang J, Chi C Y, Wang P, Wu J S. N-annulated perylene as an efficient electron donor for porphyrin-based dyes: Enhanced light-harvesting ability and high-efficiency Co (Ⅱ/Ⅲ) -based dye-sensitized solar cells[J]. Journal of the American Chemical Society, 2014, 136 (1): 265-272.

[41] Xiang W C, Huang W C, Bach U, Spiccia L. Stable high efficiency dye-sensitized solar cells based on a cobalt polymer gel electrolyte[J]. Chemical Communications, 2013, 49 (79): 8997-8999.

[42] Bella F, Vlachopoulos N, Nonomura K, Zakeeruddin S M, Gratzel M, Gerbaldi C, Hagfeldt A. Direct light-induced polymerization of cobalt-based redox shuttles: an ultrafast way towards stable dye-sensitized solar cells[J]. Chemical Communications, 2015, 51 (91): 16308-16311.

[43] Jiang R, Anderson A, Barnes P R F, Li X E, Law C, O'Regan B C. 2000 hours photostability testing of dye sensitised solar cells using a cobalt bipyridine electrolyte[J]. Journal of Materials Chemistry A, 2014, 2 (13): 4751-4757.

[44] Gao J J, Achari M B, Kloo L. Long-term stability for cobalt-based dye-sensitized solar cells obtained by electrolyte optimization[J]. Chemical Communications, 2014, 50 (47): 6249-6251.

[45] Gibson E A, Smeigh A L, Le Pleux L, Fortage J, Boschloo G, Blart E, Pellegrin Y, Odobel F, Hagfeldt A, Hammarstrom L. A p-type NiO-based dye-sensitized solar cell with an open-circuit voltage of 0.35 V[J]. Angewandte Chemie-International Edition, 2009, 48 (24): 4402-4405.

[46] Gibson E A, Smeigh A L, Le Pleux L, Hammarstrom L, Odobel F, Boschloo G, Hagfeldt A. Cobalt polypyridyl-based electrolytes for p-type dye-sensitized solar cells[J]. Journal of Physical Chemistry C, 2011, 115 (19): 9772-9779.

[47] Powar S, Daeneke T, Ma M T, Fu D C, Duffy N W, Gotz G, Weidelener M, Mishra A, Bauerle P, Spiccia L, Bach U. Highly efficient p-type dye-sensitized solar cells based on tris (1,2-diaminoethane) cobalt (Ⅱ) / (Ⅲ) electrolytes[J]. Angewandte Chemie-International Edition, 2013, 52 (2): 602-605.

[48] Saygili Y, Soderberg M, Pellet N, Giordano F, Cao Y M, Munoz-Garcia A B, Zakeeruddin S M, Vlachopoulos N, Pavone M, Boschloo G, Kavan L, Moser J E, Gratzel M, Hagfeldt A, Freitag M. Copper bipyridyl redox mediators for dye-sensitized solar cells with high photovoltage[J]. Journal of the American Chemical Society, 2016, 138 (45): 15087-15096.

[49] Zhang W W, Wu Y Z, Bahng H W, Cao Y M, Yi C Y, Saygili Y, Luo J S, Liu Y H, Kavan L, Moser J E, Hagfeldt A, Tian H, Zakeeruddin S M, Zhu W H, Grätzel M. Comprehensive control of voltage loss enables 11.7% efficient solid-state dye-sensitized solar cells[J]. Energy & Environmental Science, 2018, 11 (7): 1779-1787.

[50] Cong J Y, Kinschel D, Daniel Q, Safdari M, Gabrielsson E, Chen H, Svensson P H, Sun L C, Kloo L. Bis[1,1-bis(2-pyridyl)ethane]copper (Ⅰ/Ⅱ) as an efficient redox couple for liquid dye-sensitized solar cells[J]. Journal of Materials Chemistry A, 2016, 4 (38): 14550-14554.

[51] Daeneke T, Mozer A J, Uemura Y, Makuta S, Fekete M, Tachibana Y, Koumura N, Bach U, Spiccia L. Dye regeneration kinetics in dye-sensitized solar cells[J]. Journal of the American Chemical Society, 2012, 134 (41): 16925-16928.

[52] Perera I R, Gupta A, Xiang W C, Daeneke T, Bach U, Evans R A, Ohlin C A, Spiccia L. Introducing manganese complexes as redox mediators for dye-sensitized solar cells[J]. Physical Chemistry Chemical Physics, 2014, 16 (24): 12021-12028.

[53] Li T C, Spokoyny A M, She C X, Farha O K, Mirkin C A, Marks T J, Hupp J T. Ni (Ⅲ) / (Ⅳ) bis (dicarbollide) as a fast, noncorrosive redox shuttle for dye-sensitized solar cells[J]. Journal of the American Chemical Society, 2010, 132 (13): 4580.

[54] Yang W X, Vlachopoulos N, Hao Y, Hagfeldt A, Boschloo G. Efficient dye regeneration at low driving force achieved in triphenylamine dye LEG4 and TEMPO redox mediator based dye-sensitized solar cells[J]. Physical Chemistry Chemical Physics, 2015, 17 (24): 15868-15875.

[55] Liu Y R, Jennings J R, Parameswaran M, Wang Q. An organic redox mediator for dye-sensitized solar cells with near unity quantum efficiency[J]. Energy & Environmental Science, 2011, 4 (2): 564-571.

[56] Tian H N, Yu Z, Hagfeldt A, Kloo L, Sun L. Organic redox couples and organic counter electrode for efficient organic dye-sensitized solar cells[J]. Journal of the American Chemical Society, 2011, 133 (24): 9413-9422.

[57] Wang M K, Chamberland N, Breau L, Moser J E, Humphry-Baker R, Marsan B, Zakeeruddin S M, Grätzel M. An organic redox electrolyte to rival triiodide/iodide in dye-sensitized solar cells[J]. Nature Chemistry, 2010, 2 (5): 385-389.

[58] Zhang Y, Sun Z, Shi C Z, Yan F. Highly efficient dye-sensitized solar cells based on low concentration organic thiolate/disulfide redox couples[J]. Rsc Advances, 2016, 6 (74): 70460-70467.

[59] Cheng M, Yang X C, Li S F, Wang X N, Sun L C. Efficient dye-sensitized solar cells based on an iodine-free electrolyte using L-cysteine/L-cystine as a redox couple[J]. Energy & Environmental Science, 2012, 5 (4): 6290-6293.

[60] Powar S, Bhargava R, Daeneke T, Gotz G, Bauerle P, Geiger T, Kuster S, Nuesch F A, Spiccia L, Bach U. Thiolate/disulfide based electrolytes for p-type and tandem dye-sensitized solar cells[J]. Electrochimica Acta, 2015, 182: 458-463.

[61] Daeneke T, Uemura Y, Duffy N W, Mozer A J, Koumura N, Bach U, Spiccia L. Aqueous dye-sensitized solar cell electrolytes based on the ferricyanide-ferrocyanide redox couple[J]. Advanced Materials, 2012, 24 (9): 1222-1225.

[62] Perera I R, Daeneke T, Makuta S, Yu Z, Tachibana Y, Mishra A, Bauerle P, Ohlin C A, Bach U, Spiccia L. Application of the tris (acetylacetonato) iron (Ⅲ)/(Ⅱ) redox couple in p-type dye-sensitized solar cells[J]. Angewandte Chemie-International Edition, 2015, 54 (12): 3758-3762.

[63] Hattori S, Wada Y, Yanagida S, Fukuzumi S. Blue copper model complexes with distorted tetragonal geometry acting as effective electron-transfer mediators in dye-sensitized solar cells[J]. Journal of the American Chemical Society, 2005, 127 (26): 9648-9654.

[64] Bai Y, Yu Q J, Cai N, Wang Y H, Zhang M, Wang P. High-efficiency organic dye-sensitized mesoscopic solar cells with a copper redox shuttle[J]. Chemical Communications, 2011, 47 (15): 4376-4378.

[65] Benazzi E, Magni M, Colombo A, Dragonetti C, Caramori S, Bignozzi C A, Grisorio R, Suranna G P, Cipolla M P, Manca M, Roberto D. Bis (1,10-phenanthroline) copper complexes with tailored molecular architecture: from electrochemical features to application as redox mediators in dye-sensitized solar cells[J]. Electrochimica Acta, 2018, 271: 180-189.

[66] Hoffeditz W L, Katz M J, Deria P, Cutsail G E, Pellin M J, Farha O K, Hupp J T. One electron changes everything. A multispecies copper redox shuttle for dye-sensitized solar cells[J]. Journal of Physical Chemistry C, 2016, 120 (7): 3731-3740.

[67] Wang Y J, Hamann T W. Improved performance induced by in situ ligand exchange reactions of copper bipyridyl redox couples in dye- sensitized solar cells[J]. Chemical Communications, 2018, 54 (87): 12361-12364.

[68] Freitag M, Giordano F, Yang W X, Pazoki M, Hao Y, Zietz B, Gratzel M, Hagfeldt A, Boschloo G. Copper phenanthroline as a fast and high-performance redox mediator for dye-sensitized solar cells[J]. Journal of Physical Chemistry C, 2016, 120 (18): 9595-9603.

[69] Cao Y M, Saygili Y, Ummadisingu A, Teuscher J, Luo J S, Pellet N, Giordano F, Zakeeruddin S M, Moser J E, Freitag M, Hagfeldt A, Gratzel M. 11% efficiency solid-state dye-sensitized solar cells with copper (Ⅱ/Ⅰ) hole transport materials[J]. Nature Communications, 2017, 8: 15390.

[70] Li J J, Yang X C, Yu Z, Gurzadyan G G, Cheng M, Zhang F G, Cong J Y, Wang W H, Wang

H X, Li X X, Kloo L, Wang M, Sun L C. Efficient dye-sensitized solar cells with [copper (6,6′-dimethyl-2,2′-bipyridine)(2)](2+/1+) redox shuttle[J]. Rsc Advances, 2017, 7(8): 4611-4615.

[71] Hu M W, Shen J Y, Yu Z, Liao R Z, Gurzadyan G G, Yang X C, Hagfeldt A, Wang M, Sun L C. Efficient and stable dye-sensitized solar cells based on a tetradentate copper (Ⅱ/Ⅰ) redox mediator[J]. Acs Applied Materials & Interfaces, 2018, 10(36): 30409-30416.

[72] Freitag M, Teuscher J, Saygili Y, Zhang X Y, Giordano F, Liska P, Hua J L, Zakeeruddin S M, Moser J E, Gratzel M, Hagfeldt A. Dye-sensitized solar cells for efficient power generation under ambient lighting (vol 11, pg 370, 2017) [J]. Nature Photonics, 2017, 11(6): 372-378.

[73] Cao Y, Liu Y, Zakeeruddin S M, Hagfeldt A, Grätzel M. Direct contact of selective charge extraction layers enables high-efficiency molecular photovoltaics[J]. Joule, 2018, 2(6): 1108-1117.

[74] Gregg B A, Pichot F, Ferrere S, Fields C L. Interfacial recombination processes in dye-sensitized solar cells and methods to passivate the interfaces[J]. Journal of Physical Chemistry B, 2001, 105(7): 1422-1429.

[75] Feldt S M, Cappel U B, Johansson E M J, Boschloo G, Hagfeldt A. Characterization of surface passivation by poly (methylsiloxane) for dye-sensitized solar cells employing the ferrocene redox couple[J]. Journal of Physical Chemistry C, 2010, 114(23): 10551-10558.

[76] Daeneke T, Mozer A J, Kwon T H, Duffy N W, Holmes A B, Bach U, Spiccia L. Dye regeneration and charge recombination in dye-sensitized solar cells with ferrocene derivatives as redox mediators[J]. Energy & Environmental Science, 2012, 5(5): 7090-7099.

[77] Yu Z, Perera I R, Daeneke T, Makuta S, Tachibana Y, Jasieniak J J, Mishra A, Bauerle P, Spiccia L, Bach U. Indium tin oxide as a semiconductor material in efficient p-type dye-sensitized solar cells[J]. Npg Asia Materials, 2016, 8: e305.

[78] Spokoyny A M, Li T C, Farha O K, Machan C W, She C X, Stern C L, Marks T J, Hupp J T, Mirkin C A. Electronic tuning of nickel-based bis (dicarbollide) redox shuttles in dye-sensitized solar cells[J]. Angewandte Chemie-International Edition, 2010, 49(31): 5339-5343.

[79] Zhang Z, Chen P, Murakami T N, Zakeeruddin S M, Grätzel M. The 2, 2, 6, 6-tetramethyl-1-piperidinyloxy radical: An efficient, iodine-free redox mediator for dye-sensitized solar cells[J]. Advanced Functional Materials, 2008, 18(2): 341-346.

[80] Li D M, Li H, Luo Y H, Li K X, Meng Q B, Armand M, Chen L Q. Non-corrosive, non-absorbing organic redox couple for dye-sensitized solar cells[J]. Advanced Functional Materials, 2010, 20(19): 3358-3365.

[81] Funabiki K, Saito Y, Doi M, Yamada K, Yoshikawa Y, Manseki K, Kubota Y, Matsui M. Tetrazole thiolate/disulfide organic redox couples carrying long alkyl groups in dye-sensitized solar cells with Pt-free electrodes[J]. Tetrahedron, 2014, 70(36): 6312-6317.

[82] Tian H N, Jiang X A, Yu Z, Kloo L, Hagfeldt A, Sun L C. Efficient organic-dye-sensitized solar cells based on an iodine-free electrolyte[J]. Angewandte Chemie-International Edition, 2010, 49(40): 7328-7331.

[83] Tian H N, Gabrielsson E, Yu Z, Hagfeldt A, Kloo L, Sun L C. A thiolate/disulfide ionic liquid electrolyte for organic dye-sensitized solar cells based on Pt-free counter electrodes[J]. Chemical Communications, 2011, 47(36): 10124-10126.
[84] Xu X B, Zhang B Y, Cui J, Xiong D H, Shen Y, Chen W, Sun L C, Cheng Y B, Wang M K. Efficient p-type dye-sensitized solar cells based on disulfide/thiolate electrolytes[J]. Nanoscale, 2013, 5(17): 7963-7969.
[85] Liu Y, Hagfeldt A, Xiao X R, Lindquist S E. Investigation of influence of redox species on the interfacial energetics of a dye-sensitized nanoporous TiO_2 solar cell[J]. Solar Energy Materials and Solar Cells, 1998, 55(3): 267-281.
[86] Law C H, Pathirana S C, Li X O, Anderson A Y, Barnes P R F, Listorti A, Ghaddar T H, O'Regan B C. Water-based electrolytes for dye-sensitized solar cells[J]. Advanced Materials, 2010, 22(40): 4505-4509.
[87] Xiang W C, Huang F Z, Cheng Y B, Bach U, Spiccia L. Aqueous dye-sensitized solar cell electrolytes based on the cobalt(Ⅱ)/(Ⅲ) tris(bipyridine) redox couple[J]. Energy & Environmental Science, 2013, 6(1): 121-127.
[88] Dong C K, Xiang W C, Huang F Z, Fu D C, Huang W C, Bach U, Cheng Y B, Li X, Spiccia L. Controlling interfacial recombination in aqueous dye-sensitized solar cells by octadecyltrichlorosilane surface treatment[J]. Angewandte Chemie-International Edition, 2014, 53(27): 6933-6937.
[89] Xiang W C, Chen D H, Caruso R A, Cheng Y B, Bach U, Spiccia L. The effect of the scattering layer in dye-sensitized solar cells employing a cobalt-based aqueous gel electrolyte[J]. Chemsuschem, 2015, 8(21): 3704-3711.
[90] Yang W X, Soderberg M, Eriksson A I K, Boschloo G. Efficient aqueous dye-sensitized solar cell electrolytes based on a TEMPO/TEMPO+ redox couple[J]. Rsc Advances, 2015, 5(34): 26706-26709.
[91] Xiang W C, Marlow J, Bauerle P, Bach U, Spiccia L. Aqueous p-type dye-sensitized solar cells based on a tris(1, 2-diaminoethane) cobalt(Ⅱ)/(Ⅲ) redox mediator[J]. Green Chemistry, 2016, 18(24): 6659-6665.
[92] Liu H Z, Xiang W C, Tao H Z. Probing the influence of lithium cation as electrolyte additive for the improved performance of p-type aqueous dye sensitized solar cells[J]. Journal of Photochemistry and Photobiology a-Chemistry, 2017, 344: 199-205.
[93] Cazzanti S, Caramori S, Argazzi R, Elliott C M, Bignozzi C A. Efficient non-corrosive electron-transfer mediator mixtures for dye-sensitized solar cells[J]. Journal of the American Chemical Society, 2006, 128(31): 9996-9997.
[94] Caramori S, Husson J, Beley M, Bignozzi C A, Argazzi R, Gros P C, Combination of cobalt and iron polypyridine complexes for improving the charge separation and collection in Ru(terpyridine)$_2$-sensitised solar cells[J]. Chemistry-a European Journal, 2010, 16(8): 2611-2618.
[95] Cong J Y, Hao Y, Sun L C, Kloo L. Two redox couples are better than one: Improved current and fill factor from cobalt-based electrolytes in dye-sensitized solar cells[J]. Advanced Energy

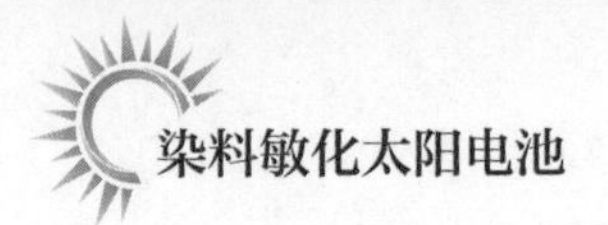

Materials，2014，4（8）.

[96] Cheng M，Yang X C，Zhang F G，Zhao J H，Sun L C. Efficient dye-sensitized solar cells based on hydroquinone/benzoquinone as a bioinspired redox couple[J]. Angewandte Chemie-International Edition，2012，51（39）：9896-9899.

[97] Cong J Y，Hao Y，Boschloo G，Kloo L. Electrolytes based on TEMPO-Co tandem redox systems outperform single redox systems in dye-sensitized solar cells[J]. Chemsuschem，2015，8（2）：264-268.

[98] Baillargeon J，Xie Y L，Hamann T W. Bifurcation of regeneration and recombination in dye-sensitized solar cells via electronic manipulation of tandem cobalt redox shuttles[J]. Acs Applied Materials & Interfaces，2017，9（39）：33544-33548.

[99] Hao Y，Yang W X，Karlsson M，Cong J Y，Wang S H，Lo X，Xu B，Hua J L，Kloo L，Boschloo G. Efficient dye-sensitized solar cells with voltages exceeding 1V through exploring tris（4-alkoxyphenyl）amine mediators in combination with the tris（bipyridine） cobalt redox system[J]. ACS Energy Letters，2018，3（8）：1929.

[100] Chen X J，Xu D，Qiu L H，Li S C，Zhang W，Yan F. Imidazolium functionalized TEMPO/iodide hybrid redox couple for highly efficient dye-sensitized solar cells[J]. Journal of Materials Chemistry A，2013，1（31）：8759-8765.

[101] Zhang W，Qiu L H，Chen X J，Yan P，Imidazolium functionalized bis-2,2,6,6-tetramethyl-piperidine-1-oxyl (TEMPO) bi-redox couples for highly efficient dye-sensitized solar cells[J]. Electrochimica Acta，2014，117：48-54.

[102] Li C T，Lee C P，Lee C T，Li S R，Sun S S，Ho K C. Iodide-free ionic liquid with dual redox couples for dye-sensitized solar cells with high open-circuit voltage[J]. Chemsuschem，2015，8（7）：1244-1253.

第8章 染料敏化太阳电池对电极

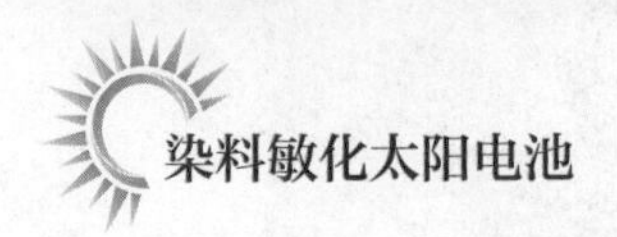

8.1 对电极的基本结构和功能

对电极是染料敏化太阳电池的重要组成部分，对染料敏化太阳电池的光电转换效率、稳定性及制作成本等具有较大的影响。染料敏化太阳电池的理论电压等于光阳极半导体的费米能级与电解质中氧化还原电对的氧化还原电位之差。理论电压只能在电流密度为零的状态时测得，因此，也称为开路电压。当电池中有电流流过时，由于电解质输运过程和对电极催化过程产生电压损失，致使电池真正的输出电压往往小于开路电压。因此，为了保障染料敏化太阳电池的输出性能，对电极上的电压损失应尽量减小。

在染料敏化太阳电池光电转换的完整循环中，对电极的作用主要有以下三点：

① 作为正极收集和输运电子（接受外电路中的电子并传递给电解质中氧化还原电对），形成完整的电路循环。

② 在对电极 / 电解质界面催化电解质中氧化组分发生还原反应。

③ 将从光阳极透过的光重新反射回光阳极，提高光的吸收利用效率。

因此，性能优异的染料敏化太阳电池对电极必须同时具有较高的导电性（表面电阻小于 20Ω/sq）、较高的电催化活性（对电极 / 电解质界面电荷跃迁电阻小于 $1\Omega\cdot cm^2$）、较好的化学和机械稳定性、较高的光反射能力（波长 550nm，光透过率大于 80%），以及较低的价格和较简单的制备过程。目前，单独一种材料还很难同时满足以上多种要求。已报道的染料敏化太阳电池对电极主要由电催化剂层和导电基底两部分组成。电催化剂种类较多，包括金属、碳材料、导电聚合物、合金及过渡金属的化合物等。导电基底主要有三类：导电玻璃、沉积有导电层的聚合物基底、金属基底。导电玻璃主要有掺铟氧化锡（ITO）、掺氟氧化锡（FTO）、掺铝氧化锌（AZO）及掺锑氧化锡（ATO）等。聚合物基底主要有 ITO/PET 和 ITO/PEN。金属导电基底主要有不锈钢片、铝片、镍片、钛片等。

在染料敏化太阳电池工作过程中，外电路的电子被对电极基底收集，然后传给基底上面的催化剂，再由催化剂 / 电解质界面处的电化学反应传回电解质中。因此，催化剂层对电解质中氧化还原电对的电催化活性、导电基底的导电性能、导电基底与电催化剂层间的电子传导性能、电催化剂层的电子传导性能等对电极的性能均具有较大的影响。基底的导电性和稳定性越高、催化剂的电催化活性和电子传导能力越好，催化剂层与基底间接触越紧密，对电极的性能越好。

染料敏化太阳电池对电极的电催化活性通常用对电极和电解质界面的电荷跃

迁电阻（R_{ct}）和交换电流密度（J_0）进行表征。电荷跃迁电阻越小，交换电流密度越大，对电极的催化活性越高。电荷跃迁电阻与交换电流密度之间的关系见式（8-1）：

$$J_0 = \frac{RT}{nFR_{ct}} \tag{8-1}$$

式中，R、T、n、F 分别是气体常数、温度、对电极和电解质界面基元反应的转移电子数和法拉第常数。通常情况下，染料敏化太阳电池对电极电荷跃迁电阻应小于 $1\Omega \cdot cm^2$。这样，在染料敏化太阳电池工作电流密度达到 $20mA/cm^2$ 时，对电极的电压损失小于 20mV。

铂（Pt）是最早用于染料敏化太阳电池对电极的催化材料。Pt 导电性高、电催化活性好，是目前报道的高效率染料敏化太阳电池的主要对电极材料。但是，Pt 价格昂贵，而且在 I^-/I_3^- 氧化还原电解质中易被腐蚀生成 PtI_4。从而影响染料敏化太阳电池性能的稳定。因此，价格便宜、稳定性好的替代材料引起了人们的极大兴趣，如合金材料、碳材料、导电聚合物、金属化合物及以及它们的复合物等。特别是碳材料，由于价格便宜、易于制备、形貌易控、导电性好、稳定性高、电催化性能好等优点成为目前代替 Pt 制备染料敏化太阳电池对电极的首选。在发表的关于染料敏化太阳电池对电极的文献中，碳对电极比例超过 23%；在申请的发明专利中，碳对电极比例超过 47%。

8.2 对电极的制备技术及性能分析方法

8.2.1 对电极的制备技术

随着对染料敏化太阳电池研究的不断深入，已报道了多种用于制备染料敏化太阳电池对电极的材料，如导电聚合物、金属及合金、过渡金属化合物、碳材料等。用不同材料制备对电极所采用的方法也不相同。目前报道的染料敏化太阳电池对电极的制备方法主要有：热分解沉积法、电化学沉积法、化学气相沉积法、化学还原沉积法、水热反应沉积法、真空溅射沉积法、原位聚合沉积法等。不同制备方法制备的对电极电催化剂层的形貌结构、表面积、颗粒尺寸不同，因此对电极的电催化性能也有较大差异。电催化剂的尺寸小、比表面积大，相应的有效催化面积大，催化活性点多，因此电催化活性高。

8.2.1.1 热分解沉积法

热分解沉积法制备染料敏化太阳电池对电极是通过将电催化剂前驱体沉积到导电基底（如 FTO 导电玻璃）表面，然后在一定温度下进行热处理，前驱体发生热分解生成电催化剂，从而制备染料敏化太阳电池对电极。首先用热分解沉积法制备的对电极是 Pt 对电极。用旋涂法将 H_2PtCl_6 均匀地沉积到 FTO 导电玻璃表面，然后在一定温度下进行热处理，H_2PtCl_6 分解生成单质 Pt 粒子，从而制备 Pt 对电极。由于 FTO 导电玻璃表面粗糙不平，Pt 粒子并不是均匀地分布在其表面，但热分解沉积法制备的 Pt 对电极中 Pt 粒子与 FTO 的结合非常牢固。而且热分解法制备的 Pt 对电极对 I^-/I_3^- 的氧化还原反应具有很高的电催化活性，即使 FTO 导电玻璃表面载 Pt 量小于 $10\mu g/cm^2$，其电荷跃迁电阻可达到 $0.07\Omega\cdot cm^2$，相当于电池电流密度达到 $20mA/cm^2$ 时，对电极的电压损失仅有 1.4mV。采用热分解法制备 Pt 对电极，热分解温度对 Pt 对电极的性能具有较大的影响。热分解温度为 385℃时，制备的 Pt 电极性能最好。温度高于或低于 385℃都会使 Pt 对电极的性能下降。另外，这种热分解法制备的 Pt 对电极具有优良的化学稳定性。热分解沉积法简单、方便，已经成为一种制备高性能 Pt 对电极的常用方法。除 Pt 对电极外，热分解沉积法还可以用来制备 $Cu_2Zn(Fe)SnS_2$ 等对电极。但是，热分解法制备染料敏化太阳电池对电极需要较高的热处理温度，因此不适合于热稳定性较差的柔性对电极和导电聚合物对电极的制备。

8.2.1.2 电化学沉积法

电化学沉积是指在外电场作用下，通过电解质溶液中正负离子的迁移并在电极上发生得失电子的氧化还原反应而形成镀层的技术。电化学沉积法是一种有效制备染料敏化太阳电池对电极的方法，由于不需要高温处理，因此可广泛应用于柔性透明基底对电极和导电聚合物对电极的制备。电化学沉积制备的对电极具有许多优点，如：电催化剂层与导电基底结合力大，且无热应力；即使导电基底表面不平整，电催化剂层也能够均匀地沉积在导电基底上；电催化剂层的厚度和组成容易控制。电化学沉积包括恒电流电化学沉积、恒电压电化学沉积、脉冲电化学沉积、电泳沉积等。电化学沉积方法不同，所制备的对电极的性能也有较大差异。另外，电化学沉积过程参数，如沉积液浓度和组成、pH 值、沉积温度、反应时间、沉积电压及电流密度等，也会影响电极的表面形貌和组成，因此对其电催化性能产生较大的影响。Sun 比较了传统的恒电压沉积法与周期电位反转电沉积法制备的 NiS 对电极的性能。传统恒电位沉积法制备的 NiS 电极表面 NiS 粒子的尺寸大，而周期电位反转电沉积法制备的 NiS 电极表面 NiS 粒子尺寸小。因此，周期电位反转电沉积法制备的 NiS 电极的电催化活性明显高于传统恒电压沉积法制备的 NiS 电极，所组装的染料敏化太阳电池的光电转换效率分别是 6.82% 和 3.22%。

8.2.1.3　化学还原法

化学还原法即运用化学试剂通过得失电子的方法进行化学反应而在导电基底表面沉积电催化剂制备对电极的方法。化学还原法操作简单、价格便宜、可在低温下进行，因此适用于大规模的生产过程。Dao 等以甲酸为还原剂，以 H_2PtCl_6 为 Pt 源，通过简单的一步化学还原法在 FTO 导电玻璃表面沉积了纳米海胆状 Pt 颗粒。这种 Pt 对电极组装的染料敏化太阳电池的光电转换效率达到 9.36%。为了能够较好地控制 Pt 颗粒的尺寸和分散性，Song 等以乙二醇为还原剂，通过简单的尿素辅助均相化学还原沉积法直接在 FTO 导电玻璃表面沉积 Pt 颗粒。低温下尿素水解，并与 H_2PtCl_6 反应产生 Pt 的氢氧化物。由于静电的排斥作用，Pt 的氢氧化物均匀分散在 FTO 导电玻璃表面。随后进行乙二醇还原反应生成 Pt 颗粒。这种化学还原法制备的 Pt 对电极的电催化活性高，组装的染料敏化太阳电池取得 9.34% 的光电转换效率。

8.2.1.4　化学气相沉积法

化学气相沉积法是利用含有薄膜元素的一种或几种气相化合物或单质在衬底表面上进行化学反应生成薄膜的方法。化学气相淀积是近几十年发展起来的制备无机材料的新技术。化学气相沉积法已经广泛用于提纯物质，研制新晶体，沉积各种单晶、多晶或玻璃态无机薄膜材料。这些材料可以是氧化物、硫化物、氮化物、碳化物，也可以是Ⅲ～Ⅴ、Ⅱ～Ⅳ、Ⅳ～Ⅵ族中的二元或多元的元素间化合物，而且它们的物理功能可以通过气相掺杂的沉积过程精确控制。目前，化学气相沉积已成为无机合成化学的一个新领域。

化学气相沉积技术是应用气态物质在固体上发生化学反应和传输反应等并产生固态沉积物的一种工艺，它大致包含三步：

① 形成挥发性物质；

② 把上述物质转移至沉积区域；

③ 在固体上发生化学反应并产生固态物质。

化学气相沉积法之所以得到发展，是和它本身的特点分不开的，其特点如下：

① 沉积物种类多，可以沉积金属薄膜、非金属薄膜，也可以按要求制备多组分合金的薄膜以及陶瓷或化合物层。

② 化学气相沉积反应在常压或低真空下进行，镀膜的绕射性好，在形状复

杂的表面都能均匀镀覆。

③ 能得到纯度高、致密性好、残余应力小、结晶良好的薄膜镀层。由于反应气体、反应产物和基体的相互扩散，可以得到附着力好的膜层。

④ 由于薄膜生长的温度比膜材料的熔点低得多，由此可以得到纯度高、结晶完全的膜层，这是有些半导体膜层所必需的。

⑤ 通过调节沉积的参数，可以有效地控制覆层的化学成分、形貌、晶体结构和晶粒度，以及涂层的密度等。

⑥ 设备简单、操作维修方便。

⑦ 采用等离子和激光辅助技术可以显著地促进化学反应，使沉积可在较低的温度下进行。

Nam 等通过化学气相沉积制备了高度取向的碳纳米管阵列对电极，这种碳纳米阵列对电极具有较高的比表面积，而且有利于电子的传输和电解质快速扩散。因此，化学气相沉积法制备的碳纳米管阵列对电极表现出很高的电催化活性，组装的染料敏化太阳电池的光电转换效率达到 10.04%。但是，化学气相沉积法往往需要较高的温度，因此对设备有较高的要求。

8.2.1.5 水热反应沉积法

水热反应沉积法是指一种在密封的压力容器中，以水作为溶剂，在温度为 100～1000℃、压力为 1MPa～1GPa 条件下，利用水溶液中物质发生化学反应进行合成的方法。在亚临界和超临界水热条件下，由于反应处于分子水平，反应活性提高，因而水热反应可以替代某些高温固相反应。相对于其他制备方法，水热法具有晶粒发育完整，粒度小且分布均匀，颗粒团聚较轻，可使用较为便宜的原料，易得到合适的化学计量物和晶型等优点。又由于水热反应的均相成核及非均相成核机理与固相反应的扩散机制不同，因而可以创造出其他方法无法制备的新化合物和新材料。

水热反应制备对电极可以将导电基底直接放入反应容器中，水热反应生成的电催化剂直接沉积到导电基底表面。因此，水热反应法特别适合于制备过渡金属化合物和合金对电极。通过一步水热法制备的 PtNi 合金对电极所组装成的电池的效率达到 8.95%。而两步水热法制备的 $CoMoO_4/Co_9S_8$ 对电极也表现出与传统 Pt 对电极相近的电催化性能。

8.2.1.6 溅射沉积法

溅射沉积是物理气相沉积的一种，是用高能粒子轰击靶材，使靶材中的原子溅射出来并沿一定方向射向衬底，沉积在基底表面形成薄膜的方法。溅射的优点是能在较低的温度下制备高熔点材料的薄膜，在制备合金和化合物薄膜的过程中保持原组成不变。溅射一般是在充有惰性气体的真空系统中，通过高压电场的作用，使得氩气电离，产生氩离子流，轰击靶阴极。根据材料与操作参数的不同，溅射沉积可分为：直流溅射、反应溅射、射频溅射、偏压溅射、磁控溅射和离子束溅射。在染料敏化太阳电池对电极的研究中，溅射沉积制备的Pt电极常被用于标准参比对电极。用磁控溅射制备的 $CuInGaSe_2$ 对电极与Pt对电极具有相同的电化学性能。

8.2.1.7　原位聚合沉积法

原位聚合沉积法制备对电极是将导电基底直接加入反应性单体（或其可溶性预聚体）与催化剂的混合体系中，由于单体（或预聚体）在单一相中是可溶的，而其聚合物在整个体系中是不可溶的。反应开始，单体预聚，预聚体聚合过程直接在导电基底的表面进行，聚合物在导电基底表面生长，从而原位制备对电极。原位聚合制备对电极只适用于导电聚合物对电极，如聚苯胺对电极、聚吡咯对电极、聚噻吩衍生物对电极。原位聚合制备对电极有利于抑制导电聚合物在基底表面的团聚，提高其有效表面积。同时，能够增强导电聚合物与基底的结合，降低界面电，从而提高对电极的电催化活性和稳定性。实验对比发现气相原位聚合制备的聚吡咯对电极的电催化性能明显优于电化学沉积法制备的聚吡咯对电极。

8.2.2　对电极的性能分析方法

在染料敏化太阳电池对电极/电解质界面处，电解质中的氧化组分被还原，用于再生氧化后的染料敏化剂。因此，对电极表面的还原速率应与光阳极染料的再生速率一致。对于稳定运行的染料敏化太阳电池，光阳极染料的再生速率与电池的电流密度（J_{sc}）相同。100mW/cm^2 光照下，高质量的光阳极能够产生 20mA/cm^2 的电流密度。为了减少对电极上的能量损失，对电极表面的电荷交换电流密度（J_0）应该至少不小于 J_{sc}。对电极的交换电流密度可以通过式（8-1）与电荷跃迁电阻（R_{ct}）进行换算。因此，对电极的交换电流密度和电荷跃迁电阻是两个常用的表征对电极电催化性能的参数。R_{ct} 越小，J_0 越大，电极的电催化活性越高。

8.2.2.1　电化学阻抗谱

由两个相同的对电极组成如图8-1所示的对称薄层电池，通过测量对称薄层电池的电化学阻抗谱分析对电极的电催化性能是目前一种常用的对电极性能分析方法。Papageorgiou 和 Hauch 首先用于 Pt/FTO 对电极电催化性能的分析，Murakami 则首先用于对碳对电极的分析。对于 Pt/FTO 对电极或无孔的碳对电极，

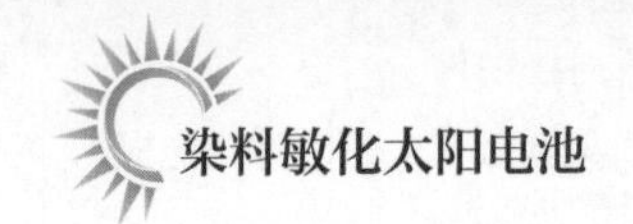

其对称薄层电池的电化学阻抗谱如图 8-1（b）所示。图 8-1（b）显示电化学阻抗谱由两个半圆组成。低频部分的半圆对应电解质离子扩散传输过程，高频部分的半圆对应电解质 / 对电极界面的电荷跃迁过程。电化学阻抗谱高频部分与实轴的交点对应欧姆串联电阻。对电化学阻抗谱的拟合采用传统的 Randles 型等效电路［如图 8-1(c)所示］，其中包括：欧姆串联电阻（$2R_s$），包括电极、电解质和各接触点的电阻；并联的电荷交换电阻（$2R_{ct}$）和双电层电容（$1/2C_{dl}$）或常数相元素（1/2CPE），对于表面平滑的对电极（如 Pt/FTO）采用 C_{dl}，而对于表面粗糙的对电极采用 CPE；Nernst 扩散电阻（或称为 Warburg 阻抗，Z_w），对应电解质的扩散过程。可以根据高频半圆的直径估算 $2R_{ct}$ 值，也可以用等效电路对电化学阻抗谱进行拟合，计算等效电路的各参数值，进而分析对电极的电催化性能。CPE 的阻抗可由式（8-2）计算：

$$Z_{CPE} = B(i\omega)^{-\beta} \quad (0 \leqslant \beta \leqslant 1) \tag{8-2}$$

式中，ω 为角频率；B 为 CPE 参数；β 为 CPE 指数。

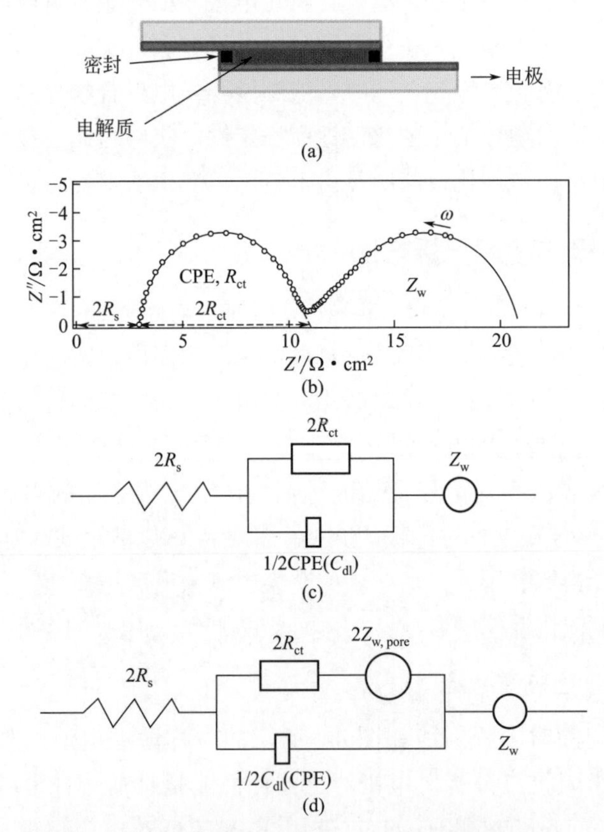

图8-1 对称薄层电池结构图（a），电化学阻抗谱（b），无孔（c）和多孔电极（d）电化学阻抗谱等效电路

对于多孔碳对电极，特别是碳层厚度较大的多孔碳对电极，电解质在多孔碳层的扩散过程不能忽略。虽然在加偏压的条件下，多孔碳对电极电化学阻抗谱只出现 2 个半圆，但增加偏压后，电化学阻抗谱将出现 3 个半圆。低频部分的半圆对应电解质扩散过程，中间区域的半圆对应电解质 / 对电极界面的电荷跃迁过程，高频部分的半圆对应电解质在碳层孔内的扩散过程。因此，在多孔碳对电极电化学阻抗谱拟合采用的等效电路中需加入电解质在碳层孔中的扩散阻抗 $Z_{w,pore}$［如图 8-1（d）所示］。

8.2.2.2　Tafel极化曲线分析

Tafel 极化曲线的测量和分析也是一种常用的染料敏化太阳电池对电极电催化性能的分析方法。Tafel 曲线测量所采用的电池结构与电化学阻抗谱所用的对称电池相同。图 8-2 是 Tafel 极化曲线，是电流密度和电极操作条件下过电势间的关系式以半对数绘图得到的曲线。Tafel 极化曲线可以分为三部分：低电压（小于 120 mV）区域对应极化区，中间电压（陡坡）区对应 Tafel 区，高电压（水平线）区是扩散区。Tafel 区和扩散区与电极的电催化性能密切相关。通过 Tafel 曲线可以求出表征电极电催化性能的两个参数：交换电流密度（J_0）和极限电流密度（J_{lim}）。通过 Tafel 区阳极和阴极切线部分延长线相交的方式得到交换电流密度（图 8-2）。极限电流密度反映了电极电荷迁移达到饱合时的 Faradaic 极限值。如图 8-2 所示，极限电池密度可由 Tafel 曲线扩散区平台求得。

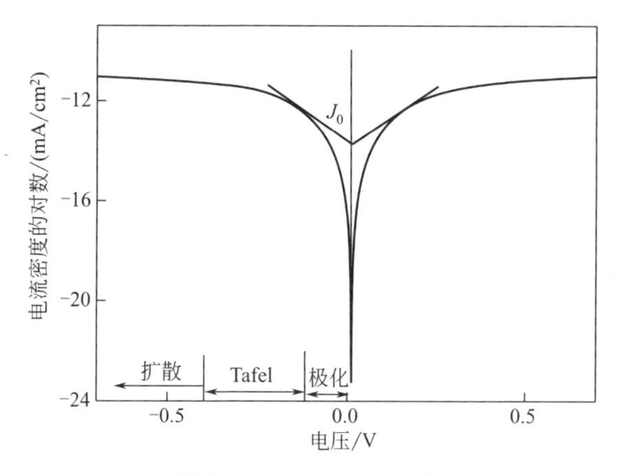

图8-2　Tafel极化曲线

8.2.2.3　循环伏安

循环伏安法是一种常用的电化学研究方法。该法控制电极电势以不同的速率，随时间以三角波形一次或多次反复扫描，电势范围是使电极上能交替发生不同的还原和氧化反应，并记录电流 - 电势曲线，可用于电极反应的性质、机理和电极过程动力学参数的研究。因此，循环伏安是一种研究对电极电催化性能的重要手段。研究对电极电催化性能的循环伏安测量往往采用以所制备对电极为工作电极的三电极体系。图 8-3 是一种典型的三电极体系的循环伏安曲线。其中 E_{pc} 和 E_{pa} 分别对应阴极峰电位和阳极峰电位，I_{pc} 和 I_{pa} 分别对应阴极峰电流和阳极峰电流。

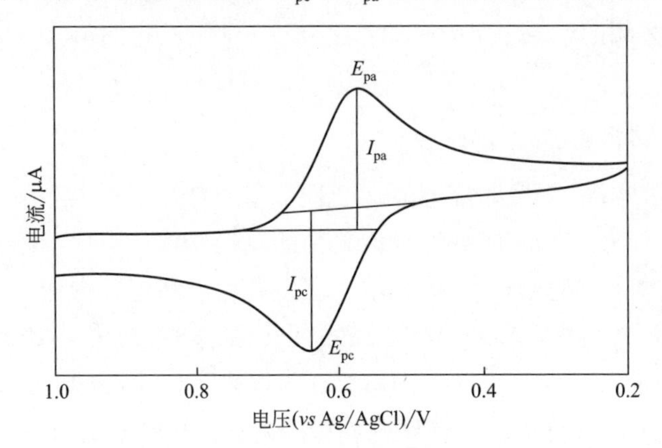

图8-3　循环伏安曲线

阴极峰和阳极峰的电位差（$\Delta E_p=E_{pa}-E_{pc}$）是评价对电极电催化性能的重要参数。ΔE_p 越小，电极表面的氧化还原反应进行得越快，表明电极的电催化性能越好。对于在电极表面进行的理想可逆氧化还原过程，ΔE_p=56mV/n，n 是氧化还原过程转换的电子数。实际实验测量得到的 ΔE_p 值往往比理想值大。这主要是由于实际的电极过程并不是真正可逆，只是近似可逆甚至完全不可逆。

对于可逆电极过程，阴极峰与阳极峰形状一致，I_{pc} 与 I_{pa} 的比值等于 1。不可逆电极过程的 I_{pc}/I_{pa} 值偏离 1，偏离越大，则可逆程度就越低。另外，峰电流与电压扫描速度有关。随着扫描速度的增加，峰电流也增加。根据电化学理论，对于扩散控制的电极过程，峰电流 I_p 与扫描速度的二分之一次方呈正比关系。对于表面吸附控制的电极反应过程，峰电流 I_p 与扫描速度呈正比关系。

染料敏化太阳电池常用 I^-/I_3^- 作为电解质的氧化还原电对，I^-/I_3^- 电解质的循环伏安曲线往往包含两对氧化还原峰。较负电压的氧化还原峰对应反应（1），较正电压的氧化还原峰对应反应（2）。反应（1）对染料敏化太阳电池的光电性能有较大的影响，因此采用循环伏安法分析染料敏化太阳电池对电极时，应重点关注反应（1）。

$$I_3^- + 2e \rightleftharpoons 3I^- \tag{1}$$

$$3I_2 + 2e \rightleftharpoons 2I_3^- \tag{2}$$

8.3 金属对电极

8.3.1 铂对电极

铂，元素符号为Pt，是一种贵金属元素，具有较高的电导率。但Pt本身活泼性不高，具有较好的热稳定性和耐腐蚀性能。同时，由于Pt具有特殊的电子结构，因此对许多化学过程具有很高的催化活性。到目前为止，染料敏化太阳电池最常用的电解质是I^-/I_3^-氧化还原电解质。但大多数材料，如FTO（flourine-doped tin oxide）等，对I^-/I_3^-间的氧化还原反应的催化活性较低。因此，1991年首次报道染料敏化太阳电池所采用的对电极是Pt对电极，并取得了7.1%的光电转换效率。1993年，Nazeeruddin将2μm厚的Pt膜沉积到TCO导电玻璃表面，用作染料敏化太阳电池对电极。这种对电极具有较高的光反射能力，能将光阳极中未被染料敏化剂吸收的光反射回光阳极进行重新吸收利用，从而提高电池对光的吸收和利用效率。Nazeeruddin所组装的染料敏化太阳电池的光电转换效率超过了10%[1]。

具有较厚Pt膜的对电极具有较好的催化性能，但其价格较高，不利于染料敏化太阳电池的大规模生产和应用。Pt膜厚度对Pt对电极催化性能有较大的影响，从而影响染料敏化太阳电池的光电性能。不同厚度Pt薄膜对电极的电化学性能参数及所组装染料敏化太阳电池的光电性能参数如表8-1所示，对电极Pt薄膜的厚度增加，相应对电极的导电性能有明显改善，其对I_3^-还原反应的催化活性也随Pt膜厚度的增加而提高。当Pt膜厚度仅增加到2nm时，对电极的电荷跃迁电阻就可减小到0.8Ω·cm²（导电基底TCO导电玻璃电荷跃迁电阻为15MΩ·cm²）。但继续增加对电极Pt薄膜的厚度，其催化活性变化较小。Pt对电极组装的染料敏化太阳电池的光电性能也表现出相同的变化趋势。当Pt膜厚度为2nm时，所组装电池的光电转换效率与Pt膜厚度为10nm、50nm、100nm时几乎相同。这说明对电极上只需沉积少量的Pt，就可以满足染料敏化太阳电池对其催化性能的要求。

表8-1　不同Pt膜厚度对电极的电化学性能参数和所组装染料敏化太阳电池的光电性能参数

Pt膜厚度/nm	R_s/Ω·cm²	R_{ct}/Ω·cm²	V_{oc}/mV	J_{sc}/(mA/cm²)	*FF*	PCE/%
0	10	1.5×10^7	227	4.50	0.13	0.12
2	8.85	0.8	680	12.50	0.60	4.90
10	6.50	1.2	705	11.35	0.61	4.94
25	3.19	2.1	702	11.60	0.59	4.99

续表

Pt膜厚度/nm	R_s/Ω·cm²	R_{ct}/Ω·cm²	V_{oc}/mV	J_{sc}/(mA/cm²)	FF	PCE/%
50	2.28	1.6	690	12.10	0.62	5.17
100	1.18	2.1	701	11.25	0.62	4.89
200	0.60	1.7	698	11.40	0.64	5.08
300	0.39	1.7	685	11.60	0.63	5.03
415	0.32	2.1	694	12.50	0.60	5.18

注：R_s为电极欧姆电阻；R_{ct}为电荷跃迁电阻；V_{oc}为电池的开路电压；J_{sc}为电池的短路电流密度；FF为电池的填充因子；PCE为电池的光电转换效率。

Pt纳米颗粒具有表面积大、导电性好、化学稳定性高、电催化活性高等优点。因此，将Pt纳米颗粒沉积到导电基底上制备染料敏化太阳电池对电极，是一种有效制备高性价比Pt对电极的途径。原位热分解是目前常用的制备Pt纳米粒子对电极的方法。将H_2PtCl_6旋涂到导电玻璃表面，在一定温度（通常390℃左右）下进行加热处理15min，制备出Pt纳米粒子对电极。所制备的对电极具有很高的电催化活性。当载铂量仅有6μg/cm²时，所制备对电极的电荷跃迁电阻小于0.5Ω·cm²。染料敏化太阳电池的工作电流密度达到20mA/cm²时，对电极的电压损失小于10mV。但是，由于导电玻璃表面非常粗糙，高低不平。这种方法制备的Pt纳米粒子对电极表面的Pt粒子分布非常不均匀。如图8-4（a）所示，热分解制备的Pt纳米粒子主要集中在导电玻璃表面导电颗粒之间的缝隙处。提高Pt纳米粒子在导电玻璃表面分布的均匀程度，对于进一步降低对电极的载Pt量，并同时提高Pt对电极的电催化性能具有较大作用。Galogero等[2]采用倒置化学还原法，以H_2PtCl_6为原料，以$NaBH_4$为还原剂，制备了粒径为4～5nm的Pt纳米粒子，然后将所制备Pt纳米粒子沉积到FTO导电玻璃表面，350℃处理后制备了Pt纳米粒子对电极。如图8-4（b）所示，相对于热分解法制备的Pt对电极，

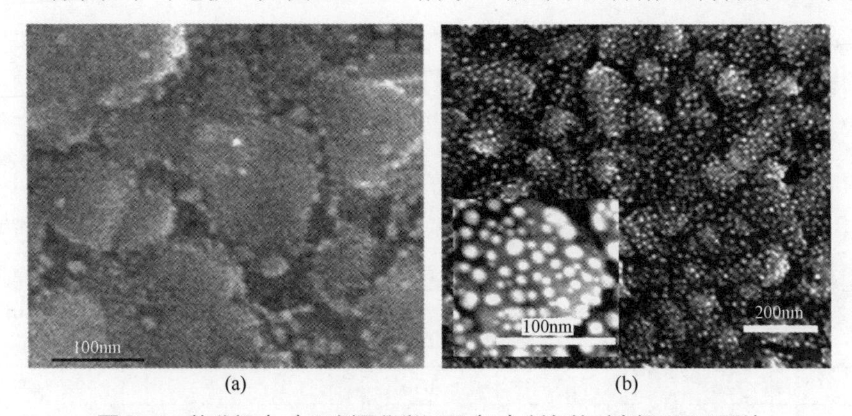

图8-4　热分解（a）和倒置化学还原（b）制备的对电极SEM照片

这种方法制备的对电极表面的 Pt 纳米粒子分布均匀，没有团聚现象，因此具有较高的有效催化面积。这些特点使得分布均匀的 Pt 纳米粒子对电极具有很高的电催化活性。以这种 Pt 纳米粒子对电极组装的染料敏化太阳电池的光电转换效率明显高于热分解法制备的 Pt 对电极电池。

Pt 纳米粒子的尺寸影响其有效表面积，从而影响相应对电极的电催化性能。一般来讲，Pt 纳米粒子尺寸小，其表面积大，电催化活性高。Yeh 等[3]研究了 Pt 纳米粒子的尺寸对所制备的对电极电催化性能的影响。他们制备了 2nm、3nm、4nm、5nm 和 6nm 五种不同尺寸的 Pt 纳米粒子。电化学（电化学阻抗谱、循环伏安和 Tafel 曲线）分析表明 Pt 粒子尺寸在 4～6nm 范围内时，其电催化性能随粒子的尺寸减小而增强（I^-/I_3^- 电解质）。而 Pt 粒子尺寸在 2～4nm 范围内时，其电催化性能随粒子的尺寸减小而变差。如表 8-2 所示，尺寸为 4nm 的 Pt 纳米粒子对电极的 R_{ct} 最小，电催化活性最高，所组装的染料敏化太阳电池的光电转换效率达到 9.32%，明显高于其他尺寸 Pt 纳米粒子对电极电池。Pt 纳米粒子的电催化性能主要取决于两方面：有效催化面积（A_e）和本质异相速率常数（K_0）。电化学阻抗、循环伏安、Tafel 曲线等方法无法单独对 A_e 和 K_0 进行分析，所得结果都是两者的综合表现。因此，这些方法很难直接分析 Pt 纳米粒子对电极电催化性能随粒子尺寸变化的主要原因。旋转圆盘电极的线性扫描伏安法是一种分别测量 A_e 和 K_0 的有效方法。根据实验测定极限电流密度和旋转速率，由式（8-3）可计算出电极的 A_e 和 K_0。

$$\frac{1}{i}=\frac{1}{nFA_eK_0C_{I_3^-}}+\frac{1}{0.62nFA_eD^{\frac{2}{3}}V^{-\frac{1}{6}}\omega^{\frac{1}{2}}C_{I_3^-}} \tag{8-3}$$

式中，i 为极限电流密度；n 为电极反应涉及的电子数（此反应为 2）；F 为法拉第常数；D 为扩散系数；V 为溶剂黏度；ω 为角速率；$C_{I_3^-}$ 为 I_3^- 的浓度。

表 8-2 列出了通过旋转圆盘电极的线性伏安测得的不同尺寸 Pt 纳米粒子电极的 A_e 和 K_0。可以看出，Pt 纳米粒子尺寸从 6nm 减小到 2nm，其 A_e 逐渐增大。但是，K_0 表现出先增大后减小的趋势。粒径为 4nm 的 Pt 纳米粒子电极的 K_0 最大。因此，4nm 的 Pt 纳米粒子对电极电催化性能最好的原因是其 K_0 最大。

表8-2　不同尺寸Pt纳米粒子对电极的R_{ct}、A_e、K_0及所组装的染料敏化太阳电池的光电转换效率（PCE）（I^-/I_3^-电解质）

Pt粒子尺寸/nm	$R_{ct}/\Omega\cdot cm^2$	A_e/cm^2	K_0/（10^3cm/s）	PCE/%
2	10.65	0.77	2.85	5.72
3	8.16	0.68	4.61	7.47

续表

Pt粒子尺寸/nm	R_{ct}/Ω·cm²	A_e/cm²	K_0/(10^3cm/s)	PCE/%
4	1.59	0.64	7.97	9.32
5	2.91	0.62	7.33	8.37
6	3.81	0.58	4.54	7.31

三维（3D）结构纳米材料具有较高的比表面积和连通的导电网络结构，有利于提高材料的电催化性能。因此，人们对3D结构Pt纳米材料在染料敏化太阳电池对电极中的应用及性能进行了广泛的研究。Choi等[4]以甲酸为还原剂，通过室温下还原H_2PtCl_6，在FTO导电玻璃表面制备了纳米海胆状Pt对电极［图8-5（a)］，这种纳米海胆状Pt的尺寸在100nm至300nm之间，由直径为2nm、长度为12nm的Pt纳米线组成，因此具有较高的催化面积。同时，纳米海胆Pt电极的吸附能较小，能使I^-迅速脱吸附。因此，海胆状Pt电极对I_3^-还原反应具有较高的催化活性，以这种纳米海胆Pt电极作为对电极组装的染料敏化太阳电池的光电转换效率比常用的溅射Pt对电极电池提高11%。Jeong等[5]通过纳米压印技术制备了Pt纳米杯阵列电极，纳米杯阵列结构使这种电极具有很高的催化表面积，因此对I_3^-还原表现出较高的电催化活性。以这种Pt纳米杯阵列电极为对电极的染料敏化太阳电池的光电转换效率达到9.75%，比平面Pt对电极电池的光电转换效率提高23.8%。

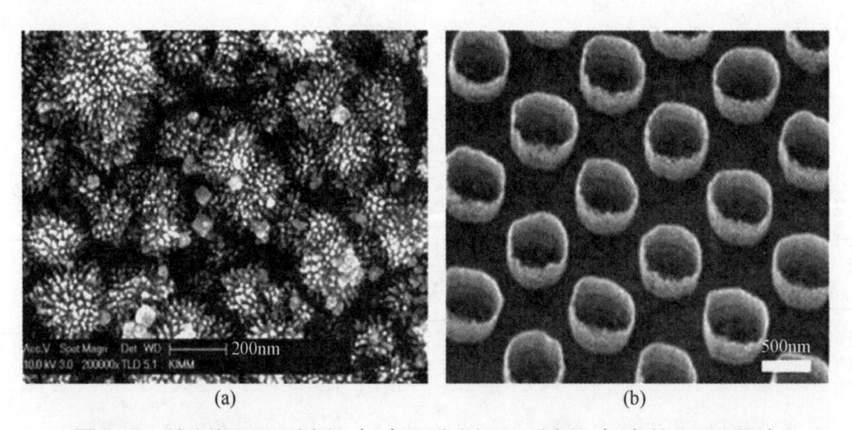

图8-5　纳米海胆Pt对电极（a）和纳米杯Pt对电极（b）的SEM照片

8.3.2　其他金属对电极

Ru与Pt属同一族元素，但价格比Pt低。同时，Ru具有较高的电导率、电催化性能和化学稳定性。因此，Ru可以代替Pt制备染料敏化太阳电池对电极。采用原子层沉积法（ALD）将Ru沉积到FTO导电玻璃表面，这种Ru对电极组装的染料敏化太阳电池的光电转换效率达到3.4%。以多孔Ru纳米纤维代替Pt制备对电极，所组装的染料敏化太阳电池的光电转换效率提高到6.75%。多孔Ru纳米纤维对电极具有较高性能的原因主要是：①相互连接Ru纳米颗粒组成的纳米纤维具有较高的电导率和较多的电催化活性点；②独特的多孔网络结构既有利于电子的传输，也有利于电解质的扩散。

银（Ag）是一种较软的亮白色过渡金属，在金属材料中，它的电导率、热导率和光反射率最高。另外，银在空气中和水中都有很高的稳定性和抗腐蚀能力。因此，银适合制备染料敏化太阳电池对电极，特别是在固态染料敏化太阳电池中。在导电基底表面镀一层银形成银镜，银镜的高反射率可以将光阳极未吸收的光反射回光阳极，从而大大提高了染料敏化太阳电池的光吸收利用效率。特别是在光强度较高的条件下，银镜作为对电极能够显著提高所组装的染料敏化太阳电池的光电转换效率。银纳米线（AgNW）由于独特的性能经常被应用于电化学装置中，但是单纯的银纳米线对染料敏化太阳电池所用氧化还原对，如Co^{3+}/Co^{2+}的催化活性并不高。但将AgNW与石墨烯纳米片进行复合，由于AgNW与石墨烯纳米片（GNP）在Co^{3+}/Co^{2+}氧化还原电对电催化活性上的协同效应，使得AgNW-GNP对Co^{3+}/Co^{2+}氧化还原反应具有很高的电催化活性，所组装的Co^{3+}/Co^{2+}电解质染料敏化太阳电池的光电转换效率与Pt对电极电池相同。将AgNW与导电聚合物聚乙烯二氧噻吩-聚（苯乙烯磺酸盐）（PEDOT：PSS）进行复合，也能有效地提高AgNW作为对电极的电催化性能。

铱、钛等金属由于价格便宜（相对于Pt），通过优化制备方法和工艺参数能够提高其催化性能，因此也可以用于染料敏化太阳电池对电极。但相对于Pt，这些金属的电催化性能还有差距。

8.3.3　合金对电极

合金，是由两种或两种以上的金属与金属或非金属经一定方法所合成的具有金属特性的金属材料。合金中组成相的结构和性质对合金的性能起决定性的作用。同时，合金组织的变化即合金中各相的相对数量、晶粒大小、形状和分布的变化，对合金的性能有很大的影响。因此，通过各种元素的结合形成各种不同的合金相，再经过合适的处理可满足各种不同的性能要求。作为染料敏化太阳电池对电极，要求合金材料一方面价格便宜，另一方面对染料敏化太阳电池电解质氧化还原电对有较高的电催化活性。2009年，受双层Pt膜电极的启发，Peng等[6]采用化学镀的方法在FTO导电基底表面沉积了$Ni_{0.94}Pt_{0.06}$薄膜，所制备的$Ni_{0.94}Pt_{0.06}$薄膜由尺寸4～5nm的粒子组成。这种合金薄膜具有较高的光反射率以

及对 I_3^- 还原反应有很高的电催化活性。因此，以这种合金薄膜作为对电极所组装的染料敏化太阳电池的光电转换效率和稳定性都优于热分解法制备的纯 Pt 对电极。此外，Pt_3Ni 合金对电极也表现出相似的电催化性能。Pt 基合金对电极虽然表现出了很高的电催化性能，但是电极中仍需含有 Pt。虽然 Pt 的含量在合金中并不太大，但 Pt 是稀有金属。因此，研制无 Pt 的合金材料作为染料敏化太阳电池对电极对于有效降低染料敏化太阳电池的制作成本，推动其大规模生产和商业应用具有较大的意义。Gong 等[7]分别以 $CoCl_2$/Se 粉和 $NiCl_2$/Se 粉为原料，通过一步水热法在 FTO 导电玻璃表面沉积了 NiSe 和 CoSe 合金薄膜。这两种金属薄膜中 Ni：Se=0.841：1 及 Co：Se=0.845：1，接近于 $Co_{0.84}Se$ 和 $Ni_{0.84}Se$ 的计量比。通过电化学分析和光电性能测试，$Co_{0.84}Se$ 对电极的性能和稳定性明显优于纯 Pt 对电极。这说明，无 Pt 合金材料可以取代 Pt 作为对电极材料应用于高性能的染料敏化太阳电池中。基于这些研究结果，人们对多种二元合金以及三元合金材料进行了广泛的研究，制备了多种高性能的合金对电极。表 8-3 列出了不同合金对电极液态电解质染料敏化太阳电池的光电参数。表 8-3 中数据表明二元和三元合金材料的组成对电极的性能有一定的影响。通过组成优化后的合金材料可以代替 Pt 制备高性能染料敏化太阳电池对电极。

表 8-3　不同合金对电极液态电解质染料敏化太阳电池的光电参数

对电极	J_{sc}/(mA/cm^2)	V_{oc} / V	*FF*	PCE / %
$Pt_{0.02}Co$	18.53	0.735	0.75	10.23
Pt_3Ni	17.05	0.72	0.715	8.78
$Pt_{0.06}Co_{0.94}$	16.79	0.736	0.664	8.21
PtCo	16.96	0.717	0.668	7.64
PtPd	16.88	0.731	0.642	7.45
PtFe	16.71	0.716	0.649	7.30
PtMo	15.48	0.697	0.626	6.75
$PtMn_{0.05}$	14.12	0.712	0.703	7.07
$PtCr_{0.05}$	13.07	0.739	0.712	6.88
$PtPd_{1.25}$	14.58	0.728	0.68	7.22
$PtRu_3$	14.70	0.718	0.644	6.80
PtAu	16.5	0.654	0.31	3.4
$Co_{0.85}Se$	16.80	0.742	0.67	8.30
$Ni_{0.85}Se$	16.59	0.741	0.639	7.85
$Cu_{0.50}Se$	14.55	0.713	0.62	6.43
$Ru_{0.33}Se$	17.86	0.722	0.679	8.76
$FeCo_2$	12.09	0.710	0.59	5.06
FeSe	17.72	0.717	0.721	9.16

续表

对电极	J_{sc}/(mA/cm^2)	V_{oc} / V	*FF*	PCE / %
$CoNi_{0.25}$	18.02	0.706	0.66	8.39
$Pd_{17}Se_{15}$	16.32	0.700	0.65	7.45
PtCoNi	17.01	0.744	0.688	8.71
PtPdNi	16.34	0.741	0.684	8.28
PtFeNi	16.02	0.726	0.678	7.89
PtCuNi	18.3	0.758	0.696	9.66

8.4 过渡金属化合物对电极

许多过渡金属化合物与贵金属具有相近的电子结构，因此，可以代替贵金属应用于氨的合成与分析、加氢和氢解、异构化、甲烷化等领域。过渡金属的氮化物、碳化物、硫化物、氧化物等与 Pt 具有相近的电子结构，因此，这些过渡金属化合物能够代替 Pt 制备高性能的染料敏化太阳电池对电极。2009 年，Grätzel 教授首先制备了对 I^-/I_3^- 电解质氧化还原反应具有较高催化活性的 CoS 对电极。从此，过渡金属化合物对电极被大量报道出来。

8.4.1 过渡金属硫化物和氧化物对电极

过渡金属硫化物具有各种不同的组成和电子结构，这使其具有一些特殊的性能。这些特殊性能（如导电性和电催化活性）使过渡金属硫化物可以代替一些贵金属作为电催化剂用于燃料电池、电解水和染料敏化太阳电池中。过渡金属硫化物在太阳电池中较重要的应用是在量子点化太阳电池中作为光吸收材料。同时，在染料敏化太阳电池对电极中，过渡金属硫化物也被大量报道出来。

2009 年，瑞士联邦理工学院的 Grätzel 教授首次将硫化钴（CoS）沉积到 ITO/ 聚萘二甲酸乙二酯（PEN）基底上，制备了柔性电极 [8]。以 CoS/ITO/PEN 为对电极，以 Z907 为敏化剂，以共晶离子液体为电解质，所组装的染料敏化太阳电池的光电转换效率达到 6.5%，这与传统的 Pt 对电极组装的电池的效率相同。

不同形貌结构的 CoS 具有不同的表面积和孔结构，这些因素能够影响 CoS 的电催化活性，从而影响所组装的染料敏化太阳电池的光电性能。Kung 等 [9] 通过化学浴离子交换将生长在 FTO 导电玻璃表面的 Co_3O_4 纳米棒阵列转化为 CoS 纳米棒阵列［图 8-6(a)］。这种纳米棒阵列结构有利于电子的快速传输，从而使 CoS 阵列表现出较好的电催化性能。以 I^-/I_3^- 为电解质，以 CoS 纳米棒阵列为对电极，所组装的染料敏化太阳电池在 $100mW/cm^2$ 光照下，光电转换效率达到 7.76%。通过电化学沉积法可以在 FTO 导电玻璃表面制备出蜂窝状的 CoS 膜和由排列紧密的 CoS 片组成的膜［图 8-6（b）和（c）］。这两种多孔的 CoS 薄膜也可以作为染料敏化太阳电池的对电极，但它们的电催化活性低于 CoS 纳米棒阵列。

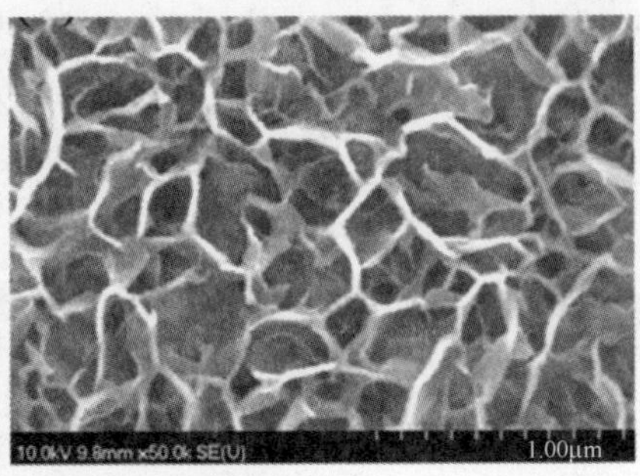

图8-6 CoS纳米棒阵列（a）、蜂窝状CoS（b）和CoS纳米片（c）电极SEM照片[9]

Co 和 Ni 同为Ⅷ族金属元素，因此有许多相似的化学性质。CoS 作为染料敏化太阳电池对电极被报道以后，NiS 也被用于染料敏化太阳电池对电极。Sun 等[10]采用电压周期性循环电沉积技术（PR）将 NiS 沉积到 FTO 导电玻璃表面，制备了染料敏化太阳电池 NiS 对电极。这种方法制备的 NiS 尺寸较小，而且分布均匀，因此表现出很高的电催化活性。所组装的染料敏化太阳电池的光电转换效率达到 6.8%，与相同条件下 Pt 对电极电池的效率相同。Wei 等[11]通过水热合成方法直接将 NiS 纳米片沉积到 ITO 导电玻璃表面，制备了具有较高光反射能力的 NiS 电极。这种一步水热法原位制备的 NiS 电极不需要任何的后处理，可直接用于染料敏化太阳电池。循环伏安分析表明这种 NiS 电极与传统的 Pt 电极具有相同的电催化活性。所组装的敏化太阳电池的光电转换效率达到 7.03%，与 Pt 电极组装的电池的光电转换效率（7.01%）一致。NiS 不仅具有较优异的电催化性能，同时还具有较高的电导率。因此，NiS 可同时作为电子收集层和电催化剂层，沉积到无透明导电层的普通玻璃上制备染料敏化太阳电池对电极。Zhao 等[12]采用一步水热法，分别以$NiNO_3$和尿素为Ni源和S源，用氨水通过控制反应体系的pH值，直接在普通玻璃表面沉积针镍矿 NiS 单晶纳米棒阵列。如图 8-7 所示，NiS 纳米棒阵列有两层结构：致密层和纳米棒阵列层。致密层厚度大约为 1.57μm，纳米棒阵列层厚度大约 1.29μm，纳米棒呈单晶结构，沿［001］面生长。致密的针镍矿 NiS 层具有较高的电导率，NiS 纳米棒阵列层具有较高的表面积、较短的电子和电解质输运通道。因此，这种 NiS 纳米棒阵列可以取代 Pt 和玻璃表面的透明导电氧化物，直接用于染料敏化太阳电池对电极。$100mW/cm^2$ 光强照射下，所组装电池的光电转换效率达到 7.41%，与 Pt 对电极电池相近。这为制备价格更低的染料敏化太阳电池对电极提供了新思路。

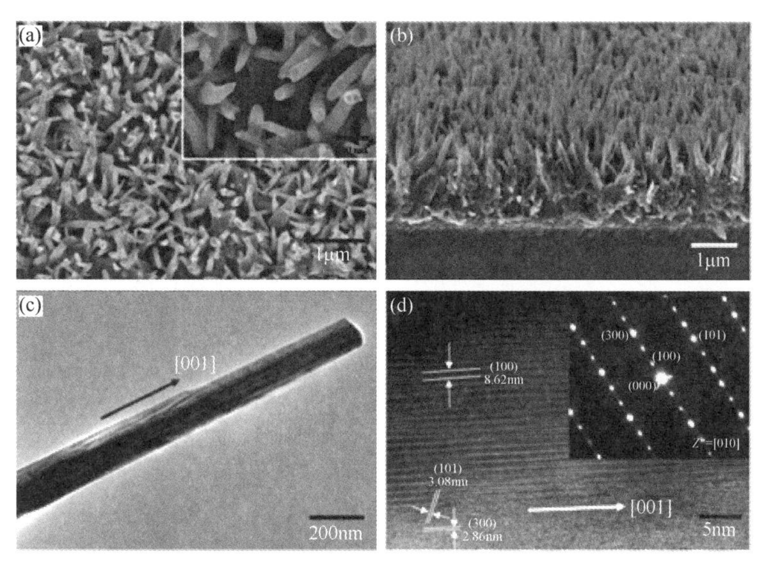

图8-7　NiS纳米棒阵列的平面（a）和截面（b）SEM照片、TEM（c）和高分辨TEM（d）照片[12]

WS_2 和 MoS_2 都具有类石墨的片层状结构，因此被广泛应用于固体润滑剂和脱硫剂。同时，WS_2 和 MoS_2 在电催化和光电催化水分解制氢的反应中表现出与 Pt 相近的催化活性。因此，WS_2 和 MoS_2 有望代替 Pt 用于染料敏化太阳电池对电极。Wu 制备了片堆集结构的 WS_2 和 MoS_2，并首次应用到染料敏化太阳电池对电极中[13]。电化学阻抗谱分析、循环伏安及 Tafel 极化曲线分析表明，作为染料敏化太阳电池对电极，WS_2 和 MoS_2 电极表现出与传统的 Pt 电极相同的电催化活性。所组装的 WS_2 和 MoS_2 对电极染料敏化太阳电池的光电转换效率分别达到 7.73% 和 7.59%，与 Pt 对电极电池的光电转换效率（7.64%）相近。

WS_2 和 MoS_2 的电催化活性与结构之间关系的理论计算分析表明 WS_2 和 MoS_2 的电催化活性点主要集中在 S—Mo—S、S—W—S 边界处。因此，增加

WS_2 和 MoS_2 的边界数量能够有效提高其电催化活性。Ahn 等以三维介孔 WO_3 为原料，通过高温快速硫化反应制备了三维表面高度弯曲、边界取向的 WS_2 薄膜[14]。这种结构使 WS_2 薄膜同时具有较多的边界活性点及较快的电子传输通道。电化学分析表明这种边界取向的 WS_2 的电催化活性高于 Pt 电极。以边界取向 WS_2 作为对电极，所组装的染料敏化太阳电池的光电转换效率达到 8.85%，明显高于 Pt 对电极电池（7.2%）。

除 CoS、NiS、WS_2、MoS_2 外，FeS_2 和 SnS_2 也可用作染料敏化太阳电池对电极。这些过渡金属硫化物的制备方法不同，形貌结构差异较大。而且，在制备染料敏化太阳电池过程中所用的光阳极结构和电解质体系也不相同。因此，很难根据文献的报道结果，直接对这些过渡金属硫化物进行比较分析。但是，在相同的实验条件下，这些过渡金属硫化物都可以取得与传统 Pt 电极相近的光电性能。因此，这些过渡金属硫化物都可以代替昂贵的 Pt 制备染料敏化太阳电池对电极。

不同于过渡金属硫化物，能够用于染料敏化太阳电池对电极的过渡金属氧化物种类并不多。2011 年，Wu 等[15]合成了 WO_2 纳米棒，并用 WO_2 纳米棒制备了染料敏化太阳电池对电极。循环伏安和电化学阻抗谱分析表明 WO_2 纳米棒对电极对 I^-/I_3^- 氧化还原反应的电催化活性与传统的 Pt 对电极相近。组装的染料敏化太阳电池的光电转换效率达到 7.25%，是 Pt 对电极电池的 95%。Lin 等[16]合成了四种不同结晶结构的氧化铌：六方结构的 Nb_2O_5、正交结构的 Nb_2O_5、单斜结构的 Nb_2O_5 及四方结构的 NbO_2。在这四种不同结晶结构的氧化铌中，以四方结构的 NbO_2 电催化活性最高，所组装的染料敏化太阳电池的光电转换效率达到 7.88%，高于传统 Pt 对电极电池的光电转换效率（7.65%）。不同结晶结构的氧化钽也表现出不同的电催化性能，作为染料敏化太阳电池对电极，六方结构的 TaO 对电极的性能明显优于立方结构的 Ta_2O_5。

为了提高有效比表面积，Kim 等[17]将 NiO 纳米颗粒沉积到带有碳壳的 Si 纳米线阵列上（图 8-8）。具体制备过程如图 8-8 所示。首先通过化学刻蚀 Si 片制备 Si 纳米线阵列，然后通过化学气相沉积在 Si 纳米线上沉积碳壳，最后通过滴涂结合热处理将 NiO 纳米粒子沉积到带碳壳的 Si 纳米线上。如图 8-8 所示，Si 纳米线的直径大约 100nm，长度大约 5μm。NiO 纳米粒子相对均匀地沉积在 Si 纳米线表面，粒子尺寸大约 5nm。由于 NiO 纳米粒子分散在 Si 纳米表面，因此具有较高的比表面积。通过循环伏安测定 NiO/Si 纳米线阵列的电化学活性表面积为 $4.29cm^2$，远远大于传统 Pt 电极的 $2.13cm^2$。以 NiO/Si 纳米线阵列作为对电极组装染料敏化太阳电池，其光电转换效率达到 9.46%，高于传统 Pt 对电极电池的光电转换效率（8.62%）。

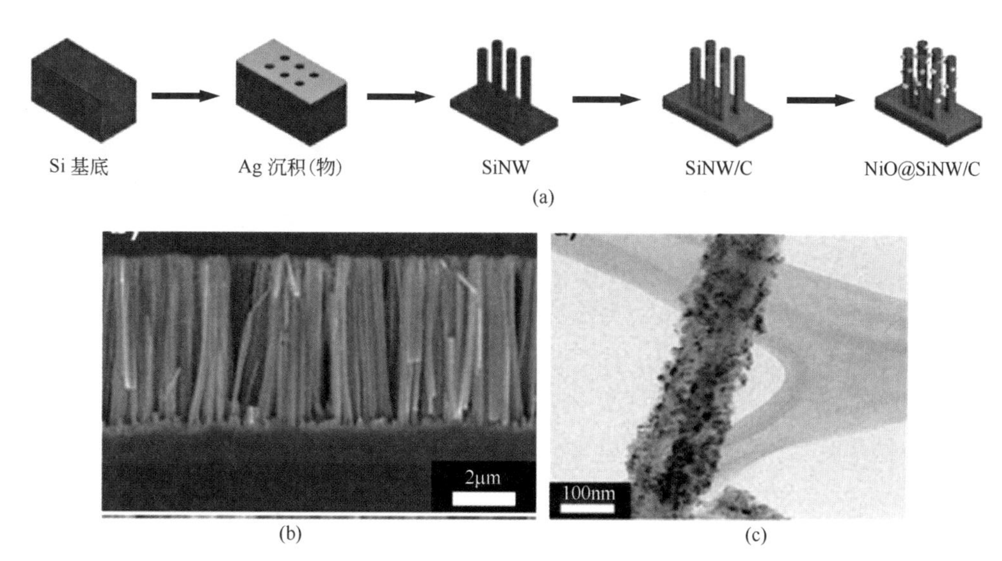

图8-8 NiO/Si纳米线阵列制备过程（a），SEM（b）和TEM（c）照片[17]

8.4.2 过渡金属氮化物和碳化物对电极

由于具有独特的物理和化学性质，如较高的导电能力和导热能力、较好的化学稳定性和催化性能以及低温超导特性，过渡金属的氮化物和碳化物在能源、电子、环境等领域具有广泛的潜在应用。同时，过渡金属的氮化物和碳化物有着与贵金属（如 Pt 等），相似的电子结构，表现出优异的电催化性能。因此，过渡金属氮化物和碳化物作为低价、非 Pt 对电极材料在染料敏化太阳电池领域受到极大关注。

2009 年，Jiang 等[18]使用阳极氧化 Ti 板制备了 TiO_2 纳米管阵列，然后通过在 800℃、氨气气氛下进行氮化处理 1h，将 TiO 纳米管转化为 TiN 纳米管，得到完整的 TiN 纳米管阵列［图 8-9（a）］。TiN 纳米管的长度大约 27μm，外径大约 70nm。以这种 TiN 纳米管阵列为对电极，所组装的染料敏化太阳电池的光电流密度和光电压与传统的 Pt 对电极电池相近，但填充因子和光电转换效率明显高于 Pt 电极电池，表明 TiN 阵列可以代替 Pt 制备高活性的染料敏化太阳电池对电极。TiN 纳米管阵列具有较高电催化活性的主要原因是：①高度有序的纳米管阵列结构提供了电子快速传输的通道；②较高的比表面积。因此，调控 TiN 的形貌结构，提高其表面积和导电性能，可以有效地提高 TiN 对电极的电催化性能。Zhang 等[19]制备了系列不同尺寸的具有等级微 / 纳结构的 TiN 球［图 8-9（b）］，并以这种等级微 / 纳结构 TiN 球为电催化剂制备了染料敏化太阳电池对电极。通过优化等级微 / 纳结构 TiN 球的尺寸，使 TiN 对电极染料敏化太阳电池的光电转换效率达到 7.83%，比传统的 Pt 对电极电池的光电转换效率提高了 30%。

(a)　　(b)

图8-9　TiN纳米管阵列（a）[18]和等级微/纳结构TiN球（b）[19]的SEM照片

Ni 及其合金电导率高、价格便宜，而且对 Ni 进行表面氮化处理，能够在金属 Ni 表面形成 NiN 表面层。NiN 层催化活性好、耐腐蚀性强，未氮化的 Ni 层具有很高的电导率。这种特殊的双层结构可以将 Ni 和 NiN 的优异性能结合进来，实现二者的协同效应。Jiang 等 [20] 将 Ni 纳米颗粒沉积到 Ni 片表面，然后在氨气气氛中于 450℃下氮化处理，将 Ni 纳米颗粒膜转变为 NiN 纳米颗粒膜。氮化处理后，其表面电子结构和能级结构都发生较大变化，而表现出与贵金属相近的电催化性能。同时，NiN 纳米颗粒膜的多孔结构保证了较高的有效比表面积。Ni 片基底仍保持金属结构，因此具有优异的导电性能。因此，这种双功能结构将 NiN 高的电催化活性与金属 Ni 高的导电性能结合起来，能够作为高性能染料敏化太阳电池的对电极。100mW/cm^2 光照下，以这种纳米 NiN/Ni 对电极组装的染料敏化太阳电池的光电转换效率达到 8.31%，明显高于传统的 Pt/FTO 对电极电池。

Li 等 [21] 将 WN、MoN、Fe_2N 用于染料敏化太阳电池对电极，并对它们的光电性能进行比较。结果发现，虽然 WN 和 MoN 对电极染料敏化太阳电池电解质中氧化还原对表现出与 Pt 电极相近的电催化性能，但所组装的太阳电池的光电性能低于 Pt 对电极电池。这主要是由于 WN 和 MoN 电极具有较高的扩散电阻。Wu 等也报道了相似的结果。因此，优化电极的制备过程和形貌结构，降低电极的扩散电阻，是提高其光电性能的有效途径。

Wang 等 [22] 以 NH_4VO_3 为原料，通过水热反应制备了 V_2O_5 纳米带气凝胶。V_2O_5 纳米带气凝胶与 NH_3 在 600℃下反应 2h，生成多孔 VN 纳米带气凝胶。如图 8-10 所示，VN 纳米带宽度 200nm 左右，长度十几微米，孔尺寸 15nm。这种 VN 多孔纳米带气凝胶一方面具有较高的比表面积，能同时提供电子输运的快速通道，另一方面具有三维的电解质扩散通道，电解扩散电阻较小。因此，VN 多孔纳米带气凝胶作为染料敏化太阳电池对电极，光电转换效率达到 7.1%，与传统的 Pt 对电极电池相近。而且，通过与电化学沉积法制备的 VN 颗粒对电极相比较，这种 VN 多孔纳米带气凝胶的电催化性能明显优于 VN 颗粒。Wu 等比较了豌豆状 VN 与方形颗粒状 VN 的电催化性能。作为染料敏化太阳电池对电极，豌豆状 VN 的性能优于方形颗粒状 VN。因此，VN 的形貌、尺寸等对其电催化性能有较大的影响。

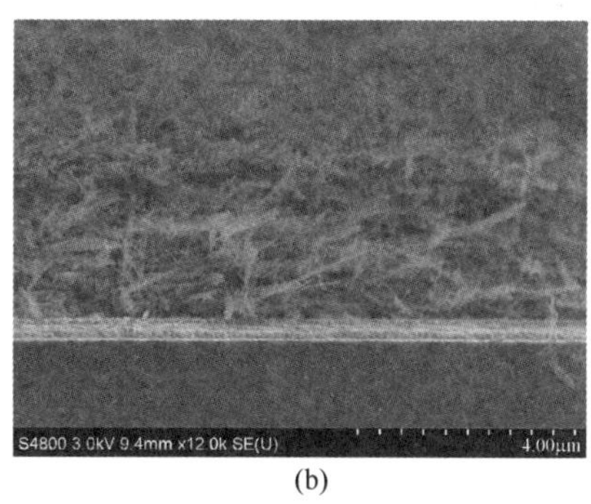

(a)　　　　(b)

图8-10　VN多孔纳米带气凝胶SEM照片（a）和对电极截面SEM照片（b）
[图（a）中插图是VN气凝胶照片]

由于具有特殊的电子结构，Levy 和 Boudart 于 1973 年报道了过渡金属碳化物与 Pt 具有相似的催化性能。2010 年，Jang 等 [23] 通过聚合物引导（PD）和微波合成（MW）方法制备了两种介孔 WC，并首次应用于染料敏化太阳电池对电极。所制备 WC 对电极的光电性能低于传统的 Pt 对电极，主要原因是 PD-WC 和 MW-WC 的颗粒尺寸较大、比表面积较小。因此，减小尺寸、增大比表面积，可以有效地提高 WC 的性能。分别以 WCl_6 和尿素作为 W 源和 C 源，经过高温反应能够制备出纳米尺寸的 WC 和 WC_2 颗粒。以纳米尺寸的 WC 和 WC_2 颗粒制备染料敏化太阳电池对电极，其光电转换效率分别达到 6.23% 和 6.82%。与大尺寸 WC 颗粒相比，纳米尺寸 WC 和 WC_2 的性能明显提高。除了钨的碳化物外，VC、MoC、TiC、NbC、Ta_3C_4 也都具有价格便宜、电导率高、稳定性好等特性，因此，也适合用作染料敏化太阳电池对电极。通过对这几种过渡金属碳化物的性能进行比较，Ta_3C_4 作为染料敏化太阳电池对电极性能最好，所组装电池的光电转换效率达到 7.5%，是传统 Pt 对电极电池效率的 97.5%。

8.5
碳材料和掺杂碳材料对电极

碳材料制备简单、来源广泛、价格便宜，而且具有较好的导电性、较好的化学稳定性和热稳定性。因此，碳材料在能源、环境、化工等领域得到广泛的应用。碳原子独特的电子结构使其可通过 sp、sp^2、sp^3 杂化形式与其他原子形成几百万个稳定的分子结构。碳原子与碳原子相连可以形成多种不同形式的碳材料，包括金刚石、石墨、碳纳米管、石墨烯、富勒烯（C60、C70 和 C540）、无定形碳等。其中碳纳米管、无定形碳、石墨烯材料具有较高的比表面积、可调控的孔结构以及较优异的电化学性能，因此，在染料敏化太阳电池对电极中得到广泛的应用。

8.5.1 碳材料对电极

碳材料是继 Pt 之后第二类被广泛应用于染料敏化太阳电池对电极的材料。1996 年，Kay 和 Grätzel 教授[24]制备了单片串联的染料敏化太阳电池组件，组件需要多孔对电极，而用 Pt 制备多孔对电极价格太高。因此，他们在石墨粉中添加 20% 炭黑代替 Pt 制备多孔对电极。炭黑的加入不仅提高了材料的表面积，而且增加了导电性，这使石墨粉 / 炭黑混合对电极表现出很高的电催化活性。Murakami 等[25]直接将炭黑与 TiO_2 胶体、Triton X-100 在水中混合，磨成碳浆。通过刮涂法将碳浆沉积到 FTO 导电玻璃表面制备染料敏化太阳电池碳对电极。碳层的厚度对电极的性能及所组装的染料敏化太阳电池的光电性能具有较大的影响。表 8-4 中数据表明对电极碳层厚度增加，所组装的染料敏化太阳电池的填充因子和光电转换效率明显增加。这主要是由于碳层厚度增加，其催化表面积增大，碳电极的电催化性能增强，因此所组装电池的光电性能增加。对电极碳层厚度从 0.85μm 增加到 14.47μm，所组装的染料敏化太阳电池的光电转换效率由 5.8% 增加到 9.1%。电化学阻抗谱分析表明，碳对电极碳层厚度为 0.53μm、1.8μm 和 22.5μm 时，对应碳对电极的电荷跃迁电阻分别为 $118\Omega \cdot cm^2$、$28.6\Omega \cdot cm^2$ 和 $0.74\Omega \cdot cm^2$。因此，提高碳材料的表面积能够有效地改善碳对电极的电催化活性。

表8-4 不同厚度碳电极染料敏化太阳电池光电参数

碳层厚度/μm	J_{sc}/（mA/cm^2）	V_{oc}/mV	*FF*/%	PCE/%
14.47	16.8	790	68.5	9.1
9.79	16.8	770	64.6	8.4
4.73	16.9	760	64.1	8.2
3.09	16.5	769	59.3	7.5
2.14	16.2	772	55.2	6.9
0.85	16.2	769	46.3	5.8

炭黑颗粒的尺寸是影响炭黑材料表面积的一个重要因素，颗粒尺寸减小，表面积增大。Kim 等 [26] 系统研究炭黑颗粒尺寸（四种不同尺寸炭黑颗粒：20nm、30nm、70nm 和 90nm）和碳层厚度（从 1μm 到 9μm）对炭黑对电极性能的影响。Kim 等的研究结果表明碳层厚度增加，碳对电极的电催化活性增大，所组装的染料敏化太阳电池的光电性能提高。这与 Murakami 等的研究结果一致。炭黑颗粒尺寸减小增加了表面积和电催化活性点数量，因此小尺寸的炭黑颗粒的电催化性能明显优于大尺寸炭黑颗粒。在 $100mW/cm^2$（AM1.5）光照下，碳层厚度为 9μm 的 20nm 炭黑对电极组装的染料敏化太阳电池的光电转换效率达到 7.2%，与相同条件下 Pt 电极电池的效率相当。

在碳材料中引入多孔结构也是一种提高碳材料表面积的有效手段。此外，通过控制制备条件能够有效调控碳材料的孔尺寸及孔径分布，从而形成相互连通的电解质扩散通道，极大地改善电解质在多孔碳材料中的扩散。因此，多孔碳材料在能量转换和储存领域受到较大关注。2009 年，Wang 等 [27] 以 F127 为软模板剂，以间苯三酚和甲醛共聚物为碳源制备了具有介孔结构的碳材料［图 8-11(a)］，并首次将介孔碳材料应用于染料敏化太阳电池对电极。所制备的介孔碳的比表面积为 $400m^2/g$，平均孔尺寸为 7nm。高的比表面积可提供较多的电催化活性点，连通的介孔结构提供了电解质快速传输的通道。电化学阻抗谱分析表明介孔碳材料对 I^-/I_3^- 电解质的氧化还原反应具有较高的电催化活性，以这种介孔碳对电极组装的染料敏化太阳电池的光电转换效率达到 6.18%。Ramasamy 等 [28] 合成了有序介孔碳材料［图 8-11(b)］，并制备了有序介孔碳对电极。较高的比表面积和相互连通的有序介孔结构使有序介孔碳对电极具有很高的电催化性能。所组装的染料敏化太阳电池的填充因子和光电转换效率都有较大改善，分别达到 0.69 和 7.69%。活性炭材料也具有多孔结构，而且其比表面积往往大于介孔碳材料。但是，由于活性炭的孔结构主要由微孔（尺寸小于 2nm）组成，较小的孔尺寸阻碍了电解质的传输，造成较高的扩散电阻。因此，以活性炭对电极组装的染料敏化太阳电池的填充因子和光电转换效率都明显低于介孔碳电极电池。这说明碳材料的孔结构对多孔碳对电极的性能有较大的影响。

Ko 等 [29] 采用硬模板法制备了等级空核 / 介孔壳结构的纳米碳材料（HCMSC）。如图 8-11（c）所示，所制备 HCMSC 的空核内径约为 60nm，介孔壳厚度约为 30 nm。碳壳的介孔结构能够将空核与外界空间联系起来，从而形成电解质传输的快速通道。大尺寸的空核可以作为电解质储存器，这能够有效促进电解质在碳壳介孔中的传输。同时，这种等级孔结构碳材料具有很高的比表面积（$980m^2/g$），这能提供较多的电催化活性点。这些结构特征的结合使 HCMSC 能够作为高性能电催化材料代替 Pt 应用于染料敏化太阳电池对电极。以 HCMSC 对电极组装的染料敏化太阳电池的光电性能和填充因子都高于活性碳对电极电池和介孔碳对电极电池。这表明等级孔结构对于改善电解质在碳对电极中的传输和碳对电极中的电催化性能具有重要的作用。

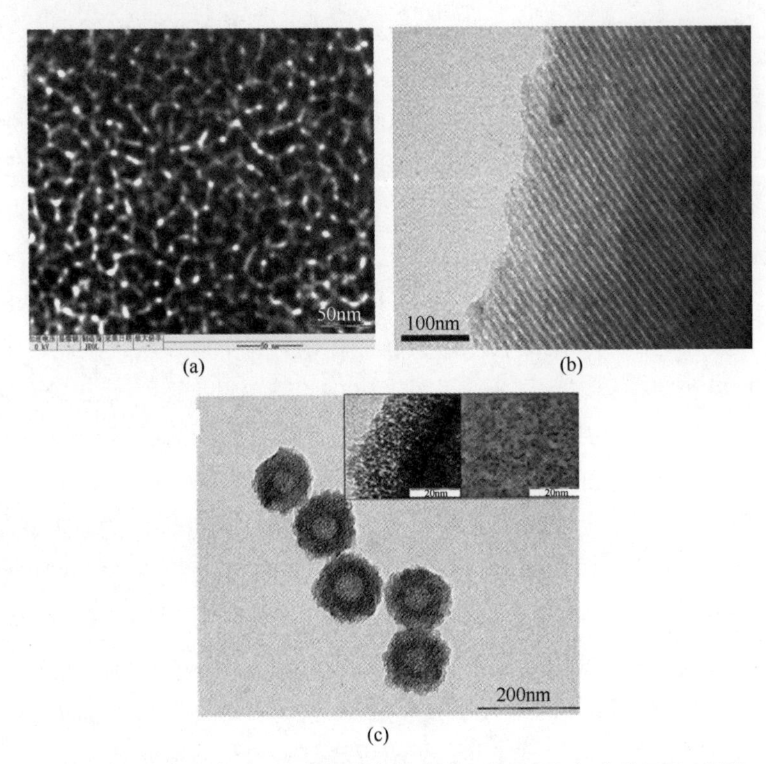

图8-11 介孔碳（a），有序介孔碳（b）和HCMSC（c）的TEM照片
[（c）中插图为高分辨率TEM照片]

生物质材料价格便宜、来源广泛、碳元素含量高，而且本身具有特殊的孔结构。因此，用生物质制备多孔碳材料受到了广泛关注。生物质多孔碳已经在能量储存（如超级电容器、锂离子电池）和转换（如燃料电池）等领域得到了应用。Jiang 等 [30] 以橡木为原料制备了高度有序的介孔碳阵列。如图 8-12 所示，橡木碳具有平行排列的管状大孔，管壁上具有平均尺寸为 3.7nm 的介孔。这种特殊的等级孔结构使橡木碳具有很高的比表面积、较高的孔体积和较好的导电性能。这些特性使橡木碳可以作为高性能染料敏化太阳电池对电极。电化学分析表明橡木碳电极的电催化活性与传统的 Pt 电极一致，所组装的染料敏化太阳电池的光电转换效率达到 7.98%，和相同条件下 Pt 对电极电池的效率（7.93%）相同。稻壳中含有大量二氧化硅，因此将稻壳炭化后，用酸溶液将二氧化硅浸出，可以制得

高比表面积的多孔碳材料。Wang 等[31]以稻壳为原料，通过炭化、酸洗、KOH 活化制备了具有等级孔结构的碳材料。这种碳材料具有微孔 / 介孔等级孔结构、高的比表面积（$1023m^2/g$）和较高的孔体积（$1.03cm^3/g$），这使稻壳碳具有较多的电催化活性点和连通的电解质快速扩散通道。因此，以稻壳碳制备的染料敏化太阳电池对电极表现出与 Pt 电极相同的性能。

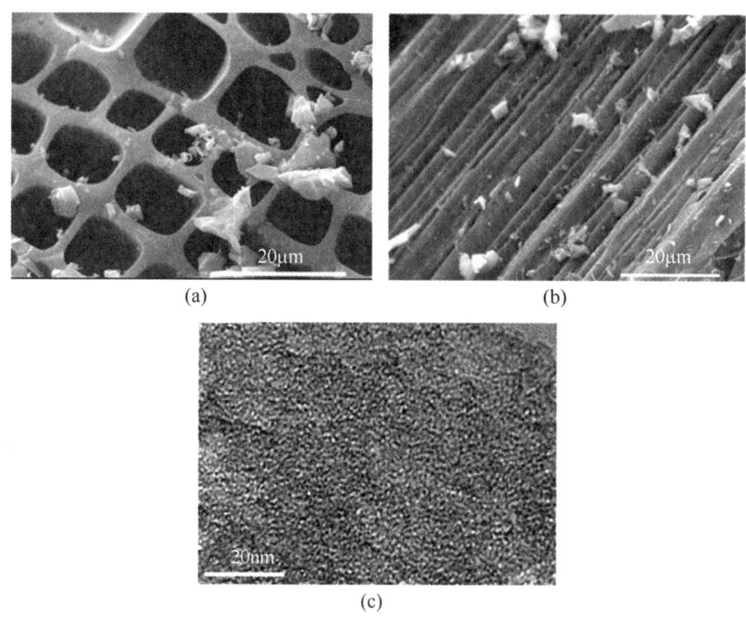

(a)　(b)

(c)

图8-12　橡木碳平面（a）和截面（b）的SEM照片，TEM照片（c）

碳纳米管是一种一维中空的纳米碳材料。根据其管壁的石墨烯层的数量，碳纳米管可分为单壁碳纳米管和多壁碳纳米管。单壁碳纳米管的直径大约在 0.8～2nm 间，而多壁碳纳米管的直径大约在 5～50nm 间。碳纳米管的长径比可高达 132000000∶1。碳纳米管具有较高的机械强度和比表面积、较强的导电及导热能力，因此在电子、能源、环境等领域具有巨大的潜在应用价值。碳纳米管可以直接代替 Pt 制备染料敏化太阳电池对电极。相对于 Pt 对电极，碳纳米管对电极具有较多优势：价格低，比表面积大，重量轻，有一维纳米尺度电荷输运通道等等。Ouyang 等[32]详细比较了单壁碳纳米管和多壁碳纳米管对电极的性能。他们分别将多壁碳纳米管和单壁碳纳米管与聚乙二醇混合制成碳浆，然后通过刮涂法将碳浆涂到 FTO 导电玻璃表面，通过加热除去聚乙二醇，从而制备出碳纳米管对电极。由于单壁碳纳米管的表面积高于多壁碳纳米管，单壁碳纳米管对电极的电催化性能和所组装的染料敏化太阳电池的光电性能都高于多壁碳纳米管。同时，单壁碳纳米管对电极还表现出优异的稳定性。以单壁碳纳米管组装的染料敏化太阳电池使用4周后的光电转换效率由最初的7.81%提高到8.17%，而多壁碳纳米管对电极电池的光电转换效率却由7.63%下降到6.63%。

增加碳纳米管对电极碳层的厚度能够提高其表面积，因此改变对电极碳纳米管层的厚度可改变其电催化性能。Han等[33]通过电喷技术制备多壁碳纳米管对电极，他们通过控制电喷时间和喷射溶液浓度控制电极碳纳米管层厚度，并详细研究了多壁碳纳米管厚度的变化对其电催化性能的影响。碳纳米管层的厚度增加，电导率增大。当碳纳米管层厚度超过1μm时，其电导率达到最高，继续增加厚度，电导率基本不变。不同厚度多壁碳纳米管对电极染料敏化太阳电池的光电参数见表8-5，并与Pt对电极电池的性能进行了对比。由表中数据可以看出，当碳纳米管厚度为1.18μm时，所组装的染料敏化太阳电池取得最高光电转换效率7.03%，这个数值接近Pt对电极电池的光电转换效率。Ramasamy也讨论了碳纳米管层厚度对其电催化性能的影响，他的结果与Han的结果一致。将碳纳米管对电极在UV-O_3系统中进行处理能够增加碳纳米管的表面缺陷，这些表面缺陷能够形成电催化活性点。因此，UV-O_3处理后的碳纳米管对电极的性能明显增强。

表8-5　不同厚度多壁碳纳米管对电极染料敏化太阳电池的光电参数

碳纳米管厚度/μm	V_{oc}/V	J_{sc}/（mA/cm^2）	*FF*/%	PCE/%
Pt	0.724	17.71	64.6	8.30
0.08	0.710	16.54	41.9	4.90
0.31	0.713	16.59	52.3	6.15
0.83	0.716	16.02	56.1	6.43
1.18	0.711	16.90	58.5	7.03
1.59	0.703	16.70	58.9	6.91
2.57	0.692	16.63	59.3	6.82

石墨烯是一种由碳原子以sp^2杂化轨道组成的六角型呈蜂巢晶格的单原子层二维纳米材料。石墨烯具有优异的光学、电学、力学特性，在材料学、微纳加工、能源、生物医学和药物传递等方面具有重要的应用前景，被认为是一种未来革命性的材料。2008年，化学还原氧化石墨烯被应用于染料敏化太阳电池对电极。虽然所制备的这种化学还原氧化石墨烯对电极的电催化性能明显优于FTO导电玻璃基底，但是以这种化学还原氧化石墨烯对电极组装的染料敏化太阳电池的光电转换效率只有2.2%。相对Pt对电极，这种化学还原氧化石墨烯对电极的电催化性能还需要进一步提高。用热剥离石墨烯制备的染料敏化太阳电池的对电极的性能略有提高，其光电转换效率提高到2.8%。Zhang等[34]优化了石墨烯对

电极的制备工艺。他们以水合肼为还原剂，通过还原剥离氧化石墨制备了石墨烯纳米片。将所制备的石墨烯纳米片在松油醇中与5%的乙基纤维素混合成碳浆，使用丝网印刷将碳浆沉积到导电玻璃表面，然后加热处理制备了石墨烯对电极。这种石墨烯对电极具有相互连接的三维结构，这使所制备的石墨烯对电极具有较高的催化表面积。通过优化石墨烯电极的热处理温度，所组装的染料敏化太阳电池的光电转换效率达到6.8%。将还原氧化石墨烯与聚乙二醇混合，通过机械研磨和超声形成凝胶结构。使用刮涂法将凝胶沉积到导电玻璃表面后，在450℃下加热除去乙二醇，可形成多孔结构的石墨烯对电极。这种方法制备的石墨烯对电极的有效面积进一步提高。同时，其多孔结构也能形成电解质快速传输的通道。因此，以这种石墨烯对电极组装的染料敏化太阳电池的光电转换效率提高到7.2%。

石墨烯的边面缺陷和表面官能团能够形成电催化活性点，因此石墨烯缺陷和表面官能团的数量影响石墨烯对电极的催化性能。结构完整的石墨烯缺陷少，电导率高，但催化活性点少，因此作为染料敏化太阳电池对电极，其性能并不理想。Kavan等[35]采用石墨烯纳米片制备透明的染料敏化太阳电池对电极。由于这种石墨烯纳米片带有大量边缺陷，这些边缺陷形成了大量催化活性点。因此，即使在导电玻璃表面沉积少量的石墨烯纳米片，使石墨烯对电极的透光率超过85%，所组装的染料敏化太阳电池在100mW/cm^{2}光照下光电转换效率仍然达到5%。Roy-Mayhew等[36]以带有晶格缺陷、表面具有含氧官能团的石墨烯（FSG）制备了染料敏化太阳电池对电极，详细讨论了含氧官能团的数量对所制备的石墨烯对电极性能的影响。他们通过加热处理的方式控制含氧官能团的数量（改变材料的碳氧比），当热处理温度超过1000℃时，含氧官能团数量减少。电化学分析表明，当FSG的含氧官能团数量增加时，FSG对电极的电催化活性增强。但是，含氧官能团的增多能够降低石墨烯材料的导电性能，从而影响所组装的染料敏化太阳电池的光电性能。因此，需要充分平衡含氧官能团对石墨烯材料导电性能和电催化性能的影响，以使石墨烯对电极染料敏化太阳电池取得最好的光电性能。

石墨烯具有较好的韧性，经受多次弯曲变形后，其性能基本不变。石墨烯薄膜重复10次弯曲到60°，其电阻基本不变。但是同样情况下，ITO导电薄膜的电阻增加3倍。用石墨烯对电极组装染料敏化太阳电池，石墨烯电极弯曲前后，电池的光电性能基本不变。但ITO基对电极组装的染料敏化太阳电池的光电性能在对电极弯曲后明显降低。因此，石墨烯材料可以用于制备柔性染料敏化太阳电池对电极。

8.5.2 掺杂碳材料对电极

理论计算和实验分析表明，对碳材料进行掺杂，可以明显改善碳材料的物理和化学性能。对碳材料进行掺杂的元素主要有氮、硫、硼、磷等，其中对碳材料进行氮掺杂是目前的一个研究重点和热点。氮元素有一对孤对电子，而且氮与碳的电负性也存在较大的差异（氮：3.04；碳：2.55），因此，对碳材料进行氮掺杂一方面能够提高碳材料的导电性能，另一方面能够改善碳材料的表面浸润性，增加碳材料表面的催化活性点。目前，氮掺杂碳材料作为电极材料在环境及能量储存和转换领域受到较广泛的关注。2011 年，Lee 等[37]通过化学气相沉积制备了垂直定向排列的氮掺杂碳纳米管阵列（N-CNT），然后将所制备的氮掺杂碳纳米管阵列转移到 ITO 导电玻璃表面制备了染料敏化太阳电池对电极［图 8-13（a）］。一方面，定向生长的碳纳米管具有较高的比表面积；另一方面，富电子的氮对碳纳米管进行掺杂能够显著提高碳纳米管的导电性能和电催化性能。循环伏安分析表明，这种氮掺杂碳纳米管阵列对电极对 I^-/I_3^- 电解质氧化还原反应具有很高的电催化活性。曲线峰电流密度明显高于 Pt 电极，表明具有更高的有效催化面积。所组装的染料敏化太阳电池的光电转换效率达到 7.04%，与 Pt 对电极电池相近，而明显高于相同实验条件下未掺杂的碳纳米管阵列电极。

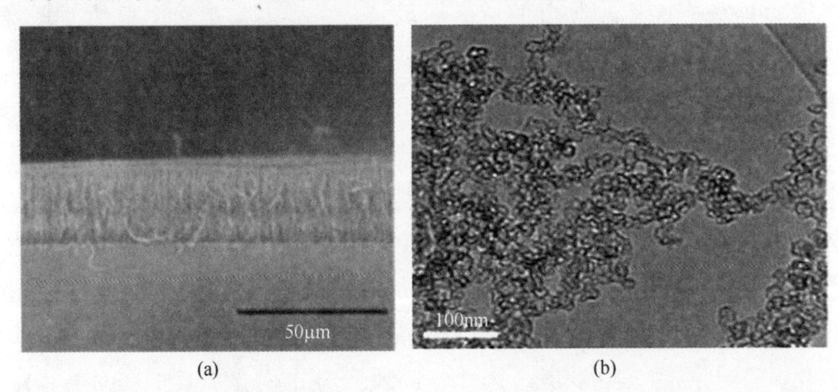

图 8-13 氮掺杂碳纳米管阵列 SEM 照片（a）和中空氮掺杂碳纳米颗粒 TEM 照片（b）

Jia 等[38]采用爆炸辅助化学气相沉积技术制备了尺寸为 25nm 左右的中空结构的氮掺杂碳纳米颗粒（N-HCNP）［图 8-13（b）］。这种中空结构的氮掺杂碳纳米颗粒的壳层有大量的微孔，N_2 吸附分析表明微孔尺寸在 1.4～1.8nm 之间，因此，这种中空结构的氮掺杂碳纳米颗粒具有较高的比表面积（454m^2/g）。用 X 射线光电子能谱对氮元素的含量进行分析，中空氮掺杂碳纳米颗粒中氮元素含量高达 20.8%。较高掺杂氮含量和较大的比表面积使这种氮掺杂碳材料可以代替 Pt 制备高性能染料敏化太阳电池对电极。N-HCNP 对电极电池的开路电压比 Pt 电极电池高 80mV，这主要是由于 N-HCNP 电极对 I^-/I_3^- 电解质氧化还原反应的电催化活性较高，导致其表观氧化还原电位发生偏移。但碳电极的光反射能力明显弱于 Pt 电极，因此 N-HCNP 电极电池的电流密度小于 Pt 电极电池。

氮掺杂多孔碳材料具有较高的比表面积、可调的孔结构，因此也是一种高性能染料敏化太阳电池对电极材料。氮掺杂多孔碳材料的孔结构和形貌特征对其性能有较大影响。以 12nm SiO_2 纳米粒子和 400nm SiO_2 小球为双模板，以氰胺和酚醛树脂为原料制备的具有介孔和大孔等级孔结构的氮掺杂多孔碳材料的比表面积为 $728m^2/g$，孔体积达到 $1.75cm^3/g$。较高的比表面积和孔体积能够提高有效催化表面积，氮掺杂能够增加催化活性点数量。以这种氮掺杂多孔碳材料代替 Pt 制备的对电极具有很高的电催化活性，所组装的染料敏化太阳电池的光电转换效率达到 7.27%，比相同条件下非掺杂多孔碳材料对电极提高了 10%。Yang 等 [39] 制备了比表面积达到 $1743m^2/g$、孔体积达到 $2.79cm^3/g$ 的中空的介孔氮掺杂碳纳米球。以这种中空介孔氮掺杂碳纳米球制备的对电极的电催化性能高于 Pt 对电极，所组装的染料敏化太阳电池的光电转换效率达到 8.76%，高于 Pt 对电极电池（8.73%）。

石墨烯性能稳定、电导率高，但由于缺少电催化活性点而不能直接应用于染料敏化太阳电池对电极。对石墨烯进行氮掺杂可以在石墨烯结构中引入缺陷，从而增加电催化活性点。因此，氮掺杂石墨烯可以代替 Pt 制备染料敏化太阳电池对电极。Wang 等 [40] 以氨水为氮源，通过水热反应制备了氮掺杂石墨烯，又通过喷涂法将氮掺杂石墨烯沉积到 FTO 导电玻璃上制备了氮掺杂石墨烯对电极。对电极石墨烯层厚度增加，其电催化活性增强，这主要是由于随着石墨烯层厚度增加，其催化面积增大。Xue 等 [41] 采用冷冻干燥和氨气后处理的方法制备了泡沫氮掺杂石墨烯。冷冻干燥防止了石墨烯的聚集，从而保障所制备的泡沫氮掺杂石墨烯具有较高的表面积（$436m^2/g$）。图 8-14 是将泡沫氮掺杂石墨烯沉积到 FTO 导电玻璃表面制备的对电极 SEM 照片。图中照片表明对电极氮掺杂石墨烯层较好地保持了泡沫结构。这有利于形成电解质与对电极表面的良好接触，从而提高对电极的催化性能。在 $100mW/cm^2$ 光照下，以这种氮掺杂石墨烯对电极组装的染料敏化太阳电池的光电转换效率达到 7.07%，比相同条件下非掺杂石墨烯泡沫对电极的光电转换效率提高了 42%。这充分说明氮掺杂能够显著提高染料敏化太阳电池碳对电极的性能。

Hao 等 [42] 将氧化石墨与 50%（质量分数）的氰胺溶液充分混合，冷冻干燥后得到氧化石墨 / 氰胺混合物。在氮气保护下对氧化石墨 / 氰胺混合物进行热解，得到氮掺杂石墨烯。通过控制热解温度能够制备氮含量不同的掺杂石墨烯。热解温度为 700℃、800℃、900℃、1000℃时，制备的掺杂石墨烯（NrG-700、NrG-

图8-14 泡沫氮掺杂石墨烯对电极的截面SEM照片[41]

800、NrG-900、NrG-1000）的氮含量（原子分数）分别为18%、9.5%、7.4%和3.6%。电化学阻抗谱分析表明，氮含量为7.4%的氮掺杂石墨烯制备的对电极电催化活性最好，所组装的染料敏化太阳电池的光电转换效率最高。氮含量高于或低于7.4%，所制备的氮掺杂石墨烯对电极的性能都下降。因此，氮掺杂石墨烯对电极的电催化性能并不是随着氮掺杂量的增加单调提高。这说明氮的不同掺杂状态对碳材料电催化性能的影响不同。某一种（或几种）含氮官能团能够产生明显的电催化活性点，因此对碳材料的电催化性能影响较大。而其他状态掺杂氮则影响较小。在氮掺杂碳材料中，氮元素通常以四种状态掺入碳骨架结构：吡啶氮、吡咯氮、季铵氮和氧化态氮。这四种掺杂氮的热稳定性不同，因此热处理温度改变，四种掺杂氮的相对含量也发生变化。Hou通过XPS分析了不同热解温度下制备的氮掺杂石墨烯中四种氮掺杂态的含量变化，结果见表8-6。热解温度为700℃时，所制备的氮掺杂石墨烯中吡啶氮的相对含量最高。由于存在环张力，吡啶氮的热稳定性较差，随着热解温度升高，吡啶氮相对含量迅速下降，部分吡啶氮转化为热稳定性较高的吡咯氮和季铵氮。因此，吡咯氮和季铵氮的相对含量随热解温度的升高而增大，特别是热稳定性最好的季铵氮。当热解温度达到1000℃时，氮掺杂石墨的掺杂氮主要是季铵氮。另外，随着热温度的上升，部分不稳定的含氮官能团会分解消除，因此总氮掺杂量下降。

表8-6 不同热解温度下制备的氮掺杂石墨烯中四种氮掺杂态的含量

样品	掺杂氮（原子分数）/%	吡咯氮（原子分数）/%	吡啶氮（原子分数）/%	季铵氮（原子分数）/%	氧化态氮（原子分数）/%
NrG-700	18	1.78	10.7	3.26	2.25
NrG-800	9.5	2.96	3.15	2.73	0.61
NrG-900	7.4	2.99	0.39	3.33	0.64
NrG-1000	3.6	0.95	0.19	2.04	0.36

四种状态的掺杂氮在碳骨架中的位置不同、电子结构不同，因此对碳材料电催化性能的影响不同。吡啶氮和吡咯氮都与两个碳原子相连，且处于石墨烯结构的边缘。季铵氮取代了石墨烯骨架中的碳原子，可以处于石墨烯结构的边缘和中心位置。热解温度为700℃时制备的氮掺杂石墨烯样品，吡啶氮的含量很高，但电化学阻抗谱（图8-15）分析表明其电催化性能最差，说明吡啶氮的电催化活性较弱，不能明显改善碳材料的电催化性能。热解温度由700℃上升到900℃，氧化氮的含量迅速下降，但所制备的氮掺杂石墨烯的电催化性能却明显提高，因此氧化态氮对染料敏化太阳电池电解质氧化还原反应不具有催化活性。对比表8-6与图8-15可以看出，氮掺杂石墨烯对电极的电催化性能与吡咯氮和季铵氮含量存在明显的对应关系，说明吡咯氮和季铵氮能够显著提高碳材料的电催化活性。Hou认为吡咯氮和季铵氮对电解质中氧化还原电对的吸附能较低是其具有较高电催化性能的主要原因。

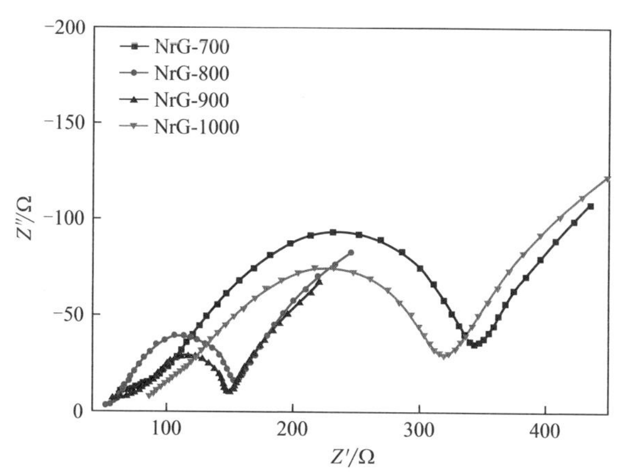

图8-15　NrG-700、NrG-800、NrG-900、NrG-1000电极的Nyquist曲线

氮掺杂碳材料的制备往往需要高温处理过程，这不利于氮掺杂碳材料的大规模开发和应用。因此，设计低温氮掺杂碳材料制备技术对于推动氮掺杂碳材料的应用和发展具有较大意义。Wang等[43]采用机械针磨法，以天然石墨为原料，在氮气气氛下通过机械化学过程，于室温条件下制备了高比表面积的氮掺杂石墨烯纳米片。如图8-16所示，机械针磨法是将天然石墨与钢针（长度为15mm，直径为0.5 mm）按一定比例混合，密封后充入氮气。利用循环变化的磁场驱动钢针对天然石墨形成机械剥离，从而将天然石墨剥离成石墨烯纳米片。天然石墨剥离过程形成的碳活化点与氮气反应，实现氮的掺杂。这种机械化学法制备氮掺杂碳材料在室温下进行，不需要加热，效率高。针磨处理5h，可制备表面积为648m^2/g的氮掺杂石墨烯纳米片，氮的含量达到2.7%（原子分数）。以这种氮掺

杂石墨烯纳米片制备的染料敏化太阳电池对电极对 I^-/I_3^- 氧化还原反应具有很高的催化活性，所组装的染料敏化太阳电池的光电转换效率达到 7.26%，与相同条件下 Pt 电极电池效率相同。同样的原理，球磨法也可以制备氮掺杂石墨烯纳米片材料。但球磨法效率较低，球磨 48h，所制备的氮掺杂石墨烯纳米片的比表面积只有 $109m^2/g$。

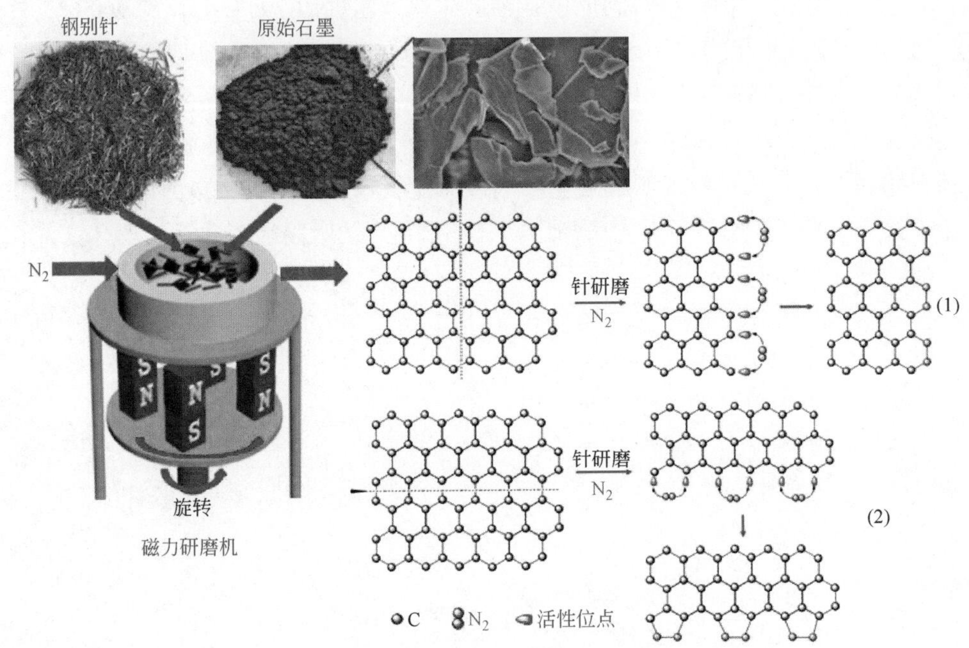

图 8-16　机械针磨法制备氮掺杂石墨烯纳米片过程示意图[43]

8.6 导电聚合物对电极

导电聚合物是一种主链具有共轭结构的有机高分子材料，具有稳定性好、电导率高、耐腐蚀、易于合成、价格便宜、电化学性能好等优点。因此，导电聚合物作为电极材料在超级电容器、有机太阳电池、OLED 及染料敏化太阳电池等领域受到较大的关注。能够用于染料敏化太阳电池对电极的导电聚合物主要有三类：聚苯胺、聚吡咯和聚（3,4-乙烯二氧噻吩）。

8.6.1 聚苯胺对电极

聚苯胺（PANI）的分子结构如图 8-17 所示，图中 y 表示聚苯胺的氧化还原程度，y=1 表示完全还原的全苯式结构，y=0 表示苯 - 醌交替结构。y 值不同，聚苯胺的颜色、电导率也不同。聚苯胺的电活性源于分子链中的 P 电子共轭结构：随分子链中 P 电子体系的扩大，P 成键态和 P* 反键态分别形成价带和导带，这种非定域的 P 电子共轭结构经掺杂可形成 P 型和 N 型导电态。不同于其他导电高分子在氧化剂作用下产生阳离子空位的掺杂机制，聚苯胺的掺杂过程中电子数目不发生改变。在质子酸的掺杂过程中，H^+ 首先使亚胺上的氮原子质子化，这种质子化使得聚苯胺链上掺杂段的价带上出现了空穴，即 P 型掺杂，形成一种稳定离域形式的聚翠绿亚胺原子团。亚胺氮原子所带的正电荷通过共轭作用沿分子链分散到邻近的原子上，从而增加体系的稳定性。在外电场的作用下，通过共轭 π 电子的共振，使得空穴在整个链段上移动，显示出导电性。完全还原型的全苯式结构和完全氧化型的全醌式结构都为绝缘体，无法通过质子酸掺杂变为导体。在苯 - 醌交替结构的任一状态都能通过质子酸掺杂，使其从绝缘体变为导体，称为中间氧化态。一般来说化学法合成的聚苯胺链上醌式环与苯式环之比为 1∶3，电导率最大。这种独特的掺杂机制使得聚苯胺的掺杂和脱掺杂完全可逆，掺杂度受 pH 值和电位等因素的影响，并表现为外观颜色的相应变化，聚苯胺也因此具有电化学活性和电致变色特性。

图8-17　聚苯胺分子结构

2008 年，Li 等[44] 以过硫酸铵为引发剂，以高氯酸为掺杂剂制备了 PANI 颗粒。将 PANI 颗粒分散到 10% 的 Triton X-100 溶液中，通过提拉法将 PANI 沉积到 FTO 导电玻璃表面，制备了 PANI 颗粒多孔对电极［图 8-18（a）］。多孔结构使 PANI 电极具有较高的有效催化面积。以这种 PANI 颗粒对电极组装的染料敏化太阳电池的光电转换效率达到 7.15%，高于相同条件下 Pt 对电极电池的效率（6.9%）。PANI 的形貌结构影响其比表面积，因此影响 PANI 对电极的性能。Hou 等[45] 以 V_2O_5 纤维为模板剂，制备了 PANI 纳米管。于 60℃下干燥处理后，PANI 纳米管变为边缘呈锯齿状、超薄的 PANI 柔性纳米带。PANI 纳米带相互交织，且与导电基底有良好的接触［图 8-18（b）］，这有利于电子在基底和 PANI 纳米带间的传输，从而提高了 PANI 纳米带对电极的性能。以 PANI 纳米带对电极组装的染料敏化太阳电池在 100mW/cm^2 光照下，光电转换效率达到 7.23%，远远高于 PANI 体材料对电极的性能（PANI 体材料对电极电池的效率仅为 5.23%），与 Pt 对电极电池的效率（7.42%）相当。为了改善 PANI 的导电性能和提高其表面积，Lee 等[46]在聚合体系中加入 5%（质量分数）的碳量子点（CND）为成核剂，制备了多孔纳米结构 PANI［图 8-18(c)］。这种结构的 PANI 的比表面积可以达到 43.64m^2/g，孔体积为 0.255cm^3/g。同时，四探针法测量碳量子点诱导成核制备的 PANI 的电导率高达 815S/cm。主要原因是：①多孔结构和高的比表面积有利于掺杂和去掺杂过程；②碳量子点成核诱导聚合有利于提高 PANI 主链的共轭长度，纯化 PANI 的分子结构，从而容易形成 PANI 分子的定向排列，提高结晶度。将碳量子成核诱导 PANI 溶于间甲酚 / 氯仿混合溶剂，然后通过旋涂法将 PANI 沉积到 FTO 导电玻璃表面制备了染料敏化太阳电池对电极。所组装电池的光电转换效率达到 7.45%，明显高于无碳量子点 PANI 对电极电池（5.6%）和 Pt 对电极电池（7.37%）。

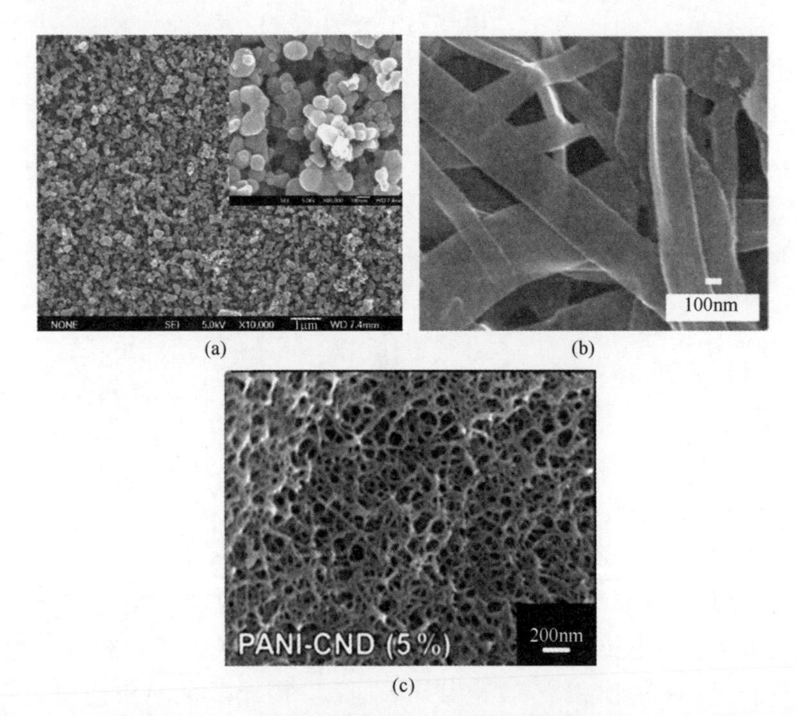

图8-18 PANI纳米颗粒（a）、PANI纳米带（b）、碳量子点诱导PANI（c）对电极SEM照片

除化学聚合方法外，电化学聚合也是一种常用的制备PANI的方法。电化学聚合能够实现PANI在导电基底上的原位生长，从而改善PANI与导电基底的结合牢度，提高电极的性能和稳定性。Li等[47]通过恒电流电解过程直接在FTO导电玻璃表面沉积PANI，制备了染料敏化太阳电池PANI对电极，并讨论了不同的掺杂离子（包括SO_4^{2-}、ClO_4^-、BF_4^-、Cl^-）对PANI电极性能的影响。SO_4^{2-}掺杂的PANI对电极呈现多孔结构，电催化性能最好。SO_4^{2-}掺杂PANI对电极所组装

的染料敏化太阳电池的光电转换效率为5.6%。Xiao等[48]采用恒电位脉冲技术在FTO导电玻璃表面进行PANI的原位电化学聚合。恒电位脉冲技术能够克服电化学聚合过程中由于反应离子扩散速率限制而产生的浓差极化现象，容易实现聚合产物形貌的均匀控制。通过优化脉冲电压、持续时间、间隔时间及总反应时间，制备了PANI纳米纤维对电极。PANI纳米纤维具有较高的比表面积，且其一维纤维结构能够改善电荷的传输。所组装的染料敏化太阳电池的光电转换效率达到5.19%，接近于相同条件下Pt电极电池的效率。Han等[49]采用两步循环伏安法制备PANI对电极。首先，在较宽的电压范围（0～1.3V）内进行第一步循环伏安聚合过程，循环1次。接着在较窄的电压范围（0～0.8V）内进行第二步循环伏安聚合过程，循环10次。相对于一步循环伏安方法，两步法电化学聚合制备的PANI对电极的效率更高，PANI在电极表面分布更均匀，因此所组装的染料敏化太阳电池的光电性能更好。

通过控制PANI膜的厚度可以明显提高其光透性，因此PANI可以用来制备透明对电极。透明对电极可以制备双面透明的染料敏化太阳电池，这种透明的染料敏化太阳电池在建筑集成光伏器件（如光伏窗等）领域具有较大的应用前景。Tai等[50]采用原位聚合方法，以FTO导电玻璃为基底制备了透明的PANI电极，并以透明PANI电极为对电极组装了透明的双面染料敏化太阳电池（图8-19）。双面染料敏化太阳电池在正面光照时取得6.54%的光电转换效率，反面光照取得4.26%的光电转换效率。这种双面染料敏化太阳电池正反两面都可以充分利用太阳光，因此相对于单面电池，其性价比更高。

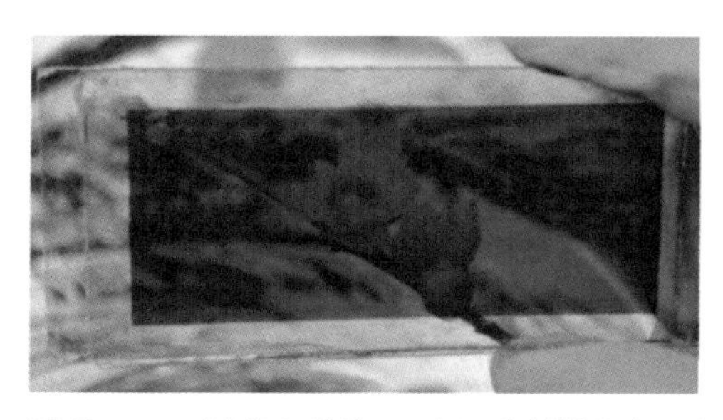

图8-19　透明PANI对电极组装的双面透明染料敏化太阳电池照片[50]

8.6.2　聚吡咯对电极

聚吡咯（PPy）是目前研究和使用较多的一种杂环共轭型导电高分子（图8-20），通常为无定形黑色固体。聚吡咯的电导率和力学强度等性质与聚合条件密切相

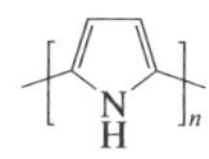

图8-20　聚吡咯分子结构

关，其电导率可达 10^2～10^3S/cm，拉伸强度可达 50～100MPa。聚吡咯具有很好的电化学氧化还原可逆性，是一种空气稳定性好、易于电化学聚合成膜的导电聚合物，而且聚吡咯价格较低。因此，聚吡咯也可用于代替 Pt 制备低价染料敏化太阳电池对电极。

2008 年，Wu 等 [51] 首次报道了染料敏化太阳电池聚吡咯对电极。他们以碘为引发剂，通过化学聚合制备了聚吡咯纳米颗粒。将聚吡咯纳米颗粒沉积到 FTO 玻璃表面，进行超声处理后，制备了聚吡咯对电极。所制备的对电极中聚吡咯呈 40nm 左右的粒子，并形成均匀的多孔薄膜。循环伏安测试表明，聚吡咯对电极的电催化活性高于 Pt 对电极，所组装的染料敏化太阳电池的光电转换效率达到 7.66%，高于 Pt 对电极电池效率（6.9%）。Jeon 等 [52] 采用乳液聚合，以 $FeCl_3$ 为引发剂制备了粒径为 85nm 的均匀的聚吡咯颗粒。将聚吡咯颗粒通过超声分散到甲醇中形成稳定的分散体系。通过滴涂法将聚吡咯沉积到 FTO 导电玻璃表面制备了聚吡咯对电极。经过 HCl 气体处理后，这种聚吡咯电极的导电能力明显提高，表面电阻由 624Ω/sq 减小到 387Ω/sq，相应组装的染料敏化太阳电池的光电转换效率由 5.28% 增加到 6.83%。通过在电解质中添加 GuSCN，进一步优化电解质组成，所组装电池的光电转换效率可提高到 7.73%。这是迄今为止所报道的聚吡咯对电极电池的最高效率。

$FeCl_3$ 与甲基橙反应能够形成一维棒状复合物，$FeCl_3$/ 甲基橙一维棒状复合物可以作为模板引发剂引发吡咯聚合，聚合过程中一维复合物分解，从而制备聚吡咯纳米管。将聚吡咯纳米管分散到乙醇中，并将这种分散液倒入培养皿中，乙醇挥发后形成自支撑聚吡咯薄膜（图 8-21）。这种薄膜由聚吡咯纳米管相互穿插聚集而成，呈现多孔结构，因此具有较高的比表面积（N_2 吸附测量 BET 表面积为 $95m^2/g$）和电导率（6.6S/cm）。Peng 等 [53] 直接以这种自支撑的聚吡咯纳米管薄膜为对电极

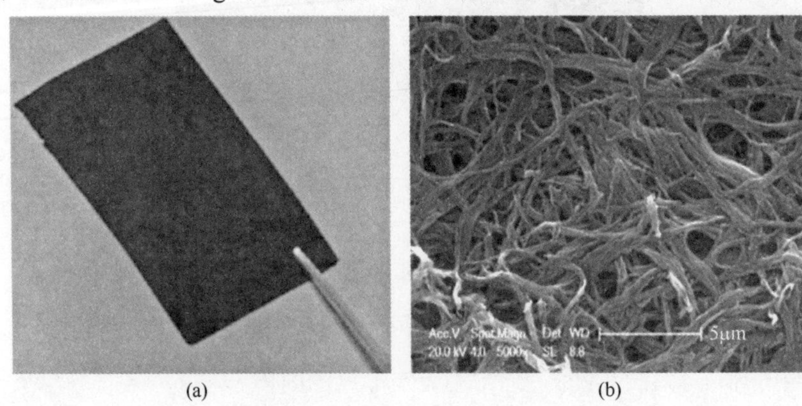

(a)　　(b)

图8-21　聚吡咯自支撑膜照片（a）和SEM照片（b）

组装了染料敏化太阳电池，电池效率可达到5.27%。另外，这种自支撑的聚吡咯纳米管薄膜具有很好的韧性，也可以作为柔性染料敏化太阳电池的对电极。

上述聚吡咯对电极的制备方法都是先合成聚吡咯材料，然后将聚吡咯沉积到导电基底上。这些方法所制备的对电极中聚吡咯与导电基底的结合力不强，从而影响聚吡咯对电极的稳定性。Bu 等[54]以过硫酸铵为引发剂，通过原位化学聚合制备了透明聚吡咯电极。这种原位聚合法制备的对电极中聚吡咯与导电基底结合力强，稳定性好。聚合过程中吡咯单体的浓度对电极的透光性能有较大影响。单体浓度越高，电极透光性越差。但单体浓度升高，电极的电催化性能增强。这主要是由于单体浓度升高，沉积到 FTO 表面的聚吡咯量增加。综合单体的透光性和电催化性能，当单体浓度为0.3mol/L 时，电极的性能最好。以这种聚吡咯对电极组装的透明染料敏化太阳电池的光电转换效率达到5.74%，并且表现出很好的稳定性。1 个月后，电池性能基本不变。

8.6.3　聚（3,4-乙烯二氧噻吩）对电极

聚（3,4- 乙烯二氧噻吩）（PEDOT）（分子结构见图 8-22）是以 3,4- 乙烯二氧噻吩为单体聚合而成的。由于单体的 3 位和 4 位都被侧基所取代，聚合反应只能在 2 位和 5 位上进行，因此所得的聚合物是线性的（非交联的）、有很少共轭缺陷的聚合物，而醚取代基又降低了单体和聚合物的氧化电势，使其更容易聚合。PEDOT 具有稳定性好、能隙小、电导率高等特点，被广泛用作有机薄膜太阳电池材料、OLED 材料、电致变色材料、透明电极材料等。但 PEDOT 的溶解性能较差，这对其应用产生了较大的限制。通过外部离子的掺杂可以有效地调控 PEDOT 的溶解性能，并改善其导电性能和电化学性能。Saito 等[55]将 3,4- 乙烯二氧噻吩与对甲苯磺酸铁溶液通过旋涂沉积到 FTO 玻璃表面，加热至 110℃发生聚合，从而制备了对甲苯磺酸根离子（TsO）掺杂的 PEDOT 电极。他们通过循环伏安和电化学阻抗谱对所制备的 PEDOT-TsO 电极催化 I^-/I_3^- 氧化还原反应进行了分析。电化学分析表明，PEDOT-TsO 电极对 I^-/I_3^- 氧化还原反应的电催化活性与 Pt 电极相似。同时，由于 PEDOT-TsO 具有多孔结构，因此，PEDOT-TsO 层厚度的增加能够提高电极的催化面积，从而提高了 PEDOT-TsO 的电催化性能。由于孔尺寸较大，这种 PEDOT-TsO 电极较适合于高黏度电解质（如离子液体电解质和准固态电解质）组装的染料敏化太阳电池。

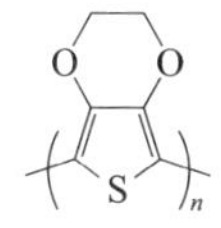

图8-22　聚（3,4-乙烯二氧噻吩）结构

聚苯乙烯磺酸根离子（PSS）常用来改善 PEDOT 的溶解性能和导电性能。

PEDOT-PSS 已经实现了商业化的生产和销售，这为制备 PEDOT-PSS 对电极提供了有利条件。Liu 等[56] 采用卷对卷狭缝挤出方法结合电化学沉积技术将 PEDOT-PSS 沉积到聚对苯二甲酸乙二酯薄片表面，制备了柔性对电极。但这种 PEDOT-PSS 对电极的电催化性能低于同样条件下的 Pt 对电极。100mW/cm^2 光照下，所组装的染料敏化太阳电池的光电转换效率只有 4.84%，低于 Pt 对电极电池的效率（6.70%）。但是在弱光照射下，PEDOT-PSS 对电极电池的光电性能与 Pt 对电极电池相近。因此，PEDOT-PSS 对电极可以用作弱光条件下（比如室内应用）染料敏化太阳电池的对电极。

掺杂离子的种类影响 PEDOT 的性能，但对 PEDOT 电极的电催化性能影响不大。通过对 ClO_4^-、TSS、TsO 掺杂 PEDOT 电极的性能进行对比研究，发现这三种掺杂的 PEDOT 对电极对 I^-/I_3^- 氧化还原反应的电催化活性都与 Pt 电极相近。同时，这三种 PEDOT 对电极组装的染料敏化太阳电池的光电转换效率在 4%～4.4% 之间，差距较小，这表明掺杂离子对掺杂 PEDOT 对电极的性能影响较小。然而，PEDOT-TsO 的制备通常采用化学氧化法，这种方法往往会在 PEDOT 中引入少量的铁离子。铁离子的引入能够降低所组装的染料敏化太阳电池的光电性能。因此，需要采用新的方法制备 PEDOT-TsO。另外，在循环伏安研究 ClO_4^-、TSS、TsO 掺杂 PEDOT 电极电催化性能时，PEDOT-TsO 和 PEDOT-ClO_4^- 电极的伏安曲线在较低的电压范围内出现了对应 TsO 和 ClO_4^- 掺杂和脱掺杂的氧化还原峰，而 PSS 却能有效抑制掺杂和脱掺杂的过程。另外，用二甲基亚砜对 PEDOT-TSS 膜进行处理，也能够改善 PEDOT-TSS 对电极的电导率和电催化性能，从而提高所组装的染料敏化太阳电池的效率。

通过改变聚合反应条件能够合成不同形貌的 PEDOT 材料。PEDOT 的形貌结构对 PEDOT 对电极的电催化性能及所组装染料敏化太阳电池的光电性能有较大的影响。Trevisan 等[56] 通过电化学沉积法在 FTO 导电玻璃表面生长 ZnO 纳米棒阵列，然后以纳米棒阵列为模板，通过电化学聚合在 ZnO 纳米棒表面生长 PEDOT。最后，用 1mol/L HCl 溶液将 ZnO 除去，从而制备 PEDOT 纳米管阵列电极［图 8-23(a)］。相对于平面 PEDOT 电极，PEDOT 纳米管电极具有较高的比表面积，这能够增加其与电解质的有效接触面积，从而提供较多的电催化活性点。因此，PEDOT 纳米管阵列电极对 I^-/I_3^- 氧化还原反应的电催化活性明显高于平面 PEDOT 电极。以 PEDOT 纳米管阵列电极为对电极组装的染料敏化太阳电池的光电转换效率达到 8.3%，与 Pt 对电极组装的电池的效率（8.5%）相近。同样，采用微乳液聚合，以十二烷基磺酸钠胶束为纳米反应器制备了 PEDOT 纳米纤维。所制备的 PEDOT 纳米纤维直径大约为 10～50nm，具有很高的长径比。

高的长径比有利于电子沿纤维进行传输，因此PEDOT纳米纤维具有较高的电导率（83S/cm），而本体的PEDOT的电导率只有0.5S/cm。将PEDOT纳米纤维分散到甲醇-二甲基亚砜混合溶剂中，通过旋涂沉积到FTO导电玻璃表面，制备PEDOT纳米纤维电极。图8-23（b）中显示PEDOT纳米纤维均匀地分散在FTO导电玻璃表面，形成完全覆盖FTO表面的纳米纤维层。电化学阻抗谱和循环伏安分析表明，这种PEDOT纳米纤维电极对I^-/I_3^-氧化还原反应的电催化活性高于Pt电极。以PEDOT纳米纤维对电极组装的染料敏化太阳电池取得9.2%的光电转换效率，这是目前报道的PEDOT对电极的最高效率，这个效率值高于同样条件下Pt对电极电池的效率（8.6%）。

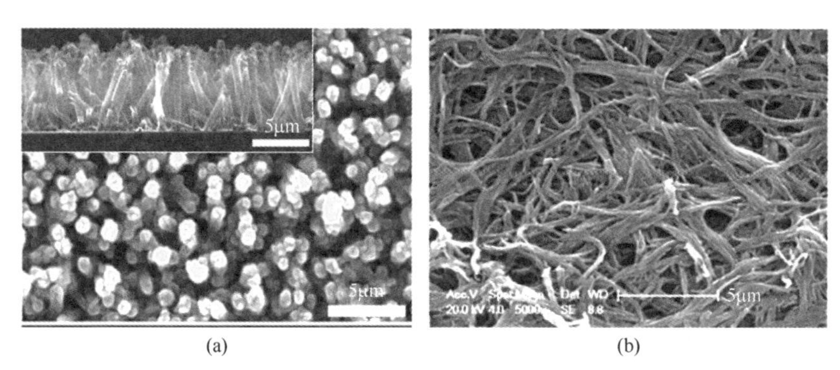

图8-23　PEDOT纳米管阵列（a）和纳米纤维（b）对电极SEM照片
[图（a）中插图是PEDOT纳米管阵列电极截面图]

8.7 碳基复合对电极

染料敏化太阳电池对电极材料要求同时具备较高的电催化活性和较好的导电性能。虽然Pt具有很高的电催化活性和电导率，但Pt是稀有贵金属，用Pt制备染料敏化太阳电池对电极不利于染料敏化太阳电池的大规模工业生产和商业应用。其他单一材料很难同时满足上述两个要求。将两种材料复合在一起，利用两种材料性能的协同效应可以在复合材料中同时实现较高的电催化活性和电导率。因此，制备复合材料对电极是制备高性能、低价格、非Pt对电极的有效方法。碳材料，如碳纳米管、石墨烯、多孔碳等，具有较高的表面积和电导率及较好的稳定性，因此常作为电催化剂的导电载体。以碳材料作为载体，与Pt、过渡金属化合物、导电聚合物复合，制备高性能染料敏化太阳电池对电极引进了广泛的关注。

8.7.1 Pt/碳复合对电极

到目前止，Pt仍然是制备染料敏化太阳电池对电极最理想的材料。但Pt是稀有的贵金属材料，价格昂贵。因此，在保持对电极性能不变的情况下，尽量减少Pt的用量，可以进一步降低染料敏化太阳电池的生产成本，并推动其工业生产和商业应用。将Pt以纳米颗粒的形式分散到碳纳米管、石墨烯等碳载体上，能够提高Pt材料的分散性，增加其有效表面积，提高Pt的利用效率，从而降低对电极的载Pt量，同时提高对电极的性能。2009年，Wu等[57]通过在炭黑表面还原H_2PtCl_6制备了Pt/炭黑复合对电极。尽管复合对电极中Pt的含量只有1.5%（质量分数）。以Pt/炭黑复合对电极组装染料敏化太阳电池，其光电转换效率为6.72%，高于单纯Pt对电极电池效率（6.63%）。Qiao等[58]将电纺碳纤维与H_2PtCl_6混合，以HCOOH为还原剂，制备了Pt/碳纤维复合材料。通过喷涂法将Pt/碳纤维沉积到FTO导电玻璃表面，制备了Pt/碳纤维复合对电极，这种Pt/碳纤维复合对电极的电催化活性高于单纯的Pt对电极，所组装的染料敏化太阳电池的光电转换效率达到7.5%，高于相同条件下Pt对电极电池（7.4%）。将Pt颗粒沉积到碳纳米管上制备的Pt/碳纳米管复合对电极也表现出相同的效果。Chen等[59]将Pt纳米颗粒与碳纳米管气凝胶复合，制备了Pt/碳纳米管气凝胶对电极。由于碳纳米管气凝胶高的表面积和电导率，Pt/碳纳米管气凝胶对电极组装的染料敏化太阳电池的光电转换效率达到9.04%。

石墨烯是一种由碳原子以sp^2杂化轨道组成的六角形呈蜂巢晶格的单原子层二维纳米材料。因此，石墨烯材料具有较高的比表面积（$2600m^2/g$）和电导率［石墨烯在室温下的载流子迁移率约为$15000cm^2/(V \cdot s)$］。因此，可以预测石墨烯与Pt纳米颗粒的复合对电极将表现出更好的性能。将H_2PtCl_6与石墨烯按一定比例混合，加入适量的还原剂（如$NaBH_4$、肼等），在一定温度下反应，可制备Pt/石墨烯复合材料。如图8-24（a）所示，Pt以纳米粒子的形式分散在石墨烯表面，Pt粒子的尺寸在3～5nm左右。以这种Pt/石墨烯复合材料制备的对电极所组装的染料敏化太阳电池的光电转换效率比单纯Pt对电极电池的效率提高了11%。Pt/石墨烯复合对电极性能提高的原因是：①高比表面积和电导率的石墨烯为Pt纳米粒子的分散提供了有利的支撑，从而有效防止Pt粒子的团聚，同时提供了电子传输的快速通道，提高了Pt的利用率；②Pt粒子阻止了石墨烯层的聚集，从而在Pt/石墨烯材料内形成电解质快速扩散的通道，促进了电解质的扩散，增强了电解质与电催化剂的界面接触。

制备Pt/碳复合对电极的主要目的是通过提高Pt粒子的分散性，提高Pt的利用效率，从而降低对电极的载Pt量，降低染料敏化太阳电池的生产成本。但

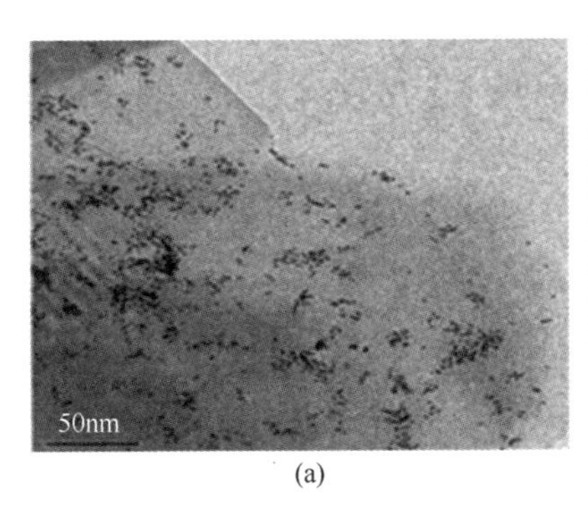

(a)

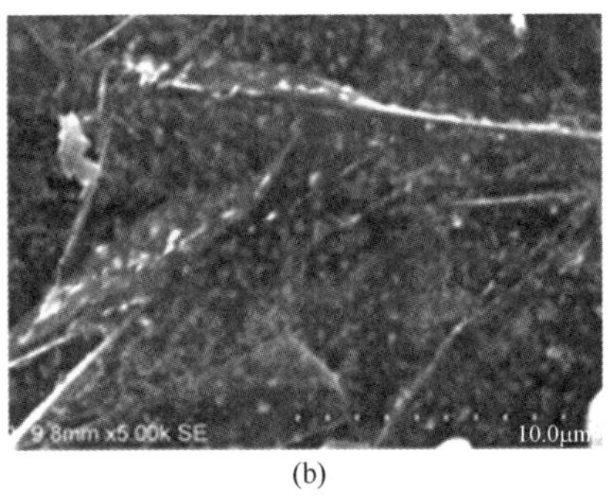

(b)

图8-24 Pt/石墨烯复合材料TEM照片（a）和对电极SEM照片（b）

从目前Pt/碳复合对电极的文献报道来看，并没有关于Pt沉积量减少的精确数据和比较。另外，保持染料敏化太阳电池较高的光电转换效率，Pt对电极表面Pt层厚度只需要十几纳米，所需要的Pt量并不大。因此，依靠制备Pt/碳复合对电极降低载Pt量的实际意义并不大。但是，Pt与碳材料复合后，能够增强Pt粒子的分散，防止Pt粒子的团聚，提高对电极的稳定性。

8.7.2 过渡金属化合物/碳复合对电极

在过渡金属化合物/碳复合对电极中，碳材料的主要作用是作为导电载体，过渡金属化合物的主要作用是作为电催化剂。介孔碳具有较高的比表面积和连通的孔结构，因此可以作为复合对电极载体。将TiN、MoC、WC、TaO、TaC、WO_2、HfO_2、MoS_2、VC植入介孔碳中，所制备系列过渡金属化合物/碳复合材料都具有较高的比表面积。以这些过渡金属化合物/介孔碳材料制备对电极，所组装的染料敏化太阳电池的光电转换效率分别达到8.41%、8.34%、8.18%、8.09%、7.93%、7.76%、7.75%、7.69%、7.63%。由于复合对电极中过渡金属化合物和介孔碳材料在增强对电极电催化性能方面的协同效应，复合对电极电池的效率都高于单独介孔碳电极电池和过渡金属化合物电极电池。虽然介孔碳可以作为载体制备复合对电极，但是由于电解质在介孔碳孔内的扩散过程存在较大阻力，而且沉积到介孔碳内部的过渡金属化合物可能堵塞孔道，致使电解质无法扩散到介孔碳内部。因此，沉积到介孔碳内部的过渡金属材料的利用率不高。

一维碳纳米管具有高的比表面积和电导率，是一种较理想的导电载体。Li等[60]通过$TiOSO_4$在碳纳米管（CNT）表面水解制备TiO_2/CNT复合材料，然后将TiO_2/CNT在氨气中进行氮化处理，使TiO_2转变为TiN，从而制备TiN/CNT复合材料。从图8-25中可以看出，TiN呈分散的纳米粒子状，尺寸为5～10nm。将TiN/CNT通过刮涂法沉积到FTO导电玻璃表面制备TiN/CNT复合对电极。在

TiN/CNT复合对电极中，TiN具有很高的电催化活性。TiN沉积在CNT表面，一方面能够降低对电极与电解质界面的电荷跃迁电阻，另一方面也能降低电解质的扩散阻抗，这有利于提高染料敏化太阳电池的电流密度和填充因子。CNT在复合对电极中形成的导电网络有利于电子的快速传输，因此，TiN/CNT复合对电极克服了TiN纳米粒子对电极有效催化面积低和粒间电阻大的缺点。复合对电极组装的染料敏化太阳电池的光电参数都明显高于TiN纳米粒子对电极电池（表8-7）。

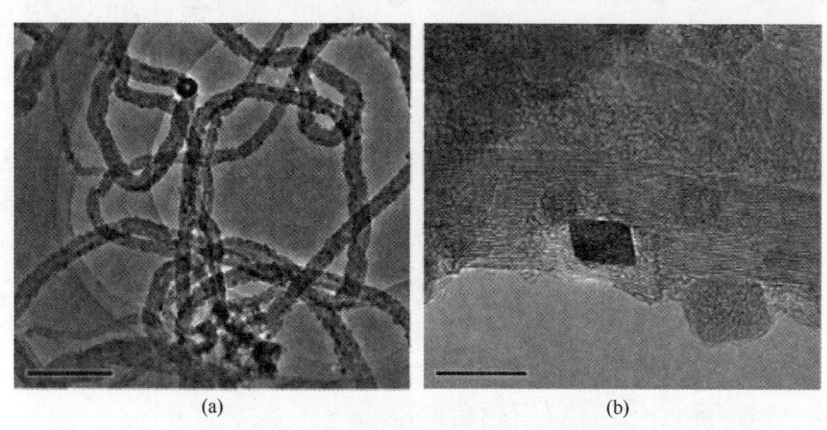

图8-25　TiN/CNT复合材料的TEM照片[60]

表8-7　TiN/CNT、WS_2/CNT、MoN/CNT、MoS_2/CNT、CoS/CNT复合对电极染料敏化太阳电池的光电参数

对电极	V_{oc}/V	J_{sc}/（mA/cm²）	FF	PCE/%
TiN/CNT	0.75	12.74	0.57	5.41
TiN	0.66	9.28	0.35	2.12
Pt	0.73	12.83	0.6	5.68
WS_2/CNT	0.73	13.51	0.65	6.41
WS_2	0.72	11.28	0.59	4.79
Pt	0.74	13.23	0.67	6.56
MoN/CNT	0.735	14.40	0.64	6.74
MoN	0.670	13.71	0.61	5.57
Pt	0.740	15.86	0.63	7.35
MoS_2/CNT	0.73	13.69	0.65	6.45
MoS_2	0.72	11.25	0.61	4.99
Pt	0.74	13.24	0.66	6.41
CoS/CNT	0.77	14.26	0.66	7.18
CoS	0.76	13.11	0.59	5.88
Pt	0.77	14.47	0.64	7.11

基于以上相同的原理，WS_2/CNT、MoN/CNT、MoS_2/CNT及CoS/CNT复合对电极也被制备出来，并组装高效率的染料敏化太阳电池[61]。从图8-26中可以看出，WS_2、MoN、CoS以不规则纳米粒子的形式沉积到CNT的表面。由于MoS_2特殊的类石墨片层结构，MoS_2以层状纳米片形式沉积到CNT表面。图中显示这些过

渡金属化合物粒子与 CNT 之间结合紧密，这一方面促进了电子在 CNT 和过渡金属粒子间的传递，有利于提高复合电极的电催化性能，另一方面能够防止过渡金属粒子团聚，提高过渡金属化合物电催化剂的有效表面积。这些结构特征使复合对电极的性能明显高于纯过渡金属化合物对电极。由表 8-7 中光电参数的对比可以看出，复合对电极所组装的染料敏化太阳电池的光电转换效率都明显高于纯过渡金属化合物对电极电池，与相同条件下的 Pt 对电极电池的效率相当。

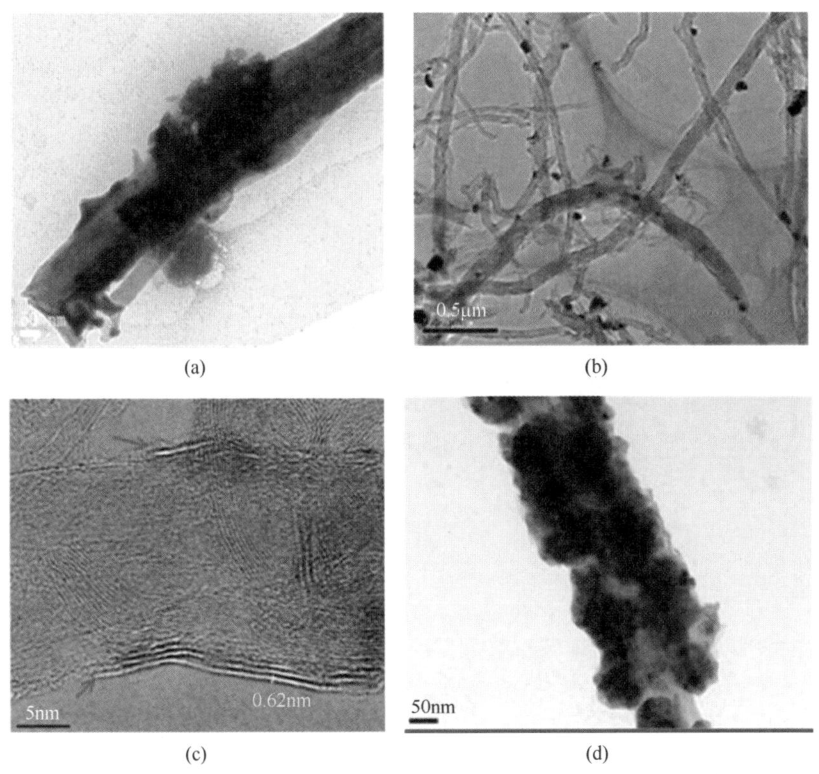

(a) (b) (c) (d)

图8-26 WS_2/CNT（a）、MoN/CNT（b）、MoS_2/CNT（c）、CoS/CNT（d）复合材料的TEM照片[61]

CNT 具有良好的导电性能，但其一维结构使 CNT 与过渡金属化合物的接触面较小。石墨烯是一种优异的具有二维结构的电子导体，因此使用石墨烯作为载体与过渡金属化合物粒子形成复合材料，能够增加两者间的接触面积，改善电子在石墨烯与过渡金属化合物粒子间的传输，从而提高复合对电极的性能。Zhang 等[62]通过水热分解法在氧化石墨烯表面沉积氧化钼、氧化钛和氧化钒，然后在 800℃氨气气氛下进行热处理，制备了 MoN/ 氮掺杂石墨烯（NG）、TiN/NG、VN/NG 复合材料。如图 8-27 所示，MoN、TiN 和 VN 纳米粒子分散在 NG 表面，并形成紧密的接触。这一方面防止了 MoN、TiN 和 VN 纳米粒子的团聚，另一方面促进了电子在 NG 与 MoN、TiN 和 VN 纳米粒子间的传递，有利于提高复合对电极电催化性能。因此，以 MoN/NG、TiN/NG 和 VN/NG 复合材料制备的对电极与 Pt 对电极表现出相同的电催化性能。表 8-8 对比了 MoN/NG、TiN/NG 和 VN/NG 复合对电极染料敏化太阳电池和纯 MoN、TiN 和 VN 对电极电池的光电参数。从表 8-8 中可以看出，复合对电极电池的光电参数（开路电压、短路电流密度、填充因子、光电转换效率）都高于单一组分（纯过渡金属氮化物、NG）对电极电池，表明 MoN、TiN 和 VN 与石墨烯的复合实现了两种材料性能的协同效应。

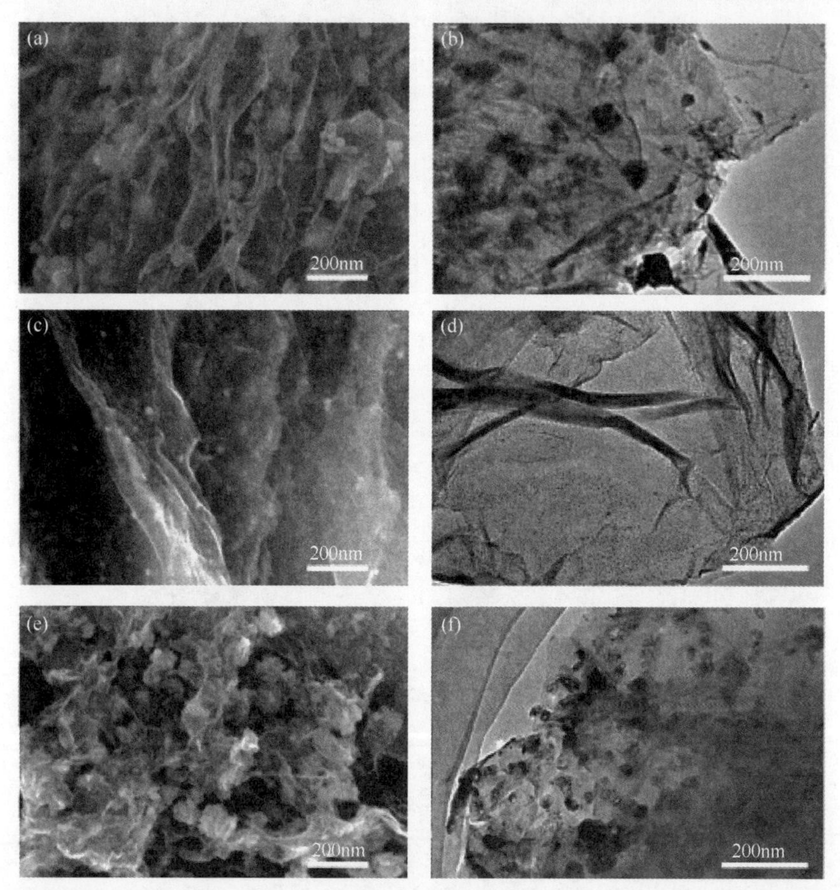

图8-27　MoN/NG [(a), (b)]、TiN/NG [(c), (d)] 和VN/NG [(e), (f)] 的SEM和TEM照片[62]

表8-8　MoN/NG、TiN/NG和VN/NG对电极电池和MoN、TiN、VN对电极电池的光电参数

对电极	V_{oc}/V	J_{sc}/（mA/cm^2）	*FF*/%	PCE/%
Pt	0.796	14.22	69.39	7.858
MoN	0.774	13.54	58.98	6.179
MoN/NG	0.788	14.13	71.12	7.913

续表

对电极	V_{oc}/V	J_{sc}/（mA/cm^2）	*FF*/%	PCE/%
TiN	0.768	13.04	30.72	3.078
TiN/NG	0.796	14.16	66.52	7.498
VN	0.753	11.38	28.75	2.463
VN/NG	0.784	12.58	63.69	6.279
NG	0.821	12.14	58.21	5.800

此外，CoS/石墨烯、Ni_5P_{12}/石墨烯及MoS_2/石墨烯等多种过渡金属化合物纳米粒子与石墨烯复合材料同样也被制备出来，并应用于染料敏化太阳电池对电极。这些复合材料中过渡金属粒子与石墨烯形成较紧密的表面接触，所制备的复合对电极的电催化性能高于单一组分对电极。这主要是由于石墨烯具有良好的导电能力，电子能在二维石墨烯面的各个方向快速传输。同时，过渡金属化合物粒子与石墨烯形成良好的面接触，使得电子由石墨烯传递到过渡金属化合物粒子的阻力较小，传输速率较快。另外，分散在石墨烯表面的过渡金属化合物粒子能够提供较高的有效催化面积和活性点，因此过渡金属/石墨烯复合对电极/电解质界面电荷跃迁过程显著增强，电解质中的氧化组分在界面处被迅速还原，从而使复合对电极染料敏化太阳电池的光电性能优于单一组分对电极电池。

8.7.3 导电聚合物/碳复合对电极

相对于单一组分材料，导电聚合物与碳（碳纳米管和石墨烯）的复合材料在稳定性、分散性及电化学性能方面都有较大程度的提高。因此，导电聚合物/碳复合材料在超级电容器电极和染料敏化太阳电池对电极等领域都有广泛的研究报道。通过超声和搅拌将石墨烯片与PEDOT-PSS均匀分散到水中，控制分散液中PEDOT含量为0.8%（质量分数），PSS含量为0.5%（质量分数），石墨烯含量为PEDOT-PSS的1%（质量分数）。采用旋涂法将PEDOT-PSS/石墨烯沉积到ITO导电基底表面，室温下真空干燥后，得到PEDOT-PSS/石墨烯复合电极。复合电极表面的PEDOT-PSS/石墨烯层厚度为60 nm，石墨烯片均匀地分散到PEDOT-PSS中。由于PEDOT-PSS和石墨烯纳米片都具有很高的透光性，因此所制备的PEDOT/石墨烯/ITO电极在波长390～780nm范围内透光率超过80%。在PEDOT-PSS/石墨烯复合材料中，石墨烯纳米片具有较高的比表面积和较多的表面化学缺陷，PEDOT-PSS形成高电导率基体，因此PEDOT-PSS/石墨烯复合电极具有很高的电催化活性，可以作为透明对电极用于染料敏化太阳电池中。100mW/cm^{2}光照下，以PEDOT-PSS/石墨烯/ITO为对电极所组装的染料敏化太阳电池的光电转换效率达到4.5%，接近相同实验条件下PEDOT-PSS对电极电池光

电转换效率的2倍。PDOT-PSS/石墨烯复合材料中，石墨烯纳米片含量超过1%(质量分数）后，继续增加石墨烯含量，对PEDOT-PSS/石墨烯复合对电极性能的影响很小。因此，在PEDOT-PSS中掺入少量的石墨烯就能显著改善其电催化性能。

聚吡咯纳米颗粒间较高的电荷传输电阻能够降低聚吡咯（PPy）颗粒对电极的电催化性能以及所组装的染料敏化太阳电池的光电性能。将石墨烯与聚吡咯进行复合能够明显提高聚吡咯材料的电导率和电子收集效率，因此PPy/石墨烯复合材料也是一种低价、高性能的染料敏化太阳电池对电极材料。Gong等[63]通过超声搅拌将PPy纳米颗粒与氧化石墨烯溶液充分混合，然后用旋涂法将PPy/氧化石墨烯（GO）沉积到FTO导电玻璃表面，然后将其放入水合肼溶液中进行原位还原，从而制备PPy/还原石墨烯（RGO）复合电极。PPy粒子分散在RGO表面，或被RGO包覆，形成均匀的复合体系。在PPy/RGO复合体系中，RGO既能提高复合材料的电导率，同时也作为共催化剂。因此，PPy/RGO复合电极对I^-/I_3^-氧化还原反应具有很高的电催化活性，所组装的染料敏化太阳电池的光电转换效率达到8.11%，明显高于单一组分对电极电池，而与Pt对电极电池相近。另外，由于PPy粒子被RGO包覆，PPy/RGO对电极及所组装的染料敏化太阳电池具有很高的稳定性。

Liu等[64]通过210℃下回流过程将苯胺单体和石墨烯纳米片充分混合，然后采用电化学聚合法直接将PANI/石墨烯纳米片复合材料沉积到FTO导电玻璃上，制备了PANI/石墨烯复合对电极。在复合对电极中，纤维状PANI与石墨烯相互穿插，既提高了有效催化面积，同时也形成了三维的电子传输网络和电解质扩散通道。因此，所组装的染料敏化太阳电池的光电性能高于单一PANI组分的对电极电池。

参考文献

[1] Nazeeruddin M K, Kay A, Humphry-Baker R, Liska P, Grätzel M. Conversion of light to electricity by cis-X_2bis(2,2′-bipyridyl-4,4′-dicarboxylate) ruthenium(II) charge-transfer sensitizers ($X = Cl^-$, Br^-, I^-, CN^-, and SCN^-) on nanocrystalline titanium dioxide electrodes[J]. Journal of the American Chemical Society, 1993, 115(14): 6382-6390.

[2] Galogero G, Calandra P, Irrera A, Citro I. A new type of transparent and low cost counter-electrode based on platinum nanoparticles for dye-sensitized solar cells[J]. Energy Environmental Science, 2011, 4(5): 1838-1844

[3] Yeh M, Chang S, Lin L, Chou H, Hwang B. Size effects of platinum nanoparticles on the electrocatalytic ability of the counter electrode in dye-sensitized solar cells[J]. Nano Energy, 2015, 17: 241-253.

[4] Dao V, Choi H. Pt nanourchins as efficient and robust counter electrode materials for dye-

sensitized solar cells[J]. ACS Applied Materials & Interfaces，2016，8（1）：1004-1010.

[5] Jeong H，Pak Y，Song H，Ko H，Jung G. Enhancing the charge transfer of the counter electrode in dye-sensitized solar cells using periodically aligned platinum nanocups[J]. Small，2012，8（24）：3757-3761.

[6] Peng S，Shi J，Pei J，Cheng F，Chen J. $Ni_{1-x}Pt_x$（x=0～0.08） films as the photocathode of dye-sensitized solar cells with high efficiency[J]. Nano Research，2009，2（6）：484-492.

[7] Gong F，Wang H，Xu X，Zhou G，Wang Z. In situ growth of $Co_{0.85}Se$ and $Ni_{0.85}Se$ on conductive substrates as high-performance counter electrodes for dye-sensitized solar cells[J]. Journal of the American Chemical Society，2012，134（26）：10953-10958.

[8] Wang M，Anghel A M，Marsan B，Zakeeruddin S M，Grätzel M. CoS supersedes Pt as efficient electrocatalyst for triiodide reduction in dye-sensitized solar cells[J]. Journal of the American Chemical Society，2009，131（44）：15976-15977.

[9] Kung C，Chen H，Lin C，Vittle R，Ho K. CoS Acicular nanorod arrays for the counter electrode of an efficient dye-sensitized solar cell[J]. ACS Nano，2012，6（8）：7016-7025.

[10] Sun H，Qin D，Huang S，Guo X，Meng Q. Dye-sensitized solar cells with NiS counter electrodes electrodeposited by a potential reversal technique[J]. Energy Environmental Science，2011，4（8）：2630-2637.

[11] Sun X，Dou J，Xie F，Li Y，Wei M. One-step preparation of mirror-like NiS nanosheets on ITO for the efficient counter electrode of dye-sensitized solar cells[J]. Chemical Communications，2014，50（69）：9869-9871.

[12] Zhao W，Lin T，Sun S，Wan D，Huang F. Oriented single-crystalline nickel sulfide nanorod arrays："two-in-one" counter electrodes for dye-sensitized solar cells[J]. Journal of Materials Chemistry A，2013，1（2）：194-198.

[13] Wu M，Wang L，Lin X，Yu N，Halgfeldt A，Ma T. Economical and effective sulfide catalysts for dye-sensitized solar cells as counter electrodes[J]. Physical Chemistry Chemical Physics，2011，13（43）：19298-19301.

[14] Ahn S，Manthiram A. Edge-oriented tungsten disulfide catalyst produced from mesoporous WO_3 for highly efficient dye-sensitized solar cells[J]. Advanced energy Materials，2016，6（3）：1501814.

[15] Wu M，Lin X，Halgfeldt A，Ma T. A novel catalyst of WO_2 nanorod for the counter electrode of dye-sensitized solar cells[J]. Chemical Communications，2011，47（15）：4535-4537.

[16] Lin X，Wu M，Wang Y，Halgfeldt A，Ma T. Novel counter electrode catalysts of niobium oxides supersede Pt for dye-sensitized solar cells[J]. Chemical Communications，2011，47（41）：11489-11491.

[17] Kim J，Jung C，Kim M，Kang Y，Park J，Jun Y，Kim D. Electrocatalytic activity of NiO on silicon nanowires with a carbon shell and its application to dye-sensitized solar cell counter electrodes[J]. Nanoscale，2016，8（14）：7761-7667.

[18] Jiang Q，Li G，Gao X. Highly ordered TiN nanotube arrays as counter electrodes for dye-sensitized solar cells[J]. Chemical Communications，2009，45（44）：6720-6722.

[19] Zhang X，Chen X，Dong S，Yao J，Xu H，Li L，Cui G. Hierarchical micro/nano-structured

titanium nitride spheres as a highperformance counter electrode for a dye-sensitized solar cell[J]. Journal of Materials Chemistry，2012，22：6067-6071.

[20] Jiang Q，Li G，Liu S，Gao X. Surface-nitrided nickel with bifunctional structure as low-cost counter electrode for dye-sensitized solar cell[J]. Journal of Physical Chemistry C，2010，114（31）：13397-13401.

[21] Li G，Song G，Pan G，Gao X. Highly Pt-like electrocatalytic activity of transition metal nitrides for dye-sensitized solar cells[J]. Energy Environmental Science，2011，4（5）：1680-1683.

[22] Wang G，Hou S，Yan C，Lin Y，Liu S. Three-dimensional porous vanadium nitride nanoribbon aerogels as Pt-free counter electrode for high-performance dye-sensitized solar cells[J]. Chemical Engineering Journal，2017，322：611-617.

[23] Jang J，Ham D，Ramasamy W，Lee J. Platinum-free tungsten carbides as an efficient counter electrode for dye sensitized solar cells[J]. Chemical Communications，2010，46（45）：8600-8602.

[24] Kay A，Grätzel M. Low cost photovoltaic modules based on dye sensitized nanocrystalline titanium dioxide and carbon powder[J]. Solar Energy Materials and Solar Cells，1996，44（1）：99-117.

[25] Murakami T N，Ito S，Wang Q，Nazeeruddin M K，Comte P，Grätzel M. Highly efficient dye-sensitized solar cells based on carbon black counter electrodes[J]. Journal of Electrochemical Society，2006，153（22）：A2255-A2261.

[26] Kim J，Rhee S. Electrochemical properties of porous carbon black layer as an electron injector into iodide redox couple[J]. Electrochimical Acta，2012，83：264-270.

[27] Wang G，Xing W，Zhuo S. Application of mesoporous carbon to counter electrode for dye-sensitized solar cells[J]. Journal of Power Sources，2009，194（1）：568-573.

[28] Ramasamy E，Chun J，Lee J. Soft-template synthesized ordered mesoporous carbon counter electrodes for dye-sensitized solar cells[J]. Carbon，2010，48（15）：4563-4565.

[29] Fang B，Fan S，Kim J，Kim M，Ko J，Yu J. Incorporating hierarchical nanostructured carbon counter electrode into metal-free organic dye-sensitized solar cell[J]. Langmuir，2010，26（3）：11238-11243.

[30] Jiang Q，Li G，Gao X. Highly ordered mesoporous carbon arrays from natural wood materials as counter electrode for dye-sensitized solar cells[J]. Electrochemical. Communications，2010，12（7）：924-927.

[31] Wang G，Wang D，Kuang S，Xing W，Zhuo S. Hierarchical porous carbon derived from rice husk as a low-cost counter electrode of dye-sensitized solar cells[J]. Renewable Energy，2014，63：708-714.

[32] Mei X，Chou S，Fan B，Ouyang J. High-performance dye-sensitized solar cells with gel-coated binder-free carbon nanotube films as counter electrode[J]. Nanotechnology，2010，21（39）：395202.

[33] Han J，Kim H，Kim D，Jang D S. Water-soluble polyelectrolyte-grafted multiwalled carbon nanotube thin films for efficient counter electrode of dye-sensitized solar cells[J]. ACS Nano，2010，4（6）：3503-3509.

[34] Zhang D，Li X，Chen S，Yin X，Huang S. Graphene-based counter electrode for dye-sensitized

solar cells[J]. Carbon，2011，49（15）：5382-5388.

[35] Kavan L，Yum J，Grätzel M. Optically transparent cathode for dye-sensitized solar cells based on graphene nanoplatelets[J]. ACS Nano，2011，5（1）：165-172.

[36] Roy-Mayhew J D，Bozym D J，Punckt C，Aksay I A. Functionalized graphene as a catalytic counter electrode in dye-sensitized solar cells[J]. ACS Nano，2010，4（10）：6203-6211.

[37] Lee K，Lee W，Park N，Kim S，Park J. Transferred vertically aligned N-doped carbon nanotube arrays：use in dye-sensitized solar cells as counter electrodes[J]. Chemical Communications，2011，47（14）：4264-4266.

[38] Jia R，Chen J，Zhao J，Song C，Li L，Zhu Z. Synthesis of highly nitrogen-doped hollow carbon nanoparticles and their excellent electrocatalytic properties in dye-sensitized solar cells[J]. Journal of Materials Chemistry，2010，20（48）：10829-10834.

[39] Yang D，Kim C，Song M，Park H，Ju M，Yu J. N-doped hierarchical hollow mesoporous carbon as metal-free cathode for dye-sensitized solar cells[J]. Journal of Physical Chemistry C，2014，118（30）：16694-16702.

[40] Wang G，Xing W，Zhuo S. Nitrogen-doped graphene as low-cost counter electrode for high-efficiency dye-sensitized solar cells[J]. Electrochimica Acta，2013，92：269-275.

[41] Xue Y，Liu J，Wang R，Li D，Qu J，Dai L. Nitrogen-doped graphene foams as metal-free counter electrodes in high-performance dye-sensitized solar cells[J]. Angewandte Chemie，2012，124（48）：12290-12293.

[42] Hao S，Cai X，Wu H，Yu X，Yan K，Zou D. Nitrogen-doped graphene for dye-sensitized solar cells and the role of nitrogen states in triiodide reduction[J]. Energy Environmental Science，2013，6（11）：3356-3362.

[43] Wang G，Zhang J，Zhang W，Zhao Z. Edge-nitrogenated graphene nanoplatelets as high-efficiency counter electrodes for dye-sensitized solar cells[J]. Nanoscale，2016，8（18）：9676-9681.

[44] Li Q，Wu J，Tang Q，Lan Z，Lin J，Fan L. Application of microporous polyaniline counter electrode for dye-sensitized solar cells[J]. Electrochemical Communications，2008，10（9）：1299-1302.

[45] Hou W，Xiao Y，Han G，Wu R. Serrated，flexible and ultrathin polyaniline nanoribbons：An efficient counter ele ctrode for the dye-sensitized solar cell[J]. Journal of Power Sources，2016，322：155-162.

[46] Lee K，Cho S，Kim M，Jang J. Highly porous nanostructured polyaniline/carbon nanodots as efficient counter electrodes for Pt-free dye-sensitized solar cells[J]. Journal of Materials Chemistry A，2015，3（37）：19018-19026.

[47] Li Z，Ye B，Hu X，Zhang X，Deng Y. Facile electropolymerized-PANI as counter electrode for low cost dye-sensitized solar cell[J]. Electrochemical Communications，2009，11（9）：1768-1771.

[48] Xiao Y，Lin J，Wang W，Yue G，Wu J. Enhanced performance of low-cost dye-sensitized solar cells with pulse-electropolymerized polyaniline counter electrodes[J]. Electrochimica Acta，2013，90：468-474.

[49] Xiao Y，Han G，Li Y，Zhang Y. High performance of Pt-free dye-sensitized solar cells based on two-step electropolymerized polyaniline counter electrodes[J]. Journal of Materials

Chemistry A, 2014, 2 (10): 3452-3460.

[50] Tai Q, Chen B, Guo F, Sebo B, Zhao X. In situ prepared transparent polyaniline electrode and its application in bifacial dye-sensitized solar cells[J]. ACS Nano, 2011, 5 (5): 3795-3799.

[51] Wu J, Li Q, Lan Z, Lin J, Hao S. High-performance polypyrrole nanoparticles counter electrode for dye-sensitized solar cells[J]. Journal of Power Sources, 2008, 181 (1): 172-176.

[52] Jeon S, Kim C, Ko J, Im S. Spherical polypyrrole nanoparticles as a highly efficient counter electrode for dye-sensitized solar cells[J]. Journal of Materials Chemistry, 2011, 21 (22): 8146-8149.

[53] Peng T, Sun W, Huang C, Yu W, Dai Z, Guo S, Zhao X. Self-assembled free-standing polypyrrole nanotube membrane as an efficient FTO-free and Pt-free counter electrode for dye-sensitized solar cells[J]. ACS Applied Materials & Interfaces, 2014, 6 (1): 14-17.

[54] Bu C, Tai Q, Guo S, Zhao X. A transparent and stable polypyrrole counter electrode for dye-sensitized solar cell[J]. Journal of Power Sources, 2013, 221: 78-83.

[55] Saito Y, Kitamura Y, Yanagida S. Application of poly (3,4-ethylenedioxythiophene) to counter electrode in dye-sensitized solar cells[J]. Chemical Letter, 2002, 31 (10): 1060-1061.

[56] Trevisan J, Dobbelin M, Barea M, Tena-Zaera R, Bisquert J. PEDOT nanotube arrays as high performing counter electrodes for dye sensitized solar cells: study of the interactions among electrolytes and counter electrodes[J]. Advanced Energy Materials, 2011, 1 (5): 781-784.

[57] Li P, Wu J, Lin J, Huang Y, Li Q. High-performance and low platinum loading Pt/Carbon black counter electrode for dye-sensitized solar cells[J]. Solar Energy, 2009, 83 (6): 845-849.

[58] Aboagye A, Elbohy H, Qiao Q, Zai J, Zhang L. Electrospun carbon nanofibers with surface-attached platinum nanoparticles as cost-effective and efficient counter electrode for dye-sensitized solar cells[J]. Nano Energy, 2015, 11: 550-556.

[59] Chen H, Liu T, Ren J, Cao Y, Wang N, Guo Z. Synergistic carbon nanotube aerogel-Pt nanocomposites toward enhanced energy conversion in dye-sensitized solar cells[J]. Journal of Materials Chemistry A, 2016, 4 (9): 3238-3244.

[60] Li G, Wang F, Gao X, Shen P. Carbon nanotubes with titanium nitride as a low-cost counter electrode material for dye-sensitized solar cells[J]. Angewandte Chemie, 2010, 122 (21): 3735-3738.

[61] Wu J, Lan Z, Lin J, Huang M, Fan L, Luo G, Lin Y, Wei Y. Counter electrodes in dye-sensitized solar cells[J]. Chemical Society Reviews, 2017, 46 (19): 5975-6023.

[62] Zhang X, Chen X, Zhang K, Pang S, Xu H, Zhang C, Cui G. Transition-metal nitride (MoN, TiN, VN) nanoparticles embedded in N-doped reduced graphene oxide: Superior synergistic electrocatalytic materials for counter electrodes of dye-sensitized solar cells[J]. Journal of Materials Chemistry A, 2013, 1 (10): 3340-3346.

[63] Gong F, Xu X, Zhou G, Wang Z. Enhanced charge transportation in a polypyrrole counter electrode *via* incorporation of reduced graphene oxide sheets for dye-sensitized solar cells[J]. Physical Chemistry Chemical Physics, 2013, 15 (2): 546-552.

[64] Liu C, Huang K, Chung P, Wang C, Vittal R, Ho K. Graphene-modified polyaniline as the catalyst material for the counter electrode of a dye-sensitized solar cell[J]. Journal of Power Sources, 2012, 217: 152-157.

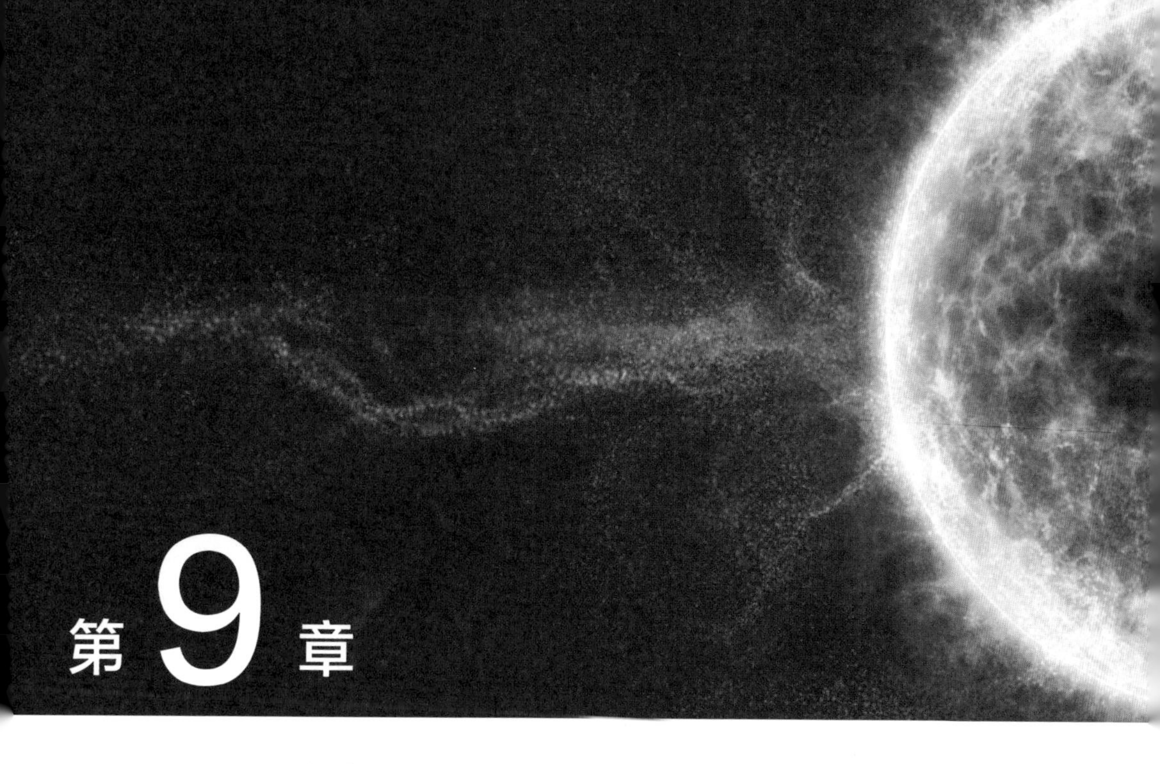

第9章 叠层染料敏化太阳电池

太阳辐射经过大气层时，经大气层中的气体分子、微尘和水蒸气的吸收、散射和反射等作用后，到达地面形成的太阳光谱中，紫外光谱区域的能量较少，约为3%；可见光谱区域的能量约为44%；红外光谱区域的能量约为53%。高效利用太阳光中不同波长区域的能量是制备高效染料敏化太阳电池的一个重要方向。叠层染料敏化太阳电池通过电池结构设计，将具有不同吸收光谱的染料配合使用，利用不同染料吸收光谱的差异，拓展电池光电极的吸收光谱范围，增大太阳光的利用效率，是制备高效太阳电池的研究热点之一。本章着重介绍叠层染料敏化太阳电池的理论、不同叠层结构染料敏化太阳电池的工作原理和研究进展及叠层染料敏化太阳电池的应用等。

9.1 太阳电池的极限效率

9.1.1 S-Q 极限效率

被太阳电池吸收转化为电能的能量仅占太阳光光谱能量的一小部分，根据 Shockley 和 Queisser 等提出的细致平衡模型理论，在太阳电池光电转换过程中，太阳光光谱能量损耗的原因主要有 4 个方面：

①黑体辐射　室温（300K）下，电池自身的黑体辐射损失约占到太阳光能量的 7%，而且随着光照时间的延长，电池的温度升高，黑体辐射损失增加，电池的光电转换效率下降。

②电子 - 空穴的复合　电子和空穴在电池内部不同功能层之间的界面处相遇时，均可能发生复合反应，辐射到电池外。

③电池内阻　完整的太阳电池器件包括多个具有独立功能的部件，以完成光的吸收、光生电荷分离、光生电荷的收集等，电荷在这些材料内部及不同部件之间传输时，均存在一定的阻抗，造成电池内压降。对于多数染料敏化太阳电池来说，这些内阻主要包括 TiO_2 纳晶薄膜中电子传输阻抗、TiO_2 与导电衬底的接触电阻、电解液中离子传输阻抗、对电极上电化学阻抗及光生电荷复合阻抗等。

④光谱损失　光谱损失是太阳光能量损失的主要因素，基于单一带隙（E_g）吸光材料的太阳电池，这部分能量损失又可分为两部分：一部分是光子能量低于 E_g 的太阳光，无法将吸光材料价带电子激发，跃迁到吸光材料导带；另一部分是光子能量远高于 E_g 的太阳光，将产生远高于导带底能量的高能量激发电子，

高能激发电子通过热弛豫的方式释放热能，造成太阳光能量损失。经热弛豫后的光生电子回到吸光材料导带底，被太阳电池收集栅极传递到外电路。

Shockley 和 Queisser 等假设太阳光谱中能量大于带隙（E_g）的光子全部被太阳电池吸收，而量子产率为 100%，同时光生电荷被全部收集流向外电路。吸光材料带隙（E_g）对单结太阳电池光电转换效率的影响如图 9-1 所示。当吸光材料 $E_g \approx 1.3$eV 时，太阳电池的理论光电转换效率为 33.7%。该理论效率又称为单结电池的 S-Q 极限效率 [1]。

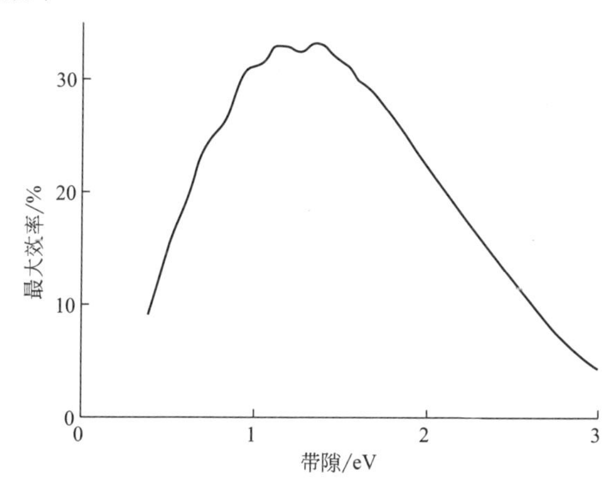

图9-1　理想单结太阳电池光电转化效率与吸光材料带隙关系曲线[1]

9.1.2　突破S-Q极限效率的几种方法

单晶硅太阳电池是市场上的主流产品，其光电转换效率较高，稳定性较好。2017 年，日本 Kaneka 公司研究人员 K. Yoshikawa 等制备了无定形硅 / 单晶硅异质结太阳电池，采用交叉背接触方式的集流极，减小串联电阻，电池的光电转换效率达到 26.6%，研究者认为，通过钝化工艺，延长光生电荷的非本征寿命，进一步减小串联电阻，电池的效率可提高到 27.1%[2]。美国 Alta Devices 公司 2018 年公布其制备的 GaAs 薄膜太阳电池的效率达到 29.1%[3]。可以看出经过多年的发展，传统单结太阳电池的效率已经接近 S-Q 极限效率。为了突破太阳电池光电转换效率的理论极限，科研工作者进行了新的尝试。

（1）中间带太阳电池

传统半导体有导带（conduction band，CB）和价带（valence band，VB）两个能带，二者之间为禁带区域，科研工作者通过能带剪裁、量子尺寸效应或元素掺杂形成深度中间杂质能级等方式，在禁带区域引入中间能级（intermediate band，IB），当太阳光照射电池时，光子激发电子的过程由单一的 VB—CB 跃迁，变成 VB—IB、IB—CB 和 VB—CB 三种跃迁过程，从而扩展电池的太阳光谱响应，增加太阳电池光电流[4,5]。

（2）多激子效应太阳电池

该类太阳电池基于部分量子点材料的多激子效应，即通过冲击离子化过程实现单个高能量光子形成多个载流子的增殖（multiple exciton generation，MEG）效应。根据理论计算，单结多激子太阳电池的极限光电转换效率可以达到 44.4%，但多激子效应产生的条件较为苛刻，目前只能在少量材料中观察到多激子效应的存在，如 PbTe、PbSe 和 PbS 等[6-8]。

（3）叠层太阳电池

根据理论计算，形成 S-Q 极限效率的主要原因是太阳电池消光材料的单一能级（E_g）导致低能光子（$<E_g$）无法被吸收，高能光子（$>E_g$）产生具有过量动能的激发态电子，过量动能通过声子发射损失。为减少太阳光能量的损失，1955 年 Jackson 等提出采用几种不同带隙的半导体材料组成瀑布式的多重 P-N 结叠层结构太阳电池，太阳辐射的高能量光子可被宽带隙的组分所吸收，而较低能量的光子则可被较低带隙的组分所吸收，扩大太阳电池的光谱吸收范围，降低热载流子经声子发射的弛豫过程引起的能量损失。理论上如果叠层结构设计合适，叠层太阳电池的极限光电转换效率可达到 66%[9]。1978 年，Moon 等首次通过 $Al_xGa_{1-x}As$（$x<0.2$）和 Si 构建叠层太阳电池，在 165 倍太阳光下，光电转换效率为 28.5%[10]。目前叠层太阳电池主要包括叠层化合物薄膜太阳电池、叠层硅太阳电池、叠层有机薄膜太阳电池、叠层染料敏化太阳电池及不同类型混合叠层太阳电池等。

叠层化合物薄膜太阳电池在高光强下的光电转换效率较高，耐高温性能好，但制备工艺复杂，成本较高，主要用于卫星和太空飞船等领域。目前研究较多的是 AlGaAs/GaAs、GaInP/GaAs、GaInAs/Inp、GaInP/GaInAs 等。我国神舟飞船所使用太阳电池帆板为三结叠层砷化镓太阳电池，光电转换效率为 27.5%，在太空中其使用寿命可达 15 年之久。Dimroth 等人制备的四结 GaInP/GaAs、GaInAsP/GaInAs 叠层电池，在 508 倍太阳光下，光电转换效率达到了 46.0%[11]。

叠层硅太阳电池是基于不同形态硅材料的带隙和消光性质的差异性制备的，非晶硅（a-Si）太阳电池对太阳光的吸收系数较高，但其禁带宽度为 1.7eV，对长波区域太阳光不敏感，将其与多晶硅（poly-Si，E_g 约为 1.12eV）或微晶硅（μc-Si：H，E_g 随晶粒的变化而变化）组成叠层太阳电池，可制成较为廉价、高效的硅太阳电池。Geng 等在理论上模拟了 a-Si/poly-Si/poly-Si 叠层太阳电池，其光电转换效率可达 22.74%[12]。Hitoshi Sai 等制备三结叠层结构的 a-Si∶H/μc-Si∶H/μc-

Si:H 太阳电池，电池的开路光电压约为 1.92V，光电转换效率为 14.04%[13]。

有机薄膜太阳电池起始于日本柯达公司，Tang 等提出了一种基于四羧基苝的一种衍生物和铜酞菁（CuPc）的双层异质结太阳电池，光电转换效率约为 1%[14]，后来由于富勒烯受体材料的应用，效率提高到 2.5%[15,16]。随后通过新型有机施主材料和受主材料的开发，其光电转换效率逐渐提升到 10% 以上 [17-20]。Zhang 等通过 Cl 原子取代受主材料中的 F 原子，在简化受主材料生产工艺的基础上，提升电池的开路光电压，光电转换效率达到 14.0%[21]。随着有机薄膜太阳电池光电转换效率的提升，叠层有机薄膜电池的开发也越来越受到关注。Meng 等利用已有的有机受主和施主材料，采用半经验模型对两结叠层有机薄膜太阳电池前、后电池消光材料的能级对电池光电转换效率的影响进行模拟，并指导实验制备了光电转换效率为 17.3% 的叠层有机薄膜太阳电池 [22]。Yuan 等提出叠层全有机薄膜太阳电池的制备技术，顶电池和底电池均采用 P2F-DO、N2200 作为有机施主和受主材料，优化顶电池和底电池的厚度后，取得 6.7% 的光电转换效率 [23]。Zhang 等研究发现叠层全有机太阳电池结构可以阻止电池热蒸镀金属电极上的金属原子向有机吸光活性层扩散，同时提高电池的光电转换效率和稳定性，其光电转换效率提高至 11.2%[24]。

相比于上述几类太阳电池，染料敏化太阳电池制备工艺简单、成本低、原材料丰富、无毒，在过去的几十年里获得较快发展。在整个发展过程中，科研工作者为拓展电池的光谱利用范围，做出了不懈努力，其中包括宽吸收光谱的染料敏化剂开发、不同吸收光谱染料共敏化及叠层结构染料敏化太阳电池的开发等。Murayama 等通过理论计算提出如果开发一种吸收光谱拓展到 920nm 的染料作为底电池的敏化剂，叠层染料敏化太阳电池的光电转化效率可达到 18%[25]，该结果远超过目前单体染料敏化太阳电池的转换效率，是染料敏化太阳电池开发的一个重要方向。

9.1.3　叠层太阳电池的结构与效率

叠层太阳电池由两个或多个太阳电池相互串联或并联组成，利用不同的太阳电池吸收特定波长的太阳光，扩大电池的消光光谱范围，同时减少超出禁带宽度的高能光子产生的热能，提高电池的光电转换效率。在设计叠层太阳电池时，不同电池吸光材料之间的能级关系十分重要，基于 Shockley-Queisser 理论，对两结和三结叠层太阳电池的理论光电转换效率随吸光材料能级的变化进行模拟，图 9-2 给出了两结太阳电池光电转换效率与底层、顶层电池吸光材料能级的关系。当顶电池的能级为 1.62eV，底电池的能级为 0.91eV 时，叠层电池效率可达到极限效率，约为42.8%。如果采用单晶硅（约1.1eV）制备底电池，当顶电池材料能级为1.72eV时，效率可达到42.4%，接近理论极限值[26]。对于三结叠层电池，如果采用单晶硅制备底电池，当中间电池和顶电池材料能级分别为1.5eV和2.01eV时，效率最大（图9-3），目前采用较多的三结叠层太阳电池材料的结构为GaInP(1.87eV)/InGaAs(1.42eV)/Si(1.1eV)[26]，Essig等制备的GaInP/GaAs/Si三结电池在1个太阳光（100mW/cm^2）下的效率达到35.9%[27]。

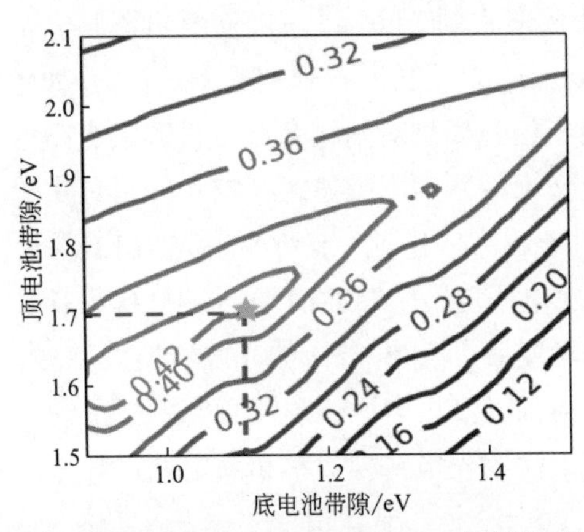

图9-2 利用Shockley-Queisser理论拟合的两结叠层太阳电池光电转换效率与顶电池、底电池吸光材料能级关系图[26]

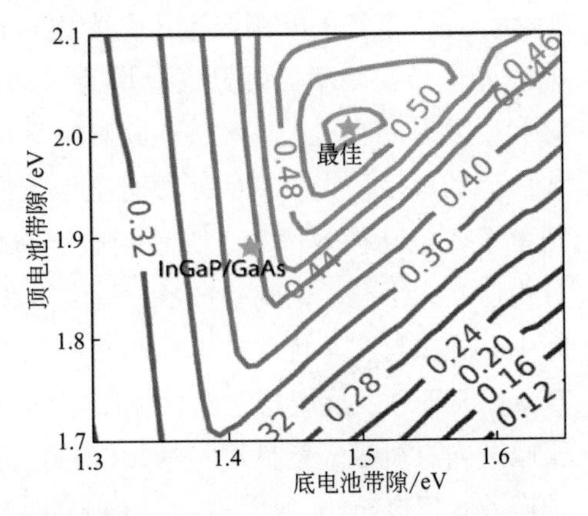

图9-3 利用Shockley-Queisser理论拟合的三结叠层太阳电池光电转换效率与顶电池、中间电池吸光材料能级关系图（底电池为硅太阳电池）[26]

叠层太阳电池的结构主要有两类，即串联结构和并联结构（包括两电极和四电极两种向外供电模式）。串联结构叠层太阳电池是通过透明导电层将两个电池串联在一起（图9-4），该结构叠层电池的优点是操作简单，与单结电池类似，易于整合为光伏模块和系统，但其要求顶电池和底电池的电流匹配，同时对中间导电层在透光率和导电率方面的性能要求也较苛刻。两电极并联结构叠层太阳电池顶电池的正、负极分别与底电池正、负极相连，该结构电池组件的开路光电压同时受顶电池和底电池的开路光电压制约，一般处于顶电池与底电池开路光电压之间，叠层电池的光电流为顶电池和底电池的光电流之和，相对于串联结构叠层太阳电池，光电转换效率一般较高。四电极并联结构叠层太阳电池通过简单的机械堆栈方式将两个电池叠放在一起，每个电池通过自身的电极端口单独向外供电。该叠层电池结构避免了串、并联结构电池的缺点，电池模块的光电转换效率为两个单体电池的光电转换效率之和，但该叠层结构必将使太阳电池模块的成本大幅度增加。

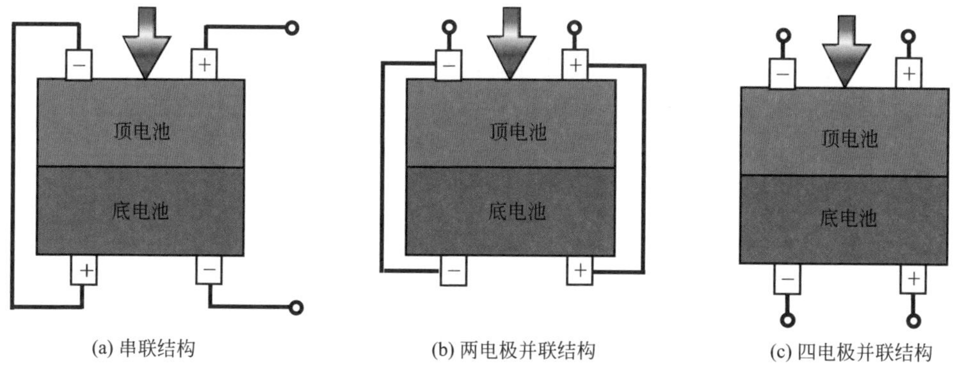

图9-4　三类不同结构叠层太阳电池

叠层染料敏化太阳电池结构与传统叠层太阳电池结构有相通之处，也有许多自身的特点和独特的设计，目前研究的叠层染料敏化太阳电池基本为两结叠层结构，在下面的章节中将详细介绍不同结构叠层染料敏化太阳电池的结构和研究进展。

9.2 串联结构叠层染料敏化太阳电池

串联结构叠层染料敏化太阳电池与Ⅲ～Ⅴ化合物叠层太阳电池结构类似，顶电池和底电池的一个电极通过透明的导电电极相串联，叠层电池组件通过两个电极向外供电，具体结构见图 9-5[28]。该电池组件的开路光电压基本为两个单电池的开路光电压之和，极大地提高了电池的应用性，但叠层电池的短路光电流取决于电流密度较小的单体电池，因此如何在顶电池和底电池之间适当地分配太阳光，以实现顶电池与底电池光电流的匹配，是制备高效串联结构叠层染料敏化太阳电池的关键。

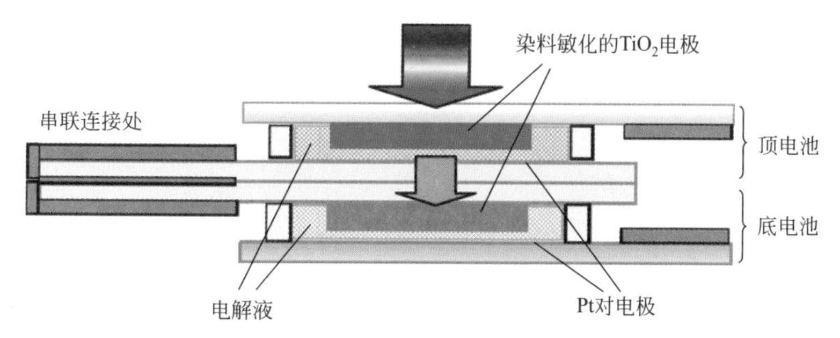

图9-5　串联结构叠层染料敏化太阳电池结构示意图[28]

Yamaguchi 等采用 N719 染料敏化的 TiO_2 电极与透明 Pt 电极组装顶电池，黑染料（N749）[29] 敏化的 TiO_2 电极与顶电池的 Pt 电极通过外电路串联，优化后，该叠层电池的开路光电压为 1.45V，光电转换效率为 10.4%[28]。从电池的 IPCE 图谱可以看出顶电池的N719染料与底电池的N749染料的消光光谱形成较好的补充，叠层电池的消光光谱范围扩展到400～950nm，有效地提高了太阳光的利用率（图9-6）。Choi 等采用纯有机染料 JK303 / HC-A1（具体染料分子结构见文献[30,31]）共敏化 TiO_2 纳晶薄膜制备顶电池光阳极，采用 N749 染料和 HC-A4 染料（具体染料分子结构见文献 [32]）共敏化 TiO_2 薄膜制备底电池光阳极，并将顶电池的电解液由含碘电解液更换为含 Co(Ⅱ)/Co(Ⅲ)电解液[33]，电池的开路光电压提高到 1.66V，光电转换效率约为 10.8%[34]。Kinoshita 等制备了含磷化氢配体的钌染料，其消光光谱拓展到近红外区域（约为 1000nm），与 N719 染料组装串联结构叠层敏化太阳电池，一个标准太阳光强下，开路光电压为 1.40V，效率达到 11.4%[35]。

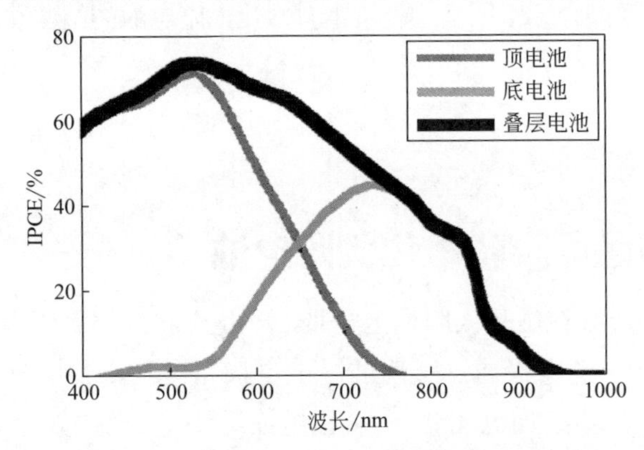

图9-6 Yamaguchi等优化后的单体电池和叠层电池的IPCE图谱

上述的串联结构叠层染料敏化太阳电池均是通过外电路将顶电池的对电极与底电池的工作电极串联，在该结构叠层染料敏化太阳电池中，入射太阳光必须经过多层导电层和透明基底才能到达底电池，严重削弱了底电池的入射光强度，同时也增大了电池组件的制备成本。Uzaki 等在染料敏化太阳电池的工作电极和对电极之间引入一个浮动电极，该浮动电极以不锈钢网作为导电基底，在其一侧涂覆 TiO_2 纳晶薄膜，并吸附染料敏化剂作为底电池的工作电极，在不锈钢网的另一侧溅射 Pt 薄层，作为顶电池的对电极，该叠层电池结构与单结染料敏化太阳电池的结构类似，结构示意图见图 9-7，其无需外电路连接顶电池和底电池，简化了叠层电池组件结构，该课题组同时尝试利用金属钛网作为浮动电极衬底[36,37]。Usagawa 等设计了一种无透明导电氧化物层（TCO）的染料敏化太阳电池［图 9-8(a)］，基本结构为玻璃棒 / 染料敏化的多孔 TiO_2 薄膜层 / 多孔 Ti 网电极 / 凝胶电

解质 /Ti 电极，光线照射在玻璃棒边缘，沿着玻璃棒传播，被附着在玻璃棒表面的染料敏化多孔 TiO_2 薄膜层吸收，产生的电荷经金属 Ti 网传输到外电路。在该电池结构的基础上，Usagawa 等在玻璃棒上制备了采用不同染料敏化剂的两个单体电池，两个单体电池经铜网串联［图 9-8（b）］，电池的开路光电压约为 1.13V，该电池结构可以减少 TCO 层引起的红外光损失，但该结构电池入射光的照射角度不易控制，无法实现太阳光的有效利用 [38]。

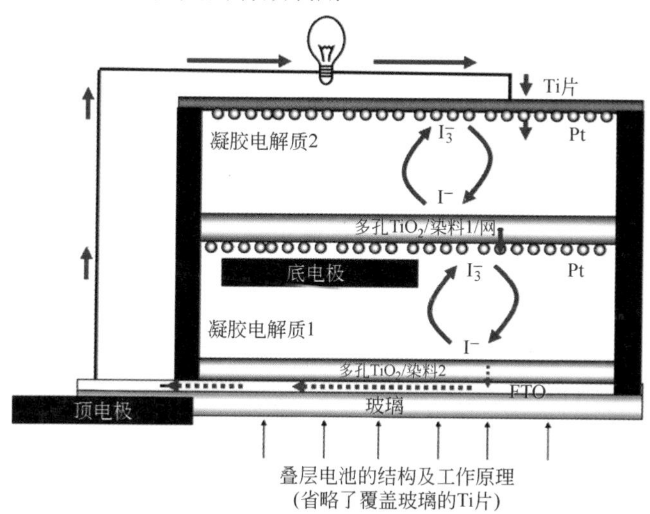

图9-7　利用内插的不锈钢网浮动电极组装的串联叠层染料敏化太阳电池结构示意图

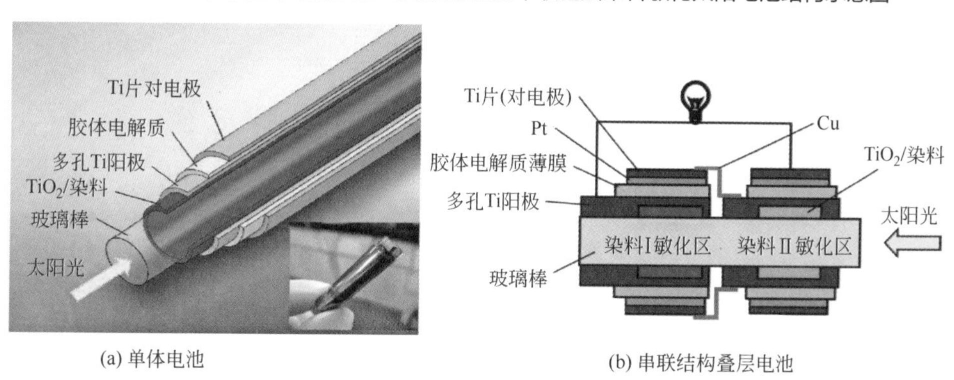

(a) 单体电池　　(b) 串联结构叠层电池

图9-8　基于玻璃棒的新型结构染料敏化太阳电池结构示意图

9.3 并联结构叠层染料敏化太阳电池

多数并联结构叠层染料敏化太阳电池是顶电池和底电池的工作电极相互连

接，对电极相互连接，叠层电池组件通过两个电极向外供电，具体结构见图9-9[39]。该结构叠层染料敏化太阳电池的光电流为顶电池和底电池两个电池光电流之和，开路光电压受顶电池和底电池中开路光电压较小的电池控制，但科研工作者通过一定的技术手段可以基本实现顶电池和底电池开路光电压的匹配。并联结构叠层染料敏化太阳电池也可采用顶电池和底电池分别向外电路供电，避免两个电池之间的相互影响，但在电池模块化的过程中，必然增加电路连接的复杂性和电池组件的制备成本。

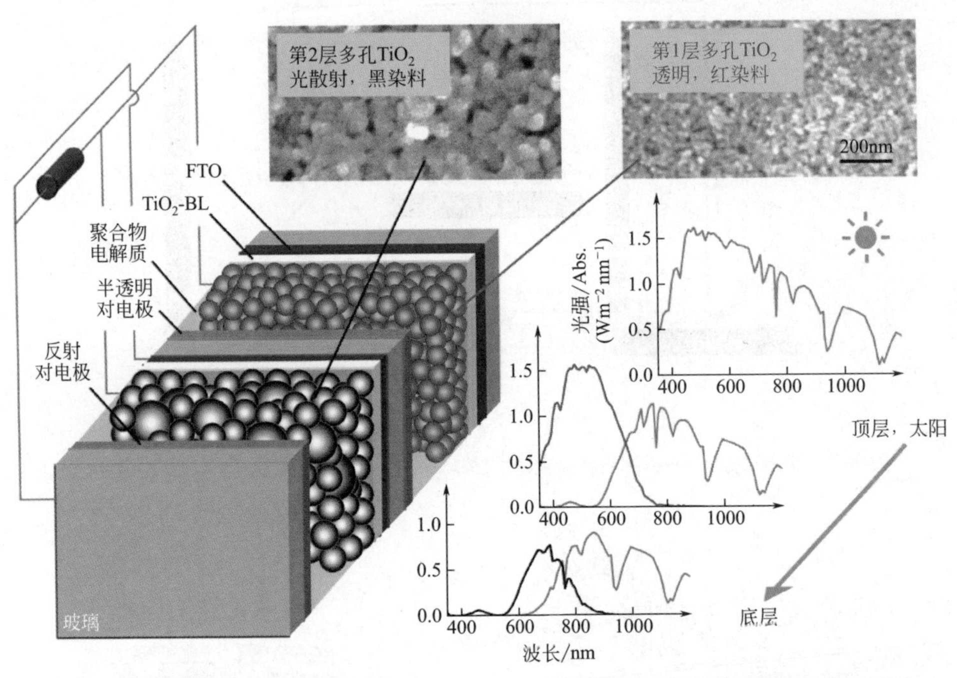

图9-9　并联结构染料敏化太阳电池结构示意图及顶电池、底电池光电极光吸收谱图[39]

并联结构叠层染料敏化太阳电池的研究起始于2004年，Dürr等提出采用N719染料敏化半透明的TiO_2纳晶薄膜（粒径约为20nm）与Pt对电极组成顶电池，采用黑染料（N749）敏化含光散射颗粒的TiO_2纳晶薄膜（粒径为20nm的TiO_2纳晶颗粒+粒径为300nm的TiO_2纳晶颗粒，质量比为4∶1）与Pt对电极组成底电池，分别将两个电池的工作电极及对电极并联，向外电路供电[39]。叠层电池的短路光电流约为21.1mA/cm^2，基本等于顶电池（16.3mA/cm^2）和底电池（5.4mA/cm^2）的短路光电流之和，叠层电池的开路光电压约为690mV，低于顶电池的开路光电压740mV，但高于底电池的开路光电压600mV。Dürr等提出底电池开路光电压的影响因素主要有两个方面：黑染料敏化剂分子的性质和底电池较弱的光强。随后，Kubot 等从理论计算和实验的角度对上述实验现象进行了验证，并证实叠层结构染料敏化太阳电池的效率提升来源于光电极光谱响应范围的拓展。作者还研究了叠层太阳电池光电转换效率的影响因素，如 TiO_2 纳晶薄膜厚度和光散射颗粒等，提出 TiO_2 纳晶薄膜厚度增加可以增大光电流，但使电池开路光电压略微下降，电池光电转换效率提升，当顶电池的 TiO_2 纳晶薄膜厚度为 7.7μm，底电池的 TiO_2 纳晶薄膜厚度为 12.6μm（含有光散射颗粒）时，叠层电池光电转换效率最大，约为 7.6%[40]。Yanagida 等进一步详细研究了顶电池、底电池及叠层电池的光电特征参数（开路光电压、短路光电流、填充因子及光电转换效率等）与顶电池 TiO_2 纳晶薄膜厚度的关系，发现底电池的开路光电压和短路光电流随 TiO_2 纳晶薄膜厚度的增大逐渐减小，其原因在于 N719 染料与黑染料的消光光谱有一定的重叠，顶电池 TiO_2 纳晶薄膜厚度增大，削弱了底电池的太阳光强度。当 TiO_2 纳晶薄膜厚度为 12μm 时，叠层电池的光电转换效率最大，约为 11.0%[41]。上述研究为并联结构叠层染料敏化太阳电池顶电池与底电池之间的光分配提供了一定的参考。

对于并联结构叠层染料敏化太阳电池，叠层电池的开路光电压一般处于顶电池和底电池的开路光电压之间，因此平衡顶电池和底电池的开路光电压，是提高并联结构叠层染料敏化太阳电池光电转换效率的另一个有效途径。Fan 等在底电池工作电极 TiO_2 纳晶颗粒表面修饰 Al_2O_3 薄层，抑制光生电荷的复合反应，并尝试在底电池中采用无 Li^+ 的电解液体系，提高 TiO_2 的导带能级位置，两种方法均可提高底电池的开路光电压。当所采用的染料不同时，两种方法的作用有一定的差别，经优化后，底电池与顶电池的开路光电压差距减小，叠层电池的开路光电压明显提升[42]。

Li 等分别采用 TH305 和 HY103 两种纯有机染料（具体分子式见参考文献［43］和［44］）敏化 TiO_2 纳晶薄膜作为工作电极，与 Pt 对电极组装成两个单体电池，形成并联结构叠层染料敏化太阳电池，但由于两个单体电池的开路光电压相差较大，若采用并联结构由两电极向外电路供电模式，叠层电池开路光电压损失较大，作者使顶电池和底电池分别向外电路供电，两个电池的效率之和达到 11.5%[45]。

上述传统的并联结构叠层染料敏化太阳电池是由两个完整的敏化太阳电池堆栈构成叠层电池。科研工作者也开发了一些特殊结构的并联结构叠层染料敏化太阳电池。Murayama 等将 N3 染料和 N749 染料分别敏化的 TiO_2 纳晶工作电极面对面放置，在其空隙中插入 Pt 网作为顶电池和底电池的共用对电极，注入电解液，组装并联结构叠层染料敏化太阳电池（图 9-10），叠层电池的光电转换效率基本等于两个单体电池的光电转换效率之和[46]。Meng 等组装了上述类似结构的并联叠层染料敏化太阳电池，分别采用 CdS/CdSe 和 PbS/CdS 量子点共敏化 TiO_2 纳晶薄膜作为顶电池和底电池的工作电极，载有 Cu_2S 的金属铜网插入两个工作电极中间，作为对电极，对顶电池和底电池的 TiO_2 薄膜厚度、PbS 量子点的 SILAR 次数等工艺进行优化，叠层电池的短路光电流达到约 25mA/cm^2[47]。Sun 等制备了双面 TiO_2 纳米管阵列薄膜，经 N719 染料敏化后，在两边组装 Pt 对电极，组成叠层染料敏化太阳电池，相对于单面纳米管阵列 TiO_2 光阳极，该叠层结构使电池的短路光电流提高了 70%，光电转换效率提高了约 30%[48]。Zhang 等在 N719 染料敏化的 TiO_2 光阳极与 Pt 对电极之间插入负载了 N749 染料敏化的 TiO_2 纳晶颗粒的 Ti/Ni 合金网，作为底电池的工作电极，所制备的叠层染料敏化太阳电池的光电转换效率相比于未插入金属网格光阳极的单体电池有了较大幅度的提升（由 5.2% 提升到 6.6%）[49]。

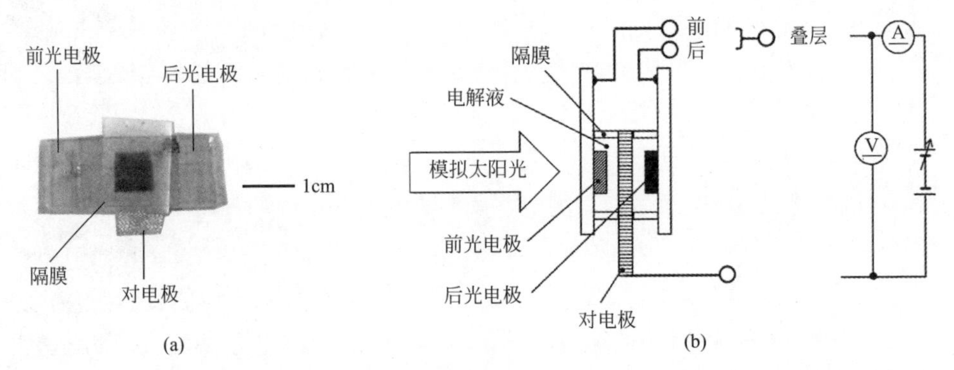

图9-10 内插Pt网电极作为公共对电极组装的并联结构叠层染料敏化太阳电池实物图（a）及结构示意图（b）[46]

9.4 共敏化结构染料敏化太阳电池

采用两种或多种具有不同吸收光谱范围的染料共同敏化 TiO_2 纳晶薄膜，是扩大染料敏化太阳电池光阳极消光光谱范围的最初方案。Fang 等将 TiO_2 纳晶薄膜浸泡在卟啉和酞菁的混合甲醇溶液中，得到染料共敏化的 TiO_2 纳晶薄膜，发现通过两种染料共敏化，确实拓展了光电极的消光范围[50]，但人们随后发现染料共敏化技术很难达到提高染料敏化太阳电池光电转换效率的目的。其原因可能是很难找到两种具有相近性能（如消光系数、光生电荷转移速率等）的染料分子，当采用性能差别比较大的两种染料共敏化 TiO_2 纳晶薄膜时，虽然光电极的消光光谱范围得到拓展，但由于性能较差的染料分子在 TiO_2 纳晶薄膜表面的吸附可能阻碍具有较好消光能力和光生电荷转移性能的染料分子的吸附，造成光电极整体消光能力的减弱。同时不同染料分子之间也会发生一定的相互作用，影响光生电荷的有效分离。2011 年，Yella 等制备了给体 -π- 受体结构的锌卟啉染料（YD2-o-C8），该染料较好地抑制了 TiO_2 导带电子与电解液离子之间的复合反应，将电池开路光电压提高到约 1.0V，电池的光电转换效率达到 11.9%，采用该染料与另一种结构相类似的染料 YD2（具体分子结构见参考文献［51］）共同敏化 TiO_2 纳晶薄膜制备光电极，YD2-o-C8 和 YD2 两种染料结构类似，消光性能接近，吸收光谱具有一定的互补性，共敏化 TiO_2 光电极组装的电池光电转换性能达到 12.3%[52]。最近，Cooper 等结合理论预测及实验验证，发现采用合适的染料共敏化 TiO_2 纳晶薄膜可以减少染料分子聚集体在 TiO_2 纳晶薄膜表面的形成，提高染料分子在 TiO_2 纳晶薄膜表面的覆盖度，当采用 XS6 和 XS15 染料（具体分子式见参考文献［53］和［54］）共敏化 TiO_2 纳晶薄膜时，可使光电极光电转换性能大幅度提升[55]。

分层吸附是另一种共敏化 TiO_2 纳晶薄膜的技术。Inakazu 等首先将 TiO_2 纳晶薄膜浸泡在盛有黑染料的叔丁醇和乙腈混合溶剂（体积比 1∶1）的不锈钢器皿中，并放置在密闭容器中，向密闭容器中通入 CO_2 气体，气压变化范围为 5～18MPa，温度变化范围为 40～60℃，在 CO_2 气体的作用下，TiO_2 薄膜表层纳晶颗粒吸附黑染料分子，而靠近内层的 TiO_2 纳晶颗粒并未吸附染料，之后将已被黑染料部分敏化的 TiO_2 薄膜浸在含有 NK3705 染料的叔丁醇和乙腈混合溶剂中，进行二次敏化，制备黑染料和 NK3705 染料分层敏化的 TiO_2 光电极，利用该光电极组装电池的短路光电流相比于单一染料敏化的 TiO_2 光电极有明显提升（由 20.4mA/cm^2 提高到 21.8mA/cm^2）。该实验的成功在于，NK3705 染料分子较小，比较容易在 TiO_2 纳晶薄膜中扩散，实现纳晶薄膜的完全敏化，另外 NK3705 染料分子与 TiO_2 纳晶颗粒的吸附作用较弱，较难替代已吸附在 TiO_2 纳晶颗粒表面的黑染料分子[56]。Lee 等通过选择性地吸脱附工艺更加精准地在 TiO_2 纳晶薄膜内分层吸附不同的染料，具体工艺是首先在 TiO_2 纳晶薄膜上吸附 N719 染料，在 N719 染料敏化的 TiO_2 纳晶薄膜上旋涂苯乙烯低聚物和聚合反应引发剂混合溶液，加热 TiO_2 纳晶薄膜使其空隙内的苯乙烯聚合，减小 TiO_2 纳晶薄膜的孔隙，同时在 NaOH 脱附溶液中添加聚丙烯乙二醇，减小 NaOH 脱附溶液在 TiO_2 纳晶薄膜中的扩散速率，从而实现对 N719 染料的选择性脱附，之后在已脱附 N719 染料的 TiO_2 纳晶薄膜表面吸附 N749 染料，并利用溶剂去除纳晶薄膜中的聚苯乙烯，得到不同染料分层吸附敏化的 TiO_2 光电极，具体流程示意图见图 9-11。通过该工艺，也可实现三种染料的分层吸附，所制备 N719 和 N749 染料共敏化的 TiO_2 光电极组装电池的短路光电流获得较大提升[57]。

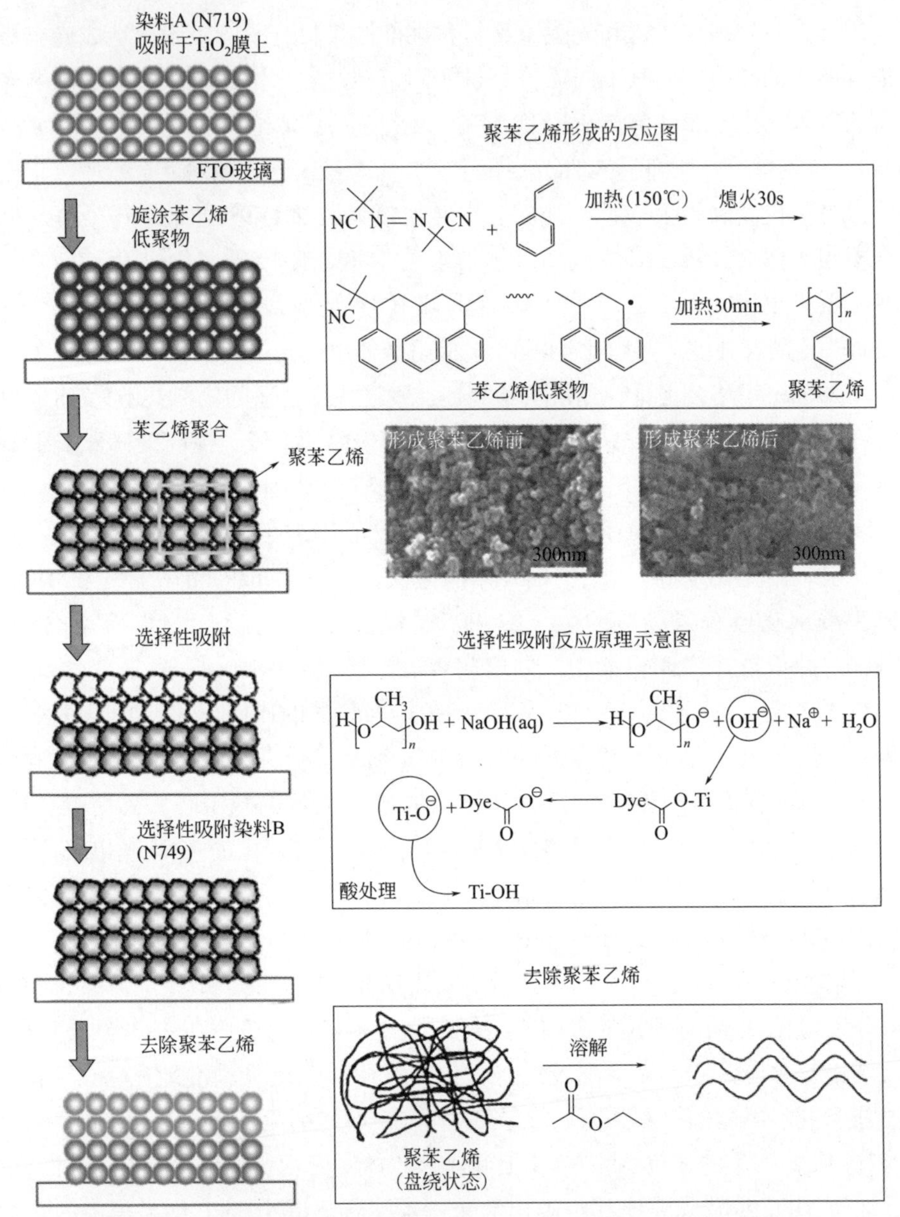

图9-11　Lee等提出的分层吸附染料共敏化TiO_2光阳极的制备流程示意图[57]

Huang等开发了一种“粘贴”技术实现TiO_2纳晶薄膜的不同染料分层敏化。采用刮涂法在ITO-PEN衬底上涂覆TiO_2纳晶薄膜，吸附N719染料后在100MPa下挤压3min，另外在纯PEN衬底上涂覆TiO_2纳晶薄膜，吸附GD3染料（具体分子式见参考文献［58］）后，通过机械挤压的方法将GD3敏化的TiO_2纳晶薄膜转移到N719敏化的TiO_2纳晶薄膜上面，该分层吸附共敏化工艺制备的TiO_2

光电极相比直接共吸附所制备的光电极的光电转换效率提高了约20%[59]。Miao等采用类似的技术，将高温烧结后的TiO_2纳晶薄膜经染料吸附后进行转移，制备分层吸附敏化的TiO_2光电极（具体步骤见示意图9-12），电池光电转换效率提高到11.0%[60]。

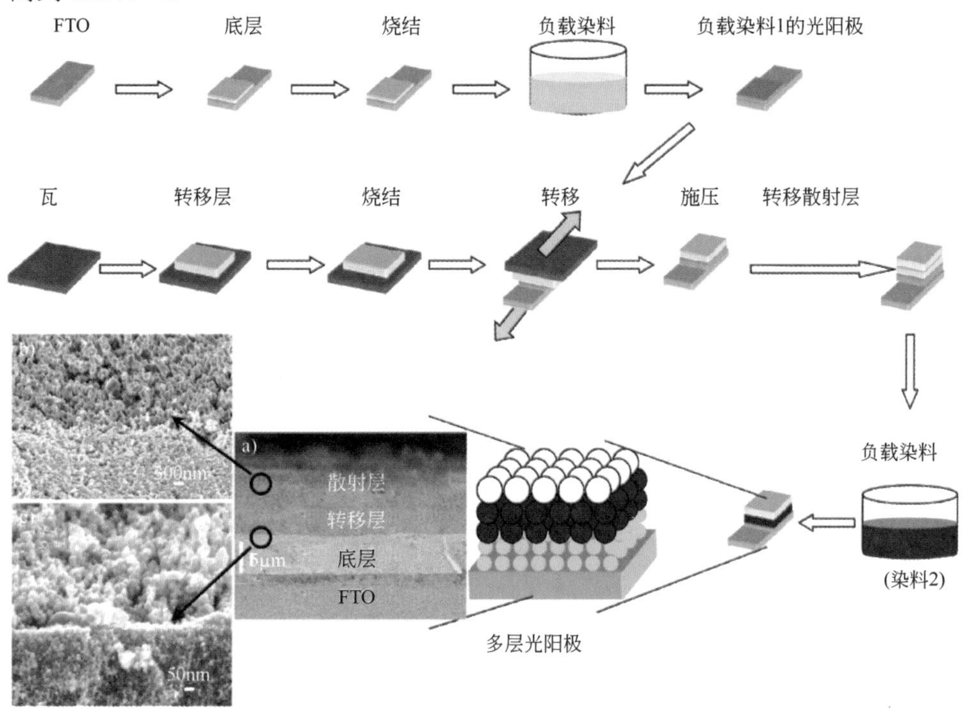

图9-12　Miao等提出的利用薄膜转移技术制备分层吸附TiO_2光阳极技术路线示意图[60]

9.5 P-N叠层染料敏化太阳电池

9.5.1 P-N叠层染料敏化太阳电池的结构及工作原理

目前染料敏化太阳电池的大多数研究工作是基于染料敏化N型半导体材料（TiO_2、ZnO和SnO_2等），其电能的起源在于太阳光激发染料分子，使其电子跃迁到低占位轨道，随后电子转移到N型半导体导带，并被导电衬底收集向负载供电，此类染料敏化太阳电池可称为N型染料敏化太阳电池（N-DSCs）。与该原理类似，P型染料敏化太阳电池（P-DSCs）是利用染料敏化P型半导体材料（NiO、$CuAlO_2$和CoO等）[61-64]，其电能同样起源于太阳光激发染料分子，使其电子跃迁到低占位轨道，但随后空穴转移到P型半导体价带，从而实现电子和空穴的有效分离。Lindquist等利用有机卟啉染料敏化P型NiO作为光阴极，首次组装了P型染料敏化太阳电池，随后该课题组将染料敏化的NiO和TiO_2分别作为光阴极和光阳极组装了叠层染料敏化太阳电池（P-N DSCs）[65,66]。该P-N DSCs的工作原理如图9-13所示：以染料敏化的TiO_2作为光阳极，以染料敏化的NiO作为光阴极，并填充含有合适氧化还原电对的电解质，在光照作用下，光阴极上的染料被激发，将空穴转移至NiO的价带，形成光生空穴载流子，并得到还原态的染料离子，还原态的染料离子被电解质中氧化态的离子氧化，再生为基态的染料分子，光阳极在光照作用下被染料激发，将光生电子转移至TiO_2导带，光生电子经由外电路回到光阴极，而氧化态的染料离子被电解质中的还原态的离子还原再生，在电解质中氧化态与还原态离子经扩散达到平衡状态，完成整个循环。从理论上讲，组成P-N DSCs后，电池的极限光电转换效率可以由31%提高到42%[67]。该结构叠层染料敏化太阳电池可以通过将N-DSCs对电极换为P型光阴极实现，在很大程度上降低了电池成本。由于光阴极和光阳极可以采用两种不同的染料敏化剂，因此可以在更宽的光谱窗口上吸收太阳光。对于P-N DSCs，理论开路光电压为光阴极价带能级与光阳极导带能级之差，与电解质的氧化还原电位无关，因此可获得较高的开路光电压。虽然P-N DSCs的光电转换效率有望突破15%，但目前上述电池的光电转换效率都较低，主要原因是该叠层电池结构的光电流取决于两个光电极中较小的那个电极，虽然目前N型光阳极的研究已经相当成熟，光电流可以达到15～20mA/cm^2，但P型光阴极的光电流

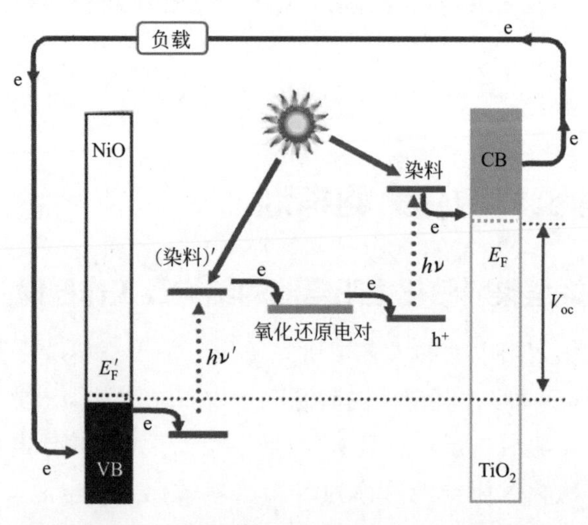

图9-13 P-N叠层染料敏化太阳电池工作原理示意图

普遍较低，无法与N型光阳极相匹配，导致组装的叠层太阳电池效率都比较低。研究开发高性能P型光阴极是制备高效P-N叠层太阳电池的关键。

9.5.2 P-N叠层染料敏化太阳电池的光阴极

纳晶半导体光阴极是P-DSCs的核心部分，决定电池光电转换效率的高低。在染料敏化太阳电池光阴极中应用较多的材料是NiO和$CuMO_2$（M=Al，Ga，In，Cr等）类铜铁矿材料等，其中NiO纳晶材料研究较多，但NiO的表面缺陷较多，且空穴迁移率较低，科研工作者尝试通过各种技术提高NiO薄膜光电极的性能。Wu等控制水热反应溶液的浓度制备了膜厚可控的高比表面积的球形纳米花NiO，光电转换效率提高了两倍[68]。Sumikura等利用PEO-PPO-PEO三嵌段模板法，制备了多孔纳米晶NiO，研究发现在高PEO与PPO比例时，NiO薄膜的孔隙较小，比表面积较大，光电流较高[69]。Zhang等利用高温热解法制备了高结晶度、化学比接近1∶1的NiO，该结构NiO降低了表面缺陷，进而抑制光生电荷的表面复合反应，提高了光生电荷的转移速率，使P型DSCs的开路光电压提高到350mV。随后该课题组又制备了高比表面积的NiO纳米带，组装电池后IPCE达到了74%，短路光电流提高到了7.0 mA/cm^2[70,71]。Kang等利用模板法制备了反蛋白石结构Ni-NiO核-壳结构薄膜，并用CdS敏化所制备的NiO纳晶薄膜，制备P型光阴极，利用强度调制光电压谱/光电流谱（IMPS/IMVS）研究发现Ni金属核的存在使薄膜的空穴扩散速率提高了约一个数量级，Ni-NiO核-壳结构薄膜电极的电荷收集效率达到了100%，但由于所选用对电极的催化活性较低，并且Ni-NiO核-壳结构薄膜中Ni金属核不透光，电池的IPCE和短路光电流均较低，在400nm处，NiO薄膜光电极的IPCE仅为3.5%，短路光电流为0.3mA/cm^2[72]。Yang等利用石墨片与NiO复合，NiO薄膜电极的空穴传输速率提高，电荷复合减少，提高了电荷有效分离和收集效率，电池的整体光电转换效率提高了约2倍[73]。Natu等利用原子层沉积技术在NiO纳晶颗粒表面沉积一薄层Al_2O_3，发现光生电荷的复合阻抗增加，开路光电压和短路光电流均增加，P-DSCs光电转换效率提高了74%[74]。

染料敏化剂是P-DSCs光阴极吸收太阳光的天线，其吸收光谱范围、消光系数及与NiO半导体能级、电解质氧化还原电势的匹配等因素直接决定了光阴极的性能。近年来，针对P-DSCs光阴极开发了多种染料敏化剂，主要有有机敏化剂和无机量子点敏化剂。

传统有机染料敏化剂分子主要由锚定基团和消光基团组成，但锚定基团主要包括—COOH、—SO_3H和—PO_3H_2等，这些基团均是亲电子基团，不利于空穴向 NiO 价带的注入，加剧已注入空穴与还原态染料的复合反应。为了使光生电子远离 NiO 半导体表面，Li 等通过增加 NiO 和钌配位中心（消光基团）之间的距离，抑制 NiO 价带空穴与还原态染料之间的复合反应，提高了开路光电压和光电流。交流阻抗结果表明随着二者距离的增加，NiO 价带中空穴的寿命增加。Qin 等设计了“push-pull”结构染料，该染料分子中锚定基团的相反端引入电子受体基团，光激发后，电子从消光基团向电子受体基团迁移，使 NiO 表面区域的电子浓度下降，抑制光生电荷的复合反应，获得长寿命的电荷分离状态，使电子向氧化态电解质离子的转移效率以及空穴的收集效率提高，使 P-DSCs 的 IPCE 最大值提高到 44%[75,76]。Nattestad 等在染料分子中连接了两个电子受体基团，该染料结构获得了长寿命的电荷分离状态，达到了毫秒级，使短路光电流提高到 5.35mA/cm^2，光电转换效率达到 0.41%[77]。同时发现价带空穴与还原态染料之间的电荷复合反应与染料阴离子基团到半导体表面的距离有关，与电子遂穿理论一致，随着距离的增加，反应速率常数呈指数衰减。通过增加电子和空穴之间的距离，使电子进一步远离 P 型半导体表面，是延长光生电荷有效分离状态的一种有效方法，电子在染料分子内部迁移的过程中不断消耗自身的能量，从而使还原态染料离子再生的难度加大。

相对于 N-DSCs，P-DSCs 的 IPCE 普遍较低，这主要是因为空穴在 NiO 价带中迁移率低，复合反应速率大，空穴有效扩散长度小（通常在 2～3μm），这在极大程度上限制了光阴极的消光性能。无机染料敏化剂具有消光系数高和能级结构可调控的特点，可以在 NiO 薄膜厚度较小的情况下，实现较高的光吸收效率，是 NiO 光阴极的合适敏化剂。另外，多子激发效应使量子点敏化剂有可能突破 Shockley-Queisser 极限。Wu 等研究了核 - 壳结构 CdSe/ZnS 复合量子点在 NiO 表面的电荷转移过程，发现空穴的注入速率大约是 $1.2\times10^9s^{-1}$，而激发态量子点的辐射衰减速率为 $6.7\times10^7s^{-1}$，可以看出量子点敏化 NiO 可以保证较高的空穴注入效率 [78]。Kang 等旋涂了 1μm 厚的 NiO 薄膜，采用 CdS 进行敏化，研究发现在 CdS 敏化的 NiO 薄膜中空穴扩散系数比有机染料敏化的 NiO 薄膜增加了两个数量级，这可能是由于 CdS 在 NiO 表面的沉积钝化了 NiO 的表面缺陷，电荷收集效率接近 100%[79]。可以看出，NiO 中空穴传输速率可以通过表面结构调控得到提高，因为表面缺陷会降低空穴的传输性能，相反表面覆盖 CdS 后，NiO 表面缺陷密度下降，空穴传输阻抗降低。而在染料敏化的 P-NiO 中，随着光强的变化，电荷收集效率在 52%～97% 之间变化。Safari-Alamuti 等制备了 CdS、CdSe 和二者共敏化 NiO 光阴极，研究发现在 NiO 和 CdSe 之间沉积 CdS 层可以抑制复合反应，提高电池性能 [80]。Li 等采用 CdSSe 量子点敏化 NiO 薄膜，通过调整

Se、S元素含量，调控量子点的能级结构，与CuS对电极组装成敏化太阳电池，电解液采用Na_2S+S+NaOH水溶液体系，电池的光电转换效率可以达到1.02%，短路光电流密度为14.68mA/cm^2，开路光电压为232mV[81]。

9.5.3 P-N叠层染料敏化太阳电池的研究现状

P-N叠层染料敏化太阳电池的概念是在2000年Lindquist等提出的，其采用N719染料敏化的TiO_2光阳极和赤藓红B染料敏化的NiO光阴极首次组装了P-N叠层染料敏化太阳电池，叠层电池的开路光电压约为732mV，基本是两个光电极单独组装成的N-DSCs（V_{oc}=650mV）和P-DSCs（V_{oc}=83mV）的开路光电压之和，但由于NiO光阴极的光电流较小，P-N DSCs的短路光电流仅为2.2 mA/cm^2，光电转换效率为0.39%[66]。Nakasa等采用三嵌段有机物模板法制备NiO薄膜，以NK-2684染料作为敏化剂，与N3染料敏化的TiO_2光阳极组装叠层染料敏化太阳电池，开路光电压提升到0.918V，短路光电流提升到3.62mA/cm^2，光电转换效率提升为0.66%[82]。Gibson等采用PMI-NDI染料作为NiO光阴极敏化剂与N719敏化的TiO_2光阳极组装P-N DSCs，利用含Co(Ⅲ/Ⅱ)的电解液取代含碘电解液体系，P-N DSCs的开路光电压首次突破1.0V[83]。随后，Bach等采用Thiop-PMI染料作为NiO光阴极敏化剂，将所组装P-N DSCs的开路光电压提升到1.079V（与NiO价带和TiO_2导带能级电位差值接近）[84]。相关P-N DSCs的光电性能汇总于表9-1。

表9-1　P-N叠层染料敏化太阳电池相关光电性能汇总表

参考文献	电池结构	电极材料	染料	V_{oc}/mV	J_{sc}/（mA/cm^2）	*FF*	PCE/ %
[66]	P+N			732	2.26	0.199	0.39
	P	NiO	赤藓红B	83	0.269	0.27	0.0071
	N	TiO_2	N719	650	7.16	0.513	2.81
[82]	P+N			918	3.62		0.66
	P	NiO	NK-2684	93	1.0		0.027
	N	TiO_2	N3	762	5.83		2.36
[77]	P+N			1079	2.4		1.91
	P	NiO	Thiop-PMI	186	4.64		0.3
	N	TiO_2	N719	905	2.74		1.79
[84]	P+N			613	5.15		1.7
	P	NiO	CAD3	101	8.21		0.25
	N	TiO_2	D35				
[85]	P+N			900	2.13	0.724	1.23
	P	NiO	PCPDTBT	99	3.15	0.334	0.1
	N	TiO_2	N719	800	2.17	0.678	1.30
[86]	P+N			621	0.63	0.60	0.23
	P	NiO	BH2	142	0.83	0.72	0.088
	N	TiO_2	MK2	526	0.51	0.75	0.20

续表

参考文献	电池结构	电极材料	染料	V_{oc}/mV	J_{sc}/（mA/cm²）	*FF*	PCE/ %
[87]	P+N			940	2.72	0.39	0.98
	P	Se/TiO_2	Se	318	3.73	0.39	0.34
	N	TiO_2	N719	685	3.39	0.64	1.51
[88]	P+N			910	6.73	0.66	4.10
	P	NiO	Th-DPP-NDI	150	7.85	0.30	0.35
	N	TiO_2	D35	764	7.41	0.69	3.91
[89]	P+N			813	4.83	0.59	2.33
	P	$CuCrO_2$	C6	190	0.10	0.55	0.01
	N	TiO_2	N719	672	14.07	0.68	6.48
[90]	P+N			896	5.07	0.6	2.86
	P	NiO	PP2-NDI	175	6.48	0.34	0.38
	N	TiO_2	D35	764	7.41	0.65	3.68
[91]	P+N			924	1.9	0.67	1.19
	P	NiO	SQ1	226	5.3	0.36	0.44
	N	TiO_2	PMI-6T-TPA	718	3.6	0.77	1.97
[92]	P+N			594	1.98	0.36	0.43
	P	NiO	CdSeS QDs	165	9.33	0.30	0.47
	N	TiO_2	CdS/CdSe QDs	543	5.51	0.52	1.55

9.6 染料敏化太阳电池与其他光伏器件的叠层

目前已经商品化的硅太阳电池和化合物薄膜太阳电池的光电转换效率较高，吸收光谱一般都可达到近红外区域，将其与现在普遍采用的N719染料敏化太阳电池叠层，可较好地实现消光光谱的互相补充，获得高光电转换效率的叠层结构太阳电池。N719染料的HOMO能级与LUMO能级的能级差约为1.7eV，根据Shockley-Queisser的理论拟合结果，最佳底电池吸光材料的能级约为1.1eV，围绕该要求，科研工作者展开了染料敏化太阳电池与CIGS太阳电池、硅太阳电池和有机薄膜太阳电池等叠层太阳电池的研究。

CIGS通过调节化合物中铟和镓的元素比例，其带隙在1.0～1.7eV之间连续变化，可较好地实现与染料敏化太阳电池顶电池的带隙匹配。Liska等将染料敏化太阳电池与CIGS机械堆栈在一起，首次制备混合叠层结构太阳电池，顶电池与底电池的IPCE如图9-14所示，可以看出在400～550nm波长范围内，CIGS电池的IPCE值较低，这主要是因为CIGS电池的结构为ZnO:Al/ZnO/CdS/CIGS/Mo，其中CdS层作为缓冲层，其作用是促进CIGS层光生电子的收集，但其自身所吸收的可见光并不能产生有效的光生电荷分离。而染料敏化太阳电池在400～550nm波长范围内具有较高的量子效率，与CIGS电池形成互补，两电池串接后，电池开路光电压为1.45V，光电转换效率为15.09%[93]。Wenger等改进染料敏化太阳电池与CIGS太阳电池叠层电池结构，见图9-15。在CIGS电池电子收集层（ITO）上沉积Pt颗粒作为染料敏化太阳电池的对电极，同时实现两个电池的串联，该设计减少了一层玻璃基底（染料敏化太阳电池Pt对电极的玻璃基底），提高太阳光的透过率，同时也减少了太阳光的发射损失和自由电子的吸收损失，电池的光电转换效率约为12.2%。但该结构在工作的初期由于I_3^-对

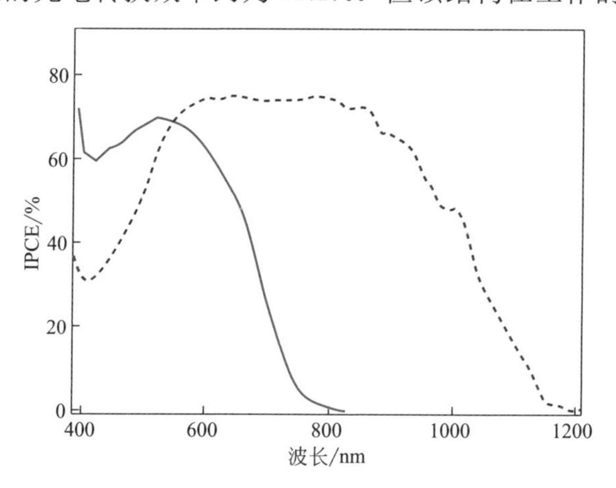

图9-14　DSCs与CIGS叠层太阳电池单体电池的IPCE图谱

（实线为基于N719染料的DSCs的IPCE曲线，虚线为CIGS的IPCE曲线）

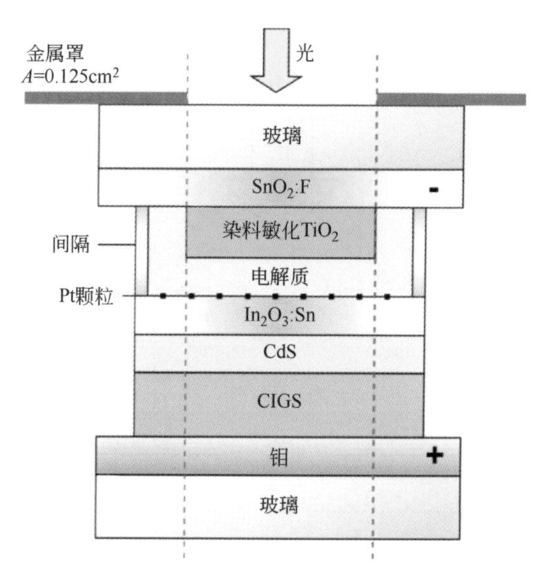

图9-15　Wenger等提出的DSCs与CIGS叠层太阳电池结构示意图[94]

CIGS 电池底层的腐蚀，电池开路光电压会出现下降现象[94]。Wang 等通过模拟计算发现在染料敏化太阳电池与 CIGS 太阳电池叠层电池中顶电池（染料敏化太阳电池）的透光率是影响电池效率的一个重要因素，在顶电池透光率不变的条件下，电池总体光电转换效率随着顶电池的光电转换效率的提升而提升[95]。

硅太阳电池是目前技术较为成熟的光伏器件之一，与染料敏化太阳电池组成叠层结构电池组件的研究也得到了广泛关注。硅材料随着其晶体结构的改变，带隙变化较大，与染料敏化太阳电池组成的叠层电池结构也需相应变化。Hao 等采用非晶硅薄膜太阳电池作为顶电池，采用染料敏化太阳电池作为底电池，以 ZnO/Pt 复合薄膜作为中间层，其结构如图 9-16 所示，当 a-Si∶H 薄膜厚度为 235nm 时，叠层电池的光电转换效率最优，为 8.31%，开路光电压为 1.45V[96]。Kwon 等采用晶体硅太阳电池与染料敏化太阳电池分别作为底电池和顶电池组成叠层结构太阳电池，同时采用 PEDOT（聚 3,4-乙烯二氧噻吩）：FTS（对甲苯磺酸铁）复合薄膜取代 ZnO/Pt 复合薄膜作为中间层，提高其透光率及电子导电性，其结构示意图见图 9-17，经优化后叠层电池的效率达到 18.1%，电池的开路光电压为 1.36V[97]。Nikolskaia 等首次采用并联结构将染料敏化太阳电池与晶体硅太阳电池叠层，电池组件在 100mW/cm^2 光强下短路光电流密度达到了 40.88mA/cm^2，光电转换效率为 14.7%[98]。Barber 等设计了一种新颖的染料敏化太阳电池与晶体硅太阳电池叠层结构，见图 9-18。太阳光首先经过一个 650nm 的滤波片，小于 650nm 的太阳光透过滤波片被染料敏化太阳电池利用，大于 650nm 的太阳光经过反射、聚光被硅太阳电池利用，该结构可提高短波长散射光的利用率。在两倍聚焦条件下，该结构电池组件在多云天气和晴朗天气下的光电转换效率可分别达到硅太阳电池在完全垂直照射情况下的 93% 和 96%[99]。

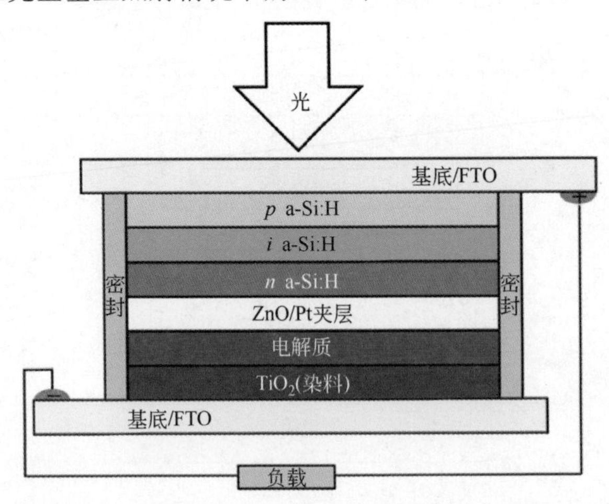

图9-16　DSCs与a-Si∶H叠层太阳电池结构示意图[96]

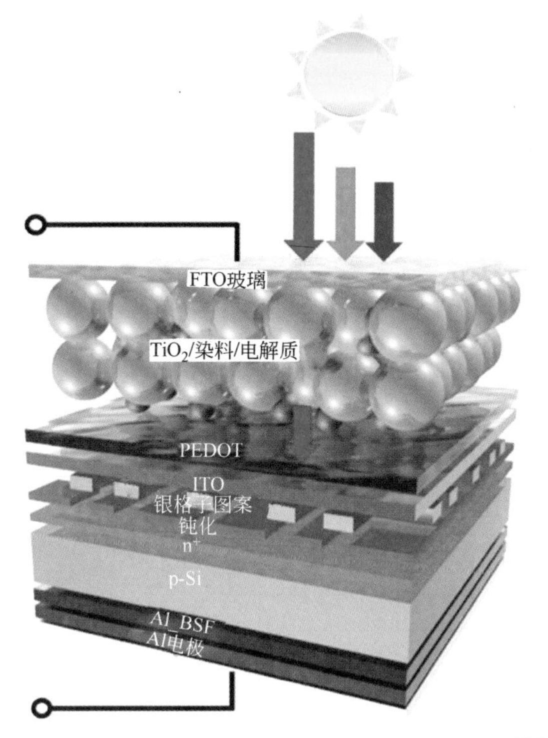

图9-17　DSCs与单晶硅叠层太阳电池结构示意图[97]

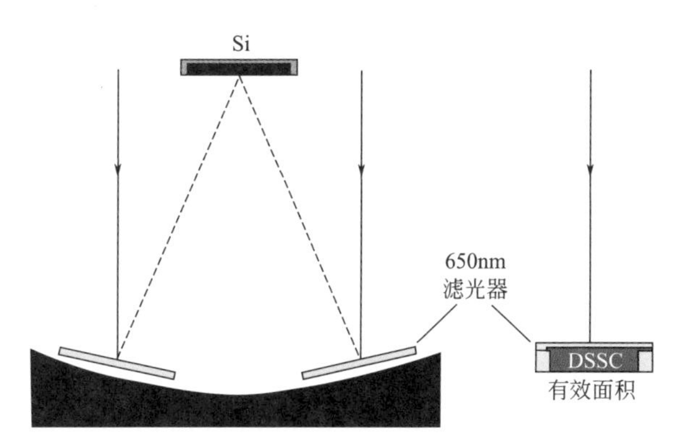

图9-18　Barber等设计的带聚光和滤光装置的DSCs与单晶硅叠层太阳电池结构设计示意图

除与CIGS太阳电池和硅太阳电池叠层外，科研工作者也尝试将染料敏化太阳电池与其他光伏器件叠层。Bruder等采用Spiro-MeOTAD作为空穴传输层制备固态染料敏化太阳电池，并在Spiro-MeOTAD层上叠加酞菁锌/C60基的体异质结有机太阳电池，结构示意图见图9-19，利用固态染料敏化太阳电池作为顶电池吸收400～600nm波段的太阳光，利用有机太阳电池作为底电池吸收

600～800nm 波段的太阳光，但研究发现叠层电池结构中的有机太阳电池与单体电池的 IPCE 谱发生了较大变化，究其原因是顶电池对太阳光的反射、各层的吸收等削弱了底电池的太阳光强度，叠层电池的开路光电压为 1.36V，光电转换效率约为 6.0%[100]。Shao 等也尝试制备染料敏化太阳电池与有机太阳电池叠层结构电池组件，并对叠层电池 TiO_x 中间层进行优化，但研究同样发现顶电池对底电池的 IPCE 谱影响较大，叠层电池的开路光电压获得了一定的提升，但光电转换效率并未增加[101]。Ito 等将染料敏化太阳电池与 $GaAs/Al_xGa_{(1-x)}As$ 化合物薄膜太阳电池串联，获得 7.63% 的光电转换效率，其开路光电压达到 1.85V，为目前报道的叠层染料敏化太阳电池的最大值[102]。

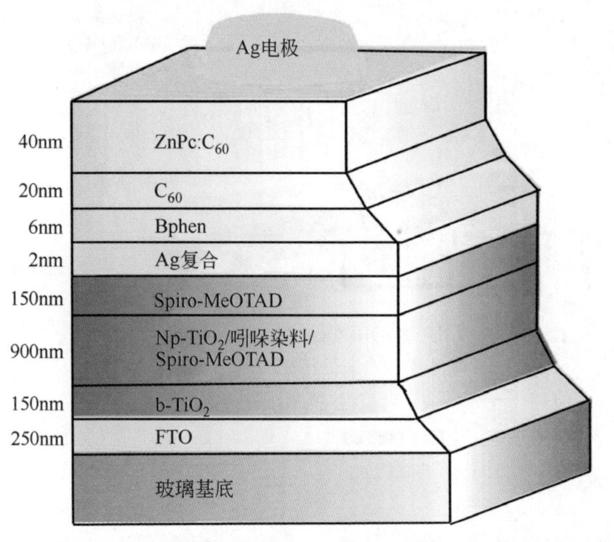

图 9-19　DSCs 与有机薄膜太阳电池组建的叠层太阳电池结构示意图[100]

在染料敏化太阳电池工作过程中，约 85% 的太阳光被电池吸收，但超过 60% 的太阳光并未转化为电能，而是转化为热能，从而引起电池温度的升高，其原因主要有：①高于染料带隙能量的光子热弛豫；②未被染料分子吸收的低能光子被玻璃基底、电解液和其他电极材料吸收，转化为热能。在 AM 1.5，一个太阳光强度光照下，染料敏化太阳电池的温度可达到 60℃或更高，电池与周围环境之间形成较大的温度差。Guo 等根据该实验现象将染料敏化太阳电池与温差电池叠层，有效利用染料敏化太阳电池工作过程中产生的热量，其结构示意图见图 9-20，在该结构中，染料敏化太阳电池的对电极采用不透光的碳对电极，从而最大限度地吸收太阳光，进而转化为热能，优化后，叠层电池相比于染料敏化太阳电池的光电转换效率提高了约 10%，电池的开路光电压约为 1.4V[103]。Wang 等在染料敏化太阳电池与温差电池之间插入一层太阳光选择性吸收层，该光吸收层对600～1600nm波段的光反射率极低，可实现较好的吸收，转化为热能传递到温差电池，所采用的染料敏化太阳电池的光电转换效率为9.36%（J_{sc}=19.8mA/cm^2，V_{oc}=0.668V），叠层电池的光电转换效率达到12.8%（J_{sc}=20.2mA/cm^2，V_{oc}=1.15V）[104]。

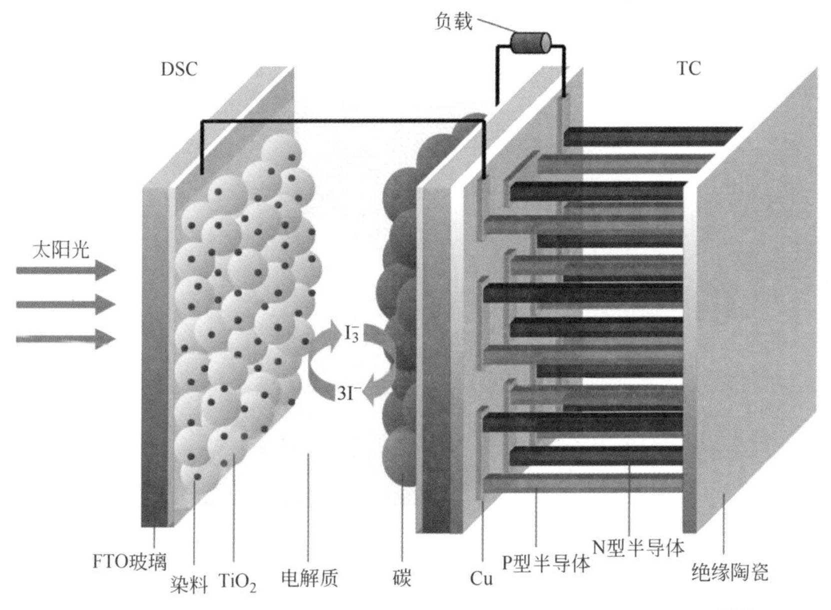

图9-20　DSCs与热电温差电池组建的叠层太阳电池结构示意图[103]

9.7 叠层染料敏化太阳电池的应用

太阳电池可以将太阳能转化为电能，如何将所转化电能进行存储与应用也是一个重要的课题。染料敏化太阳电池在弱光下能够保持较高的光电转换效率，是一类具有较高实际应用前景的太阳电池。利用串联结构叠层染料敏化太阳电池产生高电压的特性，可将其直接应用于水的电解，制备氢和氧，是叠层染料敏化太阳电池的一项重要应用。Brillet等以串联结构叠层染料敏化太阳电池作为供电装置，以Fe_2O_3光电极作为光电催化电极分解水，该实验重点研究了Fe_2O_3光电极和叠层染料敏化太阳电池的光阳极三个光电极的结构对分解水效率的影响，研究的结构有三类，其结构示意图见图9-21。第一种结构是两个染料敏化太阳电池平行放置于Fe_2O_3光电极后方，由于Fe_2O_3的光吸收（吸收带边约为620nm）、光散射及光反射作用，Fe_2O_3光电极的光透过率较低，两个太阳电池的光阳极平均分配透过的太阳光，产生的光电流仅为0.85mA/cm^2。第二种结构是Fe_2O_3光电极和两个染料太阳电池依次堆栈在光路中，分别采用方酸菁类SQ-1染料和N749染料作为叠层电池的顶电池和底电池的光阳极敏化剂，两类染料在吸收光谱上形成较好的互补，提高了通过Fe_2O_3光电极太阳光的利用率，叠层电池的短路光电流提高到1.59mA/cm^2，光解水制氢的效率为1.36%。第三种结构是将染料敏化太

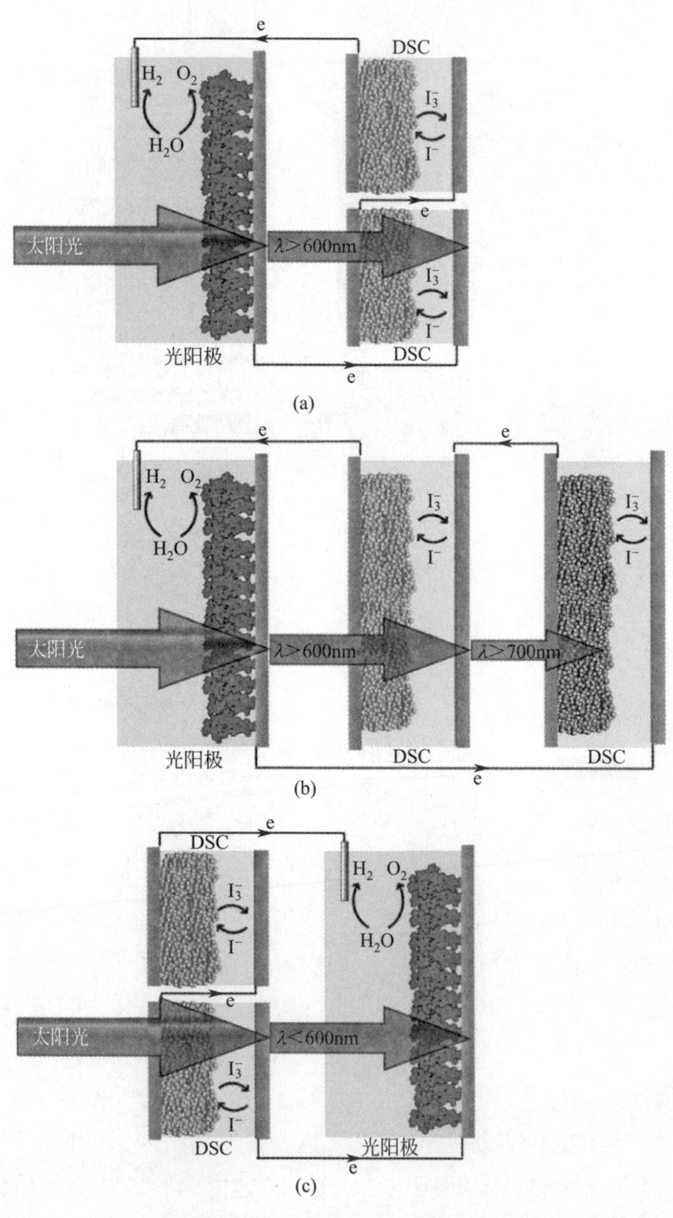

图9-21　三种应用叠层染料敏化太阳电池光解水制氢装置的结构示意图[105]

阳电池平行放置于 Fe_2O_3 光电极前方，由于电池光阳极中的 TiO_2 纳晶薄膜对紫外光具有较强的吸收，极大地降低了 Fe_2O_3 光电极直接吸收紫外光光解水的概率，组合装置的光解水制氢的效率约为0.76%[105]。2017年Kang等设计了新型结构的锌卟啉染料SGT-020和SGT-021，该类染料通过电子给体基团的引入，提高光阳极的消光性能，并抑制光生电荷的复合，达到同时提高电池短路光电流和开路光电压的目的，将上述两类染料敏化的光阳极组装成电池并进行串联，构建叠层染料敏化太阳电池，叠层电池的开路光电压达到1.83V，该叠层电池用于电解水制氢，以Pt电极作为催化电极，光解水制氢的效率达到7.4%[106]。

将染料敏化太阳电池与储能器件结合，制备自充电储能元件是叠层染料敏化太阳电池的另一个应用方向。Guo等将染料敏化太阳电池与锂离子电池通过双面生长 TiO_2 纳米管的金属钛片电极结合在一起，制备了自充电的锂离子电池元件，其结构示意图见图9-22。染料敏化太阳电池与锂离子电池通过钛片电极连接在一起，钛片电极经过阳极氧化预处理，在其两侧均生长规整的 TiO_2 纳米管，其中一侧的 TiO_2 纳米管经染料敏化后，作为染料敏化后的光阳极。光照后，染料敏化的 TiO_2 纳米管电极产生光电子，经钛片电极传输到另一侧的 TiO_2 纳米管，该过程即为锂离子电池负极进行充电的过程。由于锂离子电池的电压较高，Guo等将两组串联结构的叠层染料敏化太阳电池再次串联，获得3.39V的开路光电压，但由于有限的太阳光被四个电池进行分配，电池短路光电流仅为1.01mA/cm^2。在一个太阳光光强下，利用该叠层染料敏化太阳电池组对锂离子电池进行充电，440s内可将锂离子电池的光电压从550mV充电至2996mV，充电后的锂离子电池在100μA电流下放电1400s，电池电压降至750mV，电池放电容量约为33.89μA·h[107]。

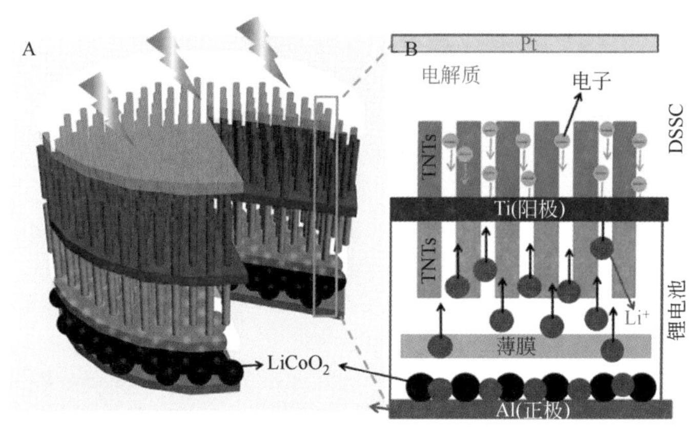

图9-22　应用叠层染料敏化太阳电池与锂离子电池构建自充电电源装置结构示意图[107]

参考文献

[1] Shockley W，Queisser H J. Detailed balance limit of efficiency of p-n junction solar cells[J]. Journal of Applied Physics，1961，32（3）：510-519.

[2] Yoshikawa K，Kawasaki H，Yoshida W，et al. Silicon heterojunction solar cell with interdigitated back contacts for a photoconversion efficiency over 26%[J]. Nature Energy，2017，2（5）.

[3] Green M A，Hishikawa Y，Dunlop E D，et al. Solar cell efficiency tables（Version 53）[J]. Progress in Photovoltaics：Research and Applications，2019，27（1）：3-12.

[4] Hosokawa H，Tamaki R，Sawada T，et al. Solution-processed intermediate-band solar cells with lead sulfide quantum dots and lead halide perovskites[J]. Nature Communications，2019，10（1）：43.

[5] T C C. Effect of band occupations in intermediate-band solar cells[J]. Solar Energy，2019，178：157-161.

[6] Ellingson R J，Beard M C，Johnson J C，et al. Highly efficient multiple exciton generation in colloidal PbSe and PbS quantum dots[J]. Nano Letters，2005，5（5）：865-871.

[7] Goodwin H，Jellicoe T C，Davis N J L K，et al. Multiple exciton generation in quantum dot-based solar cells[J]. Nanophotonics，2018，7（1）：111-126.

[8] Murphy J E，Beard M C，Norman A G，et al. PbTe colloidal nanocrystals：synthesis，characterization，and multiple exciton generation[J]. Journal of the American Chemical Society，2006，128（10）：3241-3247.

[9] Jackson E D. Areas for improvement of the semiconductor solar energy converter[J]. University of Arizona Press，Tucson，USA，1995：122-126.

[10] Green M A，Emery K，Hishikawa Y，et al. Solar cell efficiency tables（version 39）[J]. Progress in Photovoltaics：Research and Applications，2012，20（1）：12-20.

[11] Dimroth F，Thomas N D，Niemeyer M，et al. Four-junction wafer-bonded concentrator solar cells[J]. IEEE Journal of Photovoltaics，2016，6（1）：343-349.

[12] Huichun G J X，Xinhua G，et al. Modeling of a-Si/poly-Si and a-Si/poly-Si/poly-Si Stacked solar cells[J]. Acta Energiae Solaris Sinica，2002，23：145-149.

[13] Sai H M T，Matsubara K. Stabilized 14.0%-efficient triple-junction thin-film silicon solar cell[J]. Applied Physics Letters，2016，109（18）：183506.

[14] Tang W C. Two-layer organic photovoltaic cell[J]. Applied physics letters，1986，48（2）：183-185.

[15] Sariciftci N S，Smilowitz L，Heeger A J，et al. Photoinduced electron transfer from a conducting polymer to buckminsterfullerene[J]. Science，1992，258（5087）：1474-1476.

[16] Hummelen J C，Shaheen S E，Brabec C J，et al. 2.5% efficient organic plastic solar cells[J]. Applied Physics Letters，2001，78（6）：841-843.

[17] Cui Y，Yao H，Gao B，et al. Fine-tuned photoactive and interconnection layers for achieving over 13% efficiency in a fullerene-free tandem organic Solar Cell[J]. Journal of American Chemistry Society，2017，139（21）：7302-7309.

[18] He Z，Zhong C，Su S，et al. Enhanced power-conversion efficiency in polymer solar cells using an inverted device structure[J]. Nature Photonics，2012，6（9）：591-595.

[19] Yao H，Cui Y，Yu R，et al. Design，Synthesis，and photovoltaic characterization of a small molecular acceptor with an ultra-narrow band gap[J]. Angewandte Chemie International Edition，2017，56（11）：3045-3049.

[20] You J，Dou L，Yoshimura K，et al. A polymer tandem solar cell with 10.6% power conversion efficiency[J]. Nature Communications，2013，4：1446.

[21] Zhang S，Qin Y，Zhu J，et al. Over 14% efficiency in polymer solar cells enabled by a chlorinated polymer donor[J]. Advanced Materials，2018，30（20）：1800868.

[22] Meng L，Zhang Y，Wan X，et al. Organic and solution-processed tandem solar cells with 17.3% efficiency[J]. Science，2018，361（6407）：1094-1098.

[23] Yuan J，Gu J，Shi G，et al. High efficiency all-polymer tandem solar cells[J]. Scientific Reports，2016（6）：26459.

[24] Zhang K，Xia R，Fan B，et al. 11.2% All-polymer tandem solar cells with simultaneously improved efficiency and stability[J]. Advanced Materials，2018：1803166.

[25] Murayama M，Mori T. Novel tandem cell structure of dye-sensitized solar cell for improvement in photocurrent[J]. Thin Solid Films，2008，516（9）：2716-2722.

[26] Yamaguchi M，Lee K-H，Araki K，et al. A review of recent progress in heterogeneous silicon tandem solar cells[J]. Journal of Physics D：Applied Physics，2018，51（13）：133002.

[27] Essig S A C，Remo T，et al. Raising the one-sun conversion efficiency of Ⅲ-V/Si solar cells to 32.8% for two junctions and 35.9% for three junctions[J]. Nature Energy，2017，2（9）：17144.

[28] Yamaguchi T U Y，Agatsuma S，et al. Series-connected tandem dye-sensitized solar cell for improving efficiency to more than 10%[J]. Solar Energy Materials and Solar Cells，2009，93（6-7）：733-736.

[29] Nazeeruddin M K P P，Renouard T，et al. Engineering of efficient panchromatic sensitizers for nanocrystalline TiO_2-based solar cells[J]. Journal of the American Chemical Society，2001，123（8）：1613-1624.

[30] Choi I T，Ju M J，Kang S H，et al. Structural effect of carbazole-based coadsorbents on the photovoltaic performance of organic dye-sensitized solar cells[J]. Journal of Materials Chemistry A，2013，1（32）：9114-9121.

[31] Lim K J M J，Na J，et al. Molecular engineering of organic sensitizers with planar bridging units for efficient dye-sensitized solar cells[J]. Chemistry-A European Journal，2013，19（29）：9442-9446.

[32] Choi I T Y B S，Eom Y K，et al. Triarylamine-based dual-function coadsorbents with extended π-conjugation aryl linkers for organic dye-sensitized solar cells[J]. Organic Electronics，2014，15（11）：3316-3326.

[33] Yum J H，Baranoff E，Kessler F，et al. A cobalt complex redox shuttle for dye-sensitized solar cells with high open-circuit potentials[J]. Nature Communications，2012，3：631.

[34] Choi W S C I T，You B S，et al. Dye-sensitized tandem solar cells with extremely high open-circuitvoltage using Co(Ⅱ)/Co(Ⅲ) electrolyte[J]. Israel Journal of Chemistry，2015，55（9）：

1002-1010.

[35] Kinoshita T, Dy J T, Uchida S, et al. Wideband dye-sensitized solar cells employing a phosphine-coordinated ruthenium sensitizer[J]. Nature Photonics, 2013, 7 (7) : 535-539.

[36] Uzaki K, Pandey S S, Hayase S. Tandem dye-sensitized solar cells consisting of floating electrode in one cell[J]. Journal of Photochemistry and Photobiology A: Chemistry, 2010, 216 (2-3) : 104-109.

[37] Uzaki K, Pandey S S, Ogimi Y, et al. Tandem dye-sensitized solar cells consisting of nanoporous titania sheet[J]. Japanese Journal of Applied Physics, 2010, 49 (8) : 082301.

[38] Usagawa J, Pandey S S, Hayase S, et al. Tandem dye-sensitized solar cells fabricated on glass rod without transparent conductive layers[J]. Applied Physics Express, 2009, 2: 062203.

[39] Dürr M B A, Yasuda A, et al. Tandem dye-sensitized solar cell for improved power conversion efficiencie[J]. Applied Physics Letters, 2004, 84 (17) : 3397-3399.

[40] Kubot W S A, Kitamura T, et al. Dye-sensitized solar cells: improvement of spectral response by tandem structure[J]. Journal of Photochemistry and Photobiology A: Chemistry, 2004, 164 (1-3) : 33-39.

[41] Yanagida M, Onozawa-Komatsuzaki N, Kurashige M, et al. Optimization of tandem-structured dye-sensitized solar cell[J]. Solar Energy Materials and Solar Cells, 2010, 94 (2) : 297-302.

[42] Fan S Q, Fang B, Choi H, et al. Efficiency improvement of dye-sensitized tandem solar cell by increasing the photovoltage of the back sub-cell[J]. Electrochimica Acta, 2010, 55 (15) : 4642-4646.

[43] Hao Y, Yang X, Cong J, et al. Efficient near infrared D-pi-A sensitizers with lateral anchoring group for dye-sensitized solar cells[J]. Chemical Communnications (Camb) , 2009, 27: 4031-4033.

[44] Tian H, Yang X, Cong J, et al. Tuning of phenoxazine chromophores for efficient organic dye-sensitized solar cells[J]. Chemical Communications, 2009, 41: 6288-6290.

[45] Li L, Hao Y, Yang X, et al. A double-band tandem organic dye-sensitized solar cell with an efficiency of 11.5%[J]. Chemistry & Sustainability, Energy & Materials, 2011, 4 (5) : 609-612.

[46] Murayama M, Mori T. Dye-sensitized solar cell using novel tandem cell structure[J]. Journal of Physics D: Applied Physics, 2007, 40 (6) : 1664-1668.

[47] Zhou N, Yang Y, Huang X, et al. Panchromatic quantum-dot-sensitized solar cells based on a parallel tandem structure[J]. Chemistry & Sustainability, Energy & Materials, 2013, 6 (4) : 687-692.

[48] Sun L, Zhang S, Wang X, et al. A novel parallel configuration of dye-sensitized solar cells with double-sided anodic nanotube arrays[J]. Energy & Environmental Science, 2011, 4 (6) : 2240-2248.

[49] Zhang X, Liao W, Mu W, et al. Rational design of hybrid dye-sensitized solar cells composed of double-layered photoanodes with enhanced power conversion efficiency[J]. Journal of Materials Chemistry A, 2014, 2 (29) : 11035-11039.

[50] Fang J, Mao H, Wu J, et al. The photovoltaic study of co-sensitized microporous TiO_2 electrode with porphyrin and phthalocyanine molecules[J]. Applied Surface Science, 1997, 119 (3-4): 237-241.

[51] Bessho T, Zakeeruddin S M, Yeh C Y, et al. Highly efficient mesoscopic dye-sensitized solar cells based on donor-acceptor-substituted porphyrins[J]. Angew Chemistry International Edition of English, 2010, 49 (37): 6646-6649.

[52] Yella A, Lee H W, Tsao H N, et al. Porphyrin-sensitized solar cells with cobalt (Ⅱ/Ⅲ) -based redox electrolyte exceed 12 percent efficiency[J]. Science, 2011, 334: 629-634.

[53] Pérez-Tejada R, Martínez de Baroja N, Franco S, et al. Organic sensitizers bearing a trialkylsilyl ether group for liquid dye sensitized solar cells[J]. Dyes and Pigments, 2015, 123: 293-303.

[54] Zhang L, Liu Y, Wang Z, et al. Synthesis of sensitizers containing donor cascade of triarylamine and dimethylarylamine moieties for dye-sensitized solar cells[J]. Tetrahedron, 2010, 66 (18): 3318-3325.

[55] Cooper C B, Beard E J, Vázquez-Mayagoitia Á, et al. Design-to-Device Approach Affords Panchromatic Co-Sensitized Solar Cells[J]. Advanced Energy Materials, 2019, 9 (5): 1802820.

[56] Inakazu F, Noma Y, Ogomi Y, et al. Dye-sensitized solar cells consisting of dye-bilayer structure stained with two dyes for harvesting light of wide range of wavelength[J]. Applied Physics Letters, 2008, 93 (9): 093304.

[57] Lee K, Park S W, Ko M J, et al. Selective positioning of organic dyes in a mesoporous inorganic oxide film[J]. Nature Materials, 2009, 8 (8): 665-671.

[58] Armel V, Pringle J M, Forsyth M, et al. Ionic liquid electrolyte porphyrin dye sensitised solar cells[J]. Chemical Communications, 2010, 46 (18): 3146-3148.

[59] Huang F, Chen D, Cao L, et al. Flexible dye-sensitized solar cells containing multiple dyes in discrete layers[J]. Energy & Environmental Science, 2011, 4 (8): 2803-2806.

[60] Miao Q, Wu L, Cui J, et al. A new type of dye-sensitized solar cell with a multilayered photoanode prepared by a film-transfer technique[J]. Advanced Materials, 2011, 23 (24): 2764-2768.

[61] Mao Y Q, Zhou Z J, Ling T, et al. P-type CoO nanowire arrays and their application in quantum dot-sensitized solar cells[J]. RSC Advances, 2013, 3 (4): 1217-1221.

[62] Qu Y, Zhou W, Miao X, et al. A new layered photocathode with porous NiO nanosheets: an effective candidate for p-type dye-sensitized solar cells[J]. Chemistry - An Asian Journal, 2013, 8 (12): 3085-3090.

[63] Xiong D, Zhang W, Zeng X, et al. Enhanced performance of p-type dye-sensitized solar cells based on ultrasmall Mg-doped $CuCrO_2$ nanocrystals[J]. Chemistry & Sustainability, Energy & Materials, 2013, 6 (8): 1432-1437.

[64] Xu Z, Xiong D, Wang H, et al. Remarkable photocurrent of p-type dye-sensitized solar cell achieved by size controlled $CuGaO_2$ nanoplates[J]. Journal of Materials Chemistry A, 2014, 2 (9): 2968-2976.

[65] He J, Lindström H, Hagfeldt A, et al. Dye-sensitized nanostructured p-type nickel oxide film as a photocathode for a solar cell[J]. The Journal of Physical Chemistry B, 1999, 103 (42): 8940-8943.

[66] He J, Lindström H, Hagfeldt A, et al. Dye-sensitized nanostructured tandem cell-first demonstrated cell with a dye-sensitized photocathode[J]. Solar Energy Materials and Solar Cells, 2000, 62: 265-273.

[67] Odobel F, Pleux L, Pellegrin Y, et al. New photovoltaic devices based on the sensitization of p-type semiconductors: challenges and opportunities[J]. Accounts of Chemical Research, 2010, 43 (8): 1063-1071.

[68] Wu Q, Shen Y, Li L, et al. Morphology and properties of NiO electrodes for p-DSSCs based on hydrothermal method[J]. Applied Surface Science, 2013, 276: 411-416.

[69] Sumikura S, Mori S, Shimizu S, et al. Syntheses of NiO nanoporous films using nonionic triblock co-polymer templates and their application to photo-cathodes of p-type dye-sensitized solar cells[J]. Journal of Photochemistry and Photobiology A: Chemistry, 2008, 199 (1): 1-7.

[70] Zhang X L, Huang F, Nattestad A, et al. Enhanced open-circuit voltage of p-type DSC with highly crystalline NiO nanoparticles[J]. Chemical Communications, 2011, 47 (16): 3.

[71] Zhang X L, Zhang Z, Chen D, et al. Sensitization of nickel oxide: improved carrier lifetime and charge collection by tuning nanoscale crystallinity[J]. Chemical Communications, 2012, 48 (79): 9885-9887.

[72] Kang S H, Neale N R, Zhu K, et al. The effect of a metallic Ni core on charge dynamics in CdS-sensitized p-type NiO nanowire mesh photocathodes[J]. RSC Advances, 2013, 3 (32): 13342.

[73] Yang H, Guai G H, Guo C, et al. NiO/Graphene Composite for Enhanced Charge Separation and Collection in p-Type Dye Sensitized Solar Cell[J]. The Journal of Physical Chemistry C, 2011, 115 (24): 12209-12215.

[74] Natu G, Huang Z, Ji Z, et al. The effect of an atomically deposited layer of alumina on NiO in P-type dye-sensitized solar cells[J]. Langmuir, 2012, 28 (1): 950-956.

[75] Qin P, Linder M, Brinck T, et al. High incident photon-to-current conversion efficiency of p-type dye-sensitized solar cells based on nio and organic chromophores[J]. Advanced Materials, 2009, 21 (29): 2993-2996.

[76] Qin P Z H, Edvinsson T, et al. Design of an organic chromophore for p-type dye-sensitized solar cells[J]. Journal of the American Chemical Society, 2008, 130 (27): 8570-8571.

[77] Nattestad A, Mozer A J, Fischer M K, et al. Highly efficient photocathodes for dye-sensitized tandem solar cells[J]. Nature Materials, 2010, 9 (1): 31-35.

[78] Wu X, Yeow E K. Charge-transfer processes in single CdSe/ZnS quantum dots with p-type NiO nanoparticles[J]. Chemical Communications, 2010, 46 (24): 4390-4392.

[79] Kang S H, Zhu K, Neale N R, et al. Hole transport in sensitized CdS-NiO nanoparticle photocathodes[J]. Chemical Communications, 2011, 47 (37): 10419-10421.

[80] Safari-Alamuti F, Jennings J R, Hossain M A, et al. Conformal growth of nanocrystalline CdX (X = S, Se) on mesoscopic NiO and their photoelectrochemical properties[J]. Physical

Chemistry Chemical Physics, 2013, 15 (13) : 4767-4774.

[81] Kong W, Li S, Chen Z, et al. p-Type dye-sensitized solar cells with a cdses quantum-dot-sensitized nio photocathode for outstanding short-circuit current[J]. Particle & Particle Systems Characterization, 2015, 32 (12) : 1078-1082.

[82] Nakasa A, Usami H, Sumikura S, et al. A high voltage dye-sensitized solar cell using a nanoporous NiO photocathode[J]. Chemistry Letters, 2005, 34 (4) : 500-501.

[83] Gibson E A, Smeigh A L, Le Pleux L, et al. A p-type NiO-based dye-sensitized solar cell with an open-circuit voltage of 0.35 V[J]. Angewandte Chemie International Edition, 2009, 48 (24) : 4402-4405.

[84] Wood C J, Summers G H, Gibson E A. Increased photocurrent in a tandem dye-sensitized solar cell by modifications in push-pull dye-design[J]. Chemical Communications, 2015, 51 (18) : 3915-3918.

[85] Shao Z, Pan X, Chen H, et al. Polymer based photocathodes for panchromatic tandem dye-sensitized solar cells[J]. Energy Environmental & Science, 2014, 7 (8) : 2647-2651.

[86] Click K A, Schockman B M, Dilenschneider J T, et al. Bilayer dye protected aqueous photocathodes for tandem dye-sensitized solar cells[J]. Thc Journal of Physical Chemistry C, 2017, 121 (16) : 8787-8795.

[87] Qian J, Jiang K J, Huang J H, et al. A selenium-based cathode for a high-voltage tandem photoelectrochemical solar cell[J]. Angewandte Chemie International Edition, 2012, 51 (41) : 10351-10354.

[88] Farré Y, Mahfoudh Raissi, Arnaud Fihey, Yann Pellegrin, Errol Blart, Denis Jacquemin, Fabrice Odobel. A blue diketopyrrolopyrrole sensitizer with high efficiency in nickel-oxide-based dye-sensitized solar cells[J]. Chemistry & Sustainability, Energy & Materials, 2017, 10 (12) : 2618-2625.

[89] Kaya I C, Akin S, Akyildiz H, et al. Highly efficient tandem photoelectrochemical solar cells using coumarin dye-sensitized $CuCrO_2$ delafossite oxide as photocathode[J]. Solar Energy, 2018, 169: 196-205.

[90] Farré Y, Raissi M, Fihey A, et al. Synthesis and properties of new benzothiadiazole-based push-pull dyes for p-type dye sensitized solar cells[J]. Dyes and Pigments, 2018, 148: 154-166.

[91] Powar S, Bhargava R, Daeneke T, et al. Thiolate/disulfide based electrolytes for p-type and tandem dye-sensitized solar cells[J]. Electrochimica Acta, 2015, 182: 458-463.

[92] Li S, Chen Z, Kong W, et al. Effect of polyethylene glycol on the NiO photocathode[J]. Nanoscale Research Letters, 2017, 12 (1) : 501.

[93] Liska P, Thampi K R, Grätzel M, et al. Nanocrystalline dye-sensitized solar cell/copper indium gallium selenide thin-film tandem showing greater than 15% conversion efficiency[J]. Applied Physics Letters, 2006, 88 (20) : 203103.

[94] Wenger S, Seyrling S, Tiwari A N, et al. Fabrication and performance of a monolithic dye-sensitized TiO_2/Cu (In, Ga) Se_2 thin film tandem solar cell[J]. Applied Physics Letters, 2009, 94 (17) : 173508.

[95] Wang W L, Lin H, Zhang J, et al. Experimental and simulation analysis of the dye sensitized solar cell/Cu (In, Ga) Se_2 solar cell tandem structure[J]. Solar Energy Materials and Solar Cells, 2010, 94 (10) : 1753-1758.

[96] Hao S, Wu J, Sun Z. A hybrid tandem solar cell based on hydrogenated amorphous silicon and dye-sensitized TiO_2 film[J]. Thin Solid Films, 2012, 520 (6) : 2102-2105.

[97] Kwon J, Im M J, Kim C U, et al. Two-terminal DSSC/silicon tandem solar cells exceeding 18% efficiency[J]. Energy & Environmental Science, 2016, 9 (12) : 3657-3665.

[98] Nikolskaia A B, Vildanova M F, Kozlov S S, et al. Two-terminal tandem solar cells DSC/c-Si: Optimization of TiO_2-based photoelectrode parameters[J]. Semiconductors, 2018, 52 (1) : 88-92.

[99] Barber G D, Hoertz P G, Lee S-H A, et al. Utilization of direct and diffuse sunlight in a dye-sensitized solar cell - silicon photovoltaic hybrid concentrator system[J]. The Journal of Physical Chemistry Letters, 2011, 2 (6) : 581-585.

[100] Bruder I, Karlsson M, Eickemeyer F, et al. Efficient organic tandem cell combining a solid state dye-sensitized and a vacuum deposited bulk heterojunction solar cell[J]. Solar Energy Materials and Solar Cells, 2009, 93 (10) : 1896-1899.

[101] Shao Z, Chen S, Zhang X, et al. A hybrid tandem solar cell combining a dye-sensitized and a polymer solar cell[J]. Journal of Nanoscience and Nanotechnology, 2016, 16 (6) : 5611-5615.

[102] Ito S, Dharmadasa I M, Tolan G J, et al. High-voltage (1.8V) tandem solar cell system using a GaAs/$AlXGa_{(1-X)}$As graded solar cell and dye-sensitised solar cells with organic dyes having different absorption spectra[J]. Solar Energy, 2011, 85 (6) : 1220-1225.

[103] Guo X Z, Zhang Y D, Qin D, et al. Hybrid tandem solar cell for concurrently converting light and heat energy with utilization of full solar spectrum[J]. Journal of Power Sources, 2010, 195 (22) : 7684-7690.

[104] Wang N, Han L, He H, et al. A novel high-performance photovoltaic-thermoelectric hybrid device[J]. Energy & Environmental Science, 2011, 4 (9) : 3676.

[105] Brillet J, Cornuz M, Formal F L, et al. Examining architectures of photoanode–photovoltaic tandem cells for solar water splitting[J]. Journal of Materials Research, 2011, 25 (1) : 17-24.

[106] Kang S H, Jeong M J, Eom Y K, et al. Porphyrin sensitizers with donor structural engineering for superior performance dye-sensitized solar cells and tandem solar cells for water splitting applications[J]. Advanced Energy Materials, 2017, 7 (7) : 1602117.

[107] Guo W, Xue X, Wang S, et al. An integrated power pack of dye-sensitized solar cell and Li battery based on double-sided TiO_2 nanotube arrays[J]. Nano Letters, 2012, 12 (5) : 2520-2523.

柔性染料敏化太阳电池

10.1 引言

染料敏化太阳电池独特的工作原理使其具有工艺简单、成本低、可基于柔性基板制备及可在弱光下工作等特点。这些特点使其在日常应用领域的开发利用中展示出诱人的前景。传统的染料敏化太阳电池一般采用FTO（掺F氧化锡）或ITO（掺铟氧化锡）玻璃作为导电衬底。导电玻璃本身的刚性、易碎、质量大以及成本高等特点限制了其在便携式产品中的应用。与刚性衬底（如玻璃、Ti板等）染料敏化太阳电池相比，柔性薄膜太阳电池具有可折叠或弯曲、质量轻便、不易破碎等特点，且应用广泛。新型无机和有机太阳能电极材料的开发，新的太阳电池结构的探索，卷对卷印刷生产工艺的改进以及喷墨印刷工艺的应用为降低柔性薄膜太阳电池的成本提供了可能。

10.2 基于柔性衬底的光阳极

光阳极是柔性染料敏化太阳电池的关键组成部分。传统的光阳极制备方法是将浓缩的纳米TiO_2胶体涂布在导电玻璃衬底上，经过高温烧结后再用染料敏化。大面积的涂布一般使用丝网印刷的方法。高温烧结可以除去TiO_2半导体薄膜中的有机物杂质，使TiO_2纳米颗粒形成网络结构，这种介孔网络结构有助于提高光生电子的传输性能。TiO_2的制备和加工技术对光阳极的形貌和性能有重要影响，TiO_2层的抗弯曲能力则直接影响柔性染料敏化太阳电池的整体性能。柔性光阳极一般使用钛片、不锈钢以及ITO-PET（聚对苯二甲酸乙二醇酯）和ITO-PEN（聚萘二甲酸乙二醇酯）等来代替导电玻璃。随着TiO_2制备技术的不断提升，柔性染料敏化太阳电池的效率已超过10%，由金属衬底制备得到的器件效率也超过了9%。对于聚合物衬底，通常只能采用低温制备技术。而对于金属衬底，则可以采用高温加工技术。根据实际需要选择合适的衬底及加工技术对制备高性能柔性染料敏化太阳电池至关重要。

10.2.1 聚合物衬底

聚合物柔性染料敏化太阳电池因其具有质量轻、可弯折、可卷对卷大量生产等特性，显示出巨大的潜在商业价值（可应用于柔性显示、柔性可穿戴电子器件）。由于 ITO-PET 和 ITO-PEN 具有质量轻及透明的特点，成为目前市场上最常见的柔性基底。PET 是聚对苯二甲酸乙二醇酯（polyethylene terephthalate），简称 PET。PEN 是聚萘二甲酸乙二醇酯［poly(ethylene-2,6-naphthalate)］，简称 PEN。PET 和 PEN 的物理性质比较见表 10-1。ITO（氧化铟锡）膜层的厚度不同，膜的导电性能和透光性能也不同。一般来说，在相同的工艺条件和性能相同的 PET 基底材料的情况下，ITO 层越厚，ITO-PET 膜层的表面电阻就越小，光透过率也相应较小。高阻抗 ITO 导电薄膜 ITO-PET 可用于移动通信领域的触摸屏。低阻抗 ITO 导电膜主要应用于对导电性能要求比较高的领域，如：电致变色器件的电极材料、柔性薄膜太阳电池的电极基底、薄膜开关等领域。

表10-1　PET与PEN的物理性质比较

性能	PEN	PET
熔点/℃	268	250
结晶化温度/℃	190	129
耐热性/℃	175	120
热收缩率（150℃，30min）/%	0.4	1.0
抗辐射性/MGy	11	2
拉伸模量/MPa	588	44
玻璃化转化温度/℃	125	80
杨氏模量（TD+MD）/（kgf/mm^2）	1800	1200
抗张强度/（kgf/mm^2）	50	45
长久使用温度/℃	160	120

注：1kgf=9.8N。

当然，基于这两种聚合物基底的缺点也是显而易见的，无法耐受传统方法400～500℃的烧结温度。这种方法制备的纳米二氧化碳薄膜与基底之间的黏结和附着性很差，导致聚合物基底组装的柔性 DSSCs 的效率相对较低。因此，基于聚合物柔性基板的 DSSCs 要求探索新的制备方法。

由于缺少高温烧结步骤，如何高效去除薄膜中的有机物杂质及更好地连接 TiO_2 纳米颗粒就成为新方法中需要解决的关键问题。在柔性衬底上制备 TiO_2 薄膜的方法有机械加压法、剥离转移法、电泳沉积法、化学烧结法、紫外辐照法和微波烧结法等（表 10-2）。

表10-2　柔性基底上的几种低温制备工作电极方法

方法	原理	特点
机械加压法	机械高压	提高薄膜密度和薄膜与基底的附着力
剥离转移法	运用剥离技术，把完整的 TiO_2 薄膜转移到柔性衬底上	保留高温退火后制备的 TiO_2 多孔膜

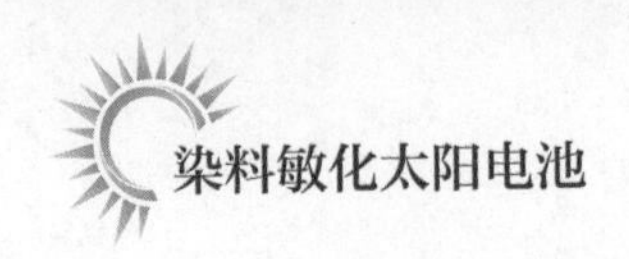

续表

方法	原理	特点
电泳沉积法	在稳定的悬浮液中通过直流电场的作用，在基底表面形成沉积层	膜厚易控制、对衬底的形状无限制、颗粒之间的结合力相对较弱
化学烧结法	添加酸或碱提高浆料黏度	浆料黏度可控
紫外辐照法	用紫外光下 TiO_2 的光催化原理，去除电极中的有机物	有机添加剂很难完全分解
微波烧结法	微波电磁场中材料的介质损耗使材料加热至烧结温度而实现烧结和致密化	烧结速度快、节能

10.2.1.1 机械加压法

机械加压法即通过高压使 TiO_2 材料与柔性基底结合的方法，是最早提出用于在柔性衬底上制备薄膜的方法。在这种方法中，通过对涂覆有 TiO_2 薄膜的基底施加高压，不仅可以增加薄膜与基底的结合力，同时也能提高 TiO_2 薄膜的致密性。早在 2001 年，Hagfeldt 等[1]首先用刮涂法在柔性衬底上涂布 TiO_2 浆料，浆料在室温下干燥后施加 100MPa 的静态高压［图 10-1(a)］。高压处理既可以提高薄膜中颗粒的颈缩，又可以提高颗粒与柔性衬底间的附着力。但是，刚开始使用这种方法制备得到的电池效率并不高，只有 4.9%。Yamaguchi 等[2]通过改进技术，得到了 8.1% 的电池效率。随后，Santa-Nokki 等[3]在此基础上开发了动态压力法［图 10-1(b)］，这种方法为工业化的卷对卷生产提供了可能性。简单的机械加压可以提高薄膜与基底之间的黏附性，结合膜转移技术后的机械加压法进一步提高了这种方法的稳定性。冷等静压技术（cold isostatic pressing，CIP）是在常温下，以橡胶或塑料作为包套模具材料，通常以液体作为压力介质，主要用

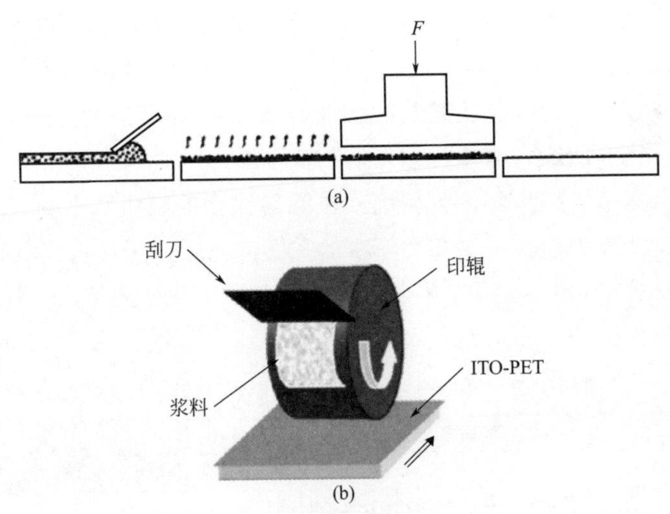

图10-1 静态压力法（a）和动态压力法（b）制备柔性 TiO_2 薄膜[1,3]

于粉体材料的成型，为进一步烧结、锻造或热等静压工序提供坯体，一般使用压力为100～630MPa。作为一种成型工艺，与常规成型技术相比，这种技术的特点在于可以更均匀地施加压力，可以制备得到质量更好，更均匀、致密的薄膜。

10.2.1.2 剥离转移法

剥离转移技术是在静压法基础上开发的一种方法。剥离转移既解决了柔性基底无法高温煅烧的问题，又可以保留高温退火后制备的 TiO_2 多孔膜，可以达到与非柔性 DSSCs 接近的电池性能。最简单的剥离转移法就是通过在耐高温基底上高温退火得到 TiO_2 多孔膜层，然后运用剥离技术，把完整的 TiO_2 薄膜转移到柔性衬底上，再用静压法加固膜层与 TiO_2 之间的结合力，可以使 TiO_2 薄膜保持很好的电化学性能。在这种技术中，为了保证转移后的薄膜与柔性基底之间良好的电化学接触，常常采用一些低温黏结层，低温黏结层的成分和处理工艺对电子的传输及电池性能有非常大的影响。殷志珍等开发了一种新型的剥离转移技术，他们首先在刚性基底上沉积生长形成腐蚀牺牲层，然后在腐蚀牺牲层上生长太阳电池层；在太阳电池层加热黑蜡，熔化后自然冷却至室温，固定在电池层表面形成支撑；将此太阳电池层置于腐蚀液中常温下浸泡 6～8h，使腐蚀层被完全腐蚀去除；然后将带有支撑层的太阳电池层转移至柔性衬底。这种方法的关键就在于在刚性基底和太阳电池层之间生长牺牲层。通过腐蚀牺牲层使得太阳电池层从刚性基底转移至柔性基底上。此种方法具有效率高、稳定的优势，又有容易加工的特点，成本低廉，适于大规模生产。

10.2.1.3 电泳沉积法

（1）电泳沉积原理

电泳沉积（electrophoresis deposition）是指在稳定的悬浮液中通过直流电场的作用，胶体粒子在分散液中做定向移动，在基底表面形成沉积层的过程。它包括四个过程：①分解：阴极的反应最初为电解反应，产生氢气和氢氧根离子，此反应会导致阴极表面形成一层碱性层，化学反应方程式为 $H_2O \longrightarrow OH^- + H^+$；②电泳动：阳离子即氢离子在电场作用下向阴极移动，而阴离子向阳极移动的过程；③电沉积：在被涂覆基底表面，阳离子与阴极碱性表面反应，中和而析出沉积物，沉积于基底表面上；④分散液固体与基底表面上的涂膜为半透明状，具有数量较多的毛细孔，水从阴极涂膜中排渗出来，在电场作用下，引起涂覆膜脱水，而涂覆膜则吸附于基底表面，从而完成整个电泳过程。

电泳沉积 TiO_2 薄膜的过程一般为，将柔性导电基底浸入 TiO_2 的分散液中，之后在柔性基底和电极之间加入电场。电泳沉积制备薄膜具有设备简单、成本低廉、成膜速度快、不受基底形状限制、薄膜厚度均匀可控等优点。传统的丝网印刷技术及刮涂技术对浆料的黏度有较高要求，而电泳沉积技术只需要制备分散性较好的 TiO_2 分散液，分散液中需加入少量分散剂。

使用电泳沉积技术制备 TiO_2 薄膜的过程中，TiO_2 纳米颗粒间通过静电作用力相互吸引成膜。颗粒之间的结合力相对较弱，膜内的电子传输性能与传统高温烧结获得的薄膜有很大差距。

2005 年，Yum 等[4] 以 P25 TiO_2 纳米颗粒、异丙醇、去离子水和硝酸镁为原料制备分散液。之后，通过电泳沉积技术在柔性基底上制备得到光阳极。薄膜的密度可以通过电场强度和电解质浓度控制，直接使用电泳沉积技术制备的薄膜组装得到的柔性染料敏化太阳电池的填充因子和光电转换效率分别为 50% 和 1.03%。在对光阳极进行高压处理后，太阳电池的填充因子和光电转换效率提高到 56.3% 和 1.66%。

（2）电泳沉积影响因素

悬浮液的制备是电泳沉积的一个重要步骤，悬浮液主要由溶剂、分散剂、黏结剂及 TiO_2 颗粒组成。各组分之间具有好的化学相容性是制备稳定悬浮液的前提。

影响电泳沉积的因素主要有外部参数和悬浮参数两类因素。外部参数有电场强度、沉积时间、颗粒浓度和搅拌速率等。悬浮参数与悬浮液的成分密切相关，主要包括纳米颗粒电荷、Zeta 电位、悬浮液黏度及导电性等。悬浮参数决定了薄膜的结构、结合性能和传输性能。

10.2.1.4 化学烧结法

最先报道化学烧结法的是 Park 课题组，他们最初是将这种方法应用在导电玻璃上。具体过程为：首先采用溶胶凝胶 - 水热技术制备得到酸性的 TiO_2 浆料，然后在浆料中加入少量氨水溶液。氨水与 TiO_2 浆料中的醋酸发生化学中和反应，这种反应可以迅速提高 TiO_2 浆料的黏度，同时降低原始浆料的酸度，反应式如下：

$$CH_3COOH(aq)+NH_3\cdot H_2O(aq)\longrightarrow CH_3COO^-(aq)+NH_4^+(aq)+H_2O$$

化学烧结法的本质是加入的氨水与醋酸发生中和反应。这种反应会破坏二氧化钛聚合物的双电层，从而使得这些聚合物发生团聚现象，进而提高浆料的黏度。浆料黏度的提高有利于 TiO_2 薄膜的成型。制备过程中并没有在浆料中加入其他高分子化合物，因为这些高分子化合物需要高温煅烧步骤才能去除。Park 等[5] 在浆料中加入 400nm 的 TiO_2 颗粒散射层，采用刮涂法将浆料均匀涂覆于导电玻璃上，在 150℃下烘干。使用这种方法组装的 DSSCs 器件的光电转换效率可达到 3.52%。

Li 等[6]在 Park 课题组的基础上，开始将化学烧结法应用于柔性基底上（ITO-PEN）。他们通过不断尝试，发现 TiO_2（P25）颗粒与 TiO_2 小颗粒和作为散射层的 TiO_2（400nm）的最佳比例为 5∶2∶2。加入的 TiO_2 小颗粒可以均匀分散于 P25 和 TiO_2 大颗粒间隔的空隙中，可以起到黏结剂的作用，将 P25 与 TiO_2 大颗粒黏结在一起。此外，TiO_2 小颗粒还可以增大 TiO_2 薄膜的比表面积，吸收更多的染料从而提高光电流。Li 课题组通过改进的化学烧结法在 ITO-PEN 薄膜上组装的 DSSCs 的光电转换效率可以达到 3.05%。

10.2.1.5 紫外辐照法

紫外辐照法低温制备柔性 TiO_2 薄膜电极，是利用紫外光下 TiO_2 的光催化原理，去除电极中的有机物，优化薄膜的制备工艺。TiO_2 的禁带宽度为 3.2eV（锐钛矿），当它受到波长小于或等于 387nm 的紫外光照射时，价带的电子就会吸收光子的能量跃迁至导带，形成光生电子（e^-），价带中则相应地形成光生空穴（h^+）（图 10-2）。

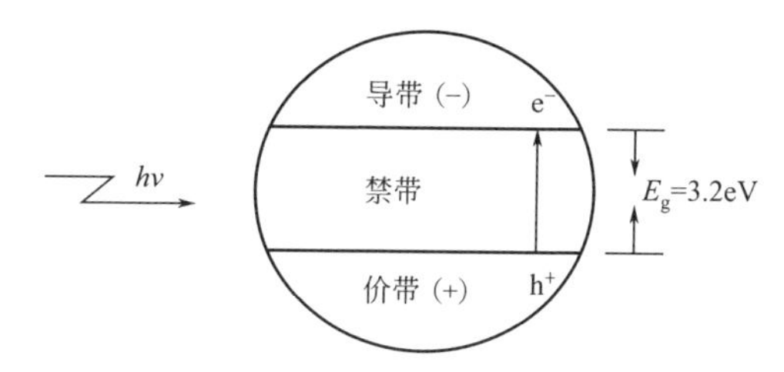

图10-2 紫外辐照法低温制备柔性 TiO_2 薄膜电极的原理图

如果把分散在溶液中的每个 TiO_2 颗粒近似看成是短路的小型光电化学电池，则由光电效应产生的光生电子和空穴在电场的作用下分别迁移到 TiO_2 表面不同的位置。TiO_2 表面的光生电子 e^- 易被水中溶解氧等氧化性物质所捕获，生成超氧自由基·O_2^-；而空穴 h^+ 则可氧化吸附于 TiO_2 表面的有机物或先把吸附在 TiO_2 表面的 OH^- 和 H_2O 氧化成羟基自由基·OH；·OH 和·O_2^- 的氧化能力极强，几乎能够使各种有机物的化学键断裂，因而能氧化绝大部分的有机物及无机污染物，将其矿化为无机小分子、CO_2 和 H_2O 等物质。Yamaguchi 等采用钛酸异丙醇酯制备了传统的 TiO_2 浆料，然后采用刮涂法将 TiO_2 均匀涂覆在柔性基底上，随后采用压力法和紫外辐照结合的方法对薄膜进行了后处理。紫外辐照后的薄膜光电转换性能明显高于未辐照的薄膜，光电转换效率达到了 7.6%。

10.2.1.6 微波烧结法

微波的频率在 0.3～300GHz 之间，是一种高频电磁波。微波烧结技术中主要使用的频率为2.45GHz。微波烧结主要是利用微波电磁场中材料的介质损耗使得材料自身加热至烧结温度而实现烧结过程和材料的致密化。与常规烧结相比，微波烧结主要有以下特点：

① 烧结温度与常规烧结相比，可低于其500℃左右。

② 由于微波烧结升温快，烧结时间短。因此，可以节约能源，微波烧结比常规烧结节能约80%。

③ 污染小，安全系数高。常规烧结时通常会在烧结过程中通入烧结气氛气体，且气体的使用量很大。微波烧结使得烧结气氛气体的使用量大大降低，并且在烧结过程中产生的废气也大大减少。

④ 由于微波烧结升温快、烧结时间短，便于制备颗粒均匀的纳米粉末、超细颗粒等。相对于传统的辐射加热过程，微波烧结是依靠材料本身吸收微波能转化为材料内部分子的能量，使得材料在烧结过程中致密化速度加快，内部应力减小，扩散系数提高，烧结活化能降低。因此，适用于低温下的快速烧结。

⑤ 能进行选择性烧结。对于复合材料，由于不同组分的介电常数不同，产生的耗散功率不同，热效应相应也不一样。因此，可以针对复合材料进行选择性烧结。

Satoshi Uchida等[7]尝试了不同微波功率对薄膜的影响。他们首先采用喷涂的方法将水热制备的TiO_2浆料均匀地涂覆在ITO-PET基底上。然后分别采用2.45GHz和28GHz能量的微波对薄膜进行微波处理。结果表明，使用28GHz微波处理的薄膜所组装的DSSCs的光电转换效率达到了2.16%，而使用2.45GHz微波处理的薄膜所组装的DSSCs的光电转换效率仅为0.74%，未进行微波处理的薄膜组装的DSSCs的光电转换效率为0.45%。

10.2.2 金属衬底

为了解决塑料基底不能承受高温烧结的问题，采用金属衬底成为了一种必然的选择。对于光阳极来说，高温烧结的步骤非常重要，高温煅烧可以提高TiO_2颗粒间以及TiO_2薄膜与基底间的附着力，大大提高薄膜的电子传输能力。由于染料敏化太阳电池内部复杂的化学环境，能够承受长时间电解质腐蚀的金属材料并不多。

不锈钢最初也曾作为基底材料用在染料敏化太阳电池中，虽然初始的效率比较高，也能达到常规DSSCs的水平，但是稳定性极差，电池的光电转换效率在几小时内便衰减到只剩下10%～20%。目前常用的材料主要为高纯度的钛片，钛片稳定性极高，能够适应复杂的化学环境，抗腐蚀性能好。钛片具有较低的表面电阻，也可以承受较高的煅烧温度。钛片本身的表面钝化作用使得其在碘氧化还原电对电解液中非常稳定。Yun 等[8]引入了一种表面处理技术，他们首先使用 HNO_3-HF 的水溶液处理钛片表面，通过改变其表面形貌和晶体结构改善了钛片的电子传输性能和界面结构，再采用传统的 TiO_2 制膜方法在 Ti 片表面制备了 TiO_2 薄膜，通过这种方法组装的 DSSCs 光电转换效率可达到 9.2%。

10.3 基于柔性衬底的对电极

染料敏化太阳电池对电极的主要作用为收集外电路传输的电子，并起到一定的催化作用，加速电子在碘氧化还原电对中的交换速度。传统对电极的基底一般为导电玻璃，基底上涂覆一层贵金属（铂、金等）或碳材料作为催化层。传统对电极的缺点显而易见，由于以玻璃为基底，易碎、成本高等问题不可避免。金属和塑料基底通常为导电玻璃的代替品。其中，金属基底具有优良的导电性，应用于 DSSCs 中有利于提高电子的传输性能。塑料基底的优势在于重量轻、成本低、柔韧性好等，适合大规模生产。

10.3.1　铂对电极在塑料基底上的低温制备

和工作电极一样，常用于 DSSCs 对电极基底的塑料基底主要有聚萘二甲酸乙二醇酯（PEN）和聚对苯二甲酸乙二醇酯（PET）。相对于导电玻璃，塑料基底不耐高温，因此开发高效的低温制备方法是铂对电极在塑料基底上制备的重点。技术难点主要在于如何提高铂与基底之间的附着力、低温下有机物的去除率。目前常用的低温制备方法主要有化学方法镀铂、磁控溅射真空镀铂、丝网印刷、电化学沉积和旋转涂布等。

10.3.1.1　磁控溅射真空镀铂

溅射镀膜的原理是在电场的作用下，稀薄气体在辉光放电作用下产生的等离子体对阴极靶材表面进行轰击，把靶材表面的分子、原子、离子及电子等溅射出来，被溅射出来的各种粒子带有一定的动能，可以沿一定的方向射向基体表面，在基体表面形成镀层。磁控溅射的优点在于整个生产过程可完全实现自动化控制，薄膜的厚度可以根据需要调节并可在线监控膜厚。也可通过在线监测结果，结合工艺参数利用软件进行控制，使膜层保持一致性。马廷丽课题组通过磁控溅射的方法将铂溅射到不锈钢、镍板、聚酯和 ITO-PEN 等四种基板上，并对比了它们的光电转换性能。其中以不锈钢和 ITO-PEN 基底上制备的对电极光电转换性能最高，稳定性也最好。Ikegami 等 [9] 在 PEN 聚合物膜上通过真空溅射的方法制备了 Pt/Ti 双层膜。这种双层膜表现出很高的电催化活性，由其组装的 DSSCs 光电转换效率达到了 4.31%。

10.3.1.2 化学沉积

相比于电化学沉积，化学沉积不需要外加电源。化学沉积是利用溶液中外加的还原剂将金属离子还原为金属并沉积在基底表面上形成需要的镀层。这种方法操作方便、工艺简单、镀层均匀、内应力小、孔隙率小、可在复杂基底表面沉积等，并且能在塑料基底、陶瓷基底多种非金属上生成镀层。化学沉积铂即在氯铂酸溶液和还原剂（硼氢化钠等）溶液中放入基底，通过还原剂不断还原氯铂酸将 Pt 沉积到基底上，化学反应式如下：

$$2PtCl_6^{2-} + BH_4^- + 4H_2O \longrightarrow 2Pt + B(OH)_4^- + 8H^+ + 12Cl^-$$

化学沉积铂虽然方法简单，但由于没有高温烧结过程，铂与基底之间的附着性能不是很好，电荷转移电阻相对较高。针对这种缺点，林原课题组 [10] 采用光化学镀铂方法开发了一种新型的对电极，很好地解决了这个技术难点。他们首先在塑料基底上涂敷了一层钛酸四丁酯（TBT），TBT 水解后生成的纳米 TiO_2 会牢牢地黏附在基底表面，然后采用光化学还原的方法在 TiO_2 表面生长一层铂（图 10-3）。这种电极不仅具有很好的稳定性，应用在 DSSCs 中后表现出极佳的光电转化性能。

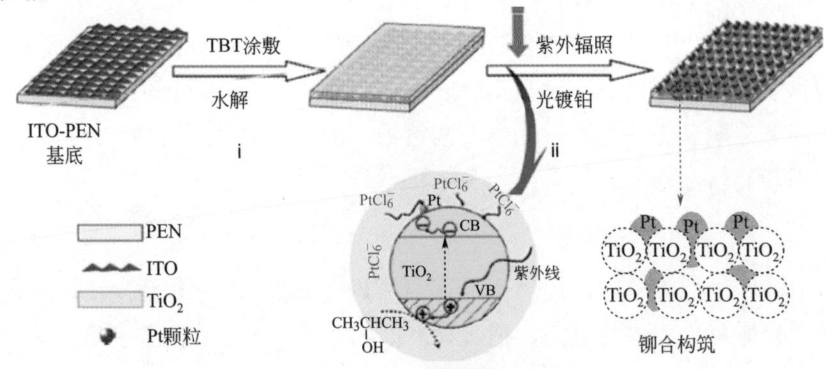

图10-3 光化学镀铂过程

10.3.1.3 电化学沉积

金属的电化学沉积通常包括四个步骤，分别为液相传质、前置转化、电荷转换和结晶过程。电化学沉积结晶的过程主要为过电位推动沉积，当增加阴极的过电位时，晶核的生成功函降低，可以形成尺寸较小的晶核，形成的晶核也会增多，可生成致密的铂层。因此，电化学沉积可控性较强，可实现自动化控制。林原课题组采用两步恒电流的方法在ITO-PEN上沉积了Pt对电极。这种对电极在400～800nm下透光性超过了75%。XPS分析表明，后处理之后光电极表面零价Pt的增加大大提高了电极的电催化性能。用这种对电极组装的DSSCs的光电转换效率在100mW/cm^2下可达到6.5%。

10.3.1.4　其他方法

林原课题组采用丝网印刷和化学还原相结合的方法制备了效果较好的对电极。他们配制了0.4%～1.0%的氯铂酸松油醇浆料，然后通过200目的丝网将这些浆料印刷在ITO-PEN基底上。在80℃下干燥2h后，把这些基底浸入硼氢化钠溶液中2h进行化学还原。随后，在100℃下水浴冲洗4h，于100℃烘箱中干燥4h。采用这种方法制备得到的DSSCs的光电转换效率可达到5.41%。采用这种方法不仅可以降低制作成本，而且适合大面积制备DSSCs的对电极。

10.3.2　在金属基底上制备铂电极

铂电极也可以制备到一些金属基底上。由于金属的耐高温性，铂催化层可直接通过热分解技术制备到金属基底上。因此，在金属基底上制备铂电极也具有相当的优势。为了评价哪种金属比较适合作为DSSCs的对电极，马廷丽课题组研究了多种金属对碘电解液的抗腐蚀性能，他们采用长期浸泡的方法对比了不锈钢、镍、铜、铝四种金属。几种工业金属板经过几个月的浸泡之后，通过检测浸泡液中溶解的金属离子并同时观察电解液的颜色变化情况。结果发现，不锈钢和镍板在电解液中具有优良的稳定性。Toivola等[11]也做了相似的实验，他们研究了镀锌碳钢、304钢材、铜板等几种工业金属板的稳定性。结果发现，不锈钢和碳钢是适合用作对电极基底的金属材料。使用不锈钢和碳钢分别作为对电极基底后，柔性DSSCs的光电转换效率可达到3.6%和3.1%。Chen等[12]采用化学沉积的方法在不锈钢板和镍片基底上沉积铂作为对电极，表现出了优良的效果。以镍片上的铂作为对电极的DSSCs的光电转换效率可达到7%。为了提高不锈钢在电解液中的抗腐蚀能力，韩国的Kang等[13]在不锈钢表面沉积了一层绝缘层，然后在绝缘层表面再沉积一层透明导电氧化物。这种技术虽然可以解决不锈钢的腐蚀问题，但是也大大增加了器件的制备成本。

与不锈钢一样，钛金属也是一种抗腐蚀性较强的金属。但是，与不锈钢相比，钛片的价格相对较高，不太适合大规模应用。Wu等采用水热方法在NaOH溶液里处理钛网，随后用HF进行后处理，然后通过真空热沉积技术于120℃下在钛网上沉积一层铂。这种技术还可以制备大面积的对电极，最大可达 $80cm^2$。采用这种技术制备的对电极在室外光下（$55mW/cm^2$）可达到 6.17% 的光电转换效率。

10.3.3 在柔性基底上制备碳材料

10.3.3.1 活性炭

碳材料的比表面积是影响对电极性能的一个重要因素。活性炭有着非常高的比表面积、高催化活性以及对电解质很好的耐腐蚀性能，且具有制备工艺成熟和便宜等优点。与铂电极相比，活性炭是一种非常好的替代材料。孟庆波[14]课题组以柔性石墨片为基底制备了活性炭对电极。由于这种电极结合了石墨高导电性和活性炭高催化活性的优点，这种对电极表现出极低的串联电阻和电荷转移电阻。将这种对电极组装成 DSSCs 器件之后，光电转换效率达到了 6.46%，性能甚至高于对照组的 Pt 对电极。活性炭常常作为一种复合材料添加到其他材料中，以增加其他材料的涂覆性能、催化活性以及与基底的附着性等。Halme 等[15]通过喷雾法在 ITO-PEN 上制备了活性炭 $Pt/Sb\text{-}SnO_2$ 复合电极。这种复合电极的电荷转移电阻与纯铂电极的电荷转移电阻相当。Zhang 等[16]在 ITO-PEN 上涂布了介孔碳的浆料，随后在 140℃下和紫外光下后处理。这种光电极应用到 DSSCs 上后达到了 6.07% 的光电转换效率。

10.3.3.2 石墨

在以石墨作为催化材料的电极中，石墨通常同时也作为对电极的基底。S. Nagarajan 等[17]采用电聚合的方法在石墨表面制备了一维的 PEDOT 纳米纤维。由于纳米纤维是直接生长在石墨表面，因此二者的结合力比较牢。他们使用这种对电极组装了固态柔性 DSSCs，其光电转换效率为 5.7%，远远超过了使用传统铂电极组装的器件。孟庆波课题组[18]采用柔性石墨作为导电基底，并采用原位聚合的方法在其表面制备了一层 PANI 聚合物。由于石墨和 PANI 本身就具有较高的电催化活性，二者复合以后更是展现出优异的电化学性能。基于这种对电极的柔性 DSSCs 的光电转换效率可达到 7.36%，与对照组的基于铂对电极的 DSSCs 的光电转化效率（7.45%）相当。Chen 等[19]通过电化学沉积的方法在石墨化的聚酰亚胺碳膜表面沉积了一层聚苯胺纳米纤维。这种复合膜表现出极低的电荷转移电阻，仅为 $0.5\ \Omega/cm^2$，而对照组的 Pt 对电极电荷转移电阻为 $1.8\ \Omega/cm^2$。由这种复合膜组装的 DSSCs 在 1 个太阳光（$100mW/cm^2$）下可表现出 6.85% 的光电转换效率。

由于石墨电极的层状结构，界面处理不好会在一定程度上影响电子的传输速率。同时，石墨的层状结构会导致石墨与基底之间的结合不牢。这些问题都会增大对电极的电荷转移电阻，影响石墨对电极的稳定性。

10.3.3.3 石墨烯

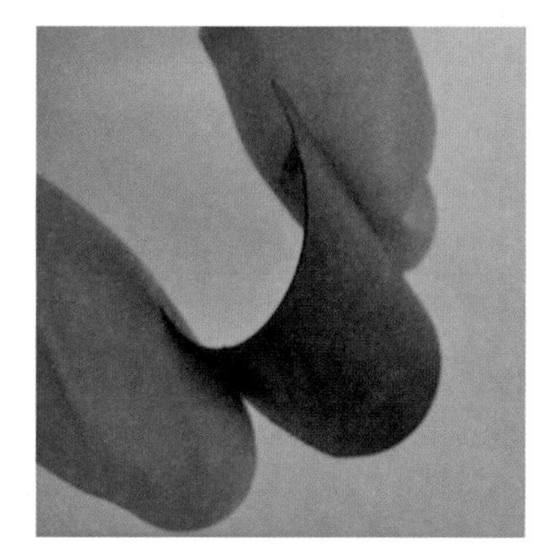

图10-4 制备于Mylar膜上功能化的石墨烯[20]

Roy-Mayhew等[20]在Mylar膜上制备了功能化的石墨烯（图10-4），由这种材料制备的对电极应用到柔性DSSCs上之后，达到了10%的光电转换效率。他们在实验中发现，在没有偏压时，这种复合膜的电荷转移电阻是Pt对电极的电荷转移电阻的10倍。而在有偏压时，复合膜的电荷转移电阻与Pt对电极相当。这种复合膜所达到的电催化性能与Pt对电极已相当接近。程一兵课题组[21]通过喷雾打印的方法制备了TiC/石墨烯/PEDOT复合材料。使用这种材料作为对电极之后，光电转换效率可达到4.5%，而对照组的基于Pt对电极的DSSCs的光电转换效率为4.3%。

10.3.3.4 碳纳米管

碳纳米管具有很高的纵向导电性，且具有超高的比表面积，催化活性也很高，对电解质也具有很好的耐久性。碳纳米管主要作为铂催化剂的载体应用于染料敏化太阳电池对电极中。Xiao等[22]首先配制了单壁碳纳米管（SWCNT）和氯铂酸的溶液（异丙醇∶正丁醇=1∶1），然后通过喷雾法在ITO-PEN上制备了Pt/SWCNT的复合薄膜。在室温下干燥后，将薄膜置于120℃烘箱中干燥2h。工作电极采用的是在钛片上制备的TiO_2薄膜。将这种对电极应用于DSSCs之后，光电转换效率在100mW/cm^{2}下可以达到5.96%。Misra等[23]采用微波等离子法开发了一种称作巴基纸的独立式单壁碳纳米管薄膜，这种柔性薄膜不仅具有超大的比表面积，还表现出很好的电催化性能。采用这种对电极的柔性DSSCs的光电转换效率最高可达到4.02%，而对照组的基于铂电极的柔性DSSCs的光电转换效率为4.08%。

碳材料也存在很多缺点，例如：对电极制备工艺还不够完善；有高催化活性的多孔碳对电极的膜层较厚（膜厚导致电子传输距离增大）；碳材料与导电基底的附着不够紧密、牢固。这些缺点限制了电子的传输，增加了对电极的电阻，降低了对电极的稳定性。

10.3.4 聚合物对电极

除常用的铂电极和碳材料之外，一些催化性能较高的聚合物也常用来作为柔性 DSSCs 的对电极，如 PANI、PEDOT 等。Peng 等 [24] 采用电纺丝技术将樟脑磺酸掺杂的导电聚苯胺与聚乳酸复合材料沉积到柔性 ITO-PEN 基底上，制备得到直径大约 200nm、厚 2μm 的聚合物复合纤维膜。将这种复合膜应用于 DSSCs 后展现出优异的电催化性能。在一个太阳光（100mW/cm^2）下可达到 3.1% 的光电转换效率。此外，这种对电极还表现出非常好的稳定性。Xiao 等 [25] 通过电化学沉积的方法在钛网上制备得到 PEDOT 纳米阵列，这种方法可用于制备大面积柔性对电极。他们考察了不同沉积条件下制备得到的 PEDOT 纳米阵列的电催化性能。结果表明，这种材料应用于 DSSCs 后，最高光电转换效率可达到 6.33%，在聚合物中属于相当有竞争力的效率。

10.3.5 无机化合物

近年来，多种化合物被用来制备 DSSCs 的对电极，且具有良好的电催化性能，如氧化物、碳化物、硫化物、氮化物等。2009 年，Wang 等 [26] 首次开发了 CoS 对电极，并将其应用于柔性 DSSCs。他们采用电化学沉积技术将 CoS 沉积在 ITO-PEN 膜上，采用这种对电极组装的柔性 DSSCs 的光电转换效率可达到 6.5%。此外，马廷丽课题组 [27] 采用磁控溅射的方法在钛片上制备了 Mo_2N 和 W_2N 两种对电极。两种对电极在 DSSCs 器件中均展现了优良的电催化能力，光电转换效率分别为 6.38% 和 5.81%，效率值分别达到了基于铂对电极电池光电转换效率的 91% 和 83%。

10.4 纤维型柔性染料敏化太阳电池

纤维型柔性染料敏化太阳电池是一种新发展的柔性太阳电池。纤维型 DSSCs 和传统的染料敏化太阳电池都是由吸附了染料的工作电极、对电极和电解液组成的，如图 10-5 所示。两者的主要差异在于导电基底的不同，纤维型 DSSCs 采用柔性导电纤维作为基底。在这种电池中，各种金属丝、碳材料、光纤等均可应用于电极制备中。与传统的柔性 DSSCs 相比，该电池具有多种优点：①由于纤维的长度可无限延长，这样的结构为器件的大面积化提供了空间；②不同角度的入射光对电池的性能没有影响，有效提高了太阳能的利用率；③柔性纤维状电池具有可编织性，可组建各种形状的太阳电池，如可制备成衣服等可穿戴器件、应用于建筑外墙及帐篷等。目前报道的纤维太阳电池主要包括以金属纤维材料、碳纤维材料、聚合物纤维材料和光纤材料为基底的纤维态电池。

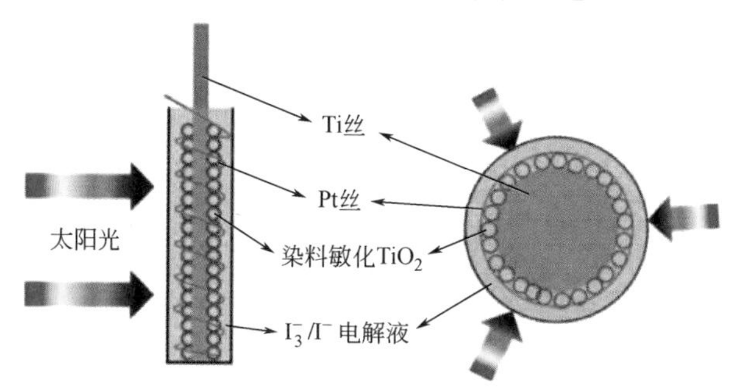

图10-5 纤维型柔性染料敏化太阳电池示意图[28]

10.4.1 金属纤维材料

最先提出并在实验室制备出柔性纤维状太阳电池的是北京大学的邹德春教授课题组，这种电池采用金属丝代替导电玻璃基底，能缠绕制备成各种扭曲结构（图 10-6）。他们以不锈钢丝为基底，并在细的钢丝上涂敷了 TiO_2 薄膜。不锈钢不仅具有机械强度大、导电性好、成本低廉等特点，最重要的是它具有优良的耐高温性，可以保证 TiO_2 的高温烧结处理。通过这种方法可以制备得到直径小于 100μm 的工作电极，对电极通常采用几十微米左右的铂丝或金丝。光伏器件通过工作电极与对电极直接缠绕制备得到。这种纤维柔性太阳电池的制备方法简单，电池的形状可以根据长度任意调节。虽然这种电池刚刚在实验室出现时性能很低（V_{oc}=610mV，J_{sc}=1.3mA/cm^2，PCE=0.31%），但是它提供了一种新型的电池制备模式，可以更好地实现器件的柔性化。由于这种结构通常是在纤维丝上生长 TiO_2 纳米晶体，因此弯曲纤维结构时容易造成表面纳米晶体的破坏，也会影响纤维 DSSCs 的光电转换效率。

Ti 丝是进一步改进的可用作纤维染料敏化太阳电池基底的材料。它不仅可以解决不锈钢基底与 TiO_2 薄膜能级的匹配问题，还增强了 TiO_2 与基底之间的结合力，大大提高了光伏电池的器件性能。经过高温烧结，涂敷在 Ti 丝表面的 TiO_2 薄膜会变得更加致密，表面功函数由 4.95eV 减少到 4.64eV，费米能级的提高对应着势垒降低，大大降低了 TiO_2 薄膜与基底之间的传输电阻。

邹德春教授课题组之后将钛酸异丙酯直接涂敷于钛丝上，高温煅烧后作为工作电极，对电极采用铂丝代替了不锈钢丝。改进后的器件效率达到了 7%，已经

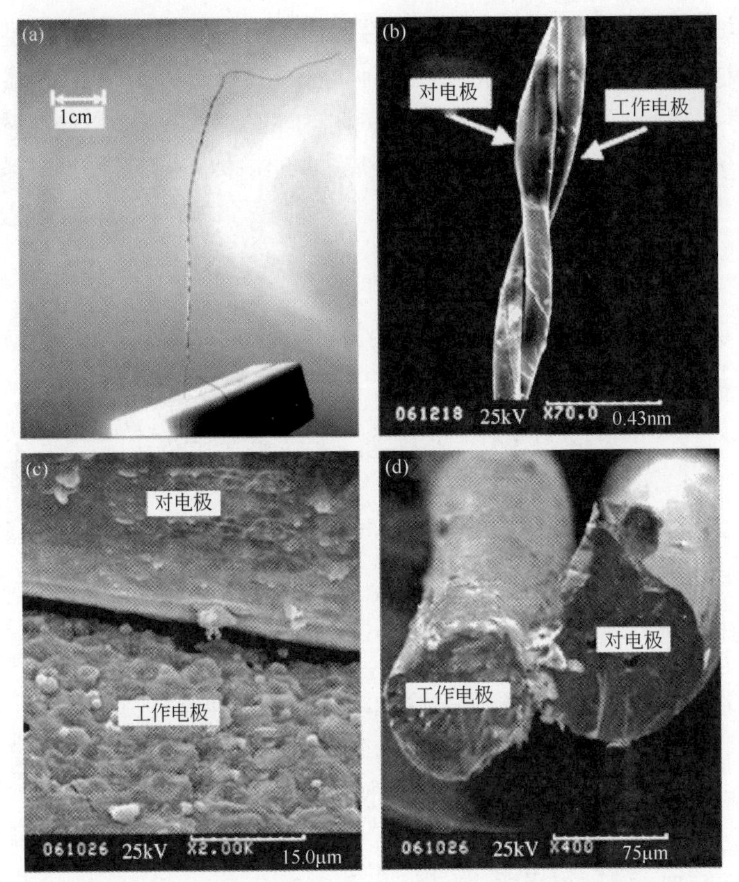

图10-6 纤维状染料敏化太阳电池的照片（a），纤维状染料敏化太阳电池的SEM图片（b），工作电极和对电极界面的SEM图片（c）及工作电极和对电极横截面的SEM图片（d）[29]

远远超过最初模型的光电转换效率，使这种结构的太阳电池的商业化可能性大大提高。之后他们又通过改进器件结构，如制备孔结构增加比表面积、增加散射层等将器件的效率提高到8%以上。

Jia Liang等采用两步法（水热+阳极氧化）在微米Ti丝上分别制备了光滑的TiO_2纳米管和层级TiO_2纳米管，并以此作为纤维染料敏化太阳电池的工作电极，工作电极采用铂丝，之后将工作电极和对电极同时插入充满电解质的毛细管中。以这种方式制备的器件的光电转换效率分别达到了6.4%和8.6%。随后，其课题组提出的多工作电极/单一工作电极组合（图10-7）技术又将器件的效率提高到了9.1%，将电池弯曲180°之后，效率仍能达到8.5%。

除不锈钢丝和Ti丝两种常用的纤维状DSSCs基底外，Ni丝、Mn丝等也可被用来作为金属纤维基底。锰与钛、不锈钢的电化学性质相似，其不仅具有良好

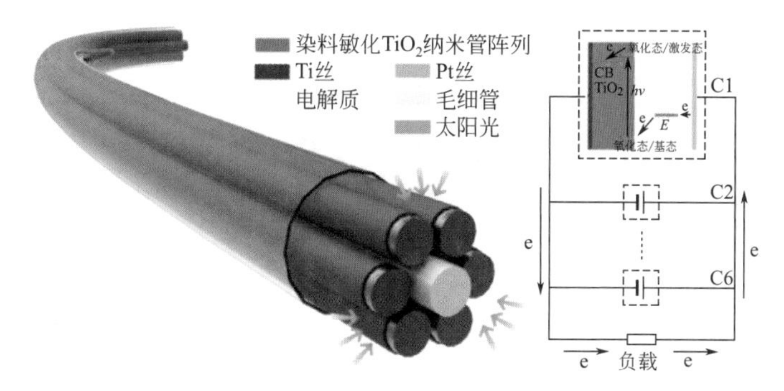

图10-7　多工作电极/单一工作电极组合器件示意图[30]

的延展性、耐腐蚀性、较低的功函数（4.1eV）、耐高温性，而且价格低廉，可以大大降低电池的制作成本，为纤维型DSSCs的商业化应用铺开了道路。

范兴课题组采用电镀技术在金属导电纤维Cu丝上制备了锰基复合纤维基底，并将其应用于纤维状固态DSSCs。研究发现，锰表面的ZnO阵列结构与锰的形貌对电池的光电性能有很大影响。平行制备基于锰基复合的纤维电池的性能要高于基于传统Ti丝、不锈钢丝电池的性能。刘作华课题组基于无应变理想结构提出了适合液态纤维DSSCs电池光阳极的理想等效电路模型，并通过对已建立的等效模型的分析，通过电镀工艺，在导电金属材料表面沉积了Ni基体复合纤维电极。研究发现，与传统光阳极相比，具有特殊形貌的光阳极的性能受金属镍层形貌影响较大。在纤维DSSCs这类器件中，纳米氧化物结构受基体影响而变化，结构更加复杂，其对阻抗特性及其所代表的内部反应机制的影响更加深远。

10.4.2　碳纤维材料

碳纤维（carbon fiber，CF），是一种含碳量在95%以上的高强度、高模量纤维的新型纤维材料。它由片状石墨微晶等有机纤维沿纤维轴向方向堆砌而成，经碳化及石墨化处理而得到的微晶石墨材料。碳纤维“外柔内刚”，质量比金属铝轻，但强度却高于钢铁，并且具有耐腐蚀、高模量的特性，在国防军工和民用方面都是重要材料。它不仅具有碳材料的固有本征特性，又兼备纺织纤维的柔软可加工性。碳纤维除了具有一般碳素材料所具备的特性外，其外形还具有显著的各向异性，从而可加工成各种织物。又由于其密度小，沿纤维轴方向表现出很高的强度。碳纤维增强环氧树脂复合材料，其比强度和比模量等综合指标在现有结构、材料中是最高的。

基于碳纤维材料制备的纤维DSSCs器件示意图见图10-8。

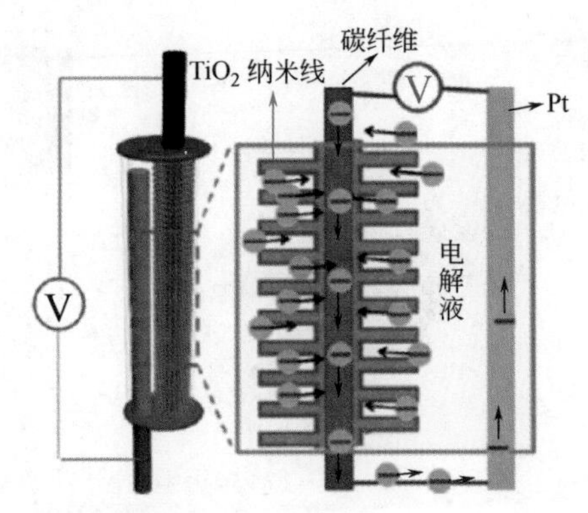

图10-8　基于碳纤维材料制备的纤维DSSCs器件示意图[31]

2011 年，Xin Cai 等将碳纤维作为工作电极和对电极基底首次制备了全碳纤维电池。这种电池仍然采用二氧化碳半导体薄膜作为吸附染料的材料。经过优化之后，全碳纤维电池的光电转换效率达到了 1.9%，双面光照后光电转换效率可达到 3.4%。Wang 等制备了基于碳纤维 /TiO_2 纳米线阵列的纤维状电池，电池效率可达 0.76%，将工作电极改进为束状阵列后，电池效率可提高到 1.28%。束状阵列的优点在于其大的比表面积，可以大大提高光电流。目前，基于商业化单根碳纤维制备的纤维状 DSSCs 的光电转换效率在 3%～7.2% 之间，碳纤维已经成为一种高效的、具有前景的基体材料。但是由于碳纤维材料本身的性质，由其制备的器件的电极 / 电解液界面电荷交换效率较低，因而基于这种材料的器件的光电流密度和填充因子不够高。加入适当的催化剂可能有助于改善这种情况。

10.4.3　聚合物纤维材料

使用聚合物纤维材料代替金属丝作为基底可以进一步降低器件的成本，也使得器件的柔韧性更好。但是由于聚合物不导电，使用聚合物纤维材料作为基底通常要在其表面镀一层金属膜。范兴课题组通过电镀和化学镀膜相结合的技术在不导电聚合物 PBT 纤维表面制备了 PBT/Cu/Mn 复合基底，并将其首次应用于全固态纤维 DSSCs。Cu 是一种导电性优良的金属，可以赋予 PBT 纤维绝佳的导电性。但是 Cu 的耐化学腐蚀性较差，易于和太阳电池的电解液发生反应。而 Mn 层的作用则是防止 Cu 薄膜层与电解质的反应。最后，在 Mn 薄膜层的表面通过水热反应制备一层纳米 ZnO 阵列，制备得到新型的聚合物基纤维工作电极。基于这种工作电极的纤维电池的光电转换效率为 0.33%。虽然电池的效率很低，但是这种技术的低成本性为纤维电池的商业应用提供了进一步的可能性。同时，他们制备了 Ni 基复合纤维并应用于纤维 DSSCs 光阳极，并将 PBT/Ni 复合纤维应用于纤维 DSSCs 光阳极。此外，该研究组还组装了以 CuI 为固态电解质的全固态纤维 DSSCs，并得到了较好的光电转换效率。纤维固态光阳极的结构示意图及 SEM 图见图 10-9。

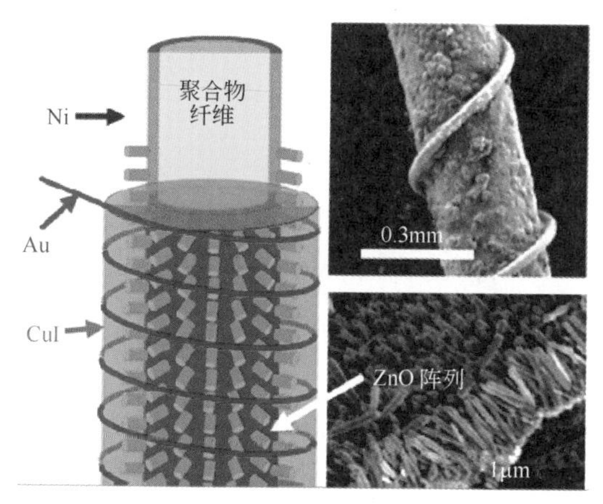

图10-9 纤维固态光阳极的结构示意图及SEM图[32]

10.4.4 光纤材料

有机塑料光纤材料也是一种适用于大规模制备电池基底的材料。有机塑料光纤的纤芯常使用聚苯乙烯、聚甲基丙烯酸甲酯、聚甲基硅氧烷及聚碳酸酯等等。用作包层的塑料常为有氟树脂、聚甲基戊烯。与石英光纤相比，塑料光纤柔韧性更好，易弯曲，成本低，制备方法简单。最初使用光纤材料作为基底的是 Toivola 等人，他们采用原子层沉积的方法在镀有铝和氧化锌的光纤表面均匀沉积了一层 TiO_2 薄膜作为工作电极，并使用碳材料作为对电极。但是由于其光吸收受碳材料的影响，组装的纤维电池的效率并不高，光电压 V_{oc} 仅为 0.44V，与传统的染料敏化太阳电池的开路电压值还有一定差距。在此基础上，王中林课题组发展了一种杂化的 3D 纤维 DSSCs（图 10-10）。他们使用去除了光纤外皮的光纤，并在其表面修饰氧化铟锡（ITO）导电层作为柔性基底，通过简单的水热法在 ITO 表面垂直生长了一层 ZnO 薄膜作为光电极。在这种电池中，太阳光从光纤的一端导入，光子沿光纤传输过程中被多次反射与折射，大大增加了电池对光子的吸收，使光电转换效率得到大幅度提高。为了改善光电极的电荷收集与传输能力，他们进一步将光纤的形状由圆柱形转变为长方体形，此时的器件最高效率达到了 3.3%。

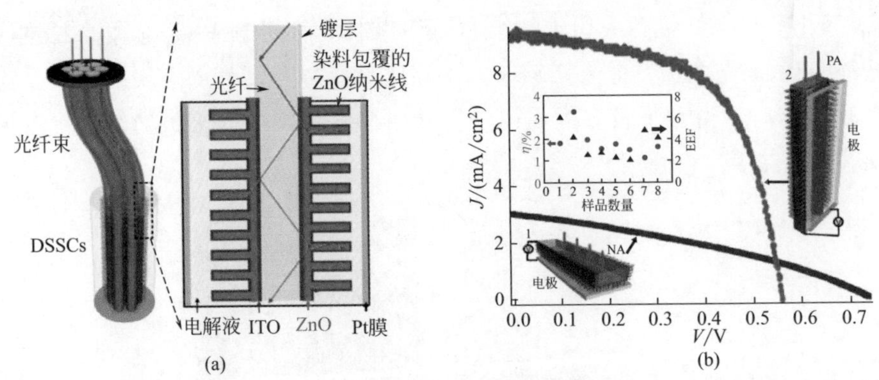

图10-10　3D纤维DSSCs的设计和原理图（a）和改进前后的器件J–V曲线图比较（b）[33]

NA：光照垂直于纤维轴；PA：光照平行于纤维轴；EEF=y_{PA}/y_{NA}

10.5 电解质

介于工作电极和对电极之间的电解质对柔性DSSCs的光电转换效率及耐久性有重要影响。传统的高效率DSSCs通常采用低黏度有机溶剂（KI/I的乙腈溶液等）的液态电解质。这种电解质存在易挥发、易泄漏等缺点，对电池的长期稳定性有不利影响。如果将其应用于柔性DSSCs，未经高温煅烧工艺的柔性光阳极很难经受住此类电解质的长期浸润。同时，强极性的有机溶剂对聚合物基底也会有不利影响。因此，电解质的凝胶化和全固态化成为制备稳定高效柔性DSSCs的一个重要研究方向。

由于电解质层很薄，固态电解质本身的形态也容易改变。全固态电解质深入到光阳极多孔膜中也可以起到黏合剂的作用，可与光阳极形成复合膜增强光电极的柔韧性。吴季怀课题组在这方面做了大量研究工作，先后开发出热塑性、热固性凝胶电解质以及基于吡啶碘骨架的全固态电解质，这些电解质均可用于柔性DSSCs中。特别是热固性凝胶电解质，将其注入柔性DSSCs中，可制备得到全柔性DSSCs。基于吡啶碘骨架的全固态电解质的应用，不仅为柔性DSSCs提供了稳定的电解质，将其注入柔性光阳极TiO_2多孔膜中，还可以进一步增强其连接性能，提高膜的电子传输能力。

10.6 大面积全柔组件的制备

通过串联模式连接的高电压的基于导电玻璃基底的DSSCs大面积组件技术

已经比较成熟。由于柔性大面积组件需要克服的技术难点更多，至今只有少量课题组投入研究精力致力于相关方面的研究。发展全柔组件的一个目标是可以将其作为一个随处可应用的能量来源。众所周知，全柔 DSSCs 的特点是重量轻、可弯曲以及透光可见，这些特点使得其可以满足最近出现的平板设备的商业需求。对于一些移动手持设备（平板电脑、手机等）来说，电源的电压需要高于5V，笔记本电脑更是需要最少 12V 的电压。由于 DSSCs 单体电池的电压只有1V，如何串联这些电池变得非常重要。Miyasaka Tsutomu 等 [34] 开发的一种方法是将以 ITO-PEN 为基底的长条形单体电池通过双面胶在长边处连接。这种方法可以根据需要输出电压的大小选择单体电池的数量。Kang 等制备了以不锈钢为基底的电池，不锈钢基底的特点是可以高温煅烧从而提高 TiO_2 薄膜的性能。但是不锈钢基底在温度较高时对碘电解液的耐受性还是较差。他们通过单体电池长边旁的银栅线收集光电流，电解液的溶剂采用的是较高沸点的 3-甲氧基丙腈，同时还添加了一些丁内酯来提高电解液的稳定性。图 10-11 所展示的全柔组件（30cm×30cm）由 10 个单体电池组成，每个单体电池重 60g，厚 450μm。这种柔性电池对电极采用的是在 PEN 膜上制备的一种 Ti 合金膜，这种合金膜可以耐受长时间的碘电解液腐蚀。它在一个太阳光（$100mW/cm^2$）下可以产生的电压为7.2V，电流为 250～300mA。虽然这种电池表现出优异的性能，但是稳定性仍是其存在的一个技术瓶颈。这种电池在室外放置 26 天后，虽然光电压仍能维持在7.2V，但是光电流已经衰减到只剩原来的 1/2 左右。经过分析，电流衰减的主要原因还是 ITO 和 TiO_2 界面的物理性损坏，因此增加了串联电阻。由此看来，界面的物理和化学稳定性仍然是电池耐久性的关键因素。Miyasaka Tsutomu 通过采用高黏度的离子液体电解质在一定程度上提高了电池的耐久性。要完全解决电池的稳定性问题，仍然需要科学家们不断地开发新的技术。

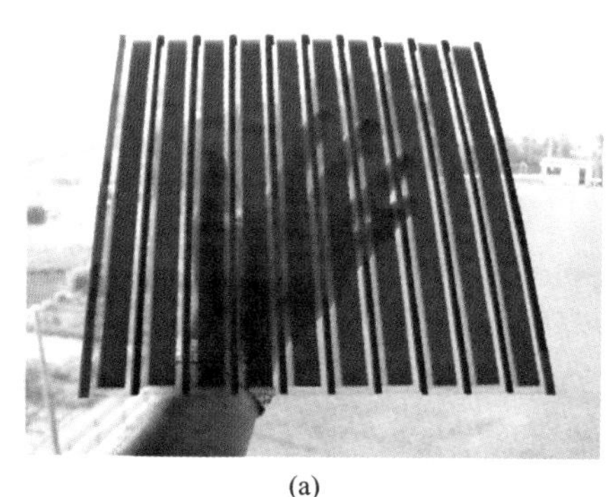

(a)

(b)

图10-11　2005年世界展览会（Aichi，日本）展出的全柔性DSSCs组件

10.7 展望

柔性染料敏化太阳电池因其柔性、成本低、重量轻和可工业卷对卷快速生产等独特的性质，展示出了巨大的商业化潜力。柔性染料敏化太阳电池还有很多问题需要解决，如采用能承受高温的聚酰亚胺薄膜作为衬底，低温晶化 TiO_2 薄膜，降低电解质的腐蚀性，采用稳定且易吸收的染料等。不断变化的环境对柔性染料敏化太阳电池的稳定性是一大考验，如何实现柔性染料敏化太阳电池的长期稳定性，也是亟待解决的重大问题。可以借鉴柔性有机太阳电池、柔性钙钛矿太阳电池等领域的相关技术，取长补短，以提高柔性太阳电池的性能。

参考文献

[1] Lindström H，Holmberg A，Magnusson E，et al. A new method for manufacturing nanostructured electrodes on plastic substrates[J]. Nano Letters，2001，1（2）：97-100.

[2] Yamaguchi T，Tobe N，Matsumoto D，et al. Highly efficient plastic-substrate dye-sensitized solar cells with validated conversion efficiency of 7.6%[J]. Solar Energy Materials and Solar Cells，2010，94（5）：812-816.

[3] Santa-Nokki H，Kallioinen J，Kololuoma T，et al. Dynamic preparation of TiO_2 films for fabrication of dye-sensitized solar cells[J]. Journal of Photochemistry and Photobiology A：Chemistry，2006，182（2）：187-191.

[4] Yum J H，Kim S S，Kim D Y，et al. Electrophoretically deposited TiO_2 photo-electrodes for use in flexible dye-sensitized solar cells[J]. Journal of Photochemistry and Photobiology A：Chemistry，2005，173（1）：1-6.

[5] Park N G，Kim M K，G K M，et al. Chemical sintering of nanoparticles：a methodology for low-temperature fabrication of dye-sensitized TiO_2 films[J]. Advanced Materials，2005，17（19）：2349-2353.

[6] Li X，Lin H，Li J，et al. Chemical sintering of graded TiO_2 film at low-temperature for flexible dye-sensitized solar cells[J]. Journal of Photochemistry and Photobiology A：Chemistry，2008，195（2）：247-253.

[7] Uchida S，Tomiha M，Takizawa H，et al. Flexible dye-sensitized solar cells by 28GHz microwave irradiation[J]. Journal of Photochemistry and Photobiology A：Chemistry，2004，164（1）：93-96.

[8] Ho-Gyeong Yun，Byeong-Soo B，Gu K M. A simple and highly efficient method for surface treatment of Ti substrates for use in dye-sensitized solar cells[J]. Advanced Energy Materials，2011，1（3）：337-342.

[9] Ikegami K M M，Miyasaka T，Teshima K，Wei T C，Wan C C，Wang Y Y. Platinum/titanium

bilayer deposited on polymer film as efficient counter electrodes for plastic dye-sensitized solar cells[J]. Applied Physics Letters, 2007, 90 (15): 153122.

[10] Fu N Q, Fang Y Y, Duan Y D, et al. High-performance plastic platinized counter electrode via photoplatinization technique for flexible dye-sensitized solar cells[J]. ACS Nano, 2012, 6 (11): 9596-9605.

[11] Toivola M, Ahlskog F, Lund P. Industrial sheet metals for nanocrystalline dye-sensitized solar cell structures[J]. Solar Energy Materials and Solar Cells, 2006, 90 (17): 2881-2893.

[12] Chen C M, Chen C H, Wei T C. Chemical deposition of platinum on metallic sheets as counter electrodes for dye-sensitized solar cells[J]. Electrochimica Acta, 2010, 55 (5): 1687-1695.

[13] Kang M G, Park N G, Ryu K S, et al. A 4.2% efficient flexible dye-sensitized TiO_2 solar cells using stainless steel substrate[J]. Solar Energy Materials and Solar Cells, 2006, 90 (5): 574-581.

[14] Chen J, Li K, Luo Y, et al. A flexible carbon counter electrode for dye-sensitized solar cells[J]. Carbon, 2009, 47 (11): 2704-2708.

[15] Halme J, Toivola M, Tolvanen A, et al. Charge transfer resistance of spray deposited and compressed counter electrodes for dye-sensitized nanoparticle solar cells on plastic substrates[J]. Solar Energy Materials and Solar Cells, 2006, 90 (7): 872-886.

[16] Chen L L, Liu J, Zhang J B, et al. Low temperature fabrication of flexible carbon counter electrode on ITO-PEN for dye-sensitized solar cells[J]. Chinese Chemical Letters, 2010, 21 (9): 1137-1140.

[17] Nagarajan S, Sudhagar P, Raman V, et al. A PEDOT-reinforced exfoliated graphite composite as a Pt- and TCO-free flexible counter electrode for polymer electrolyte dye-sensitized solar cells[J]. Journal of Materials Chemistry A, 2013, 1 (4): 1048-1054.

[18] Sun H, Luo Y, Zhang Y, et al. In situ preparation of a flexible polyaniline/carbon composite counter electrode and its application in dye-sensitized solar cells[J]. The Journal of Physical Chemistry C, 2010, 114 (26): 11673-11679.

[19] Chen J, Li B, Zheng J, et al. Polyaniline nanofiber/carbon film as flexible counter electrodes in platinum-free dye-sensitized solar cells[J]. Electrochimica Acta, 2011, 56 (12): 4624-4630.

[20] Roy-Mayhew J D, Bozym D J, Punckt C, et al. Functionalized graphene as a catalytic counter electrode in dye-sensitized solar cells[J]. ACS Nano, 2010, 4 (10): 6203-6211.

[21] Peng Y, Zhong J, Wang K, et al. A printable graphene enhanced composite counter electrode for flexible dye-sensitized solar cells[J]. Nano Energy, 2013, 2 (2): 235-240.

[22] Xiao Y, Wu J, Yue G, et al. Low temperature preparation of a high performance Pt/SWCNT counter electrode for flexible dye-sensitized solar cells[J]. Electrochimica Acta, 2011, 56 (24): 8545-8550.

[23] Roy S, Bajpai R, Jena A K, et al. Plasma modified flexible bucky paper as an efficient counter electrode in dye sensitized solar cells[J]. Energy & Environmental Science, 2012, 5 (5): 7001-7006.

[24] Peng S, Zhu P, Wu Y, et al. Electrospun conductive polyaniline-polylactic acid composite nanofibers as counter electrodes for rigid and flexible dye-sensitized solar cells[J]. Rsc

Advances，2012，2（2）：652-657.

[25] Xiao Y，Wu J，Yue G，et al. Electrodeposition of high performance PEDOT/Ti counter electrodes on Ti meshes for large-area flexible dye-sensitized solar cells[J]. Electrochimica Acta，2012，85：432-437.

[26] Wang M，Anghel A M，Marsan B，et al. CoS supersedes Pt as efficient electrocatalyst for triiodide reduction in dye-sensitized solar cells[J]. Journal of the American Chemical Society，2009，131（44）：15976-15977.

[27] Wu M，Zhang Q，Xiao J，et al. Two flexible counter electrodes based on molybdenum and tungsten nitrides for dye-sensitized solar cells[J]. Journal of Materials Chemistry，2011，21（29）：10761-10766.

[28] 陈亮. 纤维状染料敏化太阳电池低成本对电极的制备及其性能研究[D]. 南京：南京大学，2016.

[29] X F，Z C Z，Z W F，et al. Wire-shaped flexible dye-sensitized solar cells[J]. Advanced Materials，2008，20（3）：592-595.

[30] Liang J，Zhang G，Sun W，et al. High efficiency flexible fiber-type dye-sensitized solar cells with multi-working electrodes[J]. Nano Energy，2015，12：501-509.

[31] Guo W，Xu C，Wang X，et al. Rectangular bunched rutile TiO_2 nanorod arrays grown on carbon fiber for dye-sensitized solar cells[J]. Journal of the American Chemical Society，2012，134（9）：4437-4441.

[32] 冯海建. 镍基纤维染料敏化太阳电池的制备研究[D]. 重庆：重庆大学，2014.

[33] Weintraub B，Wei Y，Wang Z L. Optical fiber/nanowire hybrid structures for efficient three-dimensional dye-sensitized solar cells[J]. Angewandte Chemie International Edition，2009，48（47）：8981-8985.

[34] Tsutomu M，Yujiro K，N M T，et al. Efficient nonsintering type dye-sensitized photocells based on electrophoretically deposited TiO_2 layers[J]. Chemistry Letters，2002，31（12）：1250-1251.

第11章

染料敏化太阳电池的测量与研究手段

11.1
光电转换性能的测量

11.2
染料敏化太阳电池能级结构的研究手段

11.3
染料敏化太阳电池光生电子动力学过程的研究手段

11.4
常规测试方法在染料敏化太阳电池中的应用

近年来，随着对染料敏化太阳电池研究的不断深入，对其光电性能和机理分析的相关测量与研究技术得到了发展。不管是电池的研究阶段还是未来的批量生产，都需要对太阳电池的性能进行系统、准确的评价，这就需要用到多种太阳电池的测量和机理分析技术。染料敏化太阳电池是以染料敏化的多孔纳晶薄膜为光阳极的一类半导体光电化学电池，其工作原理不同于其他类型太阳电池，因此对测量的要求也有别于其他类型的太阳电池[1]。由于染料敏化太阳电池研究的迅速发展以及大面积电池研究的需要，对其性能的测量工作也显得十分重要。

染料敏化太阳电池需要进行的性能评价方面的测量项目主要有光电流-电压特性测试和光谱响应特性测试。太阳电池的光电流-电压特性测试是最直观、最有效、最广泛应用的一种方法；光谱响应特性测试可以直观反映出太阳电池的入射单色光的转换效率。对于两种测量方法确定的太阳电池的光电转换性能，相对应的机理研究手段主要分为电化学、光电化学以及常规测试技术等三类，通过这三类手段综合分析研究染料敏化太阳电池的光生电荷动力学过程、各部分的能带结构、界面状态等。本章主要从上述几方面介绍染料敏化太阳电池的测量和研究技术。

11.1 光电转换性能的测量

染料敏化太阳电池的结构如前面章节所述，由于半导体的禁带宽度值较大，可见光不能将其激发，可见光的捕获是由染料分子完成的。在半导体纳晶薄膜表面敏化一层对于可见光吸收特性良好的染料光敏化剂，在能量低于半导体纳晶薄膜禁带宽度的可见光作用下，染料分子吸收一定频率的可见光使电子由基态跃迁到激发态，激发态的染料分子转移光生电子到导带位置低于其最低未占有分子轨道（LUMO）能级的纳晶半导体而变成染料正离子。注入半导体的光生电子在浓度梯度的驱使下，输运到导电玻璃基底，经过导电玻璃基底收集的光电流通过外电路到达负载。失去电子的染料分子在半导体纳晶薄膜工作电极上被电解质中的还原态离子还原为基态，使染料获得再生。同时，电解质中的氧化态离子迁移到对电极，被从对电极进入的电子还原，完成一个光电化学反应的工作循环。在染料敏化太阳电池中，评价其光电转换性能的重要参数主要有开路光电压（open-circuit voltage，V_{oc}）、短路光电流密度（short-circuit photocurrent density，J_{sc}）、填充因子（Fill Factor，FF）、光电转换效率（η 或 PCE）以及单色光转换效率

（IPCE）等。所采用的测试手段主要为光照电流-电压（J-V）特性测试和光谱响应特性测试两种测量手段。一般将染料敏化纳晶薄膜光阳极、氧化还原电解液和对电极组装成“三明治”式薄层电池进行上述测试。

11.1.1 J-V特性测试

在太阳电池的所有性能表征手段中，J-V特性测试无疑是最常用和直观的一种测试手段，它反映了染料敏化太阳电池在模拟太阳光照下的光电转换情况，标准测试情况的光照强度为一个太阳的标准光强，即光强度为100mW/cm^{2}或AM 1.5。

光线一般从“三明治”式结构染料敏化太阳电池的光阳极背面照射，待测太阳电池通过外电路连接到电化学工作站（恒电位仪）检测光生电流和电压。一般采用对消法测定曲线，即分别将电化学工作站的正负极与待测太阳电池的正负极对接，构成一个封闭回路。在光照下，待测太阳电池产生的光电流与电化学工作站的电流流动方向相反，彼此相互抵消一部分电流。调整电化学工作站输出电压，直到在某一电位时，其输出电流与待测太阳电池的输出电流完全抵消，此时电化学工作站的输出电位值即待测太阳电池的开路光电压V_{oc}。同样，当电化学工作站输出电压为零时，外电路处于短路状态，此时电流即为短路光电流J_{sc}。采用线性伏安扫描，即相当于持续改变输出电压，同时测量相对应的电流，即可得到J-V曲线，如图11-1所示。通过J-V特性曲线，并进一步进行数据分析处理，可以直接了解到太阳电池的各项物理性能，如开路光电压、短路光电流密度、填充因子和光电转换效率等参数。这些数据可以为太阳电池的研究、评价以及应用提供有力的依据。

图11-1为典型的染料敏化太阳电池的J-V特性曲线。横坐标和纵坐标分别对应着电压值和电流值，图中的J_{sc}和V_{oc}分别表示短路光电流密度和开路光电压。P_{max}表示太阳电池输出最大功率点，J_{mp}表示在P_{max}状态下的光电流，V_{mp}表示P_{max}状态下的光电压，三者之间满足公式$P_{max}=J_{mp}V_{mp}$，最大输出功率可表示为图中阴影部分面积。

开路光电压表示太阳电池的电压输出能力，是指太阳电池处于开路状态或电阻无穷大时的输出电压。对于染料敏化太阳电池来说，在理论上它取决于半导体材料（如TiO_2）费米能级（E_f）和电解液中氧化还原电对的能斯特电势（E_{Redox}）之差，用下式表示[2]：

$$V_{oc}=\frac{E_{f,\ TiO_2}-E_{redox}}{q} \tag{11-1}$$

其中，q为完成一个氧化还原循环过程所转移的电子总数。开路光电压的大

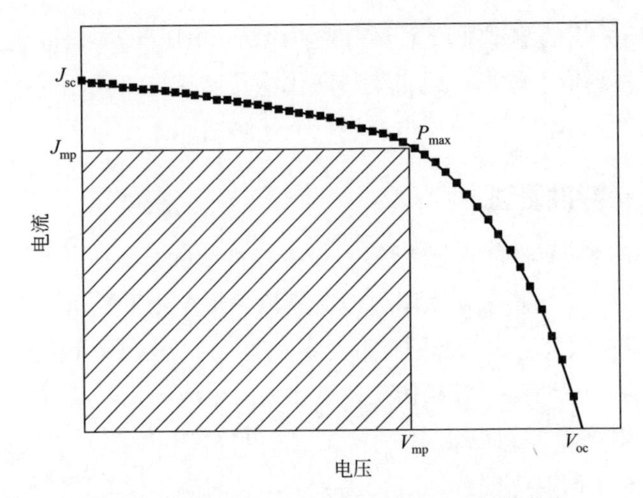

图11-1　典型染料敏化太阳电池的*J*–*V*特性曲线

小除了与光阳极的费米能级和电解质中氧化还原电对能级之差有关外，从动力学角度看，半导体导带中的电子与氧化态染料的复合反应以及与电解液中的氧化物发生的复合反应，也是影响开路光电压的主要因素。具体计算公式如下 [3]：

$$V_{oc}=\frac{kT}{e}\ln\left[\frac{J_{inj}}{n_{cb}k_{ct}\left(I_3^-\right)}\right] \tag{11-2}$$

式中，T 为热力学温度；k 为波尔兹曼常数；e 为电子电量；n_{cb} 为 TiO_2 导带的电子数量；k_{ct} 为 I_3^- 还原速率常数；（I_3^-）为多碘电解质中的 I_3^- 浓度；J_{inj} 为敏化染料向 TiO_2 导带注入光生电子的速度。从上式可以看出，V_{oc} 与光敏剂分子向纳晶半导体注入电子的速率成正比，与电池的暗电流成反比，即暗电流越小，V_{oc} 越大。所以若想要提高染料敏化太阳电池的开路光电压，从动力学角度看就应从光生电子注入效率和降低暗电流两方面考虑，寻找高效的敏化染料和提高电子转移的速率。另外，也可对 TiO_2 半导体薄膜进行修饰处理，降低光生电子与 I_3^- 的复合概率，从而降低暗电流 [4]。

短路光电流是指电路处于正负极短路（即外电阻为零）时产生的光电流；单位面积短路光电流称为短路光电流密度，它的单位是 mA/cm^2。染料敏化太阳电池的短路光电流密度对应于光电流作用谱中 IPCE 在可见光部分的积分面积。积分面积越大，则短路光电流密度越大。电子的注入效率及收集效率、吸收光的效率都极大地影响着短路光电流密度的大小。在电池实际工作时，它受到诸多方面因素的影响，如染料对太阳光能的吸收、电子与空穴的复合、光生电子注入导带的速率以及电池的内阻等，因此选择吸收光谱带较宽的染料，选择合适的半导体纳晶薄膜膜厚以增加染料的吸附量，对染料敏化半导体纳晶薄膜进行适当的表面修饰以抑制暗电流的产生，提高电子在电极材料中和电极界面的传输速度，从而可以增大短路光电流密度，进而提高染料敏化太阳电池的光电转换效率。

填充因子是评价太阳电池优劣的重要指标，用于表征电池内部阻抗导致的能量损失，能够直接反映电池的 *J-V* 特性曲线的好坏，其大小等于电池输出的最大功率 P_{max} 与开路光电压 V_{oc} 和短路光电流密度 J_{sc} 的乘积之比，P_{max} 的数值又等于电流 J_{mp} 和电压 V_{mp} 的乘积，具体表达式为：

$$FF = \frac{P_{max}}{J_{sc}V_{oc}} = \frac{J_{mp}V_{mp}}{J_{sc}V_{oc}} \tag{11-3}$$

根据上式，在 *J-V* 曲线图中，阴影部分面积越大时，其填充因子也会越大，但是数值始终小于 1。当两块电池的开路光电压和短路光电流密度相同时，填充因子决定着光电转换效率，填充因子越大，光电转换效率就越高。填充因子可由半导体材料内和电解液溶液中的总电压降低所体现出来，受电池总的串并联电阻的影响，随着串联电阻的增大而减小，随着并联电阻的增大而增大。总的串联电阻包括玻璃基底电阻、电子在工作电极中的传输电阻、离子传输电阻、对电极电阻和对电极的电荷传输电阻等，而并联电阻主要来自由材料本身及制备工艺等原因造成的种种漏电通道的电阻。因此，改变这几方面的电阻就可以提高填充因子。这些电阻可以通过阻抗测量确定，具体介绍见 11.3 节。

电池的光电转换效率是直接表征电池好坏的参数，它表示入射的太阳光能量有多少可以转换为有效的电能，是电池的最大输出电功率与输入光功率的比值，即：

$$\eta = \frac{P_{max}}{P_{in}} = \frac{FFJ_{sc}V_{oc}}{P_{in}} \tag{11-4}$$

式中，P_{max} 为电池输出的最大功率，P_{in} 为入射光的最大功率。

因此，η 值取决于 J_{sc}、V_{oc}、*FF* 和 P_{in}。要想获得高光电转换效率，必须改变 J_{sc}、V_{oc}、*FF* 和 P_{in} 的值。而 P_{in} 为国际上公认的太阳电池光电转换效率测量的标准条件，即 AM 1.5 的入射光。对于具有相同 J_{sc} 和 V_{oc} 的太阳电池，光电转换效率直接取决于 *FF* 的大小，由此可知，太阳电池的填充因子越高，光电转换效率就越大。

11.1.2　光谱响应特性测试

IPCE 的测量是用一定强度的单色光照射太阳电池，测量此时电池的短路光电流，然后依次改变单色光的波长，测量各个波长下的短路光电流，即反映了太阳电池的光谱响应特性。光谱响应表示不同波长的光子产生电子-空穴对的能力。定量地说，太阳电池的光谱响应就是当某一波长的光照射在电池表面上时，每一光子平均所能产生的并收集到的载流子数。它是表征太阳电池性能的一个重要参数，能反映染料分子的有效工作光谱区间和电池在不同波长光下的光电转换性能。同时，IPCE 的准确测量有助于理解电池内部电流的产生、收集和复合机理等。

光谱响应特性测试的方法是使用单色仪将白光分成不同波长的单色光照射染料敏化太阳电池产生光电流，再除以相应波长光的光强。在不考虑导电玻璃电极的反射损耗的情况下，定义为单位时间内转移到外电路中的电子数（N_e）与单位时间内入射的单色光子数（N_p）之比：

$$\mathrm{IPCE} = N_e/N_p \tag{11-5}$$

在实际应用中，IPCE通常通过下式计算：

$$\mathrm{IPCE} = 1240\,J_{sc}/(\lambda\,\Phi) \tag{11-6}$$

式中，J_{sc} 为电池在单色光照射下所产生的短路光电流；λ 为单色入射光波长；Φ 为光子通量。

当从电流产生过程这一方面考虑时，IPCE 可以分解为染料的光捕获效率 LHE（λ）、光生电子从染料注入半导体的量子效率 η_{inj} 和电子在纳晶薄膜与导电玻璃的后接触面上的收集效率 η_c，即：

$$\mathrm{IPCE}(\lambda) = \mathrm{LHE}(\lambda)\times\eta_{inj}\times\eta_c \tag{11-7}$$

如果不考虑吸收光子的损失，只考虑吸收的光子数产生的有效光生电子数，即光生电流与吸收光子数的比值，称为吸收光子转换效率（APCE）。APCE 的表达式如下：

$$\mathrm{APCE}(\lambda)=\eta_{inj}\eta_c \tag{11-8}$$

相比之下，APCE 的分析比 IPCE 更直接地反映光生电子转移、输运和复合过程。

在染料敏化太阳电池中，以 IPCE 为纵坐标、入射光波长为横坐标所作曲线为光电流工作谱，此曲线对染料敏化性能的表征有重要意义。从 IPCE 图反映的数据，可以了解有机光敏染料分子的光响应区间，评价有机染料；也可以验证 *J-V* 曲线中光电参数值，其积分面积对应短路光电流密度，帮助我们更好地了解和分析染料敏化太阳电池的性能。

η_{inj} 为注入电子的量子产率，并不是所有激发态的染料分子注入多孔纳晶

TiO_2 膜的导带中的电子都能有效地转换为光电流。从电池的光电转换原理来说，主要有三种情况对其产生负影响：

① 染料的光生电子可能从激发态跃迁回基态。

② 半导体表面的染料分子也可能与半导体导带中的光生电子复合。

③ 半导体导带电子可能将电解质中的 I_3^- 还原，产生暗电流。

在忽略其他因素的前提下，注入电荷的量子产率的表达式可写成[5]：

$$\eta_{inj}=\frac{k_{inj}}{\tau^{-1}+k_{inj}} \tag{11-9}$$

式中，k_{inj} 为注入电荷的速率常数；τ 为激发态寿命。从上式中可发现，只有 $\eta_{inj}\geqslant 99.9\%$ 时，才意味着吸收的光子被染料吸收产生的光生电子几乎全部从染料激发态注入多孔纳晶薄膜的导带中。上述三个影响光电转换效率的过程统称为光生电子的复合过程，其对染料敏化太阳电池的光电转换效率有重要影响。因此在分析太阳电池光电转换性能的影响因素时，需要了解光生电子转移、输运和复合等动力学过程。

11.2 染料敏化太阳电池能级结构的研究手段

11.2.1 电化学循环伏安法

电化学循环伏安测试是半导体纳晶薄膜和有机染料分子能级结构测定的常用方法。对于半导体纳晶薄膜，其工作原理如下：电化学氧化过程对应于半导体纳晶价带上的失电子过程，因此循环伏安曲线中的氧化起始电位（E_{ox}）对应纳晶薄膜的价带能级，而还原过程对应于纳晶导带上的失电子过程，所以还原起始电位（E_{red}）对应于纳晶的导带能级。能带结构中的带隙 E_g 指价带顶与导带底的能量之差，相应于最高占有分子轨道（HOMO）和最低未占有分子轨道（LUMO）的能量之差。材料最高占有分子轨道上的电子失去所需的能量相应于电离势 I.P.，此时材料发生了氧化反应；材料得到电子填充在最低未占有分子轨道上所需的能量相应于电子亲合势 E.A.，此时材料发生了还原反应。

循环伏安测试采用三电极体系，用恒电位仪在电化学池中相对于参比电极电位给工作电极施加一定的正电位时，电极材料失去其价带上的电子发生电化学氧化反应。当施加更高的正电位时，电极表面上电化学氧化反应继续进行。此时工作电极上材料发生电化学氧化反应的起始电位 E_{ox} 即对应于 HOMO 能级。同样地，相对于参比电极电位，当给工作电极施加一定的负电位时，电极材料将在其导带上得到电子发生电化学还原反应，当继续增加此负电位时，电极表面上电化学还原反应继续进行。此时工作电极上材料发生电化学还原反应的起始电位 E_{red} 即对应于 LUMO 能级。

利用循环伏安法结合吸收光谱可以确定染料分子的 HOMO 和 LUMO 位置。一般通过测定染料的氧化电位 E_{ox} 以直接推算其 HOMO 能级数值，再结合光谱或能谱法测得的带隙 E_g（见 11.4 节），间接计算出染料分子的 LUMO 能级数值。一般情况下，染料的氧化电位（E_{ox}）是相对于饱和甘汞电极（SCE）测量的，因为饱和甘汞电极电势相对于标准氢的电势为 0.24V，标准氢相对于真空的电势为 4.5eV，即：用饱和甘汞电极测量时，用式（11-10）计算相对于标准氢电极的能级位置，用式（11-11）计算其相对于真空的能级位置。

$$E_{HOMO}(vs\ \mathrm{NHE}) = -[E_{ox}(vs\ \mathrm{SCE}) + 0.24](\mathrm{eV}) \tag{11-10}$$

$$E_{HOMO}(vs\ \mathrm{vacuum}) = -[E_{ox}(vs\ \mathrm{SCE}) + 4.74](\mathrm{eV}) \tag{11-11}$$

染料的带隙和 LUMO 能级通过式（11-12）和式（11-13）计算。

$$\Delta E = hc/\lambda_{max} \tag{11-12}$$

$$E_{LUMO}(vs\ \mathrm{vacuum}) = E_{HOMO}(vs\ \mathrm{vacuum}) - \Delta E \tag{11-13}$$

式中，ΔE、h、c 和 λ_{max} 分别代表电子跃迁吸收的能量（J）、普朗克常数（6.63×10^{-34}J·s）、光速（3×10^{8}m/s）和溶液中的最大吸收波长（nm）。通过公式计算染料的 HOMO 能级和 LUMO 能级，评价染料用于染料敏化太阳电池的可行性，并为染料选择合适的半导体纳晶薄膜材料。

图 11-2 给出了某种方酸染料的循环伏安曲线，根据上述测试过程可以确定该染料的 HOMO 能级为 −5.78eV，LUMO 能级为 −3.84eV，而 ZnO、TiO_2 和 SnO_2 三种半导体的导带值分别是 −4.0eV、−4.2eV 和 −4.5eV[6]，将染料的能级值与半导体的导带相比较，当染料的 LUMO 能级足够高时，可以使电子注入半导体的导带。由此，我们可以得出，该种染料吸附于上述三种半导体纳晶薄膜上时，从热力学角度看均是可行的。当染料的 HOMO 能级足够低时，使得电解液可以注入电子进而还原染料，使染料再生。

此外，通过测试对电极在电解液中的循环伏安曲线，由氧化还原峰的强度和

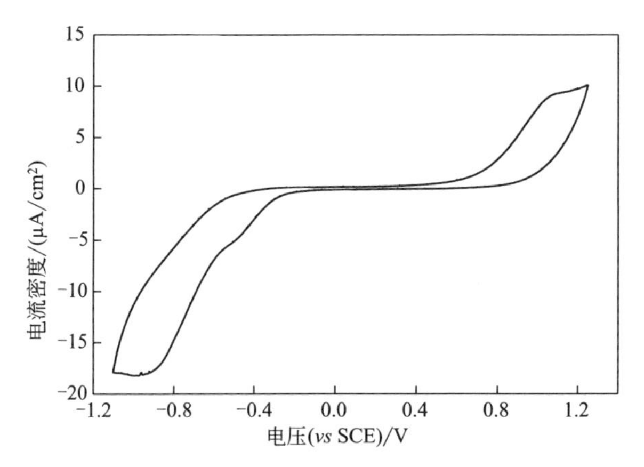

图11-2 某种方酸染料的循环伏安曲线[6]

位置可以评价对电极对电解液中氧化还原离子的催化活性[7]。

11.2.2 Mott-Schottky法

根据前文给出的决定光电压的热力学和动力学公式，一般光生电子的复合动力学过程和平带电位的位置是决定染料敏化太阳电池光电压的两个因素。认为光电压的增加可由两个原因引起：一个是电子的复合减少，另一个是平带电位的正移。

半导体的平带电位是指导带和价带不弯曲（平直）时的费米能级位置，是表征半导体状态的重要参数。在太阳电池中平带电位的变化会对短路光电流和开路光电压等产生不同的影响。

平带电位的测量采用 Mott-Schottky 法，实验时用三电极体系。分别以光阳极为工作电极，以铂丝为对电极，以饱和甘汞电极为参比电极，将三电极同时插入液体电解液中进行测量。测量仪器为恒电位仪和频响应器的组合。

半导体与含有氧化还原对的电解液接触时，半导体空间电荷层电容 C 与外加电位 E 的关系可用 Mott-Schottky 方程来描述：

$$\frac{1}{C^2}=\frac{2}{e\varepsilon\varepsilon_0 N_{\mathrm{d}}}\left(E-E_{\mathrm{fb}}-\frac{kT}{e}\right) \tag{11-14}$$

式中，E_{fb} 为半导体平带电位；E 为外加电位；N_{d} 为半导体的掺杂浓度；e 为电子电量；ε 和 ε_0 分别为半导体和真空介电常数；k 为 Boltzmann 常数；T 为热力学温度。E_{fb} 与 N_{d} 可由上面的公式进行计算。半导体空间电荷层 C^{-2} 与外加电位之间是直线关系，由直线的斜率可计算出半导体掺杂浓度 N_{d}，而将直线外推，与电位轴相交的点则为半导体的平带电位 E_{fb}。

11.3 染料敏化太阳电池光生电子动力学过程的研究手段

在常规的P-N结光伏电池（如硅太阳电池）中，半导体起两个作用：其一为捕获入射光；其二为传导光生载流子。但是，对于染料敏化太阳电池而言，这两种作用是分别执行的。首先光的捕获由光敏染料完成，而传导和收集光生载流子的作用则由纳米半导体来完成。染料敏化太阳电池中光生载流子的主要动力学过程如下：染料分子将吸收一定频率的可见光使电子由基态跃迁到激发态，染料的LUMO能级比半导体纳晶薄膜的导带能级高，所以，激发态染料分子的光生电子很快注入低能级的半导体纳晶薄膜导带中，注入的光生电子在纳晶薄膜内向电极基底输运，最终到达导电玻璃基底。失去光生电子的染料分子被电解质中的还原离子还原。同时电解质中的氧化态离子在对电极还原。染料激发态的寿命越长，越有利于光生电子的注入，而激发态的寿命越短，激发态分子有可能来不及将光生电子注入半导体的导带中就已经通过辐射衰减而回到基态。电荷复合的机会越小，光生电子注入的效率就越高。I^-还原氧化态染料的速率常数越大，光生电子与染料正离子复合被抑制的程度越大。因此，光生电子在纳晶半导体中的输运速度越大，而且与I_3^-复合的速率常数越小，电流损失就越小，光生电流越大。同时存在的几个竞争的反过程，也就是光生电荷的复合过程，主要是染料LUMO能级、半导体导带和导电玻璃基底上的光生电子与纳晶薄膜的表面态、失去电子的染料正离子和电解液中的氧化态离子的复合过程。

常见的光生电子动力学过程的研究方法有开路光电压衰减法（OCVD）、短路光电流衰减法（SCCD）、电化学阻抗（EIS）测试、强度调制光电流谱（IMPS）和强度调制光电压谱（IMVS）测试等。

11.3.1 开路光电压衰减法

理论上，电池的光电压为光照时TiO_2的准费米能级与电解质溶液中氧化还原电对的氧化还原电位之差。实际上开路光电压还取决于光生电荷的动力学过程，特别是上述光生电子的三个复合过程。开路电压衰减测试技术可测量切断光源后V_{oc}的瞬态衰减情况，可因此分析光生电子的寿命和复合进程[8]。例如，图11-3为两种光阳极的开路光电压衰减曲线，通过衰减曲线的衰减过程可以揭示光电极中光生电子的复合过程。

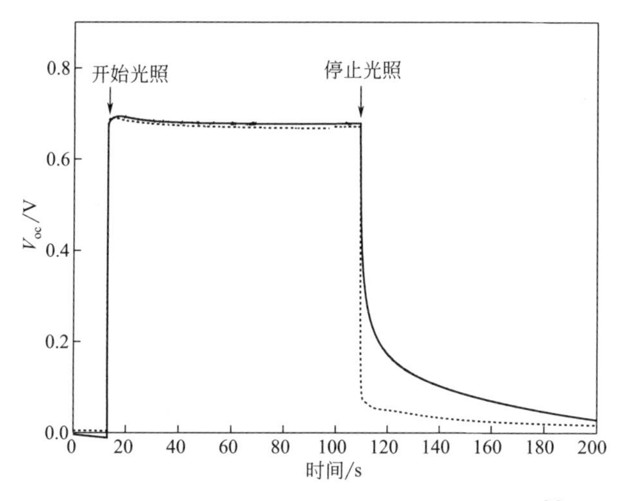

图11-3　染料敏化太阳电池开路光电压衰减曲线[8]

在开路条件下，光生电子只能通过上述三个复合过程衰减，表现为光电压的衰减过程。与虚线相比，图中的实线开路光电压衰减较慢，表明实线对应的太阳电池中光生电子通过三个复合过程复合得较慢，因此证明在这个染料敏化太阳电池中电子复合得以有效抑制[8]。即可通过开路光电压衰减曲线分析染料敏化太阳电池中电子复合等情况。进一步可通过指数方程拟合衰减曲线，分别得到几个复合过程的时间常数，定量表征电极中各个复合过程的快慢。

11.3.2　短路光电流衰减法

短路光电流衰减法用于测试染料敏化太阳电池在失去光照瞬间光电流密度的衰减情况。因为在短路情况下，光生电子只能在纳晶薄膜内输运到外电路消耗掉，反映的是光生电子在太阳电池的纳晶薄膜中传输速率的快慢。图 11-4 表示了氧化锌纳米线和纳米颗粒形成的两种纳晶薄膜构造的染料敏化太阳电池的光电流密度衰减曲线[9]。纳晶薄膜电子传输寿命可以通过对衰减曲线的单指数拟合推算，染料敏化太阳电池（a）的光电流在停止光照后快速衰减，而染料敏化太阳电池（b）的光电流衰减较慢。在短路状态下，光电流衰减的快慢由光生电子在纳晶薄膜中的输运速度决定。图 11-4 表明光生电子在纳米线薄膜电极的传输时间比在由颗粒组成的纳晶薄膜中的传输时间短。更短的传输时间意味着更快的传输速度，染料敏化太阳电池（a）光生电子的快速传输有效阻止了复合进程，能有效提高电池的光电流与光电转换效率。

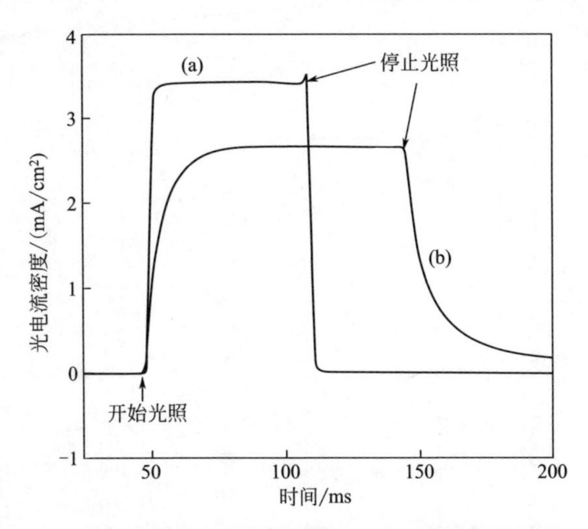

图11-4　染料敏化ZnO纳米线薄膜（a）和纳米颗粒薄膜（b）太阳电池短路时的光电流密度衰减曲线[9]

11.3.3　电化学阻抗测试

电化学阻抗谱分析被广泛用于电化学系统的结构与电极过程的性质分析等方面。对电化学系统施加不同频率的小幅度正弦电势微扰信号，监测交流电势和电流信号的比值（即系统的阻抗）或阻抗的相位角随小振幅正弦波频率的变化，即可得到电化学阻抗曲线图。电化学测试系统可看作是由电阻、电容及电感等基本元件通过串并联等各种方式组合而成的一个等效电路。电化学阻抗谱测定的该等效电路的构成和各元件的大小即可用来分析待测电化学系统的性质。在染料敏化太阳电池中，电化学阻抗谱的主要用途是研究电池中影响电荷传输和复合过程的一系列界面转移电阻、传输电阻和界面电容等。电化学阻抗谱有 Bode 图和 Nyquist 图两种形式。Bode 图反映的是相位角随频率的变化，通过特征频率可以估算电化学系统中的电子寿命；Nyquist 图以阻抗实部为横轴、阻抗虚部为纵轴，能够通过等效电路拟合得到电化学系统中的电荷转移和传输电阻情况，在染料敏化太阳电池中常用 Nyquist 图来测试各界面电阻。

电化学阻抗谱是表征染料敏化太阳电池光阳极界面电荷转移和传输特性的有力手段。一般阻抗谱 Nyquist 图在一象限表现为两个弧形，如图 11-5 所示[10]。阻抗谱与实部横轴的交点对应着电池的串联电阻，高频区的弧形对应着染料敏化纳晶薄膜和电解液之间的界面转移过程，而低频区的弧形代表电解质的离子扩散过程。通过设计含有电阻、电容和电感等器件的等效电路，对阻抗谱拟合可以得

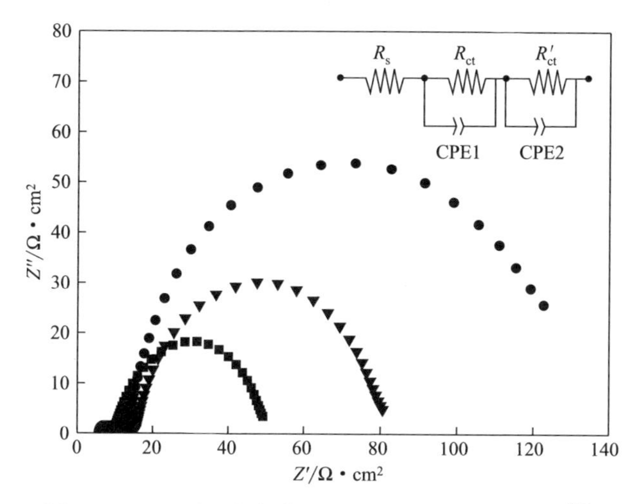

图11-5　不同光阳极组装的染料敏化太阳电池阻抗谱[10]

到对应上述过程的串联电阻、界面电荷转移电阻、界面电容和离子扩散电阻等参数。串联电阻越小，光生电子的输运越快，有利于太阳电池的光电转换效率的提升。界面电荷转移电阻表示光生电子在界面转移过程的难易，越小越有利于电子转移。对于发生复合过程的界面转移电阻，希望这个值越大越好。界面电容一般对应多孔电极的比表面积，界面电容值越大，一般多孔敏化电极的表面积越大。离子扩散电阻越小，表明离子在电解液中的迁移越容易。近年来，通过在测试阻抗时，对染料敏化太阳电池进行光照或者外加不同偏压，可以深入讨论电池在不同工作条件下的内部阻抗情况。分析阻抗谱时，要结合具体测试条件下太阳电池的工作状态进行相应的分析[11]。

交流阻抗谱也常用来表征对电极的性能，对电极的性能主要由不同对电极的表面催化活性决定。为了进一步研究不同对电极对碘离子（I_3^-）的催化活性，可以用相同的两块对电极作为电极，以中间夹层为电解液组成如图 11-6（a）所示的薄层电池，对其进行交流阻抗测量。图 11-6(b）为对应的等效电路，图 11-6(c）为所组成的对称薄层电池的 Nyquist 谱图[7]。其谱图由两个半圆组成，该状态下的电极过程可用图 11-6（b）所示的等效电路图来描述，最高频区与横轴交点对应 FTO/Pt 电极的表面电阻，高频区的半圆对应电子在电极与电解质间的电荷转移过程，低频区的半圆对应电解质溶液中 I_3^- 的扩散过程。采用如图 11-6（b）所示的等效电路图，由拟合软件对阻抗图的阻抗数据进行拟合，即可得到电极材料的欧姆内阻 R_s、电荷转移电阻 R_{ct} 和表面电容的数据。我们以这种方法，可以比

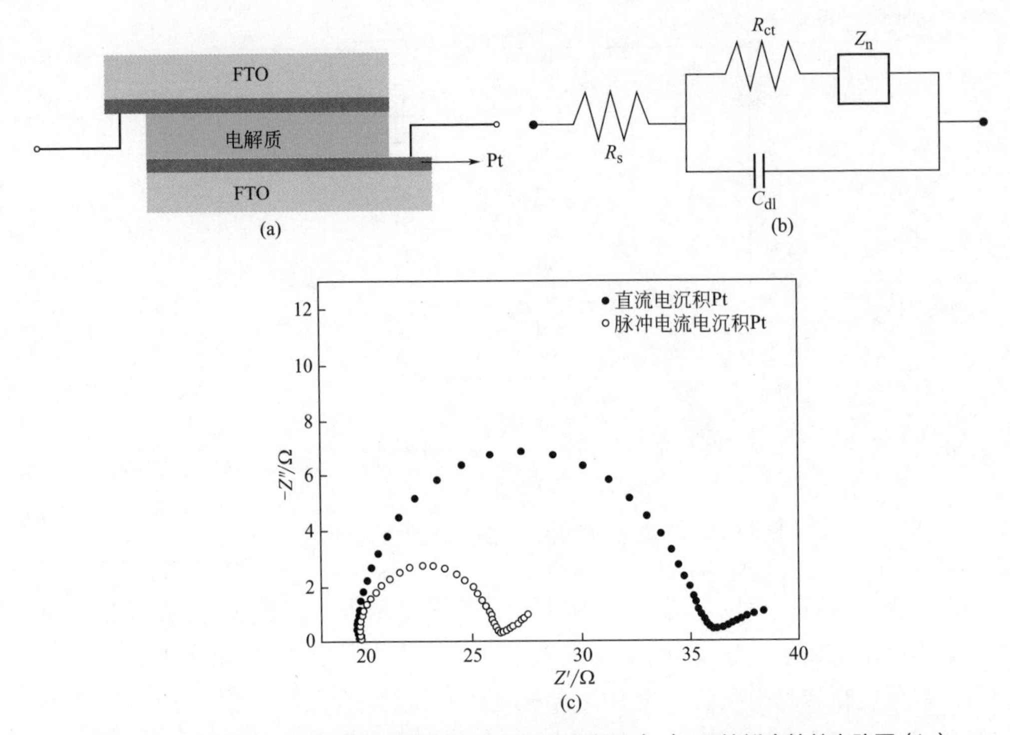

图11-6　由两块相同对电极组装的薄层电池结构示意图（a）、阻抗拟合等效电路图（b）和不同电沉积方法制备的铂电极的阻抗谱（c）[7]

较两种电沉积方法制备的FTO/Pt电极的性能，比较其作为对电极材料对 I_3^- 的催化活性和应用于染料敏化太阳电池时的光电转换效率。

此外，以两块相同的对电极组装三明治型薄层电池进行Tafel极化曲线测试，由极化曲线可以估算对电极的导电性、扩散电流密度和交换电流密度等参数，进一步评价对电极性能。

11.3.4　强度调制光电流谱

强度调制光电流谱（IMPS）方法是用强度按正弦调制的光信号照射半导体电极，检测不同调制频率下的光电流响应。对于速度快慢不同的半导体电极/电解液界面的各种反应可以加以区分，分别进行研究。而且IMPS的测量是在频率域中进行，易于测量和分析较宽时间范围内的半导体电极界面动力学行为[12]。因此，IMPS方法是研究半导体电极界面动力学的一个有利的工具。IMPS测量时电池处于短路状态，在短路状态下，光生电子通过纳晶薄膜输运到外电路，因此IMPS反映了光生电子在纳晶薄膜内的输运过程，IMPS测试短路条件下的电

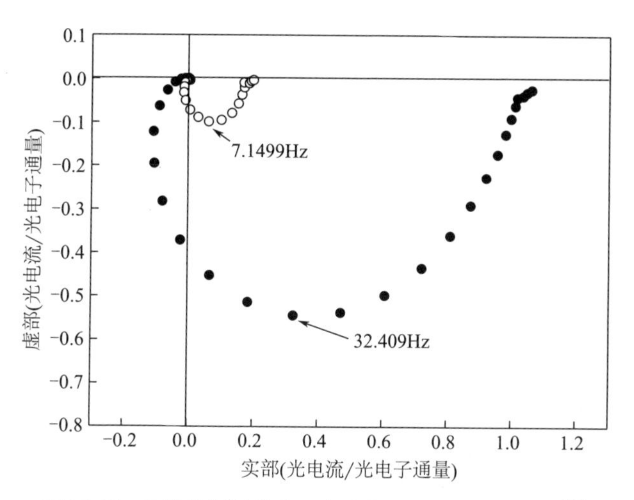

图11-7　两种染料敏化太阳电池的强度调制光电流谱[13]

子转移动力学即电子传输时间。典型的染料敏化太阳电池的IMPS图谱如图11-7所示。图中横轴为电流的实部，纵轴为电流的虚部。一般谱图在三、四象限内呈现半弧形曲线，对于一些特殊的太阳电池也可在相邻一象限出现一个弧形曲线。f_{min} 是曲线中的最低点对应的频率值，由式（11-15）可计算其对应的时间（τ_{IMPS}）。τ_{IMPS} 为电子到达纳晶薄膜基底的平均时间。

$$\tau_{IMPS}=\frac{1}{2\pi f_{min}} \tag{11-15}$$

与IMPS相对应，IMVS方法则是研究不同调制频率下的光电压响应，测量时染料敏化太阳电池处于开路状态，其图谱与IMPS相似，横轴为电压的实部，而纵轴为电压的虚部。根据曲线最高点对应的频率由式（11-16）可计算电子的寿命（τ_{IMVS}）。开路状态下，光生电子只能通过上述几个复合过程进行转移，IMVS反映了光生电子复合过程，因此IMVS能够表征开路情况下的电子平均寿命。τ_{IMVS} 为在注入电子与空穴、氧化态的染料分子或者电解液中氧化物成分复合之前的电子平均寿命。结合IMPS和IMVS所得到的两个寿命值，通过式（11-17）可以计算电子收集效率（η_{col}）。

$$\tau_{IMVS}=\frac{1}{2\pi f_{max}} \tag{11-16}$$

$$\eta_{col}=1-\frac{\tau_{IMPS}}{\tau_{IMVS}} \tag{11-17}$$

IMVS响应受电子复合的影响，复合速率小意味着高的光电流响应。而IMPS

响应受电子输运过程的影响，快速的光生电子输运意味着高的光电流响应[14]。IMPS方法与数字模拟技术相结合，能定量讨论纳晶薄膜电极的界面电荷转移机理，对其进行深入的分析[15]。

11.4 常规测试方法在染料敏化太阳电池中的应用

一些常规测试技术应用于染料敏化太阳电池中，主要表征电池各组成部分的微结构、形貌、成分、晶体结构等。其中在染料敏化太阳电池中经常使用的技术简述如下。

扫描电子显微镜（SEM）和透射电子显微镜（TEM）主要用来表征半导体纳晶薄膜和组成薄膜的纳米颗粒的微观结构和形貌。纳晶薄膜为纳米颗粒组成的多孔网络薄膜，通过扫描电镜可以观察薄膜的表面形貌，得到组成薄膜的纳米颗粒的形态、多孔微结构等薄膜信息。纳晶薄膜的扫描电镜截面形貌可以给出薄膜厚度和组成薄膜各层的厚度及其界面接触情况等信息。一般扫描电子显微镜附带能谱仪（EDS），可以定性和半定量分析薄膜表面各种元素的分布和比例。透射电镜一般用来观察从纳晶薄膜刮下来的纳米颗粒的微观形貌，甚至可以分辨出材料的晶格指纹，由晶格指纹特征可以确定材料的种类和晶型等信息。进一步结合选区电子衍射（SAED）确定纳米颗粒的晶体结构信息。电子显微镜具有直观的优点，但也存在观察范围小、容易产生以偏概全的错误信息等缺点，因此要结合其他分析测试手段综合判断和分析。

X射线粉末衍射法（XRD）常用来对多晶材料进行定性分析，如同指纹识别系统，以辨认染料敏化太阳电池中纳晶薄膜材料的化学组成。同时，每一种晶体物质都有其特定的结构，不存在两种晶体，其晶型、晶胞大小、晶胞中原子的种类和位置等参数都完全相同。因此，每一个衍射图都是唯一对应一种晶体粉末，而不同的衍射峰位置和强度，都对应其相应的一套晶面指数。故可通过解析X射线衍射分布和强度，来获得纳晶薄膜，特别是掺杂半导体纳晶薄膜的相关物质组成结构及分子间的相互作用等信息。X射线衍射技术作为当代材料分析的重要手段之一，可以确定半导体纳晶薄膜中无机相的晶体结构等信息。与电子显微镜相比，X射线分析反映的是测试材料的整体信息，反映的材料信息较全面系统。

X射线光电子能谱（XPS）是采用软X射线作激发源，激发出纳晶薄膜组分中的轨道电子，经过电子聚焦减速、电场分离、电子倍增器接受、检测放大和记录，最后得到信号强度随电子动能变化的关系曲线，即 XPS 能谱。光电子能谱测试的是特定原子中某些轨道电子的结合能，电子结合能主要由原子核对电子的作用所决定，另外还与原子周围环境以及在分子中的状态有关。原子种类不同，具有不同大小的结合能，而且结合能的位移反映了原子在分子中及晶体中所处的结构状态变化。所以，电子能谱可以分析纳晶薄膜的物质化学成分和化学结构。在染料敏化太阳电池中，XPS 的具体应用有以下几个方面：谱图的指纹特征可以进行各种元素（除 H、He 外）的定性分析；根据谱峰的位移和形状，可判定纳晶薄膜物质化学价态、化学结构和物理状态；谱峰相对强度的变化，对应的是不同元素及化学态半定量分析；根据谱峰和背景强度的变化，可对纳晶薄膜所含元素及其元素化合态进行深层次的分析，同时也可测量膜的厚度等。除了上述定性定量测试优势外，X 射线仅入射到样品表面，且入射深度小于 10nm，因此特别适合纳晶薄膜表面化学成分和结构的测定。入射深度浅也使对纳晶薄膜的破坏非常微弱。配以离子剥离技术，即用粒子束轰击纳晶薄膜表面使表面上的原子逐层剥离，同时进行光电子能谱分析，可以获得纳晶薄膜由表及里的成分和结构信息。XPS 多用于离子掺杂半导体纳晶薄膜中化学组成和掺杂离子化合价的确定。

紫外 - 可见 - 近红外吸收光谱（UV-Vis-NIR）可以确定染料分子的吸收性能，以及敏化的半导体纳晶薄膜表现的吸收性能的变化。采用紫外 - 可见 - 近红外光谱分析不同染料的光吸收范围变化情况，根据可见光吸收范围选择合适的染料作为光吸收剂。在光吸收的范围内，对于一个特定的波长，由于物质吸收的程度正比于试样中该成分的浓度，因此测量吸收光谱将吸收强度与已知浓度的标样相比较，可以确定染料分子的消光系数，消光系数反映了染料分子吸收光的能力。吸收峰对应染料分子的 HOMO 和 LUMO 能级之间的距离，结合电化学循环伏安测量可以确定染料的能级结构（见 11.2 节），从而通过能带结构确定染料与半导体材料的匹配性，即要求染料的 LUMO 能级位置要高于半导体的导带。在染料敏化太阳电池中，TiO_2 的禁带宽度（3.2eV）使得可见光不能激发电子，所以在 TiO_2 表面吸附一层与之能级匹配且能吸收可见光的染料分子，染料分子在薄膜上的吸附能将 TiO_2 的吸收光谱大大拓宽，使其能吸收可见光。

荧光发射光谱（PL）反映了光激发电子通过辐射跃迁返回基态的过程。使激发光的波长和强度保持不变，让染料物质所发出的荧光通过发射单色器照射于检测器上，亦即进行扫描，以荧光波长为横坐标，以荧光强度为纵坐标作图，即为荧光光谱，又称荧光发射光谱。在染料敏化纳晶薄膜中，一般通过染料荧光淬灭的程度判断染料的光激发电子注入半导体导带的过程。淬灭程度越大，表明这

个光生电子注入过程容易发生，有利于光生电子和空穴的分离，有利于光电转换性能的提高。

红外光谱（IR）主要分析有机染料分子在纳晶薄膜表面的吸附状态。傅里叶变换红外光谱仪（FT-IR Spectrometer）是基于对干涉后的红外光进行傅里叶变换的原理而开发的红外光谱仪。中红外区（4000～400cm^{-1}）主要是分子振动能级的跃迁，绝大多数分子的振动频率出现在该区，因此能很好地反映染料分子内部的各种物理过程以及分子结构方面的特征，当分子中原子间发生振动或者转动时，会吸收特定的能量。根据各种物质的红外特征吸收峰位置、数目、相对强度和形状等参数，就可以推断染料分子中存在哪些振动过程，并可确定分子结构，用于染料的定性和定量分析。IR 在染料敏化太阳电池中常用来分析和揭示染料分子在半导体纳晶薄膜表面敏化的形式和结构，如联吡啶钌敏化在纳晶薄膜上有分子“肩并肩”和“头对头”两种形式，通过联吡啶钌分子的特征吸收峰的变化来判断敏化染料的吸附形式[16]。

拉曼光谱（Raman）的工作原理是样品在吸收光能后产生极化率变化的分子振动，产生拉曼散射，散射光能量随着拉曼位移的变化而变化，根据拉曼峰的位置、强度和形状，提供功能团或化学键的特征振动频率。极性分子和非极性分子都能产生拉曼光谱，这点与分子红外光谱有所不同。因此，拉曼光谱是检测分子的振动和转动能级的有效手段，通过分子内部结构和运动的信息，对物质进行定量定性解析。Raman 在染料敏化太阳电池中主要用来分析无机半导体纳晶薄膜的晶格振动模式，确定其晶体结构，也可通过峰强度确定纳晶薄膜的膜厚变化。

此外，随着染料敏化太阳电池研究的深入，一些方法也引入电池的测试中，如超快光谱技术等[17]。另外还有一些新的技术用于染料敏化太阳电池的研究中，如时间分辨微波电导技术等[18]。

参考文献

[1] Hagfeldt A，Boschloo G，Sun L，et al. Dye-sensitized solar cells[J]. Chemical Reviews，2010，110（11）：6595-6663.

[2] Hagfeldt A，Grätzel M. Light-induced redox reactions in nanocrystalline systems[J]. Chemical Reviews，1995，95（1）：49-68.

[3] Nazeeruddin M K，Kay A，Rodicio I，et al. Conversion of light to electricity by cis-X_2bis（2,2′-bipyridyl-4,4′-dicarboxylate）ruthenium（Ⅱ） charge-transfer sensitizers（X=Cl^-，Br^-，I^-，CN^-，and SCN^-） on nanocrystalline TiO_2 electrodes[J]. Journal of American Chemical Society，1993，115（14）：6382-6390.

[4] Bisquert J，Cahen D，Hodes G，et al. Physical chemical principles of photovoltaic conversion

with nanoparticulate, mesoporous dye-sensitized solar cells[J]. Journal of Physical Chemistry B, 2004, 108 (24): 8106-8118.

[5] O'Regan B, Grätzel M. A low-cost, high-efficiency solar cell based on dye-sensitized colloidal TiO_2 films[J]. Nature, 1991, 353: 737-740.

[6] Li Y, Zhang Y, Xu W, et al. Extending spectrum response of squaraine-sensitized solar cell by Forster resonance energy transfer[J]. Journal of Solid State Electrochemistry, 2017, 21 (7): 2091-2098.

[7] Kim S S, Nah Y C, Noh Y Y, et al. Electrodeposited Pt for cost-efficient and flexible dye-sensitized solar cells[J]. Electrochimica Acta, 2006, 51: 3814-3819.

[8] Zhang J, Zaban A. Efficiency enhancement in dye-sensitized solar cells by in situ passivation of the sensitized nanoporous electrode with Li_2CO_3[J]. Electrochimica Acta, 2008, 53: 5670-5674.

[9] Minoura H, Yoshida T. Electrodeposition of ZnO/dye hybrid thin films for dye-sensitized solar cells[J]. Electrochemistry, 2008, 76 (2): 109-117.

[10] Yang H, Li P, Zhang J B, et al. TiO_2 compact layer for dye-sensitized SnO_2 nanocrystalline thin film[J]. Electrochimica Acta, 2014, 147: 366-370.

[11] Fabregat-Santiago F, Bisquert J, Garcia-Belmonte G, et al. Influence of electrolyte in transport and recombination in dye-sensitized solar cells studied by impedance spectroscopy[J]. Solar Energy Materials & Solar Cells, 2005, 87: 117-131.

[12] Oekermann T, Yoshida T, Minoura H, et al. Electron transport and back reaction in electrochemically self-assembled nanoporous ZnO/dye hybrid films[J]. Journal of Physical Chemistry B, 2004, 108 (24): 8364-8370.

[13] Tan W, Yin X, Zhou X, et al. Electrophoretic deposition of nanocrystalline TiO_2 films on Ti substrates for use in flexible dye-sensitized solar cells[J]. Electrochimica Acta, 2009, 54: 4467-4472.

[14] Sasidharan S, Soman S, Pradhan S C, et al. Fine tuning of compact ZnO blocking layers for enhanced photovoltaic performance in ZnO based DSSCs: a detailed insight using beta recombination, EIS, OCVD and IMVS techniques[J]. New Journal of Chemistry, 2017, 41 (3): 1007-1016.

[15] 肖绪瑞，张敬波，尹峰，等. 强度调制光电流谱研究纳晶薄膜电极过程[J].物理化学学报，2001，17（10）：918-923.

[16] Barbé C J, Arendse F, Comte P, et al. Nancocrystalline titanium oxide electrodes for photovoltaic applications[J]. Journal of American Chemical Society, 1997, 80 (12): 3157-3171.

[17] Pelet S, Grätzel M, Moser J E. Femtosecond dynamics of interfacial and intermolecular electron transfer at eosin-sensitized metal oxide nanoparticles[J]. Journal of Physical Chemistry B, 2003, 107 (14): 3215-3224.

[18] Huijser A, Savenije T J, Kroeze J E, et al. Exciton diffusion and interfacial charge separation in meso-tetraphenylporphyrin/TiO_2 bilayers: Effect of ethyl substituents[J]. Journal of Physical Chemistry B, 2005, 109 (43): 20166-20173.

第12章 染料敏化太阳电池展望与启示

12.1 染料敏化太阳电池效率展望

光电转换效率是表征太阳电池性能的关键指标，不同种类的太阳电池性能的优劣都可以统一用光电转换效率进行比较。在量子点太阳电池、有机太阳电池、钙钛矿太阳电池等新型太阳电池中，染料敏化电池的效率首先超过了10%，但在此之后染料敏化电池的效率长期停滞不前，被有机、钙钛矿太阳电池超过。这就引出了下面的问题，染料敏化电池的效率极限是多少，效率难以增长的原因是什么以及如何提高电池的效率。

首先我们看看染料敏化电池效率的理论极限是多少。图12-1为染料敏化电池的能级图。尽管DSSCs的光电转换过程、工作原理与传统的无机太阳电池有所不同，但所遵守的基本物理学规律是相同的，我们可以借鉴无机太阳电池的原理对染料敏化电池的效率进行分析。我们假设染料与半导体有类似的光吸收特性，可以吸收超过染料HOMO和LUMO能量差的光子，HOMO和LUMO的能量差近似为半导体的禁带宽度，那么染料敏化电池的理想光电转换效率应该与单结的半导体太阳电池相同，其最高理论光电转换效率可以达到33%。

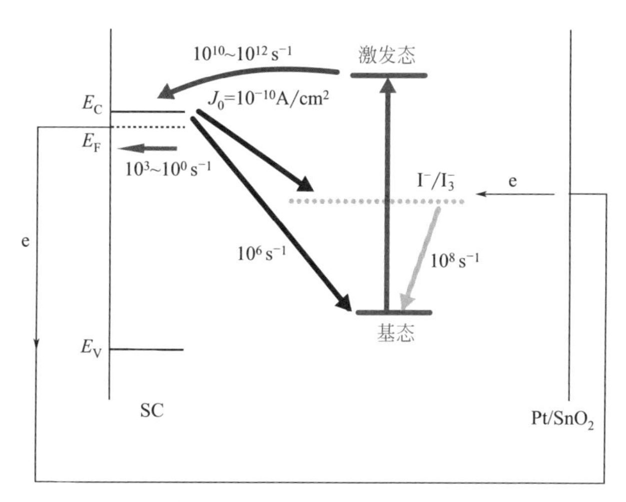

图12-1　DSSCs的能级图

尽管染料敏化电池已经提出了20多年，但最高转换效率也只有14.3%，不到理论转换效率的1/2。这极大地影响了科技人员的研究热情，导致染料敏化电池研究的衰落。下面我们从短路光电流、开路光电压和填充因子三个方面详细探讨染料敏化电池中影响实际电池效率的因素，以及如何提高电池的效率。

染料敏化电池中短路光电流通常有较高的数值，短路光电流不是影响光电转换效率的关键。从 IPCE 的数值看，很多染料的最高 IPCE 均可超过 90%，表明多数染料均有较高的光吸收、注入效率，相应的半导体材料也具有较高的收集效率。但短路光电流也有进一步提高的空间。首先，有些染料的吸收峰窄，只有吸收峰附近有较高的 IPCE，有些染料特别是卟啉类染料，吸收不是连续的带而是几个峰，在峰谷的位置 IPCE 较低[1]。其次，还有些染料的吸收在吸收边不是急剧地上升，而是一个缓坡，导致吸收边附近的 IPCE 较低。

组装良好的染料敏化电池，特别是小面积的电池，可以得到较高的填充因子，一般可以达到 0.75 以上，说明对电极、电解液以及工作电极的电阻基本可以忽略，等效二极管的理想因子也基本可以满足染料敏化电池效率的要求。

这样分析的结果表明开路光电压的损失是染料敏化电池效率低的最主要原因。从染料敏化电池能级图中可以看出，电池的最大光电压取决于半导体的导带位置与电解质的氧化还原电位之差（热力学极限）。因此人们设计了多种方案来提高电池的热力学电压极限。方案一是提高半导体的导带位置。采用的策略包括研制新的半导体材料，如 ZnO、SnO_2 等[2]或在现有的半导体基础上进行掺杂[3-5]。方案二是降低氧化还原电对的能级位置，也就是选择氧化还原电位更正的电对。方案三是保持半导体和氧化还原对的能级位置不变，改变染料的 HOMO 和 LUMO 的位置，使它们更接近半导体的导带和氧化还原电对的电极电位。在早期的染料敏化电池中氧化还原电对大部分采用 I/I_3^- 电对，电极电位较负，且很难改变，因此方案三被提出，希望能借此减少电池的开路电压损失。在实际的研究中发现以上三种方案对于染料敏化电池效率的提升效果都有限。首先无机半导体的种类有限，而掺杂对半导体导带的影响有限。其次新型氧化还原电对的研究在染料敏化电池中所占比例很小而且也比较晚。更重要的是 LUMO 与半导体的导带的能级差减小会导致染料的电子注入速度下降，HOMO 与氧化还原电对的能级差减小后，会导致染料再生的速度下降，因而常常会发现尽管电池的光电压增加了，但由于光电流的下降，光电转换效率反而下降了。类似的问题也在有机太阳电池中出现[6]。

图 12-2 是有机太阳电池中电压损失与最高量子效率（IPCE）的关系，说明大部分材料的 IPCE 都会随着电压差的减小而减小。但最近的研究已经使极限线上移，在电压损失小于 0.6V 的条件下实现了高于 70% 的 IPCE。这对于染料敏

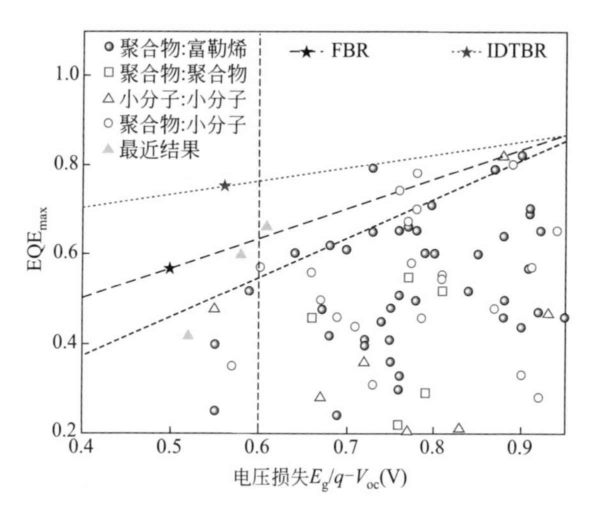

图12-2 不同有机太阳电池中EQE_{max}（最大外部量子效率）与E_g/q和V_{oc}间的电压损失比较[6]

化电池的研究是一个好消息，也很有启发性。

真实的电池中存在各种复合反应，这些复合反应的存在使电池的实际光电压小于热力学的极限。抑制复合反应是提升光电压的另一关键。这其中氧化还原电对的动力学性能至关重要。氧化还原电对在工作电极上发生两个反应：一个是与氧化态的染料的还原反应，这个反应是我们希望的反应，要求反应速率越快越好；另一个是与半导体价带上的电子的反应，这个反应是复合反应，是我们不希望的反应，要求反应速率越慢越好。Grätzel 在染料敏化电池研究的早期非常幸运地找到了碘氧化还原电对，使得染料敏化电池用纳晶半导体取代后效率得以明显提高。人们也设想开发新型氧化还原电对来取代碘。在钌染料体系中，非碘的氧化还原电对都表现出较高的复合特性，电池的效率较低。在有机染料体系中，钴、铁、铜配位化合物氧化还原电对表现出良好的性能，并且由于金属配合物的氧化还原电位可以通过改变配体进行微调，能实现染料与氧化还原电对能级的更好匹配，从而提高电池的光电转换效率。因此，近年来染料敏化电池的高效率大多是在有机染料和金属配合物氧化还原电对体系中取得的。金属配合物氧化还原电对在不同染料体系中表现的差异可能与染料的带电状态和空间分布有关[7,8]。

另一类抑制复合的方法是表面修饰，通过在光阳极表面修饰硅烷偶联剂[9]，或 ALD 沉积氧化钛[10]或引入核 - 壳结构[11]等可以有效地抑制复合，提高器件光电压。要注意的是使用这些表面处理方法时一定要很好地控制修饰层的厚度以免降低电荷注入速度。

从上述分析可以看出，理论上提高染料敏化电池的效率还有很大的潜力，实现的关键在于通过新型染料和氧化还原电对的设计开发来降低电池的光电压损失。获得高效率电池的技术路线可能是以氧化锌、二氧化钛纳晶半导体为工作电极，研究开发新型染料，使之 LUMO 与半导体的导带能级匹配，也就是要在保证注入效率超过 90% 的情况下使能级差尽可能小。在此基础上再设计合适、匹配的氧化还原电对，从而使效率能有所突破。

12.2 染料敏化太阳电池应用展望

DSSCs 刚提出时，人们对其抱有较高的期望，认为在大规模室外发电领域 DSSCs 可能会有一席之地，也做过一些中等规模的室外发电实验 [12-14]。但是无论是以当时的结果，还是以目前的发展来看，DSSCs 类似于硅电池的用于大规模发电的可能性基本是没有的。原因有二：DSSCs 的低光电转换效率以及较差的稳定性。这两点对大规模发电来说是致命的弱点。光电转换效率低就意味着要用更大面积的电池，要更大的发电场所，更多的支架和电缆等辅助材料；差的稳定性意味着短的使用年限。两者都会抵消 DSSCs 的低制作成本这一优势，使得总的发电成本无法与硅电池竞争。但这并不表示 DSSCs 没有实用的可能性。DSSCs 由于其自身的某些特点，可以在一些特殊的场合得到应用。如在室内等弱光场合，DSSCs 由于其独特的工作原理，使得其在弱光强下反而有更高的光电转换效率，甚至比晶体硅在同等情况下的光电转换效率更高 [15]。而其差的稳定性很大程度上也是来源于恶劣的室外环境。在实验室条件的测试下，DSSCs 都表现出了较好的稳定性，足以保证其在室内的应用。另外，对 DSSCs 中的光敏染料可以方便地进行分子工程的设计，使其具有人们所设想的颜色，这样 DSSCs 既具有发电的实用价值又具有装饰性的美学价值 [16,17]。图 12-3 与半导体不同，染料的能级是分立能级，可以只吸收部分波长的光，而不是像半导体一样是连续的能带，能量高于禁带宽度的光子全部会被半导体吸收，这样就可以采用红外染料做出透明的染料敏化电池。此外还可以根据人眼的视觉特性设计出无偏色的透明电池，从而保证室内的高显色度[18,19]。

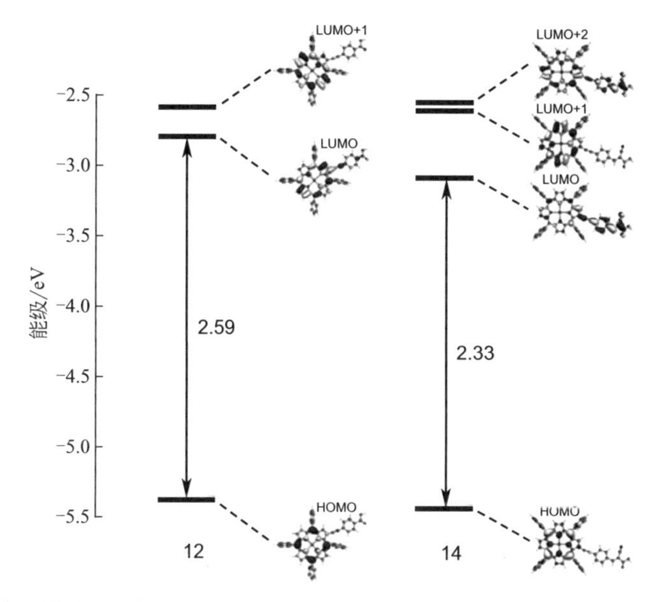

图12-3　电子转移过程中染料12的HOMO、LUMO和LUMO+1及染料14的HOMO、LUMO和LUMO+2）的能级和等密度图[17]

12.3 染料敏化太阳电池基础研究展望

由于室外大规模应用的可能性不大，今后DSSCs的相关研究会有较大的下降，比如在低成本的对电极、稳定的固态电解质等实用化的领域。但是在基础研究方面仍然会有一些研究继续深入进行，可能的方面包括材料的研究、机理的研究及应用的研究等。

12.3.1 染料敏化太阳电池相关材料的研究

从前面的分析可以了解到，材料研究方面的重点是新型染料和氧化还原电对的开发。染料是染料敏化电池的核心。染料的性能有很多方面，包括光谱吸收范围、消光系数、电荷注入效率、再生效率、稳定性等很多指标，如果只考虑单项指标，很多染料的表现堪称优秀，但全面综合考虑各项指标，现有的染料就多多少少存在这样或那样的不足。开发新型各项性能均衡的染料将是染料敏化太阳电池研究及取得突破的重点。此外，多种染料的共敏化或分层敏化[20]（彩虹电池或鸡尾酒电池）也是一个重要的研究方向。

在电解质研究方面，近年来新型氧化还原电对的开发为电池效率的提高做出了重要的贡献，有机氧化还原电对以及铜、钴、铁络合物氧化还原电对配合新型染料组装的电池效率，已经超过了经典的钌染料碘氧化还原电对组合。如何实现与染料能级匹配且具有高的染料再生速度和低的复合速度是氧化还原电对开发的关键，相对来说氧化还原电对的扩散速度并不是非常重要的方面。电解质的固态化对于应用具有重要意义。用固态的有机、无机空穴传输材料取代液态电解液也是研究的重要方向。

在半导体纳晶工作电极方面，由于现有的材料和结构已经可以满足电池的基本要求，值得深入研究的方向不多。较好的方向包括：新型复合微 / 纳米结构的研究；半导体的表面修饰材料和修饰技术的开发；与柔性电池相关的低温制备技术等。而新型半导体材料的开发、现有半导体材料的改性等，对于染料敏化太阳电池性能的改善作用可能有限。

12.3.2 染料敏化太阳电池机理研究

① 纳晶半导体与染料的相互作用　当染料吸附到纳晶半导体表面时，染料的电荷分布、聚集状态、环境极性等都发生了极大的改变。这些改变使染料的能级位置、光化学 / 光物理性质都与溶液状态下有很大的不同，最明显的是吸收光谱的展宽和红移。染料 / 半导体的相互作用涉及半导体、染料及溶液三者之间复杂的相互作用，如何用第一性原理计算或者找到其中的半经验公式是理论工作的重要课题。

② 激发态染料弛豫动力学　激发态染料可以通过电荷注入、辐射复合、非辐射复合等过程失活，染料的结构、聚集状态及锚接基团与上述动力学性能有着密切的关系。这些动力学过程是 ns-fs 的超快过程，因此相关测试方法的开发也是值得深入研究的方向。

③ 染料与氧化还原电对之间反应　两者之间的能级差与电荷转移反应速率之间的关系不但对于提高染料敏化电池的效率有着重要的指导意义，对于相关的学科发展和深入理解电子转移反应也具有重要意义，是一个具有广泛影响的关键基础科学问题。

12.3.3 染料敏化太阳电池应用研究

将来染料敏化太阳电池的应用可能会集中在室内弱光环境、柔性器件及彩色半透明器件等三个方面。这三个方面的基础研究仍会保持相当的活力。

12.4 染料敏化太阳电池发展启示

染料敏化太阳电池发明之初，人们对其抱有很大希望，但到现在为止，染料敏化电池一直没能实用化，也许永远也不会大规模实用化。从实用和工程的角度看，这是一项失败的技术。但从科学研究方面来说染料敏化电池的研究是成功的。正像我们在第 1 章中所说，DSSCs 具有与传统无机太阳电池完全不同的工作原理，这种新的工作原理吸引人们展开了大量研究，在此基础上有机太阳电池、钙钛矿太阳电池和量子点太阳电池得到了快速的发展，特别是有机无机杂化钙钛矿太阳电池的研究促进了相关学科的发展。科学研究的意义在于发现自然规律。新规律、原理的发现能给我们巨大的想象空间，但要使其真正进入大众的生活，还需要在成本、生产工艺、竞争产品、使用习惯等许多方面共同改进才能实现。这是染料敏化太阳电池研究给我们的启示。

参考文献

[1] Mathew S, Yella A, Gao P, et al. Dye-sensitized solar cells with 13% efficiency achieved through the molecular engineering of porphyrin sensitizers[J]. Nature Chemistry, 2014, 6 (3): 242-247.

[2] Concina I, Vomiero A. Metal oxide semiconductors for dye- and quantum-dot-sensitized solar cells[J]. Small, 2015, 11 (15): 1744-1774.

[3] Duan Y, Fu N, Liu Q, et al. Sn-Doped TiO_2 photoanode for dye-sensitized solar cells[J]. The Journal of Physical Chemistry C, 2012, 116 (16): 8888-8893.

[4] Zhang J, Peng W, Chen Z, et al. Effect of cerium doping in the TiO_2 photoanode on the electron transport of dye-sensitized solar cells[J]. The Journal of Physical Chemistry C, 2012, 116 (36): 19182-19190.

[5] Feng X, Shankar K, Paulose M, et al. Tantalum-doped titanium dioxide nanowire arrays for dye-sensitized solar cells with high open-circuit voltage[J]. Angew Chemie International Edition in English, 2009, 48 (43): 8095-8098.

[6] Baran D, Kirchartz T, Wheeler S, et al. Reduced voltage losses yield 10% efficient fullerene free organic solar cells with ＞1V open circuit voltages[J]. Energy & Environmental Science, 2016, 9 (12) : 3783-3793.

[7] Hao Y, Yang W, Zhang L, et al. A small electron donor in cobalt complex electrolyte significantly improves efficiency in dye-sensitized solar cells[J]. Nature Communication, 2016, 7: 13934.

[8] Saygili Y, Soderberg M, Pellet N, et al. Copper bipyridyl redox mediators for dye-sensitized solar cells with high photovoltage[J]. Journal of American Chemical Society, 2016, 138 (45) : 15087-15096.

[9] Fang Y, Ma P, Fu N, et al. Surface NH_2 -rich nanoparticles: Solidifying ionic-liquid electrolytes and improving the performance of dye-sensitized solar cells[J]. Journal of Power Sources, 2017, 370: 20-26.

[10] Song W, Gong Y, Tian J, et al. Novel photoanode for dye-sensitized solar cells with enhanced light-harvesting and electron-collection efficiency[J]. ACS Applied Materials & Interfaces, 2016, 8 (21) : 13418-13425.

[11] Li Y Y, Wang J G, Liu X R, et al. Au/TiO_2 hollow spheres with synergistic effect of plasmonic enhancement and light scattering for improved dye-sensitized solar cells[J]. ACS Applied Materials & Interfaces, 2017, 9 (37) : 31691-31698.

[12] Yoon S, Tak S, Kim J, et al. Application of transparent dye-sensitized solar cells to building integrated photovoltaic systems[J]. Building and Environment, 2011, 46 (10) : 1899-1904.

[13] Ciani L, Catelani M, Carnevale E A, et al. Evaluation of the aging process of dye-sensitized solar cells under different stress conditions[J]. IEEE Transactions on Instrumentation and Measurement, 2015, 64 (5) : 1179-1187.

[14] Yuan H, Wang W, Xu D, et al. Outdoor testing and ageing of dye-sensitized solar cells for building integrated photovoltaics[J]. Solar Energy, 2018, 165: 233-239.

[15] Gong J, Liang J, Sumathy K. Review on dye-sensitized solar cells (DSSCs) : Fundamental concepts and novel materials[J]. Renewable and Sustainable Energy Reviews, 2012, 16 (8) : 5848-5860.

[16] Shalini S, Balasundaraprabhu R, Kumar T S, et al. Status and outlook of sensitizers/dyes used in dye sensitized solar cells (DSSC) : a review[J]. International Journal of Energy Research, 2016, 40 (10) : 1303-1320.

[17] Di Carlo G, Biroli A O, Tessore F, et al. β-Substituted ZnII porphyrins as dyes for DSSC: A possible approach to photovoltaic windows[J]. Coordination Chemistry Reviews, 2018, 358: 153-177.

[18] Husain A A F, Hasan W Z W, Shafie S, et al. A review of transparent solar photovoltaic technologies[J]. Renewable and Sustainable Energy Reviews, 2018, 94: 779-791.

[19] Lee H M, Yoon J H. Power performance analysis of a transparent DSSC BIPV window based on 2 year measurement data in a full-scale mock-up[J]. Applied Energy, 2018, 225: 1013-1021.

[20] Yella A, Lee H W, Tsao H N, et al. Porphyrin-sensitized solar cells with cobalt (Ⅱ/Ⅲ) -based redox electrolyte exceed 12 percent efficiency[J]. Science, 2011, 334 (6056) : 629-634.